西藏

农牧业科技

发展史

本书编写委员会　编著

中国农业出版社

图书在版编目（CIP）数据

西藏农牧业科技发展史 / 本书编写委员会编著. —
北京：中国农业出版社，2015.8
ISBN 978-7-109-20819-3

Ⅰ.①西… Ⅱ.①西… Ⅲ.①农业－技术史－西藏②
畜牧业－技术史－西藏 Ⅳ.①S-092.75②TS1-092.75

中国版本图书馆 CIP 数据核字（2015）第 187200 号

中国农业出版社出版
（北京市朝阳区麦子店街 18 号楼）
（邮政编码 100125）
责任编辑 刘博浩

中国农业出版社印刷厂印刷 新华书店北京发行所发行
2015 年 8 月第 1 版 2015 年 8 月北京第 1 次印刷

开本：787mm×1092mm 1/16 印张：29.75
字数：580 千字
定价：120.00 元
（凡本版图书出现印刷、装订错误，请向出版社发行部调换）

序　言

| Preface |

　　今年是西藏自治区成立 50 周年，为讴歌党的英明领导，铭记农牧科技人员作出的贡献，展现西藏农牧科技事业取得的辉煌成就，农业部有关司局、西藏自治区农牧厅等有关部门共同撰写出版了《西藏农牧业科技发展史》一书，以此向西藏自治区成立 50 周年献礼。

　　这 45 万字的书稿无不凝聚着创作者的辛劳和智慧，字里行间无不折射着科技进步对西藏农牧业持续健康发展的重大促进作用，无不沉淀着西藏绵绵不息的悠久历史，无不反映着西藏农牧业在传承数千年历史遗产的基础上，正在开创更加美好的未来。当结卷之时，我们不禁感慨西藏经济社会发生的翻天覆地变化。回眸审视西藏农牧业发展的历程，的确有许多值得我们认真总结和思考的东西。

　　西藏农牧业发展历经数千年，为整个西藏的文明进步作出了基础性贡献，同时也是中华民族文明进步的重要组成部分。与我国其他地区农牧业发展一样，西藏农牧业发展史归根结底是一部西藏农牧业科技发展史。今天在生态化、全球化的大背景下，西藏农牧业科技进步情况不仅在国内日益受到重视，而且在国际上的关注度也越来越高。

　　经过历代藏民族群众在社会生产实践中不断总结完善，逐渐形成了适应西藏独特自然生态环境和社会经济条件的许多特点。一是明显的地域性。西藏劳动人民在高原地区这个特殊地理环境下长期从事农业生产实践，不仅选育出许多适合高原生长、发育、繁殖的牲畜和农作物品种，而且总结出一系列饲养、放牧、耕作、栽培的技术和经验。这些技术和经验，不仅体现高原特色，而且具有明显的地域性。二是独特的民族性。西藏传统农牧业是与藏民族吃、穿、用以及民俗生活习惯紧密相关的。在海拔 3 000 米以上地区的群众喜食糌粑、喝青稞酒，青稞为其主要栽培作物；在海拔较低的地区，群

众又喜欢食用烙饼、糌粑，小麦为不可缺少的作物。藏族人民由于长年生活在高寒缺氧的环境中，喜食牛羊肉、喝酥油茶，畜牧业的发展更为广泛。因此，"以青稞为代表的农业""以牛羊为代表的牧业"体现了西藏农牧业产业结构上的民族特点。三是农牧的结合性。西藏自然资源的数量与质量是农牧结合的物质基础，而农牧结合也是农牧资源优化配置的必然结果。西藏的自然环境条件和农牧业资源的分布特点决定了农牧结合的发展方向。在以农为主的河谷农区，因有丰富的作物秸秆和农副产品可作为牲畜饲料，因此农区畜牧业一直得以发展，而且成为当前西藏畜牧业发展的重点；分布在农区和半农半牧区不宜种植作物和树木的草地，是良好的天然牧场，畜牧业比较发达，肉、奶、毛等动物产品与农区生产的粮食互通有无，满足各自需要。四是农畜产品的优质性。在海拔 4 000～5 000 米的高原，蓝天与绿草相映，牛羊与流水齐鸣。西藏得天独厚的大气、水、土壤等自然环境条件，加之藏民族淳朴、善良的优良传统，以及工业污染极少，决定了西藏农牧业生产环境、生产过程无污染，是发展无公害、绿色、有机农畜产品绝佳之地，孕育了西藏独特而鲜明的高原特色、安全、优质农畜产品。

总结西藏农牧业发展的历史，尤其从农牧业科技发展演变来看，我们不难发现，在几千年的实践中，西藏农牧业经历了若干不同的发展阶段，每一个阶段都有独特的发展方式和极其丰富的内涵，由此形成了西藏农牧业的发展脉络，呈现出一定的特征和演进规律。

西藏农牧业的发展史，是一部西藏与内地经济文化交流的融合史。在吐蕃王朝兴起之前，青藏高原地区的各个部落邦国之间业已发生往来联系，形成纵横交错的交通网络，其中最为著名的是唐代青藏高原地区的"唐蕃古道"。吐蕃王朝的建立者松赞干布，主动增进与唐朝的往来，大力吸取中原地区汉族先进的生产技术和文化。特别是文成公主的进藏，从中原地区带去了许多谷物种子、牲畜。随着与唐朝交往的不断扩大，中原地区先进的农业生产工具和技术也陆续传入吐蕃，提高了当地的农业生产水平。自此以后，宋、元、明代西藏和内地之间的经济交流不断加强。特别是明朝时在西藏设置卫所、封授地方僧俗首领，要求僧俗首领按期向朝廷进贡牲畜、皮毛、藏绒、药材等土特产品和手工艺品，朝廷则给他们回赠数倍于供品价值的绸缎、布匹、粮食、茶叶等物品。这些措施为西藏地方同祖国内地的经济文化交流创造了有利条件，并有力地推动了这种经济文化交流的发展。这种融合在新中国成立后表现得更为突出。中央顶层推动融合。为帮助西藏摆脱贫穷落后状况，加快发展步伐，中央政府发挥社会主义制度优势，举全国之力支援西藏建设，以优惠的政策和巨大的人力、物力、财力，不断为西藏的发展注入新的活力。1980年以来，中央先后五次召开西藏工作座谈会，对西藏的发展建设作出整体规划。刚刚中央又召开了第六次西藏工作座谈会，对西藏未来经济社会发展作出了新的部署，充分体现了以习近平同志为总书记的党中央对西藏人民和发展事业的亲切关怀和高度重视。长期以来，部门、省市、企业全力支持融合，大大促进了西藏经济社会的发展。西藏农牧业也在这个融合的大趋势中加速发展着、改变着。到2014年，西藏粮食产量达97.97万吨，蔬菜达68.21万吨，猪牛羊肉产量达28.62万吨，奶类产量达34.06万吨；农牧民人均可支配收入7 359元。回溯过往，需要我们从历史的长河中汲取营养；展望未来，需要我们准确地把握发展大势和内在规律，不断强化内地与西藏在农牧业领域更广泛的合作与交流，进一步推动西藏农牧业的持续健康发展。

西藏农牧业的发展史，是一部西藏农牧业科技发展创新的实践史。西藏传统农牧业是从烧荒开垦农田的撩荒农作制开始，演变到休闲耕作、混作、轮作，再到更为科学的轮作制和施肥技术。这种在不同发展阶段所体现出来的先进性和科学性，是适应每个时期生产力水平的必然选择。从远古石器时代的农业生产工具石斧、耒耜，到刀耕、耜耕、犁耕的生产方法；从卡若新石器时代的养殖技术、野牦牛驯养技术，到雅砻悉补野部落的"二牛共轭"；从吐蕃统一时期农业自然灾害的防治，到分散割据及元代时期的薅草积肥技术……我们时刻在感受着西藏农牧业的悠久历史和西藏人民在长期的生产实践中创造的灿烂农业文明！历代藏民族群众在不断认识农作物、牲畜与自然环境相互作用、相互制约的矛盾统一过程中，积累了丰富的农牧业生产经验以及同自然作斗争的经验，并逐步形成了一整套因地、因时、因作物动物制宜的具有西藏特色的传统农牧业技术体系。在西藏农牧业发展过程中，每一项传统技术的改进，都是藏民族在发展农牧业生产过程中创造的，它不仅符合当时的生产力水平，而且在各个历史时期具有一定的先进性，从而有效地促进了农牧业生产的发展。

西藏和平解放以来，在中国共产党的正确领导和全国各族人民的大力支援下，西藏农牧科技工作者以坚忍不拔、顽强拼搏的精神，在极其艰苦、困难的条件下，砥砺奋进、勇于创新，积极推广先进适用的农牧业科技成果，走出了一条依靠科技进步、促进农牧业可持续发展之路。从农作物育种技术的突破，到种质资源的保护；从现代集约农作制度的成熟，到作物高产栽培技术的广泛应用；从测土配方施肥技术的推广，到统防统治技术的应用；从农业机械化的深刻变革，到畜牧业科技的迅猛发展……我们不由得惊叹着半个世纪以来西藏农牧业发展的凤凰涅槃和华丽转身！到 2014 年，西藏农牧业科技贡献率达到 44%，农作物良种覆盖率达 85% 以上，全区机械化综合作业水平达 57.5%，一大批实用技术和科技成果在生产中得到广泛推广应用，为西藏农牧业发展提供了强有力的技术支撑。沿着西藏农牧业科技发展的实践轨迹，我们欣喜地看到，在科技的引领下，西藏实现了农牧业持续快速发展、农牧民持续稳定增收、农牧区持续繁荣稳定的局面。

西藏农牧业的发展史，是一部西藏农牧民世代耕耘壮大的进步史。据考古发现的西藏新石器时代的卡若文化，就出土了猪、羚、狍、牛、马鹿、藏原羊、青羊、獐等动物骨骼，还有农作物的粟米；在早期金属时代遗址中，还发现古代游牧部落日常使用的物品；西藏的岩画描绘的题材，大多为牦牛、马、犬、羚羊、鸟和人等，其中狩猎野牦牛的场面尤为生动。这些内容丰富的岩画，其核心是反映西藏高原原始牧民的日常生活及其精神文化活动，体现出当时牧业生产水平和生产手段的进步，同时从一个侧面也反映出农牧业与藏民族有史以来千丝万缕和休戚与共的密切关系。可以说，千百年来，藏民族纵横驰骋，经济生活的基础就仰仗农牧业。时至今日，这一基础依然没有发生根本变化。西藏农牧民占总人口的 76%，农牧区占全区总面积的 90%。农牧业仍是西藏经济社会发展的基础产业，是农牧民收入的重要来源。特别是西藏的畜牧业经济无论从经济结构中的比重、出口创汇的份额，还是从轻工业发展及人民生活水平的提高，都有其不可替代的战略地位。随着历史的演进，技术的进步，西藏农牧业进入了全新的发展阶段，农牧民也在世代繁衍中不断发展壮大，成为文明程度不断提高的新型农牧民。农牧业是西藏人民世世代代繁衍生息的根基，是西藏地方国民经济的基础，关乎西藏经济社会发展和稳定的大局，我们必须高度重视和解决好农牧业、农牧区和农牧民问题，实现西藏跨越式发展和长治久安。

以上几点，不可能完全概括出西藏农牧业发展的历史轨迹和演进规律。还好，大家可以通过完整地阅读《西藏农牧业科技发展史》来弥补。这本书以农牧业科技发展历史为基础，集理论性、技术性和实践性于一体，内容丰富，资料翔实，条理清晰，存史鉴今，详今略古，对古代农牧业科技发展进行简略记载，重点对西藏和平解放特别是改革开放以来农牧业科技发展进程进行系统归纳和总结。通篇按历史断代，对不同历史时期的农业耕作制度、耕地保护利用、种质资源研究、作物栽培技术、畜禽饲养管理、疫病监测防控、体系能力建设、科技成果转化等方面取得的成就分别记述。同时结合西藏实际，提出了今后一个时期西藏农牧业科技发展的基本思路、主要目标和重点任务。

总体来看，西藏农牧业取得的成就是巨大的，有许多宝贵的可资借鉴的经验，也有许多发人深省的教训。同时，我们也清醒地认识到，西藏现在的农牧业科技发展水平与全国相比还有一定差距，科技创新能力还不强，技术装备水平相对落后，科技推广人才匮乏的状况尚未根本改变，基层农技推广服务体系需要进一步加强等，这些仍然是制约西藏农牧业实现跨越式发展的瓶颈。只要我们认真吸取历史经验，吸收现代先进科学技术和先进经营理念，创新农牧业科技发展思路，不断加强农牧业技术改造，推动农牧业发展由数量增长为主转到数量质量效益并重上来，由主要依靠物质要素投入转到依靠科技创新和提高劳动者素质上来，由依赖资源消耗的粗放经营转到可持续发展上来，西藏农牧业生产和农牧区经济就一定会得到更好的发展，目前相对落后的局面就一定会得到彻底改变，也一定会走出一条产出高效、产品优质、资源节约、环境友好的现代农牧业发展道路。

当前西藏农牧业发展正处于党中央重视、全国人民支援、全社会关注的良好氛围中。西藏自治区党委、政府认真贯彻中央部署，始终把"三农"工作放在重中之重，农牧区、农牧业、农牧民发展出现了显著的变化。农牧业生产积累了一定的基础，农牧业和农牧区基础设施条件不断改善，综合生产能力不断提高，科技创新能力进一步提升，强农惠农富农政策作用日益凸显，农牧民收入持续增加。我们坚信，只要坚持创新驱动发展战略，立足西藏区情和西藏农牧业发展特点，遵循规律，大胆探索，勇于实践，着力提高自主创新能力和科技推广应用水平，让农牧业腾飞插上科技的翅膀，对实现"农业强、农民富、农村美"、全面建成小康社会必将发挥强大的推动作用。

《西藏农牧业科技发展史》的编撰工作，是在农业部的直接指导和西藏自治区党委、政府的高度重视下进行的，农业部韩长赋部长和西藏自治区陈

全国书记、洛桑江村主席对编写思路提出明确要求，希望以史为鉴，对西藏农牧业科技发展历史、经验教训、成效贡献等进行系统梳理和总结，为本书的编撰指明了方向。

　　《西藏农牧业科技发展史》是西藏农牧业科技工作的一项重要成果，也为全国农牧业科技之沃土增添了不可多得的养分；它不仅必将载入西藏农业史料宝库，而且为充实祖国农业发展史作出了贡献。它的顺利出版，必将为国际国内更全面深入地了解认识西藏农牧业发展历程，为建设具有西藏特色的现代农牧业发挥重要作用！

2015 年 8 月

目 录

| Contents |

序言

第一篇　西藏古代农牧业科技发展

第二篇　西藏新时期农牧业科技发展

第一部分　西藏和平解放至改革开放时期农牧业科技发展

第三篇　西藏农牧业科技发展展望

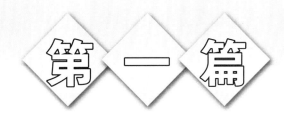

第一篇

西藏古代农牧业
科技发展

第一章 >>>

远古石器时期农牧业生产技术

第一节　西藏原始农牧文明的起源

一、西藏新石器文化与农业文明的起源

从世界范围来看，最早的农业文明出现在旧石器时代晚期至新石器时代早期，距今1万年以上。我国考古学界一般把新石器时代作为农业起始的时期，并得到世界大多数专家学者的认同。从考古遗物（遗址）来判断，西藏原始农业出现的时间上限，是距今5 000年前。据《贤者喜宴》《西藏王臣记》《西藏王统记》等藏文古籍记载，第八代赞普布德贡杰时代，"斯时，又烧木为炭。炼皮制胶。发现铁、铜、银三矿石，以炭熔三石而冶炼之，提取银、铜、铁质。'钻木为孔作轭犁，合二牛轭开荒原，导江湖水入沟渠，灌溉农田种植。'自斯以后，始有农事"。很明显，此时农业已有了很大的发展，一些先进的生产工艺及技术开始发明、应用，大力兴建水利，并设立专门从事管理农业、手工业的官吏——"工官"等，这些都清楚地表明农业已进入了一个新发展时期，并非起始时期。

考古资料表明，新石器时代西藏高原至少已存在着三大支系各不相同、文化面貌各异的原始居民。他们是：以卡若文化为代表的居住于藏东河谷区、从事定居农耕经济并兼有狩猎畜牧经济的卡若居民群体；以曲贡文化为代表居住于雅鲁藏布江中下游地区，从事定居农业和渔业经济为主的曲贡居民群体；以细石器文化为代表，主要活动于藏北高原地区并从事游牧和狩猎经济的藏北游牧居民群体。西藏不但在藏东卡若新石器文化遗址发现了粟，接着又在昌果沟再度发现了古粟。拉萨曲贡遗址的孢粉中也见到目前尚不能确定种属的禾本科植物存在的证据，"也许就是青稞麦之类"的谷物。

近年来，一些语言学者在研究藏族称谓时指出：藏族一直自称"蕃"，而"蕃"字有"农业"之意，说明古代藏族是崇尚农业的，这与藏族先民最早生存的环境，即在雅鲁藏布江河谷地带的冲积平原上有关，与从事农业为主的雅砻部落最终统一高原、建立最早的奴隶制政权不无关系。

综上所述，可以认为西藏农业文明的起源时间很早，大约产生于新石器时代，距今有5 000年以上的历史。

二、西藏古代畜牧业的起源

（一）从早期岩画看西藏远古的狩猎

西藏高寒缺氧，草原广阔，人口稀少，劳动力缺乏，不适应农业的大发展，而更适应畜牧业经济的发展，这是西藏的特点。因此，西藏畜牧业的发展就像马克思所说："不在人工牧场上面而在天然牧场上饲养牲畜，几乎不需要任何费用。这里起决定作用的，不是土地的质，而是土地的量。"西藏畜牧业的发展大约有数千年的历史。

在对西藏的史前考古中，发现有石丘墓、大石遗迹及动物形纹饰、岩画等。石丘墓发现于藏北和藏中的霍尔、南茹、那仓等地。由于出土器物太少，难以将这种石丘墓与国内其他地区的墓葬进行比较。其墓葬形制特点是以石块或石板环绕成一椭圆形，与蒙古国、俄罗斯贝加尔的石丘墓有些类似。

据考证，石丘墓、大石遗址及动物形纹饰者都是北方草原文化的特征。大约从公元前2 000年开始到中古，动物形纹饰一直是这些草原民族传统的艺术主题。西藏高原出现这些因素，应属于这种草原文化的一部分。

已发现的西藏早期岩画主要分布于西藏的西部和南部。在阿里地区的日土县、革吉县和改则县发现大量用坚硬工具雕刻的岩画，内容以狩猎和宗教仪式为主。在定日县南果乡达拉山相距500米的岩边，有30幅个体画面，也是用坚硬工具凿刻而成，图案多是放牧场面，有马、牛、骑马放牧人等形象。岩画的狩猎、放牧的图像，反映当时当地居民是过着以游牧为主的生活。例如，日土县鲁日朗卡地点的岩画，共计有20组画面，内容丰富，单个形象中动物占多数，此外还有人物、器物、自然物及符号等。动物的种类包括虎、鹿、马、羊、牦牛、野猪、狗、水鸟、鹰等；人物中有猎人、武士、牧人以及人兽一体的神灵形象；出现的器物主要有弓箭、弩、长矛、刀剑一类的武器。符号仅见同心圆形符号1种。岩画的题材可分为4种类型，有狩猎、放牧、战争以及单纯的动物题材，其中狩猎题材的画面较多。狩猎

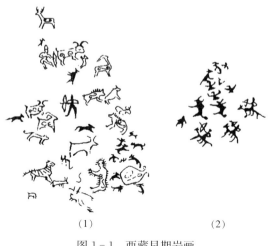

（1）　　　　　　　（2）

图1-1　西藏早期岩画

题材的岩画表现了当时人们采用的多种狩猎方式，除了徒步捕猎动物，也有骑马追猎的。在具体的狩猎方法上，既有单人的狩猎，也有多人的围猎，除使用弓箭一类的武器射杀猎物外，狩猎者已能够豢养猎犬、猎鹰等作为辅助工具，有效地获取更多的猎物，甚至还出现了挖掘陷坑设伏捕捉猎物的场面。如图1-1（1）画面，画面中有2名徒步猎人手执弩瞄准身前的羊群，在画面的右侧有一近似方形的陷坑，坑的四周有数只猎犬和猎鹰正守候在旁边；图1-1（2）画面则表现了3名骑马猎人围猎野牦牛的场景，猎人们呈扇形包围猎物，2头野牦牛不远处有猎犬及上方有数只猎鹰。经考证，该地点岩画的年代大致属于吐蕃时期以前的早期金属时代。在表现放牧的画面中，放牧者均为单人徒步，放牧的方式为赶牧。单纯表现动物形象的岩画较多，画面上往往是多种动物聚集在一起，在部分动物的身体部位装饰有双涡纹或斜线纹。

这些众多的岩画生动而形象地表现了远古时期藏族先民狩猎、散牧、驯化动物的丰富场景。

（二）西藏畜牧业源于狩猎

考古文化研究显示，新石器时代在西藏境内存在着3种不同的文化，即分布于藏北的细石器文化、昌都卡若文化和曲贡文化。

在藏北发现的大部分细石器文化遗物中没有发现陶器，其细石器工艺传统与我国北方游牧民族的细石器工艺传统（更确切地说是华北工艺传统）是相一致的，故其文化传统基本上是沿袭了我国北方（华北）细石器遗物的传统。这些细石器遗物的主人在其长期的狩猎经济生活中所积累的知识与技能是畜牧业发生的重要原因之一，即畜牧业发生的源头必然是从游牧部落的"大经验"中产生，从而推动了整个社会生产力的大步前进，丰富了物质资料。

昌都卡若文化分布在藏东，其主要特点有：①打制石器、细石器、磨制石器和陶制并存。②独特的建筑遗物。③石器加工工艺带有自身的特点。④出现"禁忌食鱼"观念。昌都卡若时代畜牧业也较为发达，其证据有二：一是家畜的遗骨。卡若遗址挖掘有大量的骨制工具和遗骨，例如骨锥、骨针、骨斧和牛、羊、马、鹿、獐、狍等遗骨和犬齿等。在所发掘出的动物遗骨中有一些是饲养类动物，据鉴定研究结果，我们认为当时卡若人已饲养了猪，说明饲养技术已较为发达。从畜牧学角度看，猪属于杂食易养类家畜，生长速度快，对于古人类来说是比较理想的饲养动物。但由于猪的脚短、体重等生物学方面的特征，不适合古人类游牧，因此只能定居下来饲养，且猪在饲养条件下似乎更容易改变习性，也特别顺应人的选择。从这一点看，卡若人的定居生活已有了较长的历史。二是用于圈养家畜的建筑遗物。卡若文化遗址中最令人瞩目的是其独特的建筑遗物，建筑房屋按时间及复杂规模程度分出 3 个序列：早期、中期和晚期。其中，晚期的房屋已高度发达，其用途已不光是人的居住场所，它同时可以用于圈养家畜，这种人畜共居的房屋建筑充分显示出当时的人类已脱离漂泊不定的游牧、游农的生活，转而过着以农业为主、伴有畜牧业的定居村落生活，这是人类跨入文明门槛的关键一步。

曲贡文化主要分布于藏东南的腹心地带（史称卫地）。其主要特点有：①以打制石器为主，不见细石器。②陶器制作方面，曲贡文化比卡若文化发达，以其泥质磨光黑皮陶最具特色。③无"禁忌食鱼"观念。其主要的经济类型是农业经济。

从中可看出，早在新石器时代，西藏高原的不同地带孕育出了古老的农业文明和牧业文明。

畜牧业的出现，在西藏原始氏族社会（公社）的生产力发展中具有特别重要的意义，它标志着西藏原始氏族公社生产力的一个新阶段的开始，它既是人们获得食物等生活资料的可靠来源，又为发展农业生产打下了基础。

（三）西藏细石器文化与畜牧经济的起源

藏学界目前认为，在松赞干布时代之前，农业和牧业并没有明显的分工，畜牧是在细石器时期伴随农业衍生的。考古证明，细石器文化的主要经济类型是畜牧业，主要原因是最初畜牧需逐水草而居，在频繁的迁徙中不易携带沉重、大型及易碎的东西，如陶器等，使得畜牧者在工具等方面只能向小型、多用途等方向发展，因此所使用的细石器的工艺水平也相当高。但在其他方面，如制作陶器等方面，就非常粗糙。

据许多藏文史料记载，聂赤赞普时代在雅砻一带建造了一些宫殿、寺庙，而这些非原始农牧业的部落所能完成的。考古等资料也表明，生活在石器时代的高原先民，在创造了各种生产工具及生活用品的同时，也创造了新的社会经济类型——农牧业生产。以卡若遗址为例，对于遗址显示的经济形态问题，在学术界已经有了共识："早中期的经济形态是以锄耕农业为主并辅之以狩猎活动和家畜饲养，中期达到繁荣。而从早期到晚期，与畜养活动有关的因素始终持续增长并在晚期占主要地位，但仍然经营着部分农业生产，这似乎意味着其经济形态正在发生转变，可能正是原始畜牧经济的生长点。"再从其早晚期建筑形态的变化来看，"随着原始农业经济向畜牧业的转变，大群牲畜的圈养、放牧，必然有与之相适应的聚落居住形式。早期的那种圜底房屋、草拌泥墙半地穴式房屋，显然不适宜于人们营建畜栏、圈养牲畜以便于看管的需要，所以，为适应这种变化，在早期后段的建筑遗存中，便已开始出现了一种'井干式'的建筑形式。"

第二节　西藏高原原始农业生产技术

一、原始农业的生产工具

农具是随着农业的产生而产生的。在原始农业时期，农具的材料都是就地取材，木和石是其主要材料，此外，还有骨等。制作的农具有松土整地农具、收割农具和加工农具三大类，还有渔猎用具等，所有这些农具和工具，结构简单、原始，所以生产效率不高。西藏的新石器时代文化遗址共发现有20余处，其中规模较大、较为典型的有：昌都卡若新石器时代遗址（距今4 000～5 000年）、林芝新石器时代遗址（距今4 000年以上）、拉萨曲贡遗址（距今3 500～4 000年）等。出土的石器类生产工具是西藏原始农业起源的实证。

（一）松土整地农具

1. 斧

石斧在农业起源时代是与火耕联系在一起的，用于砍树火耕，垦土造田。早期的石斧是手握使用的，称为手斧。后来将石斧绑在木柄上使用。

随着工具制造技术的提高，石斧可以装柄使用，提高了功效。在粗耕农业中，石斧仍是砍伐树木的主要工具，是原始农业时代开辟耕地的重要农具。在距今1万～3万年的阿里日土县夏达湖旧古器遗址中就出土了手斧，在距今1万～3万年卡若遗址有磨制石斧出土（图1-2），其非常精制，很符合砍劈原理。

此外，在昌都卡若遗址中还出土了骨斧，整个器身略呈梯形，通体磨光，下部加工成薄利的锋刃，有使用痕迹，长7.4厘米、宽4厘米、厚0.7厘米（图1-3）。这表明，西藏在原始社会农业中使用的斧不但有石制的，同时也有骨制的。

图1-2　手　斧

图1-3　骨　斧

2. 耒耜

耒耜是最古老的工具，最初，它仅是一根尖头木棒，广泛用于松土、划沟、戳穴、挖掘块根块茎等。

耒是一根一端削尖的木棍。在采集经济时期，木棍被用于挖掘植物的块根。在农业起源时代，木棍被用于挖穴点种。农业产生之初，人们在刀砍火烧之后，只是将种子撒于地面，任其自然生长而已。渐渐地，人们发现浮在地面上的种子发芽率不高，而且易为野兽、飞鸟所吞食。于是在以后的生产中，使用树枝、木棒之类的天然器物工具，在地上刺穴点种，将种子埋入土中。这种挖穴点种的方法就是今日"点播"的源头，刺穴用的树枝、木棒便是后世耒的前身。但无论是以尖木棒挖掘块根，还是刺穴播种，均无所谓耕地。

随着生产的发展，人口的增加，再加上"另结庐舍"的辛劳，"撂荒"制下被抛弃的火耕废地日益需要重新开垦，耕地的需求更加迫切，于是直接为播种服务的尖木棍演变成了耕地的农具——耒。人们在尖木棍的下部加上一截横木，操作时，以足踏于横木之上，手足并用，加压力促使尖头入土，再挖起土块，这就是最为原始的耕地了。这种加横木的尖头木棍就叫做耒（图1-4）。目前，这种工具在西藏门巴族中仍然在广泛使用。

图1-4 耒

耜由耒发展而来。为加宽与土壤的接触面，把耒的尖端作成扁阔形状，便成为木耜。木耜与其前身耒相比，挖土、拨土效率大大提高，得到了广泛而长期的使用。在挖土、拨土的过程中，木质的耜刃易受磨损，人们遂对其予以改良，以动物的骨骼或石片制作刃部，绑在木柄上使用，从而使耜定型为更加锋利耐用的骨耜和石耜，成为典型的复合工具。木耜形似短头木桨，后代的锹铲便是依据它的形状和功能发明的，西藏的脚犁也源于木耜。

西藏珞巴族使用的耜便是原始形态的木耜的遗制。珞巴族使用的木耜（即木锹，珞巴族称"打洛"），系用坚硬的青杠木制成，耜头宽15厘米，长47厘米，正面平直，背面圆突起脊，形似长形树叶，锹头上方安装一脚踏横木，柄端有一个横梁，是手握的地方（图1-5）。

3. 锛锄

锛、锄也是原始农业时代的耕作工具。

图1-5 木 耜

锛的形状与斧非常相似，西藏出土的锛有石锛和玉锛。例如，距今 4 200～5 300 年的昌都卡若遗址和距今 4 000～4 200 年的昌都小恩达遗址中就出土了多种类型的石锛。

锛酷似斧，但是唯柄孔和装柄方向不同而已。当给这种石器安装木柄时，如果木柄的方向与石器刃部平行，则这种复合工具便成为石斧，而当木柄与石器刃部垂直时，则这种复合工具便成为锛。

由于斧柄与斧刃方向平行，所以木柄不能太长，并只能用于砍劈作业，而锛与刃部垂直，柄可长可短，长柄锛可直立挥舞，短柄锛可弯腰而耕，其功用在于掘地翻土。用锛挖地掘土，使地里的盘根被斩断掘起，作物收获后残留在地里的禾秆亦可掘起，使刀耕火种阶段地下根蔓盘结的状况得到了治理。

石锄由锛演化而来，将锛加宽减薄，便成为锄。卡若遗址中有大型打制石锄的出土。石锄虽不能像石锛那样能够攻坚，但其作业面加宽，松土效率大为提高。例如，在昌都卡若遗址中出土的石锄就有石片石器和石核石器两种，以石片石器为主。多数石片石器仍保留部分原砾石面。器形相差较大，有条形锄状器、三角形锄状器、两齿锄状器和有肩锄状器。器均较厚重，有一平齐的柄端和较钝的刃部（图 1-6）。

除石锄外，在西藏高原还广泛使用木锄。据实地考察，珞巴族使用的木锄系用青冈树树权制成，一权为柄，一权为锄头，珞巴族称之为"夏界"。锄头部稍加削磨，呈尖头状，锄头长约 25 厘米，把长约 40 厘米，是珞巴族普遍使用的刨土和碎土工具。这种小型的木手锄，在西藏东南部的门巴、珞巴等少数民族中皆有之，是住在山区民族普遍使用的工具（图 1-7）。

图 1-6　石　锄

图 1-7　木　锄

4. 石型

石犁是原始农业阶段的重要农具，其作用主要是翻耕疏松土地。在西藏原始社会的遗址中发现了犁形器。例如，在昌都卡若遗址中发现的犁形器共 9 件。多为石片石器，器形较大，形状像犁头，均有一个尖部或刃口，可分为 3 种类型：

Ⅰ型：三角形犁形器，共 3 件。器身略呈三角形，在三角形的底边加工成凹口，似为装柄之用，一般长 15.8～23.5 厘米、宽 12.2～17 厘米、厚 3.54 厘米。Ⅱ型：圭形犁形器，1 件。器身略呈圭形，用黑色细砂岩长体石核制成；较平的一端为柄，两侧边作交互加工，形成尖端，故器身两侧边缘较薄，两面均遗有大小不一的疤痕；长 25.4 厘米、宽 13 厘米、厚 4.6 厘米。Ⅲ型：宽体犁形器，共 5 件。器形大而宽扁，平柄尖弧刃；系利用石片的自然形状制成，背面仍保留原岩面，劈裂面平直；一般长 17～32 厘米、宽 10～25 厘米、厚 4.5～5.5 厘米。

5. 石铲

石铲是耜耕农业阶段主要的松土农具。一般为单刃，又分平刃和弧刃两种。例如，距今 3 000～3 700 年的西藏拉萨的曲贡遗址中就出土了双刃的舌形石铲（图 1-8），其磨制精细，使用方便。

图 1-8　石　铲

（二）收割农具

石刀是西藏高原最古老的收割农具。在采食野生谷物时代之初，人们是靠手指采获谷穗谷粒的，后来用石片采割谷穗。这种石片便是石刀的始祖，由它演变为各种形式的石刀，提高了割取谷穗的功效。

在农业起源时代和原始农业时代，石刀主要是作为重要的收割农具来使用。例如，卡若遗址中出土有磨削的石刀，其石刀为穿孔石刀，有凹背弧刃和弧背凹刃两种（图 1-9）。穿孔石刀可套于手指上割取谷穗，亦可用绳将石刀与木柄绑在一起使用。卡若遗

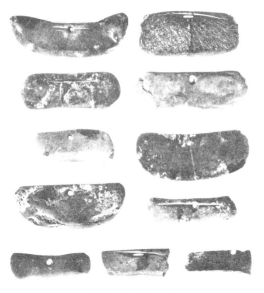

图 1-9　石　刀

址出土的骨刀把说明，石刀不仅可以安装木柄，亦可安装在骨柄上使用。卡若遗址骨刀把的出土，反映了骨刀在原始农业时代的广泛使用。

（三）脱粒加工农具

石磨盘、磨棒是最古老的加工农具。它是利用磨盘与磨棒互相挤压，使谷物脱壳和粉碎，在昌都卡若遗址中已有发现。在此遗址中出土的石磨盘，共14件。普遍体积较大，器身略呈长方形，利用砾石或石片的自然形状加工而成，磨盘面上均有碾磨形成的凹坑。磨痕纵贯器体的两端，分布成长圆形。残长24.5厘米、宽17.6厘米、厚1.3厘米，研磨面宽12厘米。出土的研杵（图1-10），共7件，呈棒状，横剖面有圆形和扁圆形两种，多系石英砂岩、千枚岩制成。一般利用长条形砾石的自然形状，两端都有研磨或敲击的痕迹。

图1-10 研 杵

在拉萨曲贡遗址中也有数以十计的大石磨盘，另外，在今琼结县久河区札林乡邦嘎村新石器时代遗址中也有磨石、磨盘等遗物。其中，磨石1个，系用砾石加工而成，球形略扁，直径13厘米，厚9.3厘米。上为握手部位，较不平，局部有小窝点；下为研用面，很光滑，显然是长期使用之故。石磨盘1个，比较浑大，属打制而作，不规则，残长0.5厘米，宽35厘米，厚26厘米，研磨面下凹，呈锅底形，较光滑，有纵向研用痕迹。此磨盘与上面磨石出土于同一灰坑，两器相距10厘米，平置，磨盘研面朝上。灰坑为圆形，径6厘米，深25厘米（图1-11）。推测上面两器原本为同套器物。

此外，在西藏原始社会时期还使用木质的研钵与研杵，如在森林茂密的藏东南地区保持着原始生存状态的门巴族地区，至今还有使用木质研钵与研杵（图1-12）使谷物脱壳和粉碎的习惯。

上述磨石、磨盘等为谷物加工工具。它也是西藏高原原始农业产生的考古实证之一。

图 1-11　磨石、磨盘　　　　　　　　图 1-12　木质的研钵与研杵

二、原始农业生产方法

西藏原始农业的生产方法，大致可分为刀耕、耜耕、犁耕 3 个发展阶段。

（一）刀耕

在西藏农业发展之初，部分地区杂草丛生，荆棘遍野，森林密布。要在这样的环境中进行农业生产，人们最基本、最首要的任务就是开辟耕地。当时人们的生产方法是用最原始的工具——石斧将林木荆棘砍倒，用火焚烧，把场地清理出来，然后用尖头木棒刺土下种，等待收获，生产方法十分原始。由于用火烧过的土地有草木灰覆盖，土地肥沃疏松，杂草也很少，收成比较好。但是，这种耕地在当时的技术条件下，利用的时间是很短暂的。首先，由于种了一年庄稼，又经风吹雨打，疏松的表土和地面的灰分很容易流失，耕地很快就变得贫瘠，作物难以生长；其次，一年后，杂草荆棘又重新萌发，和以风为媒介的种子侵袭，地上又会杂草丛生，严重影响作物的生长。因此刀耕火种的土地用一两年后，只能抛荒不种，另找可供开垦的新地。这种耕作方法，在农业上称为"撂荒耕作制"。目前，这种耕作方法仍然在藏东南的墨脱一带存在。

（二）锄（耜）耕

这一阶段，人们已有了较多的生产知识，开始懂得松翻土地，并认识到经过松翻的土地庄稼长得好，收得多，因此创造了锛、锄、耒、耜等农具，以适应松土、翻土的需要。其中锄和耜在这一历史阶段使用最为普遍，因此人们将这一阶段称为锄耕或耜耕阶段。在这一阶段，人们的生产技术重点已由对林木的砍烧转移到对土地的松翻，土地使用的期限也相应延长，开始由生荒耕作制转变为熟荒耕作。

锛、锄、耒、耜等农具的发明，推动了新的农耕技术的产生，翻耕土地的历史从此开始了。虽然锛、锄、耒、耜皆为翻土工具，然而耕作方法却截然不同。

用锛、锄翻土地时，人们一边挖地，一边前进，被耕翻的土壤留在了人们身后，而耒、耜却与此相反，实行的是"却耕"。

耒、耜耕地之时，包括两个连续的过程，一为刺土，二为翻土。耕者立于耒耜之后，手扶耒、耜之柄，一脚踏于横木之上，手足一并用力，将刃部刺入土中，即为刺土。然后利用杠杆原理，以耒、耜下部的地表为支点，手向下板压耒耜木柄，将土翻起，即为翻土。从刺土到翻土，仅完成了一次翻土过程，要继续翻土，耕者须向后挪动耒、耜，再依上述方法持续耕地。

为了耕翻地下根蔓盘结、土质坚硬等难耕之地，人们又发明了"耦耕"这种耕作方法。据杜耀西《珞巴族农业生产概况》一文介绍，与珞巴族相邻的门巴族，至今仍有以木耒耕地者。耕地时常二人各持一耒，二耒"夹掘一穴"，共发一块土，一边耕一边退，这就是"耦耕"的耕作方法。

门巴族在翻耕土地时，往往数十人并排而立，各持一耒，共同协作，边耕边退，开翻土地。珞巴族使用的木锹（即木耜）已可以单独作业，不需要并排夹耕了。单耕之时，可以却耕，也可以自左而右，亦可自右而左移步而耕。目前，以耒、耜为主体的这种耕作方法在西藏错那县门巴族农业生产中仍在使用。

（三）犁耕

随着农业生产的发展，农具也不断有所改进。石铲逐渐延长加大，变薄变扁，更适应于松土、翻土。到原始社会中晚期，便形成了一种新的耕地农具——木制的脚犁。

脚犁又称踏犁。1981年夏季，中国社会科学院民族研究所严汝娟女士在四川甘洛藏族自治县调查时，发现当地藏族（自称耳苏）至今在农业生产中仍使用着脚犁。据此推断，脚犁亦曾为西藏历史上一种重要的农用工具。而此次发现的藏族脚犁，其形制之独特，为以往所未见，所以这种脚犁当为藏族先民之发明创造，属青藏高原本土产生的工具。从图1-13中我们可以看出，藏族的脚犁与其他民族的脚犁相比，虽然名称中都有一个

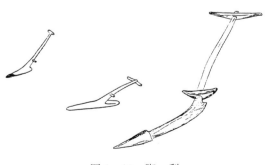

图1-13 脚 犁

"犁"，但却不是犁。脚犁是一种比耒、耜先进的翻土农具，它来源于耒、耜，形状介于耒、耜与犁之间，功效较之于耒、耜或锄耕大为提高。因此，脚犁在西藏历史上出现的时间当介于耒、耜与耕犁之间，为耕犁之雏形。

由上可以看出，脚犁不仅形似耒、耜，其耕作方法亦同耒、耜，实行却耕，而不同于锄耕与犁耕的前进耕作方法。据严汝娟介绍，藏族两人以脚犁耕田时实行的是"却耕"；单人耕田之时，可实行"却耕"，亦可左右移动而耕。

在脚犁的基础上演化出耕作效率更高的木犁。据耳苏老人讲，过去当地使用过一种人拉木犁，耳苏称"西戞杂布俄"，意思是两根木叉制成的犁。扶手称"布买猜"，木尖称"布查"，木辕称"布戳"。使用时，前面由1～2人以绳索拉犁，后面由一人扶犁，只能在土质较松的熟地上使用，开生地时则离不开脚犁。

原始农业发展的三个阶段，反映了农业生产技术和生产工具发展的不同水平，生产技术的不断进步，生产工具的不断改进，促进了西藏高原农业的不断向前发展。

三、最早的农作物品种

栽培作物的驯化是农业发生的重要标志。据统计在667种世界主要栽培作物中，起源于中国的有粟、黍、稻、大豆、萝卜、白菜、葱、杏、梅、山楂、银杏、茶等136种，占20.4%，这是中华民族为人类的生存与文明所做出的重大贡献。据许多专家考证，在西藏高原最早出现的作物有以下几种：

（一）稞麦

从考古和民族志材料来看，新石器时代以后，在长江上游即"藏彝走廊"大部分地区，包括"藏彝走廊"东缘地带，主要有黍、稞麦、荞麦、稻等粮食作物。稞麦和荞麦都是在中国本土发源的，而且其故乡都在青藏高原。

西藏腹心地区的古代农业文明是以稞麦孕育和发展起来的。稞麦与荞麦取代粟，可能与古代藏文化东进有紧密的关系。

以卡若遗址为代表的西藏东北部宜农程度较好的"三江流域"地区，较早地传承了祖国中原及毗邻地区"粟"的农业文明，粟的农耕在西藏高原上自东北向西南传播。其后，最晚在距今3 500年，藏南谷地的雅鲁藏布江流域又辗转接触到了西亚"麦"的农业文明，出现了昌果沟遗址所显示的粟与麦（青稞）并存的混合农耕。然而青稞早熟、高产、抗旱、耐瘠而易于食用，青稞农耕以其对高原农业生态的高度适应性迅速在雅鲁藏布江流域确立，并向高原东北部广为传播，逐步取代了粟。青稞早在吐蕃文化以前即已演变成了西藏高原上的传统主栽粮食作物，而粟作为一个远古历史作物在西藏高原上逐步濒于灭绝，目前仅存于史前考古遗迹之中。

（二）其他作物

傅大雄等人于1994—1995年，在昌果沟遗址大型灰坑内出土的近3 000粒炭化古麦粒中发现了少数几粒类似于小麦属成员的炭化古麦粒，目前仅确认了其中一粒肯定是属于普通小麦，发现一粒类似于裸燕麦（*Avera nuda* L.）种子的炭化粒，一粒类似于豌豆（*Pisum sativum* L.）种子的炭化粒（图1-14）。由此可见，小麦、裸燕麦、豌豆在3 500多年前的雅鲁藏布江流域可能已当作作物进行栽培。从种子炭化粒的微小比例和遗址生存

图1-14 炭化粒

的时代来看，小麦、裸燕麦、豌豆在3 500多年前雅鲁藏布江流域虽然种植面积较小，但已当作一种栽培作物进行种植。

第三节 西藏高原原始畜牧业养殖技术

一、西藏原始畜牧业的特点和地域

畜牧业是人类社会伴随农业发展的传统经济形式。畜牧业虽然起源于狩猎，但是原始畜牧业经济的形成和真正的发展，却是在农业有了一定发展的条件下才有可能的。这是因为，野生动物的驯化比野生植物的培植要困难得多。世界上现有成千上万的栽培植物，其中绝大部分是在原始时代被人们栽培成功的。但是，地球上可作饲养对象的10多万种动物中，人们只驯养了几十种。

驯养野生动物要经历漫长的过程，驯养动物必须有相当程度的定居，而定居就必须要有农业生产作基础。牲畜如果没有经过长时间的驯养，就改变不了它的野生性状，就不可能被人们放牧。所以放牧阶段以前，必须经过圈禁以驯化牲畜的过程，这就需要有农业（或采集）来解决牲畜的饲料问题。

从青藏高原的地理环境看，羌塘草原等地都是冬季寒冷、多兽害、多雪灾的地区，在古人类没有实现谷物种植和驯养牧犬和马匹时，这些草原上是不适合古人类放牧羊群的。因此，青藏高原游牧部落及畜牧的出现，应当是在种植业有了一定的发展，且藏南坟的部分藏族先民在拉萨河和尼洋河源头以北的藏北草原边缘地带，成功驯养了大规模的羊群，并将猛犬和乘马驯养成了自己的助手以后。草原上的畜群出现后，便很快形成部落专门从事畜牧。约在距今3 000年前，西藏高原出现全新世小冰期，气候日渐寒冷干燥，湖水进一步碱化，木本植物最终灭绝，不但使藏北的原始农业迟迟没有发生，就是已经发展起来的采集狩猎也面临困境。当地的先民为了生存，不得不从高地迁往低地，活动范围退向今那曲——日土公路一线以

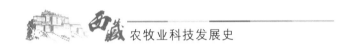

南，依草原围猎。这样在藏北的原始农业发展中，牧业逐渐多于种植业。所以西藏原始社会最早出现的诺今、堆色、鲁赞、马桑本古、色热木吉珠等部落和以后出现的铁木、象雄、年如怯嘎、怒玉林古、年如夏木面、吉如江俄、阿木雪又那、伟布帮卡尔、色工热雪、公城直那、年玉朗木松、达玉热公等12个小邦，都是牧业部落。畜群的迅速繁殖造成对新牧场的需要，使游牧部落分布于藏北广大草原。

二、卡若新石器时代的原始畜牧业养殖技术

（一）畜牧品种和畜牧养殖特点

从考古实物来看，西藏的新石器时代的原始畜牧业已有了一定的发展。

在藏东地区，昌都卡若时期的畜牧业伴随种植业的发展已经出现。在所发掘的动物遗骨中有一些是饲养类动物，据研究结果确定，当时卡若人已饲养了猪；属于猎获的品种有鼠兔、獐、马鹿、狍、牛（牦牛）、藏绵羊、青羊、鬣、羚等，说明饲养种类已经多样化。

卡若文化建筑分为早期、中期和晚期。其中，晚期的房屋已不光是人的居住场所，同时可以用于圈养家畜（图1-15），这种人畜共居房屋建筑充分显示出当时的人类已脱离漂游不定的游牧、游农的生活，转而过着以农业为主、伴有畜牧业的定居村落生活，也有了一定的家庭畜养业。

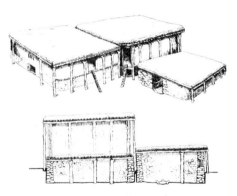

图1-15　卡若文化建筑

（二）狩猎、畜养（牧）及修建居室工具

卡若遗址出土的石器，在除打制石核和细石核之外的23种生产工具中，与畜养（牧）有关的石器工具所占比例最大。从使用对象和代表的生产活动来看，第一类中的矛、镞、尖状器和第二类中的切割器、刮削器、石叶等大体与狩猎取食活动有关；第三类的斧、锛、凿、铲状器、砍砸器等可用于砍伐树木、修筑泥木结构的居室；第四类敲砸器、重石主要用于敲砸动物骨骼；其他几类农业石器的存在，表示狩猎始终是作为食物生产补充的一种取食活动。

三、野牦牛驯养技术

牦牛是研究西藏畜牧业起源和发展的"活化石"，这不仅仅因为它是西藏（或青藏高原）所特有的家畜品种，同时也是西藏畜牧业的支柱，在它身上集中体现了

西藏畜牧业起源发展的历史。牦牛，藏语称为"雅"，是西藏高原羌塘地区（今藏北）的一种野牛，经藏族先民驯养而成家畜。牦牛主要分布在藏北的那曲地区和藏东的昌都地区，除此之外，在西藏其他地方也有一定数量的分布。放牧高度在海拔2 500～5 500 米。

任何一个家畜品种都是在一定环境和人工驯养这两个因素的作用下产生出来的，牦牛也是古代高原民族在经过长期的原始狩猎—采集经济生活后，逐步认识和驯养出来的一个适应于高原生态环境的具有较高生产性能的家畜品种。考古遗址、文献资料以及现代生物进化论的研究结果显示，现代家牦牛及野牦牛的直接祖先是生活在更新世时期（距今200 万年前）的原始牦牛，而原始牦牛就是由生活在距今700 万年以前的来自亚洲的共同牛祖先——原始牛演变进化而来的。据考古等材料分析，野牦牛驯养成家牦牛的时间大约在公元前2 500年，距今有4 000 余年的历史。它是人们长期过定居（或半定居）生活的一种反映，也是农业和畜牧业走向定型的印证。考古学家曾在昌都卡若遗址中发现有牛遗骨，1991 年，又在林芝县城发现了野牦牛的完整遗骨，初步测定其年代已上万年。

动物学家研究认为，家牦牛是由人们从狩猎进一步发展到驯养而来的。当前，在国内外一些有关牦牛的论著中，一般认为家牦牛是由野牦牛驯养而来，野牦牛又是由原始牦牛发展而来的。据任乃强先生考证，在殷周之前，野牛已被藏族先民驯养成乳、肉、毛、皮兼用的主要家畜。确切地说，中国的藏族先民（史称古羌人）是驯养牦牛最早的民族。牦牛是与古代藏族先民生活关系最为密切的动物，在《史记·西南夷列传》中已有记载；在昌都卡若遗址中发现有牛遗骨。早在新石器时代，西藏出现了牦牛这种家畜品种，并在高原畜牧业中占有极重要的地位（图1-16、图1-17）。

图1-16 牦 牛

图1-17 牦 牛

当西羌部落由古雍州地区（今陕西一带）西迁至西藏草原时，当地已有为数众多的"郊原牧人"驯养着大批牦牛。吐蕃第一代藏王聂赤赞普，就是六大牦牛部的

首领。在《五部遗教》和《嘛尼嘎绷》等古藏文文献中，都记载着："驯服凶猛的野牦牛，曾是古代藏王从事的活动之一。"

根据吐蕃之前的早期岩画中的反映，驯化时可能先用圈禁方式进行强制性驯化。经过长期拘系喂养，逐渐改变了动物对人的敌对情绪，到拘系后期，即使将它们放开，也不再逃之夭夭了。在日土县过巴、姆栋地点的岩画中，刻有猎人猎取驯化野牦牛的内容：两名猎人手执驽1类的武器逼近1头公牦牛，另有1名骑马猎人追射1头牦牛，牦牛后背已中1箭，追击的猎人仍搭箭欲射，牦牛四蹄飞奔作逃命状。还有的场面是有1持物猎人站在1圈形符号外，圈内有1动物，似表现猎人设陷坑猎获野兽的情景等。另一说法是，西藏高原的牦牛与藏人有密切关系。羌族在殷周以前将野牦牛驯养成乳肉役兼用的主要家畜，公牛可以用于耕地、驮运；母牛产奶，可提炼酥油。牛肉是藏民主要肉食来源，牛毛可搓绳，织帐篷，牛皮可制革。因为牦牛在海拔5 500米左右的高寒草甸上仍能正常采食，其乳和肉均多，绒毛用途广，又具有乘、挽、驮运等功能，被称为"高原之舟"。1931年的《西藏游记》中载："牦牛肉为日常不可缺的食品。猪肉也好，但是不多。牛肉再劣等，普通食用。牦牛和黄牛的杂种叫做'犏'（指犏牛），有好乳可取，但不能使用为饮料，大抵用作于牛酪、干酪和酸乳的原料。"牦牛具有上述优点，所以得以在藏族地区被大量饲养和放牧。对于世代沿袭着游牧生活的藏民族来说，牦牛具有无可替代的重要地位。

从以上诸资料我们可以得出这样一个初步的结论，即：在新石器时代（距今4 000～5 000年），西藏高原出现了牦牛这种"新"的家畜品种，并在高原畜牧业中占据着越来越重要的地位。

四、藏獒驯养技术

藏獒原是一种猛兽，它以草食动物为食料，与狼相似。先秦汉文史籍中称其为"猣"或"獒"，就是今日的藏犬，亦称"藏獒"，是守家、御盗、保护人畜的好助手。高原上大群的狼与它争食，但都被它逐渐消灭。羌人原是善于猎取猛兽的，但驯养这种野兽，比驯养野牛、野狼更难（人类驯养狼犬，经过了大约1万余年的时间）。但是羌人善于驯服，终使其成为守家、御盗、捍卫人畜都很得力的家犬。羌藏人家都养有藏犬一条或几条，在牧场捍卫畜群，使牛羊不走失，害敌不敢近。家养时，必须用铁链拴系住它，因它一看见生人就猛扑上去，撕咬喉部，死不退缩。长达里余的藏商驮队，只要有藏犬一头随行，便能保证安全。能把凶顽的野兽驯养成为如此忠勇的家畜，的确是创造了人类驯兽的奇迹。

当然，除以上家畜品种外，还有猪、山羊、黄牛等其他家畜，而且其中有些品种的驯化时间可能要比牦牛早，如猪等。总之，西藏畜牧业的起源并非像人们所认为的那样晚，相反，早在新石器时代（距今约5 000年前）古代的高原人就在创造灿烂的石器文化的同时，创造了新的社会经济因素，即农业和畜牧业，并已开始迈向人类文明的彼岸。

【主要参考文献】

M. E. 恩斯明格．1983．畜牧科学概论［M］．北京：科学出版社：470．

W. A. 哈维兰．1987．当代人类学［M］．上海：上海人民出版社：193．

巴卧·祖拉陈瓦．1980．贤者喜宴［J］．黄颢，译．西藏民族学院学报，4．

达扎，玉珍．1992．论西藏农业文明的起源［J］．西藏研究，2．

杜耀西．1982．珞巴族农业生产概况［J］．农业考古，2．

傅大雄，阮仁武，戴秀梅，等．2000．西藏昌果古青稞、古小麦、古粟的研究［J］．作物学报，4．

傅大雄．2001．西藏昌果沟遗址新石器时代农作物遗存的发现、鉴定与研究［J］．考古，3．

霍巍．1993．论卡若文化类型的发展演变［J］．中国藏学，3．

李佳俊．1980．西藏游记［M］．拉萨：西藏人民出版社．

李星星．2005．粟（小米农业）经长江上游南传的途径与方式［J］．中华文化论坛，4．

李学勤．1991．马克思主义历史观与中华文明［M］．重庆：重庆出版社：28．

牛治富．2003．西藏科学技术史［M］．拉萨：西藏人民出版社．

任乃强．1984．羌族源流探索［M］．重庆：重庆出版社：21－22．

石应平．1994．西藏考古第1辑［M］．成都：四川大学出版社：88．

宋兆麟，等．1983．中国原始社会史［M］．北京：文物出版社：129．

索南坚赞．1985．西藏王统记［M］．刘立千，译．拉萨：西藏人民出版社：33．

王仁湘．1990．拉萨河谷的新石器时代居民——曲贡遗址发掘记［J］．西藏研究：4．

西藏自治区文物管理委员会．1985．西藏考古工作的回顾［J］．文物：9．

曾文琼，陈一石．1930．中国古代的牦牛［J］．中国牦牛，1．

张容昶．1989．中国的牦牛［M］．兰州：甘肃科学技术出版社：10．

第二章 »»»

小邦至部落联盟时期农牧业科技发展

第一节 部落小邦时代的农牧业生产技术

一、原始农牧社会文明的发展

距今 4 000～5 000 年前，藏族先民从事畜牧、农业、手工业生产活动和文化创造，当时社会生活中的贫富分化，杀牲祭典，理葬制度、礼仪，艺术创造及某些方面的观念意识，以雅鲁藏布江流域为中心的西藏广大区域范围内，已开始了从原始社会向文明社会发展的过程。在这个过程中，西藏的各原始部落盛衰纷繁，一些强大的氏族部落吞并了弱小部落。在古藏文典籍《西藏王臣记》、布顿《佛教史》、廓诺·迅鲁伯的《青史》中，都大同小异地记述有早期诸小邦的所在地和统治者的姓名。西藏跨入文明社会后，悉补野部吐蕃出现第一个赞普，当时约为公元前 237 年前后。

据《汉藏史集》载："从猴崽变成人类，并且数量增多以后，据说统治吐蕃地方的依次为玛桑九兄弟、二十五小邦、十二小邦、四十小邦。"《贤者喜宴》中记录了主要的 15 个小邦："原有氏族部落不断发生分化之动力，当是原始社会末期以金属工具出现而带动的整个生产力的进步。生产力进步促成了谷物生产的增加，也出现了谷物分配上的不均，由此而发生了氏族部落内部的分化。随着分化的进行，氏族部落的性质逐渐发生了变化。'玛桑九兄弟'的统治或许标志了父系氏族社会的特点及男性统治中心的确立；而'小邦'时代的各'小邦'则已开始具备了某些文明时代的特征。"

部落小邦时代，西藏文明有了长足的发展，突出的标志是文字、城堡和金属的使用。西藏区域由于各地自然地理条件差异大，畜牧、农业、手工业各地方发展不平衡。聂赤赞普时代，雅砻悉补野地区由于地理气候的优越，畜牧、农业和手工业生产相对发展较快。当时西藏高原已经出现了巫师教徒或者苯教。部落小邦经历了长期的相互争霸、吞并的过程，至松赞干布时期，便由吐蕃王朝实现了统一大业。在这个漫长的历史过程中，西藏文明得到了发展，并开始展示出独特的

民族和地方特色。

据汉文史书记载，自西藏石器时代以后，西藏和祖国内地仍然存在经济文化联系，古代居住在西藏的发羌和唐旄等部，原来是我国古代羌人之两支，也是"自史前至秦汉时代南徙诸羌"的一部分。这些羌人本是从事畜牧业的，他们"所居无常，依随水草。地少五谷，以产牧为业"，这样，他们就把我国西北地区从事畜牧业生产的经验带入了古代的西藏。到了东汉时代，又有迷唐、烧当等羌人南徙入藏，依发羌而居。据《西羌传》所载在东汉和帝永元十三年（101 年）时，迷唐被周鲔和侯霸打败，因而"迷唐遂弱，其种众不满千人，远足俞赐支河首，依发羌居"。

二、与农业生产相适应的堡寨式建筑的出现

"小邦"的出现，标志着一定规模的以邦为核心的采邑（史籍中称堡寨）已经出现，而各邦的采邑中的典型碉式建筑的土著风格已经形成，并一直成为影响藏族传统建筑的一条主线。堡寨式建筑的大量出现，是西藏高原原始农业进一步发展的佐证。敦煌古藏文写卷称："在各小邦境内，遍布一个个堡寨。"可见堡寨的兴起是小邦时代的一个突出特点。从"小邦喜欢征战残杀"记载来看，堡寨的产生最初可能是适应战争的需要，其作用在于防范敌对小邦的进攻，故应带有明显的军事要塞性质，且最初的堡寨可能大多修筑在山冈之上。

2004 年 6～8 月由四川大学中国藏学研究所、四川大学考古学系与西藏自治区文物局联合组成象泉河流域考古调查队，对象泉河流域沿岸文物古迹进行了调查，此次调查最为重要的发现是位于噶尔县门土乡境内的穹隆银城遗址群（图 2-1）。"穹隆银城"藏语称之为"穹隆古卡尔"，相传是历史上象雄王国的都城所在地，遗址地处札达盆地东缘的象泉河北岸，又因曲那河、曲嘎河、朗钦河 3 条小河在遗

图 2-1　穹隆银城遗址群

址南侧交汇，故地名亦为"曲松多"。经调查队周密的调查测绘，初步查明该遗址分布于略呈北东—南西走向的长条形山顶，依地势高低分布，可分为 4 个小区，遗址总面积约 13 万平方米。

A 区位于山顶地势最低的南部，东西长约 300 米，南北宽约 200 米，面积约 6 万平方米，地面相对较平缓，建筑遗迹最为集中，经编号的地面建筑共有 90 余个

单位，均为砾岩岩块或砾石砌建的地面建筑。据观察，A 区建筑依用途大致可分为防御性建筑（防墙和堡垒等）、家庭居住建筑、公共建筑、宗教祭祀建筑、生活附属设施等类型。防御性建筑居高凭险，由多重防墙和与之连接的方形堡垒、暗道构成；家庭居住建筑常见为方形、圆形的多间式或单间式，部分附有圆形或近似圆形的牲圈类设施。可具有公共建筑性质的遗迹分布在 A 区中部，其开间较大，有的依地势用砾岩岩块砌有多重阶梯。生活附属设施主要有两类，一是附属于家居的畜圈类；二是分布在居址群中圆形水坑，推测可能作为积蓄居民牲畜用水的蓄水坑。宗教祭祀性建筑主要发现于 A 区西南端，在遗址北端封土墙内出土一尊青铜双面神像。

B 区位于遗址中部的西北边缘，面积近 1.5 万平方米。经编号的建筑遗迹共计 13 个单位，其中主要是建在山顶崖边的防护墙、堡垒等防御性工事建筑。另在 B 区北部发现可能与宗教礼仪活动有关的建筑遗迹和一个地道入（出）口。B 区的防护墙现存总长度近 300 米。墙体一直是沿山崖而建，分为建在山顶地面的主墙和建在外侧崖坡下的护墙两部分，主墙及护墙皆用人工凿下的砾岩岩块和少量砾石、石板（条）砌建而成。

C 区位于遗址中部的东南边缘，面积近 1 万平方米。经编号的建筑遗迹共计 20 个，其中大部分是建在山顶东北边缘的防护墙、堡垒等防御性工事建筑。在 C 区西部（今小拉康附近）发现有一组可能具有宗教礼仪功能的公共建筑。

D 区位于遗址的最北端，是在高度略低的另一个山丘顶上，且遗迹相对较少，经编号的建筑遗迹仅 8 处，全部为防御性工事建筑，其中一处带防护墙的多间式堡垒，附近有一圆形水坑。D 区应是这处大型聚落遗址镇守北部的防御重地。

此次调查发现的"穹隆银城"遗址群，至今为止一直被当地苯教高僧奉为象雄王国王子的诞生之地而加以崇拜，穹隆银城这一古老的地名也曾见诸于藏文史书的记载。从遗址出土时的表现时空特征来看，其属于象雄王国时代遗存的可能性不容低估。遗址内发现规模如此巨大的城堡式建筑、巨大的积石墓丘、众多的居民聚居区和形式多样的祭祀遗迹等迹象，都暗示出其作为政治、文化、军事统治中心所具备的强大功能。

第二节 部落联盟时期的农牧业生产技术

一、金属在农牧业中的应用

从公元前 240 年左右吐蕃第一代聂赤赞普到公元 7 世纪初松赞干布统一西藏高原前，是西藏农牧业经济发展较快的时期，也是西藏农牧社会科学技术的奠基期。历史上传说的"七贤臣"中的前 4 位都在这一时期，他们开创了吐蕃农牧业生产和科学技术的先河。据《汉藏史集》和《贤者喜宴》记载："吐蕃之地有智者谋远者七人，为首者即茹莱杰。"他驯养了野牛、垦辟农田、引水灌溉、改进农具、发展农业，烧木为炭，冶炼银、铜、铁诸金，开始了西藏高原的金属时代。

（一）冶金技术的产生

西藏的矿产资源是丰富的，本地不仅有金、银、铜、铁等金属矿藏，而其中以铜矿、铁矿藏量最为丰富。青藏高原丰富的地质矿藏，为藏族先民认识矿石、辨别矿石提供了物质基础。在藏文史籍中对金属矿藏开采和冶炼有较多的记载。据《贤者喜宴》记述，布德贡杰时代发明了冶炼等技术，"烧木为炭，炼矿石而成金银铜铁……"。

到了公元4～5世纪，西藏的采矿冶炼金属技术得到发展。《藏族社会历史调查》中对山南拉加里的调查证明："大约在公元4～5世纪时，这一带已经有了居民，并开始发展农业。当时的生产工具大部分是石器，金属工具也开始出现。藏族人自己发展金属冶炼业，证据是：①在泽当和拉加里都发现了冶炼遗址和炼过的矿渣；②民间保存有一定数量的金属用具，特别是铜器（铁器较少）；③当地有开矿的传说，传说古代开矿时，在挖一些矿出来以后要再埋一些东西进去，以免损伤地力，这些埋进去的东西称为代察，如果没开过矿就不会产生这样一个名词和传说；④西藏古代的记载中提到过开发和使用金属的事。从这些证据看来，在公元5～6世纪这一带开始出现冶金业是完全可能的。"

以上这些情况说明：西藏早期的确有冶炼金属和制作金属器物的作坊。西藏使用的金属工具有本地生产，并非全部由外界传入。

（二）金属在农牧渔猎生活中的使用

据藏文《广史》载述：弓和箭的使用使西藏先民的狩猎业迅速得到了发展，因此一系列的金属生产、生活工具相继出现。传说在"中头魔王统辖时"，"出现斧头，斧钺"。铁器成为原始手工业技术高度发展的产物。《贤者喜宴》还记载道："血目罗刹利时出现了矛和叉两种武器"，在"为红柔神所统辖时，出现匕首"，在"为玛桑九族所统辖时"出现了"箭套、剑、铠甲及小盾等"武器，这些武器大都是用铁器制造的。铁器的使用又大大提高了藏族农业和手工业生产力。《贤者喜宴》记述，布德贡甲杰时代，"钻木为孔成犁和牛扼，开掘土地，引溪水灌溉，犁地耦耕，垦草原平滩为耕地，渡河遂于水上建桥……"。西藏文管会文物普查队，在乃东县普努沟墓群中发掘出土了随葬金属器皿，其中有青铜器9件，铁器10件以及较多的铁器残片。

二、三大部落联盟时期农牧业生产技术的发展

西藏高原在象雄、雅砻悉补野及苏毗三大部落联盟时期是西藏高原原始农业进一步发展的关键时期，也是农业生产技术快速发展的时期。随着农业生产技术的发展，粮食等生活用品有了较多剩余，也就有了大兴土木，新建条件较好且大型的定居聚居建筑。于是，这个时期出现了农业人口相对集中、生产技术相对发达的聚邑——堡寨、城堡，同时出现了专供部族首领（王）居住的王宫建筑，王宫建筑的大量出现从一个侧面反映了当时农业生产技术的快速发展。

（一）农业区王宫建筑的出现

王宫建筑除了雅砻悉补野吐蕃王统时期的雍布拉宫外，象雄、苏毗等强大部落也都有自己的"都城"和"王宫"。据专家考证，象雄部落联盟早于悉补野吐蕃的聂赤赞普 500 年，即公元前 7 世纪中期以前。象雄的都城叫穹隆银城，当时在古象雄的苯教传播区，也开始兴建有许多城堡。

于公元前 4 世纪兴起的苏毗，据《贤者喜宴》等藏文史籍证明，在其辖区内曾经出现过两座城堡，一是辗噶尔，二是宇那。对此，藏学学者研究认为："苏毗以女为王，有两王，女王（达甲吾）以年楚河流域为主要居住范围，从事耕牧；小王（赤邦松）住在拉萨河附近，主要从事畜牧业。"根据《敦煌本吐蕃历史文书》记载："岩波（即今澎波）查松之地方，王为古止森波杰，""苏毗之雅松之地，以未计芒茹帝为王。"到了松赞干布祖父达日年西在位时，"辗噶尔旧宫堡，有森波杰达甲吾在，悉补尔瓦之宇那，有森波杰赤邦松在焉"。赤邦松的宫堡（宇那堡寨）"在今拉萨澎波境内"；达吾甲的辗噶尔宫"在拉萨以西堆龙德庆县境内"，又名"辗噶尔江浦"。

雍布拉康是西藏古代建筑中的第一座宫殿。西藏民间广泛流传着的"地方莫早于雅砻，宫殿莫早于雍布拉宫，国王莫早于聂赤赞普"。雍布拉康兴建于公元前 3 世纪中期的聂赤赞普时期，位于今西藏自治区山南地区乃东县东南约 5 千米处雅砻河东岸觉姆扎西次日山头上。该宫堡规模不大，坐东面西，矗立山头，居高临下，十分壮观。雍布拉康包括碉楼式建筑、殿堂、僧房 3 部分。碉楼式建筑位于整个建筑东端正中，高 11 米，上小下大，共分 3 层，巍峨挺拔，气势雄伟。到布德贡杰时，青瓦达孜宫已是一处宫堡群。该著名宫堡群在今琼结地方，实际为悉补野吐蕃的王城。雍布拉康根据天然地形，居高而筑，依山而建，就地取材，用方石砌成，墙壁较厚，是传统石碉房的雏形。据《本教源流》记载，当时社会上已出现了开石及锯木的技术，所以使此堡作为石木结构建筑成为可能，加之聂赤赞普以"王"的身份发号施令，也就有条件调动各部落人力、财力而大兴土木。后来的布达拉宫、

古格王宫都是依山而建的。这些建筑都是碉楼式建筑，因此碉楼式建筑在西藏建筑中是一种古老的形制，依山而建的建筑式样、土木石结构和柱子的承重作用都对后来的西藏建筑发展有着直接的影响。从雅砻王统第九代赞普布德贡杰时起至第十五代赞普意肖烈时止，在雅砻河谷的青城（今山南地区琼结县）的青瓦达孜山上，曾先后兴建了达孜、桂孜、扬孜、赤孜、孜母琼结、赤孜邦都6座王宫，其中达孜宫（即青瓦达孜宫）在六宫中最负盛名，在许多藏文典籍中都有记载。它是雅砻王统时期继雍布拉宫之后的第二大王宫。上述多座王宫，很可能是雅砻王统时期历代赞普的行宫，同时也是赞普举行苯教祭祀等宗教活动的主要场所，这些王宫一直还保持着早期小邦时期堡寨的建筑形式。

（二）碉式农居建筑的出现

与此同时，随着新的生产工具的出现和生产力水平的逐步提高，人们对碉式建筑的基本结构形式和营造技术有了新的认识和把握。例如随着建筑物空间高度的增加，围护墙体使用收分技术；根据环境气候条件，将房屋屋面作成平顶。此外，还有建筑物内的分层转上技术、开窗技术以及墙体砌筑的基本工艺等。当时古象雄的苯教传播区，开始兴建有"宗卡"式建筑。如四方面宗，其中有琼隆城堡（卡）、布申（即今之普兰）达拉堡（卡）、米祥齐哇堡（卡）、玛旁博莫堡（卡）四大"中央堡（卡）"。除此之外，还有许多堡，诸如凯吉齐哇堡、卡尤丹木堡、古格咱申堡、羌格热西堡等。至于四宗，则是当热琼钦宗、色日楚宗、汝托桑格宗、芒域达莫宗，此外还有欠迪商宗。

碉式建筑的发展不仅仅在雅砻地区，在今昌都地区的秦汉时期，和四川甘孜、阿坝藏区在汉文史书中，均以西夷或西南夷统称。对于该地区，《后汉书·南蛮西南夷列传》中载："皆依山居住，垒石为室，高者十余丈，为邛笼。"《北史·氐传》载："附国近川谷，傍山险，欲将复仇，故垒为石巢，为备其患。其石巢高至十余丈，下至五六丈，每级以木隔之。基方三四步，石巢上方二三步，状似浮图。"李贤在《后汉书》中注云："邛笼，今彼土夷呼为'雕'也。"其实就是现在人们所称的"碉"（图2-2）。意大利著名藏学家G·杜齐在其所著的《西藏考古》中将这类建筑称之为"塔"，他在对雍布拉宫和青瓦六宫的描述中这样写道："遗址十分雄伟壮观，塔与高墙护卫着宫殿。它们都是

图2-2 碉

由粗糙加工的石料及砖坯修造的……在这些地区，干旱的气候为这种建筑物的坚固和持久提供了必要的条件……为防御的目的而设计，在战争时期作为瞭望台或烽火台使用的塔可以追溯到很早的时代。早期的汉文资料曾有过记载，这样的塔遍布各地。塔与塔之间仅相隔十里……在各地，特别是在山顶和山口都可以看到这些遗址。它们控制了小路的入口，或整个峡谷。塔有圆形的塔，更多的是呈方形的。"

类似雅砻王统时期雍布拉宫堡寨式宫殿，在当时的象雄和苏毗地区的邦国也比比皆是。"在藏北的文部穷宗一带曾发现一处古代宫殿遗址，据当地群众传说为一位古代象雄王国之宫殿遗址；又据汉文史料记载，古代雅鲁藏布江流域的苏毗国，其国多重层而居，王居九层之上，似说明活跃于此地的苏毗女国的宫堡建筑的发达；一些资料表明，雅砻王朝后来的宫殿建筑在其格式、形制上都曾不同程度地受到古代象雄文明和苏毗文明的影响。"

（三）牧区的帐篷建筑

人类的文明进程最早是以采集野生植物和狩猎为生的，生产方式的农业和畜牧业分工是随着社会的进步而产生的，应当说，青藏高原上的帐篷建筑是由以兽皮、树枝作简单掩体而发端的，所以它早于农业分工的定居建筑。随着游牧业的发展，"逐水草而居"的生产方式使得青藏高原渐次出现制毡、织褐的手工工艺，帐篷建筑的雏形随即出现。根据考古发掘证实，进入新石器时代后，青藏高原上的古代先民就已经开始掌握纺织技术；石、陶纺轮的出现，不仅丰富和改善了人们的服饰，适应游牧性质的编织帐篷极大地改善了从事畜牧业的先民的居住条件。到了青铜器和铁器时代，随着高原畜牧业的发展，牧区以牛毛编织品作帷幕的帐篷建筑，便成为有别于我国其他游牧民族帐篷建筑形制的，独具青藏高原特色的一大建筑体系。

第三节　雅砻悉补野部落原始农牧业生产技术

青藏高原的原始社会是由两类部落组成的，一类是游牧和狩猎的部落；另一类是农业部落。吐蕃的蕃字在古代藏语中有"农业"之意。近代著名藏族历史学家根敦群培在他撰著的《白史》中也说："很早以前，我们这个地方就叫做'蕃'。'蕃'字有'农业'之意。"

随着畜牧业、农业的发展，精细的骨器、陶器、石器和陶轮制作的手工业出现，社会生产就有了第三个部门，使得人们的物质资料生产比以往更丰富。

一、农牧业发展概况

吐蕃统一前的农业还比较落后，在吐蕃本部四如地区虽然也有农业，但由于自

然条件的限制，"土风寒苦，物产贫薄"。农业生产不论规模和水平都比较低，技术粗疏，土地不加平整，不打畦，没有阡陌，水土流失。据《贤者喜宴》载："吐蕃之地有智勇谋臣七人，为首者即茹莱杰，其聪睿之业绩是：烧木为炭；炼矿石而为金、银、铜、铁；钻木为孔，制作犁及牛轭；开垦土地，引溪水灌溉；犁地耦耕；垦草原平滩而为田亩；于不能渡过的河上建造桥梁。"又《西藏王统世系明鉴》载称，还能"熬皮制胶"。《雅砻觉卧佛教史》称当时还出现了工务官，茹莱杰即任此职。

由以上资料可知：在布德贡杰时，吐蕃农牧业的发展表现在以下几方面：第一，充分利用当地土地肥沃、气候温和等有利的自然条件发展农业，开垦之地引溪水灌溉；第二，改进农业生产工具，钻木为孔，制作犁及牛轭，犁地耦耕，提高农业生产技术和农业劳动效率；第三，垦荒生产，利用牛力开垦平原，垦草原平滩而为田亩，扩大耕地面积，增加农产品；第四，设工务官领导农业生产，发展农业生产技术；第五，大力发展畜牧业，开始利用储备饲料喂养牲畜，饲养犏牛、骡等，并使牲畜不致因缺乏饲料而死亡。

赞普"六地列"时，为首者为埃肖列（又译埃肖勒）任用大臣拉甫果嘎（又译为拉布郭噶），此人系七智勇谋臣之二，他的一些发明和主张进一步推动了农业生产的发展。

从这一代赞普起，吐蕃王朝的建立者松赞干布的先世才有了真实的记录，吐蕃的历史从此基本上摆脱了传说和神话的迷雾。同时吐蕃的社会经济和文化也继续向前发展。到聂赤松赞（即松赞干布的高祖父）执政时，吐蕃部落的经济已经有了很大发展，它在当时西藏各部落中，是以农业发达而闻名的。当时农业之所以比其他部落发达，这一方面是由于它内部具有发展农业的各种有利条件，另一方也由于自秦汉、西晋以来，我国西部各族的一部分先后迁入吐蕃地区，传入了农牧业和手工业的先进生产技术和生产经验。因此，聂赤松赞在位时，吐蕃在农业生产中，已经大规模地开展了水利建设，既搞"串连湖泊，引水广作沟渠以利灌溉"，又"（水）亭营坡地之水以作池，将山间泉水引导外出"使用，这也是历史上我国各族劳动人民实行经济文化交流的成果与证明。

自聂赤松赞的孙子达日聂司（又译达日年塞，《新唐书》译为讵素若，亦即松赞干布的祖父）即位以后，吐蕃逐步统一了西藏高原各部。这时吐蕃已建立了奴隶制的经济制度，进入了奴隶社会。当达日聂司在位时，尚未归入吐蕃的藏东有附国，主要从事农业；藏北有羊同、白兰和苏毗，羊同是一支古代羌人，主要从事游牧经济，白兰也是一支以畜牧业为主的古代羌人，至于苏毗，它本是汉代的发羌，早就定居在藏北高原，兼营农牧两业，已统一藏北高原各部，地域十分辽阔，可称得上是当时唯一与吐蕃争雄的劲旅。《册府元龟》称：苏毗在已成吐蕃属部之后，

还是吐蕃"举国强授，军粮兵马，半出其中"。苏毗被吐蕃征服以前，经济实力也是十分雄厚的。

吐蕃部落第三十一代赞普达日聂司即位时，农牧业生产都已发展到了一个新的阶段。这时畜牧业也较过去有了显著的发展，根据敦煌古藏文史料记载："拉达克王世系云：当此王时，杂养犏牛与骡，……蓄积干草。"这就是说，当时这里的畜牧业已有新的杂交牲畜——犏牛和骡，并已实行储草过冬了。也正是由于在畜牧业中杂养了犏牛和骡，因而既增加了牲畜的品种，又增加了牲畜的头数，同时它的畜牧业既已实行储草过冬，自然也就向定牧发展了。

随着吐蕃农牧业和手工业生产的发展，也出现了商业和度量衡制，据《贤者喜宴》记载，在讲到达布年塞时的政治、经济情况时说："其时，墀托囊尊蒙之子制造升、斗及秤，以量谷物及酥油。"此外，还出现了双方按照意愿进行交换的商业。在此之前，吐蕃尚无商品交易及升、斗和秤，故此，"遂称墀托囊尊蒙之子为'七智勇谋臣'中之第三者"，这充分表明当时吐蕃的商品货币关系和商业都有一定的发展。

在朗日伦赞执政时，属地日益扩大，据《敦煌古藏文历史古文书》载称，朗日伦赞势力范围为："南方到达雅砻、达波，东到工布、娘波，西到藏地、朱孤，北到苏毗。"他自己的都城则仍在雅砻河谷的匹播城（即今琼结县境）。对此《通典》作了如下的记述："隋开皇中，其主伦赞率弄赞都牂牁西匹播城已五十年矣。"朗日伦赞奠定了建立吐蕃王朝的基础，也发展了吐蕃的经济。首先，在农业上继续得到了发展，并扩大了农业区域，例如原来属苏毗女王的年楚河流域，是以农业为主的，此时已成为吐蕃大臣韦氏家族巴鱼泽布的封地。同时，朗日伦赞"此时垦地而有农业"，就是说通过垦地而进一步扩大了农业的耕地面积。其次，吐蕃畜牧业又有了新的发展。据《法王松赞干布遗训》所载，这时吐蕃"将公母野牦牛驯养为公母牦牛，将公母山羊驯养成绵羊，将公母獐驯化成山羊，将公母野骡驯化成马，将公母狼驯化成犬"，与此同时还产生了专门从事"牧养牲畜之牧者"。

在达日年塞赞普时期，吐蕃的畜牧业已经相当发达，不仅把羱羊驯化成藏系绵羊，野马驯化成为家马，野牦牛驯化成了家牦牛，而且由牦牛和黄牛交配，培育了体大躯壮、产肉产乳俱佳的良种牛——犏牛。

二、畜牧业生产技术的发展

（一）生产工具有了新的发展

随着手工业和商业的产生，畜牧业由纯粹的生活资料生产发展为生产、生活资料兼营的生产部门。同时人们对畜牧产品需要量的增加，相应地促进了畜牧业的发展。因此，保护牲畜、加速牲畜的繁殖，以增加产品产量，愈来愈被牧民所重视。畜牧设施和生产工具就是在这种情况下发展起来的。据有关资料介绍，原始公社时期的先民们对牲畜的驯养就有了简陋圈、槽等设施。据此推断，至少在小邦至部落联盟时期，西藏畜牧业中常用的生产设施——畜圈、生产工具——牛鼻圈、牛项圈等已出现。相对于远古时期来说，生产工具有了新的发展。简易的生产工具主要有以下几种。

1. 畜圈

牧民为防止牲畜逃走和野兽侵袭，从原来利用天然沟谷崖根作围障而发展到打圈围栏，经历了相当长的时间。最初的圈是就地取材，用石块、牛粪、草皮、柳条等筑成简陋的畜圈，后来为提高抵御自然灾害的能力和保暖性能，又加以改进，打成石头圈或土墙脚，并在墙上挂些毡片碎布和铃铛以防兽害。

2. 牛鼻圈和牛项圈

用柏木条制成圆形鼻圈，当牛2岁时即行穿鼻戴圈、拴绳，以利控制。小牛和部分犍牛，用牛毛绳在脖项套上绳圈后再用挡绳拴绑。

3. 马具

为了使马能在一定范围内吃草，又能防止其逃跑，用毛绳或皮绳制作成三角形马绊，绊住马的两只前腿和一只后腿。

4. 挡绳

用毛搓制或将牛皮割成条制作成长约10米的粗绳，用橛子钉在帐房前地上，拴牛用。

5. 其他工具

有牛角制的羔羊哺乳器、喂马用的料兜、打狼的枷栳，亦有少量铁质的割草镰刀、割毛切肉刀，剪毛用的剪子、打酥油的木桶、牛马的鞍具等。

（二）新的生产工具使衣食物品有了剩余

西藏畜牧业到了聂赤赞普（公元前3世纪中期左右）时，有了较大的发展。在《五部遗教》中记载："时蕃人无君，用山岩构筑城堡，将衣食物品装藏其中，兵少而无力御敌时，粮少而不由自己时，吐蕃雪域之中心，迎来布杰以前之六统领，首先由黑夜叉统领，地域取名魔地喀拉果古，咒术的威力从此生；此后由魔鬼和罗叉女统领，地域取名神罗叉之域，食肉赤脸从此生；……"这说明吐蕃人在聂赤赞普之前的生活及畜牧业的情况。《西藏王统记》中讲：聂赤赞普"乃降于赞塘巩马山，为诸牧人所见"，被拥戴为王，并在雅砻河谷修建了雍布拉宫，这说明当时雅砻河谷一带已有了比较发达的畜牧业和农业。同期在这里居住的叫"孟"的部落也"经营畜牧业，以善于修筑碉堡知名"，同时还有西藏早期社会出现的六牦牛部和十二

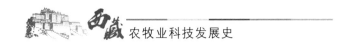

小邦，均系牧业部落。而且，此时有了弓箭、刀以及放牧所用的工具"乌尔朵"（译言投石器或放牧鞭用来放牧牲畜）。

从现有的藏文史籍记载来看，在"上丁二王"（止贡赞普—布岱巩杰）时代，蕃地生产活动中的一个重要变化，就是牛耕逐渐用于农业，这反映出畜牧业的发展促进了农业的进步。特别是铁器和犁耕的扩大使用，需要牲畜作为牵引力，畜牧业和农业相配合，这只有在畜牧业发展的基础上才成为可能。畜牧业的发展，不仅丰富和扩大了高原人们食物的来源，而且皮革、油脂、骨骼、畜乳等都为人们生活所需，从此畜牧业进入了全新发展阶段。

（三）运用杂交技术使牲畜品种增加

犏牛是将牦牛与黄牛进行杂交而产生的新种。《水东日记》中说："毛牛与黄牛合，则生犏牛，亦颇类毛牛，又有山中野牛亦相类。"这里的"毛牛"即牦牛。牦牛与黄牛杂交而得的犏牛，既与牦牛相类似，又带有野牛的某些特点。犏牛具有性情温顺、产奶多、肉鲜美、耐寒耐热及力大耐劳等优点，因而被广泛推广开来，成为后来吐蕃农业的主要畜力和交通运输工具。特别是雌犏牛产奶尤多，为乳畜中之较优者。但杂交而生的犏牛，只能利用第一代，不能传种，所生小犊，也孱弱性劣，牧民悉于产后杀之。牲畜品种的优化改良是藏族人民在长期的畜牧业生产中经验的积累，是高寒畜牧业生产中的重大进步。此时的畜牧业发展在西藏畜牧业以后的发展中占有相当重要的地位。

朗日伦赞在位时，畜牧业又有了新的发展。史籍称："将绵羊的生肉腿堆积起来，然后攀登其上，佳地之城堡遂被攻陷。"用生绵羊腿作攻城的"桥梁"，说明吐蕃军队的主要生活食品是肉类，而且表明吐蕃畜牧业经济是比较发达的。

（四）干草蓄积，酥油制作技术的出现

据《贤者喜宴》载，布德贡杰时期，辅政智勇谋臣茹莱杰"驯养了黄牛、牦牛、山羊、绵羊，夏天割草收藏，以备冬天饲养牲畜之用，……"据《拉达克王系》记载：赤年宋赞时期，"驯养牲畜；以'颓'作为计算牲畜的单位"。达日年塞时期，根据敦煌古藏文史料记载："拉达克世系云：……王时，杂养犏牛与骡……蓄积干草"，"制造了升、斗及秤以量谷物和酥油"。松赞干布祖父年塞赞在位时，畜牧业有了大的发展，并出现了酥油、肉等产品的交换。可见，此时干草蓄积和酥油制作反映了畜牧业发展情况。

（五）出现了畜牧业的个体牧者和分牧经验

据《法王松赞干布遗训》记载，产生了专门从事"牧养牲畜之牧者"。这就是

说，出现了专门从事畜牧业的个体，畜牧业生产者从群牧经营发展到了个体经营，牧民可能有了自己的牲畜，即出现了私畜。另据《西藏东北部民间文学》载述："在一般草原上放牧绵羊，森林地带放牧山羊，沼泽地带放牧马匹，一般田野里放牧犏牛，岩洞里饲养猪。"此时已有了定居放牧、分季放牧、分类放牧的习惯。这是畜牧业生产方式的重大突破。

三、农业生产技术的进步

（一）原始耕作技术向传统种植技术转变

雅砻悉补野作为统一青藏高原的胜利者，她的历史就反映了西藏农业文明的历史进程。据《西藏王统记》《王统世系明鉴》《汉藏史集》等藏文史籍记载，西藏最早的王是聂赤赞普。王的出现是人类社会生活的进步，说明原始社会已走向末期。这时，藏族先民的刀耕火种已逐渐进入了"锄耕""犁耕"的"熟荒耕作"。随着耕作技能的提高，人们逐渐在土地整治、农田水利、农作物选种、农具改进以及田间管理等方面积累了一定的经验。耕作技术已逐渐由原始耕种转向传统种植，同时直接导致了地域性部落之间联合体的产生。

（二）"二牛共轭"的出现

据《贤者喜宴》载，到了布德贡杰时期，辅政智勇谋臣茹莱杰，"钻木为孔，制作犁及牛轭开垦土地；引水灌溉；犁地耦耕，二牛共轭（即二牛抬杠耕地——笔者），垦草原平滩为田亩。……"这说明，此时在农业上采用了新的耕作方式——耦耕，即"二牛共轭"的耕作方式，开始了通过耕种获得谷物的方式，与藏人先前食用"不种自生的谷物"相比，是极大的飞跃。"二牛抬杠"的耕作方式，标志着雅砻社会的原始农业发展到一个称之为"犁耕农业"的新阶段，这也是原始集约型农业的最高阶段。

（三）牛耕的普及和铁质铧犁的出现

到"六地列王"时，西藏农业生产已发展到了经验农业阶段，牛耕已在农业上得到推广与普及，导致"以双牛一日所耕土地面积为计算土地面积"。同时，铁制铧犁的创制与使用，极大地推进了农业生产的发展。在我国战国时期，也由于牛耕的推广和普及，铁制铧犁的创制与使用，扩大了农田耕作面积，促使了精耕细作的形成，使得农作物产量有了大幅度的提高。因此，牛耕的推广和普及，是世界农业耕作技术史上的一件大事，是上古农业生产技术史上的一个最伟大的创举，具有重要意义。同样，牛耕和铁制工具在远古农业生产上的使用，促进了雅砻悉补野部落

生产力的进步和劳动生产率的提高，这为雅砻悉补野部落的对外扩张奠定了物质基础。到朗日伦赞时，雅砻悉补野部落就局部统一了雅鲁藏布江南北地区。随着活动地域的日益扩大，民众开始失去了"自由"的生活，进入了纪律时代。青藏高原的统一已是历史的必然。

（四）开垦农田、兴修水利

由于缺水干旱，兴修水渠在农业中占据十分重要的位置。随着生产力的不断进步和原始农业的产生，西藏原始水利事业开始了，水利日益成为农牧业生产的命脉。藏族人民很早就引水灌溉农田。《贤者喜宴》《西藏王统记》等几本著名的藏文古籍，对此有许多记载。早在松赞干布前数代，吐蕃人民就掌握了引水灌溉技术。

"五赞王"时期，吐蕃农业的发展进入了一个新阶段，重视水利建设。据《拉达克王系》记载，聂赤松赞时，"串联湖泊向上引水；将沟头之水蓄入池中，昼夜引水灌溉"；据《汉藏史集》记载，达日聂司时期，"辅政智勇谋臣赤多日朗察，……在木头上钻孔作成犁耙和轭具，使用犏牛和黄牛实行耦耕，使平川之地都得到开垦。""此时牧区与农田相接，沟通湖泊，以凹地池塘蓄水，以山中暗泉中导流出山，灌溉土地"。可见，当时的吐蕃出现了原始水库，用以农业灌溉，这是利用自然条件为农业生产和牧业生产服务，是社会生产的一大进步。这种水利工程，对当时种植业的发展，起到了极大的推动作用。

在 6 世纪末叶以后，松赞干布的曾祖父弃弄松赞在位时："牧地与农田合为一片，湖泊星列，沟渠相通。坡上的水蓄而为池，山间的水引出使用。"公元 7 世纪初，以雅鲁藏布江河谷农区为中心的强大的吐蕃王朝的建立，促进了农业的较大发展。

（五）水磨的出现

《西域志》记载："先将谷（指青稞、小麦等）洗净，然后烘干，放入袋内旋转而簸扬之，如有水磨，即就水磨磨之，否则即以手磨。西藏多急流之溪水，颇可利用，故水磨特多"（图 2-3），说明水磨在此时已在西藏高原出现，并能够利用水磨将青稞、小麦等加工成面粉。

图 2-3 水 磨

【主要参考文献】

巴卧.祖拉陈瓦.1986.贤者喜宴［M］.北京：民族出版社.

G.杜齐.2004.西藏考古［M］.向红茄，译.拉萨：西藏人民出版社：26-27.

巴桑旺堆.1983.关于吐蕃历史研究中几个"定论"的质疑［J］.西藏研究，4.

达仓宗巴·班觉桑布.1986.汉藏史集［M］.陈庆英，译.拉萨：西藏人民出版社.

第五世达赖喇嘛.1980.西藏王臣记［M］.北京：民族出版社.

尕藏才旦.2002.吐蕃文明面面观［M］.兰州：甘肃民族出版社：11－12.

霍巍，李永宪.2005.揭开古老象雄文明的神秘面纱——象泉河流域的考古调查［J］.中国西藏，1.

牛治富.2003.西藏科学技术史［M］.北京：西藏人民出版社，6.

普巴桑结加措.2003.聂赤赞普在位时间及吐蕃悉补野时期历史坐标考略［J］.西藏研究，2.

普次.2004.简析"天赤七王"时期雅砻部落的社会形态［J］.西藏大学学报，2.

恰白·次旦平措，等.2004.西藏通史——松石宝串［M］.陈庆英等，译.拉萨：西藏古籍出版社.

王忠.1961.松赞干布传［M］.上海：上海人民出版社.

王忠.1958.新唐书吐蕃传笺证［M］.北京：科学出版社：20.

张亚莎.1996.西藏近代建筑艺术概述［J］.中国藏学，6：123.

第三章 >>>

吐蕃统一时期农牧业科技发展

大约在公元 633 年（唐贞观七年），松赞干布（图 3-1）把都城从山南的琼结迁到逻些（即今拉萨），正式建立了奴隶制吐蕃政权，确定了"吐蕃"作为民族的称呼。据一些藏文王统记和宗教史料记载，松赞干布为了统一吐蕃全境，保持社会安定，与众臣商议定都之事，派人对吐蕃中部地区的地形地貌进行考察，发现卫茹下部（即拉萨河下游，今达孜县至曲水县一带地区）的中心卧塘湖（古代拉萨平原中央一个湖泊，今大昭寺庙址），景致优雅，地势平坦，中间有左右分离的小山，地势优越。于是，决定在拉萨红山修建宫殿，建立统治全蕃的政权中心。这一决定具有重大意义，一是有利于远离山南的旧贵族，可以避免他们对王室的威胁；二是有利于掌握主要由北方部落人员组

图 3-1 松赞干布

成的可靠的兵力；三是有利于控制对付苏毗和羊同等强大的地方势力；四是有利于占据肥沃的土地和拉萨险要的地势，能攻能守，在战略上占据优势地位；五是有利于吸取汉族地区的先进技术和文化。因此，建都逻些对推动吐蕃社会经济的发展有着重大作用。

第一节　种植业生产技术的发展

一、种植业的开发和水利建设

（一）种植业及土地管理

松赞干布在拉萨建立起吐蕃奴隶制王朝后，采取新的政治措施，统一官制，划分政治区域，制定官吏奖惩和升迁制度，并统一和安定了整个西藏，为西藏经济的

快速发展，提供了有利条件，使吐蕃社会生产力有了很大的提高。松赞干布与唐朝和亲，使汉藏两族人民得以密切交往，中原先进的生产方式和技术传播到了吐蕃，促进了吐蕃社会经济的发展。

吐蕃时期的农业以雅鲁藏布江中游两岸河谷地带最为发达。为更好地发展农业，吐蕃专门设置农官"兴本"一职，专管农业生产。在吐蕃本土以外的占领区，也设有田官。这表明当时农业生产已成为极重要的经济部门。此外，所收粮食由各地收集，但具体支配粮食的权力则由"岸本"行使。可以肯定，吐蕃此时已拥有了一套自上而下的管理农业生产的机构，这对吐蕃的种植业产生了较大的影响。与此同时，吐蕃制定法律，保护农业生产。《六大政要》中第四大政要规定："守卫边界，不践民禾者。镇守四方边界，不可将马放于百姓耕种的田园中，驰骋践踏。"这一时期，随着汉藏关系的密切，内地的许多先进农业生产技术、农作物品种及农业生产工具传入吐蕃，促进了当地种植业的发展。

在土地管理上，松赞干布把剩下的王田让平民去垦种。松赞干布以"绿册"登记平民的户口和耕种面积，以土地来固定赋税，平民成为吐蕃王朝的臣民，王朝的税吏向他们征收赋税。封建土地所有制这时已经开始萌芽。松赞干布把分配土地的办法也推广到奴隶中。耕种王田的每一户奴隶，按劳动力多少分配土地，奴隶也有自己的户籍册，规定了各自应该担负的租赋与力役。吐蕃从事农业的基本劳动力是广大奴隶。吐蕃赞普把奴隶作为土地、牧场一样看待，将其封赐给贵族。这些奴隶"平时散居耕牧"，男女奴隶长期劳动在吐蕃赞普和奴隶主贵族的土地上。敦煌古藏文史料就有"六妇耕田"的记载。此外在藏文材料中也记载着吐蕃占领的吐谷浑地区有一种叫"兴巴"（意为农民）的士兵。士兵平时从事农业生产，与一般的生产者无异，到战时又变成军人。

据《敦煌本吐蕃历史文书》记载，芒松芒赞、都松芒波杰时期，赞普多次亲自巡视农田。公元653年，"达延莽布支征收农田贡赋，与罗桑支之论仁大夏行土地大宗交换"。吐蕃时期先后对"王田"和贵族土地、畜牧进行多次调查，以确立和合理调整税赋，促进生产发展。如在都松芒波杰时期，先后于公元687年、690年、691年，定大藏之地亩税赋、征收夭茹之地亩赋税、清理土地赋税统计绝户数字。公元719－720年，赞普曾组织专人对王田进行调查丈量，编制图册。在吐蕃占领的地区，也设有田官管理农业。这些记载说明，当时的农业正在走向有序的管理轨道，并且已经相当发达。

（二）开拓荒地与发展水利

为了发展农业生产，吐蕃一是提倡"开拓荒地"，扩大农业区域。吐蕃王朝前期不断向外扩张，先后占领今青海、新疆南部地区，尤其是唐朝的河西陇右地区后，在接近汉族聚居区的青海、甘肃、四川、云南等地建立了自己的农业区。二是鼓励发展水利。吐蕃很早就重视农田水利事业，松赞干布时，更在高地蓄水为池，低地于河中引水灌溉，以确保农业的丰收。据《汉藏史集》《贤者喜宴》等记载有"将涧水引入池塘，然后引入水渠中"，"使高地蓄水为池，低地引水下河"，表明那时已开始采用蓄水灌溉和引河水种田，天旱时则灌，雨涝时则排。伴随农业的精耕细作和奴隶制的确立，农牧业生产开始了大规模的分工。这种大分工又反过来成为推动生产力和科学技术发展的杠杆。很多地方出现了经营农业的高涨势头，为适应需要，辅政良臣赤桑杨顿"将山上的居民全部迁到河谷平地，使农民在田地边盖房定居，开垦平地为良田并引水灌溉"。

吐蕃的农业是在强大的奴隶制社会里发展、成熟起来的。社会要求生产力的发展水平与当时社会的发育程度相适应。奴隶制度使生产工具和技术有了一定的改善与提高；奴隶制度把战争俘虏保存下来务农和从事其他生产，为农业生产奠定了人力基础。

（三）修建大堤，解决拉萨水患

拉萨原本是一个十分平坦和开阔的高原性小平原，故旧名为卧塘。拉萨河自东向西，河床北至卧塘湖（即大昭寺址），南至南山坡，随着季节的变化，河水涨落，致使拉萨河两岸沼泽遍地，每当夏季来临，拉萨河水横溢，危及周边农牧业和农牧民生命。为保护红山下一片谷地不受河水漫溢侵害，松赞干布与大臣们谋划整治拉萨河。决定在北岸修筑一条大堤，在南岸挖土溢流，回填北堤，把拉萨河道向南山那边挤，河床南移，遏水北溢，使河水临南山而流。这个方案在历史上叫做"挖南填北"，修成觉沃热卡堤。松赞干布指挥群臣百姓修筑，挖渠引水，将"夏普""多普""亚拉普"等水引入拉萨附近的牧场。

随着拉萨河道的疏浚、护城大堤的修筑，这里逐渐形成一大片干燥地面。填塞了卧塘湖，建起了大、小昭寺，居民也逐渐增多，绕大昭寺盖起了朝拜者的旅舍，形成了八角街市场，建起了民居。同时，因为此地气候适宜，水草丰茂，再加上农牧民们的辛勤劳作，畜牧业很快在当地发展起来，真可以称得上是草场青翠，牛羊肥壮，奶汁长流，于是人们便给这地方取了一个美好的名字——卧塘，意思是奶子坝。应当说，拉萨大堤的修建，是吐蕃统一时期重大的农牧业和城镇治水工程。

二、改进耕作技术和扩大作物品种

（一）改进农业生产技术

吐蕃注意改进农业生产技术，吐蕃农业较早地采用了畜力耕作。犏牛这种杂交牛种就是主要的耕畜。当时农业区主要在藏南河谷地带以及山南地区。在耕作方法上，大都采取"二牛抬杠"式的犁耕，即"耦耕法"，藏文称作"托尔岱"（意为双牛耕地）。据《西藏王统记》所载，其特点是"制犁与轭，合二牛轭"。近代藏族的"耦耕法"是将一木质横杠的两端分别系于并列的二牛牛角上，犁架与横杠联结，以牛角曳犁。其播种大约是采用撒播，耕作粗放，青稞的收获量不大。部分地区一直到 20 世纪初还保持着原始农业的耕种方法。

吐蕃王朝强盛后，大肆对外扩张，攻占了与之相邻的许多农业地区，并在接近汉族聚居区的青海、甘肃、四川、云南等地建立了自己的农业区。在与汉族人民的交往中，藏族人民学到了许多农业生产经验和技术，开始挖畦沟、薅草、给农作物施肥，实行轮作等先进方法。田野间阡陌纵横，从而提高了产量，使吐蕃的农业生产向前迈进了一大步。唐人王建诗《凉州行》曾描绘说："蕃人旧日不耕犁，相学如今种禾黍。"许多单纯的游牧区逐渐变成农业区，这无疑是一个重要的变化。

吐蕃居民已学会观察物候的变化，并据此划分季节，安排农事。引自《旧唐书·吐蕃传》说吐蕃："不知节候，以麦熟为岁首。"《新唐书·吐蕃传》说："其四时，以麦熟为岁首。""麦"即青稞。据推算，吐蕃"麦熟之时"大约相当于汉地农历的 6 月下旬，与我国西南地区彝语支民族现在仍流行的火把节时间相当。吐蕃地区自然条件恶劣，以麦熟为岁首，有利于农事安排。现在藏族每年六七月份还要举行宗教祭祀活动，这正是古代曾为麦熟为岁首的遗俗。

（二）扩大农作物品种

农作物中，大量种植的是青稞和小麦等。正如《新唐书·吐蕃传》上所记载的"其稼有小麦、青稞麦、荞麦、萱豆"。但是随着与具有先进农业技术的唐朝的经济交流，引进了许多内地新的种植品种。据《新唐书·吐蕃传》载，文成公主（图 3-2）带来了汉地的芜菁（圆根）等蔬菜。《西藏王统记》中曾有这样一段叙述，当文成公主临去西藏前，"与侍婢等来藏臣噶尔处问曰：'大臣！觉卧释迦像，亦将迎往汝国，无量财宝亦将携往汝国，于汝国中有殖土否？有虫石子否？有桑树、百合、芜菁否？'噶尔答曰：'余者皆有，惟无芜菁'。遂携去芜菁种子"。从此，西藏就增加种植了芜菁等蔬菜。

图 3-2　文成公主

此外，传说文成公主入藏时，携带了粮食 3 800 种。正像西藏一首脍炙人口的民歌中所说的一样："从汉族地区来的，王后文成公主，带来了不同的粮食，共有

3 800种，给西藏地区粮食的仓库，打下了坚实的基础。"虽然这一数字有些言过其实，但是足以说明文成公主从汉地带去的作物品种肯定是比较多的。据此估计，当时汉地特别是西北地区广泛种植的作物及主推品种肯定会带到吐蕃的。同时也表明，当时在西藏高原可能已有油菜、小麦、白菜等作物。

在这些农作物中，以青稞的种植最为普遍。青稞是吐蕃先民驯化成的一种农作物，它具有生长期短、耐寒耐旱等优点，一般在每年3～5月播种，7～9月收割。它是吐蕃居民制作主要食品糌粑和酿造青稞酒的原料。其秸秆富含蛋白质，以供牲畜防寒过冬食用。

（三）农田灭草技术的发展

在《全唐文全唐诗吐蕃史料》所收录的白居易代忠亮答吐蕃东道节度使论结离等书中说："至如时警边防，岁焚宿草，尽是每年常事，何忽今日形言。"这表明，在吐蕃时期农民已懂得在作物收获后，采用燃烧的方法将田间杂草予以消灭。

三、生产工具的多样化

据《旧唐书·吐蕃传》记载，吐蕃时期在生产工具方面，已能够生产斧头、镰刀、犁、锯等农具。吐蕃3月播种图和榆林二五窟北壁吐蕃农耕图（图3-3）中也有许多农具。据此可以看出，在吐蕃时期至少有以下几种工具：

犁——是春耕春播的主要农具，由二牛牵引，犁身上端突出部分是把柄，上拴有绳。绳直接连在牛轭的两端。犁杠直接连在牛轭上，介于两牛之间。犁铧入地，与地形成一定交角。犁身、杠是木制的，犁铧是木的或铁制的，绳用山羊毛搓成，缠在犁身的是牛皮条。牛轭，是两头耕牛颈上与犁连接的横木。上面的绳是牛皮条或羊皮绳，接触牛颈处有毡子（图3-4）。

图3-3　农耕图

图3-4　犁

耙——春播青稞籽后用于耙地。耙齿触地，耙身和耙齿都是木制的，使用时一人手握木质长把，用力使耙齿入土，将地面耙平，达到平土和碎土的作用（图3-5）。

镰刀——收割庄稼和扫草等都用镰刀。把是木制，刀是铁制（图3-6）。

多齿耙——木制的多齿耙是在秋收时耙谷穗时使用的（图3-7）。

图3-5 耙

图3-6 镰 刀

图3-7 多齿耙

多股叉——木制的多股叉是在秋收扬场时用以叉草和青稞穗，有六齿和四齿的，可用一两年。

扫帚——秋收清场用的扫帚都是人们自己用扫帚草自制的，把是木制。

播种筐——系用牦牛头部的毛皮或扫帚草制成。春播时筐内放种子，使用者将筐绳挂在左肩，筐斜抱在怀中，右手撒种。

由此可以看出，吐蕃时期的农业生产工具已呈现出多样化的特点，这种农具的多样化反映了吐蕃农业的发展。

四、农业自然灾害及鼠害的防治

吐蕃时期，农业有了很大的发展，使吐蕃逐渐强大起来。但总的来说，吐蕃的农业又是比较落后的，尤其是粮食产量严重不足。青藏高原地势高寒，除雅鲁藏布江两岸河谷较宜农耕外，大部分地区为裸岩荒地、冰川荒漠，不适合农业生产。

由于独特的地理环境制约，西藏自然灾害频繁，人类抵御自然灾害的能力极低，农业生产对自然条件的依赖性也很大，产量极不稳定。据《通典》谓："其国（吐蕃）风、雨、雷、雹，每隔日有之。""西藏以地势过高，盛夏之时，冰雹时降，秋季又降霜甚早。往往冰雹一降，稼禾全毁，或正当收获之前，严霜忽降，一岁辛苦所得，损失殆尽"。

吐蕃境内多风少雨，多雷、电、雹、积雪，气温较低，自然灾害频繁。这种天气不利于蔬菜、果树等园艺种植业。吐蕃鼠害也十分严重。《旧唐书·吐蕃传》称："又有天鼠，状如雀鼠其大如猫。"《新唐书·吐蕃传》说吐蕃"鼠食稼，人集饥疫，死者相枕藉"。《册府元龟》载："其国禁鼠，杀鼠者辄加其罪，俗而爱而不发。"鼠害成为农牧业发展的重要障碍之一。

第二节　畜牧业养殖技术的发展

畜牧业在吐蕃有着悠久的历史。牲畜种类也比较多，有牛、马、狗、羊、猪、牦牛、山羊、犏牛、驴等。"蕃马"是那时闻名四海的名马，既是蕃人对外扩张的战争工具，也是吐蕃与唐朝互市的主要物品。畜产品也很丰富，皮革、毛类、牦牛尾以及肉、酥油、乳等除了自用外，还与邻族、邻国交换，是吐蕃重要的外贸商品。为强化对畜牧业的管理，吐蕃王朝不仅在其七大职官中专设"卓本"一职，对畜牧业进行了大规模的普查，征收赋税，制订各种发展牧业的措施，确保其吐蕃王朝的经济支柱地位。

松赞干布以后，据汉文史料《新唐书·吐蕃传》称：此时其畜有"牛、名马、犬、羊、彘"等，敦煌古藏文史料还记有牦牛、山羊、骡、犏牛、黄牛、驴等家畜。畜牧业生产方式从以前的群体和个体放牧发展到了牛、羊、马等分开放牧。春夏逐水而牧，秋冬季有固定牧场，牲畜过冬也有储备的干草。当时养马和驯马技术已有相当高的水平，如吐蕃的军马都严格按不同毛色和特点进行挑选。

一、畜牧业管理改进

畜牧业是吐蕃最为重要的一个经济生产部门，吐蕃辖下的广大地区是畜牧业地区，史载"其赞普居跋布川，或逻娑川，有城郭庐舍不肯处，联毳帐以居，号大拂庐，容数百人"。"衣率毡韦"，食肉饮酪，始终保持着畜牧业生产生活的传统。

松赞干布时期，在牧业生产上实行与农业并举的发展方针。一是在牧业生产上，实行畜牧业和农业分别发展，"即开垦荒地，划分农田牧场"。二是牧业进一步实行"储备冬草"，秋冬季有固定牧场，春夏两季仍逐水草而居，不再搞单纯游牧。如《旧唐书·吐蕃传》说，"其人或随畜牧而不常厥居"。《新唐书·吐蕃传》说：

"吐蕃居寒露之野……随水草以牧,寒则城处,施庐帐",说明游牧中出现了因季节而变化的半定居。三是为强化对畜牧业的管理,在设立的"七官"中,除了为王者引路,具有良好的驯马技术的"司马官"之外,还有一名"楚本",专门管理母牦牛、犏牛及安营设帐之事。

据《贤者喜宴》载,到了赤松德赞时期,吐蕃的"七贤臣"之"聂达赞冬斯(一译达赞尔色)",首先规定每一民户必须饲养一匹马、一头犏牛、一头乳牛、一头黄牛,创"夏季割青草,晒干备冬之先例",使畜牧业生产迈上了一个新的台阶。

吐蕃不仅在中央专设"楚本"一职,此外,还在地方上设有"七牧者"。据《敦煌本吐蕃历史文书》记载,吐蕃"行冬、夏会盟制、征收'牛腿税''草税''行政区大料集''征收腰茹牧户之大料集''划定夏季牧场与冬季牧场''征收四茹牧场之大料集'"等。吐蕃统治者曾多次调查牧业状况,芒松芒赞时期,先后于公元 653 年、654 年、655 年,巡视牧业、农田,规定牧业税,清查牧业。吐蕃统治者还分别于公元 673 年、709 年、746 年 3 次对四如地区的畜牧业进行大规模的普查以及征收赋税、制订各种发展牧业的措施。仅赤德祖赞时期,就于公元 718 年、719 年、720 年、746 年、747 年集会,征收土地、草料赋税,划定夏季牧场与冬季牧场,定牧场、草料场之制度。

二、牲畜清点登记方式

从吐蕃时期开始,绝大部分草场、牲畜等生产资料由官府、贵族和寺庙占有。官府依据牲畜数量的增减变化核定畜牧税。

公元 7～8 世纪时,西藏就有清点领受牲畜的历史。据《敦煌汉文写卷》(P3028 号)记载,吐蕃时期大部分牧民的牲畜是从官府领受的。因牲畜的数量历年有较大的增减变化,牧民从官府领受或自养的牲畜需要每年进行清点登记,登记内容分为:①领受或清点时的实有数;②病死或牧民食用的数量;③羊皮数量,并以此作为牧民赋税负担的依据。

吐蕃时期清点牧民领受政府的牲畜,除登记清点时的实有数量外,还要登记病死的、牧民吃用的以及牧民做冬衣用的羊皮的数量。从这一事实看,吐蕃时期,牧业部落的生产资料所有制与农业部落基本相同,草场和牲畜属王室所有。

三、牲畜种类和养马技术

(一)主要牲畜种类和放牧技术

据《新唐书·吐蕃传》记载,吐蕃牲畜种类日益增多,"其兽,牦牛、名马、犬、羊、彘、天鼠之皮可为裘"。《旧唐书·吐蕃传》谓吐蕃"畜多牦牛、猪、犬、羊、马"。吐蕃有所谓"六牦牛部",说明吐蕃驯养牦牛是十分普遍的。吐蕃的牦牛、犏牛是乳食肉食役均可的家畜。

羊、马在吐蕃的畜群结构中占主要地位,且数量颇巨。《旧唐书·吐蕃传》中就说过吐蕃藏山羊兼有牦牛和藏绵羊的适应能力,但毛肉产量少,饲养经济效益较低,只作为搭配畜种,仅在局部地区饲养。周去非《岭外代答》卷九记载藏系绵羊"有白黑两色,毛如茧丝,剪毛作毡,尤胜朔方所出者"。这是藏族先民在养羊业方面的突出贡献。唐玄宗开元二年(714)对吐蕃作战,一次就获得吐蕃"马七万五千匹、羊牛十四万头"。同时《郭子仪传》又说吐蕃"羊、马满野,长数百里,是谓天赐"。

猪、狗的饲养在吐蕃也被重视。吐蕃饲养的猪,应是适应高原寒冷气候和低劣饲养条件的小品种猪(图3-8)。明何宇度《益部谈资》说:"建昌(即今西藏昌都)、松潘俱出香猪,小而肥,肉颇香。"清盛绳祖《卫藏识略》说卫藏"猪颇小,至大亦不过五十斤"。昌都卡诺遗址中就已发现了猪的骨骼,这种小猪很可能是吐蕃先民驯养成功的。西藏林芝地区现在仍习惯养猪,而且是成群饲养放牧,当地的猪习惯上被称为"藏猪"。

图3-8 吐蕃饲养的猪

驼、驴在吐蕃也有饲养。《旧唐书·吐蕃传》谓吐蕃"三年一大盟,夜于坛跳之上与众陈设肴馔,杀犬、马、牛、驴以为牲"。《新唐书·吐蕃传》说吐蕃"独峰驼日驰千里"。独峰驼能"日驰千里",当是一种优良品种,它和驴一样都是吐蕃的重要交通工具,当然受到畜牧业的重视。

(二)养马业和养马技术的发展

从《五部遗教》中可以看出,由于战争的需要,吐蕃人在五茹各个部落集团之间,组成了庞大的以不同颜色代表的骑兵团队。每一团队要求马的毛色一致。可以想见当时吐蕃骑兵健壮、雄武的英姿。从敦煌发现的藏文吐蕃马经可以看出,吐蕃的养马业和养马技术有较大的发展,吐蕃对马的研究达到了令人惊叹的地步。

究其原因,首先是"战争"推动了吐蕃的养马业。骑兵是吐蕃长期训练有素、时常用来出奇制胜的兵种,成功的喜悦鼓舞着吐蕃人进一步去发展养马驯马的事业,马匹多了,还可贸易交换。

在敦煌发现的藏文吐蕃养马经所载,吐蕃养良马的具体技术有两条:一是"阉马”以求提高马的性能。马的阉割术是我国古代畜牧学上的发明。吐蕃人已熟练地掌握了阉马技术，无疑极大地提高了马的战斗力和役使力。二是调教、训练马匹。卷子中所载："不宜冷泡，易致疾病，忌之"，"日落后，夜间给水"，"白天喂草料时间长，饮水两次"，"抓马、喂食时，以'奈萨'和以不暖之井水，河水洗马身，然后喂以冰水，掺拌其喜食之料"等，与汉文古籍所载马的饲养法"食有三刍，饭有三时"完全相同。挑选马有"三大""三小"的特别鉴别标准，即耳小，腰小，蹄关节小；眼大，鼻孔大，胸大。具有"三大""三小"特征则是优种。吐蕃占领青海湖一带后，冬天把优种马赶进湖心山，第二年冬天把马驹赶出，以获得优良品种"龙驹"。同时，在敦煌发现的藏文写卷中，就发现《医马经》《驯马经》等残卷中记载，当时已有通过寻求良驹来改良马的品种的做法，"骏马佳种"被特放于高地；相当熟练地掌握了阉马的技术，有专门的"骟马之方"；在治疗马病方面，除用药外，还有扎、灸、熏、压等技术，采用放血、扎针、血针、火针、炮烙、药物灌饮等疗法，实行兽医学的内外科并重、医疗和休养同举的原则。

另外，祭祀也推动了养马业的发展，吐蕃人以马匹作为祭祀的牺牲，用以媚神，取悦上苍，以求福祉。以为人死了也有同样需求，因而杀马行粮。藏史记载，松赞干布到老臣韦·义策家中盟誓时说："义策忠贞不贰，尔死后，我为尔营葬，杀马百匹以行粮。"《新唐书·吐蕃传》记载：吐蕃"人死，杀牛马以殉，取牛马头周垒于墓上"。

【主要参考文献】

巴卧·祖拉陈瓦.1986.贤者喜宴［M］.北京：民族出版社.

陈家琎.1988.全唐文全唐诗吐蕃史料［M］.北京：西藏人民出版社：224-225.

陈久金.1983.藏族古代曾以麦熟为新年［J］.西藏研究，1.

达仓宗巴·班觉桑布.1986.汉藏史集［M］.陈庆英，译.北京：西藏人民出版社.

剧宗林，马芳莲.1989.西藏食风举要［J］.中国食品，3.

李竹青.1989.大力发展西藏的农业生产［J］.西藏民族学院学报（社科版），2.

刘乃和.1983.册府元龟［M］.郑州：中州书画社.

卢勋、李根蟠.1991.民族与物质文化史考略［M］.北京：民族出版社：29.

洛加才让.2000.论吐蕃悉补野部与畜牧业文化的发展［J］.西藏研究，2.

索南坚赞.1981.西藏王统记［M］.北京：民族出版社：55.

王尧，陈践.1992.敦煌本吐蕃历史文书［M］.北京：民族出版社：173.

王诒.1991.青稞的由来和发展［J］.农业考古，1.

王忠.1958.新唐书吐蕃传笺证［J］.北京：科学出版社：19-20.

张云.1992."吐蕃七贤臣"考论［J］.西藏民族学院学报，1.

第四章 »»»

分散割据及元代时期农牧业科技发展

处于奴隶制时代的藏族古代社会，从公元 9～13 世纪经过 400 年的转变过程，终于初步形成了领主庄园制的农奴制社会。

第一节　种植业生产技术的发展

一、土地经营形式

(一)土地经营和买卖

从 9 世纪中叶至 13 世纪中叶共近 400 年，藏族地区出现了从奴隶制向封建农奴制社会过渡的分裂割据局面。当时的自耕农可以将自己的土地，以陪嫁、馈赠、出卖等手段转让他人，也就是说土地所有者已可以像每个商品所有者处理自己的商品一样去处理土地。卫藏地区的土地经营形式出现了空前活跃的现象。这可在一些史籍及文学著述中找到佐证，如西藏名著《米拉日巴传》中记载，米拉日巴母亲有块陪嫁田名"哲贝丹琼"。为了给米拉日巴筹集"学咒术的费用，将哲贝丹琼的田卖出去了一半，买回松耳石、白马、染料和皮革，带走作旅费和学费之用；后来他的母亲又把哲贝丹琼剩下的那一半田产，完全卖了，得了黄金七两"，托人带给他作生活费。米拉日巴家破人亡后，他给未婚妻泽塞说："若妹妹真的死了，那些房屋土地你都拿去好了。"

11 世纪后期，西藏与内地及其他民族的交往，使新的生产技术得以传播，对西藏封建农奴制经济的发展也产生了促进作用。史载，当时的拉萨、山南、日喀则、阿里、西康等自然条件较好的河谷地带，出现了新的村落和牧场；这些地方的农牧业都呈现出活跃景象。如米拉日巴在山洞、荒野修行时，就经常能够"到山下的牧场去乞讨点奶油奶酪"，"往坝上的田庄去募化些食粮"。他在歌中唱道："在这犋耕畜"上，套上"方便和智慧之犁"，由"无邪念的士夫，专心一致地把犁头扶住，奋发不息地加以鞭策"，"真诚不二地中耕除草"，使"美好之果实刈割"，"运用巧善教授所获之果，装满没有定准的粮库"，虽是美化之词，但也在一定程度上反映了当时农牧业生产的状况：田庄上有先进的工具犁仗、良种、耕畜，再加上人们的精心除草、耕作，所获得的农牧产品装满了没有限度的粮仓。

（二）萨迦派统治时期的农业管理方式

元朝建立后，将西藏纳入其统治之下，结束了持续 400 多年的分裂割据局面。萨迦派依据元朝皇帝授命，在统治西藏将近 100 年间，曾先后进行土地和人口的清查，统计霍尔堆（蒙古户）数目，在将西藏划分为 3 个却喀（三区）的基础上，编定万户、千户、百户、达果（马头）等各级社会组织，确定各首领的职权和责任，征派定额的赋税差役，使各地有统一的法度可遵循，并由此逐渐形成管理、养护、鼓励生产的制度。同时，由于战乱的平息和盗匪的消除，社会安定，使西藏的农牧业生产得到恢复，并逐渐有了一定程度的发展。

二、农田水利建设技术

据《汉藏史集》记载，西藏分裂时期，吐蕃王室后裔中人称"三则"的兄弟三人曾对年楚河流域分割统治，长兄穹则占据上游，二哥哲则管辖中游，幼弟杰则统治下游"藏春堆古尔莫"一带地方。三兄弟所占领地内都有不少牧场、耕地，农牧业生产也相当发达，畜产品（肉）还有余而出售。后来，三兄弟有兴有衰，整个年楚河流域都归杰则管辖。杰则聪明能干，开垦农田，发展生产。为解决娘堆平川一带干旱问题，新建了娘堆北部杂朗的杰嘎、南部邦域星的维嘎、娘麦北部的巴擦布嘎木其、南部的纳嘎庆等 4 条分别能灌溉土地约 666.6×10^4 平方米的大水渠，满足了当地人们对水的需求。为了保护新渠，在沿水渠上部修建甲仲晋土屋、在下部修建朗晋土屋，派人守护水渠。晋翟新建 4 大水渠、2 座护渠土屋，为当时农业发展做出了贡献。他把整个年楚河流域治理得井井有条，人民安定康乐。

据藏文史籍《青史》记载：公元 10 世纪时，孟加拉僧人阿底峡在卫藏期间，为了众生利益，建造了一堤坝，后人称之为神尊坝。这是有关西藏堤坝的最早记载。关于尔后拉萨的堤坝，发现的史料较多。拉萨城东的吉曲河沿岸有一道叫觉卧若的河堤。相传为了避免大昭寺和拉萨城遭受水灾，宁玛派僧人娘·阿玛沃色（1136—1204 年）借"神力"将堤石赶到河边，始建该堤。嗣后细波堆孜曾维修过 4 次。公元 1562 年连降暴雨，拉萨遭到巨大洪灾，为此修筑河堤，并在次年的传召大法会期间开创了在每年该法会期间（一说为以后）要组织僧众为河堤搬运石料的先例。

元朝统治时期，萨迦为西藏的首府，当地的农业已比较发达。这与当时的水利设施的齐备是分不开的，由于萨迦土多水少，所以水在当地是相当珍贵的。10 年当中只有三四年雨水是充足的。萨迦管区北流的萨迦河在萨迦寺北面分成3道支流，由一个三门水闸控制，3道支流通向3汪蓄水池，其间也各有互水闸控制（图4-1）。这套灌溉系统的周围即水浇地。该系统创建于达钦之祖瞻林且古降都之时，由两名专任官员负责，称作措本（西藏的一种行政聚落单位的负责人）。措本由萨迦政府任命，两位措本协同工作，经常巡视系统，保持其清洁（孩子甚至不准在渠内洗澡），清理碎片，看何处需要修补；并听取他人意见，做出何处应灌溉的决定。措本还要负责调解提交他们的一切争端，例如两田间的小水渠被过路人或牲畜毁坏及用水纠纷等。

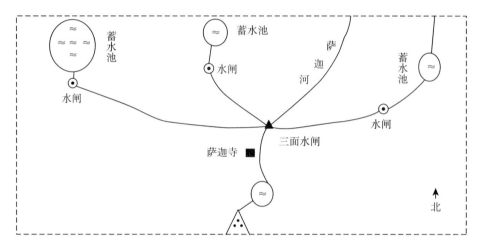

图4-1 萨迦的蓄水池灌溉系统

总之，萨迦的蓄水池灌溉系统在整个西藏地区是较为独特的，灌溉在当时已形成了一套管理体制，有专管灌溉的官吏，因而当时的灌溉技术和管理技术应是比较完善的。

大约从公元10世纪中后期开始，随着战乱减少，整个卫藏地区社会逐渐趋于稳定，卫藏地区的经济开始复苏。原属吐蕃各地的封建农奴制的因素继续产生和发展。封建经济制度开始确立，出现了大量的自耕农，有力地促进了农牧业生产的发展。特别在农业区，不仅使原有的居民点不断扩大，而且在适宜农耕的河谷地带，出现了许多新的居民点，耕地面积逐渐增加。在农耕技术方面，已采用铁制农具和"二牛抬杠"式的犁耕，农业工具主要有犁、镰、𰷝、锨及手斧等；牦牛、犏牛和马等多用于农耕；薅草积肥等精耕细作技术已得到应用。在生产经营上，采取亲族邻里之间相互支援劳力的互助风尚。有的村落秋收时还组织村民持械巡逻，以防强盗的袭击和抢夺。公元10世纪前后，在各主要农业区，除原有的灌溉和排涝设施外，农民们逐步掌握了中耕和施肥等技术。

随着社会的安定和广大农民人身依附关系的松散，农民的生产积极性大为提

高，农产品除了交纳赋税和供养寺
院外，剩余的则可以用来自由交换。
另外，当时偏居阿里一隅的古格王
朝（图 4-2）辖区内的农牧业也十
分发达。

　　公元 13 世纪，元朝把藏族地区
置于中央直接管辖之下，结束了持
续 400 年之久的西藏分裂割据的混
乱时期。从此，藏区社会步入稳定，
经济出现较为持续的发展势头。元

图 4-2　古格王朝

朝中央在西藏清查户口，征派定额赋税差役，平息战乱，清除盗匪，逐渐形成管
理、养护、鼓励生产的制度，使西藏的田地耕种和畜牧业生产得到恢复。以后历经
了萨迦、帕木竹巴及甘丹颇章政权等西藏地方政府的统治，农业有了进一步的发
展。该时期，西藏领主庄园制普遍确立，"政教合一"的封建农奴制日臻完备。西
藏出现了麻雀飞不出边的大农田，具有藏族地方特色的农牧业的食品加工技术初具
雏形，成为高原农业类型的突出代表。

三、薅草积肥技术

　　据《米拉日巴传》记载，当时农民已知"薅草积肥"。据考，薅草即除草。明
谢肇淛《五杂俎·地部一》："水田自犁地而浸种，而插秧，而薅草，而车戽，从夏
讫秋，无一息得暇逸，而其收获亦倍。"章炳麟《新方言·释言》："《说文》：薅，
拔去田草也……今山西、淮西、淮南，皆谓刈草为薅草。"草明《乘风破浪》："地
里有一群人在薅草，不知他们在乐什么，不时传过来格格的笑声。"积肥，即收集
和贮存肥料。由于西藏高原气候寒冷，难以采用沤制的方法将刈割来的杂草制作沤
肥，估计在此时是将刈割来的杂草采用火烧的办法形成草木灰以作肥料，这应当是
吐蕃时期农田灭宿草技术的延续和升华，充分体现了西藏此时农业技术的进步。

第二节　畜牧业养殖技术的发展

一、农牧业的分区

　　吐蕃分裂割据时期的中期，整个西藏的农牧业有了较大的发展。但同时由于前
后藏地区发生平民起义，使西藏四分五裂，大大削弱了西藏农牧业的发展。农牧业
生产非常薄弱，又发生多次自然灾害，许多没有抗灾能力的地方出现饥荒和瘟疫，
前后藏许多人不得不逃荒至安多等农牧生产条件较好的地方。根据松赞干布时期西

藏划分成五大茹的行政区域来看,卫茹就是今拉萨一带,这一带在赞普时期偏重牧业,当时群众的生活以肉类为主食,故此称之为食肉派;威宋占据的约茹,按今天来讲是在山南一带,赞普时期以农业为重,粮食是当地群众的主食,故称为食糌粑派。食肉派和食糌粑派之名系根据卫约两地生产情况而取名。

二、畜牧业养殖技术

(一)畜牧业养殖技术的改进

卫藏地区的畜牧业历史悠久,发展较快,牲畜的品种(类群)主要有牦牛、黄牛、马、绵羊、骡、驴、山羊、猪和狗等,已从以前的群牧发展为牛、羊、马等分群并按牲畜习性进行放牧。在放牧方式上,逐步实行春夏两季逐水草而居,秋冬两季有固定牧场,不再是单纯的游牧,并出现"建立畜圈""储备冬草"等。随着宋代茶马交易的发展,此时马的饲养和驯育都达到了一定的水平。另外,牦牛与黄牛杂交所产的犏牛不仅耐寒且产奶量高,是耕载取奶兼用的优良品种,而且还通过进贡等方式输入内地。史载,吐蕃人还掌握将马牛羊等家畜及动物之角、蹄、毛及血等入药,用来治疗人体疾病的医术。随着牧业生产的发展,畜产品也逐渐增多,主要有皮革、毛类、肉类、酥油、奶类和牦牛尾等。由于畜牧业发达,故卫藏各部每年可向宋朝供给大量的马匹等。据载,北宋时期,每年需马量最高时为4万多匹,最低时为2万多匹。这些马匹,大多由吐蕃各部落供给。随着西藏领主庄园制的普遍确立和"政教合一"的封建农奴制日臻完备,严重束缚和阻碍了生产力的发展,此后西藏大部分地方的牧业停滞不前。

(二)私人大牧场的出现

在西藏分裂时期,出现了归属个人私有的大牧场。如史书所载:吐蕃后裔杰则三兄弟曾占有不少牧场、耕地:长兄穷则占据地有岗如、江如、拧如三大牧场,该地沟外牧场大,沟里耕地面积小,农牧比例不等;二哥哲则统辖区形状狭长,沟头有江卡尔、金卡尔、玛昂三大牧场,沟头的牧场与沟口的农田相等;三弟杰则统辖范围内有卓、甲、热三大牧场,反映出吐蕃奴隶制解体后,西藏社会在逐渐向封建农奴制社会过渡的情况。牧场、耕地的私人占有,必然会引起经营方式、管理方式的相应变化,从而促进农牧业生产的发展。据载,当时的牧业相当发达,畜产品(肉)还有出售。

史载,当时的拉萨、山南、日喀则、阿里、西康等自然条件较好的河谷地带,出现了新的村落和牧场。这些地方的农业、牧业、商业、手工业等都呈现出活跃景象。

【主要参考文献】

达仓宗巴·班觉桑布.1986.汉藏史集［M］.陈庆英，译.拉萨：西藏人民出版社：230.

廓诺·迅鲁伯.1985.青史［M］.郭和卿，译.拉萨：西藏人民出版社.

桑结坚赞.1985.米拉日巴传［M］.刘立于，译.成都：四川民族出版社.

王尧.1983.敦煌吐蕃文献选［M］.陈践，译注.成都：四川民族出版社：175.

张天锁.1999.西藏古代科技简史［M］.拉萨：西藏人民出版社.

第五章 >>>

明朝时期农牧业科技发展

第一节 封建庄园制下的农牧业生产技术

一、谿卡封建庄园制的形成

众所周知，西藏历史上奴隶制的逐步瓦解、封建制的发端比较晚，学术界普遍认为是在公元9～13世纪。但是，西藏的封建制与内地传统意义上的封建地主经济又有区别，西藏的封建制是封建农奴制。新兴的封建农奴制与旧的奴隶制的根本区别在于：奴隶制下的奴隶没有任何生产资料，而农奴有了一定的生产资料。农奴主把他占有的田地，分为两种，一种叫"自营地"，另一种叫"份地"。"自营地"归农奴主经营，"份地"则分配给农奴经营。而农奴有了"份地"以后，就占有了一定的生产资料，生产积极性提高了。但是，农奴仍与内地的农民不同：一是农奴无人身自由，不能随便离开农奴主；二是农奴每年要给农奴主支"差"，即负担各种劳役，无偿地给农奴主经营"自营地"，以及承担其他各种负担（包括实物与货币）；三是农奴对"份地"只有使用权，没有所有权，不能出卖。

无论怎样说，在西藏当时的历史条件下，农奴制是一种代表时代潮流的新兴生产关系，其优越性是显而易见的。因此，各地的奴隶主都仿效这种新的统治方式，逐渐以农奴制代替了奴隶制，而且还创造了适应这种农奴制的封建庄园，藏语叫做谿卡。谿卡的出现，比较可靠的说法是在萨迦政权的后期，首先在西藏山南地区帕木竹巴万户府管辖之下的区域内推行。绛曲坚赞继任万户长后，鉴于其前辈荒淫贪暴、征敛无度，属民散投其他领主，帕竹因此而衰弱的教训，为此采取了一些改良措施。他自行俭约，注意调动属民的生产积极性，修复谿卡，奖励垦荒。山南土地肥沃，十余年间，属民的辛勤劳动使帕竹的实力大增，这才有了1349—1354年间军事上的节节胜利，终于推翻了萨迦政权，建立了帕竹政权。显然，新兴的以谿卡为社会细胞的农奴制的成长壮大，是帕竹之所以能战胜旧的、腐朽的萨迦政权的经济方面的深刻原因。在确立了对乌思藏的统治之后，绛曲坚赞开始大规模地推行以谿卡为组织生产、管理属民的庄园制度，并从其家臣中挑选功绩卓著、尤为忠顺者，赐以豁卡，作为世袭采邑，形成了一批新贵族。豁卡把散居的农奴组织在一个庄园之内，除了便于农奴主控制农奴之外，还起到一定的组织生产作用。

二、豁卡封建庄园制的广泛发展

豁卡庄园制在明代西藏崛起的客观基础是：元代西藏社会相对安定，饱经动乱之苦的藏族群众在相对安定的社会条件下，推动了社会生产的复苏。豁卡庄园制的初期，具有组织和管理生产的作用。当初，绛曲坚赞（图5-1）实行将"土地平均分配给农民，规定了收获的六分之一为赋税"。这一制度的开始阶段，提高了农民的生产积极性，推动了社会经济的发展。在整个藏区的经济发展中，拉萨属于经济成就显著的。历史也提供了这方面的证据：公元1409年，宗喀巴在总施主第悉扎巴坚赞和柳

图5-1 绛曲坚赞

梧宗宗本提供的丰富的物资基础上，举行声势浩大的拉萨祈愿大会。这次祈愿大会所费"黄金九百二十一涌（涌相当于内地的一钱），相当于五百五十钱金子的白银，三万七千零六十克酥油，青稞和糌粑一万八千二百一十一克，白茶四百一十六涌，黑茶一百六十三块，干肉二千七十二只（谓整牛羊之只），牛羊牲畜折价共二千零七十三涌金子，以及其他大量物资"。这其中所花费酥油、青稞、糌粑、牛羊的数量是巨大的，这是当时拉萨所在地区农牧业发展的一个实证。另外，拉萨以东、以西、以北分别建成甘丹寺、哲蚌寺、色拉寺，规模宏大，壮丽雄伟，建寺所需资金，绝大部分由当地宗本支持。这些寺庙建成后，供养大批僧众，都依赖于当地农牧业和手工业产品的供给，如哲蚌寺僧人7 700人，实际上这一编制数额不久就被突破了，反映出当时拉萨地区农牧业和整个经济社会的发展水平。

三、豁卡封建庄园的管理形式

帕竹时代豁卡的大小、规模、内部结构、管理体制等，由于资料的限制，我们无从知晓。但从民主改革前西藏大量豁卡的调查材料中，仍能管窥到帕竹时期豁卡的概貌。民主改革前，西藏豁卡的大小并不统一，大的豁卡相当于宗。大豁卡之下，又管理着许多小豁卡（只是这样的大豁卡数量并不多）。小的豁卡只有十余户农奴，相当于内地的一个小村子（这种豁卡比较普遍）。但是，一个典型的豁卡则约有百余户。例如山南贡噶宗的囊色林豁卡，就是一个很典型的豁卡。据西藏社会历史调查组的调查，1958年全豁卡共有农奴142户、611人（领主及朗生未计在

内），共有耕地 101 公顷，各种牛 701 头（其中领主占 184 头），马、骡、驴 241 匹（其中领主占 24 匹），绵羊和山羊 3 299 只（其中领主占 200 只）。这个谿卡是一个大村子，村子中央有一座七层高楼，那是领主的住宅，周围都是平房，是领主的马厩、奶牛圈、耕牛圈、磨坊、粮仓、炒青稞间、染色间、织毯氇房、监狱，以及朗生的住房。再远一点，就是农奴（差巴和堆穷）们居住的低矮的小平房。离谿卡约 300 米的地方，有一处林卡，里面种植着许多树木花草，并有一所精致的小院子，是领主夏天避暑的地方。一般的谿卡，都有一套完整的管理机构，谿卡设谿堆一人，是这个谿卡的头头。下边设捏巴一两人，是谿堆的助手，协助谿堆管理谿卡的农奴，分配他们每日的差役，并监督他们进行无偿劳动。每个谿卡还有朗生（即奴隶）若干名，承担谿卡内部的家务劳役。

帕竹政权正是依靠这样一种谿卡制度，赢得了社会经济的全面振兴，它不仅夺取了政权，而且也比较成功地巩固了政权，帕竹政权对乌思藏的统治维持长达 264 年之久（1354—1618 年）。帕竹时期的西藏社会安定，促进了前后藏农牧业生产水平的显著提高，社会各方面得以呈现出一派繁荣的景象。

四、寺院的快速发展促进其经济居主导地位

公元 15 世纪，宗喀巴（1357—1419 年）及其门徒进行宗教改革，创立了格鲁派（黄教），寺院经济取得了长足发展。以 1409 年初，宗喀巴在帕竹第悉阐化王扎巴坚赞及其他重要官员的大力赞助下，在拉萨大昭寺举行祈愿大法会的收入可见一斑。当时，集万余僧众，历时 16 天，法会所得收入：黄金 921 两，值黄金 450 两的白银，酥油 37 060 克，青稞、糌粑 18 211 克，整牛羊肉干 2 172 头（只），价值 2 073 两金子的牛羊，白茶 416 两，黑茶 163 包，蔗糖 18 包，绸缎 290 匹，布帛 731 匹，袈裟法衣 30 套等，牛马等牲畜折价白银 2 073 两。黄教的创立对西藏寺院农牧业经济的发展是一个新的里程碑。可以说，西藏寺院农牧业经济是随着黄教的兴盛而巩固起来的。也可以说，黄教的兴盛是以寺院农牧业经济为基础的。

宗喀巴创立黄教是从建立甘丹寺开始的。当时支持宗喀巴的有内邬栋王扎巴坚赞、扎格谿卡的朗索仁钦伦波、朗索甲吾两兄弟和甲玛的万户长达哇等施主，他们奉献了墨竹垅学等地的不少庄园土地。以后，宗喀巴的 3 个弟子分别建立了哲蚌寺、色拉寺和扎什伦布寺。这些寺院的修建，都是依靠在农牧业经济上有雄厚实力的封建农奴主的支持完成的。

公元 16 世纪中叶，黄教寺院已基本形成了具有全藏规模的、农牧业经济实力雄厚的寺院集团。黄教寺院不偏重依靠某一个地方势力，而是向各个地方势力敞开门户，争取他们共同的农牧业经济支持。黄教能把寺院农牧业经济推向新阶段，与他们这种兼收并蓄的开放政策是分不开的。

公元 1642 年，黄教借助蒙古固始汗的力量推翻了藏巴汗噶玛地方政权。尽管当时黄教没有取得政治上的统治地位，但五世达赖则由此成为西藏的宗教领袖，前后藏的税收也全部被固始汗作为布施归属达赖。黄教借助于已取得的宗教领导权，又逐步将贵族反对派的庄园、农奴等没收归于黄教寺院所有。

第二节　农牧业生产技术

一、提倡植树造林

绛曲坚赞大力提倡植树造林，禁止乱砍滥伐。他强调：其"所属区域内，每年要保证栽种成活 20 万株树木，并选派林管员进行督察、验收。其好处是：木材是维修各地寺庙、修葺寺属与非寺属百姓房屋、船只等必不可少之材料，是耗不尽之宝。因此，绛曲坚赞要求人人要出菩提心，认真搞好植树。由于所有的地方和川谷林木疏落，所以砍伐树木要看时令季节，不许拔出树根，要用锋利的镰刀和工具砍断其地面部分，设法在被砍之处再长出来"。

二、扩大垦殖区

《明史》记载，"洪武十年始随碉门土酋归附。岩州、杂道二长官司自国朝设，迄今十有余年，官民仍旧不相统摄。盖无统制之司，恣其猖獗，因袭旧弊故也。其近而已附者如此，远而未附者何由而臣服之。且岩州、宁远等处，乃古之州治。苟拨兵戍守，就筑城堡，开垦山田，使近者向化而先附，远者畏威而来归，西域无事则供我徭役，有事则使之先驱。抚之既久，则皆为我用"。同时该书还记载"岩州既立仓易马，则番民运茶出境，倍收其税，其余物货至者必多。又鱼通、九枝蛮民所种不陆之田，递年无征。若令岁输租米，并令军士开垦大渡河两岸荒田，亦可供给戍守官军"。以上表明，垦殖地区比以前又有了扩大。

三、扩大耕种

大力兴修水渠，在适合耕种的荒地上开荒种地，扩大耕种，以至出现了"麻雀飞不到边的大片农田，使得山谷平川布满农田"，获得丰收，群众的生活得到了巨大的改善，促进了中小封建庄园主的迅速增多，使西藏农业经济得到进一步的发展。

四、畜产品加工技术

（一）酥油的制作技术

酥油是从牛、羊奶中提炼出来的。李时珍《本草纲目·兽部》对此有记载，

"用乳半勺，锅内炒过，入余乳，熬数十沸，常以杓左右搅之，乃倾出罐，盛待冷，掠取浮皮以为酥；入旧酥少许，纸封放之，即成矣"。近代藏民提炼酥油的方法也大体如此，其方法是：将奶汁稍为加温，然后倒入"雪栋"（大木桶）中，再用"甲埒"用力上下抽搅，来回数百次，搅得油水分离，上面浮了一层淡黄色的脂肪质，把它舀起来，灌进皮口袋，冷却后就成为了酥油。酥油的用途十分广泛，可用酥油加工食品，或用于点灯或做润滑剂，也可制献佛用的酥油花和贡果。提炼酥油后的奶渣经过烤、煮，将水分蒸发后，可制成干酪等食品。牛羊奶提炼酥油后的液体也可制成酸奶，其味道酸甜，适宜饮用。打制酥油的"雪栋"，用木板箍制或圆木挖空而成，一般高1米左右。

（二）奶茶制作技术

奶茶，是将牛奶或羊奶掺入红茶或粗茶加热的茶饮。奶茶既有奶的甜味，又有茶的清香。夏季产奶季节，特别是在牧区盛行喝奶茶。民间传说奶茶源于明王朝时期，主要是给小孩和青少年喝的，不放盐，认为青少年喝奶茶利于长身体。喝奶茶，对于食肉较多的牧民来说，有助消化，去油腻腥膻之效。据说还能镇静安神、夜晚催眠等。

【主要参考文献】

王森.2010.西藏佛教发展史略［M］.北京：中国藏学出版社：314.

宋秀芳.2001.浅析西藏寺院经济产生与发展的动因［J］.西藏民族学院学报：哲学社会科学版，22（2）：53-54.

张廷玉.1974.明史［M］.北京：中华书局.

第六章 >>>

清代时期农牧业科技发展

第一节　种植业生产技术的发展

一、农业的有限发展

西藏人口在清代时大幅度攀升，康熙初年为 115 万多人，乾隆末年为 139 万人，鸦片战争爆发前后，人口峰值为 150 万人左右。从某种意义上说，人口的不断增长是农业经济发展的结果；而人口的不断增长，又促进了土地使用面积的不断扩大。

在清代，西藏人民在艰苦的条件下辛苦劳作，使农业生产有了一定的发展。

(一) 农业生产的广度有所扩大

在清代西藏封建农奴制下，农奴主为了增加自己庄园的收入，不断通过强迫农奴开荒的方式扩大农奴主庄园的面积；另一方面，广大贫苦农奴为了维持生活，也通过各种渠道开垦土地，因此西藏地区的耕地面积在清代有了一定的扩大。使原先分散的垦区由气候温暖的雅鲁藏布江中游和藏东三江河谷，发展到温凉的各河流上游和藏南高原的河谷湖盆地区。据史料记载，海拔 4 400 米的羊卓雍湖畔在 17 世纪中期时已有了相当规模的开垦。

光绪二十五年（1899 年），十三世达赖向全藏人民颁布文告，鼓励藏族人民开垦土地、发展农业生产。十三世达赖的这个文告在客观上起到了促进农奴开垦荒地的积极性。清代西藏地区耕地面积的扩大，标志着当时的农业生产较前有了进一步的发展。

(二) 农业生产的深度有所发展

在清代，清朝中央政府加强对西藏地方的管辖，西藏与内地的政治、经济、文化的交流得到了前所未有的发展。随着清朝官员和士兵的入藏，一些蔬菜种子被带到西藏并开始在一些地区进行种植。在墨竹工卡、桑阿却宗等自然条件较为优越的地区已开始种植水稻。尽管水稻在当时西藏的种植还不普遍，然而这却是一个令人值得注意的现象。在清代以前的各种文字的史料中均无西藏地区复种情况的记载，但在乾隆年间，济咙、巴则等地已出现一年两熟的耕作制度了。据驻藏大臣松筠记载，"济咙为卫藏极边，外接廓尔喀，西南行十日可抵阳布，番民大小四百余户，地气和暖，一年两熟"。由于清代西藏地区农业生产的发展，一些地区的生产水平已与内地相差无几。例如，在墨竹工卡，"人勤耕稼，稻畦绣错，一如内地"；又如，在思达以东的梭罗桥山附近，"两旁皆良田无隙地，弥望青葱，内地秋稼之佳，亦不过此"，可见这里农业生产发展水平已经达到一定高度。

事实上，从总体上来看，清代西藏农业生产发展的水平仍然是十分低下的。尽管清代西藏农业发展出现了农作物品种增加和一年两熟等现象，但这不能代表清代西藏农业生产发展的主流。在清代，尽管西藏地区的耕地面积有所扩大，但当时的垦殖率仍然很低。对于清代西藏农业生产发展的概况，清末曾到过西藏的日本人青木文教这样说过："西藏的地势不便交通，加之人民长期持闭关主义态度，所以该地的产业至今仍停留在原始状态。首先从农业的状态来看，西藏自治区适合耕作的面积中约一半被作为未耕地闲弃着。"

清代藏族农业生产水平并没有发生实质性的变化。一些地区甚至仍保持"刀耕火种""烧荒肥田"的落后生产状态。在农具的使用上也仍保持过去铁制、木制的传统，"炉霍夷人耕稼多用二牛，以木五尺许，缚二角端，中施一长木至牛后，横加短木，下贯五锹锸形齐如锄，每于高下转折处，骈牛行，殊少便捷……启土甚艰"，一些地区的农业生产仍属于粗放型，"布种之后，不事锄耘，草芥横生，粮苗不茂"，对肥料的使用也处于随意而为的阶段，"夷人粪田无法，立夏前后撒种，亩需一斗，稀稠不匀。种后惟拔草一二次，即望收获，恒有听草长而不除者"。这表明传统的农业生产发展到清代基本上是裹足不前。

庄园农奴们使用的农具有铁锹、铲、锄（近似宽刃的用于挖掘的斧子）以及犁（由木制的犁箭装上铁尖制成，辕轭缚在牛角上，犁辕用两头牦牛或犏牛合挽耕种）。"夏麦秋荞地力肥，圆根歉岁亦充饥，板犁木锄农工罢，黄犊一双系角归"。这首清代巴塘竹枝词就生动地记载了当时藏区简单的生产工具及落后的"二牛抬扛"的农耕方式。如果发生天灾，因为没有任何抵御防治能力，庄稼大大减产，甚至颗粒无收。秋收后，农奴们一般趁冻土前犁地一次，旨在使霜雪侵入土隙，以此杀死害虫并助于土壤分解，为来年春播打下基础。为了达到保持地力的目的，一些瘠薄土地上采取轮种或每两年间歇一年的休耕方法。

二、土地开垦和耕作技术的提高

在藏族农业土地不断扩展的过程中，藏族民众为了不使地力消耗过度，采取了内地较先进的休耕轮作制，在用地的同时注意养地，从而形成较合理的农业生产结构和土地利用结构。"如小麦等粮今年种获，明年再种则无实。必须移徙一次，以纾地力"。可见，这种休耕轮作制是藏族民众在长期的生产中摸索出来的经验，"惟是卑屯天寒土薄，古称不毛，一切耕获情形与内地不同。初夏始种豆麦青稞，隔年迁移一次，以纾地力，否则苗不结实"。除了土地休耕外，藏族民众还懂得利用农作物的轮种，以发挥土地的最大使用率，"夷人有三土七石之谣。阳坡高下俱可耕，垦溪箐中，日色不到者不堪种植。地多浇薄，再熟之区不多，如小麦八月种，至次年七、八月熟，其地再种小麦则无实，须另种荞豆以纾地力。牟麦三月种，六、七月获。荞麦四月种八月获。豌豆蚕豆俱三月种八月获。青稞二月种五月获"。同时，入藏的汉民也将一些内地的先进生产技术逐渐传入西藏。

藏族民众农业生产所采用的休耕制、轮作制及入藏汉族人带来的农业生产技术，皆反映了藏族地区农耕技术的进步，并对藏族地区农业生产的发展形成了较大的推动力，加快了藏族地区农业生产的发展。清代《巴塘志略》中一些诗词亦体现出藏族农业生产的一派欣欣向荣的气象："安得迎来龚渤海，尽驱牛犊事春耕。"

三、作物品种的普及

西藏独特的地理位置，使其农作物种植也多具有区域性特征。史载："青稞如麦而叶穗较短，四月播种六、七月即可收获，盖因外地寒五谷不生，惟稞麦较宜尔。"即便如此，随着农业的不断发展，清代藏族的农作物种植也已相当普及。

土地的大量开垦利用，使得农作物品种及种植次数也较前有所变化。除青稞之外，小麦、大麦、荞麦、芜根、小豆（豌豆）等许多农作物也已大量种植。一些清朝官员赴藏戍边，将内地的蔬菜种子引进藏区。在恩达、察雅、左贡、桑阿却宗、昌都等自然条件较为优越的地方开始种植水稻。在某些地区，农作物甚至可以一年两收，如吉隆、扎什伦布西南地区的青稞、黑麦或小麦；热曲河及雅鲁藏布江流域的青稞和谷子；工布地区的水稻和青稞，等等。

18世纪时，藏区的农业经济作物也有了从引进、培植到发展的过程。西藏察雅、俄达等地的核桃，穷结的竹子、核桃等，达布的葡萄、核桃、桃子、海棠，拉萨的胡桃、蚕豆、菜籽、杏、白葡萄（侨居世界屋脊的外国传教士曾用来制作葡萄酒）、波密的蜂蜜、香料，工布等地的小麦、红枣、黄杏、竹子、木碗等。这时已普遍采摘草药治病，利用灌木、树木的纤维制作纸张（图6-1），从树脂中提取胶，等等。此外，从藏北草原到藏东亚热带还盛产大量各类名贵中草药，像麝香、熊胆、红花、黄连、甘草、当归、生姜等。汉族人民带往藏区的白菜、莴苣、苋菜、韭菜、萝卜、茼蒿、四季豆、苦瓜等多种蔬菜也已深植当地。足见这一时期藏区的经济作物随着农业的发展被广泛开发。

据史料记载，到清末，西藏地区的农作物种植已在前后藏地区均有较大发展。前藏（包括拉萨城、札什城、奈布东城、桑里城）等30余城的大部分地区种植有青稞、小麦、荞麦、豌豆等作物；江卡、乍丫、察木多、达隆宗等地区则种植有大麦、青稞、芜根、豌豆等粮食作物，以及梨干、葡萄、核桃、杏干等经济果木。另据《西藏图考》记载，江孜、后藏、定日等地无上述土特产，阿里出产的农作物为青稞麦、大麦、莞豆、豌豆、粟米等。对西藏东西两地所产的农作物产品作简单比较，从中可发现其中主要农业品种大致相同，如青稞、大麦、豌豆，其中青稞为西藏人民的主粮。

图 6-1　纤维制作纸张

清光绪年间，张荫棠在藏期间，因印茶倾销西藏，严重冲击边茶市场，力主抵制印茶，在其一系列抵制措施中，在藏区试种茶叶为其一举。他在《电陈治藏当议》中提出"宜破除故见，以川茶子输藏，教民自种"；着手在拉萨地区试种各类树木，且育苗植茶；并"派员往四川、印度学种茶、制茶之法。凡宜种茶天气暖热之地，山坳岩间，当先以工布、巴塘毗连野人一带和熙之地试种"。1906年（光绪三十二年），川督赵巽令金川地区屯兵就地种植茶树，"先求多栽多活，次求采制得法"。后因政局鼎革，亦再无人问津。

位于川藏交界的藏族聚居区，因为与汉族人毗邻，汉藏民族的频繁交流，使这里的农业生产水平明显较高，与内地差距大大缩小。仅从这些地区农作物的种植情况来判断，已经很难区别汉藏民族农业之区别。藏族地区农作物品种已较齐全，与中原内地的品种量基本等同。而且，越是靠近内地的藏族区域，其农业生产水平与内地的差距就越小。汉族在藏族一些地区的农作物品种推广中起到了很大的作用。如《炉霍屯田志略》中记载的粮食就有小麦、青稞、豌豆及萝卜、芜根、白菜、地薯、葱、蒜等蔬菜。而蔬菜中的萝卜、白菜、葱、蒜等则是"自汉人传种"。

另外，西藏地处高寒地区，在拉萨地区原本极少有树木花卉，且品种单一。驻藏大臣张荫棠入藏时带入各种花籽，权当试验进行播种，其他的花籽无法生长，唯有一种花籽长出来呈瓣形状，耐寒强，花朵美丽，颜色各异，清香似葵花，果实呈小葵花籽状，西藏一时间家家户户都争相播种，然而谁都不知此花何名，只知是驻藏大臣带入西藏，因此起名为"张大人"相传至今。当时西藏通晓汉语的人极少，到现在一句汉语都不会说的一些老人谈论此花时，都能流利地说出"张大人"这3个汉字，可见影响之久远。

四、农业生产工具的多样化

生产工具是农业生产技术水平的重要标志。在清代，西藏地区的部分农业生产工具与吐蕃时期的基本类似，下面介绍新出现的几种生产工具。

耱——春播青稞籽后用于耙地。耱齿触地，皮绳和牛轭相连，使用者站在木架上手握皮绳以控制耱的去向。耱身是木制的，耱齿为木制的，齿数不定。耙绳是用牦牛皮制的，身上的环是铁制的。一张耱可用4～20年（图6-2）。

浅筛——用羊皮条、扫草编成，交叉穿孔固定在木质的长方形木框上，秋收扬场时用它风筛青稞。一只浅筛可用2年（图6-3）。

图6-2 耱

图6-3 浅筛

小手锄——锄面用铁打制而成，把为木质，通常用来田间除草与中耕用（图6-4）。

背筐——背土、背肥、抬牛粪等用，有大、中、小号3种，用山上割来扫帚草编制而成。

草筐——竹编成。大号草筐用来运走扬场后清出的杂草，中号的用来装草喂牲口，小号的背牛粪用。大号可用3年，中号及小号可用10年。

竹扁——大号，供造酒时把酒米和酒曲放于竹扁中搅匀；中号，供洗菜籽用；小

图6-4 小手锄

号,作剪羊毛、刨萝卜时的容器。

铡刀——切草或切其他东西的器具,在底槽上安刀,刀的一头固定,一头有把,可以上下活动。铡刀由两部分组成,一块中间挖槽的长方形木料,一把带有短柄的生铁刀,此刀的刀尖部位插入木槽里固定。铡刀是专门给牲畜铡草料的,一人把草料平铺到木铡板上,另一人握住刀柄向下用力,草就齐刷刷的切断了。

刮板——即为一块木板,主要用来在打场时刮留地面上的粮食,通常长度为35～40厘米,宽度为20～25厘米。

连枷——由一个长柄和一组平排的木条或一根木条构成,用来拍打青稞、小麦、油菜等,使子粒掉下来,也作梿枷。(图6-5)。

手磨——是用于把米、麦、豆等粮食加工成粉、浆的一种工具。通常由两块圆石做成。磨是平面的两层,两层的接合处都有纹理,上面有安装木柄的孔,以此作动力,将磨沿着纹理向外运移,粮食从上方的孔进入两层中间,在滚动过两层面时被磨碎,形成粉末(图6-6)。

图6-5 连枷

图6-6 手磨

五、汉地对藏区农业生产技术的支援

清代藏族农业的发展,与汉族人进藏区的支援是分不开的。清初政府招民入川开垦,川西边地的汉藏交界地成为移民迁入地之一。汉族在藏区的居住,往往将农业生产技术带入该地,农作物种植也随之在藏区传播推广。乾隆年间《西藏志·物产》就记载,汉族人将中原地区的白菜、莴苣、菠菜、苋菜、韭菜、萝卜、四季豆等菜种引进种植。

清代汉族军民不断进入藏区耕种,许多人最终在藏区安家落户。清朝政府对藏族地区的开发,继承了元、明以来对西藏实行的优惠政策,多次免除西藏地方向中央王朝所纳的赋税。如乾隆六十年闰二月下旨将前藏赋税宽免1年;后藏免其一半,并拨出库银4万两,救济失业和流离失所的贫困藏民,同时下令3年内免除乌拉的差役和赋税。在藏族地区所收的赋税,清政府又以采邑的形式赏给达赖和班禅额尔德尼,且西藏地方所有的财政收入也均归达赖和班禅。

第二节　畜牧业养殖技术的发展

一、畜牧业发展概况

　　清代西藏的农牧业生产形态是农业和畜牧业同时并存，其中前者以西藏、西康地区居多，而西北安多藏区则以后者占主导地位。在清代，畜牧业所提供的各种畜产品是藏族人民的衣食之源，生存之本。畜牧业除了对西藏人民的日常生活起着重要作用外，还是清代西藏地区与外界进行商业贸易的重要支柱。牛、马等活畜和各种畜产品是西藏地区向尼泊尔、不丹等国和我国内地输出的大宗商品之一。西藏在清末每年向印度出口羊毛约达 400 万斤，牲畜约达 3 万～4 万头，这就是畜牧业在清代西藏社会经济中占主体地位的一种证明。要改变陈旧落后的生产观念，绝不仅仅是改变放牧牲畜方式，对草场的建设和管理更为重要。

　　牲畜是长期聚居于草原的游牧民族赖以生存的生产、生活资料，世代生活在青藏高原的藏族也不例外。他们以放牧牦牛、羊等为主，逐水草而居，每一顶帐房就是一家牧户。由于生产力水平不高，不知改良牲畜品种，缺乏科学合理的牧养，对自然依赖性较强，每年都因暴风雪袭击或瘟疫使大量牲畜死去。尽管如此，藏族牧民们依然同大自然作斗争，年复一年地繁衍生息在无垠的草原上。彼此间"问富强者，数牲畜多寡以对"。他们的衣食住行用无一不取自于牲畜。在饮食方面，由于高寒地带不生产或少生产蔬菜、水果。因此，由畜牧业提供的各类肉制品及奶制品就必然成为游牧的藏族人民的主要食物来源，其抗御寒冷、保健营养自不可言。在服装方面，牛羊绒、毛及各种兽皮是藏族人民制作藏袍鞋帽的绝好材料，不仅结实耐用，而且非常保暖。享有吃苦耐寒美誉的高原之舟——牦牛以及马等是藏族人民外出的重要交通工具，用牛皮做成的船，有效地解决了困扰高原上人们往来于湖泊、河流、山川之间的问题。日常生活中，畜牧业提供的各种产品更是繁多，如以牛羊毛制成的氆氇、帐篷、卡垫、绳索、口袋等；甚至牲畜的粪便，也是草原上缺柴少木的最佳生活必需品。藏区畜牧业除牦牛、羊、马外，还产骡、驴、黄牛、长毛牛（犏牛）、猪（体小，食野草，大不过四五十斤）、鸡等。总之，牲畜在高原人民的生产生活中，特别是以畜牧业为主的草地民族中具有举足轻重的作用。

二、畜牧业经营方式与技术

（一）畜牧业经营方式

　　清王朝统治西藏 300 年间，虽说西藏得到清中央政府的治理，其社会经济发展有了一定的基础和进步，但西藏的畜牧业基本上仍保持着传统畜牧业的原始状态，是单纯依靠天然草场放牧的单一结构，而且这种单一的结构是在低投入、低产出、低效益的缓慢生产中维持相对的平衡和稳定的。由于独特的地理位置和气候特征，西藏形成了以牦牛、绵羊、山羊和黄牛四大牲畜为主，兼有犏牛、水牛、马、驴、骡、猪等适应高原环境的畜种资源。这些牲畜多是在繁育、放牧管理粗放的条件下驯养和培育起来的原始品种。它们都具有程度不同的高原适应性，长期以来自然选择在畜种的繁衍和发展进程中起着主导作用，并形成了适应高寒、缺氧、低压等特殊高原环境和有经济价值及科学研究价值的牲畜种群。

清王朝末期和辛亥革命前夕，由于英帝国主义对西藏的侵略，清驻藏大臣在藏黑暗腐朽的政治，英帝国操纵下的所谓"西藏独立"，北洋政府统治时期英帝国主义在西藏、川边制造的分裂及其在"西姆拉会议"上的阴谋活动等，西藏的农牧业生产关系基本没有发生什么变化，生产力发展滞缓，抵御各种自然灾害的能力极其薄弱。但同时也应看到，由于资本主义的影响，使西藏的牧业经济带上了一点资本主义的色彩，形成了所谓的"牧主经济"。牧主经济是畜牧经济的组成部分，其经营方式是雇佣劳动，带有资本主义的性质，而租牧、贷牧乃至于无偿放牧是畜牧业封建剥削。所以说，牧主经济带有资本主义和封建主义的双重性质。

清代西藏的农牧业经济虽有较大的发展，但仍是传统的畜牧业经济，表现出仍没有摆脱自然经济的束缚、牧业资源开发利用不足、资源浪费和破坏严重、畜产品加工小农化严重且畜产品贸易市场相对封闭等弊端和局限性。

（二）牲畜屠宰技术

据《西藏志》记载，"藏族杀牛方法，一般闷死，其目的在于使血留肉内，盖藏人不喜杀生见血。惟因欲促其速死者，而加以割喉者。宰羊之法，以羊列成一排，每次约 6 只或 8 只，四足齐缚紧，男人以刀割其喉，后随一妇，妇转羊头使向上"。以上宰杀方法一直延续至今。

三、肉食品与奶制品的加工技术

（一）肉制品的加工技术

藏族的主要肉食是牛羊肉，不吃奇蹄类兽肉和飞禽、鱼肉。《西藏志》记有"普通藏人之主要食物为牦牛肉、羊肉"等。《西藏新志》载，近代藏族"牛羊肉多不煮而生食"。藏族生食由来已久，清《西藏见闻录》引《宋史》说"西蕃喜啖生物，无蔬茹、醯酱，独知用盐为滋味"。在生食肉食中，以风干牛羊肉为最多。几乎所有的藏族都生食风干牛羊肉。《西藏志》对风干羊肉的加工和贮藏有比较详细的记载："杀羊在十月之前，肉既干结，亦无臭味，如此以过冬季。家主每年一次藏肉于贮藏室内，以备以后十二个月享用。乐趣无穷，且合卫生……有时全个死羊贮藏者，有时则切肉成条而使之干……十月宰割时，兽肉最肥，因其时已过食草摄多之夏季也。而冬令将届，肉可成冻，便于保藏。每年年底，将其消耗之余再行贮藏，年复一年，继续贮之，以故羊肉藏至五年亦非奇事。"风干肉的制作一般是在10月，其过程是：挑选肥壮牛羊，杀后剔去骨头，将肉切成长形薄条，串挂在阴凉处，让其渐渐冰冻风干后即成。由于气候寒冷，鲜肉中含的血水冻结而附着在肉上，犹如冷库贮藏。因为有气候和卫生条件作保，其生食的危害小于平原和沿海地区。到了第二年3月以后就可拿来生食和烤食。由于风干牛羊肉仍保持牛羊肉固有的色、香、味，不用佐料也可食用，其肉麻脆酥甘，馥香满口。

（二）酥油茶的制作技术

在《西藏新志》中记载了酥油茶的制作方法。煮茶之法：首先待水将沸时，将分量不等的茶叶丢进烧水壶或锅内熬成茶汁。砖茶可熬3次，且茶色尚好；苻茶只能熬1次，再熬就淡而无味了。把烧好的茶水注入桶内，丢进多少不等的酥油，加点盐，用一有长柄的活塞上下捣上百次，即成酥油茶，再倒入壶内，稍行加热，便可随时饮用了。酥油茶桶，一般高1米多，直径约15厘米。小茶桶只有0.67米上下，碗口粗细，有不加琢磨的，也有精雕细作的，随身携带，在旅途或外出期间使用。大酥油茶桶有合抱粗，一人多高，多用于有上千名喇嘛的大寺院。在大寺院，念早经的喇嘛，在一个大经堂里就有千人上下，所以要用这种大酥油茶桶打酥油茶供应。大酥油茶桶固定捆绑在大木柱上，以防止打酥油茶时倾倒。大酥油茶桶旁设一个固定的高于茶桶的站台。打酥油茶时，有一强壮高大的喇嘛站在台上（为了安全，其腰部也要捆靠于接近茶桶的柱上），双手紧握带有活塞的粗木柄，上下提拉捣百余下，酥油与茶水即渗透融合成酥油茶。

贵族家庭和上层喇嘛打酥油茶时，有时要放一两个生鸡蛋和茶水一起打。他们还讲究喝八宝茶：将红枣、草果、生姜、核桃仁、杏仁、薄荷、芝麻、麻子等，放入酥油茶桶，加新鲜酥油，放点盐，注入浓茶水后，打成酥油茶。酥油茶油滑而不腻，郁香而不刺鼻，营养价值也十分丰富。藏族地区缺少蔬菜和水果，饮酥油茶后可产生大量的热量，用于御寒，又因酥油茶中茶汁很浓，有生津止渴和缓解疲劳的作用，也能补充因缺少蔬果所需的营养。

第三节　农牧业自然灾害及应对方法

一、水灾及应对方法

水灾是危害西藏农业的主要自然灾害。水灾时常伴有泥石流，波及地区十分广

泛，灾区往往房倒屋塌，桥梁损毁、庄稼被冲，百姓流离失所，很多人到他乡去乞讨为生。水灾过后，当地贵族或差民会向噶厦报告灾情，申请口粮或救济、申请减免差赋或者借贷种子，有时请求修整堤坝和桥梁。对水灾应对措施通常为：

（一）提供相关信息

要求地方提供确切的信息，如果信息不及时或不准确，通常没有机会得到援助。如果发现地方呈文中有夸大或不实之处，通常不但不能得到减免和救助，还要领受斥责。如 1845 年，噶厦批复达孜宗为修渠请求派工的呈文："据目前情况，尚不便按所呈允准。尔等如确无法修复水渠，应将新修水渠多少，能否自行解决等情事先禀明，并经平措林寺交接证人二僧俗谆涅，详细核查"。又如 1867 年，噶厦就墨竹工卡宗田地被水冲毁的批复："据此，农田和草场如确遭水灾，疏浚水道等，本应自事自理。尔等不早自为之，今反借此夸大其辞，要求政府替换之土地，减轻差赋。此类事件，今后可能不少，为避免展转效尤，所请不便允准。"

（二）核实灾情的程度

噶厦对遭受水灾地点的灾情通常委派官员或依靠征收员的报告得知。如 1863 年，噶厦就雍达林谿卡遭水灾的批复为："据查，卫藏任何地方，冬季暴发洪水，史无前例。故来文所请不便允准，暂且可由仁布宗堆与征收员，前往查勘，是否曾发生洪水……候查明真相后，方可酌情批饬"。

（三）减免差赋处理

对于灾民减免差赋的请求，噶厦一般不予允准。在《灾异志》书中列举的 40 件噶厦批复和指令中，给予减免和援助的有 9 件，要求提供确切数据的 7 件，有条件给予援助的 10 件，拒绝的有 5 件。还有一部分是给出处理意见或要求自行解决的。如 1850 年仁布宗农田被淹，仁布宗堆呈文请求噶厦减差，或由地方政府给予引洪民工工钱，或发给去前、后藏化缘的执照。对此，噶厦没有批准减差和发放工钱，只是同意为差民发放化缘执照。

（四）灾情呈文处理

对于有些灾情呈文，噶厦还依据具体情况，就救灾方式给出非常具体的命令，要求灾区照办。如 1829 年，噶厦就白郎宗水灾的批复中说："尔二宗本应防止灾情扩大，须安排设法加固石堤，注意河流汇集处以及政府自营地为主之政府、贵族之农田及住房受灾情况，望今年之征收员会同二宗本堆，亲自至受灾地方查勘。……白郎大桥以及河水汇集处受灾严重之地，宗本应亲自巡查。凡须修复之处，由原承担差赋者，候水退后迅速修复，并务使坚固持久"。又如 1907 年江达地区路桥被水冲毁，噶厦就维修之事给江达宗的批复是："汉藏官道系交通要道，若上情属实，对此不能置之不理，应立即重新修复。……仍应由该地政府、贵族、寺庙及当地牧民部落，无论持铁券文书与否，均应助工。每冒烟户支应一人，每人支应 20 天。支派时，务必使众人明了汉藏官道至关重要，应速即开工修筑。此保人畜往来通路，为避免反复之劳，修筑时，不仅官道要切实注意坚固耐用，即使小路也要修好，应立即动工"。

二、雪灾及应对方法

雪灾是对畜牧业威胁最大的自然灾害，雪灾往往造成牲畜死绝，对牧区的打击通常是毁灭性的。西藏的雪灾通常发生在那曲、阿里、日喀则以及山南地区。藏北地区没有农业，百姓平时以乳制品和肉为生，由于雪灾通常会阻断农牧民之间的贸易，噶厦会予以粮食补助，对雪灾的救助力度较对其他灾害的救助力度大。与其他灾害处理的程序相同，受灾地区向噶厦报告灾情，噶厦在核实灾情之后，通常给予一定的物质援助或差赋减免。

值得注意的是，较之其他的灾情报告，雪灾的损失报告更加详细，大都包括各家原有牲畜的种类、数量、损失的具体数字和所剩的数量清单。如土牛年（1829）那曲地区遭受特大雪灾，欧多寺呈报说作为寺院基金的牲畜死亡殆尽，今后寺院的生存发生困难，噶厦派噶伦吞巴前去详查，报告说，不仅情况属实，而且藏北僻地黄教寺院循规清洁，因此政府命令赐 400 克作为僧众的基金，但运输要寺院自行解决。有时，噶厦会就救灾的意见呈报达赖或摄政，请求指示。

三、雹灾及应对方法

在西藏各地，冰雹灾害波及地区十分广泛。通常在雹灾过后，当地贵族或差民或向噶厦报告灾情，申请口粮或救济，申请减免差赋，或者借贷种子。噶厦对待雹灾的处理，通常接到灾情呈报后，噶厦委派官员进行调查，在接到巡查报告之后，再对灾情作出处理意见。对雹灾应对措施通常为：

（一）调查

接到灾情呈报后，噶厦委派官员进行调查，在接到巡查报告之后，再对灾情作出处理意见。《灾异制志—雹霜虫灾篇》列举了 5 篇各种官员的巡查报告。如 1807 年噶厦就穷阿根布属下及日亏二部落庄稼受雹灾请求减免的批复中说："……噶伦多仁此前巡回调查时，从当事人处获悉原委，并饬令尔二人前往实地巡查灾情大小。"又如 1848 年，噶厦重新调查贡噶五户庄稼受灾的批复中也说："据称该区政府差民曲康根布属下 5 户之庄稼，于次前 6 月 1 日、25 日、7 月 3 日，连遭前所未有之严重雹灾，因此尔二人特派代表到地方巡查，查得仅能收回种子，其他无望。"但有时噶厦也不及时派人调查灾情。如 1822 年日喀则遭受雹灾，大老爷为颇拉溪卡灾民呈文噶厦，请求发放军饷时予以补助。驻藏大臣和当时的摄政诺门罕都饬令噶厦复查，但噶厦却时隔 3 个月还不派人来，使得第二年的军饷没有着落。

（二）核实灾情

对调查核实的灾害，通常噶厦会根据实际情况给予减免和照顾。噶厦重新调查贡噶五户庄稼受灾的批复中说："……候呈来取得全部无伪造隐瞒，不留话柄之了结文约，以及无恃私妄情，实实在在、理由充分之文约后，即可根据实情，按照惯例明示减免与赏赐口粮、种子数量。"而事先没有通报，而后没有经过核实情况就谎报灾情，通常得不到减免。如 1848 年噶厦就那曲地区遭灾回复宗堆："该地区若确实遭受雹灾，当即呈报原委，即会派人实地踏查。现今随心起意谎报，甚至有人编造漫山遍野都下冰雹。……尔等头人同部分百姓煽风点火，所呈实属不当。"

（三）不同灾情区别对待

区别不同情况，给予照顾或驳回申请。噶厦通常依据调查结果和以往先例，对减免的请求予以驳回。在《灾异志·雹霜虫灾篇》中列举的有关雹灾的 24 个批复与指令中，只有 5 篇明确可以减免，其余都以没有调查清楚或经查情况不严重，或者政府无力救济为理由不予减免，并命其自救。如 1842 年仁布宗遭受雹灾，请求免差事，噶厦的批复是："庄稼确实受灾，但原先未作呈报，今随心起意，不予照准。1846 年扎西溪卡遭雹灾，请求减免差赋，噶厦向摄政呈报计划时提议："据查孜康雹灾减免清册，各政府溪卡获得丰收时，并无增加差税之例，故此次亦不便减免"。对调查核实的灾害，通常噶厦会根据实际情况给予减免和照顾。

（四）提交赈灾计划书

向摄政或达赖提交赈灾计划书。对于在何种情况下噶厦需要向摄政或达赖提交计划书，并不十分清楚，也许与灾情大小、百姓是否向达赖或摄政单独提出申请，或事件受到达赖或摄政的关注有关。在所有列出的 24 篇灾情呈文中，只有 1 篇是呈摄政暨噶厦的。在 24 个批复中，也只有 1 篇（带 1 附录）是呈报摄政的救灾计划，即 1846 年扎西溪卡遭雹灾，请求减免差赋呈摄政计划书。

四、虫灾及应对方法

根据《灾异志·雹霜虫灾篇》记载，西藏境内共发生大规模的蝗虫灾害约 30

起，主要集中在 1849 年到 1857 年和 1892 年。蝗虫灾害的波及地区通常在山南、拉萨、林周、澎波、尼木、萨当、日喀则等地，虫灾过后，庄稼通常颗粒无收。例如，19 世纪 50 年代，蔡谿"去年六月，蔡地出现蝗虫，秋季庄稼损失严重……今年收成，豌豆连二百克亦难保证，其他作物连根带枝全被啃吃精光"。江孜"该区个别村落据称出现吃庄稼之蝗虫"。朗杰"危害庄稼之蝗虫仅在今年六月十日左右，在本区出现过。但现今不断增多，麦子、青稞穗秆被折成两段"。柳吾谿"今年卓地区上下各地遭受严重虫灾，卓等福薄命浅，所受灾害比其他地方更为严重，麦子、青稞尽毁，豌豆秆亦被折断，连禾秆亦难以收到"。

（一）西藏蝗灾发生特点

1. 西藏地区蝗灾发生较为频繁

在 1847 年至 1857 年，西藏地区连续 11 年发生蝗灾，尽管它们是散布在西藏各地，但此起彼伏反映西藏此时进入蝗灾多发期。有的地方甚至连续几年发生蝗灾，如古朗在 1828 年、1829 年连续发生蝗灾；卡孜在 1849 年发生严重蝗灾之后，又连续两年发生；墨工谿堆从 1851—1853 年连续出现严重蝗灾；尼木在 1854—1857 年连续四年发生蝗灾。

2. 种群独特，是发生在世界海拔最高地区的蝗灾

青藏高原是世界上最高的高原，独特的地理条件和环境也使生存于高原上的蝗虫有其不同的亚种，我国昆虫学家陈永林 1963 年定名其为飞蝗新亚种——西藏飞蝗（L. migratoria tibetensis），它与东亚飞蝗十分相似，但体型明显小于东亚飞蝗和亚洲飞蝗，大于缅甸飞蝗。它主要分布在中国西藏雅鲁藏布江沿岸、阿里的河谷地区、横断山谷以及波密、察隅、吉隆、普兰等地区；青海南部的玉树、囊谦也有少量分布。成虫蝗虫主要取食玉米、麦、水稻等禾谷类作物的茎叶，也取食芦苇等禾本科杂草。活动于海拔 1 130～4 600 米的地方，是世界上分布最高的蝗虫亚种。

3. 灾区主要出现在河谷地带，并循河谷迁飞

青藏高原周边和内部的高大山脉，不仅阻挡着印度洋上的暖湿空气，也影响到高原上蝗虫的发生与迁飞；加之河谷地带多为农业种植地区，这样，就使蝗虫的发生基本在河谷地带。

4. 蝗灾发生多在春夏季，可能与气候相对暖和有关

档案中一些有确切月份的资料，记载蝗灾多发生于四、六、七月，如卡孜"今年四月份，蝗虫遍及整个地区"；澎波"今年四月底又出现蝗灾"；森孜"四月间以来，突然出现大量蝗虫"；蔡谿"去年六月，蔡地出现蝗虫"；温达"今年六月间……出现较多蝗虫"；春碑谷"七月……蛹蝗成群，日日自空中飞过"。温度上升，自然有利于昆虫的繁殖，特别是年度气候温暖更易酿成灾害。这一点当时藏人

就意识到，"铁兔年出现蝗虫，去年天暖时出现于地面，冬天产卵于地下……今年天气开始转暖，经调查，发现无论山地平原皆有虫卵"。

相对西藏地区存在的白灾（雪灾）、黑灾（霜灾）、红灾（战乱）、花灾（瘟疫）等多种自然和人为灾害，黄灾（蝗灾）也许不是最为突出的，但它的规模并不小，危害不可低估。如档案描述尼木地区自1854年以来"先后不断出现蝗虫，多如水波"；下亚东阿桑一带"突然出现大量蝗虫，铺天盖地而降"；从档案记载来看，蝗灾对西藏粮食作物生产影响较大。如澎达"自火羊年以来，连遭旱灾蝗灾，几年颗粒无收。特别是今年，上、中、下地区青稞、麦子荡然无存，豌豆亦有被虫吃之危险"；森孜地区"于四月间突然出现大量蝗虫，迄今已使三十朵尔耕地面积之庄稼颗粒无收"。澎波，1851年，"四月底又出现蝗灾。受灾者主要有政府自营地什一税上等农田约一百朵尔……原抱希望于洼地所种少量豌豆，亦为蝗虫吃光，连种子、草秆都已无望"。蝗灾还危害到牧草的生长并由此影响到畜牧生产。如澎波1851年蝗灾还使"青饲草基地之雄扎亚草场、杰玛卡草场，寸草未收"；墨工豁堆的报告亦说："此番蝗虫危害庄稼，不用说粮食，就是草也难收"；甚至因此制约到汉藏交通，"今年各村又出现大量蝗虫，将使驿站百姓寸草不收，人畜难以忍受，汉藏驿站往来受到威胁"。蝗灾还带来严重的社会问题，导致灾民流离失所。如江豁，1853年"所种庄稼遭受蝗灾，全无收成。全部农田，今年只好废置……老人、儿童难以生存，能走者即将逃往他地"。一些档案中更是一针见血地指出："此类蝗虫一入农田，大小农户便有沦为乞丐之厄运"。

（二）虫灾应对方法

1. 做禳解法事

在《灾异志·雹霜虫灾篇》里所记载的噶厦救灾享贴的回复、命令和批示有17篇，其中应当地的请求，同意喇嘛做法事灭虫的有2篇，如1850年澎达地区要求赏赐佛事报酬，噶厦的回复是"若对澎达为主地区有益，此事可从澎林粮库领取赏赐150克青稞等情"。在1852年澎波地区的虫灾事情上，噶厦的批复还推荐喇嘛灭虫，"据说樟木贡萨寺有一领颂师，咒法灵验，对彻底禳解虫害是否可靠，需要找他本人认真了解。"又有"……听说尔地塔拉冈布有根治蝗虫之喇嘛，是否属实，由尔彻底查询"。

2. 具体灭虫方法

噶厦在同意做法事的同时，更看中切实有效的灭虫方法。如1892年给拉布奚堆治虫的批复说："尔等采取土埋治蝗之办法，及遵照命令作经忏佛事，甚好"。有时噶厦对佛事的作用也有所怀疑，1857年就尼木门卡尔奚的指令说"……地方政府为抑制虫害，使其自行消解，曾大做佛事，并下令各地也做佛事，但仍未克服此类邪恶势力。因此，只能采取彻底根治之法"。又说："若发慈悲心，让其（虫卵）滞留，势必导致蔓延，逐渐危及各地，故需驱赶，并在秋末铲除虫卵"。

3. 严厉督促

噶厦通常严格监督灭蝗之事，严禁责任人懈怠，并严厉指责失职行为。如1857 年噶厦回复尼木门卡尔："……应集中尼木全境差民，立即动手，彻底消灭蝗虫，连名也不让其留下。其他各地以及达赖之重要粮食产地普噶之虫灾，尔等带头自不必说，即属下差民，若有缺勤，或置之不理、拖拉者，无论何人，决不仅予以口头处罚……若以此事为借口，而对属民敲诈勒索，肆意扰害，也决不允许"。又如 1892 年噶厦敦促柳吾奚队自行灭虫，"……虫害到处无异，不应让别人承担，或依靠别人，任意强迫，更为不妥……现尔等得各守各地，就地灭虫，不得互派人员"。

4. 查清灾害情况后进行灾后补助

对于各地要求减免差赋、借贷的请求，噶厦的答复甚为谨慎，通常不给予援助。1850 年澎波地区因虫灾要求减免传召大法会的古装武士，噶厦的回复口气非常强硬："尔等因以前受益，形成陋习，要求再次减免。因传召例定古装武士人数不足，故不便照准"。又如 1854 年江奚宗因受虫灾请求借贷，噶厦的回复是："雪下属同其他各地一样，庄稼遭受严重蝗灾。若从政府粮库中准予借支，将引起连锁效尤，因而不便照准"。

【主要参考文献】

陈永林 . 1963. 飞蝗新亚种——西藏飞蝗 *Locusta migratoria tibetensis* subsp. n ［J］. 昆虫学报，12
　　（4）

黄奋生 . 1954. 西藏情况［M］. 北京：地图出版社 .

李炳东，愈德华 . 1996. 中国少数民族科学技术史丛书·农业卷［M］. 南宁：广西科学技术出版社 .

倪根金 . 2003. 清民国时期西藏蝗灾及治蝗述论——以西藏地方历史档案资料研究［J］. 中国经济史
　　论坛 .

青木文教 . 西藏游记［M］. 日文版

石泰安 . 1982. 西藏的文明［M］. 耿升，译 . 北京：中国藏学出版社 .

同治·吴德煦纂修 . 章谷屯志略［M］. 台湾：台湾成文出版社 .

西藏研究编辑部 . 1982. 西藏志［M］. 拉萨：西藏人民出版社 .

西藏自治区历史档案馆，社会科学院等 . 1990. 灾异志·雹霜虫灾篇［M］. 北京：中国藏学出版社 .

赵文林，谢淑君 . 1988. 中国人口史［M］. 北京：人民出版社 .

第七章 >>>

中华民国时期农牧业科技发展

第一节 种植业生产技术的发展

一、种植业生产技术的缓慢发展

中华民国时期，广大农奴深受三大领主的残酷压迫和剥削。生活极端贫苦，生产积极性得不到发挥，因而农业生产十分落后。主要反映在土地利用不充分；技术水平低，单产低；粮食及其他主要农产品长期不能自给。

在土地利用方面，拉萨河、年楚河、泽当平原等河谷地区垦殖程度较高，拉萨附近已垦地达到可垦地的90％以上，但广大高寒地区的垦殖程度低，宜农土地未能充分利用。怒江上游峡谷、羊八井附近、羊卓雍措湖畔、定日、定结盆地，除个别地区（如浪卡子附近）外，大面积垦殖都很少，而过去耕地是极其零星小片的，无法满足人民生活的需要。此外，土地利用不充分还表现在大片垦地退耕和摞荒，耕地中休闲地比重大。出现大片退耕和摞荒现象，主要是因为未采取相应的耕作措施，土地经济效益低下而引起的。如：日喀则县平措区卓朗村附近平坝长2.5千米，平均宽1.5千米，面积5 000～6 000亩*，过去为扎什伦布寺占有，曾种过青稞、小麦、油菜，亦能获得较高产量，但由于春旱严重，水源不足，这些土地已基本荒废。

这一时期休闲地在拉萨、日喀则、江孜等主要农业地区历来占总耕地面积的15％～20％；泽当等耕作水平较高地区也占到10％；至于高寒地区所占的比重更高。据分析，土地休闲主要是由于劳动力、水利、肥料、管理等农业生产条件不相适应而引起的。这一期间西藏基本上是一年一季的春播作物区，复种指数很低。实际上部分地区有发展越冬作物、1年两季或两年三季的条件。

单位面积产量低是这一时期农业生产落后状况的又一重要表现。过去，在拉萨、山南等主要农业地区，作物单位面积产量一般仅40～50千克。据中共拉萨市

---

* 亩为非法定计量单位，1亩≈667平方米，余同。——编者注

工委 1952 年 8 月对拉萨农村的调查，本区农产品以青稞、豌豆、小麦为主，其次出产蚕豆、菜籽、扁豆，沿河土地肥沃的地区，青稞产量为种子的 10 倍，次者为七八倍，普遍为四五倍，再次者为三四倍，最坏者（如龙巴、长果、扎及墨竹工卡的哈定村等地）因经常遭水、旱、虫灾，仅一二倍。扎出产洋芋、核桃、木柴和獐子，长果出产洋芋、核桃、木柴。核桃树一株每年可产核桃 20 克（克大小同于青稞）至 30 克，洋芋 1 克地每年一般产 25 克（克大小同于青稞）。蔬菜有萝卜、白菜、野苜蓿等。副业生产一般是养鸡、猪、牛、羊。龙巴、长果、扎等地农民在农闲时挖"麻孜"（草名，同酥油调和可熬制染料）、"甘达"（洗衣草灰），亦为副业生产的一种。

据日喀则、江孜地区调查，当时上等地，即刚休闲后的壤质土地，单产也不过 70～80 千克；而下等地，即肥力贫瘠的砂质土地，单产一般仅 25 千克，有时连种子都收不回来。单位面积产量低，受自然条件和自然灾害的影响，加上劳动力不足，而更主要的在于耕作技术原始、落后。当时的耕作管理，可以简述如下：每年用"二牛抬杠"的方式耕地 2～3 遍，所拽引的藏木犁一般犁深 8～10 厘米，不能翻土；播种用手撒，深浅不一，种子损失大，出苗率低；一般不进行田间管理，部分地用小手锄锄草，锄宽不过二三指，效率很低，每 4 个工日才能锄地 1 亩；收割用镰刀少，多用手拔；打场则多用牦牛踩场的方式，效率低，损失大。当时由于三大领主的剥削压迫，只有由差巴（农奴）支差耕种，收入全为地方政府和贵族占有的所谓"自营地"才能得到灌水保证和施肥，而分给差巴使用承担实物地租或劳役地租的"差地"，很少施肥，多是白种下地，灌溉条件也差。政教合一的统治，宗教迷信的影响，严重束缚了人们与自然灾害斗争的能力。农业害虫—蛴螬、金龟子都曾被视为神物，不可杀害，而任其践踏庄稼；在自然灾害冰雹面前，人们显得无能为力，只能仰赖冰雹喇嘛念经；许多优良平滩沃土，被领主、寺院封为"圣地"，不得开垦。

二、试种茶树

十三世达赖喇嘛执政期间，西藏地方政府指令军事总管擦绒·达桑占堆押带军犯（即违犯军纪的士兵）五十多人，来到山南的隆子县加隅地区的加却俄村，这里是珞巴族人民聚居地，珞巴语称该地为"焦布日"。军犯们在这里开荒试种茶树，平均每人开垦一克左右的土地，一共大约开垦五十多克地。他们除了种植茶树外，还修路架桥，生活十分艰苦。开始他们没地方住，后来修建了一幢三层楼房。负责管理军犯试种茶树的除擦绒·达桑占堆外，还有珞巴村的头人诺日、达洛二人，技术指导是英国人，名叫郭兰巴布。茶树试种成功后，每当采茶季节即将到来时，一些珞巴族群众便设法焚毁茶园，有的人还将茶树挖走，栽在自家院内，至今仍然可

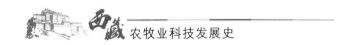

以看到冠围直径约四尺左右的茶树。其原因是珞巴人民对噶厦政府可能加重压榨存有戒心，茶园终未能经营下去。

三、农田水利建设技术

1940年，擦绒·达桑占堆提出一个引灌岗厦至洛增杰参菜地和林卡的计划。这一主张得到了在这一带有菜地的尧西朗顿·贡噶旺秋和河坝林一带菜农百姓的支持。当水渠修通一段后，遇到了地势高低相差很大的地段，这样运输石料就成了问题，人力又不足，只好半途停工。后来，摄政达扎传示"译仓列空"每年传召大会期间，需耗用大量烧柴，为使今后供应无缺，必须营造燃料林基地。但应先修好水渠，以便灌溉林木。为此，译仓列空的四位仲尼钦莫商定，从药王山下西南面的死水塘至聂当大佛山脚间新修一条水渠，请擦绒·达桑占堆指导施工。四位仲尼钦莫特在罗布林卡备盛宴请他来议定引灌计划。擦绒·达桑占堆经过仔细勘察之后，提出了复修废弃的岗夏林卡上面的旧渠至洛堆林卡的建议。四位仲尼钦莫（大四品僧官）采纳了他的建议。于是"译仓列空"下令：凡拉萨居民，每人支差两天，由擦绒负责测量和施工。擦绒以"公务繁忙，不能分身"为由，要当时居住在他家中的两个德国人代为料理，那两个德国人的薪俸由"译仓列空"支付。水渠修正通水后，人们称之为"加尔曼"水渠（德国人水渠）。

四、水磨技术

水磨的设置，据康藏研究专家刘赞廷积多年的观察总结所记："康藏多水，凡临水安磨者皆名水磨。其法引水入槽，于槽头建楼为磨房，掘地深下二三尺，平安转轮，中贯立轴，高丈余，穿过石磨。其磨之扇用牛应旋于中间，与轴头含接如杵臼，其磨之下扇，与轴身连贯一体，下安磨盘，磨盘之下格木为楼，其磨即在楼上矣。用时用水冲动转轮，其轴与磨之下扇随同轮转。此磨可磨面粉四五百斤，其大者一日能磨千余斤。"

五、酿酒技术

藏族用青稞造酒。1936年《西域遗闻》称："蛮酒以青稞蒸熟，盛于坛，饮时取置于瓶，泡以热水，插细竹签于内，群坐吸之，水尽复注至味尽面止。藏内名'仓'，它处名曰'蛮冲'，亦有以水淋出而饮者名曰'淋酒'。"近代青稞酒的制作方法是：先将青稞洗净煮熟，待温度稍降，便加上酒曲，用陶罐或木桶装好封闭，让其发酵。两三天后加入清水，再密封，隔一两天后，便成为青稞酒。青稞酒制作技术的要求十分精细，一般由妇女操作。这种酒色黄绿清淡，其味醇香甘酸，不易醉人。藏族地区，气候高寒，除僧人忌酒之外，大都需要喝酒，以提高御寒能力。

六、导管引水技术

该技术在西藏东南部存在，在 1913 年及 1914 年入藏的两位英国人的游记中发现了有关记载，如植物学家花得金记载，1913 年他发现在察绒（今察隅县察瓦龙区）水是用水槽从半英里外山谷中的溪流引来。而碧土寺附近的伟曲桥下有一高架的木导水管。董巴尔是一位驻印度的英国边务官员，他于 1914 年初来到今珞渝地区雅鲁藏布江东岸靠近印度边界北纬 28.2°、东经 95.4°的密蒲村，这里住着摇巴族一支的阿波尔人帕当部落。他发现山地人在用水上麻烦颇多，要建一新村庄时，最早的定居者要在 12 月初选一合适的山嘴，因为这时庄稼已收割，而泉水在最低点。只要能供水，阿波尔人并不在乎水有多远。在沿途用支架架起竹管向村庄引水，二三百米长是相当普遍的。董巴尔一行的米兴营地所用的就有三百多米长。董氏在山地见到的导水管则更长，村民从两大（水）槽得到了充足的供水，董氏循此至源泉处，发现距离超过了一千米，这要求竹管要保持直线水平，不能有过大的屈曲。他们发现在米兴架三百余米的管线时已非易事，因为要用支架嵌进山边。所以他们对密蒲村民的导水技术赞叹不绝。

七、生产工具改进

虽然铁在 6 世纪就已出现，但是铁的使用（尤其是在农业上的使用）在西藏的农村并不普遍。根据 20 世纪 50 年代的《藏族社会历史调查》的记载，广大西藏农区半数以上的农具是木制，铁制工具尚缺，犁一般是用青冈木做成的，藏文称"通巴"。即使在农业较为发达的山南地区，几乎每个农户都有木制农具。在后藏地区，农具就更为简单粗糙，多为木制，铁制农具很少，而这些数量不多的铁制农具，其质量也较差。因此，农业的生产力很低下。

藏族农具主要有犁、锄、锨、镰刀等，其他还有用于收、打、运载的工具。工具基本上都是铁木结构，犁是木架铁质铧头，铧头、锄头和镰刀多数是本地铁匠打制的。各种工具的形制与清代时期基本相同。

第二节　畜牧业养殖技术的发展

一、放牧技术及畜牧业工具

（一）放牧经验

在长期的牧业生产实践中，牧民逐渐积累起了一定的经验，他们熟悉牲畜的种类和大小及其习性。如马分为公马（种马）、母马、骟马、乘马、3 岁马、2 岁马、当年驹等；牛先分牦牛、犏牛、黄牛等，又分为公牛（种牛）、驮牛、母牛、3岁牛、2岁牛、当年犊等；绵羊分公羊（种羊）、羯羊（肉羊）、母羊、2岁羊、当年羔等。这些牲畜可分为扩大再生产的种马、种牛、种羊和适龄母马、母牛、母羊等。这些牲畜是扩大再生产的基础，一般要特别护理。役使畜有犏马、犍牛、骆驼等。一般每年将老、弱、残畜淘汰一次，将犏马、犏牛、羯羊也作适当处理（出卖、自食等，这是提高母畜比例、发展生产的重要措施）。

牧民在长期生产实践中总结出，做好畜牧业生产的几个关键环节：

种公畜的选育和幼公畜的去势及公、母畜比例的配备；提高母畜的受胎率和保胎；接羔育幼等。

做好羊毛、羊绒、牛毛（绒）、驼毛、马鬃马尾在何时剪抓（既不失掉毛绒，又有利于牲畜上膘）和哪些毛保留不剪。例如马、牛的尾巴和奶牛的肚毛不能剪或不能多剪，以免影响驱除蚊蝇和牲畜采食。

注重牲畜采食抓膘的重要性。牲畜常能保持膘肥体壮，才能繁殖多，成活率高，也能起到一定的抗灾祛病作用，减少牲畜死亡，从而取得畜牧业生产的丰收。

放牧牲畜必须精心护理。合理组群，根据牲畜划分若干群体，有利牲畜采食上膘。

根据现有的草场和湾、沟、谷的山势地形适当划分成4季或3季草场，又根据畜种适当进行安排。4季牧草长势不同，青草与枯草的更替，牲畜体质各异及不同的习性轮作草场。放牧谚云："春天慢放好草滩，夏天避暑上高山，秋采草籽抓膘好，冬天避风寻温暖"；"春天牲畜像病人，牧人是医生，夏天好像上战场，牧人为追兵，冬季牲畜似婴儿，牧人是母亲"；"马放滩，羊放湾，牦牛上高山，骆驼要放盐碱滩"。

在牲畜采食时"要放得散，看得见，不能团团转"（只有放散，牲畜才能自由地采食而吃饱吃好，上膘快，座膘稳），如因为怕丢失或兽害不敢将牲畜撒开，致使牲畜挤到一块，不能吃草从而造成掉膘，春天就会死亡。

进冬窝子后必须采用"三先三后"的放牧方法，即"先吃远，后吃近，先吃阴坡，后吃阳坡，先吃平川，后吃山湾"，以及对生产母畜的偏草、偏粮、偏管理。

为了牲畜安全越过冬春，平时必须储备足够的饲草饲料，例如青干草、骨油等，使一些不能出圈的瘦弱病畜得到补饲而减少死亡。

（二）生产工具

随着手工业和商业的发展，以及人们对畜牧产品需要量的增加，相应地促进了畜牧业的发展。因此，保护牲畜、加速牲畜的繁殖，以增加产品产量，愈来愈被牧民所重视。畜牧设备和生产工具就是在这种情况下发展起来的。

畜圈：牧民为防止牲畜逃走和野兽侵袭，从原来利用天然沟谷崖根作围障而发展到打圈围栏，经历了相当长的时间。最初的圈是就地取材，用石块、牛粪、草皮、柳条等筑成简陋的畜圈，后来为提高抵御自然灾害能力和保暖性能，加以改进，打成石头圈或土墙圈，并在墙上挂些毡片碎布和铃铛以防兽害。

其他工具：有牛角制的羔羊哺乳器、喂马用的料兜、打狼的枷格，亦有少量铁质的割草的镰刀、割毛切肉刀、剪毛用的剪子，打酥油的木桶，牛马的鞍具等。

二、牧业特点和游牧方式

（一）三位一体的畜牧经济

高寒、游牧、部落三位一体形成藏区独特的单纯的畜牧业经济。由于处于高寒地区，所饲养牲畜基本上是马、牛、羊3种，黄牛只有少数贫苦牧民饲养。骆驼、骡子因驮运力强，所以个别地区的牧主们有一定数量的此种驮畜。毛驴则因不能长途使用，也不养。犬在牧区有着特殊的作用，它有看门守户和防狼驱兽的双重责任，主人很看重它，再穷的人家也有一两条狗。西藏游牧经济一般只饲养中国传统的六畜中的4种牲畜。

牲畜既是生产资料，又是生活资料。所谓畜牧业经济，就是对牲畜饲养和牲畜的繁殖发展及其他畜产品的利用，牧民的衣、食、住、行都来自于牲畜和畜产品。例如：牧民穿的皮袄。皮裤用羊皮做，既耐穿又保暖；头人、富裕牧民用羔皮制造的"茶日"（羔皮袄），柔软、美观，是高贵的服装。牛羊肉和奶制品是牧区人民的主要食品。牛羊肉来得方便，营养价值高，高原人食后身强力壮，抗寒御病，是牧民赖以生存的主要物质基础。住的是牦牛毛和羊毛织成的帐房，用畜产品换小麦酿酒。可见，衣毡裘、食乳肉、住庐帐、乘牛马是游牧民族的共同特点。牲畜又是生产资料，畜牧业生产的发展就是凭借牲畜自身的繁殖而扩大再生产的。为了扩大再生产，牧民们不能将牲畜杀光吃尽，而必须保持生活消费与生产的正常比例。

（二）草场划分与转场放牧

天然草场的合理利用是畜牧业生产的技术性问题，中华民国时期，草原为部落集体所有，牲畜为牧民私人财产。但对草场的牲畜、畜群的搬迁，均由头人安排。为了调节畜草关系，养好牲畜，依照自然地形的地势高低初步划分夏秋和冬春草场。一般的情况是，海拔高的山体中，上部草场多为暖季牧场；海拔较低、背风向阳的河谷、湖盆、山麓等地草场多为冷季牧场；中部山坡上的草场用于春、秋季过度放牧。这种情况在地势起伏大的地区，越加明显。通常的情况是暖季（夏秋）牧场面积远大于冷季（冬春）牧场，在西藏，其比例约为1：0.59。但是由于冷季牧场的热量和水分条件较好，单位面积产草量比暖季牧场要高，暖冷季牧场的总产草量较接近1∶0.95，不过西藏冷季长达7～8个月，暖季只有4～5个月，两者放牧时间之比近于2∶3，因此，暖、冷季牧场的实际载畜能力相差很大，其比例约为1∶0.68。其次，藏族牧区一般的草场牧草低矮，不宜作打草场，难以储草越冬，这对解决冷、暖季牧场不平衡的问题很不利。基于这样的自然条件，为尽量保护冬春草场，使牲畜顺利越冬，藏族牧民在长期的生产实践中形成了按季转场的放牧方式。根据各地牧区自然条件的差异，一般将牧场划分为2季或3季使用，个别有划分4季的，即冬春—夏秋形式的2季和冬—春—夏秋，或冬春—夏—秋形式的3季草场。由于各地气候的差异很大，季节转场的时间也不一致。

（三）其他游牧方式

藏族传统的游牧方式是藏族社会、文化适应自然环境的结果。其游牧方式可分为游牧、半定居游牧、定居放牧3类。牧民采用哪一种方式游牧，以及每年搬迁游牧的次数如何，主要取决于部落面积的大小与草场管理使用方式。然而，由于各部落对草场管理使用方式的差异，牧民并不都能自由放牧，往往受到种种限制，因此，部落面积的大小与草场管理使用方式相配合，共同构成了影响游牧方式的重要因素。一般而言，部落面积越大，人口压力越小，草场管理就越宽松，牧民放牧也越自由，越容易形成游牧，反之则容易形成半定居游牧或定居轮牧。其次，牧场单位面积的产草量和居住点牧户及其相关的牲畜群的数量。牲畜最大的放牧半径通常为居住点周围半天的路程，牧民放牧须早出晚归，超出范围只得搬迁新点。

1. 游牧

游牧是指没有长久（1年以上）的定居点，一年四季在广阔的区域内随畜群迁徙流动的放牧方式。一般而言，常年游牧不定的游牧方式发生在高寒草原区的北部地区，这里牧草覆盖度和单位面积产草量均大大低于其他地区，特别是大大低于草甸区。在这样的生态条件下，草场相对丰裕，管理宽松，能自由放牧的部落采取游牧方式。可以说，地广人稀、牧草产草量低是导致游牧的基本生态原因。

2. 半定居游牧

半定居游牧是指在某一季节（一般是冬季或冬春季）的牧场设有定居点，其他季节带着帐篷到其他草场放牧，然后在相应的季节又返回定居点的放牧方式。半定居游牧需要冬春季草场单位面积产草量较高，以保证在定居点周围有限的草场至少够一个居住点的牲畜越冬度春。半定居游牧的放牧方式主要分布于高寒草甸草场区。

3. 定居放牧

定居放牧是指常年（至少1年以上）居住的定居点，不再迁居的放牧方式。在现有的藏族牧区的调查材料中，民改前采用这种方式放牧的主要为藏北那曲宗罗马让学部落。定居放牧必须具备一些条件，其中两点是必备的：①单位面积产草量高，草场充裕，居住点周围放牧半径内的草场足够牲畜全年需要；②部落人户少，面积小。

尽管有不同的游牧方式，但都处于以青藏高原独特的自然环境为基础的基本放牧方式按季转场的放牧方式的格局之内。游牧、半定居游牧、定居放牧都需要按季节安排牧场，尽量保证冬春草场的越冬使用，从而构成了第一个层次的牧场转移。一般而言，大多数部落牧场的季节转移都有规律，有的甚至有严格的规定。游牧、半定居还形成了第二个层次的迁徙季节牧场内的迁徙。这种迁徙，牧民的自由度增大，规律性降低，不少部落（以游牧部落为多）甚至完全凭牧民的意愿，有很大的随意性。

三、畜牧产品产量计算方法

（一）羊毛

中华民国时期，西藏羊毛主产地为黑河。黑河宗羊毛主要产于所属的七大部落。据说，这七大部落年产优质羊毛125吨以上。在七大部落中，以安多部落之下的多玛小部落所产的羊毛数量最多，占七大部落总产量的1/3，质量也最好。安多诸部落最好的绵羊每只年产羊毛3千克，平均每只产量不少于2千克。黑河的其他部落，如罗玛、强玛、桑雄等，因水草不如安多好，羊毛产量较低，每只羊年产不及1.25千克。藏北年产羊毛估计1 500～2 000吨。

据经营羊毛生意的大商人达昌口述，西藏和平解放前，每年可收购的羊毛估计为2 400吨。桂香巴是噶厦政府的官员，他估计西藏在正常年景时，每年出口7万～8万包，1949年出口量最高，达10万包，即是说，年出口量在2 100～3 000吨。又据印度联合省山区羊毛改组委员会1951年材料，西藏羊毛每年出口合计2 950吨。

关于西藏羊毛的产量，西藏商业厅档案室藏有中央外贸部畜产品公司任筱轩的《对西藏羊毛产量、质量的研究》一文，其中谈到产量时，作了如下估计，即黑河2 000吨、后藏1 250吨、昌都150吨、丁青300吨、阿里550吨、江孜250吨、波密75吨，总计为4 575吨。但应该指出，这里对工布地区、达布地区的产量没有估计在内。此文也没有详细论述作出上述估计的依据，但其和上述各项的估计接近，确有可取之处。

（二）酥油

西藏的酥油产量在1950年以前没有确切的统计，据1956年编写的《西藏商业

调查》一文估计，约为 2 250 吨，其中投入市场约 25 吨，又据 1959 年编写的《西藏地区市场资料》一文引用西藏贸易总公司的估计，年产约 3 600 吨。

和平解放前，西藏有牲畜总头数估计为 974 万只，其中牦牛占 16%，黄牛占 4%，牛的总数共约 195 万头，适龄母畜占 32%，为 62 万头，若每头母畜每年产酥油按 12.25 千克计，每年酥油产量为 7 595 吨。又据 1952 年有关部门调查，拉萨酥油年营业额为 11 520 银元，黑河营业额为 8 万银元，日喀则为 1 万银元。三地合计为 191 520 银元，其时，酥油每克价 4 银元左右，计 25 380 克。

根据上述提供的资料分析，依据和平解放前母畜的估计数和产奶率推算。产酥油总量有其合理性，即约计 7 595 吨，不过有关西藏母牛的数字系估计数，不是准确的统计，不完全可靠，解放前西藏有 100 万人口，也就是说，每人平均约 7.6 千克。从当时广大农牧民的消费状况看，估计达不到这个指标。而据贸易总公司估计，即 3 600 吨，又似乎偏低，因为按人口平均计，每年每人仅为 3.6 千克，又为不足。至于 1956 年《西藏商业调查》估计的 2 250 吨，那就更低了。

第三节　农牧业主要灾害和防治技术

一、雪灾及其防治技术

据《灾异志·雪灾篇》辑录，中华民国时期雪灾仍是对畜牧业威胁发展最大的自然灾害，通常发生在那曲、阿里、日喀则以及山南地区。由于雪灾通常会阻断农牧民之间的贸易，噶厦会予以粮食补助，对雪灾的救助力度较对其他灾害的救助力度大。与其他灾害处理的程序相同，受灾地区向噶厦报告灾情，噶厦在核实灾情之后，通常给予一定的物质援助或差赋减免。较之其他的灾情报告，雪灾的损失报告要求更加详细，如火兔年（1927 年）阿里地区雪灾，堆噶本就两个部落雪灾前后牲畜的数目呈报噶厦。文中列出了经霍堆头人、霍尔加瓦头人以及百姓盖章呈报的所有人的损失，其中霍堆头人部落 76 人，霍尔加瓦头人 9 人。有时，噶厦会就救灾的意见呈报达赖或摄政，请求指示，通常呈文中已经将具体办法和贩济数字给出，达赖只需在必要处作一记号，表示同意。如火兔年（1927 年）那曲地区大雪灾，噶厦就赈济灾民之事呈文达赖，说明灾情，并就赏赐粮食的数量（5 千克、6 千克、7 千克）请达赖定夺。就分配方案，一般按兵差分配，以保证粮食确实分配给了贫苦百姓。并说明这个命令已经发给了那曲地区的两个头领，请示妥否。达赖在呈文的"6 千克"处做一记号，又在"妥"字处划一记号，表示可以照此办理。1928 年，桑雄遭雪灾，人畜锐减。噶厦自阿里调牧民与苏尔巴共同组成阿巴措哇，并将森巴拉让交出之草场作"公地"，以供桑雄各部落共同使用。

亚东关记载的亚东及卓木地区雪灾只有一次，即 1912 年 10 月 31 日至 11 月 1

日，连降大雪。此次降雪不仅比往年早，而且来得猛，据当地人讲为"前所未有"，平均雪深 0.6～0.9 米，咱利山隘口则深达 1.2～1.8 米，发生了雪崩及房屋倒塌，造成约 30 人及 200 头牲畜死亡。

二、虫灾及其防治技术

据《灾异志·雹霜虫灾篇》记载：木兔年（1915 年）春碑谷，"一九一五年七月，余在春碑谷，其时蝻蝗成群，日日自空中飞过，如是者约有两星期之久。蝗虫为南风吹来"。

20 世纪 40 年代贡噶、羌塘，"去今两年，法事基金之寺庙谿卡、羌塘地区加普庄园之庄稼根穗，皆被虫吃，僧众之粮饷产地及唯一法事基金谿卡已全部被毁"。民国时期，西藏地区的蝗灾发生还是触目惊心，并具有自己明显的特点。

灾区主要出现在河谷地带，并循河谷迁飞。青藏高原周边和内部的高大山脉，不仅阻挡着印度洋上的暖气空气，也影响到高原上蝗虫的发生与迁飞；加之河谷地带多为农业种植地区，这样，就使蝗虫的发生基本在河谷地带。从档案和文献记载来看：锡金、亚东、帕里是当时蝗虫自南而北的一个重要迁飞线路。时至今日，蝗灾发生地更延伸到雅鲁藏布江上下游多数地方，地域更广。至于柏尔所见"蝻蝗成群，日日自空中飞过，如是者约有两星期之久"，就是描述内地蝗灾的汉文资料中也罕见有此规模者。

当地百姓或差民或向噶厦报告灾情，申请派喇嘛来除虫，或申请减免差赋。噶厦对待灾情有以下几种处理意见：

（1）做禳解法事。1940 年，噶厦曾经向大扎摄政就亚东虫灾问卜，就使用何种经法消灭蝗虫和政府应承担的责任的指令是："不使此类蝗虫扩散，就地驱回消灭，应用何法，做何经佛事为佳？佛事应在帕里地区尽力完成，或由政府完成，祈请占卜智定"。

（2）严厉督促，严禁责任人懈怠，并严厉指责失职行为。

（3）分情况进行灾后补助。

三、水灾及其防治技术

1913 年觉木宗、隆子宗发生特大水灾：6 月，觉木宗发生特大水灾，致使迥定所属莎噶瓦约 10 200 亩差地，除 3 亩下等地外，全被洪水淹没。娘鲁四岗补偿地，除莎噶所之下等地一克一升 1 亩外，其余全被洪水冲没。7 月，因河水猛涨，隆子宗堆约 35 亩种子地被冲毁，引水沟渠中部被毁约 200 步。雅鲁藏布江暴发洪水，泽当嘎却寺庙产约 55 亩土地，百姓各户差地四百五十克十三升，阿却扎仓庙产约 350 亩种子地，均遭受严重水灾，秋收无望。

1915年隆子宗发生洪灾，藏历二月十九日，噶厦对隆子宗所报水灾一事作出批复如下：……因来文并未说明具体数字，上述诸事，均不便行。但为了绒仓贫穷百姓生计，暂在曲孜增补税时，六年内，从德协（即分成租田）租赋中，每年减免粮食280千克。所减租赋，应根据差民受灾轻重，秉公办理，不许个别根布、头人从中贪污中饱。为增加替补田地，应在被水冲过之土地上，开荒造田修渠。此事应由隆子宗两宗堆、恰溪溪堆与佐扎（庄头、乡吏之总称）共同负责。尔等立即去各地巡视，无论政府、贵族、寺院之任何属地，若有能造田者，应立即支派差民，并支派一次耕牛，令其开垦土地。所垦之土地，作为替换地，交给差民耕种。根据规定，耕种满3年后，由田主按收成二十分之一缴纳租税。

1924年，因孜拉岗宗属政府差民遭受水灾，该宗向噶厦呈报灾情，要求贷给无息口粮种子2 800千克。12月26日，噶厦批复如下：据呈至高无上大救主之禀文，批称今夏河水泛滥，并非尔一地，卫藏各地水患都很严重，此类禀报甚多，加之今后政府军饷开支浩繁。因此，要求赏给大量粮食一事，不便解决。孜岗地区贵族、寺院在其各自领有范围之内，对所属百姓，不应"食肉弃骨"，要对"衰者使其恢复"。政府所属贫苦差民之支差份地、庄稼皆被洪水冲走，收成无望，目前差民乏食。灾情如果属实，为照顾所属政府差民生计，可从孜宗粮库先借给粮食9 800千克，免息3年，由差民向孜康勒空出具及时还清之甘结。可凭此件，领取有关借贷粮食准予出库之证件。此项粮食，地方个别头人不得挪用中饱。为贫困百姓生计，须专粮专用，将此粮公平合理分配，使百姓均沾实惠，知恩图报，对今后差事等项，不再延误。届时应如数还清，此事由当地宗堆负责。若有短欠拖延，则依政府定制，按干湿粮差十分之一缴纳利息。关于田地被洪水冲毁事，前已有令，着江达二粮饷官前往巡查，并将巡查情况详报。现据呈称，宗府杂事乌拉皆强加于宗府前百姓，使彼等不堪承受，可将此事一并核查前来，以便据情裁决。上述粮数，随后由觉宗堆雪仲门林巴从孜岗粮库支取，拨发灾民。

20世纪30年代，白朗宗多次报告水灾和农田损坏情况。水鸡年（1933年）八月十二日，噶厦批示日喀则基宗二宗本亲临其地，逐一查看受灾情形，并及时如实呈报。木狗年（1934年）二月三日，噶厦收到巡查农田被水淹事呈文。据报，火羊年清册核查时阳温巴有荒芜土地一岗，约600亩。经查核，能耕种之贫瘠地，计约28亩；无用荒滩，10亩；其余全部被洪水冲毁。所余少量土地，因年楚河改道，正被河水浸蚀冲毁。清册载明拉康洛巴之差地375亩和贝才阿仲巴之贫瘠地，都被洪水冲毁。噶细之绕丹林之地，尚存次等田七块，面积约600亩，其余均被冲毁。清册载明苏夏抛荒一岗，约600亩。经查核，除麦噶南部被冲，已成无用荒滩，约100亩；北部有尚可耕作之地和无用贫瘠地，共约320亩，其余均被洪水冲毁。即使剩有之一些土地，因年楚河改道，亦为水冲毁。清册载明喀仓巴半岗之抛

荒土地，约有 320 亩；曲拉古支中等地 2 亩，杂喀洛陈中等地 3 亩。经查核，现上述土地虽然还存在，但年楚河从果温拉才向北面改道，将上述土地渐次冲刷。今存土地，遭沙淤严重，难以按地亩支应差赋。火羊年清册详载，朗屑官府差民拉康奴等，共 108 亩地，巡查时农田全被冲毁。仅有的一些柳园与差房，也正遭年楚河洪水冲刷。1936 年因聂雄河水泛滥成灾，隆子宗聂扎窝拉章共计 14 500 亩农田被水冲毁、沙石淤压。9 月 3 日噶厦批复每年减免租粮 2 520 千克。1937 年火龙年与木猪年先后突发水灾，致使仰木庄园约 170 亩种子之自营地被水冲毁，7 月 18 日噶厦批复从后藏公粮库中，适当贷给粮食 8.4 万千克，作为暂时扶持之用。噶厦就噶丹寺强孜之塔杰庄园遭受水灾一事批复，一次赏给藏银一千六百七十二两一钱五分，其中三分之一现金，三分之二为青稞、茶、酥油等。1938 年 6 月，觉木宗乌巴地方约 10 亩差地、绷之两顿地中约 10 亩种子地、巧那之绷沙等地约 40 亩种子地、乌巴下部地方约 70 亩种子地，均被山洪冲毁。7 月 10 日晚 11 时，亚东遭水灾，比塘所有房屋及域萨岗之七座房屋，皆被水冲走除以上自然雪害外，对雹灾除以上自然雪害外，对雹灾等其他自然灾害，与其他灾害处理的程序相同。

【主要参考文献】

柏尔 . 西藏志［M］. 董之学，傅勤家，译 .

房建昌 . 1996. 传统西藏水利小史［J］. 西藏研究 .

李坚尚 . 2000. 西藏的商业与手工业调查研究［M］. 北京：中国藏学出版社 .

牛治富 . 2001. 西藏科学技术史［M］. 西藏人民出版社，广东科学技术出版社 .

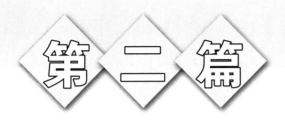

第二篇

西藏新时期农牧业科技发展

第一部分

西藏和平解放至改革开放
时期农牧业科技发展

第八章 >>>

艰苦创业时期农牧业科技发展

（1951—1959 年）

西藏和平解放初期，农牧业科技发展面临的主要任务是：站稳脚跟、生存第一，建立基地、组建队伍，了解情况、收集资源，慎重推进、稳步发展。20 世纪 50 年代，由于社会原因，农业科技仅限于农业试验场内，虽然在冬小麦发展理论方面取得了重大突破，但实用科技成果少，且难以应用于生产，农业生产依然处于徘徊不前局面。因为进藏部队开荒生产的 4 万吨粮食，才使西藏的粮食总产由 15.3 万吨增加到 19.3 万吨。

1951 年，中共西藏工委和中国人民解放军驻藏部队，根据《十七条协议》"依据西藏的实际情况，逐步发展西藏的农牧工商业，改善人民生活"的精神，组织农牧业生产。但在当时政治制度、上层建筑、农牧区政治经济活动尚未发生变革的情况下，西藏工委和驻藏部队在发展军垦生产，解决部队缺粮之急，扶持、救济贫苦农奴，扩大党在农牧区政治影响的同时，积极进行了农业科学技术的引进试验。至此，拉开了西藏农牧业科技工作序幕。

西藏和平解放后，政务院文委及时派出西藏综合考察队（以下简称"中央科考队"）进藏考察。于 1952 年夏初由国内著名农学家李连捷、张纪增、庄巧生、郑丕尧等组成的农业科学组，携带部分农作物品种徒步进藏，沿途考察了四川甘孜（原西康省部分地区）和西藏昌都、波密、林芝（贡布）、拉萨、江孜、亚东、日喀则与（山南）贡嘎、乃东一线的农业自然条件和生产现状，收集农作物地方品种，创建昌都、拉萨、日喀则等试验农场并在波密举办了以部队文化战士为骨干的农业技术培训班，为西藏现代农业科学研究奠定了良好的基础。之后又陆续抽调一批农艺、农机、气象等专业技术人员进藏，初步组建起了一支农业科技队伍。尤其是由中共西藏工委和西藏军区主持、于 1952 年 7 月 1 日在拉萨西郊诺堆林卡成立的拉萨农业试验场（又称"七一农场"）后，即被作为第一个农作物核心试验基地（机构），成为西藏现代农牧科技事业开创、起步之基（地）。

第一节　粮油作物科技发展

一、农作物育种

20世纪50年代前，西藏尚无专门的农业科研机构，也无发展农作物科学育种工作，生产上栽培的农家品种均是多种类型并存的混合体，数千年一贯制，对普遍流行的病虫害虽有一定抵御能力，但生产性能差、产量水平极低。

（一）优良品种选育

1. 引种筛选

作为西藏历史上最早的严谨农业科学试验，中央科考队农业科学组专家1952年秋末在西藏军区八一农场亲自播下19个引进冬小麦品种和3个黑麦品种进行实验，1953年初春在七一农场（不久改为"拉萨农业试验场"）安排20种作物137个引进品种及部分春青稞、春小麦和豌豆等当地品种试种、比较等试验；在该次（首次）秋、春播试验安排的22种作物159个引进品种中，有16种作物（73个品种）拉萨有史以来从未播种过。此后拉萨农试场继续坚持从气候近似地区收集引进不同作物品种试种筛选，扩大引进9种新作物并开展多项相关研究试验，仅1956年试种粮食作物、蔬菜、果树和林木等就达84种870多个品种。至民主改革前夕，试种成功冬小麦、黑麦、玉米、烟叶、甜菜等大田新作物，7年累计引进大麦、小麦品种材料834份，成为以后青稞、小麦的杂交育种亲本资源基础。这一时期成功引进并先后推向生产利用的主要有以下几个品种。

（1）津浦米大麦。原为天津附近的裸大麦农家品种，1953年从华北农业科学研究所引进，1956年选出，试验亩产曾达280多千克，作为西藏第一个青稞育成品种在一些农垦农场推广种植。

（2）南大2419号。与蒙他麦、中大2419号同种异名，原产意大利。1932年引入中国，1953年自华北农业科学研究所引进拉萨农业试验场试种。1955—1962年多年试验亩产356.9～389.5千克，比地方品种增产20%～23.3%。早于肥麦在拉萨、山南、林芝等地推广，是1964年之前西藏冬小麦主栽品种并成为同期冬、春小麦杂交育种的主要亲本；此后逐渐转入日喀则等春小麦产区推广，至20世纪70年代最大面积达4万余亩。

（3）肥麦（Heine Hvede）。原产德国，由我国老一辈小麦育种家20世纪50年代初期从丹麦辗转引进的强冬性、特晚熟小麦品种。原中央科考队专家、中国农业科学院作物育种栽培研究所庄巧生先生在北京试验多年后，1959年推荐给拉萨农业试验场技术人员，当年秋播试种0.8亩、翌年收获种子373千克，折合亩产

466.3 千克。此后几年连续扩繁并先后在林芝、彭波、曲水等县场大田试种示范，普遍表现耐旱、耐瘠又耐肥，植型适中又抗倒伏等诸多优点，适应范围极广（海拔在 2 700～4 100 米）；尤以其穗大多花多粒、且籽粒饱满、丰产性极佳而被冠名"肥麦"。从 1965 年前后开始大田种植至今 50 年一直是西藏冬小麦生产主导栽培品种，面积和产量比重均达西藏冬小麦的 90% 以上（1978 年最大至 71.85 万亩）。与示范推广同步，各育种单位围绕肥麦配制了大量杂交组合，并从中选育出藏冬 2 号、藏冬 4 号、藏冬 9 号，藏春 6 号、藏春 17 号、藏春 22 号，日喀则 10 号、日喀则 54 号等一大批冬春小麦品种，这些品种对不同时期的品种更换和粮食生产起到了积极作用。可见，肥麦不仅是生产推广理想品种，同时也是西藏冬小麦品种育种改良的基础、骨干亲本。

（4）胜利油菜。拉萨农业试验场 1955 年从四川引进，连年试种筛选的甘蓝型油菜品种。

（5）灌县油菜。拉萨农业试验场 1955 年从四川灌县引进，连续试种后筛选出的白菜型油菜品种。

连年试验和考察结果分析取得了一些重要结论：①昌都、林芝、拉萨、日喀则、山南等海拔 3 000 米以上的河谷（半）干旱区域比较适宜青稞、小麦、油菜等喜凉耐旱作物种植，而中温作物、喜温作物大多不能种植；②西藏独特的自然生态条件对各类作物品种均有不同于国内其他低海拔地区的特殊要求。除冬小麦一类准新作物，传统作物引进品种的适应性明显不如本地农家品种，直接利用的增产效果和稳产性多不理想；③中央科考队作物专家庄巧生院士通过严格试验（1952—1954）证实：大量引进的冬小麦品种在海拔 3 650 米上下的拉萨地区秋播种植，均能正常越冬、成熟，而且丰产优势突出；唯因引进低海拔区域的品种普遍早熟，成熟期集中在雨季，以致收获、脱粒困难，丰产不能保证丰收。据此提出"通过选用晚熟品种在 3 200 米以上河谷干旱区域大力发展冬小麦生产"的建设性意见，并在回京后长期关注，搜寻、筛选了一批在北京难以正常成熟的强冬性、特晚熟冬小麦品种在拉萨农试场进行试验，很快从中筛选出株型适中、丰产性好、抗逆性强、适性广的"肥麦"品种，并最终成为西藏冬小麦发展的生产主导品种。

上述结论在此后多年研究和生产实践中被不断充实和完善，成为西藏农作物育种科研和生产发展的科学依据。

2. 混合和系统选育

20 世纪 50 年代，早期的进藏科技工作者和农垦农场克服重重困难，千方百计地进行了青稞、（春）小麦、油菜、豌豆、蚕豆等西藏传统作物地方（农家）品种和资源材料的搜集和试验整理，到 50 年代中后期，几个农试场采用单株或简单的混合选育方法，相继筛选出了白玉紫芒、拉萨白青稞、拉萨紫青稞、丁白卡青稞、农仁青稞、少岗青稞、红青稞、鸠乌青稞和喜马拉 1 号、喜马拉 2 号、喜马拉 3 号等青稞品种，拉萨白麦、无芒扁白和日喀则红麦，以及日喀则 2 号、喜马拉 3 号、日喀则 5 号等春小麦品种，德木村油菜、汤洛白油菜、松巴小油菜、江孜小油菜等油菜品种以及拉萨 1 号蚕豆、拉萨黑豌豆、乃东白豌豆等豆类品种。

（1）白玉紫芒。拉萨农业试验场 1955 年自波密县揪多区白玉村采集，经两年单株选拔育成的紫青稞品种，1960 年前后在波密林芝一带短期推广，因其抗逆、抗病性能突出成为早期青稞杂交育种的骨干亲本。

（2）拉萨紫青稞。拉萨农业试验场 1956 年从堆龙德庆县农家品种中混合选育而成，20 世纪 60 年代初在拉萨河谷农区生产推广。

（3）鸠乌青稞。拉萨农业试验场 1957 年从拉萨地方品种选育而成，曾在拉萨河谷进行小面积种植。

（4）喜马拉 1 号。日喀则农业试验场 1958 年从日喀则县地方白青稞中单株选育而成的半矮秆品种，因其丰产、抗倒伏性能成为青稞早期杂交育种的骨干亲本。

（5）喜马拉 2 号。日喀则农业试验场 1958 年从隆子县地方品种混合选育的紫青稞品种，亩产 150～250 千克，是 20 世纪 60～70 年代后藏河谷主栽品种。

（6）喜马拉 3 号。日喀则农业试验场于 1959 年从日喀则县地方品种混合选育而成。

（7）拉萨白麦、无芒扁白。拉萨农业试验场 1956 年从拉萨春小麦地方品种中选育的两个品种。亩产均在 170 千克左右，比原地方品种增产 20％。

（8）日喀则 2 号、日喀则 3 号、日喀则 5 号。日喀则农业试验场 1959 年从日喀则春小麦品种中选出的 3 个品种，亩产 150 千克左右，其中日喀则 5 号在中、下等农田种植比南大 2419 号春小麦增产 25％。

（9）德木村油菜。拉萨农业试验场 1955 年从林芝地区德木宗农家品种中选出。白菜型，生长期 120 天左右，抗旱、耐病。

（10）汤洛白油菜。拉萨农业试验场从达孜县农家品种中选出。白菜型，生育期 125 天左右，株高而紧凑，适于混播。

（11）拉萨 1 号蚕豆。拉萨农业试验场 1955 年从堆龙德庆县农家品种中系统选育而成晚熟高产品种，生育期 170 天左右，生长势强，秆粗抗倒，适宜西藏海拔3 800 米以下河谷农区种植。1970 年所内小面积试验最高亩产 615 千克。在拉萨、山南、林芝等地种植，较当地品种增产 15％～30％。拉萨河谷的城关区、堆龙德庆县、曲水县、达孜县种植面积较大，年约 0.5 万亩。

（二）新品种应用与推广

20 世纪 50 年代中后期，以上引种筛选的南大 2419、津浦米大麦和从地方品种

系统筛选的拉萨白麦、日喀则红麦、白玉紫芒、拉萨紫青稞、拉萨白青稞、喜马拉2 号、德木村油菜品种以及黑麦、燕麦、豌豆等作物在军垦农场推广种植，显著的丰产示范作用也促使附近农村个别自耕户或庄园自觉试种，取代了部分原有的农家品种，起到了对广大农民（农奴）进行品种更换、提高产量的宣传启蒙作用，同时为民主改革初期群众性的地方品种评选及以后新品种推广应用、逐步替代农家品种奠定了基础。

二、农作物种质资源

农作物种质资源研究是现代农业科学研究、尤其是农作物育种的基础工作，故而在西藏现代农业科技创建之初即受到特别重视。1952 年 6 月到 1954 年 2 月期间，中央科考队农学组专家携种进藏途中和留藏期间，一路收集当地种植作物品种和资源材料到拉萨，并及时安排试种、筛选试验；随后，拉萨农业试验场技术人员又相继开展了拉萨近郊和波密等地的农作物品种的搜集考察，由此拉开了西藏农作物种质资源收集与利用研究的序幕。

（一）种质资源的引进

中央科考队农学专家组 1952 年 6 月进藏时即携带了 22 种作物的 159 个国内外品种，计有拉萨以及气候条件相似的藏南河谷半干旱农区以往没有种植的冬小麦19 个品种、（冬）黑麦 3 个品种和栽培燕麦、谷子（粟）、稷、玉米、高粱、黄豆、绿豆、小豆、豇豆、亚麻、烟草、棉花、苜蓿、猫尾草等 13 种春作物 51 个品种，春青稞、春小麦、豌豆、油菜、荞麦、扁豆、大麻等西藏传统种植作物的国内外品种 86 个；拉萨农试场和随后进藏的技术人员又陆续引进一批水稻、红豆、向日葵、蓖麻、花生、甜菜、菊芋、蚕豆、马铃薯等 9 种作物品种，使引进试种大田作物达到 31 种，另有 7 类蔬菜 159 个品种以及部分果树、林木品种引进，极大地充实了西藏的农作物种质资源库。

（二）农作物种质资源考察与收集

1953 年 6～10 月，中央科考队农学组专家在进藏沿途，最先收集了一批四川甘孜和西藏昌都、波密、林芝、拉萨一线的主要大田作物的种植（农家）品种，留藏期间又赴后藏的江孜、亚东、日喀则和山南的贡嘎、乃东等地调查、考察收集地方品种和资源材料，并首次发现了部分农作物近缘野生植物。随后的试验观察发现，西藏种类不多的栽培作物品种类型大多都比较简单，唯有青稞即裸大麦的品种类型复杂。仅进藏沿途和区内的有限调查所收集到的青稞地方品种就多达 20 多个类型，但却未见带壳的有稃皮大麦；春小麦品种的 99％以上是普通小麦，仅个别地块有硬粒小麦和不分枝的圆锥小麦；豌豆都是紫花，仅林芝、波密、乃东等地杂有白花品种（植株），籽粒色泽则有黑褐、灰褐、麻斑、麻褐和白粒等。

虽受当时的社会环境、交通条件与人、财、物力等制约，此期农作物种质资源考察范围和收集数量都非常有限，观察试验也比较简单，但作为有史以来的第一次系统调查，对全面认识西藏种植业的生产现状与品种特点意义重大。

（三）资源鉴定、分类与利用

中央科考队农学专家组 1952—1953 年在拉萨农试场进行的多作物引进品种试种及此后几年的系统试验也是西藏最早的作物种质资源鉴定研究试验，其基本结论如下：

19 个冬小麦品种中，有钱交、早洋、起交、可字麦等品种在拉萨种植产量优于原产地，初步证实了在拉萨及类似区域冬小麦种植的可能性。

3 个冬黑麦品种的每公顷籽实产量分别达到：别克多斯克亚 8 490 千克，外洛尼斯克亚 5 977.7 千克，叶利西夫斯克亚 3 472.5 千克。表明冬黑麦在拉萨及藏南河谷地区完全能够种植，有较大发展前景。

10 个春青稞和 57 个春小麦引进品种与当地品种比较观察表明，引进品种都能完成生育期并比当地品种表现出早熟、丰产、抗逆性强等特性。

8 个燕麦引进品种中，156 号品种每公顷产籽粒 5 761.5 千克，产干草 21 333 千克，127 号燕麦及 125 号燕麦的籽粒及干草产量也很高，说明将燕麦作为饲料或粮食（裸燕麦）作物在西藏都具有很大的生产潜力。

4 个蚕豆品种中，两个印度品种明显高于两个东北品种，但不及本地蚕豆的产量高。

10 个油菜品种与当地油菜品种虽产量互有高低，但普遍早熟，要求肥水条件也高。

引进亚麻材料中，表现最好的"繁峙红胡麻"品种每公顷种子产量 2 347.5 千克、茎秆产量 7 875 千克，武功百花品种每公顷种子单产 2 670 千克、茎秆单产 4 875 千克。说明亚麻是西藏有发展前途的纤维和油料两用作物。

西藏历史上没有种植向日葵，引进品种在山南、拉萨、昌都等大部分河谷地域生长良好，但需进行人工辅助授粉方可普遍结实并获得高产。

40 多个多年生豆科牧草引进品在拉萨和西藏绝大多数河谷均可种植，并以苏联 2 号和西北苜蓿生长最优，而且其青草产量在适当年限内逐年增高。如 1953 年种植当年每公顷产草 29 413.5 千克，1954—1955 年平均公顷产草 63 060 千克，1956 年公顷产量进一步增至 77 700 千克。

烟草 4 个引进品种中的黄花烟草 5 号生长最好，每公顷烟叶产量达 2 302.5 千

克，并能开花结籽。

甜菜引进品种在西藏大部分河谷生长良好，试种成功并推动了西藏糖厂的建设。

大麻引进品种均不及当地"东嘎大麻"品种产量高。

引进的栗、黍、稷早熟品种在西藏大部分河谷农区都可以生长，并能取得一定的产量。

引进玉米品种中的"早熟黄马牙"及"西北硬粒"两品种在拉萨生长较好，一般年份能正常成熟。

大豆20个引进品种中的满仓金、克霜、紫花4号及双山快豆等品种在拉萨种植尚能成熟，但产量低，作蔬菜种植尚可，作油料作物则不经济。

绿豆、小豆和豇豆引进品种因气温偏低在拉萨种植生长迟缓，开花很晚，或不能结实（多数）、或豆荚不能成熟（少数），即使个别植株能结实且少数豆荚可基本成熟，但产量很低。

黄麻、洋麻不适应在拉萨种植，幼苗出土后不久即全部死亡。个别青麻品种虽生长较好，但种子不能成熟。

水稻在拉萨能分蘖而不能抽穗，在林芝及通麦一带能抽穗而不能成熟。

棉花在大部分地区出苗后即陆续死亡。

花生早熟品种在拉萨、日喀则、山南等地可开花儿不能结荚，在林芝、通麦一带可结荚而不能成熟。

高粱在绝大部分河谷农区不能成熟，早熟品种在波密的通麦等地能够成熟。

上述的引种试验结果表明，西藏因为海拔高，主要河谷农区全年特别是夏季温度不高、总积温也少，更适合喜凉作物的发展和部分中温作物中、早熟品种的选择种植，喜温作物则不宜种植。由此形成了早期进藏的农业科技工作者对西藏广大河谷农区农作物种植理念和引种规律的基本认识。

总之，通过20世纪50年代的农作物引种观察，摸清和理清了在西藏广大河谷农区适宜种植、基本适宜种植和不适宜种植的作物种类与品种类型，为在西藏开展农作物科学研究并指导农作物生产提供了理论依据和实证。

三、农作物栽培

和平解放后，为尽快解决西藏粮食问题和农牧民吃饭问题，广大农业科技工作者在总结提高群众生产经验基础上，一边开展农作物良种选育，一边开展农作物栽培技术研究，并将取得的科研成果及时应用于生产，对推动西藏粮食生产的发展起到了积极的作用。

1952—1954年中央科考队农学专家组先后考察了昌都、波密、林芝、拉萨、江孜、亚东、日喀则和泽当等西藏主要农业区域的作物栽培情况。通过考察并结合引种试验，农业科技工作者逐步认识到，西藏青稞生产在很大程度上随着海拔高度和气候条件而转移，具有立体栽培的特点；大部分河谷农区年平均气温偏低，生长季节短，有冰雹、霜冻危害等，是影响和限制青稞产量提高的不利一面。但高原的日照时数多，太阳辐射强，昼夜温差大等自然特点，能够促进作物健壮生长，加速作物的养分积累，促使农作物形成大穗、大粒，是进一步发展青稞生产、提高青稞单产的基础。在此基础上，拉萨、日喀则农业试验场相继进行了春青稞、春小麦、冬小麦播种期、播种量、灌水试验等。

（一）播种期试验

20世纪50年代初，拉萨农试场用乌克兰冬小麦进行了播种期试验结果认为：冬前生长量的大小不能作为推断冬小麦在第二年的生育表现的结论，由于早春返青早，早春时间长，春季的管理条件对于冬小麦的生长发育有着决定性的作用。1956—1957年日喀则地区农业试验场的冬小麦播种试验结果表明，当地冬小麦10月下旬播种效果最好，产量最高。

（二）田间密度试验

1953年春拉萨农业试验场开展了青稞、春小麦播种量试验，试验结果说明：冬春小麦播种量多少对其产量影响不大，尤其是春小麦更为明显。其原因是高原春季温度上升迟缓，幼苗分蘖期停留的时间较长，播种量少的也有充分时间分蘖和生长，从而增加了成穗数，所以与播量关系不大。

（三）灌水试验

在偏旱的1953年（拉萨年降水量351.2毫米），拉萨农试场进行播前灌水与不灌水试验并观察了青稞、小麦的生长发育及产量情况。结果表明，干旱条件下，增加灌水次数，能使农作物获得更高的产量。

四、土壤肥料

1952—1954年原中央科考队农学专家组对昌都、拉萨、日喀则、山南等主要农区进行了西藏历史上的第一次土壤调查，初步掌握了调查区域的土壤、气候、植被、耕作等基本情况，为西藏土壤研究与合理利用奠定了基础和重要依据。

20世纪50年代，针对历史上西藏农田很少施肥的实际，也限于当时各方面的条件，农业科技工作者认真遵循"以农家肥料为主，商品肥料为辅"的肥料工作方针，并针对肥源短缺，以及"一般藏胞没有施用人粪尿的习惯，牛羊粪全作燃料，

估计每公顷地不过施用几百千克草粪肥,甚至不施肥"的实际,开始进行有机肥肥效试验和绿肥引种鉴定筛选工作。

1956 年,拉萨农试场对在沙壤土地上种植的武功 17 号春小麦进行有机肥(人、畜与土的混合物)施肥量试验,结果表明,作物产量随着有机肥施用量的增加而增加,同时说明了西藏农田土壤肥力较差,施用有机肥在一定程度上能够增加农作物产量,且产量随施肥量的增加而逐渐提高。

与此同时,为更好地学习和借鉴当时苏联威廉斯草田轮作制的经验,在拉萨农业试验场开展豆科绿肥牧草引种试验同期,1953 年在河谷农区、高寒农区、温暖湿润农区采取多种播种方式(春单播、复种、套种、混种)试种苜蓿,河谷农区一般株高可达 147 厘米,主根长 90 厘米以上,根瘤菌生长良好,当年可收割 2 次,此后每年收割 3 次,年总产量随生长年限而增长。此成果曾一度在一些国营农场进行推广(其中七一农场种有 100 亩,持续利用到 20 世纪 70 年代)。试验同时表明,禾本科牧草中,牛尾草产量最好,次为猫尾草,再次为无芒草。猫尾草根系特别发达,是改良土壤的好牧草,无芒草生长较为整齐,产草量中等。

五、植物保护

和平解放以前,西藏植物保护工作极其被动,面对病、虫、草的发生和危害,群众只能采取一些简单的土办法进行防除。和平解放后,植保工作从主要农区病虫发生危害现状调查入手,并在"预防为主、综合防治"方针指引下,逐渐发展和壮大。

和平解放初期,中央和内地各方援藏的农业科考专家在对昌都、波密、林芝、拉萨、日喀则等地的首次农业综合调查中,就发现和初步了解到多种作物病害和农田(地下)害虫的发生情况及其症状。

1952—1954 年在拉萨的多作物引种试种等试验田里调查发现:粮食作物方面本地的春青稞与春小麦品种不抗锈病,在雨水多,生长较好的田地感病重;小麦散黑穗病及青稞坚黑穗病发病率普遍较高。农田虫害主要以地老虎、蛴螬、斑蝥等危害猖獗。

1953 年,成立不久的拉萨农业试验场即派出人员对拉萨周边和后藏地区的日喀则、江孜、帕里、亚东、吉隆、萨迦、拉孜等地的农业病虫害进行了考察,并结合其他工作择机调查了解其他区域的作物病虫害发生情况。通过农区(村)考察调查并结合拉萨试验观察结果分析,初步了解、掌握了西藏病虫害的发生与危害的基本规律和特点。西藏发生较多的农作物病害是麦类作物锈病与黑穗病。其中黑穗病包括青稞散黑穗、青稞坚黑穗,小麦散黑穗和小麦腥黑穗病,亚东地区黑穗病发病率约在 20%～30%,其他地区在 5%左右。从作物品种看,青稞上主要发生的是坚

黑穗病，本地小麦品种上以散黑穗病为主，而 1952—1954 年腥黑穗病在林芝地区的外来品种上则有较大的发生；麦类锈病包括小麦条锈病、小麦叶锈病和青稞条锈病，前二者在本地春小麦品种上都有发生；青稞条纹病在拉萨、日喀则、山南等地方发生极为普遍，病株率为 2‰～5‰不等，严重的达 17.7‰。农作物地下害虫主要是蛴螬，金针虫、地老虎次之；在局部地区，青稞喜马象可造成严重危害。地上害虫主要是斑螫、甘蓝夜蛾和蚜虫等。

通过调查了解，西藏植保工作者对西藏农作物病虫害发生情况和特征有了基本的认识，为推进西藏农作物植保工作打下了良好的基础。

六、农业机械

西藏和平解放后，伴随着农业生产的发展，新式农具开始引入西藏高原。20 世纪 50 年代初，西藏引进新式步犁进行示范耕地，从而打破了传统单一的藏犁耕作的局面。据统计，1951—1959 年，中央人民政府向西藏无偿发放新式农具、铁制工具 30.69 万件（部），总值 2 170 万元，此外，中国人民解放军还发放了 138.6 万元的无息和低息农牧手工业贷款。平均每户分得新式农牧工具（步犁、耙、锄、镰刀、羊毛剪、斧头等）1.5 件。

随着农牧新式工具的引进、投放和生产的发展，西藏农业机械也由点到面、由小到大、由低到高逐步发展。自 1952 年起先后建立了昌都、拉萨、日喀则农业试验场和日喀则、江孜机耕农场，1954 年第一批拖拉机和农机技术人员登上西藏高原，从此西藏农机及农机科技事业得以起步和发展。

1955 年，西藏组建机耕农场并与拉萨农试场（七一农场）合办，并随即引进了部分大型农业生产机具，包括"德特"- 54 型拖拉机、48 行机引播种机（前东德生产）、自动收获康拜因（匈牙利）、园艺轮式拖拉机（英国）等。这是西藏历史上最早引进并投入使用的现代化农机具。限于当时的社会历史条件，这些农机具虽主要在农场大田使用，但因农田耕作质量和生产效率显著提高，对西藏农业生产起到了很好的示范效应。

1957 年开始引进水车、畜力条播机、割晒机和畜力打场石磙等农机具。1958 年西藏军区汽车修配厂组装了西藏第一台 20 马力*"高原牌"四轮拖拉机。从 1958 年开始，推行了农机具改革，全自治区组织铁木工匠，成立了一些铁木互助组、合作社。群众自发的献铁、捐木料，请能人拜师学艺，采取修、改造、制作铁制藏犁头、钉齿耙、挑筐、粪桶、铁锹、石滚、风车、水力脱粒机、水车、耧、条播机、手推车、自卸马车、活底驮粪筐、梳毛机、纺毛机、脱粒机、麦筛等农机

具。在新式农具推广中,新式步犁得到了群众的普遍认可和欢迎,正如一个农民说的"旧犁犁两遍,不如新犁犁一遍",反映了新式农具在生产上发挥出的作用。农具改革和新式农具、拖拉机等农业机械的引进和示范,对提高劳动生产率,促进农牧业生产发展起到了一定的推动作用,对广大群众和西藏各阶层人士起到了一定的影响。

七、农业气象

西藏农业气象工作历史悠久。早在西藏的天文历算中就把农事活动作为重要内容之一,但全面系统的开展农业气象研究还是和平解放后开始的。1952—1954 年西藏工作队农业科学组的专家对西藏高原的自然环境和农业生产的关系进行考察研究并建立了固定气象观测点。依此基础,拉萨农业试验场根据拉萨 1952—1955 年的气象观测资料,总结和归纳出了拉萨气候特点是:冬长不寒冷,春暖而无夏,秋凉多夜雨,雨水分布极为不均,形成明显的干季和雨季,日照长、风多而有季节性,气温年变化小,日变化大。还初步分析了拉萨气候与农作物生长发育的关系。通过以上工作的开展,促使西藏现代农业气象学研究在艰难的条件下迈出了实质性的步伐。

八、农作制度

1951 年西藏和平解放后,中央及时派出科学工作者对西藏的自然条件及其与农业生产的关系进行了考察,参加考察的自然地理科学工作者李连捷、肖前椿、贾慎修等根据考察情况撰写了《西藏高原的自然区域》《西藏高原的自然环境与农业生产》《西藏高原的自然概况》等论著。其考察和研究成果,为西藏种植业区划和作物布局研究与发展提供了理论依据。

(一)作物布局状况

20 世纪 50 年代,科技工作者通过对西藏自然条件与农业生产关系的考察、分析和研究后认为:西藏大田作物种类与低海拔地区相比要少得多,但从作物与温度的关系看,有喜温作物(如稻谷)、中温作物(如玉米、黄豆)、喜凉作物(如青稞、豌豆、小麦、油菜、苦豆);从用途看,有粮食作物、饲料作物、经济作物;从同土壤养分的关系看,有富碳作物、富氮作物、半养地作物,类型还较为丰富。同时,喜凉作物中的青稞品种生育期类型多样,且在一般认为不能种植农作物的地方,在西藏却能种植,并可获得较稳定的产量。总体上讲,西藏粮食作物中,随海拔升高温度降低,作物种类趋于单一,青稞种植比重增大,小麦种植比重降低。水稻仅在察隅、墨脱种植,玉米分布相对较广。喜凉作物分布在东南到西北的大范

围内。

西藏第一大产粮区的藏南河谷（即"一江两河中部流域"河谷）的乃东、堆龙德庆、昌都、日喀则、江孜等均以青稞为主，一般占播种面积的40%～67%；其次有豌豆、油菜、小麦、马铃薯、荞麦、雪莎、小扁豆等喜凉作物，无中温、喜温作物种植。

丁青、索县、浪卡子、定日、噶尔及其类似地区属西藏高寒半农半牧区，是西藏第二大农业区。本区海拔高温度低，以青稞为主。其中丁青的青稞占播种面积的85%左右，另外还种有少量的小麦、豌豆、油菜；索县青稞占播种面积的85%左右，其余15%种植芜根以及青饲料、春小麦等；巴青县青稞占72%以上，芜根占27%以上；浪卡子县（不含雅鲁藏布江南岸的原卡热乡）青稞占95%以上，另种有少量的油菜和青饲料；噶尔县只种植青稞，占99%以上。

藏东南区域的林芝、波密、米林、加查及其类似地区过去以春作一熟为主，也有冬青稞、冬小麦种植，主要作物有冬春青稞、冬春小麦、豌豆、油菜、荞麦、玉米等。这一类型区青稞、小麦各占1/3，豌豆、油菜等共占1/3。

察隅、墨脱以及错那的勒布、定结的陈塘、亚东的下亚东等海拔1 800米以下的农区有稻、麦和玉米种植，麦类一年两熟，海拔1 800～2 100米的农区种一季中稻或晚稻，还有在青稞后复种荞麦，一年种两季青稞等形式。察隅小麦占播种面积的27.2%（其中冬小麦占18.3%）、青稞占24.5%、玉米占22.7%，水稻占11.2%，其他作物共占11.2%。

20世纪50年代，拉萨、日喀则试种成功多种新作物。其中，中温作物玉米因产量不高等原因，一直未能推广；甜菜、麻类、烟草等虽试种成功，但由于贯彻"首先重点解决粮食问题"的政策，未能在生产上得以推广。

（二）原始农作制度

和平解放初期以中央科考队农业科学组为主的综合农业调查，也对西藏当时的轮作和耕作制度进行了较为详细的考察分析，基本摸清了撂荒轮作制或休闲轮作制是西藏农田的基本耕作制度，混播是农作物的基本种植方式。分析原因，前者限于劳动力不足、耕作手段（工具）原始，耕作效率低下无力全部耕种和无施肥习惯要靠休闲撂荒恢复地力；后者多处于被动的抗逆抗病目的。

1. 撂荒农作制

撂荒农作制在西藏一直延续到20世纪50年代，以南部及南部边缘地区较为典型。南部及南部边缘地区撂荒农作制的经营一般是在每年的冬天或初春准备好耕种的土地，并取得所在地政府或农奴主的同意，把需要耕种土地上的树木砍倒放在原处晒2～3个月，选择草木较多的地方用火镰和包缠一种叫"抗巴"草的火绒击石

引燃，已经比较干的草木经微风吹动而燃烧起来，经烧后的土壤比较松软，草木灰可作肥料，烧后数日用木锹翻地播种，播后一般都不管理，待成熟后收割。这种烧荒耕种土地一般经过 3 年后，土壤肥力降低，就被丢弃，重新寻觅新的地方。一般分散的小农区，一块地连续种几年后，不能再从事生产时，便放弃不种，过些时候再恢复耕种；1952 年，农业科学组在波密地区调查有荒地资源 3.3 千公顷，其中熟荒地占一半以上，弃荒地一般都有引水渠或因土层厚不需要灌溉。民主改革时，位于拉孜县境内西南部的托吉豁卡，耕地在休闲的几年里根本不犁地，一直到第五年要种作物时耕一两遍；日喀则市以东的甲马卡豁卡有一部分旱地要长期休闲或者弃而不种。

2. 休闲农作制

西藏地区休闲农作制自 6 世纪开始，一直延续到 20 世纪 50 年代。西藏在耕作较为集中的大农区中，特别是日喀则地区休闲轮耕地约占耕地的十分之一二。有的是为了恢复地力而休闲，有的则是为了储蓄水分。一般旱地休闲，主要是储蓄水分。水浇地三年一歇，旱地是隔年一歇。水浇地休闲，多视地力肥瘦而定，很肥的地农民都舍不得歇，较瘦的地，休闲的次数多一些。后藏地区的休闲轮耕地大部分是绝对休闲。农民常在作物生育期间，利用空闲时间犁耕歇地，三五次甚至九十次之多，如此起松土蓄水和除去杂草的作用，有的还在休闲轮耕中灌上两三次水，更好地蓄积土壤水分，以供次年春播之需。20 世纪 50 年代，拉孜宗桑珠豁卡有耕地 1 860 藏克*，1958 年播种 1 550 藏克，休闲地 310 藏克，休闲地占耕地面积的 16.7%，即种 5 年作物后休闲一年，中等地种 3~4 年休闲一年，下等地种 2 年休闲一年；甲马卡豁卡水浇地种 3 年休闲一年，旱地种 1 年休闲一年；杜素豁卡留休闲地多少，视各家的土地数量和经济水平而定，豁卡自营地种 3 年休闲一年，大差巴户种 4 年休闲一年，一般贫困户大约种 5 年休闲一年，多数贫困户耕地很少，只有在耕地杂草实在太多不休闲不行时才被迫休闲，一般要种 7~8 年才能休闲一年，全豁卡的平均状况是休闲土地面积占耕地面积的 16.8%。资龙豁卡上等水浇地一般不休闲，中等水浇地种 3 年休闲一年，下等水浇地和旱地均为种一年休闲一年；柳豁卡以户占有耕地多少确定休闲面积，耕地最多的户休闲面积占 21.83%，最少的户休闲面积仅占 2.08%，全豁卡平均休闲面积占耕地面积的 11.4%，休闲面积多少与该户耕地多少的相关系数为 0.813 6。此外，山南地区隆子县日当新巴一带在休闲地上夏耕、秋耕 2~3 次消灭杂草，冬灌翌春播种，大多是种一年休闲一年。

3. 轮作休闲制

西藏的轮作习惯是多把豌豆作为青稞的前作。常见的轮作方式有青稞—小麦—

※ 藏克为西藏传统质量单位，1 藏克≈14 千克，余同。——编者注

豌豆或油菜；青稞—豌豆或蚕豆或小麦豌豆混播—青稞；豌豆—青稞—小麦、豌豆或荞麦。

20世纪50年代，日喀则地区休闲地很普遍，有些上等地是麦类与豆类作物轮作；拉萨市东嘎宗、墨竹工卡宗耕地年年轮作，豌豆、蚕豆、油菜、马铃薯都可作青稞的前茬作物，连作两年后青稞长势减弱。

西藏利用苦豆和青稞等作物轮作，其后茬作物增产作用相当于种油菜后施100袋有机肥料的增产效果，与休闲后大量施肥作用相仿。日喀则县甲措区马村的上等地几乎全产不休闲，主要措施是利用豆科作物进行轮作。

曲水县、堆龙德庆县的作物种类和轮作方式均相似，主要以蚕豆作青稞的前茬，青稞后种小麦；墨竹工卡县除有少量休闲地外，主要作物轮作，青稞的前茬是豌豆或油菜，青稞后种小麦，小麦后油菜豌豆混播。

日喀则县塔杰乡有部分耕地不休闲，以雪莎为主与豌豆、油菜、青稞、小麦混播以达到既用地又养地，次年种青稞、豌豆、油菜混播的轮作方式。

上述考察分析，使此后数十年的冬小麦推广、农作制度变革和作物种植结构优化等有的放矢，对逐步提高农业生产对各种自然资源的利用效率，起到了积极的作用。

第二节　畜牧业养殖技术

20世纪50年代起，随着西藏和平解放，农奴制度的废除，国务院和中央各部委派遣大批科技工作者进藏，开展恢复生产、重建家园和生产自救等。伴随着畜牧科技人员的进藏，西藏相继组建了拉萨农业试验场、拉萨血清厂和家畜门诊部。在无偿为广大农牧民的牲畜进行防疫治疗的同时，针对当时牛瘟流行比较严重的情况，拉萨血清厂开始生产"牛瘟血清"，对防止牛瘟传播、发展畜牧业生产、稳定社会局势，起到了不可低估的作用。

20世纪50~60年代，中国科学院先后四次组织科技人员进藏考察西藏畜牧业，初步摸清了西藏畜牧业的基本情况和特点。

一、畜种种类、分布与特点

1. 牦牛

牦牛是高海拔地区的特有畜种，是牛属家畜中唯一无品种结构的原始畜种。西藏牦牛分为藏东南部山地牦牛和藏西北部牦牛两个类群。藏东南山地牦牛分布在冈底斯山、念青唐古拉山以南，这一地区正是西藏农区、半农半牧区。在河谷、湖盆以上有着广阔的高山草场，是牦牛集中区。

2. 黄牛

黄牛是产乳为主，乳、肉、役兼用型的地方原始品种，主要饲养在农区、林区和半农半牧区，体型小，生产性能低，抗逆性强。主要分布在海拔 2 300～3 800 米的农区、半农半牧区，海拔上线为 4 500 米，雅鲁藏布江中下游和东部"三江流域"是集中产区。

3. 藏马

藏马在西藏均有分布，是原始马种，属西南马系。大体可分为高原型、山地型、林地型、河谷型 4 个类群，农区半农半牧区马属于后 3 种类型。

4. 西藏驴

西藏驴集中产于雅鲁藏布江中游和中上游流域的贡嘎、乃东、隆子、桑日和拉孜、萨迦、日喀则、江孜、白朗、定日以及怒江、澜沧江、金沙江流域的八宿、察隅、左贡、芒康等县。西藏驴役用性能强，具有驮、乘、挽等多种用途，参与多种农田活动。

5. 绵羊

西藏饲养绵羊历史悠久，在数千年前就大量饲养。由于生产发展和自然条件的不同，西藏绵羊逐步形成各具特征的高原型、雅鲁藏布江型、三江型三大类型，农区、半农半牧区主要是后两种类型。西藏绵羊分布广，遍及西藏各地，数量多，居西藏家畜之首。

6. 西藏山羊

西藏山羊广泛分布于西藏各地，耐粗饲，抗逆性强，适应高原气候条件，数量仅次于绵羊，居西藏家畜数量第二位，具有产肉、奶、皮、毛、绒等综合性能。

西藏山羊在高原高寒气候条件下，已成为绒毛较多的地方品种，适应范围广，从海拔5 000米以上的藏北高原，到气候温暖湿润的藏东深山峡谷，都有山羊分布，不苛求饲养条件，终年放牧，是宝贵的品种资源。

7. 藏猪

藏猪是产于青藏高原濒于灭绝的畜种资源，属小型猪种，成年公猪体重38.30千克，母猪30.96千克，肉质细嫩，风味独特，为典型的腌肉型畜种。

表 8-1　1951—1959 年西藏家畜种类、数量情况表

（单位：头、匹、只）

年份	家畜总头数	牛	马、驴、骡	绵羊	山羊	猪
1951	955	221	21	463	247	3
1952	974	225	21	473	251	3
1953	994	229	22	482	258	3

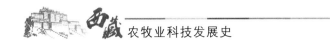

（续）

年份	家畜总头数	牛	马、驴、骡	绵羊	山羊	猪
1954	1 013	234	22	492	262	3
1955	1 033	238	22	501	268	4
1956	1 052	243	23	511	271	4
1957	1 078	249	23	523	279	4
1958	1 104	255	24	536	285	4
1959	956	222	21	474	233	6

二、饲养技术

西藏和平解放初期，畜牧业完全处于靠天养畜的原始状态，牧民们过着游牧或半游牧的生活，对家畜的管理十分粗放，常年依靠天然草场放牧饲养。其放牧方式随气温的变化而定，冬季扎营放牧；四五月份向高山、阴坡等远处草场转移；七八月份远离冬窝子过冬，并集中进行牲畜屠宰，叫做"冬宰"，生产出酥油、奶渣、风干牛羊肉等食品和毛、皮、绒等生活用品。而在农区，马、驴主要采用以舍饲为主、放牧为辅的饲养方式。冬春季节主要以农作物秸秆为主饲，或搭配以少量青干草进行喂饲饲养；夏秋季节采取放青的办法，利用田埂、小片草地放牧，或将不役使的马匹放牧在高山草场上。

三、畜禽疫病防治技术

20 世纪 50 年代，针对西藏各种畜禽传染病猖獗、牲畜死亡严重、畜牧业生产受到严重破坏的现实，中央人民政府派遣大量畜牧科技人员进藏，积极开展家畜大型、烈性传染病的扑灭和控制，并在家畜常见病、疑难病和新病病原及防治方法研究、家畜寄生虫病区系调查，驱虫新药引进、推广、中藏兽医和藏药研究、开发、加工利用等方面做了大量的工作。

20 世纪 50 年代初，集中力量组织科技人员研制和生产血清、疫苗、菌苗，扑灭主要烈性传染病和寄生虫病。对疫病发生、防治情况进行了普查研究，开展西藏第一二次家畜疫病调查，两次调查疫病一共 168 种，其中传染病 97 种、寄生虫病 44 种、中毒病 23 种、疑难病 4 种。研究的重点项目有"马属动物喘气病病因探讨""8 202 制剂治疗山羊肛门皮肤病的研究""牛肺病现状调查研究""羊五联苗实验研究""江孜牛羊寄生虫季节动态调查研究"。

1953 年 3 月成立了拉萨血清厂，开始对西藏畜牧业危害较大的畜禽病进行研究，并生产抗牛瘟血清，用于预防牛瘟病的发生与流行。以后又对牛肺疫病、羊大肠杆菌病、羊链球菌病、羊布氏杆菌病、猪瘟病等畜禽疫病进行了研究，并试生产

预防用疫苗。到 1965 年西藏自治区成立，已对当时西藏畜牧业生产所需要的全部疫苗和血清进行了研究，并试制了部分疫苗。研制生产出的兽用生物制品达几个品种、产量 200 多万毫升（头份）。在这个时期，主要生产抗牛瘟血清，并生产了无毒炭疽芽孢杆菌、猪瘟兔化弱毒疫苗等。

第三节 园艺技术

在 1959 年民主改革前的 7 年中，通过进藏科技人员的艰辛研究，试验成功了西瓜、甜瓜、黄瓜、茄子、番茄、辣椒、菜豆、洋葱、花椰菜、球茎甘蓝、芹菜、糖用甜菜等 40 余种蔬菜。其中黄瓜亩产达 1 500 千克以上，番茄 5 000 千克，辣椒 1 250 千克，花菜、莴苣、洋葱均在 3 000～4 000 千克，包心大白菜亩产达到 7 500～10 000 千克。冷床中培育出来的西北麦王瓜，曾首先送给了达赖喇嘛和班禅额尔德尼·确吉坚赞。在 1954 年的国庆节农展会上，还用在拉萨种植成功的西瓜招待了印度、尼泊尔等国家驻拉萨的外宾。过去番茄只在一两家有温室设备的贵族庄园中可以见到，后来技术人员试验成功了温床提早育苗等技术措施，大田也可种植番茄了。多种蔬菜瓜果试种成功，不仅改善了藏族人民的生活条件，也大大鼓舞了汉族同志的工作热情，坚定了他们长期建设西藏的决心。

一、蔬菜栽培技术

西藏和平解放前，蔬菜生产种类少、面积小，仅在拉萨有一处名叫"萝卜测兴"的菜园，面积约 70 亩，其他只有一些零星菜地生产萝卜葱、连花白、白菜等。广大农村则只种植有少量的萝卜和粮菜兼用的马铃薯。西藏和平解放后，关系到国计民生的蔬菜生产成了迫切的政治任务。和平解放初期，在交通闭塞、市场没有蔬菜供应的情况下，进藏部队一边修路，一边制定了"就地生产，达到自足"的目标。随军进藏的华北农业科学研究所张纪增等科技工作者曾于 1953 年春在七一农业试验场进行蔬菜试种试验。至此，拉开了雪域高原蔬菜科研工作的序幕，揭开了西藏蔬菜业发展的新纪元。

（一）设施建造及功能

和平解放初期，科技工作者针对西藏气温偏低，限制蔬菜栽培和发展的现实问题，随即开展了设施建造技术研究和示范，先后设计和建造了风障、冷床（阳畦）、温床及玻璃温室，促进和带动了西藏保护地蔬菜生产的兴起与发展。

1. 风障冷床

1952 年，七一、八一农场科技人员就地取材，先后设计和建造了风障、冷床

（阳畦）、温床等几种简易的保护地。风障主要用于越冬菠菜的防风保温，可提早季节，也用于冷床的防风保温。冷床坐北朝南，四周用草皮、土坯垒成 60～70 厘米高的土墙，南北宽 1.5～1.7 米，东西长依具体情况而定，一般 6 米以上，夜晚覆盖毛毡等防寒物。温床与冷床在结构上基本相同，所不同的是在床土下加牛、马、猪等畜粪作酿热物，让其发酵释放热量提高地温，上面盖玻璃窗，夜晚覆盖毛毡等防寒物。其利用与冷床基本相同。

20 世纪 50 年代中后期，冷床、温床均改为地面下挖槽床。50 年代初冷床是西藏唯一可以进行保护地栽培研究的设施。拉萨地区从来没有种植过的西瓜、甜瓜、黄瓜、番茄、四季豆等，经过冷床栽培试种成功。培育出来的西北麦王西瓜，单重达 9 千克。春季种植的黄瓜、西瓜、番茄、茄子、辣椒等蔬菜产量较高，黄瓜折亩产 5 052.5 千克、番茄 4 464.5 千克。冬季加草帘覆盖保温，可栽培耐寒蔬菜如芹菜、韭菜、菠菜、小白菜、油菜等。

2. 玻璃温室

1953 年 10 月，拉萨农业试验场动工修建玻璃温室，同年 12 月底建成第一座折腰式加温温室，以牛粪作燃料，羊毛毡作覆盖物，生产瓜类、茄果类蔬菜，但由于燃料缺乏，生产成本高，1954 年由加温温室改为玻璃温室，使保护地栽培进入了第二阶段。改造后的温室冬季不但能生产黄瓜、番茄、四季豆等喜温蔬菜，而且比加温温室降低成本约 84%。20 世纪 50 年代初，七一农场冬季日光温室一茬黄瓜折亩产 2 277.8 千克、番茄 2 091.3 千克、四季豆 777.8 千克、油菜 222.2 千克。从 50 年代中期开始推广应用日光温室蔬菜栽培，到 50 年代末拉萨地区日光温室栽培面积达 27 000 平方米。日光温室的设计、建造和应用，在解决西藏冬春淡季吃菜及夏秋旺季品种调剂上起到了重要作用。

（二）品种引进与栽培试验

1952 年，中央文化教育委员会西藏工作队农业科学组从昌都至拉萨沿途考察发现，海拔 3 200～3 700 米地带除根菜类蔬菜普遍种植外，茎菜类、果菜类亦可种植，蔬菜种类有芫根、萝卜、胡萝卜、马铃薯、莴笋、大葱、大蒜、拉萨白菜、内地黄芽白菜、四川青菜、甘蓝、苤蓝、菠菜、芹菜、香菜、韭菜、茼蒿、花椰菜、甜豌豆、蚕豆、番茄、南瓜、西葫芦等 24 种。北京能种植的一般蔬菜，在拉萨亦多能种植。在此认识和思想指导下，以及伴随着保护地设施的建造与改进的提高，较好地克服了蔬菜生产障碍和限制因素，较好地改善了蔬菜生产条件等，促使西藏从此开始了大量的蔬菜品种引进和栽培工作。

1953 年开始，拉萨农业试验场先后引进试种了果菜类、豆类、根菜类、叶菜类、花椰菜类、葱蒜类等 34 个种类 159 个品种。经过两年的艰辛探索和试验示范，

成功地栽培了番茄、辣椒、黄瓜、甜瓜等 25 个种类的 100 多个品种。截至 1959 年，共从国内外引进成功 30 多个种类 200 多个品种，极大地丰富了西藏蔬菜生产的内涵和类群。试验示范结果黄瓜单产达 90 000 千克/公顷以上，辣椒单产 18 750 千克/公顷，花菜、莴苣、洋葱单产达到 45 000～60 000 千克/公顷，莲花白单产 112 500～150 000 千克/公顷。同时，利用冷床生产出拉萨从未有过的西瓜、四季豆等，冬季通过加草席覆盖保温生产出了耐寒的芹菜、韭菜、菠菜、小白菜、小油菜等。芹菜采收 2～3 茬，折单产 89 290.5 千克/公顷；韭菜采收 3～4 茬，折单产 98 574 千克/公顷。采用冷床育苗，改进整枝方法和 2，4‐D 醮花等措施，在拉萨露地试种番茄成功，单产达 75 000 千克/公顷，霜前熟果 80% 以上，并选育出了红英雄、粉红 1 号等优良品种，填补了西藏蔬菜种植史上的多项空白，创造了高原奇迹，在国内外引起强烈反响。

表 8‐2　1953 年试种的蔬菜种类、品种数目及主要来源表

类别	蔬菜种类	品种数目（个）	品种来源
果菜类	番茄	24	包括国外及北京、西北著名品种
	茄子	4	包括西北 2 个品种、北京及印度各 1 个品种
	番椒	12	包括国内外著名品种，其中甜椒、辣椒各 6 个品种
瓜类	南瓜	8	包括苏联 4 个（内有饲料品种）及西北东北 6 个
	西瓜	10	包括苏联 4 个（内有饲料品种）及西北东北 6 个
	黄瓜	5	包括东北、西北及苏联之早熟品种
	甜瓜	5	包括新疆、甘肃、美国及苏联品种
	冬瓜	1	西北
	长菜瓜	1	西北
豆类	菜用豌豆	7	包括北京及西北早熟丰产品种
	菜豆	5	包括北京及西北早熟丰产品种
根菜类	春萝卜	10	包括西北、东北、北京及苏联早熟品种
	冬萝卜	12	包括北京 8 个、西北 3 个及拉萨 1 个品种
	芜菁	3	包括北京 1 个、西藏 2 个品种
	大头菜	3	包括北京 1 个、西北 1 个、拉萨 2 个品种
	胡萝卜	5	包括西北 2 个、北京 1 个、苏联 1 个、拉萨 2 个品种
	甜菜	2	苏联糖用及菜用各 1 个
叶菜类	白菜	10	包括北京 4 个、西北 4 个、印度 1 个、拉萨 1 个
	甘蓝	6	包括北京 4 个、拉萨 1 个、西北 1 个品种
	菠菜	5	包括北京 2 个、沈阳 1 个、西北及拉萨各 1 个品种
	大葱	2	西北及拉萨各 1 个
	韭菜	1	西北 1 个

（续）

类别	蔬菜种类	品种数目（个）	品种来源
叶菜类	芹菜	2	西北2个
	茴香	1	西北1个
	香菜	1	西北1个
	瓢儿菜	1	西北1个
	生菜	2	苏联及印度各1个
	雪里蕻	1	西北1个
	苋菜	1	西北1个
茎菜类	甘蓝（球茎甘蓝）	1	拉萨品种
	莴笋	2	西北及拉萨各1个品种
	洋葱	2	苏联及西北各1个品种
	马铃薯	3	拉萨白皮及红皮各1个
花菜类	西北花椰菜	1	西北
合计	34种	159品种	

表8-3 1954年试种的蔬菜种类、品种数目及主要来源

类别	蔬菜种类	品种数目（个）	品种来源
茄果类	番茄	14	包括北京及印度品种
	茄子	6	包括北京、西北及印度等品种
	番椒	6	包括北京及河北沙岭子品种
合计	3	26	
瓜类	南瓜	11	包括北京、东北、西南及苏联品种
	黄瓜	7	包括东北、西北及苏联品种
	西瓜	10	包括西北及苏联品种
	甜瓜	5	包括西北、苏联及印度等品种
	冬瓜	3	包括西北及西南等品种
	丝瓜	2	自西南引进
合计	6	38	
荚果类	豌豆	9	包括拉萨、北京及西北等品种
	菜豆	4	包括北京及西北等品种
合计	2	13	
根菜类	春萝卜	5	包括拉萨及西北等品种
	冬萝卜	6	包括拉萨、北京及西北等品种
	胡萝卜	4	包括拉萨及西北等品种
	甜菜	3	包括苏联品种

（续）

类别	蔬菜种类	品种数目（个）	品种来源
根菜类	芜根	3	包括拉萨及北京等品种
	豆薯	1	自印度引进
合计	6	22	
茎菜类	球茎甘蓝	3	包括拉萨及印度等品种
	马铃薯	2	拉大当地品种
	莴笋	2	包括拉萨及西北品种
	洋葱	2	包括西北及苏联品种
	大蒜	2	拉萨当地品种
	大葱	2	包括拉萨及西北品种
	韭菜	1	自西北引进
合计	7	14	
叶菜类	甘蓝	7	包括北京、西北及印度等品种
	冬白菜	2	包括北京及西北品种
	春白菜	2	包括拉萨及北京品种
	菠菜	3	包括拉萨、北京及西北品种
	芹菜	2	自西北引进
	瓢儿菜	1	自西北引进
	结球生菜	3	包括苏联及印度品种
	苋秆菜	1	自西北引进
	香菜	1	自西北引进
	苋菜	2	自西北引进
	茴香	1	自西北引进
合计	11	27	
花菜类	花椰菜	1	自西北引进
	黄花菜	1	拉萨当地品种
总计	37 种	142 品种	

同时，通过试验，初步解决了结球白菜早期抽薹问题，明确了高寒地区大白菜早期抽薹的原因是苗期温度偏低，苗期生长缓慢（一般延长 15～20 天）。通过品种选育和驯化、调整播种期、加强肥水管理等方法，使结球率达 95％以上，单产达150 000 千克/公顷以上，选育出旅大小根、天津中核桃纹、甘谷包头、北京小白口等良种，推动了结球白菜的大面积种植。此外，在蔬菜的冬季储藏、小风障栽培、排开播种、增加复种指数、防治病虫害等方面也进行了大量的实验研究，取得了丰富的经验和成果，培养了一批少数民族蔬菜技术骨干，为蔬菜业的进一步发展奠定

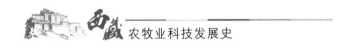

了基础。

通过研究，进一步认识到拉萨地区蔬菜生产的主要限制因子是夏秋温度偏低，喜温蔬菜生长受到限制。采用保护地栽培，在内地种植的绝大部分蔬菜在拉萨都能生长，特别是从东北、西北、华北地区引进的蔬菜品种比较容易栽培成功。此外高原气候日照时数多、太阳辐射强、昼夜温差大、无酷暑等特点，有利于喜冷凉蔬菜作物的生长，较易获得高产和较大个体。如莲花白单叶球可达 25 千克以上，大萝卜单个达 15 千克，南瓜单产达 25 千克，花椰菜单科达 6 千克、洋葱头单球重 1 千克以上。

（三）蔬菜种类及品种

截至 1959 年，西藏种植蔬菜的种类及品种有：

1. 根菜类

①芜菁。俗称芜根，藏语称"纽玛"。7 世纪时，由文成公主带进西藏。粮、菜、饲兼用。分为紫粉色扁锥形和白色短圆锥形。生长期短、耐瘠薄，分布广泛，农区、半农半牧区及牧区都有种植，海拔 4 600 米的定结县康巴乡有种植。

②藏萝卜。藏语称"帕楼萝卜"，是西藏地方品种，栽培历史久远，分布广泛，日喀则地区各县、尼木、堆龙德庆、墨竹工卡、贡嘎、桑日、八宿等为多。

③家萝卜。家萝卜又称拉萨大萝卜，18 世纪从内地传入西藏。日喀则大萝卜也属家萝卜，皮色较拉萨大萝卜深，多为紫色。1952 年，拉萨有内地象牙白萝卜零星栽培。1952 年八一农场生产的家萝卜最大单株重可达 15 千克，10 千克者屡见不鲜，平均亩产量 1 万千克。

④水萝卜。水萝卜是春萝卜、四季萝卜的俗称。主要栽培品种有拉萨水萝卜、江孜小萝卜。20 世纪 50 年代初，引进北京板叶水萝卜、小五樱水萝卜栽培。

⑤胡萝卜。西北红胡萝卜，肉质，根为短圆锥形，尾钝，橙黄或淡红色。

⑥其他。大头菜、菊芋、芋头有零星种植。藏东南高山峡谷有生姜种植。

2. 叶菜类

①菠菜。菠菜种类有尖叶（有刺种）和圆叶（无刺种）两种，尖叶菠菜产量低，易抽薹，西藏最早种植的菠菜为尖叶。和平解放后，引进圆叶菠菜。

②小白菜。20 世纪 50 年代，从内地引进小白菜、大白菜。

③瓢儿白。因叶柄基部像水瓢而得名，俗称油白菜、小油菜，20 世纪 50 年初引进。较小白菜耐寒，不易抽薹，生长慢。

④大白菜。1953 年，拉萨农业试验场从北京、西北引进北京大青口、北京抱头青、北京青麻叶、西北包心白菜、西北长白菜等 5 个品种。1956 年开始，引进筛选北京小白口、旅大小根和甘谷大白菜。

⑤甘蓝。甘蓝俗称"莲花白"。和平解放时已有栽培，但品种较少。1953年，拉萨农业试验场引进丹京早结球早熟品种、协大晚甘蓝、西北莲花白中熟品种、成功甘蓝晚熟品种在拉萨栽培。

⑥芹菜。西藏和平解放后，引进栽培芹菜。当时主要种植的是本芹。本芹叶柄有空心、实心之分，多栽培实心芹菜，以天津实心芹菜栽培最多，亩产2 300～3 000千克。

⑦香菜。香菜俗称芫荽，栽培历史久，是一种调味品。分布广，但种植面积小。

⑧茼蒿。栽培历史久，拉萨茼蒿属地方品种，有花叶、板叶两种，以花叶茼蒿为主，原作调味品。

⑨生菜。和平解放后，引进栽培。1952年，拉萨栽培生菜有结球和散叶两种，耐寒、露地生长良好，生长快，不及时收菜易腐烂。1953年，拉萨农业试验场引进苏联结球生菜。

3. 茄果类

①番茄。番茄，俗称西红柿。20世纪50年代，拉萨贵族车仁、察绒两家庄园中已有栽培。1952年，拉萨七一、八一农场开始栽培番茄。1953年，拉萨农业试验场引进24个品种番茄试种。1953—1954年，引进试验筛选出西藏消费者喜欢的粉红早、红果番茄、粉红甜肉、粉红早生、早红自封顶等品种。

②辣椒。辣椒藏语称"索百"或"索朗贡布"，门巴语称"嗦啰里"。西藏地方品种多为圆锥形果实，嫩果墨绿色或绿色。成熟后为橘红色，有果顶上和下垂两种，后者为多，是传统产区主栽品种。1953年，拉萨农业试验场从北京、西北引进12个品种，亩产量11.5～49千克；1954年，引进6个品种，经春季温床育苗、分苗到冷床和大田定植，亩产量62.5～881.5千克。

③茄子。1952年，七一、八一两农场开始栽培。1953年，拉萨农业试验场引进西北两个品种、北京一个品种、印度一个品种，经温床育苗、露地栽培，试验结果为西北长茄公顷产量3 562.5千克，最大个体150克，西北圆茄亩产量322.5千克，最大个体450克，印度茄子亩产量977.5千克，最大个体200克。

4. 瓜类

①黄瓜。黄瓜藏语称"奥玛松"，门巴语称"忙普"。本地黄瓜为圆棒状，瓜长35厘米，粗13厘米，种瓜重3.5～4千克，嫩瓜黄绿色，表面有少量黑色刺瘤，后期刺毛脱落。墨脱棒状黄瓜，采收末期蔓叶仍茂盛不衰。1953年，拉萨农业试验场从东北、西北及苏联引进公主岭水黄瓜、西北黄瓜、西北地黄瓜、苏联嫩沉黄瓜、白尔利黄瓜等5个品种。1954年试种，西北黄瓜因遭蚧蟹危害，生长衰弱，无产量，其余4个品种亩结瓜1 620～5 760个，亩产量479～1 417.5千克，平均

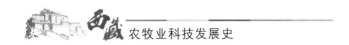

839 千克/亩。

②南瓜。南瓜有中国南瓜、西葫芦（美洲南瓜）、笋瓜（印度南瓜）三种。中国南瓜：1952 年，昌都、拉萨试种中国南瓜成功。1953 年，拉萨农业试验场引种沙岭子南瓜（长蔓）、公主岭免蹲南瓜（短蔓）、西北南瓜（长蔓）、苏联托司南瓜（长蔓）、希腊南瓜（短蔓）等 5 个品种，亩产量 1 362.5～2 675 千克，平均 2 029 千克/亩。

③西葫芦。西葫芦即美洲南瓜，有短蔓、长蔓两种。1952 年，在昌都、拉萨试种成功。1953 年，拉萨农业试验场引种北京短蔓西葫芦，早熟种，单瓜重 1 000 克，亩产量 3 444 千克。

④笋瓜。笋瓜即印度南瓜，蔓生种。蔓生，果实大，有白皮、绿皮、花皮及橘红皮之分，有地爬、搭蔓两种栽培方式，白皮种果实球型，单瓜重 20 千克，绿皮种单瓜重 18 千克，橘红皮种果实较小。和平解放后，拉萨、山南、日喀则等地有零星种植，菜用、观赏兼用，以种橘红皮为主。

⑤西瓜。1952 年，七一、八一两农场试种西瓜。1953 年，拉萨农业试验场引进威利托波里、饲料东 37 号、克里木胜利者、黑网皮、虎皮、同州、白皮红瓤、大瓜子等 8 个品种进行试验，结果为虎皮西瓜个体最大，达 3 千克，其次为黑网皮、白皮红瓤、威利托波里、克里木胜利者、同州西瓜，单果重 1.5～2.0 千克。

⑥甜瓜。1953 年，拉萨农业试验场从西北及前苏联引进 7 个甜瓜品种试种，露地栽培经济价值不大。

⑦冬瓜、丝瓜。1954 年，拉萨农业试验场引进冬瓜、丝瓜露地栽培。冬瓜至下霜时，蔓长不过十余厘米，丝瓜蔓长五六厘米，结成像大拇指粗、笔杆一样长的果实。

5. 茎菜类

①洋葱。1953 年，拉萨农业试验场引进红皮西北洋葱、苏联喀巴洋葱。经大田定植，露地越冬，1954 年 7 月下旬 90% 以上结成鳞球。部分未抽薹者鳞球大者 500 克。

②苤蓝。苤蓝，学名球茎甘蓝。耐寒、产量高。1953 年，七一、八一两农场、城镇居委会蔬菜队有少量栽培。早期育苗，4 月底 5 月初定植，多在其他蔬菜畦埂上栽培。

③莴笋。莴笋分为尖叶、圆叶两种，叶色又分为绿色、紫色之分。尖叶种晚熟、产量高；圆叶种早熟、产量低。

④芦笋。芦笋，属稀有蔬菜，食其嫩茎，具有抗疲劳等保健功能。拉萨河中游至雅鲁藏布江泽当段两岸有野生芦笋，5～6 月，当地群众采食嫩茎。

6. 花菜类

花椰菜俗称花菜，食用白色花球。和平解放后，引进瑞士雪球、荷兰雪球等品

种栽培，多在大白菜、甘蓝等冬贮菜前季栽培。

7. 豆类

①苦豆。藏语称雪莎。多作为饲料、绿肥、蔬菜，兼用作物栽培。维生素含量丰富，喜冷凉气候。

②菜豆。菜豆俗称四季豆。菜豆有矮生和蔓生两种。蔓生种栽培需要搭架，故有称架豆。20世纪50年代后，栽培四川阿坝马尔康、黑龙江31号架豆，矮生种栽培北京、美国品种。

③菜豌豆。菜豌豆有食嫩粒和食嫩荚两种。1953年，拉萨农业试验场引进5个食粒豌豆品种，4月初露地播种，6月底始收嫩荚剥粒食用。

8. 葱、蒜类

葱、蒜类在西藏栽培历史久远，品种有藏葱、大葱、分葱之分。

①藏葱。藏语俗称"帕中"。耐寒，适应性强，易栽培，易繁殖，但面积小。分蘖力强，不结种子，用小鳞茎球繁殖。

②大葱。大葱在西藏栽培较久，和平解放引进多个品种，栽培面积略大于藏葱。用种子育苗移栽，分两种方式：秋季育苗越冬第二年春季移栽大田；早春育苗，6～7月份移栽大田。

③分葱。第一年用种子繁殖，一颗分蘖7～8株，多者10株以上，以后分株繁殖。分葱植株矮小，生长快，栽培面积不大，栽培普遍。

④大蒜。大蒜藏语称"国巴"，栽培历史较久，西藏各地均有种植，但面积小。西藏大蒜头大，瓣大，1个蒜头一般100克，最大头重250～300克。分秋播、春播两种种植方式，秋季栽培越冬，抽蒜薹多、蒜头大、易贮藏。春季栽培有三分之二植株不抽薹，蒜头小。

⑤韭菜。韭菜在西藏栽培久远，分布广，栽培面积小。多年生，春季育苗，5～6月份移栽，移栽一次生长5～6年，每年5～8月割3～4茬。

二、果树栽培技术

(一)品种引进与栽培试验

西藏南部地区气候湿润，有桃子、苹果等许多野生水果，20世纪50年代初期，西藏军区政委谭冠三亲自试种苹果，结出又红又大的苹果，又叫"将军苹果"。谭冠三把培育的苹果苗分给农场、部队，鼓励大家种植苹果树。

1952年，伴随着七一农业试验场的成立，果树科研与生产提到了重要的议事日程。1956年，以陈毅副总理为团长的中央代表团来拉萨参加西藏自治区筹备委员会成立庆典活动，带来苹果幼苗3 500株，在陈毅副总理亲手栽下第一棵苹果树苗，科技人员将这批苹果幼苗栽培植于拉萨农业试验场，在西藏建立起了第一个试验果园，并开始了果树引种和栽培技术试验示范研究，至此，西藏果树科研工作随之展开。

20世纪50年代中期至60年代初期，开展了果树特别是水果良种的引进，并取得了显著的成效。先后从河北、辽宁、山东、河南、甘肃、四川、陕西等省引进山桃、葡萄、山楂、李子、杏子等大量的果树苗木，在拉萨、林芝、山南、日喀则、昌都等地（市）进行了多点栽植。试验成功后，在各地进行规模化种植，栽培总数达100余万株。随后又从北方各省市引进苹果、梨、桃子等种苗10余株，进行试验示范。在总结多年引种实践与试验示范研究的基础上，总结出了以相似的自然生态条件为前提，从高纬度、高海拔地区引种这一西藏高原果树与良种选育的成功经验，为西藏果树事业发展提供了科学的理论依据。同期，通过大量的试验示范与研究，初步解决了当地育苗和幼树抽干问题，同时，大量增加和丰富了自治区农科所果园的品种，使之成为具有丰富遗传基础的资源圃，其中苹果98个品种、梨66个品种、桃8个品种共2 256株，筛选出苹果、梨、桃优良品种20余个。在总结栽培管理技术规程的基础上，大面积推广栽植了这些优良品种，其中红元帅、黄元帅等苹果品种，品质优良，在西南地区苹果品质评比中位于榜首。

（二）主要栽培品种

1. 苹果品种

金冠：又名黄香蕉、黄元帅、黄大王。原产地：美国。为偶然实生苗，1916年定名，1956年引入西藏，最早栽培于拉萨。

本品种树冠大，在西藏栽培出现自然矮化现象，根性强健，树姿开展，萌芽、成枝力中等。果质细嫩、多汁、酸甜适度。含糖量一般为14%～15%，最高可达18%～20%，品质极上。10月中下旬成熟。金冠苹果结果较早，定植后第三年开始结果。丰产、耐贮运，抗风、抗病力强。

2. 梨品种

（1）乌梨。本品种系川梨变种，为西藏当地栽培较早品种，栽培历史约100年以上，分布于昌都地区左贡、芒康等县。树体高大。果实呈扁圆形，平均单果重220克，最大单果500克。本品种抗旱、抗病性好，丰产，易栽培，易管理。

（2）斯梨。又名芝麻梨。产于昌都地区芒康县，为当地栽培历史较长的品种之一，迄今有60～100年的栽培历史。最大的特点是丰产，株产可达500千克，有的可达1 500千克以上。品质中上。

3. 桃品种

夏金康布："夏金康布"为藏语，山南地区藏族群众广泛栽培。味酸甜，含糖

13.5%，品质中上。

4. 核桃品种

（1）马本核桃。当地群众称为"几赛达嘎"，属露仁核桃。本品种果实壳薄如纸，厚仅0.08～0.1厘米，核重6～9克，出仁率53.6%，含油率61.6%。味香甜，品质佳，生食极为方便。

（2）酥油核桃。藏语称"玛达嘎"，属薄皮核桃。核果长圆形，核重5～6克，出仁率46.2%，含油率为74.5%，壳厚0.1～0.12厘米。味甜，有芳香。1978年在全国核桃品种评比会上，被评为全国17个优良品种之一。

（3）鸡蛋核桃。藏语称"贡阿达嘎"。核果卵圆形，中等大小，壳厚0.12～0.15厘米。仁饱满，呈淡黄色，出仁率45%～51.5%，含油率为61.5%～70%。味甜而香，因外形似鸡蛋，故称鸡蛋桃核。

【主要参考文献】

胡颂杰.1995.西藏农业概论［M］.成都：四川科学技术出版社.

洛桑旦达.2003.西藏自治区农牧科学院五十年［M］.成都：四川科学技术出版社.

西藏自治区地方志编纂委员会.2014.西藏自治区志.农业志［M］.北京：中国藏学出版社.

第九章 ▶▶▶

发展生产时期农牧业科技发展

（1960—1979 年）

　　1960 年，随着民主改革的胜利，中共中央为稳定发展西藏的经济建设，又从中央各部门和各省、自治区、直辖市抽调了大批农业科技人员和大专院校毕业生支援西藏，拉萨农业试验场科研力量得到加强。1960 年 6 月中共西藏工委决定，将拉萨农业试验场更名为"西藏拉萨农业科学研究所"（简称拉萨农科所）。由于承担西藏自治区农牧林业科学研究任务，1963 年 6 月经西藏自治区筹委会决定，将西藏拉萨农业科学研究所正式改为"西藏自治区农业科学研究所"（简称西藏农科所）。同时相继成立了日喀则、山南、昌都、拉萨等地市的农业科学研究所，西藏农业科技也与西藏其他经济建设一样，步入了飞跃发展的阶段，科学研究、试验示范等都有了很大的发展。到 1966 年，西藏自治区农业科学研究所拥有土地面积 1 850亩，职工 345 人，研究领域包括作物育种、栽培、土肥、蔬菜、果树、植保、农业气象、农具改良等专业，成为一个与农业生产紧密结合的综合性的农业科学研究机构。日喀则、山南、昌都、拉萨等地市的农业科学研究所，也具备了开展作物育种、栽培、土壤分析、肥料研究、蔬菜种植、植物保护、农业气象、农机具引进与改良等不同专业的研究能力。这一期间，西藏广大科技人员一方面深入农村开展调查研究，总结群众经验，向农民传授科学技术，改进落后的生产方式和生产工具，另一方面开展了多学科的正规化的科学试验工作和农村基点工作。科技人员克服了各种困难，背着背包，带着干粮，长途步行或骑马，和当地群众一起抓糌粑、喝酥油茶，有时还采摘树叶、野果和野菜充饥。科研人员调查研究区域覆盖西藏自治区主要粮食主产区，蹲点从事科学研究、技术示范、生产调查等的区域涉及西藏自治区大部分河谷农区和高寒农区，试种了农作物、蔬菜，并开展了牧草新品种及栽培技术试验。当时下乡科技人员一般占所有科技人员的 1/3 到 2/3，取得了一系列第一手宝贵的科学数据。各个研究所也开展了新品种选育、耕作栽培、土壤肥料、植物保护、农业气象、园艺作物引种试验等基础研究工作。1966—1972 年"文化大革命"期间，科技人员先是部分被抽去参加农村"三大教育"，以后全部下到农村蹲点或下放劳动，所内科研工作基本陷于停顿状态。科技人员在农村基点以接受改造为主，虽然仍坚持进行了少量的试验研究工作，但整个科研工作受到严重干扰。直到 1972 年年底，西藏自治区开始重点抓农业生产，同时也恢复抓科研工作，科学研究才逐步恢复。尽管这一期间，经历了多种曲折，但自治区党政军领导仍然非常关心农业科技的发展，有关科研工作逐渐恢复和加强，紧密围绕农作物新品种选育和推广为中心的栽培、植保、土肥、农机以及果树、蔬菜等方面的研究工作全面进行。而且在 1977 年创办了《西藏农业科技》，至今已成为西藏农业领域唯一公开发行的期刊，为促进农业科研成果交流、加快成果转化提供了平台。

第一节　种植业科技发展

　　1959 年的民主改革，实现了农业生产关系的根本变革，以往几乎没有人身自由的广大农奴翻身做了土地的主人，农民群众的劳动积极性倍增。生产力大解放带来生产大发展，推动西藏农牧科技事业进入稳步发展的新阶段。

　　此期间西藏农业（种植业）科技的主要功能和作用体现在 20 世纪 60 年代前期通过"作物轮作"替代"休闲撂荒"和 70 年代推广冬小麦，50 年代及 60 年代冬小麦引种及其他作物良种筛选、新式农具引进、传统生产经验总结和耕作栽培技术改进等科研成果的示范推广，带动了农田水利基础建设与机械化、化肥、农药等现代技术的普遍应用和科学种田知识的全面普及，推动西藏传统农业向现代农业的转变。西藏粮食、油料总产由 1959 年的 18.29 万吨和 0.26 万吨提高到 1978 年的 51.34 万吨和 0.79 万吨，分别增加了 1.8 倍和 2 倍。同期农作物科研对象由前期的小麦为主转向多作物全面展开，育种方法则由多作物国内外品种引进筛选转入到对传统作物地方品种的广泛收集和系统选育，进而开始了各作物的杂交育种。此时期进入到引种成果的完善成熟推广期和青稞、油菜等传统作物品种改良研究蛰伏期。

一、农作物良种选育

　　从 20 世纪 60 年代初期开始，在早期农试场的基础上，西藏自治区和日喀则、昌都、山南等地区的农业科研机构先后成立，为科技工作者深入农村开展系统的生产现状调查与传统经验总结和广泛的地方品种资源搜集创造了条件，加之前 10 年试验结论启发，育种工作重点逐步转入对西藏地方品种搜集筛选，并进而开始了杂交育种。

（一）引种筛选

　　进入 20 世纪 60 年代，引种研究明显降温，各作物引进品种数量明显减少，引进目的也逐步转向间接利用。

1. 青稞

因为青稞生产分布的局限和国内大麦特别是裸大麦种植大幅度萎缩，华北、华东等地有限的几个传统裸大麦品种（如津浦米大麦、泰安米大麦等）已被中央科考队等引进试种，整个 20 世纪 60 年代青稞引种乏善可陈。至 70 年代中后期，自治区和山南、昌都等地区农科所方从青海、甘南藏族自治州、甘孜藏族自治州等周边省州引进了肚里黄、昆仑 1 号、昆仑 2 号、昆仑 3 号、昆仑 4 号、昆仑 8 号、福 8 - 4、南繁 2 号、南繁 3 号、康定白等选育推广的品种进行试种，其中的昆仑 1 号、康定白 20 世纪 80 年代初期曾在山南地区短暂生产推广：前者为青海省农科院杂交选育的矮秆高产品种，对肥水反应敏感，适应性较差，在山南地区沿江高产田推广 2 万余亩；后者由四川省甘孜藏族自治州农科所从康定县农家品种中筛选，抗旱耐瘠性好，但增产潜力有限，仅在该地区的偏高旱地零星种植。其他品种和同一时期从东部地区科研院所辗转引进的矮秆齐、H．V．T、美国光芒大麦等国外优异品种被较多用于冬、春青稞的杂交育种。

2. 小麦

冬小麦方面，在重点进行肥麦和南大 2419 等前期引进筛选品种试验扩繁和示范推广的同时，引进筛选了一些特殊类型品种局部推广，在一定程度上弥补了肥麦的不足。

20 世纪 60 年代初期，拉萨农试场（农科所）引进乌克兰 83 号、阿勃（阿尔巴尼亚 1 号）、陕农 1 号、内乡 5 号、郑州 5 号等一批抗锈品种，并筛选出抗性突出内乡 5 号和阿勃在藏东南锈病常发区的波密、林芝、米林、加查沿江一线推广，到 1985 年前后尚有生产种植。

1971 年，昌都农试场（农科所）引进中国农业科学院作物研究所的冬小麦杂交后代品系 0402 并经连续 3 年试种鉴定，1974 年在昌都地区推广，成为生态生产条件复杂的三江流域河谷冬小麦产区的长期搭配品种。

1973—1974 年，西藏自治区农业科学研究所（原拉萨市七一试验场），相继从中国农业科学院作物研究所引进一批优质、抗锈的国内外品种试验，至 1980 年前后筛选出品质较好的前苏联品种中引 6 号（原名高加索）和美国品种钮更斯，先后在拉萨和山南沿江河谷搭配推广，20 世纪 80 年代中期最大种植面积分别达 1.23 万亩和 4.92 万亩，各占两地市冬小麦种植面积的 10%～20% 以上。春小麦方面，除早期引进的南大 2419 品种外，此期间引进的品种多不成功。

1967 年在河谷农区试推广意大利春小麦品种阿勃，因其出苗到拔节的持续日数比西藏地方品种短 10 天以上，抗、耐春旱能力差，加之肥、水需求量大，投入多产量少，被终止示范。

20 世纪 70 年代"绿色革命"之风也吹到西藏。1971—1974 年西藏自治区农科所等先后引进拜尼莫 62 号、叶考拉 70 号、那达多列斯 63 号等 25 个墨西哥小麦品

种试种筛选，1975 年从北京空运调入其中 9 个品种原种 4 995 千克分配给各地（市）和 西藏军区农垦、后勤所属农场大范围生产试种。由于该批品种生育前期生长迅速不能适应西藏主要农区春旱严重、雨季晚的气候特点而难以正常发育生长，仅一个品种（那达多列斯 63 号）一个点（江孜）收获产量与当地对照品种持平，其他品种均大幅减产，均未能生产利用，仅有个别品种此后曾用做杂交育种亲本。

表 9-1　1974 年引进的 9 个墨西哥小麦品种试种结果表

试种地点	品　　种	生育期（天）	株高（厘米）	千粒重（克）	平均产量（千克/亩）	那达列斯 63 号产量（千克/亩）
昌都	南大 2419 号（墨麦对照）	101～115	83～100	37.7～41.8	402.5～520.0	400.0
林芝	当地小麦（墨麦对照）	120～147	71.3～125.0	41.5～32.0	186.5～185.0	281.3
拉萨	藏春 17 号（墨麦对照）	109～144	69.3～103.0	43.2～50.5	256.9～376.2	315.8
泽当	日喀则 10 号（墨麦对照）	116～137	72.2～125.5	45.5～49.2	301.0～368.2	366.3
江孜	日喀则 8 号（墨麦对照）	119～146	51.5～90.0	37.6～47.8	147.4～241.7	275.8

3. 油菜

1971 年，昌都地区农业科学研究所分别从青海省农业科学院和云南省农业科学院引进早熟的白菜型品种 74-2-7 和中熟的甘蓝型品种 70-144，分别在昌都地区半农半牧区和河谷农区种植成功。

1972 年，西藏自治区农业科学研究所从中国农业科学院油料作物研究所引进品种中分别筛选出奥罗、米达斯两油菜品种，其中的甘蓝型奥罗表现尤为突出。该品种属春性偏晚熟高产品种，生长势强，群体一致，抗逆性强，耐寒，耐旱，抗病性强，抗倒伏，芥酸含量低，为西藏第一个优质高产油菜品种。1979 年该所的 1.22 亩高产栽培试验创造了亩产 411.3 千克的全国高产纪录。虽有含油率偏低，不抗霜害，适应性差的缺点，但仍成为 70 年代末至 80 年代初中期的种植面积最大的品种，海拔 4 000 米以上的江孜县推广近 5 000 亩，而且是此后 30～40 年西藏优质油菜杂交育种的骨干亲本。

1975 年，西藏农科所又从周边省份引进品种中筛选出矛羽早、武威两个早熟白菜型油菜用于复种。在林芝县尼池公社冬青稞后复种 5 公顷，平均亩产油菜籽 600 千克/公顷，在山南乃东与早熟青稞后复种能正常成熟。

4. 豆类

20 世纪 60 年代中期，西藏自治区农业科学研究所从四川阿坝州引进对肥水条件要求不严的若尔盖马牙蚕豆，试验亩产 250～300 千克，比拉萨 1 号蚕豆适应种植范围广。1972—1973 年在海拔 3 900 米的白朗县试种推广，普遍生长良好。

5. 马铃薯

20 世纪 60 年代，从甘肃引进深眼窝马铃薯，试种产量高。

（二）系统选育

20 世纪 60 年代，随着生产调查不断深入和地方品种收集范围扩大与数量增加，加之前十余年多作物引种和青稞、小麦等作物不同来源品种间的比较试验，育种工作重点逐步转移到对不同来源的地方农家品种的整理鉴定和系统选育上，并成为基本的育种方法一直持续到 70 年代。根据原始品种类群纯度、生产需求迫切程度以及技术条件差异，具体选育方式又分为群众评选（群体比较）、混合选育（按性状分类提纯）和单株选择（自然基因变异选择）3 种。因为系统选育周期短、生产针对性强的特点，在十余年间先后育成冬青稞、春青稞、春小麦、油菜、蚕豆、豌豆、马铃薯等多作物优良品种数十个，并很快示范推广。其中尤以藏青 336、喜马拉 4 号、日喀则红麦（春小麦）、曲水大粒油菜、乃东白豌豆等品种的生产表现最为突出。

1. 青稞

青稞作为西藏种植范围最广的传统作物，品种类型极为丰富，因为原始的抗逆抗病抗灾需要，地方品种均以混合体状态存在，故以其为基础的系统选育成绩也最为突出。适应生产需要，各地农试场（或由其发展的农科所）多从群众评选入手、经混合选育到单株选择，由简到繁、由难到易，改良性状也是由表型到遗传变异，相继筛选育成拉萨钩芒、白朗蓝、藏青 335、喜马拉 4 号、山青 5 号、高原早 1 号、浪卡子白、果洛、冬青 1 号等 20 多个青稞优良品种（表 9 - 2），大致分为针对藏南河谷半干旱区中晚熟春青稞丰产品种、针对高寒半农半牧区早熟春青稞耐寒抗逆品种和针对藏东南即藏南海拔 3 600 米以下河谷区的冬青稞品种三大类。

（1）拉萨钩芒。西藏拉萨农业科学研究所 1963 年从邻近的堆龙德庆县东嘎镇的农家品种中分选并提纯的短颈钝钩芒、黄（白）粒品种，故又称"拉萨钩芒白青稞"。植株较高、中熟偏晚，1965 年开始在拉萨河谷推广，常年亩产 150～200 千克，为典型的粮草兼用的丰产型品种。1970 年引入年楚河流域的白朗县试种，亩产达 315.4 千克，比白朗蓝增产 14.3％以上，秸秆（饲草）产量提高 38％，受到群众欢迎并随即推广。

（2）白朗蓝。日喀则农试场（1969 年改建地区农科所）于 1964 年由白朗县前进乡农家品种评选的中熟蓝粒品种，亩产量在 150 千克以上，抗逆性强。适宜在海拔 3 600～4 100 米的旱薄地种植，20 世纪 60 年代末期在年楚河流域推广。

（3）藏青 336。西藏自治区农业科学研究所 1965 年从墨竹工卡县的农家品种经单株选择而成。属春性中晚熟类型，适应性广，染病轻。产量在 200～250 千克/亩。从 1968 年开始推广后一直生产种植至 20 世纪 80 年代初期，年最大面积接近 20 万亩，是当时西藏种植面积最大、范围最广的青稞品种，并被引入四川甘孜等藏区种植，在所有作物良种中仅次于肥麦。

（4）喜马拉 4 号。日喀则农试场 1968 年从仁布县农家品种中混合选育出的四棱中秆中熟丰产型品种，一般亩产 200～300 千克。20 世纪 70 年代中期开始在后藏年楚河流域推广，种植面积一度接近 10 万亩，仅次于同时期的藏青 336 品种，生产种植一直持续到 20 世纪 80 年代中期。

（5）琼结紫青稞。1965 年西藏自治区农业科学研究所、山南行署机关农场技术人员与当地群众共同评选的琼结县纯度较好的农家品种，紫颖紫粒、中高秆、较抗旱，平均亩产 280 千克左右。70 年代在乃东、扎囊、贡嘎、曲松、洛扎等县种植，比当地青稞增产 10%～15%。

（6）山青 5 号。山南行署机关农场（1976 年后改为地区农科所）1971 年从搜集的当地品种资源材料中系统选育的丰产型中熟品种，一般亩产 250 千克左右。

（7）高原早 1 号。日喀则农试场 1962 年从定日县农家品种混合选育的特早熟品种，60 年代中期后在日喀则地区高寒农区种植。

（8）绒巴耐。从林芝县东久区洛木公社绒巴村冬青稞中评选的地方品种，1961 年由达则区泥池公社真巴生产队引进，一般亩产 200 千克以上。1974 年用做青稞—荞麦复种，取得冬青稞亩产 234.8 千克、荞麦亩产 147.8 千克，两季总产 382.6 千克。

（9）果洛。1970 年年初期从林芝县达则区米瑞公社农家品种评选的钩芒中熟冬青稞混合体品种，有较强的抗病抗逆性能，是林芝地区的冬青稞主栽品种，一般生育期 300 天左右，株高 120 厘米左右，千粒重 35 克左右，常年亩产 200 千克左右；西藏农科所 1975 年从单株选择出白颖白粒的白果洛一直用作西藏冬青稞品种区域试验的对照。

（10）冬青 1 号。西藏农科所 1975 年引进亚东县下司马镇（喜马拉雅山南坡峡谷）的冬青稞地方品种系统选育而成的早熟品种，一般比果洛早成熟 1 个月，是藏东南冬青稞复种荞麦的理想品种；在拉萨、山南海拔 3 600 米以下沿江河谷种植，成熟后可复种芜根、箭筈豌豆等饲料绿肥作物。70 年代中后期得以大面积推广，并将冬青稞种植海拔提高 600 米，形成（拉萨）曲水—（山南）贡嘎、乃东、桑日、加查一线新种植带。

表 9 - 2　20 世纪 50～70 年代主要评选和系选育青稞品种情况表

序号	品种名称	品种来源	选育单位	育成时间	生产利用情况
河谷农区（海拔 3 200～4 100 米）中晚熟春青稞					
1	白玉紫芒	从波密县白玉村地方品种单株选择	拉萨农试场（西藏拉萨农科所）	1955	紫颖紫粒抗病，20 世纪 50 年代末、60 年代初林芝地区和军垦农场种植，早期青稞杂交育种的骨干亲本

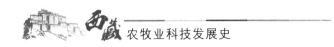

（续）

序号	品种名称	品种来源	选育单位	育成时间	生产利用情况
2	拉萨紫青稞	从堆龙德庆县地方品种混合选育	拉萨农试场（西藏拉萨农科所）	1956	亩产150～225千克，60年代初期在堆龙、在达孜县推广
3	鸠乌青稞	从拉萨地方品种混合选育	拉萨农试场（西藏拉萨农科所）	1957	紫粒春青稞品种，曾在拉萨河谷进行小面积种植
4	喜马拉1号	从日喀则县地方品种单株选择	日喀则农试场（地区农科所）	1958	半矮秆抗倒伏品种，因其丰产、性能成为青稞早期杂交育种的骨干亲本
5	喜马拉2号	引进山南隆子地方品种混合选育	日喀则农试场（地区农科所）	1958	紫粒春青稞品种，亩产150～250千克。20世纪60～70年代后藏河谷主栽品种
6	喜马拉3号	从日喀则县农家品种混合选育	日喀则农试场（地区农科所）	1959	原产地种植
7	次冬玛青稞	昌都县加卡乡评选农家品种	昌都地区农科所（昌都农试场）	1960	20世纪60～70年代在昌都县加卡、瓦窑、羊达公社均有种植，亩产180～250千克
8	拉萨勾芒青稞	从堆龙德庆县农家品种混合选育	西藏拉萨农科所（自治区农科所）	1963	亩产200～250千克，1965年至20世纪70年代在达孜、堆龙、尼木、白朗县推广
9	藏青336	从墨竹工卡县地方品种单株选择	西藏自治区农科所	1965	亩产200～250千克，20世纪70年代始在西藏自治区推广，70年代末最高年份20万亩。在四川甘孜、阿坝年推广面积3.5万亩
10	藏青334	从墨竹工卡县地方品种单株选择	西藏自治区农科所	1965	少量种植和杂交育种亲本
11	白朗蓝	白朗县评选农家品种	日喀则农试场（地区农科所）	1967	20世纪70年代在白朗、拉孜、南木林等县推广
12	喜马拉4号	从仁布县帕当地方品种混合选育	日喀则地区农科所	1972	20世纪70年代在日喀则地区推广
13	秀吾蓝青稞	贡嘎县秀吾农家品种评选	西藏自治区农科所、山南农行署农场	1972	1975年后在山南地区贡嘎县姐德秀区推广
14	琼结紫青稞	琼结县农家品种评选	山南地区农科所	1975	20世纪70年代末开始在地区内适宜县乡推广
15	隆子黑青稞	隆子县农家品种评选	山南地区农科所	1975	20世纪70年代末开始在地区内适宜县乡推广
16	山青5号	从山南地方品种单株选择	山南地区农科所	1976	抗病、抗旱，20世纪70年代末、80年代初在山南地区推广种植万余亩

（续）

序号	品种名称	品种来源	选育单位	育成时间	生产利用情况
17	昌青 8 号	从昌都地方品种混合选育	昌都地区农科所	1975	昌都地区察雅县大面积种植
高寒农区（海拔≥3 900 米）耐寒抗逆春青稞品种					
18	高原早 1 号	定日县地方品种混合选育	日喀则农试场（日喀则农科所）	1962	特早熟品种，20 世纪 60 年代中期开始在日喀则地区高寒农区种植，有"60 天青稞"之称
19	浪卡子白	浪卡子县地方品种混合选育	西藏自治区农科所	1964	早熟品种，20 世纪 60 年代中期开始在浪卡子、白朗、南木林、当雄、丁青、索县、比如半农半牧区种植
20	琼果阳荪	引进评选的浪卡子县地方品种	琼结县琼果公社等	1966	在海拔 4 000 米高寒半农半牧区大面积种植，亩产 200 千克，高者达 293 千克。有"80 天青稞"之称
21	查果蓝	从白朗县旺丹地方品种混合选育	西藏自治区农科所	1975	特早熟品种，也是国内最早熟大麦品种，有"60 天青稞"之称
22	索金深蓝	从南木林乌郁地方品种混合选育	西藏自治区农科所	1975	丁青、索县、比如高寒农区有种植
藏东南偏湿润农区（海拔≤3 100 米）冬青稞品种					
23	绒巴耐	林芝县东久乡评选农家品种	西藏拉萨农科所（拉萨农试场）	1961	冬青稞早熟可复种品种。一般亩产 200 千克以上。1973—1975 年度青稞—荞麦复种，冬青稞亩产 234.8 千克，荞麦亩产 147.8 千克，两季亩产 382.6 千克
24	果洛	从林芝县达则地方品种评选、混选	西藏自治区农科所	1971	林芝地区冬青稞主栽品种，20 世纪 70 年代中期扩大到拉萨、山南地区
25	冬青 1 号	从亚东县下司马地方品种混选	西藏自治区农科所	1975	喜马拉雅南坡冬青稞早熟品种，20 世纪 70 年代后扩大推广近万亩，促使拉萨、山南冬青稞种植和林芝地区复种发展

2. 小麦

西藏小麦产区分布远没有青稞广泛，多集中在靠近城镇的河谷区域，加之 20世纪 50 年代试验研究侧重小麦，拉萨、日喀则等农试场较早开展了对地方品种的考察收集和试验鉴定，基本完成农家品种评选和初步的系统选育。60 年前后开始，转入对拉萨白麦、日喀则红麦和日喀则 2 号、日喀则 3 号、日喀则 5 号等品种的生产试种、示范和推广，这新品种一般亩产在 150 千克左右。其中日喀则 5 号综合表现最好：分蘖力较强，单株分蘖成穗率 30％，适应性广，抗逆性较强，抗旱，耐瘠，亩产 175～210 千克，在中、下等农田种植比春播的南大 2419 增产 25％左右，与日喀则 3 号曾为 20 世纪 60～70 年代初期年楚河流域推广种植面积最大的品种。

3. 油菜

油菜地方品种收集和系统选育基本与青稞同步。西藏本地油菜品种有芥菜型（当地俗称"大油菜"）和白菜型（俗称"小油菜"）两大类型，前者集中分布在海拔较低的河谷农区水浇地。1962 年，西藏拉萨农业科学研究所从曲水县地方品种中单株选育出曲水大粒品种，该品种为春性中晚熟品种，植株相对高大健壮，宜于与豌豆混播。多年试验亩产达 280～350 千克，1974 年在西藏农科所内小面积种植亩产高达 367 千克。20 世纪 60～70 年代在海拔 3 600～3 900 米的河谷农区大面积推广，大田单播亩产 150～200 千克，混播亩产 100 千克左右，并成为 20 世纪 85 年西藏自治区油菜品种区域试验对照品种。1979 年，江孜县农技推广站从年河 1 号中单株选育出江孜 301 品种，成为 20 世纪 80 年代中后期后藏年楚河中下游河谷主要推广品种。

白菜型即小油菜分布海拔较高、宜于旱地种植，传统种植多与青稞或青稞、豌豆"两混播"或"三混播"。1964 年，日喀则农试场（地区农科所）从仁布县帕当区地方品种中混合选育出帕当油菜，在海拔 4 000 米左右的日喀则、江孜、白朗、仁布等高寒地区表现产量高而稳定，一般亩产可达 160 千克。70 年代末期，山南地区农科所从错那县地方品种筛选山南油菜，在该地区推广（表 9 - 3）。

表 9 - 3　20 世纪 60～70 年代西藏系选、引进改良油菜品种情况表

序号	品种	类型	改良方法	改良单位	改良时间	推广情况
1	曲水大粒	芥菜型	从曲水县地方品种系选	西藏农科所	1962	亩产 200～300 千克，混作主要品种
2	帕当油菜	白菜型	仁布县帕当区地方品种系选	日喀则地区农试场	1964	曾在楚河流域进行过种植
3	74 - 2 - 7	白菜型	从青海省农科院引进	昌都地区农科所	1971	早熟，昌都地区半农半牧县种植
4	70 - 144	甘蓝型	从云南省农科院引进	昌都地区农科所	1971	早中熟，昌都地区种植
5	奥罗	甘蓝型	原产加拿大，从中农院油菜所引进	西藏农科所	1972	
6	江孜 301 号	芥菜型	从年河 1 号中系选而成	江孜县农技推广站	1979	20 世纪 80 年代在日喀则、拉萨种植

4. 豆类

（1）豌豆地方品种。1962年，西藏拉萨农业科学研究所从堆龙德庆县东嘎区地方品种中混合选育出适宜与小麦混作的中晚熟高产品种——拉萨黑豌豆，在拉萨周边河谷生育期135天左右，该品种分枝、结荚较多，一般百粒重25克、单作亩产250千克左右。20世纪60~70年代，在拉萨河谷及类似农区大面积推广种植。

1964年，西藏自治区农业科学研究所从乃东县地方品种中系统选育出春性早熟大粒丰产类品种——乃东白豌豆，该品种适应性较广，生长势强，分枝较少，沿江河谷和高寒半农半牧区以及海拔4 000米以下田地均可种植。1965年后在山南、拉萨河谷种植，一般大田单播亩产200~300千克，比其他品种增产20%；按1/3比例混播，亩产可达150千克，约比其他品种增产20%。

（2）蚕豆。1971年，自治区农科所（前西藏拉萨农科所）从拉萨1号蚕豆中通过单株选择等育成蚕单12号和蚕单13号早熟、高产两个新品种，在堆龙德庆县生产种植，比因种植年久开始退化减产的拉萨1号等本地蚕豆明显增产。

5. 马铃薯

1963年，刚刚成立的自治区农科所引进了一批已经退化的马铃薯品种，用波兰品种浆果种子种植后的实生苗中选育出藏薯1号、藏薯2号，一般亩产2 000~2 500千克，水肥条件好的亩产4 000千克；1972年，在堆龙德庆县种植藏薯1号、藏薯2号，比原来种植的品种增产28%~150%，一直是堆龙德庆县的主栽品种。

1967年，山南行署机关农场从青海引进的深眼窝马铃薯中，系统选育出晚熟高产马铃薯"山南大白洋芋"品种，并在山南各县迅速推开。该品种淀粉含量23.65%。一般大田亩产2 000~3 000千克，比一般品种增产20%~100%以上，最高亩产可达6 647.5千克。

（三）杂交育种

20世纪60年代初、中期，西藏在继续进行作物品种资源广泛搜集和观察利用的同时，先后开始小麦、青稞和油菜杂交育种探索。到70年代中期，已通过品种间杂交育成新品种达23个，相关技术人员结合自己的育种工作实践，对小麦、青稞、油菜等作物杂交育种改良目标、亲本利用特点和性状选择等经验规律等进行了系统总结，使主要作物育种技术思路与水平进一步清晰明确。

1. 青稞

青稞杂交育种初期以当地种质资源利用为基础，以不同区域或类型的农家品种或其系统选育品种间杂交为主要方式。其原因为青稞是西藏人民主要的粮食作物，经世世代代地选择形成了适应高原环境特殊生态特性和符合生产发展水平要求性状的丰富基因类型，而引进品种、材料的性状基因一时难以利用。

日喀则农试场和西藏农科所分别于 1964 年和 1967 年配制第一批青稞杂交组合，至 20 世纪 70 年代末选育出喜马拉 5 号、喜马拉 6 号、喜马拉 42、藏青 1 号、藏青 7239 号、藏青 21 号、山青 6 号等 9 个春青稞第一代杂交选育品种期间以这些品种为基础进一步杂交，到 1980 年前后基本完成了冬青稞第一代（批）和春青稞第二代（阶梯）杂交后代品种（系）的变异选择，并进入后期鉴定，奠定了以后 30 多年作物育种深化发展基础。

在第一代春青稞杂交选育品种的产量一般比此前推广的藏青 336 号、喜马拉 4 号、山青 6 号等系统选育品种增产 10%～20%，亩产潜力普遍在 200 千克以上。其中以主茎成穗为主的密穗多粒型品种喜马拉 6 号增产潜力最大，植株虽高但茎秆粗壮抗倒伏，千粒重 40 克左右，肥水充足大田亩产 320～350 千克；日喀则农科所 1979 年在 1.22 亩高产试验地上取得了亩产 643.8 千克的全国青稞高产纪录，但由于当时的生产条件和投入能力难以满足该品种的肥水需求，加之抗病性极差，籽粒色泽难看，推广受限。藏青 1 号、藏青 7239 品种性状类型与藏青 336 比较接近，中晚熟、中高秆、偏疏穗、黄白粒，千粒重 45 克左右，适应范围较广，中等肥力田块比后者增产 15% 左右，旱薄低产田产量接近但抗病性突出，故在拉萨河谷、山南雅鲁藏布江沿岸和后藏白朗等县推广取代了前期的系统选育品种。

相对于生产推广，第一代品种作为继续杂交育种的亲本利用更为突出。西藏农科所 1973 年用同期地方品种杂交中间材料 7327 与藏青 7239 杂交至 1978 年完成变异选择，到 1985 年育成审定的中晚熟广适性丰产品种藏青 320，亩产潜力 300 千克以上而且汇集了地方品种前期耐旱、后期抗霉，耐寒耐瘠，大穗大粒等西藏地方品种的众多优点，尤以其籽粒饱满（千粒重≥52 克）、色泽鲜亮（黄白粒）、粮草兼收、丰产稳产最受农民欢迎。80 年代后期开始生产推广种植至今愈 30 年，广泛分布于河谷、坡沟旱地及部分高寒农区，支持保证了西藏有史以来最广泛最彻底的青稞生产品种更换和总产翻番。同一时期、同一方式，日喀则、山南地区农科所分别以喜马拉 6 号或藏青 7239 为杂交亲本之一选育的喜马拉 10 号、喜马拉 11 号和山青 7 号（稍晚）及藏青 325 等二代杂交品种，类型和产量潜力与藏青 320 接近，并分别具有抗碱、抗倒伏、适宜播种期广等一些特殊性状，也成为不同区域青稞生产品种更换的搭配品种。

冬青稞杂交育种开始于 20 世纪 70 年代中期。1974 年，西藏农科所分别用选自本地冬小麦田的上年春青稞自生苗品系冬地 18 和藏青 7239 作母本，系统选育的冬青稞主栽品种果洛为父本配置了第一批杂交组合，至 80 年代初期育成了冬青 2 号和冬青 3 号品种；前者丰产性好但抗寒性差，后者稍晚熟。和春青稞一样，两品种直接生产利用有限，但以此为基础杂交选育的冬青 8 号、冬青 11 号在 1996 年审定后大面积推广（表 9 - 4）。

表9-4 20世纪70年代西藏自治区春青稞杂交育种情况表

序号	品种名称	杂交组合	育种单位	育成时间	生产利用情况
1	藏青1号	喜马拉1号/拉萨紫青稞	西藏自治区农科所	1967—1975	20世纪80年代初中期在拉萨郊县及相邻河谷主导推广
2	藏青449	喜马拉1号/阿巴久乌	西藏自治区农科所	1967—1975	唯一杂交选育的紫粒青稞品种,多杂交亲本利用
3	藏青7239	白玉紫芒/藏青336	西藏自治区农科所	1968—1976	20世纪70年代末80年代初在拉萨、山南河谷持续推广
4	藏青21	藏青336/白朗紫青稞	西藏自治区农科所	1970—1978	20世纪80年代初在年楚河下游白朗有部分种植
5	喜马拉5号	喜马拉3号×喜马拉1号	日喀则地区农科所	1967—1975	20世纪70年代中后期在日喀则地区推广约2万亩
6	喜马拉6号	喜马拉1号×白玉紫芒	日喀则地区农科所	1967—1976	20世纪80年代初在河谷农区一度推广4万~5万亩
7	喜马拉8号	旱地紫青稞×喜马拉1号	日喀则地区农科所	1964—1972	20世纪80年代初期在年楚河流域及琼结县短暂推广
8	喜马拉42号	喜马拉1号/喜马拉2号//东嘎白青稞	日喀则地区农科所	1970—1979	20世纪80年代日喀则市及其相邻县份有小面积局部推广种植
9	山青6号	601白青稞/山南白青稞	山南地区农科所(行署机关农场)	1974—1980	20世纪80年代初中期在山南地区局部推广
初步育成(完成变异选择进入后期鉴定)品种	冬青2号	冬地18/果洛	西藏自治区农科所	1975—1982	20世纪80年中、后期在拉萨、山南地区小面积种植
	冬青3号	藏青7239/果洛	西藏自治区农科所	1975—1982	20世纪80年代后期在拉萨、林芝地区局部种植
	藏青325	7369〔(白玉紫芒/藏青336)F₅代株系〕/68322	西藏自治区农科所	1973—1983	20世纪80年代初期在白朗、拉孜县有少量推广种植
	藏青320号	7327〔(藏青334号/当地白青稞)F₅代株系〕/藏青7239	西藏自治区农科所	1973—1985	最近20多年西藏自治区青稞良种化骨干品种,单年最大面积近150万亩,目前仍占西藏自治区青稞60%以上(≥100万亩)
	喜马拉10号	H.V.T/喜马拉6号	日喀则地区农科所	1974—1985	20世纪80年代后期在河谷农区小面积种植
	喜马拉11号	藏青336//矮秆齐/喜马拉6号	日喀则地区农科所	1974—1985	20世纪80年代后期在河谷农区小范围示范

2. 小麦

西藏的作物育种科研从小麦品种引进试种开始,小麦地方品种的考察收集和杂交育种都早于青稞。由于当时的生产科研重点是小麦,故而20世纪60～70年代也成为小麦杂交育种进步最快、成绩最突出的时期之一。总体上看,冬小麦作为新发展作物,地方品种资源缺乏,所以其早期杂交亲本都是引进品种;而春小麦本为是西藏的传统作物,地方品种资源相对丰富,利用当地农家品种其系统筛选材料与引进品种杂交是主要杂交方式。

西藏自治区农科所(时称西藏拉萨农业科学研究所)位于冬、春麦混种区,同时开展冬、春小麦育种。因时值"春改冬"酝酿期又受资源限制,1962年所配组合多为冬、春小麦品种相互杂交,客观上开创了小麦冬、春类型间杂交的国际先例。如以春性和半春性品种南大2419和内乡20为母本,分别与强冬性的肥麦杂交,70年代前后育成藏春6号和藏春17号两个春小麦品种,在西藏海拔3 800米以下河谷春麦区广泛推广种植,亩产达到300千克以上,比地方品种增产35%～45%;其中藏春6号一般大田亩产250～450千克,最大推广面积近10万亩,是拉萨、山南70年代春小麦当家品种,海拔3 700米以下还可以秋播,藏春17号后来成为白朗等县年楚河流域的主栽品种。同年,以引进意大利品种佛兰尼为母本、以肥麦为父本杂交,到70年代初期育成藏冬1号、藏冬2号、藏冬4号3个冬小麦品种和春小麦品种藏春22号,其中藏冬4号较抗条锈病,曾在藏东南局部替代肥麦推广种植(表9-5)。针对冬小麦推广后生产上反映出的越冬难、籽粒品质差等问题,1976年以最新引进的辐射微波为母本,以中引6号(高加索)为父本杂交,到80年代初育成矮秆早熟优质的藏冬6号,近年的遗传鉴定证实为西藏唯一具有优质高蛋白亚基(5+10)的小麦品种,极为珍贵。

表9-5 20世纪60～70年代西藏杂交改良冬小麦育成品种和推广情况表

序号	品种名称	组合	选育单位	育成年份	推广情况
1	藏冬1号	弗兰尼×肥麦	西藏农科所	1968	20世纪70年代在拉萨、林芝、山南种植
2	藏冬2号	弗兰尼×肥麦	西藏农科所	1968	20世纪70年代在拉萨、林芝、山南种植,1985年在朗县500余亩
3	藏冬4号	弗兰尼×肥麦	西藏农科所	1968	20世纪70年代推广,1985年西藏有6 763亩,主要分布在林芝5 763亩,山南250亩,拉萨150亩
4	昌都1号	山前麦×奥伯尔	昌场地区农试场	1978	在昌都地区推广

日喀则地区农科所位于后藏春麦主产区,故在春小麦育种方面走在前面。1962年率先用当地评选农家品种日喀则红麦(母本)与南大2419杂交,至1968年育成了日喀则7号和日喀则8号两个中晚熟春小麦品种,一般亩产200～250千克。日

喀则 7 号在当年农试场试验田亩产达到 536.5 千克，比地方品种增产 30％，比南大 2419 号增产 25％。两品种自 60 年代末在日喀则地区推广，70 年代扩展到山南、拉萨、昌都等地区。1964 年以肥麦为母本、与从地方品种系统选育的日喀则 5 号冬春杂交，于 70 年代初期育成日喀则 10 号和日喀则 54 号两个新品种，穗部性状优于日喀则 7 号、日喀则 8 号并明显克服了口松易落粒的缺点，受到农民欢迎。尤其是日喀则 54 号与地方品种在生育特性上较为近似，即出苗到拔节期的时间较长、有利抗春旱，抽穗到成熟期持续时间并不太长，但灌浆速率极快，千粒重和蛋白质含量高，相对早熟、播期广泛，适应性性好，成为 20 世纪 70～80 年代后西藏海拔 3 800～4 100 米春麦产区主导推广种植品种，一般亩产 250 400 千克；最大推广面积达 17 万亩。1966 年以早期杂交组合（F134/高原大粒）F₄ 代品系与阿勃杂交，于 70 年代中期育成增产潜力最大、但偏晚熟的超高产品种日喀则 12 号，适宜在海拔 3 600～4 000 米的高水肥地区种植。一般亩产 300～400 千克。1979 年在 1.25 亩试验地上创亩产 985 千克的区内第一、全国第二的小麦高产纪录。80 年代末，该所进行专门试验分析证实，日喀则系小麦良种在当地春小麦增产中的作用为 21.0％，生产条件改善作用为 79.0％（表 9-6）。

表 9-6 西藏自治区 20 世纪 50～70 年代春小麦育成品种产量情况表

单位：千克/亩，%

育成年代	品种	方法	1985 年亩产	1986 年亩产	两年平均亩产	较对照增产比例	该年代品种平均亩产	较对照增产比例
20 世纪 50 年代	日喀则红麦（对照）	混选	288.5	305.0	296.8	0	296.8	
	日喀则 2 号	系选	295.0	310.0	302.5	1.9		
20 世纪 60 年代	日喀则 3 号	系选	328.5	272.5	300.5	1.2	310.5	4.6
	日喀则 5 号	系选	330.0	326.7	328.4	10.6		
	南大 2419 号	引种	328.5	297.5	313.0	5.5		
	阿勃	引种	285.0	278.5	280.8	−5.4		
	日喀则 7 号	杂交	298.5	323.4	311.0	4.8	329.4	11.0
	日喀则 8 号	杂交	406.5	356.7	381.6	28.6		
	日喀则 9 号	杂交	386.5	335.0	360.8	21.6		
20 世纪 70 年代	日喀则 10 号	杂交	321.5	389.2	355.4	19.7		
	日喀则 54 号	杂交	353.5	335.9	344.7	196.1		
	日喀则 12 号	杂交	288.5	346.7	317.6	7.0	348.8	17.5
	日喀则 13 号	杂交	365.0	371.7	368.4	24.1		
	日喀则 84 号	杂交	363.5	352.5	358.0	20.6		

此外，地处"三江流域"河谷的昌都地区农科所（原农试场）用山前麦（母

本）和奥伯尔（父本）两个引进品种杂交，1978年前后育成昌冬1号并在本地区与肥麦搭配推广。科研育种起步较晚的山南地区农科所（原行署机关农场）用评选春小麦农家品种山南白麦为母本与引进的碧玉麦（父本）杂交，20世纪70年代中后期育成了山南13号春小麦品种一度在本地区生产推广，后因山南、拉萨沿江河谷农区"春改冬"，与藏春6号等也逐渐退出生产。

3. 油菜

油菜杂交育种开展较晚。日喀则地区农科所1967年用两个芥菜型地方品种（或选系）曲水大粒与牛尾梢杂交，到1972年育成的年河1号并在后藏区域生产推广。西藏自治区农科所1975年开始配制杂交组合，主要采用当地品种与引进国内外优异亲本杂交，到1980年前后，相继育成中晚熟高产、早熟广适和高产优质的藏油1号、藏油3号、藏油5号和藏油9号4个品种，适应了西藏不同区域的生产品种需求（表9-7）。

表9-7　20世纪70年代西藏自治区杂交改良油菜品种情况表

序号	品种	类型	组合	选育单位	育成时间	推广情况
1	年河1号	芥菜型、中熟丰产	曲水大粒（芥）/年尾梢（白）	日喀则地区农科所	1972	后藏河谷主推及区试对照品种
2	年河3号	白菜型、早熟品种	当地白京（白）/小日期（白）	日喀则地区农科所	1979	后藏高海拔旱地
3	藏油1号	芥菜型高产偏晚熟	川农长角（甘）/曲水大粒（芥）	西藏自治区农科所	1979	一江两河中部流域河谷主推品种
4	藏油9号	芥菜型、晚熟高产	曲水大粒（芥）/穷农（白）	西藏自治区农科所	1981	拉萨河流域小面积种植
5	藏油3号	白菜型、广适丰产	达单（白）/德木村（白）	西藏自治区农科所	1982	西藏自治区偏高海拔旱地广泛种植
6	藏油5号	甘蓝型、优质高产	奥罗（甘）/83300（芥）	西藏自治区农科所	1983	海拔3 900米以下河谷推广

（1）年河1号。晚熟芥菜型品种，一般比农家品种增产30%左右。1978年，江孜县农技站种植亩产达399.25千克，此后在海拔3 000~4 000米的河谷农区大面积推广种植，大田生产平均亩产181千克，也是与豌豆混播的理想品种。

（2）藏油1号。芥菜型春性中晚熟油菜。除继承曲水大粒的大粒（千粒重6.7克）、丰产稳产、抗逆性强等优点外，抗病性方面得到了突出改进，高抗白锈病和霜霉病等，从1985年开始逐渐取代年河1号为西藏青稞区域试验对照品种。

二、品种更换

(一) 20 世纪 60 年代的作物生产品种更换

20 世纪 60 年代初,各农试场、科研所技术人员相继深入乡村开展广泛的生产现状调查、传统经验总结和地方品种收集,也开始与农民群众交流。而 50 年代中后期拉萨、日喀则、昌都等农试场首批引进和从地方品种筛选,并在各地军垦农场及周边农田试种的一批优异品种的显著增产示范作用,引起了广大农民的极大兴趣和进行引种、换种增产的积极性,技术人员便借此因势利导,组织开展以各作物传统种植的混合体农家品种"分类选优"和"提纯复壮"为核心的群众性地方品种评选、换种活动,并一直持续至 70 年代中期。其中比较著名如墨竹工卡白青稞、江热俄久、白朗蓝、联嘎木青稞、次冬玛、琼果杨孙、琼结紫青稞、隆子黑青稞、帕当油菜、拉萨黑豌豆、山南大白洋芋等,当选后从原产地试种示范开始、由近及远、由点及面向周边辐射,与同期系统选育及 50 年代多种方式筛选的南大 2419、津浦米大麦、灌县油菜、胜利油菜和拉萨白麦、日喀则红麦、拉萨紫青稞、拉萨白青稞、拉萨钩芒、喜马拉 2 号、喜马拉 3 号、喜马拉 4 号、山南白青稞、德木村油菜、曲水大粒油菜、拉萨 1 号蚕豆等一起,部分取代了原始农家品种,事实上形成了西藏历史上的第一次生产品种更换。当然,就整体发展而言,解决长期的口粮短缺,采用扩大种植面积成为初获土地的翻身农奴们的必然选择,"作物轮作"取代"休闲撂荒"和引进新式农具成为 60 年代的技术重点,伴之于群众性积肥施肥和传统耕作与栽培技术经验总结改进等。上述的作物品种提纯评选、引用示范等有机融入其中,促进和提高了其他技术的增产效益的发挥,从而带动了现代农业科学种田知识的普及与技术应用,推动西藏迈开了由原始、传统农业向现代农业的转变步伐。这一时期西藏粮食作物播种面积扩大 44.5%,而粮食总产由 1959 年的 18.29 万吨提高到 1970 年的 29.49 万吨、增加了 61%;据此测算,此次局部性粮食作物品种更换增产率在 10%~15%。虽然这次更换范围不大、面积有限,但因为更换品种以遗传性无根本改变的评选农家品种为主、亦无明显骨干品种,并非真正意义上的品种更换,增产率极为有限。然而对尚未脱离刀耕火种的原始耕作习惯、甚至还未能(以往不被允许)掌握基本生产技能的农民群体来说,却是一次广泛实在的农作物生产品种改良和生产技术改进的科学启蒙教育,为以后全面推广现代科学技术,尤其是用作物优良新品种逐步替代农家品种奠定了基础,意义深远。

(二) 20 世纪 70 年代的作物生产品种更换

1. 西藏范围的第一次实质性农作物品种更换

进入 20 世纪 70 年代,一方面经过前 10 年的农家品种提纯评选和知识启蒙,农民应用优良品种等现代农业科学种田技术的积极性和接受能力大为提高，另一方面，经历了 20 年开创性科研探索和传统生产经验调查总结积累，引进的冬小麦肥麦品种试种成功后经过数年生产示范已形成一定规模，春小麦第一代杂交选育品种和春、冬青稞、油菜、豌豆等地方品种系统选育品种也相继进入生产示范，加之人口增长等带来的口粮压力，优良新品种的推广伴随新老作物结构调整和耕作制度变革，导致了西藏历史上首次实质性的西藏农作物品种更换。

因为小麦试验研究起步早、时间长，科研积累丰富，无可选择地成为本次更换的重点作物。拉萨农试场建场之初引进的南大 2419 品种，20 世纪 60 年代的试验示范普遍比拉萨白麦等地方品种增产，平均增产率达 23.3%，故早于肥麦在拉萨、山南、林芝等地作为冬小麦主推品种，20 世纪 70 年前后转为春小麦品种推广，在后藏地区（日喀则）和三江流域（昌都）等地最大面积一度达 4 万余亩。与此同时，西藏自治区农科所第一代杂交选育的偏晚熟品种藏春 6 号、藏春 17 号在西藏海拔 3 800 米以下河谷农区广泛推广，一般亩产 300 千克左右，比当地品种增产 35%～45%，海拔 3 700 米以下还可以秋播。其中藏春 6 号最大种植面积近 10 万亩，藏春 17 号则成为白朗县年楚河流域产区的主栽品种，直到 70 年代后期随冬小麦拓展、春小麦种植海拔上移，两品种面积才逐渐萎缩。

日喀则地区农科所第一代杂交选育的日喀则 7 号、日喀则 8 号品种因为相对早熟，是海拔 3 800 米以上河谷春小麦主推品种，前者受灾年份亩产 536.5 千克；1970 年前后开始在后藏日喀则地区推广，逐步取代了日喀则红麦、日喀则 2 号、日喀则 5 号等当地评选和系统选育品种，并把南大 2419 挤出生产，以后还扩展到山南、拉萨、昌都的坡沟旱地产区。1975 年后开始推广的第二代杂交选育品种日喀则 10 号和日喀则 54 号，明显克服了日喀则 7 号、日喀则 8 日喀则号口松易落粒等缺点，穗部性状更优；尤其是日喀则 54 号与地方品种在生育特性上较为近似，即出苗到拔节期的时间较长，有利抗春旱，抽穗到成熟期持续时间并不太长，但千粒重高，深受农民群众欢迎；日喀则 12 号是该所精心培育的高产型中晚熟春小麦品种，20 世纪 70 年代末期开始在海拔 3 600～4 000 米的高水肥田种植。

青稞方面以从地方品种系统选育品种为主推品种，大田亩产普遍在 200 千克左右。其中的藏青 336 最早开始西藏推广，是推广范围仅次于肥麦的（春青稞）骨干品种，区内年最大种植面积接近 20 万亩并辐射到周边产区；喜马拉 4 号、山青 5 号和果乐品种 1975 年前后开始大面积推广并分别成为此后一段日喀则、山南和林芝冬青稞主导品种，而同时推广的冬青 1 号将冬青稞种植海拔提高了 600 米、促进形成了山南雅鲁藏布江沿岸和拉萨河下游河谷新种植区。70 年代后期，第一代杂交选育的藏青 1 号、喜马拉 6 号等品种，开始在"一江两河"中部流域农区推广，其大田亩产分别达到 250～300 千克。

其他作物方面，曲水大粒、年河 1 号、奥罗油菜品种、拉萨黑豌豆、乃东白豌豆、拉萨 1 号蚕豆等分别成为不同区域作物的主导品种。

到 1978 年前后，该批新品种推广面积总计约 160.02 万亩，更换了大部分河谷农区原有的农家品种和 60 年代推广的评选与混合选育品种，优良品种覆盖率达到西藏作物播种面积的 45％。统计数字显示，8 年间粮食种植面积仅增长 8.6％，而单产猛增 63.1％，粮食总产由 28.49 万吨增至 51.34 万吨、累计增长 74.1％，实现了年均 9.26％的超高速增长，其中品种更换的综合增产贡献率高达 85％以上，而冬小麦肥麦则成为当然的第一大骨干推广品种。

2. 本次农作物生产品种更换的核心是冬小麦推广

在海拔 3 200 米以上的半干旱河谷农区发展冬小麦种植，是和平解放之初中央科考队通过考察试验和系统论证后最早提出的科学建议，此后又经过了拉萨、昌都等农试场和军垦农场的多年试验验证，是西藏现代农业科技初创时期周期最长的研究成果，结论明确可靠。20 世纪 60 年代初西藏拉萨农业科学研究所（后改称西藏自治区农科所）一方面根据多年试验结果，撰写了《冬小麦栽培技术》等资料在《西藏日报》登载发表，进行普及宣传；另一方面，千方百计加紧肥麦生产试验和示范步伐，同时从军垦农场开始大面积试种冬小麦，并迅速向西藏河谷辐射，1961 年秋播冬小麦即达 4 万亩，1962 年秋播扩大至 8 万亩。

拉萨农试场 1959 年引进肥麦品种试种 1 年（季）后，1960—1961 年在附属七一农场大田播种 35 亩，平均亩产 287.5 千克；1961—1962 年扩繁 240 亩、平均亩产 312.5 千克，同年的高产示范田 2.4 亩，平均亩产 580 千克；1963 年秋播和 1965 年秋播开始在藏东南的林芝县、拉萨河谷的澎波农场和曲水县等地试种示范，取得连年丰收激起周边县区群众引种热情，到 1970 年前后生产面积已达 10 万亩左右。

1972 年，西藏自治区党委、政府为解决西藏粮食需求问题，作出了在西藏发展冬小麦生产、广泛推广种植肥麦、增加粮食总产的决定。并采取提高冬小麦商品粮和种子收购价等措施促进冬小麦生产。与此同时，西藏自治区农科所根据 20 世纪 50 年代引种试验资料和 60 年代试验示范资料，撰写了《对西藏发展冬小麦生产的初步认识》等技术报告，第一次较系统地阐述了高原气候与冬小麦栽培的关系，提出了冬小麦播种期、灌越冬水、返青水等关键的栽培技术，组织进行多种不同层次的技术培训，与西安电影制片厂合作拍摄发行《西藏冬小麦》纪录片（电影）并出版同名科普手册，公开宣传普及相关知识信息。随着肥麦品种推广范围和种植面积不断扩大，1975 年西藏小麦生产格局发生了根本性变化，以春小麦为主变为以冬小麦为主，冬小麦成为西藏第二大作物。同时，冬小麦的种植推广也带动了农业良种、化肥、农药、农业机械等现代农业技术的投入，较为显著地提高了农作物单产和总产。1972 年冬小麦 10.04 万亩占粮食作物面积的 3.5％，总产 1.54 万吨，占粮食产量的 5.3%，占小麦总产量的 31.7%。到 1975 年冬小麦扩大到 48.87 万亩，占粮食作物面积的 16.6%，占小麦面积的 67.0%，总产 9.63 万吨，占粮食总产量的 21.7%，占小麦总产的 76.1%，种植面积、产量都超过春小麦。1977 年西藏粮食总产突破 50.11 万吨，小麦种植面积 77.13 万亩，占粮食作物面积的 27.0%，总产 17.03 万吨，占粮食总产量的 34.0%，单产 220.7 千克，比粮食平均单产 175 千克高 26.1%，其中冬小麦面积 60.95 万亩，占粮食作物面积的 21.3%，总产量 14.31 万吨，占粮食总产量的 28.6%，占小麦面积的 79.0%，占小麦总产量的 84.0%。冬小麦单产 234.8 千克，比粮食作物单产高 34.2%，比春小麦高 39.9%。春小麦产量也显著提高，1977 年总产 5.43 万吨，比民主改革初期高出 134.1%，单产 167.8 千克，比 50 年代初 50 千克左右高出 235.6%，比 60 年代初高出 74.4%，显示出小麦，尤其是冬小麦增产潜力比青稞大，也改变了小麦单产低于青稞的局面。1979 年冬小麦面积达到 78 万亩，占粮食作物播种面积的 25.1%，总产 13.1 万吨，占粮食作物总产量的 30.7%，1972—1980 年 9 年冬小麦平均占粮食作物面积的 16.1%，总产占粮食总产量的 21.2%，平均亩产 200.1 千克，春小麦 144.2 千克，青稞亩产 139.1 千克，冬小麦亩产比春小麦高出 38.8%，比青稞高 43.9%。其中，肥麦的作用极为突出，成为全自治区种植面积最大的品种，是 70 年代粮食大幅增产的首要、关键因素。

不同于 20 世纪 60 年代以主要传统作物评选农家品种（混合体）为主附带少量系统选育品种推广的生产品种更换不同，70 年代不但四大传统作物均推出了具有根本遗传变异的优良品种，而且其主导推广的冬小麦肥麦品种在海拔 3 000 米以上的"一江两河中部流域"和"三江流域"等河谷半干旱农区更是以一种新作物面目出现，取代了大部分的春小麦和部分春青稞种植，故而既是一次实质性的生产品种更换，也是遗传差异更大的新旧作物更替和农作制度的重大变革，虽然更换率或曰良种推广覆盖率尚未达到 50%，但却是迄今为止单位面积增产率最高、总增产量第二的一次生产品种更换。

三、农作物品种资源

20 世纪 60 年代初参加中国科学院西藏综合考察队并主持农作物专业组的程天庆等对西藏农业进行了考察，广泛搜集了各类作物品种资源，认为西藏青稞资源非常丰富，并发现了麦类近缘野生种质资源的分布。与此同时，西藏自治区农业科学研究所的科技人员于 1961—1962 年重点对山南各县、拉萨河流域的品种资源进行了搜集，并于 1963—1964 年进行了系统的观察鉴定。70 年代中期，中国科学院青藏高原综合科学考察队，以及中国科学院遗传与发育生物学研究所的邵启全、西藏农业研究所的李长森、巴桑次仁一起再次进行了考察搜集，此次考察侧重了对麦类

野生资源的搜集。

在搜集西藏区内农作物资源的同时，还广泛开展了引种观察鉴定。20 世纪 60 年代侧重点是粮油作物，70 年代除粮油外，逐步开展了绿肥、饲料作物以及稀有作物的引种等。

（一）种质资源引进

种质资源引进考察表明，截至 1962 年西藏仅大田农作物品种资源已达 30 余种 2 918 个品种，其中冬、春小麦 774 个，青稞、大麦 726 个，豆类 108 个。其他杂粮 164 个，烟草、甜菜 40 个，牧草 358 个。加之，冬小麦、玉米、烟草、亚麻、甜菜等 10 种新作物在拉萨试种成功，极大丰富了西藏农作物种质资源库。

1962 年后，继续进行了农作物种质资源的引进，到 1979 年引进的各类作物种质资源增至 3 469 份。

（二）农作物种质资源的征集与考察

1960—1961 年，中国科学院西藏综合考察队同西藏自治区农业科学研究所再次对西藏农业进行了较为广泛深入的考察，对收集到的标本进行了鉴定分类，发现以前的分类系统已不能概括西藏所有的青稞、小麦、荞麦类型，表明西藏作物类型比较丰富。此外，此次考察还发现了大麦、小麦、荞麦等多种作物的野生类型，并首次肯定了西藏东南部有水稻种植。

1974 年，西藏自治区农业科学研究所配合中国科学院青藏高原综合考察队通过对西藏农作物种质资源进一步考察，证实了西藏青稞、小麦、荞麦等作物类型丰富的论点，且收集到了 2 种 6 个变种 53 个野生大麦新类型，其中野生二棱大麦和野生六棱瓶型大麦在国内则属新纪录，野生颗粒大麦新类型是世界首次记载的新变种。

20 世纪 50～60 年代，西藏自治区农业科学研究所为收集性状优良的农作物资源，先后多次进行广泛调查搜集工作，到 1979 年西藏自治区农业科学研究所保存的各类作物地方种质资源达 3 469 份，进一步丰富了西藏农作物育种材料。

（三）资源鉴定、分类与利用

20 世纪 50 年代初期到 70 年代中期，西藏的农业科研机构以作物育种为目的，开始对作物种质资源进行较全面系统地整理、农艺性状鉴定与利用研究，拓宽了农作物种质资源农艺性状鉴定、研究范围和利用面积。

1963 年西藏自治区农业科学研究所对引进和区内搜集的青稞种质资源进行了比较系统的观察鉴定，种植青稞 768 份，其中西藏区内材料 445 份，国内其他地区材料 271 份，国外材料 33 份，其他 19 份。1964 年，种植原始材料圃 318 份，其中区内材料 77 份，内地材料 240 份。选中圃种植 521 份材料。经两年种植观察和鉴定，均表现为西藏区内青稞适应性最强，其次是来自青海、华北、东北等地的品种。进一步分析归结出青稞应从高海拔、高纬度引种为宜的结论，为西藏青稞引种指明了方向。当年共入选青稞性状优异的材料 166 份，其中区内各地材料占 53.6%。

与此同时，西藏自治区农业科学研究所分别于 1963 年、1964 年、1973 年、1975 年、1979 年对各个时期引进的国内外春小麦材料与区内搜集的材料进行了比较鉴定。在 1979 年观察材料中，春小麦材料来源地与其生育期有明显关系，一般是西藏区内材料以中熟类型居多；区外国内材料以早中熟类型居多，晚熟类型较少（其中来源于与西藏纬度相似的长江中下游地区的材料，几乎皆为早熟类型）；来自南半球（智利、阿根廷、澳大利亚、南非联邦）的材料，以中、晚熟较多；来自北半球美国、苏联、加拿大等国的以中熟类型居多，晚熟次之，早熟最少；德国、捷克斯洛伐克、保加利亚材料均为晚熟型；意大利的材料早中熟各占 20%，晚熟占 60%；印度材料早熟类型占 88.2% 没有晚熟类型。从供试材料生育期与经济性状的关系看，一般早熟的差，中熟的中等，晚熟的最优。就同一熟期类型而言，材料来源不同，还有一定的差异，比较突出的是西藏当地材料比国内引入材料的经济性状较优，每穗结实小穗数引入材料比区内材料少 1～3 个，穗粒少 6～13 粒，千粒重低 4～5 克。总体来看西藏小麦由于长期处于低肥水平下，植株高易倒伏、品质差，是突出的缺点。

经种植观察和试验总结认为：一般从国内西南地区引进的各类品种的生育期与区内品种相似，有的还比区内品种早熟；从与西藏纬度相近的地区引进的品种与区内品种的生育期相似，从高纬度引进的品种的生育期长，甚至不能成熟。经济性状以甘蓝型为优，芥菜型居中，白菜性较差。从地区看，白菜型以湖北的品种为优，其次是四川的，区内较差；芥菜型以贵州的品种为优，其次是云南的，区内农家品种也较好；甘蓝型以瑞士、波兰品种为优，其次是浙江的，湖北的较差。

四、作物栽培

（一）栽培技术研究

20 世纪 60～70 年代，随着农业生产条件的改善、农作物高产品种的育成与应用、化肥用量的增加，妥善解决农作物穗多、穗大及穗重之间的关系，已是夺取农作物高产稳产的重要措施。为此，各地农业科技部门先后开展了相应的试验研究，因地制宜地提出了提高农作物产量的主要技术措施。

1. 播种期试验

20 世纪 60 年代杂交育成，70 年代推广的青稞、春小麦品种，其播种期应以拔

节期与雨季开始期大体一致。为实现这一目标，应通过观察天象、物候等确定各地适宜的播种期。

1961 年秋，西藏自治区农业科学研究所用肥麦作播种期试验，其单株成穗数随播种期延晚虽有所减少，但差异不大；分蘖穗与主穗的平均粒数差异更小。1964—1965 年继续用肥麦作播种期试验，结果表明冬前有无分蘖和分蘖多少不是决定成穗数的关键问题。1973—1975 年用肥麦在堆龙德庆县羊达公社大田作播种期试验，结果表明两年各播期间的产量差异较小。日喀则地区农科所于 1973—1974 年用肥麦作播种期试验，结果显示播种早，冬前分蘖多，越冬死亡多，产量低。西藏自治区农业科学研究所 1976—1977 年在林芝尼池公社用藏东 4 号、纽根思作播种期试验，其结果同样显示出播种早，产量低的趋向。综合实验资料和生产实践调查，西藏冬小麦种植区域播种期大致可以定为：林芝及其类似地区可播至 11 月上旬，拉萨及其类似地区可播至 10 月中旬，日喀则及其类似地区可播至 10 月 15 日，江孜可播至 9 月底。同时能够缓解秋收、秋耕、秋播等时间上的矛盾，也能较好地解决合理轮作倒茬、土壤耕作熟化等问题，有利于持续增产。

2. 合理密植

1960 年西藏气象局农业气象试验组用拉萨白青稞做播种量试验，其结果表现为各处理间（播量间）产量差异不大。

1961 年在日喀则地区对 86 块青稞地的基本苗进行调查，结果显示，青稞每公顷基本苗变化在 34.5 万～313.5 万株。大部分地块苗少穗不足，但地块间的穗数差异相对苗数差异有所缩小。高寒半农半牧区的地块苗数偏多，穗数也偏多，与其区域牲畜多对饲草要求有关。

1961—1963 年用肥麦进行播种量试验（小区、大区对比），结果表明在大田生产条件下播量以 187.5～225 千克/公顷（即 375 万～450 万粒/公顷）为宜。

1962 年用白玉紫芒青稞做播种量试验，其产量表现为总体差异不大，略有随播种量增加产量降低的趋势。

1963—1964 年在堆龙德庆县调查，其中 1963 年调查了青稞 141 个样区，其结果表明 300 万穗以内的田块随穗数增加产量也增加，300 万穗以上的产量不再增加。1964 年对大穗型、小穗型青稞品种进行调查和试验，其趋势与 1963 年一致，只是大穗型总体的产量水平比小穗型的要高一些。

1977—1978 年用肥麦做播种量试验，其结果是播量间穗数变异系数为 1.06%，穗粒数变异系数为 1.44%，千粒重的变异系数为 0.23%，单产的变异系数为 1.28%，说明作物主要经济性状和产量在播种量间差异极小。

1978—1979 年进行扩大播种量间的差异再试验，其结果是穗数的变异系数为 6.14%，穗粒数的变异系数为 6.97%，千粒重的变异系数为 1.64%，变异性虽有

所扩大，但仍不显著。说明在单产 6 000 千克/公顷以上的生产水平下，应相应地减少播种量为宜。

3. 灌溉技术

1960 年和 1962 年拉萨农业试验场先后对白玉紫芒青稞进行灌头水时间试验。两次试验结果都显示是三叶期后 15 天灌头水的处理单产最高，且处理间产量的变异系数仅为 3.9%。其结果与当年雨季开始的时间早，年降水量也多有关。

1979 年和 1980 年分别对 38 份和 62 份青稞材料进行了不同灌水次数试验，其结果是多数品种随灌水次数增多植株高度明显增加；单株分蘖成穗数以抽穗前灌 3 次的为最高；灌水次数对穗粒数影响不大，但灌水到 5 次的穗粒数有所减少；灌水 2 次、3 次的千粒重差异不大，超过 4 次的千粒重明显降低。

4. 旱作农业技术

1961 年，中国科学院西藏综合考察队在江孜县卡区调查，上等、中等、下等地亩产分别为 112 千克、70 千克和 56 千克，与相应的水浇地单产相近。1967 年，西藏自治区农业科学研究所在白朗县洛布江孜公社卡嘎生产队调查，青稞亩产一般 62～110 千克，与一般水浇地也较为接近，旱地加淤泥改良后可获得 170 千克的单产。

1967 年，在白朗县洛布江孜公社卡嘎生产队测定完全靠降水耕作保墒地，4 月 6 日播种时 0～50 厘米土层平均含水量为 14.6%，到雨季开始前的 6 月 19 日，还保持在 13.8%，仅减少 0.8 个百分点；秋灌保墒地 4 月 15 日播种时土壤平均含水量为 20.7%，到 5 月 29 日土壤含水量还保持在 17.7%，减少 3 个百分点。同时，4 月 15 日～5 月 29 日，只是 0～5 厘米土层含水量减少 10% 左右，10 厘米及以下仅减少 2% 左右。1968 年，秋灌保墒地在 4 月 15 日，0～70 厘米土层含水量为 18.1%，到 6 月 15 日为 17.5%，仅减少 0.6 个百分点。

1967 年，西藏自治区农业科学研究所在白朗县洛布江孜公社卡嘎生产队进行有机肥、化肥不同施用方法试验，结果表明每亩施用有机肥 750 千克作基肥穴施比不施肥增产 17.5%，条施和撒施均比不施肥增产 21.3%；化肥每亩用尿素 6.5 千克，条施作基肥比不施肥增产 25%，作追肥比不施肥增产 37.5%。有机肥、尿素顺犁沟条施，种、肥难以分开，对出苗有一定的影响。

在调查研究基础上，科技工作者提出了应当以农家品种和经过系统选育和杂交育成品种为主，播种期应在常年播期范围内视土壤水分情况适当提前（等雨播种地除外），以便充分利用上层土壤水分扎根，进而利用较深层次的土壤水分，增强抗旱性；播量应少于保灌地，减少苗期株间争夺土壤水分的力量，待雨季开始后，充分利用降水和径流水多分蘖，并力争多成穗；播种深度应把种子埋入湿土层为准。

5. 复种

西藏主要河谷农区具有热量资源分配比较集中，粮食作物生长"一季有余，两

季不足"的一年一熟和单一的种植方式，生态类型比较复杂的特点。针对西藏复种上零星种植、管理粗放、产量很低等问题，西藏农业研究所从 1975 年开始，先后研究"二季作"和绿肥、饲料作物复种问题，取得的成果在拉萨、山南、林芝等河谷农区示范后，获得了显著的经济效益和生态效益，为西藏河谷农区农牧业生产的发展开辟了全新的技术途径。

复种的条件：根据西藏自然资源特点进行的试验示范证明，能利用冬青稞、冬小麦、早熟青稞等作物后茬复种豆科作物和芜根等作物的农田，主要分布在拉萨、山南、林芝、昌都等海拔在 2 700～3 800 米的广大河谷地带。通过对有关资料统计分析，拉萨河谷农区种植冬青稞收获后，大于 0℃ 的余热资源为 1 001℃，占全年大于 0℃ 积温的 35%；贡嘎、乃东、桑日、加查等雅鲁藏布江中部流域种植冬青稞、冬小麦等作物收获后，大于 0℃ 的余热资源为 1 055～1 137℃，占全年大于 0℃ 积温的 35%～40%；林芝、米林、波密等藏东南河谷农区种植越冬作物收获后，大于 0℃ 的余热资源达 1 077～1 177℃，占全年大于 0℃ 积温的 24%～37%。而这一时期的常年降水量一般都在 200 毫米以上，既有利于播种出苗，更有利于复种作物的生长。复种作物的有效生长期一般在 70～85 天，是形成复种的有利条件，具有巨大的开发利用潜力。

复种技术研究：1975—1978 年，西藏自治区农业科学研究所分别在拉萨、加查、林芝进行了复种实验研究。根据实验结果，结合各地气候资料分析，在林芝、波密、米林等地应以冬青稞与威武小油菜组成一年两熟为主，在气温较高的年度里，视冬青稞成熟收割时间，可争取复种茅羽早油菜和秋复 1 号豌豆；朗县、加查则应以冬青稞与茅羽早油菜、秋复 1 号豌豆组成一年两熟更有利于全面增产。乃东的热量条件可供冬青稞与威武小油菜组成一年两熟。拉萨及其类似地区以冬青稞或早熟青稞后复种日喀则雪萨、日本 333 箭筈豌豆的鲜草产量为高。大多数豆科绿肥作物茎叶可抵抗 −4℃ 以上的低温（低于 −4℃ 才会受到冻害）。

1979 年林芝县尼池公社利用实验研究成果于冬青稞果洛之后复种油菜 5 公顷，获得 3 000 千克油菜籽，平均单产油菜籽 600 千克/公顷。

（二）高产栽培技术研究

1979 年，西藏自治区农业科学研究所在 1.2 亩试验地用甘蓝型油菜奥罗做高产栽培试验，亩产 411.14 千克/亩，创国内高产纪录。

1979 年，日喀则地区农业研究所种植日喀则 12 号春小麦 1.25 亩，亩产 985 千克，仅次于青海 1 012 千克的纪录。1977—1978 年种植冬小麦肥麦 1.66 亩，亩产 871 千克，居全国第一。

农作物小面积试验取得的高产成果，在有力证明西藏农业具有巨大发展潜力的

同时，也给科技工作者更好地探索西藏高原农作物高产栽培技术提供了理论支持。

（三）冬小麦越冬死苗原因及预防措施

20世纪60年代初，西藏在试种推广冬小麦过程中，各地均发生了不同程度的冬小麦越冬死苗现象，在海拔较高的地区尤为严重，重则春季耕翻重播。为此，各地积极围绕冬小麦安全越冬问题进行了分析和研究。

1. 冬小麦越冬死苗的原因

西藏高原冬季时间长，温度波动大，风沙多，降水少，蒸发量大，空气干燥，对冬小麦越冬造成不利影响，致使冬季麦苗白天经常处于5～10℃条件下继续生长，到夜间又要忍受−10～−7℃的低温，使冬麦不能进入稳定的越冬状态，加之麦苗细胞的持水能力弱，抗寒力降低，容易造成死苗。

不利于冬小麦越冬的气候、土壤条件及选择推广的不抗寒的肥麦品种，给冬小麦的越冬管理带来了较大的困难。因播种期不当，造成林芝一带冬小麦冬前拔节，拉萨及类似地区冬前麦苗过旺，消耗养分水分过多，分蘖节积累糖分减少，经不起冬季恶劣气候的影响，不仅死苗多，而且越冬的麦苗也生长衰弱。因石磙镇压运用不当，在冬灌后土壤还湿时就进行石磙镇压，将麦田压成如同场院，麦苗被压扁入土再也不能直起，造成大量死苗。因底肥、底墒不足，麦苗瘦弱，经不起冬春季恶劣天气的袭击而死亡。因土地不平，低处积水，高处受旱或只能灌"跑马水"，不仅不能给麦苗充足的水分，而且还容易形成土壤板结，造成大量死苗等。

值得一提的是，肥麦虽然抗寒性差，越冬死苗严重。但由于其具有穗粒数多、千粒重高、分蘖力强、秆硬抗倒伏、口紧不易落粒及籽粒休眠期长的特点，很受群众喜爱。虽然越冬死苗问题突出，但安全越冬的麦苗只要亩株数达5万以上，借助西藏春季气温回升缓慢有利于分蘖和小穗分花的优势，并通过加强管理，提高分蘖成穗率和穗粒数，加上千粒重高，每亩产量仍能达到150～200千克，仍高于春青稞和春小麦的产量，这是西藏大力推广肥麦的根本原因。

2. 防止冬小麦越冬死苗的措施

在推广冬小麦种植过程中，针对冬小麦死苗严重的问题，各地不断吸取经验教训，并在分析原因的基础上，总结出了一套适合于西藏气候、土壤条件，以及种植肥麦越冬管理的耕作栽培措施。

（1）选择土地，合理安排。种植冬小麦的地块一般应在海拔4 000米以内，超过4 000米越冬困难，除非具有特殊小气候条件的地方才能种植。同时，需要种植在具有灌溉条件的壤土、黏壤土、沙壤土上。低湿地种植冬小麦，越冬死苗少，但后期受涝，千粒重下降。

（2）平整土地、保证底墒。土地高低不平，必然灌溉不均，常常是高处受旱，

低处受涝，也是造成冬小麦死苗或影响产量提高的因素之一。底墒不足也影响田间出苗率，其原因主要是落在干土层的肥麦种子，当年不能发芽，待第二年发芽出苗，不能通过春化阶段，不能抽穗。

（3）精细整地，施足底肥。底肥对保证冬小麦冬前形成壮苗，安全越冬非常重要。施足底肥，不仅有利于冬小麦苗期扎根、分蘖，形成壮苗，而且对分蘖成穗及穗大粒多具有促进作用。冬前苗情表现为：亩施底肥 1 500 千克的田块，麦苗的叶片宽，叶色深绿。未施底肥的田块麦苗叶片窄，叶色浅绿，瘦弱，经不起寒冷的危害而死苗。

（4）改进播种方式，掌握播种深度。播种过浅，越冬期间分蘖节露于地面；播种过深，出苗瘦弱，易受寒冷危害而死亡。机播能够比较准确地掌握播种深度，死苗较少。江孜县农业试验场 1976 年冬小麦播种深度与安全越冬的资料表明，在墒情足、整地质量好的沙壤土上，播种深度为 4～6 厘米的田块越冬效果好，冬前单株分蘖达 2～4 个，次生根 6～10 条，达到壮苗越冬。在海拔高和干旱地区，播种还应深一些，以 5～7 厘米为好；在冬季温暖湿润的低海拔地区可适当播浅。

（5）适时播种，提高播种质量。播期不适宜，不仅不能有效地利用有利的气候条件，反而容易遭受不利气候条件的危害。应在旬平均气温 10℃左右时播种，出苗迅速整齐，幼苗健壮，能够有效和安全越冬。

提高播种质量，包括播前精细整地、播后及时耙耱地、用石磙镇压，以破碎土块，使种子和土壤紧密结合，提高出苗率，特别是在留茬过高、土壤太暄的地块更应注意播后耙地、镇压。

播种后出苗前若遇下雨，极易造成土壤板结而影响出苗，此时，应抓住地皮花白的短暂时机，用钉齿耙与播向垂直方向及时耙地，否则待地皮干硬后再耙难以起到作用。也可采取连续灌水的方法，使土壤保持湿润，待苗出齐后进行锄地，结合锄地追施化肥，并对黄弱苗重施，促进麦苗早生快发，转化成壮苗。

（6）抓好越冬管理，减少死苗。

①苗期灌水。西藏不少地方只注重灌越冬水，忽视苗期（3～4 叶）灌水。苗期灌水，结合追施化肥，可促进麦苗生长和分蘖，长成壮苗。

②越冬期田间管理。种植肥麦的实践证明，冬季土壤墒情好的地块，越冬死苗均较轻。这是由于西藏主要农区冬季几乎无降水，冬灌不仅能供给麦苗冬春季所需要的水分，提高地温，还能减少地温昼夜变化的幅度，减轻低温冻害。

西藏高原海拔 5 000 米以上的冷凉半干旱地区的冬麦区，灌冬灌水的温度指标应低于 3～5℃。据此，推算出拉萨灌冬灌水的时间一般在 11 月下旬到 12 月上旬；日喀则为 11 月中旬到下旬；江孜县为 11 月上旬到中旬。各地群众也总结出"不冻灌水早，只冻不化灌水迟，夜冻日消正当时"的冬灌经验。

③冬灌后田间管理。灌越冬水后土壤容易板结、龟裂，影响麦苗生长，必须进行田间管理。西藏各地管理的办法很多，有的耙地，有的锄地，有的用石磙镇压，有的盖土，有的不断灌水。

④适时灌返青水。春季灌头水，从气温上说，河谷农区一般以日平均气温稳定通过3℃时为宜。春季气温上升到3℃的日期随海拔的升高而延迟，春灌的适宜时间也相应地延迟。从物候期上讲，柳树腋芽膨大、枝条发青时灌头水较适宜。

五、土壤与肥料

（一）土壤

1. 土壤分类

西藏自治区农业科学研究所卢耀增参加了1973—1976年中国科学院青藏高原综合科学考察队土壤专业组的考察工作并为此献出了宝贵的生命。在多年系统调查与考察的基础上，首次发表了《西藏土壤分类》（草案），并通过对西藏的气候类型、成土过程、成土条件等因素的分析，把西藏土壤归纳为八大系列，25个土类，75个亚类。其研究成果为西藏开展农业规划、土壤改良、土地利用和合理施肥提供了一定的理论依据和重要的作用。

从《西藏土壤分类》（草案）中可以看出，西藏耕种土壤包括耕种高山草原土、耕种亚高山草原土、耕种亚高山草甸土、耕种山地灌丛草原土、耕种暗棕壤、耕种灰褐土、耕种褐土、耕种新积土、耕种黄棕壤、耕种黄壤、耕种黄红壤、耕种草甸土、潮土、水稻土、灌淤土15个土类。

2. 耕种土壤概况

西藏宜农耕地总面积680.57万亩，约占西藏总土地面积的0.42%：净耕地面积523.5万亩，约占西藏总土地面积的0.31%，西藏耕种土壤归属于28个土类中的16个土类，有12个土类没有耕种土壤。其中山地草原土壤面积最大，占西藏耕种土壤面积的33.81%，其次为潮土和耕种亚高山草原土，分别占12.83%和12.38%：耕种草甸土占9.51%：耕种亚高山草甸土占9.47%：耕种褐土占8.1%：耕种灰褐土占7.99%：耕种棕壤占2.86%。这8类耕种土壤合计占西藏耕种土壤面积的96.95%。其余8个土类面积很小，合计仅占3%左右。耕种土壤主要分布在冈底斯山—念青唐古拉山以南的河谷和三江流域河谷洪积扇、冲积阶地以及湖盆阶地上。其中雅鲁藏布江干流台地及拉萨河、年楚河等支流谷地内的耕种土壤就占了西藏耕种土壤面积的55%，其地貌条件相对较为一致。拉萨、山南、日喀则宽谷地带以耕种亚高山草原土、耕种山地灌丛草原土和耕种草甸土为最多。东南部地区及喜玛拉南侧，耕地土壤以棕壤、黄棕壤为最多，部分发育在亚高山草甸土上。

日喀则、山南、昌都、那曲等地区以耕种草甸土和耕种灌丛草原土为最多，河谷地区有相当数量的潮土。耕地以日喀则地区为最大，拥有耕地 203.3 万亩，占全自治区耕地面积的 38.84%（净面积，下同）。其余依次是昌都 107.7 万亩，占20.53%；拉萨 83.3 万亩，占 15.91%；山南 80.5 万亩，占 15.39%；林芝 36.4万亩，占 6.95%；那曲 9.03 万亩，占 1.72%；阿里地区耕地面积最少，仅有 3.4万亩，占全自治区耕地面积的 0.66%。西藏耕种土壤的垂直分布区间为海拔 610～4 795 米，高低相差 4 185 米。其中海拔 2 500 米以下的耕种土壤面积占 5.6%；2 500～3 500 米的占 11.4%，3 500～4 100 米占 60.8%；4 100 米以上的面积占22.2%。耕种土壤分布海拔之高，垂直跨度之大乃世界之最。

（二）引导施肥的方法与技术

20 世纪 60～70 年代，随着农业生产力水平的提高，肥料增产效果与施用技术被提上了重要的议事日程。为有效发挥肥料在农业生产上积极作用，科技工作者从调查肥源、施肥情况入手，进而开展了不同类型的有机肥肥效实验，引进化肥并进行施肥技术研究，引进绿肥作物和收集当地绿肥作物对比筛选实验等，为不同时期生产发展提供了有效的技术服务。

1. 开辟肥源

西藏自治区农业科学研究所于 1961—1962 年在山南调查了人均牲畜头（只）数，每克耕地应有牲畜肥数，实际施到农田肥料占应有肥料数的百分数。山南琼结县、贡嘎、扎囊县的一些乡，人均牲畜头（只）数为 2.23～7.72，平均 3.81 头（只），应产牲畜粪肥分在每克耕地上应有 1 393 千克，最多的乡有 2 053 千克，最少的乡有 1 070 千克，实际能用到农田的约占 31%，2/3 以上均作燃料消耗了。实际施肥量 4 500～15 000 千克/公顷，各县乡平均为 6 450 千克/公顷左右。肥源主要有：牲畜粪便、人粪尿、割青草沤肥。日喀则地区利用西藏紫云英在雨季沤肥，拉萨市郊用垃圾、塘泥做肥料，林芝地区用牛马粪以及燃烧田间秸秆和杂草做肥料，墨竹工卡县收集多年废弃的兽骨制造土化肥。还有上山掏鸟粪、挖沟泥，以草皮、泥炭制肥料等增加肥料数量。

研究测定多种野草风干重的含氮量：野油菜为 1.916%、野燕麦为 1.213%、野麦为 1.363%、西藏紫云英为 2.649%、嵩草为 1.587%、酸模为 1.128%、灰灰菜为 1.470%、苦菜为 1.411%。

2. 改进堆沤肥方法

1964—1965 年，根据拉萨河流域各地堆肥中存在的问题，西藏自治区农业科学研究所技术人员提出高温堆沤肥的方法。经过高温堆沤的肥料，不仅质量好，还可以使杂草种子丧失发芽能力。据测定，生命力很强的野燕麦草籽，经高温后都基

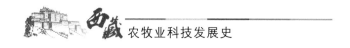

本丧失了发芽能力。这一堆肥方法先后在堆龙德庆县羊达公社、白朗县洛布江孜公社、林芝县尼池公社以及曲水县等地得到示范推广。

3. 有机肥肥效实验

1960 年，日喀则农业试验场对猪粪、土粪、羊粪、沟泥各亩施 5 000 千克与不施肥对照进行比较，施猪粪处理的土地产量为不施肥土地产量的 3 倍，土粪加固氮菌处理的产量约为不施肥土地的 2.5 倍，马粪处理的产量约为不施肥土地的 2 倍，沟泥处理的产量为不施肥土地的 1.21 倍，羊粪处理的产量比不施肥土地增产 9.6%。

1964—1965 年，西藏自治区农业科学研究所巴桑等在达孜县章多公社切嘎村进行了步犁深施和藏犁浅施各种肥料用量试验。结果表明，供施的各种有机肥对青稞均有增产作用，其肥效均随施肥量的增加而提高，其中羊粪肥效最好，平均 100 千克增产青稞 16.0 千克；马圈粪平均每 100 千克增产青稞 1.43 千克；牛粪平均 100 千克牛粪增产青稞 0.69 千克；厩杂肥：藏犁浅施平均 100 千克增产 6.1 千克，步犁深施平均 100 千克增产 7.75 千克，步犁深施比藏犁浅施增产 1.65 千克；厕所肥平均每 100 千克增产青稞 7.25 千克。这些结果为各地从邻近牧区运肥到农田，广泛提倡修厕所积攒人粪尿，做好畜牧垫圈积制厩杂肥至今还起着重要的指导作用。

1965 年 6～9 月，西藏自治区农业科学研究所的王少仁、巴桑等在林周县章多公社切嘎村用波波夫蒸发器改制的盒栽桶做试验，得出结论，人粪尿、羊粪比马粪、牛粪和厩杂肥更容易分解转化为 NH_4-N 和 NO_3-N，尤其易转化为 NH_4-N。而牛粪和厩杂肥相对转化较难，所以应在施用之前进行沤制，使其腐熟提高肥效。

从 1970 年开始，西藏自治区农业科学研究所进行泥炭利用研究，结果为单施泥炭比不施肥对照减产 6.0% 以上；单施人粪尿、氨水、碳酸氢氨，增产幅度均在 9.6% 以下；泥炭与人粪尿沤制后施用增产 12.9%；泥炭垫猪圈后施用增产 18.9%；泥炭与人尿混合沤制后施用增产 42.1%，比单施泥炭处理增产 52.9%。泥炭不宜单独施用，最好和氨水混合堆沤后施用，以及泥炭和人粪尿或泥炭垫猪圈沤制后施用，效果好。

(三) 化学肥料施用技术研究

西藏和平解放初期，受经济、交通以及科技水平等因素的制约，西藏基本上没有化肥施用。化肥的引进和应用研究始于 20 世纪 60 年代初期。

1. NPK 三要素肥效试验

1963 年西藏农业研究所分别开展了"三要素肥效试验""青稞不同施肥量试验""青稞氮肥不同时期追施试验"。结果表明：三要素各种配合施用均低于单施氮肥 45 千克的增产幅度。氮肥不同施用量实验结果表明：施 45 千克/公顷增产幅度

最大，以每公顷施 22.5 千克的最为经济。不同氮肥施用量对当地农家中晚熟品种和引进早熟品种的效应是：两个品种均以施 45 千克氮的产量为最高（拉萨钩芒白青稞 3 747 千克/公顷、津浦米大麦 3 559.5 千克/公顷），增产幅度最大。不同施肥期实验结果表明，引进的津浦米大麦以分蘖期、拔节期各施一半的增产幅度最大，达 26.7%，当地拉萨钩芒白青稞孕穗期一次施的增产幅度最大，达 31.2%。

与此同时，西藏自治区农业科学研究所于 1965 年在达孜县章多乡设置了 4 个试验点（海拔为 3 700～4 100 米），进行三要素肥料试验，结果表明：在达孜县除氮肥有明显的增产作用外，磷肥增产作用也不小，尤其是氮、磷配合施用增产效果更好。硫酸铵（纯氮 30 千克/公顷）分别作基肥、种肥、分蘖追肥，其作追肥增产效果最好。硫酸铵和尿素不同追施量对青稞的增产作用为：产量随两种肥料施用的增加（60 千克/公顷纯氮以内）而增加，但在等量纯氮条件下，尿素比硫酸铵增产幅度大。西藏化肥主要靠调入，从减轻运输压力降低成本看，氮肥应以调高浓度的尿素为宜。这一结果为 20 世纪 70 年代初较大规模调入化肥种类起到了重要的指导作用。

1964—1965 年，西藏自治区农业科学研究所在拉萨河流域草原土上设置了 5 个三要素试验点，含冲积和洪积 2 种土壤母质，沙壤、壤沙石骨子 3 种土壤质地；试验点海拔 3 650～4 000 米，其中 3 900 米以下的 4 个处理试验在农区，4 100 米的试验在半农半牧区的沙玛卓村；供试作物青稞。试验表明，拉萨河流域化学肥料的施用，在增施有机肥的基础上需重施氮肥，配施磷肥，暂不施用钾肥。调入或生产化学肥料应以氮肥为主，适当调入磷肥，暂不调入钾肥。局部钾肥显效的地块或需钾多的作物可施用粪灰以满足钾的需要（表 9-8）。

表 9-8　1963—1965 年拉萨河流域 5 个试验区亩施氮、磷钾青稞亩产量情况表

单位：千克/亩

处理 \ 地点	CK 对照	N	P_5O_2	K_2O	NP	NK	PK	NPK
七一农场（3 650 米）	177.5	254.5	205.0	197.5	253.0	244.5	189.5	250.0
切嘎（3 700 米）	200.0	221.0	219.0	181.0	276.0	223.5	207.5	280.0
章多（3 700 米）	149.0	250.0	180.0	145.0	296.5	243.5	180.0	285.0
恰木错（3 900 米）	185.5	249.5	214.0	196.5	260.5	256.5	212.0	260.5
沙玛卓（4 100 米）	147.0	199.5	161.0	141.0	264.5	195.5	189.5	214.0
平均产量	171.8	234.9	195.8	172.2	270.1	232.7	195.7	257.9
较对照增产（%）	100.0	136.7	114.0	100.0	157.2	135.4	113.9	150.0

1973—1974 年西藏自治区农业科学研究所在堆龙德庆县羊达乡公社做尿素施用量、施用时期试验。其试验结果证明了：尿素作种肥比作追肥效果要好；以少施基肥重施分蘖肥的效果最好；重施分蘖肥效果更好，追肥不宜晚于拔节期，否则肥

效降低。

随着化肥使用量的增加，20世纪70年代后期西藏开始进行了较高施肥水平下的氮磷配比试验研究。

1977—1979年对冬小麦进行氮磷配比试验。结果是：磷肥配合氮肥施用可提高成穗率，比不施磷肥每公顷提高产量4%～7%；在施用三料过磷酸钙225千克/公顷时，每公顷施尿素37.5～75千克作种肥，75～112.5千克作返青肥，75～150千克做拔节肥能较好地协调每公顷穗数、穗粒数、粒重三者的关系，获得较高的产量。

1979—1980年在达孜县对冬小麦肥麦作氮磷配合及氮肥施用时期试验，其结果表明：在同等施磷水平上，不同时期追施尿素，每千克纯氮增产小麦10.2～16.9千克，其中以返青后25天每公顷追施60千克，起身期每公顷施60千克的增产作用最好。显然氮肥增产作用大于磷肥，但在达孜县磷肥的作用比其他地区要大一些，其结果同20世纪60年代初的试验结果相似。

2. 化肥施用方法

（1）氮肥施用研究。20世纪60年代，西藏高原亩产青稞200千克以上被认为是高土壤肥力；亩产100～200千克属中等肥力；100千克以下为低土壤肥力。

氮肥在不同土壤肥力条件下施用，其增产作用不同。1965年，拉萨农业试验场进行了氮肥施用试验，试验结果：氮肥在不同土壤肥力上施用，无论作基肥、追肥和种肥均有很好的增产作用，但肥效表现不同。土壤肥力由低到高每千克氮素增产量无论基施、追施和种施均表现为从少到多。此趋势表明应将化学氮肥优先施用在高、中肥力土壤上以发挥氮肥的增产效果。低肥力土壤上氮肥增产量少，不是氮素不缺乏，而是其他营养元素不足和草害严重限制了氮肥的增产作用，应在消除其他限制因子后再增施氮肥。

（2）氮、磷配合施用试验。1965年，在区内进行施肥试验，单施氮增产36.7%，单施磷增产14.0%，氮磷肥配合施增产57.2%，增产率超过单施氮和磷之和，具有连锁效应。

1979—1980年，西藏自治区农业科学研究所在达孜县进行冬小麦氮磷配施及氮肥施用时期试验，结果显示在等尿素用量上增施磷肥22.5千克，每千克P_2O_5增产5.1千克；施磷肥15千克，每千克氮增产4.6千克；磷肥7.5千克处理则1千克P_2O_5增产6.5千克。在相同磷肥用量条件下，在不同时期追施尿素，1千克氮增产小麦10.2～16.9千克。

（3）青稞氮肥追施时期试验。20世纪60年代初，西藏自治区农业科学研究所选用生育期96天的早熟品种——津浦米大麦和生育期120天的中熟品种——钩芒青稞，进行青稞各生育期追肥增产效果、成熟期不同的青稞品种追施时期连续两年试验，亩施氮2.1千克。结果表明，对青稞追施氮肥，无论是在各生育期1次全量

追施，或全量分 2 次、3 次在各生育期追施，均具有增产作用。施用量分 2 次或 3 次在各生育期施用的处理，增加了施肥次数，其产量无论是早熟津浦米大麦或晚熟钩芒青稞均不及分蘖期一次全量追施处理的产量高，可见分蘖期施氮的重要性。生育期只有 96 天的早熟青稞在分蘖期一次追施即可，而生育期 120 天的中、晚熟青稞，除在分蘖期一次追施外，在孕穗期一次追施也可获得同样的增产效果（表 9-9）。

表 9-9　青稞氮肥分期追施增产效果情况表

单位：千克/亩

处理		对照	分蘖	拔节	孕穗	分蘖、拔节各 1/2	分蘖、孕穗各 1/2	拔节、孕穗各 1/2	分蘖、拔节、孕穗各 1/3
津浦米大麦	产量	214.2	282.8	252.9	263.0	265.6	252.1	246.7	269.8
	较对照增产比例	0.0	32.0	18.1	22.8	24.0	17.7	15.2	26.0
钩芒青稞	产量	207.6	272.1	246.1	269.8	257.3	241.0	239.7	266.2
	较对照增产比例	0.0	31.1	18.5	30.0	23.9	16.1	15.5	28.2

试验用尿素、硫酸铵、氯化铵 3 个品种，做基肥、追肥试验，结果表明：供试的 3 个氮肥品种不仅对青稞产量有明显的增产效果，而且对青稞粗蛋白质含量与产量也有明显影响。基肥和追肥均以尿素增产幅度最大，比等氮量的硫酸铵和氯化铵增产 10％以上，粗蛋白质也多产 2.65 千克（表 9-10）。

表 9-10　氮肥品种对青稞的增产作用和对粗蛋白质含量的影响情况表

单位：千克/亩，%

处理	基肥				追肥		
	对照	硫酸铵	氯化铵	尿素	对照	硫酸铵	尿素
产量	245.5	310.4	307.3	336.0	76.2	95.0	110.5
较对照增产比例	0.0	26.4	25.2	36.9	0.0	24.7	45.0
粗蛋白质含量比例	7.68	8.06	8.16	8.25	/	/	/
粗蛋白质产量	18.85	25.02	25.07	27.72	/	/	/
粗蛋白质增产量	0.0	6.17	6.22	8.87	/	/	/

通过肥效试验表明，尿素是比较好的氮肥品种，在西藏使用不仅肥效好，且对作物的粗蛋白质含量和产量均有增进作用，尤其含氮量达 46％ 的尿素，对减少运输量有利。

（4）不同青稞品种化肥增产试验。20 世纪 70 年代初，西藏自治区农业科学研究所通过试验表明：

①4 个供试青稞品种对施肥都有良好的反应，产量均随着肥料用量的增加而提高，但品种不同对肥料的反应存在着差异。要充分发挥肥料的增产作用，需根据青稞品种特性及对肥料的反应进行施肥。

②施肥的增产作用为 15.0%～56.3%，青稞品种间的增产作用为 7.9%～8.5%。表明施肥的增产作用大于青稞品种的增产作用。

（四）绿肥

1. 引种鉴定筛选

1963 年西藏自治区农业科学研究所对引进和当地的多种豆科、禾本科牧草400 余个品种进行了实验研究，经观察，各地引进的豆科、禾本科牧草生长都较正常。与区内搜集的雪莎、小扁豆相同类型材料相比，西藏材料生长期相对要长一些，区内乃东县的材料比日喀则的材料又要长一些，作一季栽培生长势也要强一些。

1975—1978 年，西藏自治区农业科学研究所先后引进试种（包括从西藏搜集的）箭筈豌豆、早丰毛苕、草木樨、紫云英、苜蓿、雪莎、小扁豆、豌豆、田菁、柽麻等 90 余个绿肥作物品种，经试验观察，筛选出适于西藏栽培的种类品种有箭筈豌豆、雪莎、苦苕子、豌豆、蚕豆等。从产草量、养分含量和作饲料的价值看，以早丰毛苕、黑豌豆和普通毛苕最好，鲜草产量均在 30 000 千克/公顷以上，或干草 6 000 千克/公顷以上。作绿肥施用，除提供有机质外，每公顷还可为作物提供氮、磷、钾 300～450 千克；用作饲料每公顷可提供粗蛋白质 1 050～1 350 千克。从采种与复种相结合看，日本 333 箭筈豌豆、日喀则雪莎、拉萨雪莎在拉萨冬青稞或早熟青稞后复种产草量高，作一季栽培均能收到较高产量的种子；毛苕在拉萨作一季春播栽培产草量最高，但不能收到种子，作复种产草量低，但秋播能正常越冬，并能收到一定产量的种子，在林芝秋播，采种量更高。

2. 绿肥效果试验

1975 年，西藏自治区农业科学研究所通过对绿肥种植前后土地的土壤养分进行测定，结果说明种植绿肥对土地具有明显的培肥作用。但种植绿肥后，土壤中磷含量有所降低，尤其是速效磷减少更多。

结果同时显示，复种绿肥后留下根茬的土壤有机质增加 0.035%、增加全氮0.004%、碱解氮增加 17.5 毫克/千克、速效磷减少 1.15 毫克/千克、容重降低0.034 7～0.051 3 克/米³、土壤总孔隙度增加 1.31%～1.94%。据试验，一般每公顷翻压 7 500 千克鲜草可增产青稞、小麦 22.8%～39.5%。冬青稞后复种绿肥压青22 500 千克/公顷左右，次年不施基肥种春小麦藏春 6 号比前 4 年藏春 6 号平均单产增加 30.4%。

六、植物保护

（一）农业病虫草害考察

1. 西藏农业主要病虫及危害考察

1960 年，中国科学院动物所李传隆、王春光等对西藏昆虫资源进行了较为系统的考察，共采集标本 5 000 余件，发现农业害虫 22 种。之后，王林瑶（1961）、王书永（1966）先后对西藏部分地区的昆虫也进行了考察。

1961 年，西藏本地区的植保工作迈出了第一步。拉萨农业试验场调查了山南沿江农区的贡嘎、扎囊、乃东、桑日、琼结 5 个县 10 个区 19 个乡的农业病虫害。参考中国科学院综合考察队 1960—1961 年的考察和中国农业科学院 1952—1954 年的调查报告等，共发现农业病害 31 种、病虫 40 种及鸟兽害 25 种。其中农作物病害以麦类黑穗病、锈病、青稞条纹病、马铃薯晚疫病为主。

条锈和叶锈病在西藏春麦上都有发生，青稞上主要以条锈为主。青稞条纹病在拉萨、日喀则、山南、江孜等地方的发生极为普遍，病株率为 2％～5％，严重的达 17.7％。马铃薯晚疫病危害严重，1960 年除东部林芝地区发生严重外，拉萨市郊和附近诸县也普遍发病，发病严重的地块减产 30％～50％，有的单产每公顷仅几百千克。

农作物地下害虫主要是蛴螬，金针虫、地老虎次之。在局部地区，青稞喜马象危害严重。地上害虫主要是斑蝥、甘蓝夜蛾和蚜虫等。甘蓝夜蛾在日喀则、江孜、山南等农区连年发生。1960 年局部受害严重的减产达 50％～80％。甘蓝夜蛾、豆蚜和麦蚜 1961 年在拉萨发生较多。

鸟兽害在西藏主要农区危害最大的是西藏麻雀和白尾鼠，其次是黄鸭、斑雁、山麻雀、岩鸽、山鸡、野兔等。

1973—1976 年，中国科学院青藏高原综合科学考察队和中国科学院登山科学科考队分别对西藏西藏和南迦巴瓦峰地区的昆虫、真菌、哺乳类动物进行了考察，并综合随后（1982—1984）的考察结果，总计采集标本几十万号，特别是发现了一些稀有且极珍贵的种类（如缺翅目昆虫等），填补了我国生物研究的空白。

1966—1976 年的 10 年间，调查工作更为细致、全面和深入。病害方面除了以前确定的种类外，又发现和确定了小麦白秆病、小麦根腐病、油菜白锈病、油菜霜霉病、油菜菌核病、蚕豆褐斑病、马铃薯病毒病等重要种类。

2. 西藏农业主要病虫发生的时期与危害

（1）主要病害。

①青稞条纹病。是西藏高原最常见和严重危害青稞的病害，常年发病率在

$7\%\sim10\%$。

②青稞坚黑穗病、青稞和小麦散黑穗病。历史上，小麦和青稞地方品种经常发生坚黑穗病、散黑穗病，发病率在$5\%\sim10\%$，发病率即减产率。

③西藏小麦腥黑穗病。小麦腥黑穗病由光腥黑穗病引起，主要是种子传播。历史上，在喜马拉雅山南麓、藏东南海拔低的农区零星发生，随后发生区域逐年扩大。20世纪70年代，开始在林芝地区大面积发生。通常使小麦减产10%以上，高者达50%以上，且使面粉品质下降。

④小麦白秆病。小麦白秆病是高原农区特有的病害。20世纪60年代后期至70年代中期，为西藏高原农业重要小麦病害。

⑤青稞、小麦锈病。锈病主要有青稞条锈病、小麦条锈病、小麦秆锈病和叶锈病4种，是西藏青稞、小麦最主要的病害。在半湿润地区常年流行，是当地青稞、小麦生产的一大威胁。

⑥小麦黄条花叶病。是西藏小麦、青稞所得的一种病害。由病毒引起，通过汁液、瘿螨、蚜虫、病种传播，能侵染小麦、青稞、大麦、野燕麦、小黑麦，对玉米一些品种也能侵染。

⑦小麦雪霉叶枯病。20世纪70年代，在林芝、拉萨、日喀则等地零星发生。也可侵染青稞。

（2）主要害虫。

①西藏飞蝗。该虫是暴食性害虫，是西藏重要农业害虫，西藏主要农区均有发生，林芝、江孜、白朗、拉孜等地麦田及局部地区偶尔暴发成灾。

②麦蚜。主要是麦无网蚜、禾谷缢管蚜两种，分布广泛，两种蚜虫灾害常混合发生，危害青稞、小麦。20世纪70年代后，冬小麦连作，蚜虫发生危害严重。1979年，蚜虫灾害在西藏严重发生，成为高原农田的主要害虫。

③伪土粉蚧。主要分布于日喀则、仁布、南木林、白朗、尼木等，是农区主要害虫，也是西藏发生历史最长的一种害虫。20世纪60年代中期，青稞根蚧严重。

④芒缺翅蓟马。是西藏农区重要害虫，主要分布在日喀则地区各县，主要危害青稞穗部，受灾青稞轻者小穗不实，籽粒空瘪，重者造成白穗。

⑤喜马象。俗称象鼻虫，主要有铜色喜马象、半圆喜马象、无齿喜马象3种。1960年发现，是农区重要害虫。

⑥地老虎。对农业造成损失的主要有八字地老虎、小地老虎、黄地老虎。八字地老虎主要分布于林芝、米林、亚东、吉隆、樟木、仁布、拉萨、加查等，是海拔3 500米以下农区麦类作物的重要害虫；小地老虎主要分布于墨脱、错那、亚东、吉隆、樟木、林芝、波密，在拉萨、日喀则等高寒农区也有发生。黄地老虎主要分布在拉萨、日喀则、萨迦、昌都、八宿、察雅、米林、加查等，是主要农业害虫，

常在局部地区大面积发生危害。

⑦小麦夜蛾。主要分布于昌都、八宿、类乌齐、札棕等，幼虫危害主茎，是藏东南及阿里部分农区重要麦类作物害虫。

⑧黏虫。主要分布于亚东、吉隆、樟木等，是喜马拉雅山南麓农区主要害虫。

⑨青稞毛蚊。青稞毛蚊是以牛羊粪等基肥为主食料的腐生性害虫，主要滋生于牛、羊粪堆。1977 年以后，危害加重，成为日喀则、山南等高寒半农半牧区主要害虫。

⑩齿角潜蝇。分布于日喀则、仁布，常可导致麦苗死亡。1978 年，仁布县被害株率达 14％，其中 5％麦苗枯死。

⑪郁金香瘿螨。郁金香瘿螨及由它传播的麦类黄条花叶病毒病极易造成大面积减产，甚至毁种。主要分布在雅鲁藏布江中游。

（3）豆类作物害虫。

①甘蓝夜蛾。甘蓝夜蛾食量大，一般甘蓝夜蛾有一条幼虫即可使全株甘蓝千疮百孔，是危害豆类和十字花科的严重害虫。主要分布于日喀则、南木林、仁布、江孜、白朗、拉孜、萨迦、谢通门、定日、聂拉木、吉隆、康马、曲水、拉萨、乃东等地。

②豌豆木冬夜蛾。木冬夜蛾个体大、食量大、危害重，常在豌豆开花结荚前或初期进入暴食危害期，发生密度大时将豌豆中上部叶片、茎秆食光，是农区豌豆、油菜等作物主要害虫。主要分布于林芝、乃东、曲水、拉萨、仁布、南木林、日喀则、谢通门等地。

③豌豆彩夜蛾。是亚东县下司马、下亚东区的重要害虫。

（4）油菜和蔬菜害虫。

①草地螟。主要分布于日喀则、江达、仁布、南木林、谢通门、拉孜、萨迦、加查、林芝等地，是藏东南农区危害较重的农业害虫，主要危害油菜、豌豆、蚕豆、苜蓿等作物。

②粉蝶。主要有东方粉蝶、欧洲粉蝶两种。东方粉蝶分布于札达、聂拉木、樟木、吉隆、日喀则、拉孜、南木林、谢通门、仁布、江孜、白朗、曲水、拉萨、墨竹工卡、扎囊、乃东、林芝、波密、察雅等地，是西藏常见的一种粉蝶，危害豌豆、油菜和十字花科蔬菜。

③跳甲。主要有西藏菜跳甲、油菜蚤跳甲两种。西藏菜跳甲分布于聂拉木、樟木、拉孜、日喀则、仁布、林周等地，是农区油菜主要害虫。油菜蚤跳甲是亚东油菜和十字花科蔬菜主要害虫，以下亚东和下司马两区危害严重。

3. 农田主要杂草的分布和发生情况考察

西藏农田杂草尤以野燕麦、然巴草（白茅）和多种双子叶杂草分布广，密度

高，危害重，历来是农业生产发展的主要障碍之一。

自 20 世纪 60 年代起，在对野燕麦草的分布、发生密度调查的同时，对其危害特点、主要生物特性、农业及化学防除技术等方面进行了研究。通过考察和分析，总结和归纳出了造成野燕麦草发展的主要原因是：一是耕作粗放，田间管理跟不上；二是不注意土壤休耕；三是作物布局不合理；四是片面强调作物早播，不利于春季诱发灭草措施的施行；五是种子精选不够。通过对杂草发生密度与粮食损失的关系研究表明，草苗各半，青稞减收 40% 左右，春麦减产 30% 左右，冬麦减收 20% 左右。西藏农田主要杂草及危害情况为：

（1）野燕麦。野燕麦在海拔 3 000 米以下的雅鲁藏布江中上游河谷到海拔 4 500 米的半农半牧区广泛分布，尤以雅鲁藏布江中游及年楚河、拉萨河流域发生严重。由于生态习性相近，野燕麦成为青稞、小麦的伴生性杂草，也危害冬小麦、冬青稞、豌豆、油菜等其他作物。一般使农作物减产 20%～30%，严重的减产 50% 以上。

（2）白茅。藏语称"然巴"，是一种宿根性农田恶性杂草，以地下根茎繁殖，根茎多分布在 30 厘米以上的耕作层中，以 5～20 厘米最多，占总数的 70%。其根茎主要分布于作物根群主要分布层，与作物争光、水、肥现象突出。用地下"走茎"繁殖，自田埂、渠边向农田伸展蔓延。先自农田四周侵入，逐渐蔓延农田。

（二）农作物主要病虫草及鼠害发生规律及防治研究

1. 病害防治

20 世纪 60～70 年代初，主要开展了农业主要病虫害防治实用技术方面研究，对麦类黑穗病、条锈病进行了赛力散、硫黄粉拌种、石灰水浸种、变温浸种、牛粪灰水及草木灰浸种防治试验，其推广应用对当时粮油产量的提高起到了明显的作用。

70 年代中期以后，对高原特有的小麦白秆病进行研究，从发生危害、症状表现、传播途径、发病因素、防治方法几个方面都做了细致深入的试验观察。病种及混在种子中的病残体是白秆病的主要初步侵染源。田间发病后，分生孢子借风雨传播引起重复感染，造成全田发病。分生孢子萌发后，可从幼芽表皮、植株伤口、自然气孔侵入。病菌在植株体内的潜预期随着作物不同或生育期的不同而异，以孕穗期至抽穗期的潜育期为最短。在月平均气温 10～17℃，相对湿度 45%～70% 的条件下，白秆病均可发生、流行。可感染小麦、青稞、野燕麦。品种间抗病性有差异，当地品种较抗病，引进品种及改良品种易感病。

小麦黄条花叶病是西藏小麦、青稞上的一种新病害。研究结果表明受害叶片和茎秆上产生长短不一的淡黄色斑，病斑自下位叶至上位叶。感病枯株在 10～28℃ 的范围内均可显症，低于 10℃、高于 28℃ 不表现症状，15～20℃ 时症状表现最明显。病毒可通过汁液、病虫、小麦卷叶瘿螨传毒。病毒经汁液摩擦接种，能侵染小麦、大

麦、小黑麦、野燕麦、棒头草，但不能侵染旱稗、冰草、茅草及双子叶植物。

田间发病轻重与勃起和品种的感病性有关，秋播作物在旬平均气温大于 10℃时播种发病重，小于 10℃时播种则轻；春播作物在旬平均气温小于 10℃前播种完发病轻，大于 10℃后播种则发病重。高加索、黑白麦、藏青 1 号、索金浅蓝等品种较为抗病；肥麦、藏东 4 号、藏春 6 号、果洛等品种极易感病。

青稞条锈病伴随着青稞分布而发生，经历了长期共同选择、共同进化，形成了独具特色的病害系统。小麦条锈病在西藏经历了几次变化，20 世纪 60 年代，由于生产上冬春小麦主要是地方品种，高度感病，因此即使在拉萨以西河谷农区，发病也非常普遍。70 年代，大面积推广以肥麦品种为主的冬小麦，由于其高抗条锈病，才使小麦条锈病得到控制。

经过 20 世纪 70～80 年代的长期研究，将西藏条锈病发生区域分为：常发区，包括藏东南部和喜马拉雅山南麓地区，是条锈病越冬；易发区，主要为西部河谷农区；偶发区，即高寒半农半牧区。条锈菌在西藏可以顺利越夏，主要越夏场所是自生麦苗。越夏菌源自然侵染秋苗后以潜育菌丝顺利越冬，春季复苏后经发病中心发展，进入全田流行，完成周年侵染循环。

青稞和小麦条锈病菌在致菌性和流行病学方面存在恒定的差异，属不同专化型，两者在流行上各具独立性。以青稞地方品种果洛、米林当地的青稞、曲乃等组成的生产品种体系，具有很强的田间抗性，即使在长发区的林芝、米林、波密等地，对稳定锈病的流行也起到了很大的作用。

2. 虫害防治

地下害虫：20 世纪 70 年代，秋播作物的大面积推广，为蛴螬、地老虎、麦蚜等害虫的发展创造了有利的生态环境，蛴螬的危害有增无减，地老虎由历史上的次要害虫上升为主要害虫，加查、朗县、林芝、米林等地不少地方的地老虎之多，发生面积之广，危害之严重，都前所未有。通过开展园林发丽蚨、婆鳃金龟、丽腹弓角鳃金龟、尼胸突鳃鲑鱼、黑麦切夜蛾、白边地老虎、金针虫、象甲、根蛆等病虫的研究，提出了秋耕冬灌灭虫六六六处理土壤，六六六、滴滴涕（现已禁用）喷雾等防治措施。

对麦类黑穗病、锈病、地下害虫防治方法，自 20 世纪 60 年代初期就开始在群众中推广应用。1961—1966 年西藏自治区农业科学研究所科技人员在山南长期蹲点，对沿江数县和隆子县的农业病虫害发生情况进行了调查研究。1961 年根据室内外小型试验结果，在乃东县乃东乡建立了以石灰水浸种、赛力散拌种为主防治黑穗病等的防治试验示范田，采取 0.3％的赛力散、1％硫黄粉拌种，对青稞坚黑穗病防治效果分别达到 99.34％、99.37％；2％石灰水浸种 4 天，防治效果达到94.4％。以六六六处理土壤和拌种对蛴螬进行防治试验，也取得了很好的效果，在此期间，有机汞、有机氯、石灰水浸种大面积防治农作物病虫害，使山南地区麦类黑穗病、条纹病的发病率从 15％下降到 2％～3％；使地下害虫危害严重的地方不致成灾，甘蓝夜蛾等害虫也受到一定控制。

20 世纪 70 年代初期，试验用牛粪灰水防治麦类种传病害，防治效果达到 90％以上。使一度猖獗的麦类黄条花叶病、小麦白秆病，随着综合防治措施的落实，得到了明显的控制。

1976—1978 年在林芝对八字地老虎进行了较详细的观察，提出了铲除杂草、黑光灯诱杀成虫等防治措施。1979 年开始对黄地老虎的年生活史、主要生活习性、发生与环境之间的关系等方面进行了系统地观察和研究，提出了因地制宜，适当控制秋播作物播种面积，适当晚播，实行冬灌，产梗除蛹，扒草捕虫，糖浆液诱成虫和在幼龄虫盛发期喷洒敌杀死、新杀虫剂、敌百虫等综合防治措施。

3. 草害防治

20 世纪 60 年代起，西藏自治区农业科学研究所通过化学药剂除草试验及调查群众灭草经验，总结出了以农业防治为基础，化学防治为保证，预防为主，因地制宜，应用农业、化学各种措施来防除野燕麦草的一套行之有效的防治措施。一是农业措施：①初春灌水后精耕细耙诱灭草（即"京马蘖"），然后进行春播；②中耕除草，青稞、小麦田至少进行中耕除草 3 遍；③调整作物布局，适当扩大不利野燕麦生长繁殖的豆科及油料作物的播种面积；④注意土地休闲，进行休耕灭草；⑤精选良种，提高播种质量，合理密植；⑥多种绿肥灭草，不用成熟的野燕麦草作牲畜饲料；⑦及早人工拔出野燕麦草植株，避免种子落入田间；⑧清理场院，高温追肥，消灭野燕麦的种子；⑨淹灌灭草，在春播前和秋收后进行反复灌水，淹杀燕麦草。二是化学药剂除草，主要使用具有内吸选择作用的高效低毒的燕麦畏，采取作物播前土壤处理，或在燕麦草苗期喷雾。

七、农业机械

1959 年的民主改革，使西藏农牧业生产迎来了新的发展时期，伴随着提高农业劳动效率和耕作质量的需要，开展农业机械引进、试验，以及推广机械化、半机械化农具等，已成推动农牧业生产发展必不可少的重要环节。

（一）农机引进试验

1960 年，西藏建立了拉萨综合农具厂。1964 年，农具厂下马。西藏自治区筹委农牧处于 1965 年将农具厂 3 名科技人员（唐本初、王媞晋、王北碧）安排到西藏农业研究所工作，在研究室下设立了一个农机组。在当时异常艰难和艰苦的条件下，农机组克服困难开展农机科研工作，并研制出了适宜在西藏较小地块和梯田上

耕地用的犁镜和可以翻转的山地犁。同时，为加快西藏农机化建设步伐，在引进内地较成熟的半机械农具和小型机具进行选择性试验的基础上，通过技术培训和基点示范等方式进行推广。先后引进了畜力七行播种机、脱粒机、扬场机、小型收割机、畜力原动机以及七马力手扶式拖拉机等。与此同时，还通过适当改进，研制出了畜力四行播种机、畜力筑埂器以及进行水力脱粒机、风扇式扬场机等探索性试验。

为落实 1971 年 8 月国务院召开的第二次全国农业机械化会议要求加快农业机械化步伐的决定，西藏自治区于 1975 年成立了农机局，从此西藏农机新机具、新技术引进和推广、科研、综合规划、情报交流等工作全面展开。

1. 农牧业机械产品生产

20 世纪 60 年代中期，各地（市）农机厂先后研制生产出了脱粒机、扬场机、畜力播种机、粉碎机、电动机等小型机具，到 70 年代，进行批量生产。

1975 年，西藏第一次农牧业机械化会议召开。期间，组织成立由自治区有关单位和 7 个农机厂共 20 多人参加的农机产品试验选型鉴定小组，本着农机产品重量轻、体积小、效率高、结构简单、使用方便、成本低和一机多用、"三化"水平高的原则，对西藏农机厂自制的脱粒机、扬场机、粉碎机、山地犁尖和犁镜进行性能测定，并进行评议，提出改进意见。同时，就主要部件标准、原材料规格、配套动力等问题进行研究。

2. 农机具改革与研制

（1）畜力四行播种机（初型为三行）。根据综合传统农具"三腿耧"（简、轻、廉）及条播机用地轮转动槽轮排种均匀的优点研制而成。机重不到 50 千克，行走轮、机架、种子箱均为木制，少量钢材主要用于开沟部件并采用自行车链转动。后来拉萨市铁木工厂、七一农机场等曾有小批量生产，因产品缺鉴定定型把关以及推广工作没跟上，未能在面上推广。

（2）畜力筑埂器。参考内地式样制作而成。原由两块角度内倾的八字形刮土板和手柄制成。试验结果搂土少，成埂小达不到要求。后改为角度外倾的八字形刮土板，并在模板下部用铁板，以适宜西藏土壤中多砾石的特点，并稍有铲土作用，改进后筑梗达到当地要求，用一人牵牲口一人操作，功效提高一倍并减轻劳动强度。1972 年春在堆龙德庆县羊达公社召开西藏现场会，共制作样品 22 台，分发各区自行仿制。

（3）野燕麦拾粒机。1977—1979 年，日喀则地区农机厂研制出了野燕麦拾粒机，经日喀则、白朗、江孜等县试验，效果较好。

（4）农机具改革制造。1959 年下半年，西藏开展群众性农具改革活动。各地先后组织铁木匠成立铁木匠互助组、合作社，迅速掀起改革、修复旧式农具运动。一是发动农牧民献铁、捐木材和木炭；二是组织参观、学习，干部、工人、群众一

起研究，以及以师带徒的方式，边教、边学、边干；三是依照样品制造工具等，克服和解决了农具改革中的材料、技术缺乏等问题。

1959年，拉萨市西郊组织铁匠进行农具改革，改革制造农具1 600多件。1959年冬到1961年秋，亚东县成功地赶制一批马车，发给了群众，进行短途运输；扎囊县120名铁匠组成4个铁木小组，改革铁质藏犁头、钉齿耙、木耙、铁锹、播种耧、脱粒机、石磙、运输车等20多种，总计30 382件；拉萨市堆龙德庆县羊达乡工作队干部和木匠一起制作播种耧；堆龙德庆县东嘎区跃进互助组成功制造出了活底马车，可自动卸肥；拉萨市城关区东城区高原铁木互助组生产出了步犁；工布江达县加兴乡每个互助组改革农具95件；拉萨市七一铁木合作组用废料制成梳毛机、纺毛机，生产各种规格藏犁头580多个、铁锹270多把、镰刀620多把；达孜县邦堆区先锋互助组制造收割农具1 300多件；山南地区改革秋收农具3万件；墨竹工卡县扎雪区制成了青稞脱粒机；堆龙德庆县农民制成了青稞筛；尼木县各区农业互助组制成了水力脱粒机，脱粒青稞；尼木县白纳乡农民制成了水力打场联动机，脱穗、铡草、打场、扬场作业一次完成，省力且提高工效和质量；日喀则县组织1 100多名铁木匠组成180多个农具制造修理小组，制造铁犁、条播机、手推车等农具4.2万多件；日喀则专区农具厂成功制造了小麦清选风车；拉萨综合农具厂首次在西藏成功制造了新式步犁和三行播种耧。1960—1964年，西藏共生产出了30多种铁木质农具325 520件。

3. 农机具试点

第二次全国机械化会议后的1973—1975年，国家第一机械工业部农机院每年派3名技术人员支援西藏开展农业机械化试点。农机化试点工作在堆龙德庆县羊达乡进行，引进试验的拖拉机型号有东方红75、铁牛55、丰收35、工农11手扶拖拉机及相应配套的犁、耙、旋耕机、镇压器、播种机、收割机、扬场机、机动喷雾机、拖车等，后期还增加推土机、铲运机、平地机、开沟机、联合收割机等。

三年试点的结果是：东方红75、铁牛55和工农11为国内主产机型，质量性能比较稳定，配套机具基本上都能适应西藏麦类作物田间作业需求，可作为西藏推广的主要机型。铁牛55型轮式拖拉机所配轻型五铧犁的性能优于另一种悬挂三铧犁。拖车运输普遍受到欢迎。东方红75型履带式拖拉机虽不能跑运输但作为犁耕和农田基本建设主力亦是适用西藏的主要机型。工农11型手扶拖拉机除作农村小型运输工具外，还可以作简式脱粒机、扬场机、小型水泵和农副产品加工机具的配套动力。

4. 高原拖拉机增压发动机台架试验

西藏空气稀薄，易使发动机功率下降，而且同样大小功率时，发动机耗油量上升，影响配套作业农机具性能的正常发挥。为此，西藏农业研究所农机组在1974

年和 1975 年秋配合有关科研院所、生产工厂，在拉萨近郊的生产建设师农机厂大修车间 D4 型水力测功器上，进行了 3 种发动机加装增压器与原机的台架对比试验。实验结果表明：在拉萨近郊海拔高度 3 650 米条件下，安装不同类型的增压器后，发动机可恢复到原机应有的标定功率，未装增压器时，东方红 75 型、铁牛 55 拖拉机的发动机标定功率下降均为 31％，同比油耗上升 10％。手扶拖拉机功率下降达 35％，但同比油耗相差不大。

1975 年 10 月西藏自治区农业科学研究所农机组对贡嘎机站、乃东机站和拉萨城关区先锋公社、前进公社、百亭公社等 15 名学员进行了铁牛 55 型拖拉机增压机安装使用培训，并将西藏首批 20 套 5 号废气涡轮增压器及相应改变的排气管配件均成套地分发给了各地作多点试验。

1978 年，在第一机械工业部派员短期支援的情况下，自治区开始进行小型增压器试验研究。经两年多试验研究发现：手扶拖拉机和 S195 柴油机没装增压器时，在海拔 2 900 米仅有 9 马力，较额定 12 马力下降 25％；安装涡轮增压器和机械增压后，可恢复到 10.8 马力，较额定马力仅下降 10％。该种增压装置简单易做，不需保养，成本低，为此，从 1979 年开始在西藏推广使用，当时推广增压器的主要机型、型号、数量分别为：铁牛 55 拖拉机增配 5GJ 型涡轮增压器 500 套，东风 12 手扶拖拉机增配 JX1000 型机械增压器 2 500 套。

表 9 - 11　1978 年西藏几种拖拉机发动机增配增压器在拉萨市试验结果表

试验结果　项目	铁牛 55 配 5GJ		东方红 75 配 6GT	
	增压前	增压后	增压前	增压后
功率	39.4 马力	57.4 马力	57 马力	75 马力
耗油率	286 克/马力小时 *	193 克/马力小时	221 克/马力小时	206 克/马力小时
小时生产率	耕地 7.07 亩	耕地 9.37 亩	—	提高一个工作档位
亩耗油	1.19 千克	0.8 千克	—	—

5. 中小型拖拉机配套农具选型试验研究

1973—1975 年自治区在堆龙德庆县羊达公社开展农机试点时有拖拉机 4 台，配套农具 12 台（件）。通过对这些农机具的实验验证表明，这些农机具只要操作熟练，使用得当，工作质量基本能满足农艺要求；群众最喜欢的拖拉机是铁牛 55、东方红 75、工农 11，但因拖拉机马力严重下降，影响配套农具的正常发挥；农田地块一般都不大，以配备使用悬挂式农具较好。

1978 年，为解决中小型拖拉机在梯田、山地、小块地作业的配套机具问题，

---

* 马力小时为非法定计量单位，1 马力小时 = 2.68×10⁶ 焦耳。——编者注

自治区、各地（市）、县等单位联合开展了东风 12 手扶拖拉机、东方红 20 拖拉机、泰山 25 拖拉机配套机具选型试验研究。根据多点试验的实测数据，综合评定配套机具性能，结合西藏农艺要求和高原适应性特点，优选出配套机具型号（表 9－12）。

表 9－12   西藏几种拖拉机农田作业情况表

单位：生产率为亩/小时，耗油率为千克/小时

机型 项目	东方红		铁牛 55		丰收 35	
	生产率	耗油率	生产率	耗油率	生产率	耗油率
耕地	6.9	1.05	3.65	0.98	1.13	1.71
耙地	8.9	0.68	5.25	0.6		
播种			7.0	0.46		
运输					0.15 千克/吨·千米	

6. 农用机械的引进试验与使用

（1）播种机械。军垦农场、国营农场建立初期，播种机在西藏就被广泛使用，对提高播种质量、节约种子、增产增收发挥了巨大作用。

20 世纪 50 年代末 60 年代初，西藏制作播种耧，但使用较少。同期，开始使用播种机，其品种主要有新锋 BG16 行播种机、西安产 2BF24A 型 24 行施肥播种机、2BX16 型悬挂播种机、2B12 型悬挂播种机、2BX7 机引播种机、2BX7 畜力播种机、2B5 畜力播种机，山西产 2B4、2B3 畜力播种机等。

（2）收获机械。1973 年，引进 108 型割晒机。1974 年，澎波农场开始使用东风牌联合收割机收割冬小麦。

（3）脱粒、扬场机。西藏从 1959 年开始推广石磙打场，木叉扬场，用各种筛子筛离。

20 世纪 50 年代末、60 年代初，国营农场开始使用脱粒机、扬场机。脱粒机型号主要有佳木斯丰收 1100 脱粒机、枣庄丰收 1100 脱粒机、昌平丰收 1100 脱粒机；西安、凤阳、昌平、户县产 5TX35 型脱粒机；区内生产的几种小型脱粒机品种主要有工农 1200 型，仿制青岛 TJ1500 型生产的 TJ1200 型脱粒机。各种扬场机机型号主要是 RC10 型扬场机，以区内生产为主，自治区及地县农机厂都可生产。圆盘耙在日喀则等地也用来打场脱粒。

（4）运输机械。20 世纪 70 年代，拖拉机、汽车开始用于西藏农业运输。西藏各种拖拉机配套的拖车主要有常州 0.75～1 吨拖车，苏家屯 0.75～1 吨拖车、2 吨拖车、2.5 吨拖车、沈阳 3 吨拖车、3.5 吨拖车、4 吨拖车，北京 5 吨拖车；东风、解放牌 CA10 汽车等。70 年代后，各种农用运输三轮车如兰驼系列以及四川遂宁

生产的 2.5 吨四轮农用运输车在西藏得到推广。

（5）排灌机械。1965 年，自治区机械修配厂根据河北省水能研究所赠送的 3 台水轮泵样机（30 型、40 型、60 型各 1 台），实物测绘制图，对 3 种型号的水轮泵都进行试制，在达孜县邦堆乡水轮泵站试验使用。经检测，扬程、出水量等技术指标均达到设计要求。至 1965 年年底，西藏共生产 10 台水轮泵，全部送给农民使用。

1976 年，在江孜、白朗、日喀则建立了 3 个扬水站，分别配套 8SH9A 水泵、80HP 柴油机各 10 台，扬程 46 米；8SH13A 水泵、70HP 柴油机各 10 台，扬程 36 米；8SH9A 水泵，80HP 柴油机各 10 台，扬程 46 米。

（二）农机推广

1. 耕作机械推广

西藏推广新式农具从新式步犁开始，为推广好新式步犁，改革耕作技术，党和各级人民政府做了大量细致的工作。通过示范、试点、对比试验，用事实说服群众，逐步推广。

1954 年秋，西藏第一台拖拉机开始在八一农场机耕。1956 年 5 月，拉萨试验农场为藏族群众示范拖拉机牵引五铧犁耕地。1960—1965 年，西藏推广 28 000 多部新式步犁。1965 年 10 月，日喀则专署召开推广新式步犁现场会，总结出新式步犁具有耕地快、深、平、透、能翻土、保墒、灭草、开沟、起埂、增产十大好处。同年，西藏推广新式步犁（主要是 8 寸*步犁）11 500 部，拉萨、山南等地区一些乡村新式步犁使用率达到 90％以上，西藏 76 万亩耕地使用新式步犁耕翻，约占全部耕地面积的 25％。各地农民通过对比实践，认为新式步犁具有耕得深、均匀、漏耕少、耕得快、能灭草等优点，大力推广新式步犁对提高当时的粮食产量发挥了重要作用。

2. 播种机推广

1961 年，工布江达县推广条播技术，使农民逐步了解到条播技术的优点一是种子落地深浅一致，出苗整齐；二是通风透光；三是适应锄草、追肥、浇水等新的田间管理方式；四是成熟期一致；五是收割省工方便。

1965 年，西藏开始引进了由西安农业机械厂生产的 2BX－7 畜力播种机进行试验，由于体积小、重量轻、操作简便灵活，适应在西藏作业，受到群众欢迎，推广很快，后普遍使用。

1973 年，西藏自治区农业科学研究所农机组技术人员接受指派，到山南地区

---

* 寸为非法定计量单位，1 寸≈3.3 厘米。——编者注

隆子县列麦公社蹲点并帮助推广畜力七行播种机,在指导公社社员学习和掌握播种机安装、亩播量和排种方式调整的同时还在公社林卡地内做了不同播种日期、不同播种深度的对比试验,结果表明畜力播种机均达到播种深浅一致和出苗均匀整齐,较之旧式藏犁耕和人工撒播有明显的优越性,促进了播种机的推广使用。

3. 小型割晒机推广

1973 年引进 108 型割晒机,首先在堆龙德庆县羊达公社试验,到 1977 年,西藏成批引进约 1 000 台,各地在使用中认为该机具有输送力强、切割性能好、辅放整齐、工效高等优点,在大地块、较平坦且植株整齐均匀时更能充分发挥其优越性。

1977 年,乃东县、达孜县开始引进 108 型割晒机进行试验,1978 年年初步推广,机割 2 000 亩,占两县粮食收获面积的 3%。1979 年,达孜县机割 5 810 亩,占总收获面积的 9.2%;乃东县机收 19 366 亩,占总收获面积的 29.9%。

1979 年 9 月,乃东县泽当公社第二生产队社员使用割晒机收割庄稼。自治区农机厅干部和技术人员在拉萨市郊一边帮助群众收割,一边进行割晒机械试验推广,受到农民群众欢迎。

4. 联合收割机推广

1973 年,澎波农场机耕队使用东风牌联合收割机收割小麦。

1979 年 9 月,在党中央的亲切关怀下,祖国内地支援的一批大型联合收割机被运到拉萨。10 月,日喀则县首次使用东风联合收割机收割青稞和小麦。

5. 场上作业机械推广

1965 年秋,自治区农牧局指示用 T56 型动力脱粒机配套 1105 型立式柴油机从达孜县帮堆公社至堆龙德庆县通嘎公社沿线多点搞巡回示范试验,并组织参观扩大影响。经 1 名技术人员和 1 名藏族试验工(兼翻译),历时 20 天的连续作战,完成示范任务。这是西藏自治区首次在群众中使用机器脱粒,震动很大,深受群众欢迎,并对后来脱粒机的推广应用起到了重要的推动作用。

20 世纪 70 年代,推广了由区内拉萨七一农机厂、农垦厅农机厂生产的工农 - 1200 型、仿制青岛 TJ - 1500 型生产的 TJ1200 型脱粒机、RC - 10 型扬场机。

6. 种子加工机械

1979 年,农林部投资建设乃东种子"四化一供"试点县。1979 年 9 月,为"四化一供"试点县配置的 5XF - 1.3A 型复式种子清选机、5XZ - 1.0 型比重式种子清选机各 6 台。之后在西藏逐步得以推广。

(三)农机培训

在 20 世纪 50 年代农机培训的基础上,60～70 年代西藏农机培训基本进入了常态化。

1965 年 11 月，西藏军区生产部八一农场开办了 350 名拖拉机机手培训班。1972 年 12 月，日喀则县拖拉机站为人民公社培训拖拉机手。

1974 年，昌都地区举办农机技术培训班，对 50 名农机技术人员培训了拖拉机、播种机的使用、维修、管理技术。

1976 年，自治区农机局从各地遴选 350 名农机干部到天津、营口、佳木斯等农机学校学习农机专业知识。1976 年 9 月至 1978 年 3 月，农林部协调安排黑龙江省佳木斯农业机械学校、河北廊坊地区农业机械学校、辽宁省营口熊岳农机校、吉林省农机化学校、黑龙江省呼盟牧机校分别为西藏代培农机牧机修理、运用、管理、制造 4 个专业农机管理技术人员 200 名。1978 年 8 月，自治区农机局选送 50 名在职农机干部到西北农学院培训。同年，黑龙江省援藏教师 18 名到西藏支援农机培训。

1979 年 5 月，西藏铁牛－55 拖拉机增压器、气动刹车培训班在达孜县举办，参加学习的有各地（市）农机局、部分县农机科以及公司、农机学校技术人员 32 人。同年，农林部下达西藏农机培训任务 7 600 人，其中修理工 700 人，管理、技术人员 200 人，主要培训各地（市）、县农机科科长、副科长，专门为阿里地区培训拖拉机驾驶员和修理工共 37 人。拖拉机驾驶员、修理工和社队管理人员由各地（市）县负责培训。同年，自治区农机厅举办了一期县级主管农机工作的领导干部培训班，培训对象为各行署（市）农机局局长、副局长，各县主管农机工作的书记、副书记、主任、副主任，农垦厅、军区后勤农场的场长、副场长，共计培训 55 人。1979 年，西藏培训、复训农机管理、拖拉机驾驶员、内燃机手、修理工等 6 266 人，其中新培训 4 514 人，复训 1 752 人。

八、农业气象

1960 年自治区气象局在西藏拉萨农业科学研究所设立农业气象实验组，对麦类作物作了播种期试验，计算了生物学下限温度（B 值）和有效积温（A 值），并对冬小麦高产栽培进行了小气候观测。1962 年 10 月拉萨农科所在作物育种栽培组设立了农业气象实验研究课题，首先开展了麦类作物生长发育、产量形成与气象条件关系的研究，从当时国内农业气象主要研究 A、B 值中摆脱出来，注重产量形成与气象条件关系的研究。20 世纪 60 年代中后期到 70 年代，农业气象专业配合其他专业先后在达孜县、堆龙德庆县、林芝县、白朗县、加查县等地蹲点，从事群众灭草经验与气象条件关系、休闲耕作制特点及其演变条件、农田土壤水分变化规律、品种区域试验（即地理播种）、引进品种生育特点的观察，对一年两作实现合理轮作的作物种类、品种搭配组合及所需热量条件等进行试验研究。

（一）麦类作物生长发育、产量形成与气象条件的关系

20 世纪 60～70 年代比较集中地研究了麦类作物生长发育、产量形成所需的气象条件，明确了作物各主要生育期所需温度条件及影响产量形成的主要时期及其温度指标，且各项指标在区内不同海拔高度存在差异。其指标表明气温随海拔升高有所降低，作物需要的温度条件也有所降低，此研究成果揭示了西藏农作物分布海拔上限高的重要原因和内涵。通过研究，认识到青稞从播种到出苗期、出苗到拔节期、拔节到抽穗期、抽穗到成熟期各时段所需适宜温度下限。20 世纪 60 年代初，通过采用净复相关分析法处理所获试验资料，认识到气温日较差大不是决定粒重的主要因素，西藏麦类作物千粒重比华北地区高得多，表明气温日较差大不是决定粒重的主要原因。从抽穗到成熟期，西藏广大河谷农区正值雨季，气温较低，无高温逼熟，持续时间长，才是千粒重高的主要因素。这些观点在《植物学报》1975 年 3 期发表的《西藏自治区冬小麦生长条件及其栽培技术》一文中得到较充分的表述，在国内产生了较大的影响。对田间试验资料进行分析后认为，在西藏高原气候生态条件下，冬小麦越冬前有无分蘖及分蘖多少不是决定其安全越冬、成穗数、粒重、粒数的关键性因素，因此，在西藏确定冬小麦播种期不必按国内 3～5 个分蘖作为进入越冬的标准。

通过对冬小麦幼穗分化进行系统观察分析，探索了在西藏高原特殊的气候生态条件下幼穗分化与栽培条件的关系，即冬小麦幼穗伸长期出现的早晚与品种冬性强弱、播种期有关。强冬性品种 10 月上旬播种，越冬前也可进入伸长期。越冬前进入伸长期幼穗分化期虽然很长，但小穗数并不多，而返青前后进入伸长期的小穗数相对较多。伸长期的叶片数与每穗小穗数多少并不呈正相关，而与单株成穗数呈正相关。越冬前幼穗分化达二棱初期，就难以安全越冬。在幼穗分化的不同时期（小穗分化前 10～33 天）追施不同数量的尿素，对幼穗分化持续期长短、小穗数多少无明显影响，这是因为西藏春季气温回升缓慢，幼穗分化持续时间长，对栽培条件反应不敏感所致。1963—1978 年科研人员先后在拉萨、白朗、加查、林芝等地对麦类作物进行测定，结果是麦类作物拔节前生长缓慢，干物质积累量少，拔节后尤其是抽穗开花后干物质积累量强度大。故西藏麦类作物籽粒干物质来源基本上为抽穗开花后的光合作用产物。

（二）土壤水分变化规律和作物需水量及需水规律

20 世纪 60 年代，西藏自治区农业科学研究所科技人员在拉萨河流域的达孜县和年楚河流域的白朗县蹲点期间对几种不同类型土壤在旱季的水分变化状况进行了测定。根据观测分析，西藏河谷农区土壤水分变化规律和作物需水量及需水规律有如下特点：尽管 0～50 厘米土层是土壤水分活跃变化层，但仍有很好的蓄水性能。在不灌溉的条件下，0～50 厘米土层的一个年度的总耗水量在 220～490 毫米，决定耗水量的主要因素是降水量的多少。在旱季田间耗水量多于同期的降水量，土壤水分有所减少，但土壤含水量仍高于田间持水量的 70%。

土壤含水量在作物生育期内不低于田间持水量的 75% 的条件下，春小麦田间耗水量在 120 毫米以上，冬小麦在 170 毫米以上就可正常生长发育，并获得一定产量。但只有在田间耗水量不低于 330 毫米（春小麦）和 350 毫米（冬小麦）时，才能获得较理想的产量。这个耗水量与作物生育期内的总降水量基本上是一致的，尤其是冬小麦更明显。这个时段大致出现在冬小麦的返青后继续分蘖和春小麦的分蘖期（此期间仍处于旱季），无论土壤水分是否充足，灌溉都是有益的。据田间平行观察测定，凋萎湿度为土壤含水量的 3% 和 7% 可定为麦类作物拔节前和拔节后适宜水分的下限指标。从多年的观测结果看，作物耗水量的多少与作物品种生育期有一定的关系，但并非呈正比例增加。从各阶段耗水量看，冬小麦从播种到次年拔节期长达 220 余天，占全生育日数的 71%，但此期间的耗水量仅占全生育期总量的 31.4%，从拔节期到成熟期占全生育日数的 29%，其耗水量却占 68.4%；春小麦，从播种到拔节占全生育日数的 43%，耗水量仅占 34.3%，拔节期到成熟期占全生育日数 57%，其耗水量仅占 65.7%。从耗水强度和耗水系数看，冬小麦从播种到次年返青期耗水强度小于 0.3 毫米，耗水系数为 2.1%～3.3%，此后逐渐增加，并以拔节到抽穗期为最大。春小麦与冬小麦返青后各阶段耗水强度相似，耗水系数则为出苗到拔节期大于拔节到抽穗期。由于耗水强度大，耗水系数高的时段正值西藏雨季，因此生育期的灌水量明显地少于华北地区，这是西藏利用自然降水减少灌溉降低成本的有利条件。

（三）农业气候条件与资源

西藏南北跨 10 个纬度，东西越 20 余个经度，海拔最低处 110 多米到最高处 8 848 米相差 8 700 余米。气候类型多样，可以划分为热带、亚热带、高原温带、高原亚寒带、高原寒带等气候类型。气温年变化小，夏季无高温，冬无严寒，春秋气温上升下降缓慢，限制了绝大多数河谷农区不能种植喜温的水稻、棉花等农作物，但对喜凉的麦类作物、油菜、豆类高产极为有利。广大河谷农区冬无严寒，越冬作物易于安全越冬。春季气温上升缓慢，不少强冬性品种在早春播种也能顺利通过春花阶段正常抽穗成熟；秋季降温缓慢，处于休眠期的种子不经过特殊处理在秋季田间条件不能正常发芽出苗。这些特点为喜凉作物种质资源保存提供了优越的自然条件。

农作物的正常生长发育只能在所能忍受的低温霜冻范畴内才能顺利完成。西藏四大作物（青稞、小麦、油菜、豌豆）在苗期遇低温一般不致于造成冻害减产，灌

浆期遇≤−2℃低温才会迫使籽粒停止灌浆充实影响产量。春季日平均气温上升到0℃到秋季日最低气温出现≤−2℃的生长季以帕里为最短，平均140天，80%保证率不少于850℃；生长期最长的是林芝、波密（2 500米以下的易贡、察隅等除外）平均在265天以上，80%保证率不少于253~258℃，生长季中的积温为3 000℃左右，80%的保证率不少于2 800℃。其他地区变化在帕里与林芝、波密之间。通过分析表明，西藏热量资源虽然不多，但只要注意选择作物种类、品种，热量不是一个限制因素，在栽培技术上也不需要特殊的"促进作物早发、早熟"的措施。

降水量在地区内、年纪间、年内季度间变化较大，对产量在年际间稳产性的影响也较小。西藏日降水量没有或极少50毫米的暴雨，降水量而分布在相对较多的日数里，对农作物生长是较为有利的因素。西藏气温偏低，麦类作物前期处于旱季，生长旺盛时期又处于雨季，干旱与相对较低的温度相配合，土壤水分短缺量和蒸散量较小等是高产稳产的一个重要因素。

通过对4种作物单产处于世界前七位国家的气候和主要生态条件分析看出，西藏少数地区有水稻高产的气候生态条件，有相对较多的耕地具有玉米高产的气候生态条件，60%以上的耕地具有小麦高产的气候生态条件，这已为大面积生产实践，尤其是大面积高产栽培的实践所证实。

根据对西藏自然条件的考察、试验研究资料等，西藏种植业可以划分为5个类型区：暖热湿润区，占西藏总耕地的5.6%；温暖半湿润区，占西藏总耕地的11.4%；温暖半干旱，占西藏总耕地的60.8%，是西藏的主要农区；温凉半湿润半干旱区，占西藏总耕地的22.2%，处于农区和牧区交界处，粮食生产与牧业生产相互促进，很有优势也有特色，长期以来未得到应有重视；寒冷半干旱干旱区，土地面积占西藏的一半（没有耕地）。

九、农作制度

（一）基本农作制度的发展

1. 休闲农作制的改进

西藏民主改革后，人民政府把压缩休闲地、开垦荒地、扩大播种面积作为农业增产的重要措施。加之，政府扶持，使常耕地有了较大的发展，休闲轮耕地面积逐渐减少。

此期虽然休闲轮耕地面积不大，但在继承原有休闲方式的同时，已经注意到利用豆科作物（豌豆、蚕豆、大豆）或豆科饲料作物（胡卢巴、小扁豆等）作为恢复地力的手段之一。主要表现形式是以休闲进行多次土壤耕作或淹灌灭草、疏松土壤改善土壤结构，旱地还要储蓄土壤水分，次年集中使用大量的优质肥料种植青稞，

或掺入少量油菜籽，此后主要靠豆科作物或豆科饲料作物以及油菜单播、混播维持一定地力，再种植作物几年后土壤变板结坚硬失去应有的耕作层，肥力降低，杂草丛生，再进入下一轮休闲。

2. 轮作农作制改进

西藏民主改革前，同休闲农耕制相比，轮作农作制处于次要地位。民主改革后，随着新式农机具、化肥、除草剂等的引进与推广，休闲面积逐渐减少，轮作面积逐渐扩大，20 世纪 70 年代后期已成为西藏主要农作之类型。其改进之处和特点是过去的主要依靠豆类、油菜、休闲恢复地力的状况有所改变，化肥、土壤耕作等也成为恢复地力的重要手段。加之由于产量提高，秸秆相应增多，残留耕地中的根茬和有机肥也有所增加，豆类比例有所减少，油菜比例有所增加。

1961 年，据中国科学院西藏综合考察队考察，西藏利用苦豆和青稞等作物轮作，其后茬作物增产作用相当于种油菜后施 100 袋有机肥料的增产效果，与休闲后大量施肥作用相仿。日喀则县甲措区赛马村的上等地几乎全不休闲，主要措施是利用豆科作物进行轮作。

1963 年，曲水县、堆龙德庆县的作物种类和轮作方式均相似，主要以蚕豆作青稞前茬，青稞后种小麦；墨竹工卡县除有少量休闲地外，主要是作物轮作，青稞的前茬是豌豆或油菜，青稞后种小麦，小麦后油菜豌豆混播。

1964 年，日喀则县塔杰乡有部分耕地不休闲，以雪莎为主与豌豆、油菜、青稞、小麦混播以达到既用地又养地，次年种青稞，第三年青稞、豌豆、油菜混播的轮作方式。

3. 集约农作制的兴起

20 世纪 60 年代主要依靠开垦荒地、压缩休闲地来扩大播种面积，增加粮油总产。进入 70 年代后，随着农机、良种、化肥和农业技术投入的增加，以及推广以冬小麦为中心的优良品种，通过机耕、机播、化肥、农药、除草剂等综合技术措施，提高了单位面积产量，从而增加了粮油总产。这些技术措施的普及、推广及不断改进，强化了对农业生产物质和能量转化、循环的控制和管理，使集约农作制因素不断增长，促使西藏农业进入了集约农作制的初级阶段。

（二）作物布局变化

民主改革后，冬小麦发展很快，在 60 年代西藏推广冬小麦的基础上，70 年代西藏再次扩大推广冬小麦，冬小麦占播种面积的 46.2%，其中部分地区高达 70%，春小麦仅占 2.5%。拉萨市冬小麦种植面积最大时占到播种面积的 40% 左右；昌都县冬小麦面积占小麦面积的 50% 以上；年楚河流域的白朗县冬小麦占小麦面积的 2/3，日喀则市冬小麦占小麦面积的 1/3。此期随着冬小麦的推广，加之乃东等县

的玉米种植逐年扩大，以及察隅、墨脱水稻种植的发展，使西藏农作物布局有了较快较大的变化。

（三）种植制度

1. 种植结构调整

（1）粮—经—饲结构。西藏历史上的粮食作物、经济作物、饲料作物三元种植结构，持续到20世纪70年代，此后又示范推广了一些引进的箭筈豌豆等新的豆科饲料绿肥作物。粮食作物是西藏种植业的主体，50年代播种面积占作物播种面积的95%以上，进入60年代略低于95%，但仍在94%以上，个别年度还突破了95%，1972年及以后低于94%，到1979年变化在92%～94%。

经济作物主要有油菜、花生、甜菜、烟草等。其中，油菜分布最广、面积较大。1973年以前占作物种植面积的3%左右，最少的1969年仅占2.51%，1974年上升到4%以上。其他经济作物分布零散，面积很小。

饲料作物主要为广大河谷农区的作物秸秆和拔除的田间野燕麦等，高寒半农半牧区专门种植的青饲料，还有以作饲料为主的一年生豆科作物——雪莎（又名胡卢巴、苦豆）。冬小麦推广后，由于化肥施用量的增加，雪莎种植面积逐渐缩小。

（2）粮食作物内部结构。西藏粮食作物中青稞分布最广，种植面积也最大，民主改革初期青稞占总播种面积的60%，小麦占10%左右，豆类占15%左右，直到70年代初推广冬小麦前大致保持了这一比例关系。1972年开始在较大范围示范推广冬小麦。到1975年小麦占总播种面积的23%以上，其中冬小麦占15.5%，青稞播种面积降到56%，豆类降到11%；到1979年小麦占总播种面积30%，其中冬小麦发展到最大面积，占23.6%，青稞播种面积降到48%，豆类降到7%。此后又通过压缩冬小麦种植面积，对作物种植结构进行了进一步调整。

此期，各地在重视粮食作物生产的同时，部分地区同时不同程度地增加了其他作物的种植。其中昌都县、索县、浪卡子县等地种植了芜根和其他青饲料比例，察隅及其类似地区增加并扩大了喜温（稻谷）、中温（玉米、大豆）、喜凉作物（麦类）的种植等。其粮食作物种植的总体趋势是随海拔升高，气温降低，青稞比例增大，小麦比例减少。豌豆因受气候条件和人为因素的影响，各地差异较大。

（3）用地与养地作物结构。西藏种植的养地作物有豆科的豌豆、蚕豆、雪莎、小扁豆、花生等，半养地作物有油菜，还有能对土壤养分起一定改善作用的中耕作物玉米、马铃薯、荞麦等。

民主改革初期至冬小麦推广前，养地作物占作物播种面积的20%左右，耗地作物基本占80%左右，即5年内可种植一年养地作物。20世纪70年代，开始大力推行冬小麦后，1975年养地作物降至15.1%，耗地作物上升到约85%，即6～7年中可以有一年种植养地作物。到冬小麦种植面积最大的 1979 年和 1980 年，养地作物分别降至 11.6％和 9％，即 10 年中才有一年可种上养地作物。局部地方变化更大。

2. 种植方式

（1）混作。60 年代以前，西藏农田大多是混作的，以青稞与豌豆混播最普遍，青稞与油菜、豌豆三混播也很常见，豌豆和油菜单作的很少。其目的就是在获得相对较高产量的同时提高土壤肥力。

60 年代以后，随着单作的兴起与发展，混作面积逐步缩小，且类型也逐步向以青稞—油菜、油菜—豌豆两混转变。

（2）单作。60 年代后，随着生产水平的提高，青稞与豌豆混播由于施肥量的增加易出现倒伏，限制产量进一步提高，加之不便于除草剂的使用而趋于被衰减，使得麦类作物单作迅速发展，油菜与豌豆混播有所发展，并与麦类单播分片轮换种植，利于除草剂的使用，耕作方式逐步发生变化。

（3）轮作。西藏各地均有休闲轮作与作物轮作两种形式，但休闲轮作以日喀则地区最为普遍；无论休闲轮作还是作物轮作，均有豆科作物或豆科饲料作物以及半养地作物油菜参与轮换；轮作周期视土壤肥力情况不一，有 3～7 年不等；以豆科作物或休闲作物为恢复地力的重要手段，又以各种混播延缓土壤肥力下降速度，延长轮作周期。

①休闲轮作。西藏民主改革前后休闲轮作很普遍，其形成原因与当地土壤耕作、施肥措施等密切相关。由于休闲耕作中耕地工具（藏犁）仅起到部分（漏耕多）松土作用，对改善土壤结构和灭草效果有限，以及长期的进行休闲，对土地造成的负面影响等，使其仅仅是适应当时生产条件和生产力水平较低的情况下，不得不采取的一项生产技术措施。

②作物轮作。民主改革以后，随着推广新式农机具进行秋、春耕，增施有机肥、化肥、除草剂灭草等综合技术，休闲轮作难以适应生产发展需要，而逐渐被作物轮作制所替代。其突出表现为在当时生产水平相对较高的曲水、堆龙德庆等县的部分区、乡基本上没有休闲地，主要是作物轮作。其沿江河谷耕地的作物轮作形式为蚕豆混入少量油菜籽、青稞和小麦；形成了"青稞多施，小麦少施，蚕豆不施"的施肥方法，以及一般秋耕两次，青稞地春耕两次，蚕豆、小麦地春耕一次的土壤耕作方式。与此同时，历史上休闲轮作很普遍的日喀则县在民主改革初期就有了很成熟的作物轮作制，其强久乡赛马村群众就是在休闲轮作很普遍的区域内实施作物轮作。

从拉萨、日喀则的作物轮作看，豆科作物占 1/3 或更多，并在有机肥不足的情况下，仍注意了相对均衡地施肥或视具体情况施肥。由于轮作周期短，有机肥分解缓慢，能较好地平衡一个轮作周期的土壤养分状况，维持了一定的生产水平。

（4）复种。20 世纪 60 年代初，不少地区如拉萨地区的达孜县、山南地区的扎

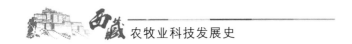

囊县、日喀则农场等，即开始探索利用早熟品种，在第一季收获后，立即播种油菜、荞麦、青稞或雪莎，均有相当的收成。1979 年，林芝县尼也公社进行了冬青稞收获后复种油菜试验，复种油菜 75 亩，收获油菜籽 3 000 千克。通过一年两熟栽培试验和探索，对进一步增加复种指数，促进农作方式提高、技术进步和生产发展具有重大和现实意义。

（四）农田土壤培肥

1. 土壤培肥

民主改革后，党和政府坚持把号召群众积肥、造肥、增施肥料作为提高单产的重要措施来抓。据调查，各地在继续重视豆科作物和休闲地培肥地力作用的同时，大部分地区开始积蓄人粪尿、挖塘泥、利用草皮泥炭等沤制杂肥。日喀则一带的群众利用西藏紫云英在多雨高温季节沤制绿肥；也有利用牲畜圈垫土积尿肥，1 头牛年积土肥约 2 000 千克，1 只羊年约积肥 500 千克，达孜县群众积蓄人粪尿、牛粪灰和挖沟泥做肥料的甚为普遍；墨竹工卡县等地群众还收集多年抛弃的牲畜骨头打碎作土化肥。由于采取多样途径增加肥料数量，使部分耕地每公顷施肥量由 1 500 千克左右增加至 7 500 千克以上。20 世纪 70 年代，西藏开始推广化肥，1973 年为 1 626 吨（折纯量，下同），到 1978 年达 2 万吨。化肥施用量的增长，扩大了土壤养分循环，在提高单产中发挥了重要的作用。

2. 土壤耕作

民主改革后，随着新式犁的推广使用，农业科技人员调查发现藏犁秋耕漏耕占耕层体积的 72%～86%，翻动草根茎量占总量的 7%～21%；操作正确的新式步犁秋耕无漏耕现象，翻动草根茎量占总量 45%～67%。

1967—1972 年，西藏农业研究所在白朗县年楚河沿岸调查发现，历史上该地水浇地无秋耕习惯，春耕也只在然巴草多的地上耕地拣草。但普遍都要进行冬灌，经冬季的冻融作用疏松土壤，春季一边犁地一边播种，接着把地作埂。从 1966 年开始，较普遍地用新式步犁进行秋耕，经连续两年秋、春耕，并坚持在春耕时拣除然巴草等多年生杂草，土壤耕作层变得疏松。

20 世纪 70 年代以后，随着生产条件的改善和新式农机具的推广使用，传统秋春耕经验得到广泛运用，休闲地不断减少，休闲耕作只在局部地域廷用。

第二节　畜牧业科技发展

由于贯彻中央政府为西藏制定的"稳定发展"的方针，使农牧业得到较好的发展，只经过两年左右的时间就完成了西藏的民主改革，取得了伟大的胜利。这一阶段也是西藏农牧业经济发展的重要阶段之一。1960 年，西藏牲畜年末存栏达 1 050 万头（只），比 1959 年增长 10%。到 1965 年，西藏牲畜由 1959 年的 955 万头发展到 1 701 万头；畜牧业产值也由 9 478.8 万元增加到 18 323.8 万元，分别增长 78.1% 和 93.3%，年均分别增长 13% 和 15.5%。1965 年，农业总产值为 3.38 亿元，较 1959 年增长 82.70%，年均增长 10.62%，比民主改革前 7 年平均增长速度高 10.52 个百分点。

1965 年 9 月 1 日，西藏自治区成立，标志着西藏进入了社会主义改造的新时期。1967—1972 年，由于受"文化大革命"的干扰，西藏的农业生产受到严重的影响，农田水利建设放松，许多新的农业技术被废弃。在对农牧业的社会主义改造中，脱离西藏实际，照搬内地人民公社的做法，不少地方一哄而起，一步登天，搞穷过渡，割资本主义尾巴，这些都极大地挫伤了广大农民群众的生产积极性，致使粮食产量连年下降，1972 年比 1966 年下降 8%。畜牧业在基本上还是"靠天养畜"的条件下，搞"一大二公"，致使畜牧业生产发展缓慢而不稳定，一些地区草畜矛盾更加突出。1972 年，牲畜总数比 1965 年仅增长了 1.7%，牧业产值仅增长 13.02%，每年平均增长 2%。

1973—1978 年，是西藏农业生产恢复和发展时期。这一阶段，中央对西藏也增加了大量的财政支援，使西藏农牧业在总体上还是有很大的发展。由于增加了对农牧业的投入，大力进行了农田水利草场基本建设，农牧业生产条件有了改善，良种的推广、耕作制度的改进，以及各级干部和农牧民的艰苦奋斗，每年都有 8 万～10 万劳动力投入农田水利基本建设，使得农牧业生产有了较快的发展。畜牧业也从 1973 年开始，情况有了好转。1973 年和 1978 年召开了西藏第三次和第四次牧区工作会议，确定了牧区"以牧为主，多种经营"的方针，调整了一些牧区工作政策，落实社员自留畜，开始纠正单纯追求牲畜头数的牧业生产指导思想，提出了调整牧业生产结构和畜牧群结构，大搞草场基本建设。改善牧业生产条件，并在农区积极发展养猪业，坚持开展绵羊品种改良和牲畜疫病防治，提倡科学养畜等。这些措施，使这一时期畜牧业得到较大的发展。牲畜总头数从 1973 年的 2 025 万头（只）发展到 1979 年的 2 349 万头（只），主要畜产品产量也有不同程度的增长，肉食增长 30%，绵羊毛增长 27.4%，奶类增长 38.3%，畜牧业产值增长 27.3%。

这一阶段西藏农牧业基本上处于自给自足的自然经济状态，农村生产力水平不高，生产经营方式落后，农牧民商品观念较差，农村市场的发育程度较低的状况仍没有得到完全改善。但是，随着西藏广大农牧民群众从封建农奴制社会进入社会主义社会的深刻而伟大的历史性转变，农牧业科技发展也得到了较好的发展。

一、畜牧业生产科技

（一）畜禽遗传资源研究

1956—1967 年和 1963—1972 年国家两次把青藏高原科学考察列为重点科研项目。1973 年，"中国科学院青藏高原综合科学考察队"正式组成并开始新阶段的考察工作，西藏自治区畜牧兽医工作队李圣俞（1974—1976），江白（1974）、加多（1975）等科技人员参与了此次考察，西藏林芝毛纺厂承担了部分羊毛分析工作。至 1976 年，历时 4 年首先完成了西藏自治区范围内的野外考察，较全面地完成了西藏家畜品种资源调研，并于 1981 年出版了《西藏家畜》。西藏境内家畜品种资源丰富，品种（类群）达 40 多个，其中绵羊、猪、马和黄牛品种（类群）较多。西藏绵羊数量最多，主要为藏系绵羊，其又分为高原型藏羊、雅鲁藏布羊和三江型藏羊。山羊有藏山羊、亚东山羊和引入的萨能山羊以及一些杂种山羊。牦牛各地均有分布，在东南部海拔较低的喜马拉雅山南坡地带还有瘤牛和水牛分布。1966 年，西藏畜牧兽医科学研究所畜牧组，在那曲地区的孔马区开展了牦牛的土种选育，发现了堆牛既适合当地自然环境，又有一定生产性能，是孔马区牦牛中较好的牛种。1974 年卫学承通过调查，发现产于西藏喜马拉雅山南坡的隆子牦牛优良群类。

（二）畜禽品种选育和改良

1. 牦牛

1960 年澎波农场朱金伟、洛嘎等从斯布牧场引进 100 余头种牦牛，在全场范围内开展了牦牛本品种选育，取得了显著成绩。1974—1978 年，洛嘎、土旦吴斯等在澎波农场四队牧场，在进行牦牛本品种选育的同时，进一步对牦牛的饲养管理和奶制品加工进行了研究，并把研究成果推广到全场 8 个牦牛牧场，改酥油酸打法为甜打法，出油率由原来的 7% 左右，提高到 9% 左右，全场酥油总产由 1973 年的 0.9 万千克提高到 2.5 万千克，酥油单产由 1973 年的 9 千克左右，提高到 15 千克左右，出现了酥油单产 17.5 千克的牧场，22.5 千克的牛群。1974 年起林周县牦牛选育场首先引入亚东牦牛和斯布牦牛组建了"亚×林"和"斯×林"两个选育群，经过 12 年的努力取得了良好的成绩。1977 年 12 月，当雄县吴文春对该县牦牛的发展状况，牦牛的外貌及习惯特点，牦牛的生产性能、体尺、体重，牦牛的放牧管理等进行了考察研究，为牦牛的本品种选育提供了科学的依据。

2. 澎波毛肉兼用半细毛羊

20 世纪 60 年代开始进行"澎波毛肉兼用半细毛羊"新品种群培育。1960 年，引进了苏联美利奴羊和新疆细毛羊，在澎波农场（今为林周县甘曲镇所在地）、日

喀则地区江孜县、山南地区浪卡子县、阿里地区札达种羊场开展了与当地西藏绵羊杂交改良工作，细毛羊杂交改良取得了成功，而且新疆细毛羊的适应性优于苏联美利奴羊。

1974 年，按照全国半细毛羊育种规划要求，西藏加入了西南半细毛羊育种协作会，制定了培育西藏半细毛羊新品种的计划，在细毛羊杂交改良成功的基础上，有针对性地从国外引进了边区莱斯特、茨盖羊、罗姆尼等优良种羊，在澎波农场用茨盖羊和边区莱斯特羊，在江孜县用茨盖羊和罗姆尼羊，在浪卡泽县用罗姆尼羊，在札达种羊场用茨盖羊，分别与细杂羊进行了杂交。开展培育西藏半细毛羊新品种的工作。

1978 年，在全面调查与总结西藏自治区绵羊改良工作的基础上，制订了西藏半细毛羊新品种的育种指标，进行了西藏毛肉兼用半细毛羊新品种杂交组合研究，经过 4 年的杂交组合试验，西藏半细毛羊育种加快了步伐。当时，绵羊改良与育种工作基础较好的为澎波农场、江孜县、浪卡子县、札达种羊场。西藏自治区畜牧兽医研究所负责澎波农场彭波毛肉兼用半细毛羊新品种和浪卡子县半细毛羊新品种育种工作，江孜县和扎达种羊场分别由当地技术人员负责。

1979 年，西藏自治区畜牧科学研究所在雅鲁藏布江流域的河谷地区及羊卓雍措湖盆地区开展了培育西藏半细毛羊杂交组合方案的研究。提出了在当地藏羊毛品质较好的地区，先用茨盖杂交，获得茨藏一代杂种母羊，然后与边来或罗姆尼公羊交配，产生边茨藏或罗茨藏二代。再从中选出理想型进行横交，非理想型母羊用理想型公羊或其他半细毛种公羊交配，获得理想型杂种后代，进行自群繁育，淘汰非理想型公羊。在当地藏羊被毛品质较差的地区，先用细毛种公羊杂交，获得一代细杂，再用边来或罗姆尼等交配，获得边细藏二代杂种羊，从中选出理想型横交，母羊用理想型公羊或半细毛公羊交配，淘汰非理想型公羊。上述两个方案基本符合西藏实际，可以取得好的效果。

在 70 年代全国培育毛肉兼用半细毛羊新品种高潮的影响下，以江孜、澎波、浪卡子为重点，集中科技人员进行杂交组合研究，工作重点逐步转移到条件较好并有一定数量的新藏、新美藏细毛杂种的国营澎波农场种畜场，最后选育成功（1988 年通过西藏自治区鉴定）。

3. 黄牛改良

20 世纪 60 年代，由原西藏自治区筹委农牧处薛宪文等从东北、陕西先后引入良种牛西门塔尔牛、三河牛、秦川牛、荷斯坦牛、阿拉塔乌牛等品种，进行适应性观察和杂交试验。当时因技术原因，采用本交方法，在拉萨西郊留下部分杂交后代。由于良种牛对高原严酷的生态适应较差，死亡较多，同时留下少部分的纯繁。70 年代初将仅留下的西门塔尔牛、三河牛经澎波农场饲养一段时期后转移到林芝饲养。1977—1978年王德等从林芝将西门塔尔牛后代引至贡嘎进行人工授精改良山南黄牛，并产生了部分杂交后代，但在海拔3 600米地区，纯种牛仍表现不适应和无纯繁记录。1979年西藏畜牧科学研究所王德、漆清玉、王成书，西藏贡嘎县兽防站达娃罗布在贡嘎县江雄、甲日两公社开展黄牛改良，结果表明用西门塔尔牛和滨州牛改良当地黄牛是可行的。

1979年，西藏自治区畜牧科学研究所王德、卫学承、王成书、李天培、益西多吉、洛桑强白，拉萨兽医总站贡嘎在拉萨城关区翻身、红旗两公社，澎波、八一两个国营农牧场，进行了使用冷冻精液人工授精的试验方法，获得高原上两批冷冻精液杂种牛犊，解决了高原引种困难问题；为摸索培育高原乳肉兼用新牛种的杂交组合方案提供了科学依据，为加速黄牛改良的速度，合理开发优良品种资源，打破引种界限等打下了良好的基础。

4. 拉萨白鸡品种群

1960年，由西藏农业研究所、七一农场顾有融等从川、滇、陕引入来航鸡为父本与藏母鸡进行杂交，经若干代选育后，移入西藏自治区畜牧兽医研究所进行系统繁育，并经后来引入星杂288导血杂交后，又经4个世代系统选育而培育出适应高原生态环境的轻型蛋鸡新品种群（1990年经西藏自治区科委组织专家验收鉴定后，定为"拉萨白鸡"品种群）。

5. 马

1961年起，澎波农场先后从国外引进顿河、阿尔登等优良种马，用人工授精的办法对全场500余匹适龄母马开展了改良工作，由于种种原因，受胎率仅达50％左右；为提高马匹人工授精受胎率，1968—1980年，刘江、扎西拉旺、纲祖、次仁云旦等人又对马匹人工授精问题进行了研究，把马匹人工授精受胎率分别提高到70％、89％；1977年扎西拉旺在澎波农场八队配种站采用配血驹及在母马排卵旺期每天早晚各输一次精等办法，将受胎率提高到了95％，受到了国家农林部的奖励；到1980年该场马匹总数达3 000余匹，改良马占45％，每年向西藏提供种马及役用马100～300匹，深受农户的欢迎，达到了较好的社会效益和经济效益。

6. 藏猪

从20世纪50年代开始，驻藏人民解放军不断由内地引入各种猪在西藏饲养繁殖，对部分藏猪进行杂交。从1960年开始，有关部门及国营农场开始大量引入荣昌猪、内江猪、新淮猪、约克夏猪、巴克夏猪、苏白猪、长白猪等品种，进行纯种繁殖和改良当地藏猪，改良当地藏猪在增重上比藏猪平均高出3倍。据自治区畜科所试验，在舍饲条件下，180天肥育期内巴藏猪增重64.19千克，苏藏猪增重60.73千克，约藏猪增重60.44千克，藏猪仅增重22.36千克，杂交猪迅速在广大

农区、半农半牧区及交通沿线逐渐代替了当地藏猪。1977 年，西藏自治区畜牧兽医科学研究所陆生辉、丹增群佩等进行了西藏猪的两品种杂交育肥对比试验。1977—1979 年由西藏自治区畜牧兽医研究所路生辉、单增群佩进行了利用巴克夏、约克夏、苏白、长白 4 个父系猪种与藏猪杂交试验，建立"苏×藏""巴×藏""约×藏"品种杂交的组合与藏猪对照，结果与上述试验相同，即"巴×藏"组合屠宰率高，育肥期短，瘦肉率高；"苏×藏"组合耐粗饲，产肉脂力强，增重快；"约×藏"组合饲料报酬低，且适应性差。

（三）高原家畜生理生化

1975—1976 年中国科学院青藏高原综合考察队在普兰县（海拔 3 700 米）共测母驴 10 头，在日喀则（海拔 3 836 米）测母驴 8 头，其他地方 2 头，共 20 头母驴，结果：平均体温（36.6±0.777 4）℃、呼吸（20.4±1.897 3）次/分钟、脉搏（59.2±6.124 6）次/分钟、每 100 毫升血液中血红蛋白（563±50）克、白细胞（12 287±1 868）个/毫米^3；1991 年 8 月姜生成于浪卡子县对西藏高原 26 头藏驴的血细胞特征进行了研究，结果表明，世居高海拔的浪卡子藏驴其红细胞总数、白细胞总数、红细胞直径均比世居低海拔地区驴高，淋巴细胞和杆状核中性粒细胞亦比平原地区驴高，这种差异性，说明西藏高原驴为适应高海拔低氧压环境而产生了组织结构和生理功能的适应性变异。

二、草地研究和饲料生产科技

西藏民主改革以后，为解决长期困扰牲畜饲草料短缺问题，西藏自治区进行了草原调查、草资源保护、牧草引种试验、人工种草、饲草料加工、草原建设等方面的研究和推广工作。

（一）草资源调查和保护研究

对牧草资源的调查研究，在 1959 年以前是与藏医药的发展不可分的。1959 年珠峰登山科考队再次考察了珠峰地区植被；1960—1961 年中国科学院西藏考察队重点调查了西藏中部植被类型和分布规律、羌塘东南部草原的特点等，并撰写了考察报告，在报告中依据牧草生态特征、地形、地势、牧草种类将该区草地划分为 2 个草场型、5 个亚型和 19 个草场；1964—1965 年西藏自治区畜牧兽医研究所首次开展羌塘无人区东南部草场进行了植被类型、牧草种类、覆盖度、产草量、物候期、藏羊采食量的调查，编写了调查报告。为了开发利用羌塘无人区草场，1965—1966 年，以西藏自治区畜牧兽医研究所、那曲农牧局组成的羌塘无人区综合考察组深入无人区腹地 30 余千米，初步了解当地的地形、水源和牧草生态情况，为 20

世纪 80 年代开始无人区草场建设和建立双湖、文部办事处提供了科学依据。由于"文化大革命"的原因，该项目调查后来被迫停止。1964 年中国科学院泥石流考察队在波密进行了山地植被调查研究；1966—1968 年中国科学院西藏考察队对珠峰周围植被类型特征及分布状况，珠峰北坡、定日盆地等的天然草场进行了详细的植物学调查；1967 年由原西藏自治区农牧厅组织力量，深入无人区进行羌塘中部草地考察，为开发无人区草地提供了科学依据。1973—1975 年中国科学院考察队先后在藏东南察隅、波密、林芝、墨脱及"一江两河"地区进行了比较深入的植被和草地考察，1976 年又对昌都、那曲、阿里、羌塘地区进行细致地考察，编撰了《西藏植被》和《西藏草原》两部专著。1973—1974 年中国科学院西北生物研究所对墨脱、阿里的植物区系、植被、藏药和牧草进行考察；1979 年中国科学院长春地理所对西藏沼泽进行了考察。

在草地保护方面，20 世纪 60 年代主要是对发生的个别虫害进行了研究和防治。1965—1966 年西藏畜牧兽医研究所对发生在那曲东部大面积草原毛虫的虫口密度、越冬虫数、生活史、危害面积、危害程度、损失等进行了研究，并利用可湿性六六六对其进行防治，杀灭率达到 97.3%。

（二）牧草引进试种及人工种草

西藏和平解放以来，各级政府采取多项政策，促进了畜牧业的迅速发展，在 20 世纪 70 年代末期全自治区畜牧总头数已突破 2 000 万大关，比民主改革时期增加了 1.5 倍。同时出现了冬春放牧草场的日益紧张，每年由于冬春季节的严重缺草，造成大量牲畜死亡和质量下降，尖锐的草畜矛盾已经成为影响畜牧业稳定发展的关键性问题。为此，老一代科技工作者于 70 年代提出建立人工草场、半人工草场以及对天然草场进行保护等措施来增加草地的生产力，解决冬春季缺草问题。

1965—1968 年开展了那曲牧草引种试验，从 1974 年开始，西藏畜牧兽医研究所利用 6 年时间先后引进 132 个牧草和饲料作物品种，分别在拉萨扎基林卡区、当雄县拉根多乡、林芝种畜场、七一农场畜牧队、八一农场三队等地开展了牧草引种、栽培及人工种草试验，经过试种筛选，认定有 46 种牧草和饲料作物适宜在西藏海拔 4 300 米以下地区栽培，其中有禾本科、豆科、莎草科、十字花科等 14 种牧草和饲料作物表现良好，可以大面积进行人工种植。此期的牧草引进与筛选，为以后西藏人工种草奠定了基础。

（三）饲草饲料加工

1. 秸秆加工

作物秸秆作为饲料体积大，质地粗，还有一定的木质素，不易消化。通常是通

过切短、粉碎、浸泡后饲喂牲畜效果较好。西藏传统上是在青稞、小麦脱粒时用牦牛、毛驴踩场，同时就把秸秆践踏柔软，有利饲喂，也有喂前用水浸泡后饲喂的做法。20 世纪 70 年代，随着联合收割机的应用，在联合收割机收割青稞、小麦时，自动将作物秸秆打碎为作物秸秆饲喂牲畜提供了方便。

2. 青储饲料

20 世纪 60 年代，七一农场等部分国营农场采用窖贮法对青饲料进行了储藏。1977 年，江孜县进行了饲草青储试验。其方法是将正在生长时期新鲜的饲料作物和牧草的青嫩茎叶作为原料，通过切碎、压紧、密封、储存于储贮窖或青贮塔中，利用乳酸菌的发酵作用，制成一种能较长期保存、气味芳香、适口性良好、营养丰富的青储饲料、多汁饲料，供家畜冬春时期饲用。

青饲料蛋白质含量高，维生素种类多，幼嫩汁多，适口性极好，但西藏在一年当中，只有温暖的季节才有青饲料生长，漫长的冬春季节因植物无法生长而难以供给，青储饲料可以弥补冬春季青饲料不足的问题。青储饲料调制过程中，养分损失很小，一般为 10%，特别是维生素较精料、秸秆、干草含量更多。青储饲料可以为冬春季饲养家畜提供青饲料，有利于家畜的健康，提高乳产品量和生产性能。青储过程中因有乳酸菌发酵产生乳酸，酸度可以达到青料总量的 1.5% 以上，使各种不利微生物难以生存，从而可以安全地较长时间地得以保存，而且保存方法简单，投资少，饲料来源丰富，饲料作物、牧草、蔬菜、野草、块根、块茎的藤蔓都可以作为原料青储，此类青料不仅得到充分利用，而且保留了叶片不遭损失，提高了饲料品质，并依靠其清脆芳香的特性，改善了适口性。

青储所用的原料以青玉米为主，还有燕麦草、田间杂草、蔬菜边叶、南瓜藤等。玉米茎秆是优质的青储材料，玉米灌浆期刈割，此时青秸秆产量高、营养好。

三、畜禽疫病防治技术

(一)疫病、寄生虫病普查

1977 年 12 月至 1980 年 3 月，西藏自治区农牧厅组织西藏畜兽医研究所、西藏畜牧兽医队和各地（市）、县农牧主管部门、兽防单位在西藏进行了第一次家畜疫病调查，共查处了西藏（除了阿里外）发生过的家畜疫病有 93 种，其中传染病有 54 种、寄生虫病 25 种、中毒病 14 种。

1974 年西藏畜牧兽医研究所和当雄县对中嘎多公社的绵羊、山羊体内的寄生虫进行调查；1976—1978 年西藏畜牧兽医研究所分别对发生在拉萨的猪旋毛虫和猪囊虫病、拉萨锥实螺感染肝片吸虫幼虫、察隅地区的黄牛血孢子虫等进行了调查。

（二）传染病防治

1976 年西藏畜牧兽医研究所分别在拉萨郊区的达孜、堆龙德庆县发现山羊肛门部皮肤癌，该病致死率高，对畜牧业危害严重。通过与北京肿瘤研究所合作进行病因研究，最后确诊两株疱霉为主要的治病因子；通过治疗研究，最后筛选出"8202"制剂，经对该病进行治疗，疗效达 96％。

从 20 世纪 50 年代末起，西藏相继对家畜传染病进行了研究。1959—1968 年西藏畜牧兽医研究所开展了牛肺疫病研究；1963—1980 年自治区畜牧兽医研究所对链球菌进行了研究；1963 年起先后由西藏畜牧兽医研究所、西藏自治区卫生防疫站、西藏自治区畜牧队等对发生在西藏的人畜共患的布鲁氏病进行了较长时期的研究，并提出了防治措施；1974 年起西藏畜牧兽医研究所对羊快疫、猝狙和肠毒血症进行了研究；1974 年起先后由西藏自治区畜牧队、西藏畜牧兽医研究所联合对那曲和日喀则地区五号病进行了研究，并达到基本控制标准；1974 年起先后由西藏畜牧兽医研究所、西藏自治区畜牧队联合对发生于西藏的肉毒梭菌中毒病进行了研究；1974 年起先后由自治区畜牧队、西藏畜牧兽医研究所、拉萨市畜牧兽医总站联合对牛气肿疽病进行了研究；1976 年起西藏畜牧兽医研究所先后对猪瘟引用荧光抗体法进行诊断，阳性检出率为 72.5％；1976 年起西藏畜牧兽医研究所对羊口膜炎进行了研究，并借助电镜对病毒粒子进行观察。

（三）家畜寄生虫病防治

1974—1975 年西藏畜牧兽医研究所在当雄县用国产硝氯酚分别对绵羊和牦牛的肝片吸虫进行了疗效试验和毒性观察，结果表明，此药毒性低、疗效高、用量小；1974—1975 年西藏畜牧兽医研究所用驱虫净分别对绵羊丝状网尾线虫、消化道线虫、牦牛胎生网尾线虫进行了驱虫区域试验和毒性观察；1977 年西藏畜牧兽医研究所使用苯咪唑驱除绵羊线虫的试验研究，效果良好；1979—1980 年西藏畜牧兽医研究所进行了钴 60 丙射线致弱丝状网尾线虫三期幼虫免疫绵羊的研究，结果显示，口服免疫羊保护率达 77.22％，皮下注射免疫羊达 85.03％，效果良好。

（四）常见病防治

1. 牛的瘤胃积食　牛的瘤胃积食病是由于采食了大量难消化、易膨胀的饲料所致。该病在西藏牛羊中经常发生，主要是过食大量粗纤维饲料引起的急性瘤胃积食。诊断上应与瘤胃鼓气、前胃弛缓加以区别。防治上关键在于排除瘤胃内容物，用药促进胃蠕动以及清胃。

2. 牛羊的瘤胃鼓气

牛羊的瘤胃鼓气病在牛、羊中发生最为常见，特别是夏季放牧于茂盛的草地时，牛、羊采食大量的易发酵的豆科牧草、紫云英、苜蓿、萝卜叶、豌豆及酒槽等饲料、饲草。采食雨后的青草，或经霜、露、冰冻的牧草均可以引起臌气。其主要症状是左腹部急剧膨胀。治疗原则是及时排出气体，制止瘤胃内容物发酵。鼓气严重、有窒息危险的，必须采用套管针穿刺瘤胃放气。

3. 犊牛肠套叠

犊牛肠套叠是一段肠管伴同肠系膜套入与之相连的另一段肠管内，形成双层肠壁重叠现象。常发生于冬季，多见于哺乳牛犊。病因为母乳浓稠或变质、消化不良或暴饮冰水引起硬肠管痉挛性收缩所致。治疗上通常都以进行肠管切除术和肠管端吻合术为宜。

4. 家畜肠痉挛

家畜肠痉挛病是西藏大小家畜常发生的一种疾病，以马、牛、羊最为常见。约60%病畜是因不适当饮水所致，尤其饮服冰水或大汗之后立即暴饮，以马、牛最为明显，称为马疝痛。

5. 猪食盐中毒

食盐是重要的饲料成分，但采食过多或饲喂不当，将引起家畜中毒，其中尤以猪的发病率较高。症状：中毒猪最急性者自病始即显衰弱，肌肉震颤、躺卧、四肢做鸭泳样动作，很快虚脱以至昏迷而死。其症疗法分别是：①肌肉注射溴化钾、硫酸镁等镇痉药；②5％葡萄糖溶液注入腹腔；③灌服油类泻剂和利尿剂等。预防：猪对食盐敏感，所以在猪的日粮内，含盐量不应超过 0.5％，不宜用食堂放置长久的剩菜等喂猪。

6. 家畜劲直黄氏中毒

劲直黄氏是豆科草本植物，分布于西藏各地，据调查能引起家畜慢性中毒和死亡，给西藏畜牧业造成较大损失。

（五）生物药品

自 1965 年开始，西藏加快了兽用生物制品的研制和生产，其品种、数量逐年增加。研制生产出的兽用生物制品从 1965 年的几个品种、产量仅 200 多万毫升（头份）增加到 1980 年的 20 多个品种，产量达 7 000 多万毫升（头份）。1970 年年底，边境发生口蹄疫，西藏生药厂研制生产了甲型、乙型疫苗 600 余万头份。此期，还研制生产出了许多兽医生物制品，对防治家畜疫病起到了积极的作用。

（六）藏兽医药

西藏兽医药业自 20 世纪 60 年代进入全面发展时期。1966 年开始，西藏畜牧兽医研究所利用西藏当地生长的小檗科小檗属三棵针为原料，经过 10 多年的试验研究，研制出了三棵针酊剂，治疗羔羊腹泻，疗效达 93％以上。1975 年西藏畜牧兽医研究所为探索出治疗牦牛肝片吸虫病的验方，在当雄县拉跟多 5 个生产队进行了"贯仲散方剂"的疗效试验和毒性观察，通过对 319 头牦牛进行试验，疗效达85％。1976 年至 1978 年西藏畜牧兽医研究所科技人员收集、整理民间藏兽医验方126 个、汇编验方集两册，绝大多数验方被《中藏兽医验方集》所收录。1978 年西藏畜牧兽医研究所以当地中草药作原料，研制成黄岩酊，治疗牲畜腹泻，试治 5 例牦牛腹泻，每头灌服黄岩酊 10～15 毫升，一次即愈。1977 年西藏畜牧兽医研究所科技人员使用在林芝县采集的低糖植物长松萝做原料，采用回流提取法提取出所含的松萝酸，制备成钠盐，即松萝酸钠，并配制成 1％～2％的溶液对绵羊肺线虫进行驱虫试验，驱虫率达 84.7％。

第三节　园艺技术

一、蔬菜栽培技术

自 1959 年起，西藏蔬菜业除继续扩大引种范围外，重点进行了温室改进和栽培技术研究，解决了一些高原特有的栽培技术问题，促使产量不断提高。尤其是20 世纪 70 年代末塑料大棚栽培、一年多季技术的运用，使喜温蔬菜种类增多，单位面积产量进一步提高。

（一）温室改进

1. 地热温室

20 世纪 60 年代，谢通门县利用温泉建造玻璃温室，冬季生产小白菜，播后 20多天即可采收。拉萨羊八井，地热出口温度 120℃以上，70 年代中期，开始用地热温室栽培蔬菜，种植黄瓜、番茄、辣椒等喜温蔬菜。但因该地土壤及水中含有溴等有毒物质，对人体健康有害，虽采用温室融土法进行处理，但栽培面积不大。

2. 单斜面玻璃日光温室

1960 年，针对折腰式加温温室生产成本较高、所用燃料紧缺、实用性不强等缺陷，对加温温室进行了改进研究，开始发展单斜面玻璃日光温室，有效地降低了成本。

3. 塑料大棚

为更加有效地利用西藏的太阳光能资源，促使蔬菜保护地不断朝着投资少、易建构、管理方便、效益好的方向发展，1977 年，拉萨农业试验场在广泛实验研究的基础上，首次建造了一座 500 平方米竹木结构塑料大棚。这座大棚具有结构简

单、轻巧、一次性投资较少等优点。当年栽培的黄瓜、冬瓜、番茄、辣椒、茄子等蔬菜，生长良好。黄瓜一亩一茬产量 12 500 千克。其优越的生产性能，推动了以塑料大棚为主的保护地的迅速发展。

（二）栽培技术研究

20 世纪 60 年代，拉萨七一农业试验场在加大对露地蔬菜栽培、生产技术试验示范的同时，逐步加快了玻璃温室蔬菜培育和生产技术试验示范。采用玻璃温室蔬菜生产技术，不仅攻克了拉萨地区冬春季黄瓜、番茄、四季豆等部分喜温蔬菜生产的技术难题，而且大幅度提高了蔬菜产量。冬春季生产的黄瓜、番茄、四季豆、油菜一茬单产达 34 167 千克/公顷、31 369.5 千克/公顷、11 667 千克/公顷、33 330 千克/公顷。并在进一步探索和总结栽培技术与成果的基础上，采取蹲点、参观、技术培训等方式，在西藏主要城镇、机关单位和部队大力推广，使日光温室面积在西藏各地迅速扩大，仅阿里地区就由 20 世纪 50 年代的 2.7 公顷增加到 70 年代的 20 余公顷，有力带动和促进了西藏蔬菜生产的发展。

为贯彻"城市郊区农业生产为城市服务"方针，从 1967 年起，西藏农业研究所派出科技人员先后在城关区八朗学居委会（即愚公公社）和胜利蔬菜生产合作社建立示范基点，广泛传授新技术和推广新的蔬菜种类，改进栽培方式和种植制度。改露地直播、撒播为育苗移栽，改一年一季为一年二至三季和周年生产。到 20 世纪 70 年代末，拉萨郊区成功地推广种植了 30 多个种类蔬菜，冷床育苗、日光温室、塑料大棚、地膜覆盖技术从无到有，广泛应用。群众掌握了从未种植过的番茄、茄子、黄瓜、西瓜、菜豆、南瓜、韭菜、花椰菜、洋葱、大白菜等栽培技术，平均单产从 22 500 千克/公顷提高到 75 000 千克/公顷以上。实现了周年生产，均衡供应，为建设拉萨郊区生产基地作出了突出贡献。1962 年蔬菜专家陈广福杂交育成日喀则 1 号大白菜，70 年代，拉萨农业试验场用油菜与白菜正反杂交，选育出藏白 2 号、藏白 12、藏白 15、藏白 17 等大白菜系列优良品种，进一步解决了高原大白菜的先期抽薹问题。

20 世纪 70 年代后期，拉萨农业试验场应用塑料大棚栽培黄瓜、冬瓜、番茄、辣椒、茄子等喜温蔬菜，表现出早熟，产量高、品质优良等特性，其中黄瓜单产高达 187 500 千克/公顷，充分显示出塑料大棚栽培蔬菜的优越性和应用前景。

二、果树栽培技术

（一）果树引进与栽培试验

西藏果树业在 20 世纪 50 年代引种和栽培试验的基础上，60 年代至 70 年代末，进入了品种引进与栽培技术研究同步发展的新时期。

1961年，西藏军区后勤部从东北、山东等地引进优良果树苗，分别在八一农场、米林农场、易贡农场试种成功，并获得丰收。

1961—1963年，西藏农业研究所协助自治区筹委农牧处先后从河北、辽宁、山东、河南、甘肃、四川、陕西等省引进大量果树苗木，在拉萨、林芝、山南、昌都及日喀则等地进行栽培，并在林芝、米林、加查、易贡等国营农场建立了较大规模的果园。栽植总数达100余万株，同时开展了果树栽培技术研究，解决了一些高原特殊的技术问题。1970年前后，又从北方各省市引进苹果、梨、桃等果苗10余万株。1963年开始研究探索并掌握了砧木苗培养、芽接方法、嫁接苗木管理技术。20世纪70年代后期生产上开始批量育苗，苹果、桃苗的培育逐步走上以就地采种、播种培育砧木、就地嫁接繁殖为主，辅以区外引种调节的发展之路。实践证明，利用西藏当地的果树砧木资源培育的苗木，适应性强、生长快、抗寒、抗旱。

同时，针对西藏果树发展初期，相当一部分果园建立在比较贫瘠的土地上，土质不良、地力贫瘠，果树生长缓慢，对干旱霜冻的抵抗力弱，不能适龄结果、产量很低的问题，西藏农业研究所的科技人员进行了大量的研究工作与试验示范，采用深挖扩穴措施，为果树根系生长发育创造了良好的土壤环境条件。经过多年试验和观察，探索和总结出了苹果以主干层树形为整形修剪的原则与方法。

20世纪70年代，雪巴、易贡、察隅3个农场，针对地处藏东南林区，气候湿润多雨，具有发展经济林木的气候优势的特点，开始大面积种植水果，使其成为了西藏名副其实的水果生产基地，每年生产苹果1 000吨以上，品种有苹果、梨及桃、葡萄等十多个品种。米林农场在栽植果树过程中，为解决果苗问题，技术人员自己采集种子嫁接育苗，经过两年试验，突破了高原嫁接技术难题，成功掌握了嫁接技术，不仅保证了农垦内部发展需要，而且还向米林县、林芝县、山南地区、附近部队提供果苗2万多株。1975年，米林农场嘎玛果园黄香蕉苹果在西南地区果品评比会上获得第一名。

随着西藏果树栽植规模的扩大及果品业生产的发展，病虫害危害也不断加剧。为此，拉萨农业试验场的科技人员及时调整方向，加强对果树保护方面的研究，在掌握了苹果棉蚜、白粉病和桃细菌性穿孔病等发生危害规律的基础上，进行化学防治试验，提出了综合防治措施，有效地控制了果树病虫害的发生、发展，取得了较好的防治效果。同时，采取多种有效方法，大量增加了西藏农业研究所果园的品种，使之成为具有丰富遗传基础的资源圃，其中包括苹果98个品种、梨66个品种、桃8个品种共2 256株，筛选出苹果、梨、桃优良品种20余个，并在总结栽培管理技术的基础上，大面积进行了推广种植。

由于西藏果树大面积种植，苹果、梨、桃等1～5年生的幼树在越冬期间出现

了抽干现象。发生抽干的植株残缺不齐，树形紊乱，结果期延迟，严重阻碍了果树生产的发展。针对此问题，拉萨农业试验场的科技人员在充分调研分析发生抽干的原因后进行了多项实验，提出了选择适宜当地气候条件的品种和砧木，采用高接换种，控制生长发育过程的办法，提高幼树越冬能力；进行合理的修剪和间作，采用埋土、培土和灌冬水等综合技术，较好地控制了抽干现象的发生。其成果在 1978 年全国科学大会上获得了奖励。

为发展果树生产，科研部门始终坚持科研、推广并重的原则，及时将科研成果应用于生产。此期，拉萨农业试验场曾多次派遣科技人员在林芝、密林、加查、朗县、曲水、亚东、波密等地进行调查研究和培训技术骨干，运用已有的科研成果与实用技术，配合当地大力发展以苹果为主的果树生产，并积极协助有关部门建立了林芝果园、嘎玛果园等，为西藏果树业的发展作出了应有的贡献。

（二）资源调查与资源利用研究

从 1966 年起，先后由中国科学院青藏高原综合科学考察队、中国农业科学院和西藏农牧科学院联合组织的西藏作物品种资源考察队以及西藏农牧科学院和林芝县组成的林芝县果树资源调查小组，对西藏果树品种资源进行了调查，基本上完成了全自治区适宜种植果树的 5 个地区中的 40 个县的野外调查任务和室内资料的整理。调查结果显示：全西藏约有果树 180 种，分属 22 个科、37 个属。在全国果树中，约有 1/4 的种在西藏有分布，其中绝大部分为西藏原产，为"西藏高原是世界果树起源中心之一"的论点提供了充分的依据。

此外，考察过程中，科技工作者发现了干周 10 余米、树龄逾千年的古老光核桃。这棵古树至今仍生长旺盛，结果累累，成为国内外罕见的"光核桃树王"；发现了植株高达 30 余米，干周 11.7 米，树龄逾千年的核桃树；发现了植株高达 2 米，干周 2.2 米，树龄约 300 年的栽培梨树；发现了处于野生状态，树龄 200 多年的石榴树；发现了干周 1.68 米，树龄约 200 年的老葡萄树等一批珍贵的稀有果树资源。还发现了成片生长的野生核桃林，大面积的光核桃、野生葡萄、野生猕猴桃、野生木瓜、石榴等果树林。其中发现的林芝县东久的腺毛核桃，青果皮，密被腺毛，果序呈穗状，一般着生 9～12 个果，最多的达 23 个果，是核桃育种的珍贵种质资源。

与此同时，在收集、保存、利用果树资源（包括野生和栽培果树）方面，以及对几种主要果树种质资源进行鉴定、评价方面，也取得了一定进展。

（三）果树栽培品种

1. 苹果品种

（1）红星。原产地：美国。为元帅芽变品种，1922 年定名。20 世纪 60 年代引入西藏。本品种树冠高大，树性强健。树姿幼树直立，盛后则半张开。结果较晚，定植后 4～5 年开始结果，初期幼树挂果较少，盛果期丰产，耐贮运。

（2）元帅。又名红香蕉、红元帅。原产地：美国。为偶然实生苗，1895 年定名。20 世纪 60 年代引入西藏。本品种树冠高大，树性强健，树姿盛果期开展。结果较迟，定植后 5～6 年开始结果，丰产，较耐贮运。

（3）红冠。原产地：美国。为元帅系芽变种。20 世纪 60 年代引入西藏。本品种树冠中等大，树性强健，树姿半开展。结果较晚，坐果率较低，不丰产。

（4）祝。又名祝光、白糖、伏香蕉、美夏。原产地：美国。1817 年定名。20 世纪 60 年代引入西藏。本品种树冠高大，树性强健，树姿直立。结果较早，定植后 4～5 年结果，丰产性较差，不耐贮运，易感染白粉病。

（5）红玉。原产地：美国。1826 年定名。20 世纪 60 年代引入西藏。本品种树冠高大，树性较弱，树姿开展。结果较早，定植后 4～5 年结果，丰产，抗病力弱，耐贮运。

西藏引入的苹果除以上几个主栽品种外，还有富士、秦冠、华农 1 号、国光、印度、磅苹、黄太平、伏花皮、黄傀、大国光、青香蕉等少量栽培的品种。

2. 梨品种

（1）苹果梨。原产地：朝鲜。20 世纪 60 年代引入西藏。本品种树体高大，树姿开张，树势中庸。早果，丰产，抗寒，抗旱。

（2）巴梨。又名香蕉梨。为英国品种。20 世纪 60 年代引入西藏。本品种树体高大，树姿半开张，树势中庸。早果，丰产，抗病，不耐贮藏。

（3）苍溪雪梨。原产于四川苍溪县。20 世纪 60 年代引入西藏。本品种树体中等大，树姿开张，树势强健。一般单果重 300～500 克，最大可达 1 500 克。

3. 桃品种

（1）上海水蜜。1956 年引入西藏栽培，拉萨、林芝等地均有种植。果实大，平均单果重 200 克，最大单果 339 克。

（2）早熟桃。1972 年引入西藏。果实中等大，平均单果重 95 克，最大 155 克。味甜酸适口，品质中上。

（3）北京一号。本品种 1972 年引入西藏拉萨栽培。果实中大，平均单果重 91.5 克，最大重 135.2 克。味甜，品质中上。

第四节　农业分析与测定

西藏农业分析事业，自 20 世纪 60 年代初开始起步。此期，为配合施肥试验搞好测试工作，西藏农业研究所购置了部分仪器设备，基本满足了肥料试验要求。

1960年，西藏农业研究所为搞好科研和高寒青稞试种等试验，首先在土肥组开展了土壤、肥料和作物品质的部分检测项目。1963年，为配合化肥试验，开展了一些化验分析工作，分析测定基础条件得到了一定的改善，分析化验人员队伍相对得到了稳定。

1973年为配合青藏高原考察，西藏农业研究所正式组建了土肥化验室，其后，中科院地理所派出专业技术人员携带部分分析测试设备进藏，并培训了有关化验人员。至此，西藏本地第一代农业分析化验人员正式诞生。1974年，西藏农业研究所承担了西藏土壤分类项目和综考队山南土壤样品分析测试任务，考虑此时的化验室分析测定设备还比较少、相对落后，人员素质还不高，分析测定能力和测试项目十分有限等问题，为提高分析测试人员水平，完善分析检测项目，同年底化验室派出李义德和李玉梅同志赴中科院地理所化验室学习分析测定技术并在该所测定了山南土壤样品全钾、速效钾的项目。此后，通过老同志的传、帮、带和外出学习培训，提高了人员检测能力，增加了分析测试设备，检测条件和手段得到了改善，土壤常规测试项目和品质分析的部分项目已能够独立开展。1975、1976年分别独立完成了日喀则和昌都地区综合考察队搜集样品室内分析测定任务，受到了综考队的好评。

1978年西藏土壤普查工作开始，土肥组化验室卢耀曾和毛义礼两位同志参加了西藏土壤普查培训工作，并在土肥组化验室举办了西藏各地市土壤普查人员分析化验培训班，随后各地相继建立了土壤普查化验室。1979年土壤普查试点（达孜县）工作全面铺开，以西藏农业研究所土肥组化验室为中心，采取一边试点，一边培训技术骨干的方式，为西藏土壤普查工作的顺利进行发挥了骨干作用。

【主要参考文献】

胡颂杰.1995.西藏农业概论［M］.成都：四川科学技术出版社.

洛桑旦达.2003.西藏自治区农牧科学院五十年［M］.成都：四川科学技术出版社.

西藏自治区地方志编纂委员会.2014.西藏自治区志.农业志［M］.北京：中国藏学出版社.

西藏自治区农牧科学院农研所.1978.西藏自治区农学会［J］.西藏农业科技.4.

西藏自治区农牧科学院农研所.1979.西藏自治区农学会［J］.西藏农业科技.1979，4.

第二部分

西藏改革开放以来
新时期农牧业科技发展

第十章 >>>

农业科技发展

第一节　农作物种质资源

西藏地形地貌复杂，含有热带、亚热带、温带、寒温带和寒带等不同的生态气候类型，农作物资源极为丰富，是我国仅次于云南的第二大植物基因库，也是许多作物的起源地。基于多样的生态环境条件，西藏本地的各种作物的野生、半野生、农家种是长期的自然演化和人工创造形成的，遗传变异极其丰富，蕴藏着控制各种性状的遗传基因，是选育新品种的物质基础，是分子生物学研究的重要材料。

一、作物种质资源的收集

西藏全境广泛分布着青稞、油菜、豌豆、马铃薯、蚕豆、小麦、荞麦、麻、燕麦、甜菜、玉米、芜根、烟草、水稻、雪莎（胡卢巴）、龙爪稷、小扁豆、粟、亚麻、苜蓿等20多种作物。到1979年，西藏自治区农牧科学院农业科学研究所、日喀则地区农科所等农业科研机构以育种为目的，陆续收集并保存了青稞、小麦、油菜、豌豆等西藏四大作物的地方种质资源3 000余份，但对西藏全境的作物种质资源还缺乏系统性、综合性的收集。从20世纪80年代开始，开展多次系统、广泛的考察收集和征集工作。

（一）农作物品种资源的征集

1980年根据国家科委、农业部开展农作物品种资源补充征集的要求，自治区农科所顾茂芝等组织了500余人次，历时5年，完成了山南、昌都、日喀则、林芝、拉萨5个地市的54个县（场）的"农作物品种资源征集"。收集到30余种作物的4 579份种质资源，其中青稞和皮大麦2 706份、小麦760份、油菜391份、豆类313份、荞麦56份、马铃薯82份、蚕豆29份、小扁豆29份、玉米19份、谷类26份、水稻25份、大豆8份，其他各种作物及近缘野生植物135份。

（二）西藏作物品种资源考察

在西藏农业科研单位开始系统收集作物资源材料的同时，在原国家科学技术委员会和农牧渔业部的支持下，1980 年"西藏作物品种资源考察"被列为国家和自治区"六五"重点科研项目，由中国农业科学院作物品种资源研究所和西藏自治区农牧科学院农科所共同组织实施。1981 年从全国 15 个省、市、自治区的 43 个科研、教学和生产单位抽调 105 人，组成西藏作物品种资源考察队，开展种质资源的收集工作。1981—1984 年考察队历经 4 年，实地考察了西藏绝大部分地区，广泛并深入地考察收集了各种作物的栽培种、野生和半野生植物种质资源，基本完成了西藏品种资源考察任务，收集各类作物标本约 13 869 份，其中青稞有稃大麦 3 536 份、小麦 2 531 份、油菜 18 份、食用豆类 300 多份、稻谷 30 份、大豆 47 份、谷类 93 份、燕麦 211 份、荞麦 245 份、马铃薯 25 份、麻类 128 份、桑树 50 份、蔬菜 655 份、果树 2 300 份、牧草 2 500 份、蜜源植物 1 200 份。通过详细考察，基本摸清了西藏高原的作物种类、分布范围、生态环境、主要特征特性和开发利用前景，为作物育种提供了丰富的抗性材料、优质和高产性状来源，为研究作物的起源、演化、分类提供了宝贵的实物材料，进一步论证了青藏高原是多种作物的起源中心之一。

考察队通过考察收集到了一大批作物的地方品种、野生种及近缘野生植物，发现了一批新种、亚种、变种和野生群落，挖掘了一批具有优异性状的种质，基本摸清了西藏高原的作物种类，分布及生态环境。为进一步开展种质资源鉴定、评价、农艺性状的发掘、抗逆性研究、多种特异基因的定位和利用奠定了坚实的基础。初步确定了西藏是我国作物的多样性中心，更奠定了西藏作为青藏高原的主体是世界大麦、油菜、小麦、荞麦等多种作物的起源中心地之一的重要地位。

（三）国内外多作物品种引进

20 世纪 90 年代中后期，受西藏自治区人民政府支持，由原自治区科学技术委员会立项下达，西藏农牧科学院农科所承担实施的"西藏农作物引种试验研究"项目，1995 年 11 月至 2000 年 8 月，先后安排 1 次欧洲和 3 次国内的考察引种，重点引进的大田粮、经、饲作物品种材料 23 种约 9 378 个（份）。除去引自 CIMMTY 的 5 000 余份小麦、大麦、黑麦和小黑麦杂交育种后代材料，整理并保存遗传稳定的作物品种和种质资源材料近 4 378 个（份），包括普通小麦品种 2 426 份，硬粒小麦 433 份，青稞与皮大麦 889 份，小黑麦 182 个，黑麦 2 个，燕麦（含莜麦）14 个，玉米 128 个，水稻 47 个，谷子 29 个，糜子 2 个，高粱 12，荞麦 13 个，蚕豆 1 个，豌豆 25 份，大豆 87 个，小豆 9 个，云雀豆 1 个，马铃薯 16 个，亚麻 10 个，向日葵 14 个，油菜 34 份，芝麻 2 个、甜菜 2 个。

二、作物种质资源的保存

种质资源既是大自然留给人类的宝贵遗产，更是关系到一个国家和民族竞争力的重要战略物资。特别是各国特有的物种基因资源，早就成为世界关注和争夺的焦点。西藏作为我国乃至世界种质资源的主要集中地，保护其种质资源安全的意义更是非同小可。按照国家资源保护战略，西藏各类作物种质资源全部收入国家库保存。同时，为有效保存和利用考察收集的珍贵资源，西藏各级农业科研机构也陆续安排人力物力，尽可能地创造条件给予长期保存。自治区农科所及其前身拉萨农试场和西藏拉萨农科所从创建之初，就在各作物育种项目组内设有专门的原始材料组，至 1979 年已积累保存各类资源材料逾 3 000 份。20 世纪 80 年代随两大征集、考察项目开展完成，项目列出专门经费并在农业部、中国农科院帮助下于"七五"期间建成了最早的"西藏农作物种质资源库（短期库）"，提供了以往收集、引进种质资源材料的保存、研究的基本条件。2013 年，西藏自治区人民政府决定以该短期库为基础，筹、扩建"西藏生物种质资源库"，该库建成将进一步完善西藏作物种质资源的收集，提高种质资源的保存质量和年限。

到 2013 年年底，西藏自治区农牧科学院农业研究所（种质资源库）入库保存有 12 792 份农作物品种资源材料，其中 5 659 份西藏本地材料；日喀则地区农科所保存了 10 000 余份种质资源；山南地区农科所保存了当地大麦为主的各类农作物及其近缘野生种质资源 5 700 多份。

三、作物种质资源的评价与鉴定

随着农作物种质资源自身发展的需要，自治区和地市级农业科学研究机构于 1978 年开始，先后将农作物种质资源研究从作物育种中划分出来，成立专业的研究室或课题组，成为独立学科体系，开始全面系统、有计划、有步骤地进行作物种质资源的整理、农艺性状鉴定和利用研究，将作物种质资源从单纯收集提高到了评价利用的新阶段。西藏作物种质资源的保护、管理及研究工作，不仅保护与丰富了西藏作物种质资源宝库，还对认识西藏高原独特的自然气候条件及其相适应的农作物、栽培技术改进及育种目标的制定等提供了重要的科学依据。

1. 鉴定与编目

1979 年开始，自治区农科所、日喀则和山南地区农业科学研究所对之前收集的品种资源材料进行了连续 5 年多的整理和农艺性状鉴定。从 1985 年起，自治区多个农业科学研究所和中国农业科学院等科研机构对收集到的西藏种质资源开展了细致的整理、种植、观察、分类、评价和鉴定，同时参加了"全国粮食作物种质资源农艺性状鉴定"协作研究，编写出《西藏农作物品种资源目录》。到 20 世纪末，已基本完成对收集到的大麦，小麦等种质资源的鉴定、分类与评价。从野生、半野生、农家种皮裸大麦，小麦种质资源的起源、分化、地理分布、植物学形态结构特征与分类、生物学特性、细胞学和生化鉴定（即染色体组型、带型、酶谱分析）、遗传学（含遗传稳定性、主要分类性状的显隐性鉴定、与栽培大麦的亲缘关系，即遗传距离研究）、起源与演化等方面都进行了系统的研究。

根据西藏作物种质资源的考察收集成果，在徐廷文、邵启全、马得泉等知名大麦专家的指导和带领下，西藏农业科研人员参与了对收集到的大麦、小麦种质资源的鉴定、分析、评价和编目工作，共同参与编撰了一大批与西藏种质资源相关的专著，如：《西藏野生大麦》（邵启全，1982）、《中国小麦品种及其系谱》（金善宝主编，1983）、《西藏作物品种资源考察论文集》（西藏作物品种资源考察队编，1987）、《西藏青稞》（周正大等，1987）、《中国大麦品种志》（浙江省农业科学院等，1989）、《中国大麦生态区》（中国农业科学院作物品种资源研究所等，1990）、《中国近缘野生大麦遗传资源目录》（马得泉编，1988—1993）、《西藏农业概论》（胡颂杰编，1995）、《中国大麦学》（卢良恕主编，1996）、《中国西藏大麦遗传资源》（马得泉编，2000）、《中国大麦品种资源目录》等。其间，西藏农业科技人员还独立或参与发表了许多相关论文，如：《西藏山南地区大麦种质资源的分类和分布》（徐廷文等，1984）、《西藏野生二棱大麦 47 个新变种的发现》（马得泉等，1994）、《西藏半野生大麦品种资源特点及其利用》（禹代林，1996）、《西藏大麦地方品种群体的主要性状特征》（强小林等，1997）、《西藏近缘野生大麦品种资源农艺性状分析》（禹代林等，1997）、《西藏作物种质资源多样性及其保护管理现状与展望》（顾茂芝，1999）等。

在种质材料方面，1 153 份西藏近缘野生大麦资源编入《中国近缘野生大麦遗传资源目录》（1988—1993），占收录资源的 87.02％；1 044 份大麦资源材料编入《中国大麦品种资源目录》；1 795 份小麦种质材料编入《中国小麦遗传资源目录》（1994），其中稀有种小麦遗传资源 253 份；有 32 个品种编入《中国小麦品种志》（1986）。

除大麦、小麦之外，其他作物种质资源在此阶段的主要研究着重于作物种质资源的分布、生境和生态区划，栽培种和近缘野生遗传资源的数量分类、特点、多样性评价，以及以生育期、株高、株型、产量性状等生物学及产量特征等为主的表型性状等方面。通过这一阶段的研究，完全明确了西藏是我国乃至世界的生物多样性中心之一，并进一步验证了西藏是多种作物起源中心的观点。

2. 评价与分析

进入 21 世纪以来，对西藏作物种质资源的评价与鉴定的研究进一步拓展。一方面深入开展了大麦、小麦的遗传、生理、病理等相关的抗旱、抗寒、抗盐、抗白粉、抗锈、抗条纹病等特异性状鉴定和蛋白质、淀粉、β-葡聚糖、母育酚等组分与基因和各种性状的研究；另一方面随着国内农业生产的发展，其他作物受到区内外科研机构的重视，强化了油菜、荞麦等其他作物的研究，但多数都是国内其他研究机构的成果，少数是区内外研究机构共同合作完成。

西藏农牧科学院和西藏大学农牧学院的多项研究表明，西藏大麦种质资源中蕴含着多种高品质基因（马得泉，2000；冯西博，2009）。马得泉、洛桑更堆等（2000）对 2011 份西藏野生大麦种质资源的营养品质进行了分析和评价，确定了高蛋白质材料 74 份、高赖氨酸材料 109 份、低蛋白兼高淀粉材料 24 份，为青稞品质改良提供了优良的资源材料。不同类型青稞中蛋白质和赖氨酸含量是二棱＞六棱，而淀粉含量则相反；籽粒颜色的蛋白质和赖氨酸也不同，规律是黑粒＞黄、绿、紫粒；淀粉含量是裸粒＞有稃（冯西博，2008）。西藏青稞育成品种和后代材料中 7 个品种蛋白质含量超过了 20％，母育酚含量高的以春性品种为主，蛋白质含量与母育酚含量呈负相关。0℃ 以上年积温、年均日照时数较少，海拔高、最冷月气温较高等环境条件与青稞中 β-葡聚糖及食用纤维含量呈正相关，而农艺措施中播期对 β-葡聚糖含量的影响最大，其次是底肥施用量（赵慧芬，2009）。影响西藏青稞品质的主要因素有品种遗传特性、地理环境条件、栽培管理措施等多个方面。随着年均气温的升高，青稞籽粒中粗蛋白含量会增加；随着 $\geqslant$0℃ 年积温的增加，维生素 E 总含量会降低，而随着海拔高度的增高 β-葡聚糖、粗蛋白含量将会明显增加（栾运芳等，2008）。在抗逆研究方面，青稞的籽粒颜色与抗寒性有关，深（紫）色材料抗寒性较高（强小林，2010），这可能与黑（紫）青稞大都来自于海拔 4 000 米以上区域有关。青稞遭受干旱时，尤其在拔节—抽穗期，叶片中可溶性糖明显增加，当干旱胁迫解除时，可溶性糖含量逐渐恢复正常（刘仁建等，2013）。在中、低水分条件下，AM 真菌（丛枝菌根）能与青稞形成良好的共生关系，显著降低青稞的萎蔫系数，提高青稞的抗旱性、籽粒产量和生物产量，能促进青稞对土壤中磷的吸收（刘翠花等，2006）。利用耐旱青稞品种喜马拉 10 号干旱胁迫的 SSH 文库构建及干旱诱导表达基因分析，植株中谷氨酸盐代谢途径、精氨酸和脯氨酸代谢途径、泛素蛋白介导的蛋白质水解代谢途径可能与青稞抗旱性有较大关系（曾兴权等，2012）。对 330 份青稞材料的白粉病感染调查和室内盆栽接种鉴定发现，青稞感染大多是中下部叶片，发现了高抗材料 7 份，抗病材料 12 份，感病和高感品种311 份，占供试材料的大多数（原红军，2012）。

除青稞外，对其他作物种质资源的研究也不断深入。通过对 46 份已知抗性基因小麦品种、45 份生产及后备品种和 26 份西藏小麦种质资源进行田间自然诱发抗条锈病鉴定，结果表明：46 份已知基因品种中 33 份表现为抗病，3 份表现为感病，

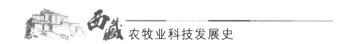

10 份抗性不稳定；45 份生产及后备品种中 20 份表现为抗病，12 份表现为感病，13 份抗性不稳定；26 份西藏种质中 22 份表现为抗病，3 份表现为感病，1 份抗性不稳定（杨敏娜等，2012）。

通过对白菜型、芥菜型油菜的野生、资源材料的多年大量的试验和生物学、农艺性状、遗传特征等综合研究分析，编辑出版了《中国西藏油菜遗传资源》（王建林，2009）。该书系统介绍了西藏油菜的生产发展和分布，论述了西藏栽培油菜和野生油菜遗传资源的特点、利用及其与生态环境之间的关系，较为系统地阐述了油菜起源和演化的主要研究进展和各种学术观点，提出了油菜分类的自然分类系统和油菜起源的青藏高原假说，并对西藏在世界油菜起源上的地位作了较为科学的论证。

第二节　作物育种

西藏作物育种工作经过了和平解放初期的引进试种、20 世纪 60 年代系统选育、70 年代的杂交选育后，从 1979 年开始全面进入到提高发展阶段。作物育种工作得到全面迅速发展，一方面，进一步利用杂交选育、引种、系统选育等多种传统方法的同时，也开展了辐射诱变等育种技术的运用；另一方面，也通过 30 多年的育种取得的经验和教训，开展了作物育种目标、亲本利用评价、性状遗传和后代选择等方面的系统研究、总结和理论探讨。在云南元谋建立起了固定的南繁加代育种基地，加速了作物育种进程。

一、引种

西藏农作物品种选育源于引种，引种在西藏农业发展初期起着关键性的作用。20 世纪五六十年代冬小麦肥麦、70 年代双低油菜品种"奥罗"的成功引种、推广，既促进了粮食、油料生产的迅猛发展，又给西藏的农业生产带来了深刻变革。到 1979 年，西藏农业科研机构共从国外引进各类作物种质资源 3 469 份。

随着育种科研的发展提高，吸取前 20 多年积累的经验教训，20 世纪 80 年代以后不同作物的引种方式与目的有明显区别，主要作物引种的针对性也比较明确，引种的主要功能由直接利用更多地转向了主要作物优良特异资源引进筛选（育种亲本材料）等间接利用和"小""特""新"作物品种的拾遗补缺。1980 年以来西藏各农业科研机构陆续从国内外引进作物种质资源近 18 600 份，其中小麦 9 800 余份、大麦（含青稞）4 100 余份、油菜 1 370 余份、玉米、燕麦、紫花苜蓿、荞麦等作物 3 330 余份。

自 1985 年西藏自治区农作物品种审定委员会正式成立以来，至 2013 年年底，西藏共审定引进品种 20 个。分别为青稞品种 2 个，冬小麦品种 1 个，蚕豆品种 1

个，豌豆品种1个，马铃薯品种1个，油菜品种1个，玉米品种8个，南美黎品种3个，向日葵品种1个，亚麻品种1个。通过引种，极大地丰富了西藏的作物类型和品种来源。引进品种的审定、大面积推广，显著提高作物产量，促进了当地农业生产的发展。

（一）青稞引种

1980年前后，西藏自治区农科所相继引进了青海省农科院作物所杂交培育的昆仑号、南繁号和福8-4等10个河谷水浇地春青稞高产品种（系）试种，因多为矮秆、半矮秆偏早熟密穗类型，籽粒偏小，需肥水量大。特别是前期生长太快，不利抗旱等，较难适应西藏河谷农区春旱持续时间长、气温回升慢的气候特点和现实生产条件，多转做杂交亲本利用。另外，3个南繁号品种多用于冬青稞杂交育种，昆仑号和福8-4与本地品种杂交培育成了一大批春青稞优良品种。昆仑1号虽然被山南地区农科所引至本地区雅鲁藏布江沿岸河谷高产田块种植，并一度推广至3万余亩，却因矮秆特征和对肥水过于敏感很快被藏青320品种取代。

20世纪90年代以后的春青稞引种，目的侧重从周边藏区引进早熟抗逆丰产品种，弥补高寒农区和沟坡等雨旱地良种缺乏的不足。1989—1992年自治区农科所青稞育种项目组倡议组织了最早的"青藏高原地区青稞新品种联合区域试验"，并借此引进了周边省州最新（杂交）选育的昆仑、北青、甘青、阿青和康青系列15个中、早熟丰产类春青稞品种（系），丰产性突出的甘青1号和北青3号于1996、1999年相继通过西藏自治区品种审定委员会审定。其中从青海省海北州农科所引进的北青3号品种生育期较短、粮草兼顾、大粒丰产，尤以灌浆期抗低温（早霜）性能为突出，审定前先由西藏自治区立项支持从原产地调种30万千克，在西藏七地市高寒农区和半高寒干旱带等雨旱地组织统一示范，审定后得到国家财政部专项经费支持扩大推广，至21世纪之初部分区域实现了该地区的青稞良种化。"联合区试"也促使了康青3号以及北青3号、阿青3号等品种在周边藏区的互引推广和西藏域寒旱地青稞良种化的实现。

2009年以来，自治区农业研究所育种专家强小林受聘国家大麦产业技术体系青稞岗位后，连续组织"青藏高原地区青稞新品种区域试验"，将周边区域科研机构最新育成的早熟丰产春青稞、中晚熟高产春青稞和冬青稞三大类型28个品种引入区内，其中的康青7、8号和黄青1、2号等已先后在昌都、山南和日喀则地区的适宜产区推广。

（二）冬、春小麦引种

日喀则地区农科所20世纪70年代后期引自国际小麦玉米改良中心CIMMTY

的 1 个小麦品种 1992 年通过审定，定名为日喀则 28 号；山南地区农科所 1992 年从中国农业科学院转辗引进的德国冬小麦品种，1999 年通过审定，命名为山冬 4 号，在山南及拉萨的冬麦区局部推广。

20 世纪 90 年代的小麦引种特别突出了优质要求。自治区农科院农科所通过承担国家外专局"国外智力引进"、农业部"先进国际农业技术引进"（即"948"）项目和其他渠道，相继引进一批德国及西北欧地区小麦品种 150 多个，从中筛选出的巴萨德、斯伯波、曾腾斯、阿斯昌、塔休等，"西藏农作物引种试验研究"项目引进的轮抗 6 号、小冰麦 8806、东农 93 - 6158、辽春 10 号等 10 余个冬春小麦优质品种进入生产试验，6 个品种参加了西藏冬、春小麦品种区域试验。其中的巴萨德品种 2001 年 8 月通过西藏自治区农作物品种审定，成为西藏第一个冬小麦优质品种在西藏推广，而实际表现更为优异的斯伯波和"特异"品种轮抗 6 号、小冰麦 8806 等虽因认识局限或品种自身缺陷尚未通过审定，但在近年的杂交组合中被广泛应用。

（三）豆薯类作物引种

西藏自治区农科院农业所 1998 年从德国引进两个直立型丰产豌豆品种，其中的白花品种 2013 年通过西藏自治区审定，定名为藏豌 1 号在河谷农区推广。

"西藏农作物引种试验研究"项目 1997 年初引进的青海 9 号蚕豆品种，2001 年通过西藏品种审定在山南、拉萨河谷农区得到推广。同期引进的青薯 168、陇薯 3 号马铃薯品种经过几年试验示范，在生产上得到推广种植。

（四）油料作物引种

油料作物方面，"西藏农作物引种试验研究"项目引进的"吉向 1 号"向日葵和"天亚 6 号"亚麻两品种，2001 年通过了自治区审定。

由于西藏双低油菜品种的缺乏，自 2000 年起，自治区农科所陆续从青海、四川、湖北、湖南、北京等地引进了青油、青杂、川油、蜀油、华油、湘油、京华等若干个系列的双低油菜品种 200 余份试种，其中青油 17、青油 46、青杂 4 号、7 号、蜀油 8、京华 165 等品种进入生产试种，表现较好，在河谷农区曾有一定规模的示范种植。2013 年通过西藏自治区油菜品种审定命名的京华 165，是这一阶段引种油菜最成功的品种，该品种品质优、产量高、适应性强，达到双低标准。京华 165 不但突破了藏油 5 号不能在海拔 3 800 米以上地区种植的历史，而且产量高于藏油 5 号，已大面积推广应用。

（五）其他作物引种

1985 年，玻利维亚通过班禅大师转交给西藏自治区农科所 5 个南美藜品种进行试种和播期试验，该作物的晚熟品种在拉萨、林芝能正常成熟，日喀则早熟品种正常成熟。有3个南美藜品种通过西藏自治区农作物品种审定委员会的审定。目前在日喀则拉孜、林芝米林等地有小面积的种植。

欧盟"白朗农村综合发展项目"（2005—2006）对从国内外引进的小麦、马铃薯、玉米、向日葵、甜菜、燕麦、紫花苜蓿等12大类735个品种进行了试种。其中青引1号饲用燕麦品种完全改变了以白朗县为中心的"年河3县"饲草生产利用方式。与此同时，在自治区扶贫办的支持下（西藏农牧科学院，2006—2007）从白城农业科学院引进了白燕2号、白燕7号等粮、饲兼用燕麦品种在日喀则市种植获得成功，受到当地群众的欢迎。随后国家燕麦荞麦产业技术体系日喀则综合试验站（西藏农牧科学院农业资源与环境研究所）从2008年起从中国农业科学院等引进燕麦种质资源500余份，荞麦种质150余份，其中白燕2号、农饲30等饲用燕麦在日喀则曲美等地大面积推广种植；青444、林纳等饲用燕麦在西藏4 200米以上高寒半农半牧地区亩鲜草产量达1 200千克，成为当地最受欢迎的主要饲草类型。

荞麦方面，自治区农科所先后成功引进黔威3号（陈宏伟，2007）在日喀则、昌都地区示范推广，筛选晋荞2号、榆荞4号（金涛等，2012）荞麦品种在日喀则及山南地区示范推广。

2004年从中国科学院遗传所引进的3个青饲玉米品种中筛选出了"科青1号"（自治区农业技术推广服务中心，2004）青饲玉米亩产鲜草达到6 090千克；2012年引进京科青贮516（自治区种子公司，2013）；2012年拉萨市农牧局分别引进的铁研53粮饲兼用玉米、北农青贮系列玉米、美珍系列鲜食玉米，其中铁研53亩产鲜草7 500千克，美珍204、斯达205，2个甜玉米品种甜度高、口感好、上市早，一亩可收获7 500鲜穗，平均单穗重530克，经济效益较高。以上玉米品种都通过了西藏自治区农作物品种审定委员会的审定。

西藏农牧科学院通过联合国粮农组织FAO技术援助的"西藏饲草产品与一年两收生产系统"（2004—2007）项目和澳大利亚国际农业研究中心ACIAR资助的"西藏中部农区集约化生产"项目（2004—2013）等多个国际合作项目，多年来分别从国际干旱农业研究中心ICARDA引进大麦（含青稞）种质资源500余份，从国际玉米小麦改良中心CIMMTY引进冬小麦、冬小黑麦品种249份，从兰州大学、青海牧科院引进紫花苜蓿、燕麦等饲草品种54份在西藏试种。筛选出：①适宜在海拔3 800米以下河谷农区，具有以绿色越冬、不死苗、抗寒性极强、返青后生长迅速、到5月底植株可达1.5米以上、生物产量高、5月底鲜草产量1 500～2 200千克/亩、饲喂品质好等诸多优点的"冬小黑麦204"，可有效缓解牲畜因春季饲草"青黄不接"而造成的死亡现象。②从多个紫花苜蓿品种筛选出的"阿尔岗金"紫花苜蓿适应性强、抗旱、再生性强、可刈割3～4次/年、亩产干草1 500千

克/年，适合在海拔 4 000 米以下河谷农区的荒滩地种植。

20 世纪 90 年代中后期的农作物引种试验研究，进一步肯定了目前和未来引种的目的已转向主要作物优良特异资源引进筛选（育种亲本材料）等间接利用和"小""特""新"作物品种的拾遗补缺上，并明确提出西藏作物引种的基本区域为：国外西北欧地区、国内青藏高原边缘地区、长城沿线和长江中下游的作物或气候过渡区。如国外的西北欧地区，国内东北、青海、甘肃、内蒙古等，为以后更加科学地开展国内外引种与育种资源交流提供理论支持。

二、系统选育

系统选育方法在经济作物、饲草料作物、蔬菜方面取得了较为显著的成就。1979—1985 年江孜县农技中心从年河 1 号的变异单株选育出江孜 301 品种，1989 年通过西藏自治区审定；山南地区农科所从"错那油菜"中系统选育出的山油 1 号和山油 3 号分别于 1985 年、2005 年通过审定，从错那县勒布乡农家品种株系选育的西藏黄、西藏绿、西藏红 3 个籽粒苋品种 1996 年通过审定；从引进农家品种中单株选育山南大白洋芋（马铃薯）1985 年通过审定。2013 年西藏自治区审定委员会登记的 4 个（大白菜 1 个，萝卜 3 个）非主要农作物品种，就是从西藏农家品种中系选育成。

随着经济的发展，小作物的增产增收效果明显高于传统的大宗作物，加之农产品多样化的趋势，小作物的研究越来越引起各级政府和科研机构的重视。系统选育是从小作物的农家种中快速育出品种的捷径。

三、杂交选育

随着杂交选育技术的广泛应用，杂交育种就成为西藏粮油作物品种选育的主要方式。绝大多数育成的审定品种都是依靠单交、回交、复交等多种杂交选育方式取得成功的。预计在其他育种方式还未能有显著进展的情况下，杂交育种仍将是今后较长时期内最重要的品种育成方法。1979 年后，西藏自治区加强了青稞、小麦、油菜等常规育种工作和有关基础研究，从而使主要作物育种研究得到全面、迅速发展。这一阶段，完成了作为育种基础的全自治区农作物品种资源的收集考察和鉴定研究。分别开展了主要粮油作物的育种目标、亲本利用评价、性状遗传和后代选择规律、加代繁种等方面的系统试验研究。建立了云南元谋冬季南繁加代基地，杂交育种也由单交发展到复交。在性状选择上，由以产量性状为主转为注重对产量、品质、抗性和株型的综合选择，同时根据生态育种观点，把有关作物育种初步分化为针对不同区域和用途的几大类型。先后通过杂交选育并审定通过了藏青 320、藏青 772、喜马拉 19、藏冬 16、藏春 10 号、山春 1 号、日喀则 23、江孜 201（春小麦）、藏油 1 号、藏油 3 号、藏油 5 号、山油 4 号、江孜 301 等品种，这些品种构成了西藏第二代粮油作物品种更换的主推品种。

（一）青稞杂交育种成就

随时间的推移，青稞杂交育种日趋成熟，进入 20 世纪 80 年代后成为最基本的育种方法，并取得辉煌的成就。从 1980 年以来至 2013 年年底，西藏自治区农科院农业所和日喀则、山南地区农科所（一院两所）通过杂交选育并通过审定的春青稞品种共计 30 个。其中藏青系列品种 16 个依次为（按审定时间顺序，后同）：藏青 320、藏青 325、藏青 83、藏青 80、藏青 85、藏青 772、藏青早 1 号、藏青 539、藏青 148、藏青 311、藏青 3179、藏青 25、藏青 690、藏青 2000、藏青 13、藏青 16；喜马拉系列 9 个品种为：喜马拉 10 号、喜马拉 11、喜马拉 12、喜马拉 15、喜马拉 16、喜马拉 19、喜马拉 21、喜马拉 22、喜马拉 26；山青系列 4 个品种为：山青 6 号、山青 7 号、山青 8 号和山青 9 号。

藏青 320 品种是自治区农科所利用西藏不同生态区域来源地方品种资源阶梯杂交选育的典型代表，也是迄今为止区内推广范围最广、种植面积最大、应用时间最长、增产增益效果最突出的春青稞品种。该品种 1973 年分别以早期不同来源的 4 个农家品种两两组合、单交选育的第一代杂交品种藏青 7239 和优异中间材料 7327 为父母本，再度（阶梯）杂交，连续单株选择至 1978 年稳定出圃，又经各两年品系鉴定与比产试验初步育成。原育种专家及其后继者又经过连续三年自行组织类似区域试验、覆盖藏南和藏东南青稞主产县区的多点适应性试验和生产比较示范，因其生育期广泛，粮草兼顾，丰产稳产，品质优异，抗旱耐瘠、抗病性强、稳产性好、适应性广等诸多优点受到产区农民群众的普遍欢迎，也获原区试组织者和自治区品种管理部门认可，于 1985 年年底通过自治区审定，至今 30 年，一直是生产上的主导推广和种植品种。也是同期西藏青稞良种化的主导品种。最大单年种植面积曾达西藏青稞的 60%（≥120 万亩），近年种植面积仍占 40% 左右（≥60 万亩），累计种植近 2 000 万亩，增产青稞近 10 亿千克，增产效益超过了所有品种。

日喀则地区农科所 1983 年，用也是该所早年农家品种杂交后代品系 8305 和 8216（阶梯）杂交选育的喜马拉 19，是青稞良种化（后期）的另一骨干品种，1994 年通过审定后，一直是年楚河流域的主推主栽品种之一。

这些品种的实际应用面积因其性状特点与抗逆适应能力不一，但各有优点，产量潜力水平跨度较大，且随着育种年份推迟呈级数增加。经专门试验研究确认：在最佳栽培环境下，青稞农家品种平均最高亩产仅 282.9 千克，初期系统选育品种亩产 313.5 千克，20 世纪 80 年代初杂交选育品种亩产 368.3 千克，20 世纪 90 年代

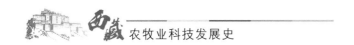

初期育成品种亩产达 421.6 千克，近年育成品种亩产潜力则已接近 500 千克。

高秆、广适、丰产类品种如藏青 320、藏青 325、藏青 148 和藏青 2000、喜马拉 10 号、喜马拉 15、喜马拉 19、山青 7 号等一般株高 110～120 厘米，藏青 320 大田亩产潜力 300 千克以上，喜马拉 19 号的亩产潜力则达 350 千克。

中秆高产类的藏青 80、藏青 85、藏青 539、藏青 772、藏青 3 179、喜马拉 16、喜马拉 22、山青 9 号等株高均在 100 厘米以内，株型紧凑、生长整齐、茎秆弹性好，因此产量潜力也高。其中 1990 年前后审定的藏青 80、藏青 539、藏青 772、藏青 3179、喜马拉 16、山青 8 号等品种亩产潜力 400 千克以上，尤以茎秆粗壮的藏青 85 潜力最高，1992 年百亩丰产方平均亩产 612 千克，2000 年尼木县的万亩丰产田平均产量达到 527 千克/亩，与 1999 年审定的喜马拉 22（2010 年日喀则 3 000 亩高产创建示范田平均亩产 485 千克）同为当前育成的产量潜力最高的春青稞品种，2001 年审定，以保健青稞专用品种目标选育的藏青 25，既是全球 β-葡聚糖含量最高的大麦品种，亩产潜力也达 400～450 千克。

1989 年审定的藏青早 1 号和 2004 年审定的藏青 690 是专门针对高寒半农半牧区品种需求选育的早熟丰产品种，亩产潜力分别为 150 千克和 250 千克以上。

冬青稞杂交育种研究起步于 1975 年，目前仅西藏自治区农科院农业所坚持承担，因为起步较晚，1980 年中期以后方取得较大进展。到目前为止共育成冬青号品种 10 个：1986 年审定冬青 2 号和冬青 3 号两个品种，1996 年审定冬青 8 号和冬青 11 两个品种，1996 年审定冬青 13 号、冬青 14 号、冬青 15 号、冬青 16 号 4 个品种，2010 年和 2013 分别审定冬青 17 号、冬青 18 号各 1 个品种。10 个品种大致亩产潜力冬青 2 号、冬青 3 号 300～350 千克，冬青 8 号和冬青 17 号亩产潜力可达 500 千克以上，其他品种 400～450 千克。

（二）小麦杂交育种成就

小麦是西藏的第二大作物，虽然冬小麦是引进作物，但各科研机构一直都将冬小麦的选育排在春小麦之前作为西藏粮食作物育种的重点之一。1980 年以来育成的小麦新品种在农艺性状和增产能力上明显优于此前的育成品种，但肥麦一直是西藏的主栽品种。

1980 年以来，西藏杂交选育冬小麦新品种 17 个。其中自治区农科院农业所育成 9 个品种，20 世纪 80 年代审定 4 个（藏冬 6 号、藏冬 7 号、藏冬 9 号、藏冬 10 号），20 世纪 90 年代审定 3 个（藏冬 13、藏冬 16、藏冬 22），2000 年以后审定 2 个（藏冬 20、藏冬 25）；山南地区农科所育成 6 个品种，1996 年审定 2 个（山冬 1 号、山冬 3 号），2000 年以后审定 4 个（山冬 6 号、山冬 7 号、山冬 8 号、山冬 9 号）。

1980 年以来，西藏杂交选春小麦新品种 13 个。原为西藏春小麦第一育种单位的日喀则地区农科所选育 6 个品种，1985 年和 1996 年各审定 3 个（日喀则 15 号、日喀则 16、日喀则 18 和日喀则 23、日喀则 24、日喀则 27）；西藏自治区农科院农业所育成 5 个品种，20 世纪 90 年代审定 3 个（藏春 10 号、藏春 667、藏春 20），2000 年以后审定 2 个（藏春 11、藏春 951）；山南地区农科所选育的山春 1 号和江孜县农技中心选育的江孜 201 均在 1992 年通过审定。

近 10 年来，因多种原因，西藏春小麦种植处于持续萎缩状态，西藏年总播种面积仅 10 万亩，西藏春小麦育种只有西藏自治区农科所还在坚持。

在冬小麦选育上，山南地区农科所在选育的山冬系列早期品种中主要育种目标以产量为主，近年兼顾产量和品质，特点是大穗大粒、无芒，中高秆。自治区农科所注重冬小麦品质，近期审定的藏冬 20 植株矮化，品质优于肥麦，基本达到中筋小麦标准。

（三）油菜杂交育种成就

西藏自治区农科所、日喀则地区农科所、山南地区农科所先后都开展了油菜杂交选育研究，分别被命名为藏油系列（1982 年藏油 3 号、1985 年藏油 5 号、藏油 10 号、1986 年藏油 4 号、藏油 6 号、2013 年京华 165）、年河系列（1979 年年河 3 号、1985 年年河 10 号、2007 年年河 15 号、2010 年年河 16 号、年河 17 号）、山油系列（1994 年山油 2 号、山油 4 号）。油菜杂交选育的品种在 1990 年以前与地方品种相比，产量高、含油率变化不大，品质改善明显，芥酸、硫苷含量下降。早熟白菜型油菜藏油 3 号具有植株健壮、株高中等、分枝部位低、抗旱耐寒耐瘠等特点，平均亩产 100～150 千克，一直是拉萨、日喀则地区主要的油菜品种之一。这一阶段，白菜型油菜品种年河 10 号是日喀则地区农科所选育的种植面积相对最大的品种，生育期 120 天左右，抗病性较强，产量 130 千克左右。

在品质育种成就上，山油 4 号是西藏的第一个低芥酸品种。1996 年审定的甘蓝型油菜藏油 5 号，平均产量 150～200 千克/亩，是西藏育成的第一个双低油菜品种，但其生育期较长，适宜于 3 800 米以下河谷农区种植。

四、诱变育种

1980 年以来，西藏自治区农牧科学院农业研究所、西藏大学农牧学院等先后与中国农业科学院原子能研究所、陕西农业科学院、江苏里下河农业科学研究所、中国科学院近代物理研究所等单位协作进行了青稞、小麦、雪莎（2013）等不同材料（含品种、杂交后代等）的 γ 射线、钴 60、航天育种、重离子等不同诱变处理效果研究。但未取得实质性进展。

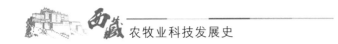

五、生物技术育种

西藏农业生物技术应用起步较晚。从 20 世纪 80 年代开始涉足青稞分子生物学研究和生物技术育种等领域，但是绝大多数研究主要是与其他省份科研院所合作研究完成的。20 世纪 80 年代与当时的中国农业科学院品种资源研究所、华中农业大学、中国农业科学院油料作物研究所等单位合作，开展了西藏大麦等位基因研究，发现西藏大麦的同功酶 Est‑1、Est‑2、Est‑3、Est‑4 等基因位点差异很大，似乎这些等位基因组成与其他地区不同。与上海农科院等合作开展了青稞 F_1 代花药培养及其单倍体育种。近十年来生物技术特别是青稞分子生物学研究得到了迅速发展，取得了一批重大成果。与中科院成都生物研究所、深圳华大基因研究院、中国农科院等单位联合攻关，在青稞全基因组测序、群体进化、遗传变异、对高原适应机制等方面取得了具有较高学术价值的研究成果，在此基础上，挖掘出了青稞重要农艺性状相关功能基因，构建了青稞核心种质库，建立了一个青稞表型数据库与基因测序数据库相结合、以青稞核心种质资源为基础来挖掘重要功能基因为目标，创制和选育青稞优异品种以及青稞定向育种的方法体系。

研究人员采用全基因组鸟枪法测序，对西藏地方品种"拉萨钩芒"进行测序，绘制了全球首个青稞基因组图谱。研究发现青稞基因组大小约为 4.5 吉碱基对，获得了大小为 3.89 吉碱基对的基因图谱，共包含 36 151 个蛋白编码基因。建立了系统的青稞生物信息数据库。在完成青稞全基因组测序的基础上，对青稞群体进化与遗传变异研究，对青稞基因组和其他的禾本科作物基因组比对，发现青稞约于1 700万年前从粗山羊草、乌拉尔图小麦以及冬小麦中分离出来。现代青稞基因组中仍然有大量的序列同粗山羊草、乌拉尔图小麦和短柄二叶草相似，其相似基因家庭数目高达 18 849 个。通过对 10 株野生和栽培青稞品种重测序发现，野生青稞品种的 SNP（指变异频率大于 1‰的单核苷酸变异）数目是栽培青稞的 2 倍，说明人工选育过程给青稞品种带来了基因瓶颈。

青稞高原适应性机制分析发现，在青稞品种中发生了正向选择的基因家族，这些基因家族的扩张使得青稞在面对高原的恶劣环境时具有更大的调节弹性，从而具有更好的适应性。这些结果的发现对于解读高原作物的适应性机制意义重大，给未来青稞新品种培育提供了重要的理论基础，将有助于挖掘利用西藏独特的青稞种质资源选育优异品种，促进青稞安全保障。同时研究人员对西藏青稞农家品种 1 500份、青藏高原育成品种 78 份、国家种质资源库引进国外大麦 130 份、野生大麦 50份进行了连续 3 年田间农艺性状鉴定和评价，结合利用 SSR、内含子切接点引物和A-PAGE 醇溶蛋白，分析了青稞种质资源的遗传多样性，研究明确了藏区青稞育成品种和野生大麦的遗传距离大于西藏青稞农家品种，这一研究表明西藏青稞育种中适当引进其他藏区的育成品种，导入外源优异基因，有利于选育光适高产新品种。在此基础上，建立了全面、系统、准确的青稞种质资源表型数据库。

针对西藏青稞育种目标和生产对品种的需求，在对西藏青稞农家品种、近缘野生大麦、育成品种以及引进裸大麦的蛋白质、淀粉、赖氨酸等品质性状、抗倒伏、抗病、抗旱以及农艺性状进行评价与鉴定研究的基础上，根据青稞育种目标和优异农艺性状聚合的需要，进一步鉴定和筛选了具有优异农艺性状、涵盖不同区域种质资源的 300 份种质资源，构建了表型数据库和青稞种质资源核心种质库。其中，筛选出具有特异品质性状、高抗抗倒伏、抗白粉病、对干旱敏感和抗旱材料 40 份。在青稞功能基因表达和克隆与挖掘研究方面，开展了与青稞抗病、抗旱、抗寒、抗倒伏、品质、产量等重要性状相关基因的发掘、定位、克隆及功能验证。从核心种质库中筛选出抗旱和抗白粉病的青稞种质，通过 SSH 文库构建，挖掘与定位出了抗旱基因 $HbERAl$、$HbSnRK\,2.4$、$HbTsil$，并进行了克隆与功能验证。通过转录组测序，研究明确了抗白粉病基因的表达模式和相应功能。通过藏青 320 和 CD1 277 构建的 F_2 代分离群体抗倒伏状 QTL 位点，发现贡献率＞10％的抗倒伏主效 QTL15 个，分别位于 1H、4H、5H、6H 和 7H 上，明确了不同青稞材料抗倒伏基因及其染色体上的位点差异。

六、作物育种方向和目标的变化趋势

西藏现代作物育种创立发展至今 60 年，一直以提高产量和增加抗逆适应性能为基本目标，并辅之以抗性和品质改良。主要粮油作物选育改良品种的性状发生了五方面变化：一是产量潜力成倍提高，二是适应范围扩大，三是抗病性有了明显改善，四是植高变矮、抗倒伏性增强，五是部分品种品质改良明显。这些变化既成为促进区内种植业生产发展和粮油产量翻番的内在原因，不同时期育成的春青稞藏青336、藏青 320 和冬小麦肥麦等骨干推广品种不但在全自治区各地广泛种植，还被引至周边藏区种植并产生了积极影响。1980 年以后，育种工作者通过对上述育种成就及其技术经验的反思总结，初步形成了较为完善的高原作物育种技术理论体系，魏建莹（1987）、强小林（1985、1989）等就青稞育种提出的"抓两头、带中间"的方针，总结出"多次选择、异地加代、重点培育、越级提升、尽早示范"的技术措施，目前仍指导着西藏各种作物育种工作。

西藏各地海拔高度、生态和生产条件差异很大，各地作物育种的主攻方向也就不尽相同，河谷灌溉农区和低海拔湿润农区宜将选育综合性状好、高产、稳产、中晚熟的作物品种作为主攻方向，而高寒农区和旱区作物育种目标则以选育早熟、丰产型、抗寒、抗旱的作物品种为主。但因为西藏海拔高，太阳辐射极强，春季气温回升慢，干旱严重，雨季晚而霜期早，故而选育苗期发育平缓、耐寒耐旱又是各种

春作物品种选育的共同目标。当然，随着种植业生产目的由以往单一的口粮需求向多样化要求发展，应积极转变盲目单纯追求高产育种趋向，抓好"高产、优质、高效"的作物品种的选育工作，提升品质，增加群众收入，促进农业生产发展。

在育种工作中应根据育种目标，正确选用亲本种质材料是作物育种成败的中心环节，但决不能局限于西藏本地材料这个小圈子，要更广泛地应用国内外优良种质资源，逐步开展远缘杂交、杂交优势利用、花药培养、倍性育种、辐射育种、诱变育种、抗病育种和基因工程育种工作，运用新的手段、新的方法、新的技术思路做好作物育种工作。

七、品种区域试验与审定

（一）区域试验

新品种区域试验是育种科研成果转入生产的关键环节。随着现代作物育种研究进展和新品种的逐渐积累，1964 年和 1967 年，几家育种单位（农试场）组织了各为一年的小麦、青稞品种联合区域试验，为西藏最早的新品种区域试验。1973 年根据西藏自治区政府部署，由自治区农科所主持、正式开始组织西藏农作物品种区域试验，当年安排冬小麦、春小麦、春青稞三大作物试验，在 9 个科研单位或农试场落实区域试验 18 个点（次），参试品种 22 个，囊括了肥麦、藏春 6 号、日喀则10 号、藏青 336 等早期育成推广品种。此后 40 多年来，西藏农作物品种区域试验不断完善，先后增加了油菜和冬青稞品种区域试验，并短暂组织豌豆和蚕豆各一轮试验。后又增加了一批地县级农技推广中心或推广站进行区域试点，形成了多个固定承试单位，包括冬青稞、春青稞、冬小麦、春小麦和油菜五大作物，涵盖"一江两河中部流域"、藏东"三江流域"、藏东南农林交错带等主要（河谷）农区，50个固定点（次）的全自治区统一农作物品种区域试验体系；试验组织也逐步由自治区农业科学研究所（1973—1974）主持、自治区种子管理站（1974 年成立）和自治区农科所共同主持（1975—1984）转为自治区种子管理站主持（1985 年至今），从而保证了区域试验的连续性、客观性和公正性。

自 1973 年开始至 2013 年的 40 年里，累计参加区域试验鉴定的大田粮油作物品种（系）311 个。其中春青稞 77 个，冬青稞 20 个，冬小麦 73 个，春小麦 83 个，油菜 44 个，豌豆 7 个，蚕豆 7 个。获得评价品种（系）农艺价值的大量信息，成为品种审定的主要依据。

（二）品种审定

西藏的品种审定工作落后于农作物育种和新品种区试鉴定。1985 年 11 月，西藏自治区农作物品种审定委员会第四次全体会议是西藏农作物品种审定的正式开始，也是对前30多年农作物选育品种的总结审定。此后30年，自治区农牧厅对品种审定工作一直非常重视，品种审定委员会的历届主任委员都由农牧厅分管副厅长兼任，农作物品种审定委员会设主任委员、副主任委员、委员，共11人，分别由农业行政主管部门、农业科研部门和自治区、地区两级农技推广部门以及农业教学部门组成，每两年举行一次品种审定会议。西藏自治区农作物品种审定实行一级审定制度，至今已举行21次，先后审定通过了冬小麦、春小麦、冬青稞、春青稞和春油菜等新品种。

自1985年西藏自治区农作物品种审定委员会成立以来，到2013年年底，共审（认）定农作物品种161个。按来源分，区内育成品种146个、国内外引进15个品种；分别为青稞66个（春青稞54个，冬青稞12个）、小麦52个（春小麦28个，冬小麦24个）、春油菜23个、蚕豆3个、马铃薯2个。引进品种分别为小麦1个品种、蚕豆1个品种、向日葵1个品种、玉米8个品种、马铃薯1个品种。

（三）良种繁育

2005年起在西藏建立粮食作物"125"良种繁育体系，制定了《西藏自治区农作物良种繁育基地建设管理办法》《西藏自治区麦类作物良种繁育技术规程》《西藏农作物良种统繁统供工作方案》。实行了主推品种推荐制度和基地化生产、标准化管理、机械化精选加工包衣、统一供种机制，按照"统一规划，集中投资，分片实施，分级繁殖，规范管理"的原则，在拉萨、日喀则、山南、林芝、昌都五地（市）技术力量强、生产条件好的各1个县集中建设一级种子田，在25个粮食主产县建立二级种子田，推行逐级用种制度。当年列入主推品种的有藏青320、藏青148、喜马拉19、巴萨德、山冬6号（后根据生产实际适时调整品种）。2011年增至西藏五地（市）35个粮食主产县。通过多年的推广，集成了主推品种的配套种植技术，有效促进了西藏良种生产的发展，提高了良种推广力度和科技含量，产生了良好的社会效益和经济效益。

八、生产品种更换

20世纪80年代中期开始到新世纪初的西藏第三次生产品种更换是良种覆盖面最广、经历时间最长、增产效益最大的一次更换，同时又是以推广藏青320以及喜马拉19为核心，最大范围替代种植历史悠久的混合体农家品种及其早期系统选育品种，故而也是真正的西藏青稞良种化过程。

1980年前后，随着冬小麦面积的不断扩大，一方面适种区域种植比例失调，秋收、秋耕、秋播间争地、争时、争劳的矛盾甚为突出，秋耕秋播质量差，化肥用量增加也造成土壤板结坚硬，既影响后茬作物也影响冬小麦的正常生长。到 1978 年西藏粮食产量第一次突破 50 万吨大关后，粮食总产和冬小麦产量均出现停滞甚至下降；另一方面，因为八年的冬小麦强力推广（即前次品种更换），群众口粮比重中小麦比重直线上升，青稞比重大幅下降，也给生活在高原缺氧、燃料极度紧缺环境的广大农牧民群众的生活造成一定困难，生产积极性受挫。

20 世纪 80 年代初期，西藏农区开始实行"土地归户，自主经营，长期不变"政策，调动了农民的生产积极性。面对冬小麦萎缩和三年大旱造成的口粮压力，群众增产愿望急剧增强。随着科技兴农活动的逐步兴起，科研推广部门开始组织了一系列直接面向生产的示范推广项目：自治区农牧厅在西藏组织"江孜八项农业技术措施推广"，自治区农科所在拉萨河谷农田开展"春青稞大面积高稳低栽培技术研究示范"，自治区种子站在大力推行种子"四化一供"的同时、引进推广 2FX‐1.3 复式种子精选机（西藏 450 台）普及种子精选技术，等等，千方百计的帮助群众增产，形成了新一轮品种更换的良好氛围。尤其是日喀则农科所在年楚河流域及后藏同类河谷进行"冬小麦改种春小麦丰产技术示范"，推广日喀则 54、日喀则 12 号等高产品种，自治区农科所全力组织"农作物新品种中间试验"，完成"藏青 320 品种的抢救鉴定"并随即示范推广，标志着第三次西藏主要作物生产品种更换的开始。

1987 年年底，时任自治区党委常委、原农牧厅厅长胡颂杰同志倡议自治区作物学会主持召开了"西藏农业生产发展战略学术讨论会"，并在会上明确提出将西藏种植业划分河谷灌溉农业、旱地农业和高海拔半农半牧区农业三个生产类型，按照不同类型"因地适宜、各有侧重、分类指导（发展）、为西藏粮食登上新台阶提供有力技术支撑"的要求。自治区农科所青稞项目组根据对以往 20 年青稞育种成果和这一时期以"抢救藏青 320"为重点的新品种多点试验示范、青稞大面积"高稳低"栽培技术研究进展的梳理，提出"搞好青稞生产是实现西藏粮食持续增产的关键"，并将"大面积推广使用新品种，实现西藏良种化"列为青稞增产的首要、根本措施。此建议引起与会者的高度重视，1988 年开始在西藏粮食主产区（县）以组织"良种千亩丰产方"形式，强力推动包括藏青 320、喜马拉 10 号、喜马拉 15、喜马拉 4 号、白朗兰等多个青稞新、优品种的规模种植。藏青 320 总面积从 1987 年（科研单位 1985 年开始联系基层推广部门示范推广）的不足 3 万亩猛增至 15 万亩，由此拉开了长达 15 年左右的西藏青稞良种化的序幕，并带动西藏粮食总产量创 54.99 万吨的历史最高水平，比上年猛增 4.1 万余吨（＋8.1%）。1990 年开始，组织实施"西藏麦类作物丰产模式化栽培"项目，进一步推动了藏青 320 以及此后审定的藏青 80 号、藏青 85 号、藏青 148、喜马拉 19、藏冬 16 等一批青稞、小麦优良品种的推广，其中藏青 320 推广种植面积 1990 年再翻一番达到 30 万亩，推广区域由"藏南河谷"拓展到了"藏东三江流域"和藏东南农林交错带的河谷春播区，并开始向西藏中间半干旱偏高寒农区推广，甚至扩展到了以往没有良种种植的阿里、那曲等偏远地区，西藏粮食总产量也再一次上了新台阶，达到 60.83 万吨，增产率高达 10.6%。

此后 10 年，西藏种植业生产进入快速发展阶段。尤其是青稞及其他作物良种推广面积以年均 10 万亩递增，至 2000 年，西藏农作物良种推广应用面积达 210 万亩，良种率达 65% 以上，初步实现了主要作物的良种化生产；自治区种子站和农技推广中心经多年引进试验成功的种子包衣和工厂化种子加工技术，适时地在各农区普遍推广应用，保证了品种推广和更换的效益。与此对应，同年西藏粮食总产达到 96.22 万吨，比 1990 年增加 35.39 万吨，年均增加 5.82%。

本次品种更换的各作物主要品种有春青稞藏青 320、藏青 325、藏青 80、藏青 85、藏青 772、藏青 539、藏青 148、北青 3 号、喜马拉 10 号、喜马拉 11、喜马拉 15、喜马拉 19、山青 7 号等，冬青稞冬青 2 号、冬青 8 号、冬青 11 号等，冬小麦藏冬 10 号、喜马拉 16、山冬 1 号、巴萨德等；春小麦日喀则 12、日喀则 54、藏春 10 号、山春 1 号、江孜 201 等；油菜藏油 1 号、江孜 301、藏油 3 号、年河 10 号等一大批新育优良品种。在这些新品种中，除了藏青 320 和喜马拉 19 品种丰产性、适应性和抗逆性综合表现优异，藏青 85、日喀则 12 高产优势突出，冬青 8 号抗寒早熟、高产兼顾外，巴萨德是区内唯一的优质小麦品种。这些情况反映出这批品种（性状）选育目标的多样化发展和育种进步。

2001 年，西藏粮食总产达到 98.25 万吨后转入了"结构调整、增效发展"阶段，标志着第三次作物品种更换基本完成。

九、品种推广应用技术

在品种推广应用模式和机制创新方面，西藏自治区探索出了从"选育品种—品种展示—生产示范—原良种生产—良种加工供种—创建高产示范田"等各个环节育、繁、推相辅相成、互相合作的模式。摸索出了"育种单位—种业企业—各地良种繁育基地—各级推广部门—种植农户"的育、繁、推一体化的良种推广模式。以藏青 2000 青稞新品种迅速示范推广为例。由于藏青 2000 深受农民欢迎，增产增效显著，西藏自治区高度重视藏青 2000 的示范推广工作：通过召开专题会和现场会，部署藏青 2000 的示范推广；自治区科技厅设立重大专项带动藏青 2000 示范推广；区、地、县层层签订责任书，用行政措施推动藏青 2000 的示范推广；区、地、县、乡、村的技术人员层层培训、分片负责、协同作战，强化藏青 2000 的技术指导和服务；示范区农牧民得到有效组织和参与，使得藏青 2000 的增产增收作用普惠农牧民，探索形成"政府主导、项目带动、行政推动、技术联动、群众参与"的新品种示范推广模式和机制。同时，构建了"三良配套""三高结合""三集协同"的新品种大面积增产运作模式，即结合农发部门高标准农田建设和农牧部门高产田创建，选用农科部门的高产品种实现"三高结合"，采取集聚资源、集成技术、集中力量"三集协同"推进，推动"良种、良法、良田"有机结合的"三良配套"，从而充分挖掘良种增产潜力和土地增效潜力，有效促进了西藏粮食总产逐年稳步提高。在这样一个模式和机制的推动下，藏青 2000 于 2013 年年初通过审定，当年西藏自治区示范推广 10.6 万亩，2014 年示范推广 43.11 万亩，2015 年推广 76.92 万亩，占西藏青稞种植面积的 45.25%。

第三节　农作制度

西藏农作制度体经历了以下四个阶段：即撂荒农作制、休闲农作制、轮作农作制和集约农作制。由于各地发展有早有迟，在同一时期内各地有不同的农作制度类型。

一、轮作农作制

轮作制是现代农业的过渡阶段，是西藏传统休闲制的进一步发展。轮作农作制有休闲轮作、作物轮作两种。民主改革前以休闲轮作为主，民主改革后，作物轮作制的耕地面积逐渐扩大，是目前西藏主要的农作制类型。

20 世纪 70 年代，随着生产的发展和科学技术的进步，化肥、农药开始在农业生产上应用，西藏进入传统农业向现代农业转变的过渡期。轮作制由豆科作物与麦类作物、经济作物的轮换种植，并辅之以适宜的施肥、灌溉、中耕等农作措施，使土地的生产能力进一步提高，也进一步提高了农作物产量，使土壤肥力维持在一定水平上，不再用休闲耕作或休闲淹灌、灭草等措施来恢复地力。

20 世纪 80 年代中期，为改善生产条件，加大了西藏"一江两河"中部流域农牧业资源开发，提出了"建设良田，改善条件；因地制宜、相应改制，因制选作物，合理布局；因作物栽培，良种良法"的生产技术体系，实现"四良"（良田、良制、良种、良法）配套，在大力推广间套作和复种基础上，大幅度提高单位面积产量，实现了增产增收。在雅鲁藏布江中下游流域的达孜、城关区、贡嘎、琼结、米林、林芝县等地的 5.8 万公顷耕地，≥0℃ 积温在 2 860℃ 以上的农区进行种植结构调整。发展畜牧业，种植经济作物，改善农田环境，推进地肥、粮多、草多、畜多。多种经营、增值增收，把产生良好经济效益、生态效益、社会效益的农牧业的有机结合，使之成为相互依存，相互促进的发展模式和示范样板。

20 世纪 90 年代中期，西藏耕作制度随着新式农具、农业机械化、化肥、农药、除草剂、冬小麦等科技新成果的应用和推广，由轮作制替代了休闲制。目前的合理的轮作倒茬方式为：青稞（冬、春青稞）、小麦（冬、春小麦）、油菜与豆类播种（一般为油菜与豌豆混播）面积各占 1/3，3 年一个轮作期的"三三制"轮作倒茬做法；春青稞、小麦与豌豆混播，小麦、油菜与豌豆混播，4 年一个轮作期的"四四制"轮作较为普遍。这样，既增加了种植指数，保护了地力，又提高了农作物单产。耕作制度的改革大大促进了西藏粮食生产和其他各业的发展。

二、现代集约农作制度

集约农作制是通过生产要素（作物、肥料、劳动力）的高度集中，从而实现高投入高产出的一种农作制度。

20 世纪 70 年代以来，西藏随着农机、良种、化肥等现代生产物资和技术投入的增加，以推广冬小麦为中心的优良品种、机耕、机播、化肥、农药、除草剂等技术措施来提高单位面积产量增加粮油总产。这些技术措施的普及推广和逐步改进完善，不断强化了对农业生产的物质和能量的转化、循环的控制和管理，农业进入了集约农作制阶段。

20 世纪 90 年代中期以来，西藏农业生产条件得到明显的改善，基础设施得到了进一步的巩固。集约农作制随着应用现代手段和农业科技的普及而产生和发展起来，首先是在"一江三河"（雅鲁藏布江、拉萨河、年楚河、尼洋河）沿江、河谷地带开始，表现为使用化肥、农药、除草剂，实行机耕机播，复种等，特别是在＞0℃积温 3 000℃左右区域，在保持一季夺高产的前提下还复种了早熟油菜，更可复种芜根、豆科饲料绿肥作物，充分开发利用西藏有限热量资源调整种植，这已经成为西藏集约农作制发展新的增长点。

第四节　作物栽培

一、农作物高产栽培理论与发展

（一）青稞高产栽培理论研究

在青稞生长发育规律方面，杨成书等（1981）、兰志明等（1985）对青稞叶片发生及叶蘖同伸规律进行了观察研究，赵文峰（1985）、杨忠强（1988）先后对青稞不同类型品种的幼穗分化进程进行了系统观察，提出了"露余叶令指标方法"，率先在生产上推广应用了"叶令促控法"技术（1989）。

在群体发育方面，刘伟（1983）对青稞小麦品种的光合作用和物质生产特点进行了比较研究，证实西藏青稞光补偿点低，而光饱和点则高达 5 万米烛光左右，与小麦相比，因青稞叶片肥大披散，使其群体物质生产力相对较低。周春来（1985）、马正玉（1985）研究了丰产青稞群体结构特点及其叶面积、干物质发展规律，提出了不同生产水平丰产群体的合理结构和指标。乔荷涛（1984）通过对 12 个代表品种的测定分析，在国内首次把青稞叶面积指标系数定为 0.72，并进而编制了《青稞田间叶面积查对表》。在农艺措施上，行距和播种量对青稞生育期影响不大，株高随播种量的增加而减少，随行距的增加而增加，种子产量在行距为 15 厘米、播种量为 14.67 千克/亩时达到最大值（仁钦端智等，2012）。

（二）生长发育与环境条件关系研究

郝文俊研究认为（1980）光温配合好有利于形成大粒，早播和增加肥力与产量因子为正相关，而晚霜对青稞则无严重危害。王先明（1985）提出并首次应用以春季日平均气温稳定≥0℃到秋季日最低气温出现−2℃为标准计算青稞生育期积温的方法，并依此提出了青稞各生育阶段和全生育期积温，所能抵御的最低温度指标等，这些指标比国内外相关报道要低得多；他还以藏青 336、白玉紫芒、津浦来大麦等品种为材料，观察了青稞籽粒灌浆过程及其与环境因子的关系，指出（1980）高原气温相对较低是形成大粒的关键因子，而良好的土壤肥力和适宜的水分条件都是籽粒增重的必要条件。栾运芳等（2009）提出，西藏青稞产量主要受千粒重等可遗传的生态性状的影响，与生态环境因子之间的关系不密切。倒伏是限制西藏青稞大面积大幅度提高单产的主要因子（尼玛扎西，2013）。

（三）需肥规律研究

西藏自治区科技人员自 1963 年起就对青稞需肥特点进行了研究探索，先后进行了青稞腐殖酸类肥料施用试验、化肥施用试验等。王少仁等（1978）、周正大（1977）等对上述研究进行了总结。厌光荣等（1985）和周春来（1985）等研究认为由于春青稞生长发育迅速，化肥以一次施肥作基肥为好。强小林（1987）指出，随着生产水平的提高，应注意全生育期的均衡分配。但上述研究均限于定性方面，为此朱喜盈等（1989）连续几年在林芝农田设置专门试验，通过植株化学分析和产量比较，明确了氮肥施量施期与植株营养、干物质的积累及产量形成的数量关系和最佳施肥指标，农田土壤速效磷动态变化规律和春青稞生育期间需磷规律及施用原则等。厌光荣（1985）、林珠班登（1989）、朱喜盈等（1989）、杨菁等（2007）通过数年对青稞化肥配方施用的试验研究，把河谷农区氮磷化肥的施用比例范围定为 1∶0.5～0.75，并以 1∶0.6 为最佳。氮磷配施和有机无机肥配施青稞产量和经济效益的影响显著（李月梅，2011）。在当水处理为占田间持水量的 65%、施氮肥 10克/盆（李连杰，2013）时春青稞的产量最高，此时水肥利用效率最高。

二、农作物常规栽培技术发展

（一）耕作制度与土壤培肥技术

1. 培肥制度

在西藏民主改革前后，由于广大农村群众很少有集中人粪尿的习惯，加之传统的放牧和将牛粪做燃料的习惯，大部分肥料损失，肥料缺乏，施肥水平低，是农业生产上普遍存在的突出问题。土壤肥力是各种因素综合作用的结果，西藏在传统培肥地力方面，采用卧畜积肥、休耕、增施肥料、种植豆科作物和豆科作物与粮食作物混作等方式培肥地力。主要有以下方法：①卧畜积肥：秋收后群众将牲畜赶下山在收获后的地里放牧，使其自由便溺以增加肥力，以过腹还田的形式增加肥力。②烧秆灭草肥田：在林芝、米林一带，群众有秋收（穗收）后焚烧秸秆或杂草使其肥田。③休耕恢复地力：休耕是西藏最古老的恢复地力方法。有全年休耕灭草的；有半年种植油菜、荞麦等早熟作物，半年淹水灭草的；还有撂荒不耕种作草地的。以上方法都有培肥或恢复地力的效果。④种植豆科作物：种植豆科作物、绿肥是提高土壤肥力的有效措施。⑤土壤耕作：在生产水平较高的一些地区，群众对耕地很重视，大致可概括为秋耕灭茬和春耕播种两个时期。

随着科学技术的普及和发展，西藏推行了高温堆肥和沤制农家肥的办法，利用农作物收获后的下脚料堆制或沤制肥料，使农田得以培肥。当今西藏各地在肥料利用上，以有机肥和化肥配合施用，做到有机和无机的结合。

2. 复种技术

20世纪80年代卢跃曾、巴桑、周春来等用冬青稞复种雪莎、油菜、黑豌豆等，其中黑豌豆和雪莎鲜草单产可达1600～2800千克/亩。80年代中期在林芝、拉萨、山南等河谷温暖农区进行了冬小麦与荞麦、绿肥、豆科饲草作物套复种多点试种试验、示范，筛选出适应该区种植的日本333箭筈豌豆、青海春箭筈豌豆、毛苕子等7～8个绿肥品种。1985年西藏自治区农科所开展了单作、混作、复种、套种试验，结果表明拉萨河谷农区8月上旬复种箭筈豌豆，产鲜草550～1800千克/亩，最高单产2500千克，增加了复种指数。

农业科技人员对绿肥又做了根瘤菌接种等大量的研究工作。拉萨、山南、林芝、昌都等地的河谷农区，气温较高，水源较好，收获一季中晚熟作物以后，尚有两个月左右的生长季节，利用其余热，复种绿肥，培肥效果十分显著。试验表明：7月20日复种黑豌豆和箭筈豌豆，亩产鲜草2950千克和2505千克，同时，土壤理化性质明显改善，0～20厘米耕层土壤含水量比对照增加1.6%～3.82%，有机质增加0.05%，全氮增加0.004%，碱解氮增加17.5毫克/千克，是一项经济培肥

改土的有效措施。经过 10 年的探索，明确海拔 3 800 米以下的半干旱地区有复种的水热条件，利用秋收后 2～3 个月豆类绿肥、豆科饲草加入到耕作制度中，种植、压青作为养地肥地、轮作倒茬的重要措施，套复种轮作制的建立是西藏耕作制度的第一个重大变革。

自 20 世纪 90 年代至今，是西藏河谷主要农区光、热、水、土资源开发力度最大的时期。西藏适宜农区多熟制得到快速的发展。1994 年仅拉萨市实施绿肥、油菜、芜根复种18 000多亩。实践表明：把草田轮作纳入种植体制中，合理种植经饲作物，具有明显的功效，并且能够抑制农田病虫草害，选用粮、经、饲作物的茬口种植麦类作物可节约施用化肥 2.5～5 千克，在相同施肥水平和生产条件下，麦类作物可增产 10％以上。在确保优质粮食作物有增的前提条件下，根据自然、生产条件和群众生产生活需求与市场需要，因地制宜地积极推广经饲作物种植面积是促进生产可持续发展的突破口和有效途径之一。2001—2013 年西藏自治区实施了"粮饲、经饲作物套复种技术示范""西藏一年两收与饲料生产""免耕复种技术示范""冬青稞复种饲草"等多个项目，开展了较全面、系统、深入的西藏一年两收套复种技术研究与示范。

3. 轮作倒茬技术

合理轮作能全面均衡地利用土壤各种营养元素，改善土壤理化生物性状，做到用地养地结合，培肥地力。如禾本科作物需氮多，需磷、钾相对较少，而豆科作物因自身有固氮作用，需氮少，而磷、钾相对较多。自 1979 年以来，西藏各地存在着一定面积的撂荒、休闲、轮作、复种等多种土壤培肥方式，西藏自治区生产水平最高、化肥施用量也最高的江孜县，油菜豌豆混作、麦油豌混作到 1991 年仍占播种面积的 12.4％；琼结县各乡 1989 年油菜豌豆混作占播种面积的 16.0％～37.0％；堆龙德庆县原德庆区于 1985—1987 年豆科作物占播种面积的 40％，还有薯类、油菜、青饲料等共占地 8％左右，青稞、小麦共占地 50％以上。这种作物种植结构状况，为实施传统轮作换茬提供了基本条件。进入 1995 年后，由于大抓粮食生产，部分沿江河谷地区豆科作物急剧减少，油菜也不多，大多都是青稞、小麦，又进入麦类作物连作状况，各地传统的作物轮作换茬方式未能继续保持，传统的豆/油、麦/豆、麦/油、麦/豆油混作也已基本消失。到 2003 年西藏粮经饲作物种植比例为80：14：6。目前各地的轮作倒茬方式以青/麦/油为主。由于麦类连作、化肥施用量剧增，已暴露出土壤肥力下降迅速、质地变差、土壤板结等连作的危害性。

（二）合理密植技术

麦类作物田间基本苗少是影响产量最大的因素。西藏各农区在当前的土壤肥力和作物株型条件下，主要以主茎成穗为主、分蘖成穗为辅的途径。冬小麦有所差别，是主茎与分蘖成穗并重的原则。通过多年研究，西藏自治区明确提出了在中上等肥力条件下的河谷农区春青稞不同产量水平的产量结构指标：200～300千克/亩，亩适宜播种量22万～28万粒，亩基本苗13万～18万株，最高茎蘖数26万～32万，亩成穗数18万～20万穗，每穗40～45粒，千粒重42～46克；300～400千克/亩分别对应：播量24万～30万粒、基本苗16万～20万株、最高茎蘖数32万～38万、成穗数20万～23万穗、每穗42～46粒、千粒重42～45克；也提出了亩产400～500千克的各产量结构指标。

（三）播种技术

20世纪70年代后推广了七行畜力播种机，克服了撒播和顺犁沟条播的缺点。研究表明：机播出苗率一般在70%以上，比撒播和顺犁沟条播节约种子3～5千克/亩；同等肥力条件下，比顺犁沟条播增产11%，比撒播增产25%～31%。

冬前深耕结合晒垡、冻融交替、精耕细作和全层施肥等措施，可以使土肥相融、灭草、加速土壤熟化，为调节水、肥、气、热等土壤肥力因素以及作物根系和植物体系协调良好的生育打下基础。播前对种子进行机械精选、药剂包衣、防除各类种传病害的发生，提高种子的科技含量。

（四）旱作栽培技术

西藏半干旱和半湿润地区内尚有2/3的耕地处于地高水低的支流支沟的中下部，由于需水灌溉时期无水可灌，作物产量受年际间降水量多少及雨季早晚的影响极大，产量低而不稳，长期以来粮食单产在150～200千克变化。目前西藏旱区的主要旱作栽培技术有：

1. 蓄水保墒技术

（1）秋灌蓄墒。位于江河水提灌不上来，山沟里的冰雪融水和泉水又因水量限制也灌不到的中间地带，一般在秋收后立即耕耙完毕，引径流水灌透，然后适时进行耕耙保墒，以保证翌年春播和苗期在无降水和无灌溉条件情况下，能正常出苗和满足苗期生长用水。此法一般适用于土层深厚土壤和保水性能都较好的区域。

（2）冬灌蓄墒。群众称之为"淌汪"地，直译为冻水，即农田灌冻水的意思。这类地是指蓄水不足，或秋收后耕耙保墒不及时，将田埂垒高，然后灌满水。有的甚至像水田一样，淹灌一段时间，待水渗透和散失后，土壤含水量适宜时，再进行耙糖保墒。经过冬灌蓄水和冻融作用，可促使土壤的物理性状得到改善。这类冬灌地道春季土壤解冻后要及时进行耙糖保墒，到春播时不需灌溉即可播种，苗期土壤水分是充足的，到了雨季又可视墒情进行灌溉。

（3）休闲蓄墒。群众称之为"那淌"地，是指用当年夏秋雨水形成的径流水，即季节性河溪径流水灌满地进行蓄水保墒，到翌年再行播种的措施，通常又叫夏秋灌水。其实是充分利用不同时空的降水形成的径流水，贮藏于土壤水库之中。一般情况下，虽然"那淌"地没有"淌汪"地产量高，但比等雨播种地产量高，其原因是"那淌"地利用了季节性径流水，有一年的休闲时间后地力有所恢复。若遇少雨年份蓄墒不足，次年不能播种，只好继续休闲蓄积雨水，耕作保墒，到第三年再行播种。

2. 等雨播种

群众称为"那热"地，即靠天的意思。这类耕地又分为两种情况：一种是完全靠降水湿透一定土层后才播种，因为等雨播种往往是迟播，所以这类耕地要结合采用生育期短的早熟青稞、早熟油菜品种或荞麦，生育期长的品种未成熟就遭霜冻；另一类是靠近山边的耕地，在有一定降水后用形成的径流水灌溉耕地，与上一种类型相比能较好地保证适耐播种。但若雨水比常年偏晚还要配合使用早熟品种。从日喀则曲美乡往西萨迦、拉孜一带的旱区有许多都是等雨播种地。

3. 相应的配套旱作技术

旱地主要分布在河谷农区台地、山沟中间地带和浅沟上游，土地有一定坡度或坡度较大，农田蓄水保墒要有相应的引水渠和平整的地块。农民很重视引水渠的配套维修、田埂的整修及土地平整，山沟中的旱地可以说达到了水平如镜，不但可以方便地将径流水引入农田，并且能够蓄住径流水。施用有机肥改善土壤结构，增强土壤蓄水能力。在长期的旱作农业实践中，经过长期的自然和人工选择形成了相应的农作物品种，如麦类作物苗期长发育缓慢，形成了对春旱的适应性，同时也形成了相适应的播种期、播种方式，如扎囊县旱地的穴播，深播不覆土，有利出苗。

综上所述，西藏传统的旱作农业技术充分利用了雨季降水较多，径流量比较丰富的优势，较好地调节了农田土壤水分的循环与平衡，从而保证了一定的产量。在整个传统蓄水、保墒措施中，"蓄"以深耕、灌透为宜，"保"以耙、磨为主，并结合其他措施，获得了较好的传统技术效果。

三、农作物高产栽培技术

（一）作物高产栽培技术

20世纪70年代到90年代中期，西藏自治区农业技术推广人员和科研人员在"一江两河"地区广泛开展了麦类作物高产模式化栽培技术推广应用。在生产条件较好，高产潜力区，实施麦类作物良种良法配套技术集成示范，实行"八统一"：即统一地块，单一品种连片大面积种植；统一品种，良种良法配套；统一种子精选包衣；统一机耕机播；统一肥水运筹；统一田间管理；统一病虫草害防治；统一技术服务。通过综合技术的集成示范，使 1979 年原江孜县农试场选用春小麦日喀则 12，在 4 040 米的高海拔农区获得 842.3 千克/亩的高产纪录，1979 年日喀则农科所选用日喀则 12，获得 985.0 千克/亩高产纪录，1979 年日喀则地区农科所选用肥麦获得 871.0 千克/亩高产纪录。1998 年林周县实施的冬小麦万亩千斤高产栽培试验，平均 538.8 千克/亩，青稞万亩千斤高产栽培试验平均 527.4～540.53 千克/亩的高产量。同时，还对堆龙德庆县羊达乡青稞大面积高产、稳产、低成本栽培技术进行了科学研究。

（二）农业技术集成

1. 农业综合技术措施

1984 年召开的西藏第三次农业技术推广会上，提出了农业八项增产技术措施。即：①推广机播，提高播种质量，增加基本苗。②推广精选机选种，提高种子质量。经复式精选机选种后，发芽率提高了 7%～10%，每亩用种量减少 1.5～2.5 千克，平均增产 10%。③推广优良品种，发挥良种的增产潜力。④推广化肥做底肥深施技术。提高化肥利用率和经济效益。在保水保肥较好的土地上，化肥做底肥深施比土表追肥可提高利用率 20% 左右。⑤推广萎锈灵拌种，防治黑穗病、条纹病和白杆病等种病害。⑥推广化学药剂灭草，控制草害，主要推广燕麦畏、2，4-D 丁酯。⑦推广使用呋喃丹农药，控制地下害虫的危害，重点防治地老虎、蛴螬、象鼻虫等地下害虫。⑧推广以箭筈豌豆为主的绿肥作物，实行草田轮作，以农养牧，培肥地力。这些技术以联产承包、技术服务等多种形式贯彻落实。到 80 年代后期，为了把农业现有的科技成果和先进技术综合运用于大面积、大范围的生产中去，实施了"丰收计划"，又以丰产方、良种连片示范形式有效地促进了科技成果转化为生产力，使粮食产量又上了一个新台阶。

2. 粮油单产行动计划

1990 年西藏自治区作物学会向自治区人民政府呈报了《关于大力推广农业实用技术提高西藏粮食单产的咨询报告》，《报告》中提出了大力推广十项农业适用技术。即：①扩大良种覆盖面，充分利用现有品种，缩短新品种更换周期，良种推广由河谷农区向干旱及半农半牧区扩展，在主要农区逐步建立良种繁育基地，进行种子机械加工，提高种子质量。②广辟肥源，改进有机肥积造和施用技术，充分利用"土草资源调查"的科技成果，试验示范良种配方施肥技术，提高化肥利用率。③适时播种，提高播种质量，保证苗全、苗匀、苗壮。④认真搞好灌水、施肥、中耕、除草等田间管理措施。⑤综合防治病虫草害，合理轮作倒茬。重点搞好对种传病和主要害虫的防治。作好病虫预测预报，做到及时有效地防治。⑥农艺与农机相结合，大力推广机耕机播、机施化肥、机械选种技术，提高劳动生产率和作物单产。⑦大力推广优势作物，主要是恢复发展越冬作物和扩大玉米种植。⑧大力改造中低产田，采取工程措施和生物措施综合治理，逐步提高耕地生产水平。实现低产变中产，中产变高产。⑨推广丰收计划、千亩丰产方、良种连片种植等综合性丰产栽培技术。⑩示范推广旱作农业技术，在总结传统旱作经验的基础上，示范推广保墒耕作、耐旱品种和旱作栽培等综合旱作农业新技术。这些技术措施的推广提高了农业生产的科技含量，为粮油持续增产提供了科技支撑。

到 2000 年，西藏累计实施"丰收计划"1 000 多亩，平均每亩增产 15％。随着农业经济的快速发展，西藏初步建立了适应农业经济和农业发展的综合技术体系，即：灌溉农业技术体系、旱作农业技术体系、以农牧结合为特点的农业技术体系。加强了新技术的集成和组装配套，在科技推广形式上有了新的突破，变单项技术的推广应用为多项技术的综合推广应用。

2005 年，西藏自治区党委、政府制定出台了《关于提高农牧业综合生产能力，促进农牧民增加收入的意见》，决定用 5 年的时间，在西藏范围实施提高粮油单产行动计划，提出了重点任务和目标。西藏农牧厅制订了实施方案，成立了领导小组，明确了责任，强化了服务，主要采取了以下几项措施：一是加大农业投入，提高农业综合生产能力，整合涉农项目资金，加大农田水利基本建设、改造中低产田、建设机械化耕作和农田林网。二是整合科研、推广部门科技力量，采取有效激励政策，调动科技人员和基层积极性，实施层层技术承包，推广以优良品种为重点的农业组装配套，增强科技支撑能力，粮食主产区每亩平均增产 5 千克以上，油料主产区每亩增产 6 千克以上。三是加强农作物基地建设。重点抓了优质青稞、优质小麦、优质油菜基地标准化建设。四是优化种植业结构调整。在稳定提高粮油单产的基础上，优化布局、优化种植结构、优化品种结构。在项目实施过程中，还采取9 项科技推广措施、3 项政策激励措施和组织管理措施。通过完善基础设施、平整土地、提高土壤肥力、加强科技投入等多种措施，大幅度地提高河谷地区连片耕地质量和产出水平。

3. 粮油高产创建活动

2008 年，为确保西藏粮食生产特别是青稞生产安全，按照农业部的安排部署，在林周、曲水、堆龙德庆、南木林、拉孜、白朗、扎囊、贡嘎、林芝、洛隆10 个粮食主产区开展了高产创建试点活动。实施县实行区、地、县三级联动机制，科学选址、连片种植、集约技术，遴选主导品种和主推技术，按照生产技术规程，采取"八统一"技术措施，集成良补、种子、植保、农机、沃土等一批科技项目，组织了区、地、县农业科研和农技推广173 名科技人员，在项目区建立了5 万亩核心示范区和6 万亩辐射示范区，确保了示范活动的顺利开展，为下一步全面开展高产创建活动积累了一定经验。

2011 年开始，西藏以粮食主产区和主要粮食作物发展为重点，强化行政推动，依靠科技进步，加大资金投入，集成技术、集约项目、集中力量，在试点县的基础上，逐步扩大粮油高产创建活动范围，以整乡整县（市）整建制推进，集中打造了一批规模化、集约化、标准化的高产示范区。

2012 年，国家进一步加大了粮油高产创建项目投资力度，农业部和财政部联合制定了《关于印发 2012 年粮油棉高产创建项目实施指导意见》，把粮油高产创建作为新时期农业先进技术集成的深化，加大了项目有机结合，形成了各项技术的集成。西藏自治区农牧厅编制了《自治区 2012 年粮油棉高产创建实施方案》，成立了高产创建活动技术指导组，由自治区农业技术推广中心和五地（市）农业技术推广总站具有高级技术职务的专家组成。在项目实施中，做到"五统一"技术服务模式和农艺农技相结合、良种良法相配套，形成了各具特色的高产栽培模式，提高了高产创建科技支撑能力，加快了科技成果转化应用。

2013 年年底，在西藏 35 个县实施高产创建示范区累计面积达 240 万亩。经测定，大田单位面积亩均产量增幅达 10％以上，技术应用到位率达到 98％，增产增收效果明显。如：拉萨市通过项目实施，粮食生产水平明显提高，全市示范田麦类作物播种量比实施前亩均减少 2 500 克以上；示范田青稞平均单产达 400 千克以上，增产 32.5 千克/亩以上，小麦平均单产达到 500 千克以上，增产 45 千克/亩以上。林芝地区玉米单产可达 550 千克，增产 40 千克/亩，3 500 亩玉米增产 140 吨；水稻增产 25 千克/亩。日喀则地区日喀则市、白朗和江孜三县的青稞、小麦高产创建示范区的青稞平均亩产达到 390 千克，比大田增产 40 千克，增幅达 11％以上，冬小麦平均亩产 510 千克，比大田增产 50 千克，增幅达 10.6％。南木林县马铃薯示范区亩产达 4 000 千克左右，比西藏平均亩产提高一倍。昌都地区青稞平均亩产 364 千克，比大田增产 40 千克，增幅达 12.3％，小麦平均亩产 506 千克，比大田增产 52 千克，增幅达 11.4％。同时 2013 年开始还在西藏范围内推广种植高产青稞新品种藏青 2000，实施面积 10.6 万亩，亩均增产 26.5 千克，有力地保障了西藏青稞安全生产。

4. 马铃薯技术引进

2001 年开始，为加大马铃薯脱毒种薯在西藏的推广应用，国家投资 1 000 余万元，陆续建设了日喀则、山南地区和拉萨市马铃薯薯类脱毒中心，其中，日喀则马铃薯薯类脱毒中心最早建成，通过几年的发展，目前已成为西藏马铃薯脱毒研发、扩繁、推广等技术支撑单位，经中心脱毒后的"艾玛岗马铃薯"在生产上得到了推广应用，初步实现了脱毒、组培、快繁、检测及规模化生产、工厂化加工一体化运行模式。由日喀则薯类脱毒中心牵头，区农业技术推广中心配合，以脱毒种薯推广、病虫害防治、测土配方施肥等技术为基础，制定了适应不同马铃薯生产区域和不同品种特点的配套栽培技术体系，形成技术规程，为西藏马铃薯种植提供了技术规范。由区农产品质量检测中心负责，进行马铃薯不同品种、不同区域、不同用途、不同标准的生产试验，制定相关生产技术标准，指导农牧民标准化生产。

2006 年，国家决定将马铃薯纳入《优势农产品区域发展规划》予以重点扶持，加快发展。西藏马铃薯栽培历史悠久，分布范围广泛，从低海拔到 4 400 多米的高海拔范围内都有种植。海拔高、温度偏低、昼夜温差大、光照充足，为种植马铃薯提供了有利的生产环境和气候条件。马铃薯是粮食、蔬菜、饲料和工业原料兼用的重要农作物，是仅次于青稞、小麦和油菜的第四大作物，是城乡居民喜爱的食物之一，具有广泛的种植基础。马铃薯种植具有较高的比较效益和广泛的市场需求，也被作为种植业结构调整的主要选择作物，种植面积逐年扩大，初步形成了以艾玛岗生产基地为主的马铃薯产业。2006 年，西藏种植面积达 14 万亩。

2007 年，随着青藏铁路的通车和东南亚市场的开放，国内、国外两个市场为马铃薯产业提供了广阔的发展空间。西藏自治区将马铃薯发展纳入了产业发展规划，科学合理布局种植区域、扩大种植面积、加大新品种新技术引进、消化和推广，加大投资力度。

截至 2013 年，西藏马铃薯种植面积达到 24 万亩，亩产达 2 500 千克以上。引进马铃薯加工龙头企业 1 个，推出马铃薯系列品种 10 个以上。

第五节　土壤肥料技术

一、土壤类型

按照国家土壤普查办公室的统一部署和要求，从 1979 年 7 月开始到 1991 年年底，在西藏范围内先后开展了以耕地为重点，耕地、林地、草地等土地资源为对象，以田块为基础的西藏第一次土壤普查工作。西藏自治区各地（市）还先后在西藏土壤普查培训的技术骨干的基础上，相继组建了土壤普查工作队和土壤肥料化验室。参加这次土壤普查的单位主要有西藏、河北、山东、湖北、湖南、陕西、四川、新疆、青海、甘肃等 10 个省（自治区）的 100 多个科研、生产、教学单位的专业技术人员 812 人。经过全面、系统、准确地综合分析多年积累的普查资料，编写了包括西藏土地利用现状和土壤情况。通过这次普查，把西藏的土地资源科学地分为 9 个土纲，28 个土类，67 个亚类，362 个土属，2 236 个土种，查明了不同土壤类型的数量、分布、养分状况及开发利用的主要障碍因素，同时摸清了当时西藏耕地整体上"极缺氮、少磷、富钾"的养分状况，并确定了西藏调入化肥以尿素、磷酸二铵为主的政策，为土地资源的进一步开发利用和合理施肥提供了科学的依据。

二、土壤肥力与提高

20世纪70年代以来，西藏耕地土壤养分经过30多年的变迁，已经从"缺氮、极缺磷、富钾"转变为"耕地质量有所下降，极缺氮、缺钾、富磷"。针对西藏土壤肥力下降问题，西藏自治区还先后研究推广了绿肥轮作、绿肥复种、粮草轮作等技术措施，重点加强了青稞专用肥、小麦专用肥的应用，为提高土壤肥力开辟了新的肥源和技术途径。

西藏土壤有机质一般在1%以上，部分在2%左右，由于气温低，土壤有机质分解缓慢。这种低输入与低输出的状况可能是西藏大部分耕地至今产量不高的重要原因之一。粮食商品率很低，大多数粮食就地消费，随粮食出售输出氮素也不多。很多地区不注重人粪尿的积制，秸秆过腹后也烧掉了，这些氮素都回到大气中了，能回到农田土壤中的是很有限的。所以，多数情况下，增施氮肥在西藏的增产作用是非常明显的。传统农业则主要靠种植相当数量的豆科作物来维持一定的含氮量，从而获得农作物的产量。一般禾谷类作物磷、钾的90%以上是在植株地上部分，磷有80%在籽粒中，钾有1/3在秸秆中。当地上部分移走后，磷、钾就大量亏损。作物通过根系分泌有机酸类可以活化一部分难溶性磷，油菜等作物还可吸收利用土壤中部分非水溶性磷。燃烧牲畜粪便和秸秆，对磷、钾，尤其是钾回到农田影响不大，所以西藏农田土壤钾元素仍是丰富的，磷与氮比也相对较好，所以单施磷肥增产效果不太明显，只有在配合施氮的条件下磷才能有较好的作用。

因此，需采取有效措施维持和扩大土壤养分循环的演变。豆科绿肥应在适当扩大冬青稞种植面积的基础上，利用冬青稞成熟早的特点，收获后复种豆科绿肥，即复种轮作。加查、林芝、波密等地气候条件好，即使在冬小麦收后也可复种绿肥，冬青稞后可复种早熟油菜或早熟豌豆，以粮食、油菜、饲料作物组成复种轮作为主。昌都地区地势复杂，少部分县、区气候条件远比上述地区为优，大部分县、区分别与上述各类地区相似，可根据具体情况分别采用上述种植方式中的一种或几种实施。总之，为了实现农牧业结合，要在耕地内采用适合本地特点的粮草种植方式，以求在粮食不断增长的同时，还能提供更多的饲草饲料，以便通过发展畜牧业为农业提供优质肥料，扩大土壤养分库。多施化肥，美国"石油农业"的经验教训证明这不是长久之计，国外农业持续稳定发展的基本经验是有机肥和无机化肥配合施用。因此，如何解决农村能源循环，使牛羊粪能回到地里，是当前必须着手解决的大问题。太阳能灶、液化气灶、沼气等均已成功推广普及，可节省出部分牛羊粪回到地里作肥料，参加再循环。

西藏除个别县外，其余均为一年一熟制。应采取多种培肥途径，提高土壤肥力：①种植豆科饲草作物，是充分利用自然资源、气候条件、提高复种指数、培肥地力的有效途径，可以解决三料之间的矛盾，从而为西藏农业的持续、快速发展打下良好的物质基础。②圈养畜禽，加强有机肥的收集和堆积。这既可以增加肥源，降低生产成本，又可以改善农村环境卫生，减少水污染。③广辟肥源，合理利用农田杂草。西藏地广人稀，人均耕地面积少，农田、路边、荒滩等杂草滋生，利用这些杂草既可以发展畜牧业，过腹还田，又可直接割青草堆积有机肥，同时还可缓解杂草与青稞争肥的矛盾。

三、合理施肥技术

20世纪80年代后期，根据不同地区、不同土壤类型、不同生产水平等条件，按作物生长发育的需肥特点，因地制宜地选择肥料品种，确定适宜施肥量和氮、磷、钾的配合比例，并采用科学的施肥方法，提高肥料利用率，实现农作物高产、稳产、优质、高效。在施肥技术方面，初步明确了不同土壤类型和不同作物品种的施肥种类与施肥法。

（一）有机肥料的施用技术

西藏有机肥主要用于农业培肥改土，它在传统农业技术发展中起到了重要作用。有机肥的施用技术因土壤类型和生产条件的不同而有所差别。在河谷农区的施肥方法一般都以播种前一次深施为主，但在堆龙德庆、曲水、尼木、乃东等县的局部地方也有作苗期追肥施用的习惯。据群众使用经验表明：一般将60%的农家肥料于播前深施，可满足作物前期生长的需要，40%在作物分蘖期施下，可满足作物灌浆期养分需要。在干旱农区：有机肥一般都以秋施为主，施肥后及时进行耕地深翻，到春播前只进行耙磨，而不进行耕地。这种施肥方法有利于肥效提高，在拉萨、江孜、日喀则等地还把它作为秋水春用适期早播的一项生产措施来抓。

随着农业生产水平的不断提高，有机肥的施用数量和质量都得到了进一步的提高。据西藏自治区农业科学研究所1956年调查资料表明，当时农田一般亩施农家肥300～500千克，不施肥的农田比较普遍。到1991年，西藏全自治区农田平均亩施农家肥料已达到1 500千克以上。从施肥的增产效果看，一般亩施1 000千克农家肥料可增产青稞7.7～14.6千克，而施肥后增产幅度的大小与土壤的基础肥力有一定的关系。

（二）化学肥料的引进与试验示范

1980—1991年，随着社会经济的迅速发展，高产作物良种的大面积推广应用，科学种田水平的提高，化肥施用量有了明显提高。到1991年，化肥施用总量已达到42 648吨，比20世纪70年代增长了一倍，粮食产量比1980年增长了32%。由于大量施用化肥，土质发生了变化，土壤板结，20世纪80年代以后粮食产量受到影响，科研部门针对这个问题，对施肥量、施肥方法以及微量元素肥料应用技术等方面进行了试验，提出了主要河谷农区化肥施用应采取前期重、后期轻，以基肥为主、以氮肥为辅，氮磷配合施用的原则和方法，在指导群众合理施肥方面起到了很好的作用。

1980年以来，土肥科技工作者在总结利用过去研究成果的基础上，进一步研究了"西藏主要豆科作物的生物固氮能力及其应用""土壤微生物特性与土壤肥力的关系"以及不同土壤类型、地貌特征、生态环境等条件与农业生产的关系。针对不同条件下形成的干旱、低洼、缺肥、高寒等低产田，研究提出了一套生物与工程措施相结合的改良途径，在提高低产田单位面积产量方面取得了良好的效果。

到2013年年底，西藏化肥总量已经达5.8万吨，粮食平均亩产达到290千克，对西藏农业生产的发展起到了重要的作用。此外，根据作物生长需要还进行了锌、锰、硼、铜等微量元素及喷施宝等生物激素方面的肥效试验。

（三）化肥施用技术

合理施用化肥与提高化肥的利用率所涉及的因素很多，如选择肥料品种，确定施肥期、施肥量、施肥方法及肥料的配合比例等，都与施肥效果有直接的关系。但对施肥效果影响最大的仍然是施肥量，所以在确定最佳施肥量的基础上改进施肥技术是获得高产和提高效益的核心问题。多年来，在试验研究与总结群众丰产施肥经验的基础上，初步形成了一套符合西藏农业生产特点的施肥技术，在促进农业生产的发展方面收到了良好的效果。

1. 种肥施用技术

种肥的施用方法一般以顺犁沟条施或与种子混合后利用播种机条施，在部分农区也有将种子与肥料混合后顺犁沟条施或撒施的习惯。一般亩施氮素2～3千克作种肥，对种子出苗率及作物苗期生长都有明显的效果，每千克氮素一般可增产粮食24.5～46.3千克，肥效比追肥提高40％以上。生产实践证明，合理施用种肥能为种子发芽和幼苗生长创造良好的环境条件，具有提高肥效、增产增收的效果。

2. 追肥施用技术

追肥的施用方法一般都以撒施和条施为主，根外追肥在一些农区也有一定的应用面积。撒施一般与中耕松土或灌水相结合，有利于减少肥料养分的挥发和损失。条施法主要在青稞、小麦作物上利用较多，一般在麦类作物分蘖期、冬小麦的返青期用马拉七行播种机在行间追施，其肥料利用率明显高于撒施法。从生产实践看，追肥的品种一般以速效的氮素肥料为佳，追肥的数量因土壤肥力及作物长势情况而定。在保水保肥的土壤条件下，追肥数量一般不宜超过全生育期肥料用量的30％，

而土壤质地松散保肥能力差的沙土地的追肥量可占总施肥量的 70%。追肥的时期应根据作物长势情况灵活掌握。根据作物生长发育过程中的需肥特点，及时追施肥料，是促进作物正常生长发育，提高作物产量的有效措施。

3. 基肥施用技术

化肥深施的方法主要有撒施、条施和混施法几种。一般在耕地前把肥料均匀撒施于地表，然后结合耕地，将肥料翻入土中的撒施法比较普遍。在生产条件比较好，科学种田水平比较高的地方，群众也有把化肥与一部分优质的有机肥料混合后，在播种时顺犁沟条施的习惯，但应用的面积不大。近年来，利用播种机于麦类作物分蘖期前后深施化肥的方法目前已被一些农区普遍采用，特别在冬小麦返青期使用的更为普遍，是目前一种较为理想的深施方法，在生产中有良好的应用前景。经过多年研究，和实践经验相结合，肥料的施用一般对春青稞等春播作物采取"一炮轰"，即将所有肥料作为底肥一次性基施。对冬小麦等秋播作物采取底肥为主、追肥为辅的施用方式。采用化肥深施的方法，增产效果明显，主要原因是这种做法减少了化肥的损失，提高了化肥的利用率。特别是把化肥与有机肥料混合堆制一段时间后，做底肥深施的增产效果更好。

4. 化学肥料配合施用技术

从 1991 年西藏土壤普查结果看，西藏耕地土壤中，氮、磷、钾三种元素比例协调的面积仅占耕地总面积的 7.0%，肥力中等而三要素比较协调的面积占 47.56%，而氮、磷、钾三元素均不协调的占耕地总面积的 45.44%。从肥料试验与生产结果看，在亩产 150～200 千克中等生产条件下，麦类作物施肥效应是氮肥大于磷肥，磷肥大于钾肥，而钾肥在大部分农区增产效果都不显著。因此，在施肥上应以氮肥为主，配合施用磷肥，不施或少施钾肥，有利于提高化肥利用率。如青稞、小麦在单施氮肥的条件下，平均亩产分别比对照田增产 59.8 千克和 76.1 千克，增产 35.2% 和 32.1%。在单施磷肥的条件下，平均亩产分别比对照田增产 23.3 和 31.8 千克，增长 13.7% 和 34.2%。氮磷分施单产累计增产分别为 83.2 千克和 107.9 千克，而氮磷配合施用后的增产量为 104.2 千克和 243.2 千克。

（四）微量元素肥料的施用技术

1980 年西藏开始研究硫酸锌、硫酸铜、硫酸锰、硼、钼等不同微量元素肥料在青稞、蚕豆、油菜等作物上的肥效及施用方法，并结合大田生产在拉萨、日喀则等地进行多点示范，收到了一定的增产效果。据各地试验资料分析，每亩底施 1 千克硫酸锌和 0.15% 硼酸钠喷施，能使青稞增产 15.1%～29.3%，明确了增施钼肥对青稞无明显增产作用。在蚕豆，油菜上基施或喷施不同量的锰、锌、铜、硼等微量元素肥料，也有一定的增产作用。油菜一般比未施肥亩增产 2.1%～18.3%，蚕豆增产 9.4%～27.4%。从各地的施用效果看，微量元素肥料具有用量少、投资省、效益高等优点，还可与灭草、灭虫等农药配合施用，也可与尿素混合后作根外追肥。这是作物增产增收的一项新的技术措施，应当因地制宜、有计划地组织示范推广。

近几年来，为适应化学肥料施用量增加后作物平衡施肥的需要，又先后进行了稀土、恩肥、喷施宝、增产菌等微量元素肥料及生物激素的应用效果研究，初步明确了适量、适期施用喷施宝、稀土等微量元素肥料，一般可使青稞、小麦的单产比对照田块增产 6.5% 以上，高的田块增产达 10% 以上。

四、测土配方施肥技术

随着粮食生产的不断发展，化肥用量急剧增加，施用有机肥的数量不断减少，导致土壤结构变差，土壤生物功能下降，造成土壤生态系统破坏，影响了耕地生产能力和抵御自然灾害能力提高，影响了农产品数量和质量安全，影响了农业效益和农民收入的提高，给环境带来了严重污染。

2005 年，中央 1 号文件提出"搞好沃土工程建设，推广测土配方施肥"，实施测土配方施肥成为 21 世纪农业技术推广的一项重大措施。2006 年在西藏部分县开展了测土配方施肥试点工作，通过试点总结了成功经验，摸清了耕地、化肥用量以及作物产量等，为在西藏开展测土配方施肥推广工作打下了良好的基础。

2010 年，在国家大力支持下，西藏测土配方施肥推广工作全面展开。一是制定了《西藏自治区测土配方施肥工作实施细则》，编制下发了《测土配方施肥"3414"试验方案》《测土配方施肥示范区无氮试验方案》等技术规程和规章制度，强化了责任管理。二是组织力量深入各县开展了耕地土壤面积普查、农户询问、取样对土壤微量元素成分进行科学分析。完成了西藏 80% 以上的耕地面积的取土样，在 35 个粮食主产县累计采集土样 25 000 多份。调查了 2.6 万户，获取调查数据 400 万个。三是进行"3414"田间肥料肥效试验 1 000 多个，覆盖青稞、小麦、油菜、马铃薯、水稻、玉米六大作物，对试验作物的数据进行统计，初步掌握了耕地土壤基本数据。四是建立了数字化工作平台，组织业务人员对搜集的数据进行分类整理，建立了施肥指标体系数据库，完成了项目县属性信息数据库和空间数据库建设，部分项目县县域耕地资源管理信息系统建设及耕地地力评价工作。

截至 2013 年，项目已覆盖了西藏 36 个粮油生产县，对 310 万亩耕地土壤进行了一次"体检"，完成了土壤 pH、有机质、全氮、有效磷、速效钾、有效硼、全钾、全磷、水解氮等项目指标测试，基本摸清了西藏耕地土壤的"家底"；开展了以"3414"为主的田间肥效试验 1 020 个，初步摸清了土壤供肥量、百千克籽粒吸氮量、无氮基础地力、肥料利用效率等基本参数，基本掌握了青稞、小麦、油菜等主要作物需肥规律，初步建立起西藏粮油作物的施肥指标体系；收集土壤测试、田间肥效试验等方面的数据 400 多万个，建立了西藏测土配方施肥数据库，完成了 20 个项目县县域耕地资源管理信息系统、2 个项目县县域测土配方施肥专家系统建设和 2 个项目县耕地地力评价工作。完成不同作物的区域性配方 22 个，并初步完成了 4 个主要作物的配方设计，累计示范推广测土配方施肥技术面积 170 万亩，示范区平均增产 10%～15%，覆盖西藏 5 023 个村、40 486 个农户，培训基层技术人员 950 人次、农牧民 15 254 人次，发放宣传资料挂图图书 32 325 份。

第六节　植物保护技术

一、植物病害技术研究

20 世纪 80 年代，西藏植物保护工作取得了突破性进展。随着冬小麦在高原上的推广种植，尤其是雅鲁藏布江、尼洋河及拉萨河中游河谷农区大面积推广种植，农田生态条件发生了较大变化，导致病虫害暴发成灾和一些新病虫害的发生。西藏自治区农牧部门针对当时生产突出问题，制定了应急植保工作措施，采取打歼灭战的办法，集中科研和技术推广力量，对猖獗危害的黄条花叶病、麦蚜、西藏飞蝗、条锈病、燕麦草等进行重点防治。并针对病虫害在藏东南农区发生早且严重的特点，在林芝、米林、朗县、加查、工布江达等地重点采取了区域控制和统一联防的措施，及时控制了猖獗一时的黄条花叶病、麦蚜、西藏飞蝗、条锈病、燕麦草的危害。

在对猖獗为害的类黄条花叶病、麦蚜、西藏飞蝗、条锈病、燕麦草等进行重点防治过程中，农业科研人员对危害青稞的黄条花叶病等的发生、危害及其防治技术进行了系统研究，并提出有效防治措施。王宗华等科研人员研究提出了青稞品种与条纹病菌系的相互作用，指出不同品种的抗性和不同菌系毒力均有差异。开展了对西藏大麦条锈病研究，基本摸清了大麦条锈病的流行区域和周年规律，明确了西藏大麦条锈菌是不同于小麦及其他地区的独立类群。在证实了不同菌系毒性和不同品种抗性差异基础上筛选出一套大麦鉴别寄主（品种），分析研究了西藏大麦种质资源的抗条锈性特点及其评价方法和意义。引进推广了粉锈宁防治技术。李晓忠等科研人员通过试验，证实了春大麦混合群体对条锈病浸染流行有延缓作用，从而部分解释了当地品种群体感病轻的原因，并提出了防治措施。1980 年后期，药剂拌种技术得到改进，萎锈灵拌种年应用面积达 40 万亩。

（一）病害类型

1. 青稞和小麦病害

主要有青稞条纹病、青稞坚黑穗病、青稞散黑穗病、青稞条锈病，小麦白秆病、小麦黄条花叶病、小麦条锈病、小麦腥黑穗病、小麦秆锈病、小麦细菌性条斑病、小麦赤霉病等。

2. 水稻和玉米病害

主要有稻瘟病、稻胡麻斑病、玉米大斑病等。

3. 油菜和豌豆病害

主要有油菜白锈病、油菜霜霉病、油菜菌核病，豌豆褐斑病、豌豆白粉病等。

4. 苹果和桃病害

主要有苹果白粉病、苹果褐斑病、桃缩叶病等。

5. 蔬菜病害

主要有十字花科蔬菜根肿病、大白菜软腐病，马铃薯晚疫病，番茄早疫病，多种蔬菜的菌核病、多种蔬菜灰霉病、辣椒疫病、黄瓜细菌性角斑病、菠菜霜霉病、莴笋霜霉病、芹菜斑枯病等多种。

（二）病害防治

1. 青稞、小麦病害防治

（1）农业防治。传统病害防治措施主要有青稞、小麦与豌豆、油菜混播、轮作抑制病害发生和危害。通过晒种、选种，对麦类作物黑穗病、条纹病、小麦白秆病等种传病害进行防治。林芝、米林一带夏秋焚烧秸秆、秋耕 2 次，以消灭自生苗，减少锈病菌越夏菌源量，防止、减轻锈病发生，依照藏历选择适当播种期避免病害发生，春青稞、春小麦适当晚播，种传病害发生轻。选用耐病、抗病品种防治青稞、小麦锈病等。

（2）化学防治。1982 年起，用萎锈灵拌种防治麦类作物黑穗病、青稞条纹病、小麦白秆病等，防治效果达到 85% 以上，普遍发生的 6 种病害得到有效控制。1988 年后，用粉锈宁喷雾防治锈病，效果在 90% 以上，林芝地区生产上推广抗锈病品种藏冬 16 号，使锈病得到有效控制。1992 年后，引进广谱低毒种衣剂卫福、立克锈，使用包衣机，对几种种传病害防治效果达到 90% 以上，有效控制了麦类作物种传病害的发生。

（3）绿色防控。2010 年以来，西藏自治区在区内建立了以青稞为主的绿色防控示范区。重点通过选用抗病抗虫品种、非化学药剂种苗处理、加强栽培管理、中耕除草、秋季深翻晒土、清洁田园、生态环境调控增殖和吸引自然界的天敌，太阳能杀虫灯诱杀地下害虫和夜蛾科害虫等一系列示范推广农业防治、生物防治和灯诱等为主的绿色防控集成技术，起到防病治虫的作用。通过一系列病虫草害农业、物理和生物防控技术，示范区内减少农药用量 30% 以上，农作物危害损失率控制在 3% 以内，节本增效 10% 以上。

2. 蔬菜病害防治

（1）轮作。多种蔬菜的菌核病、黄瓜细菌性角斑病、十字花科蔬菜根肿病、番茄早疫病等主要是土壤带菌，与其他作物实行 3 年以上轮作，病害不发生或减轻病害危害。

（2）清洁田园。早疫病、菌核病、软腐病、根肿病等，遗留在田间的病残体所带的病菌是主要初侵染源，收获后要及时清理残株、落叶。

（3）化学防治。对十字花科根肿病，传统的防治措施一是与豆科、禾本科作物轮作，至少与非十字花科轮作；二是撒施生石灰，调节土壤酸碱度；三是施用防治根肿病农药代森锌等。20 世纪 90 年代中期后，菜农基本掌握了依据病害在市场上选择农药的技术和选择抗病品种的技术。2000 年以来，过去大量使用的高毒、高残留的农药已被禁用，目前主要以低毒、低残留的农药为主，并在使用中注意安全间隔期。

（4）绿色防控。以生物农药为主实施高效低毒农药绿色防控使用，设置"两板一网"（即黄板、蓝板和防虫网）诱杀、阻隔防虫，高温闷棚、晒棚及土壤消毒技术，安装应用多款太阳能诱杀灯和"温室防控仪"防病技术，取得了良好的成效。

二、虫害技术研究

20 世纪 80 年代初，西藏农业植保工作者胡胜昌等科研人员开展了和平解放以来的最大规模的一次西藏农业病虫草害及天敌资源调查，共采集各种标本 28.5 万余件、鉴定出 4 000 余种，其中新种 300 余种，特有种 1 000 多种，资源昆虫 200 多种；采集各种标本几十万号，鉴定出 150 多种病虫害，其中多数为农业上的经济昆虫。先后出版了《西藏鳞翅目昆虫图册》（第一册）与《西藏农业病虫及杂草》《西藏夜蛾志》《西藏昆虫区系及演化》《西藏植保研究》等专著。在考察的基础上，还针对当时当地病虫草害主发种类，较系统地开展了生物生态学特征研究，为有效控制其危害起到了很好作用。胡胜昌、何毓启、杨汉元、王成明等科研工作者先后对芒缺翅黄蓟马、麦毛蚊等生活习性、发生消长与分布规律、危害及防治技术等进行了系统研究，分别研究了不同地区麦蚜发生消长规律及其对青稞的危害，提出并推广了相应防治措施。王保海等科研人员汇集前人研究结果，报道了西藏青稞害虫 51 种，其中独有种占 27.5%，分析了其分布规律、取食特点及其防治措施。

（一）作物害虫种类

1. 麦类作物害虫

主要有西藏飞蝗、麦无网蚜、禾谷缢管蚜、伪土粉蚧、芒缺翅蓟马、尼胸突鳃金龟、距七鳃金龟、婆鳃金龟等。

2. 豆类作物害虫

主要有甘蓝夜蛾、豌豆木冬夜蛾、拉萨豆蚜、棉铃虫、饰鲁夜蛾、红尾碧蜻、扭凹大叶蝉、单叶锯天牛、金孤夜蛾、黑点丫蚊夜蛾、旋幽夜蛾、豌豆彩潜蝇等。

3. 油菜和蔬菜害虫

主要有小菜蛾、桃蚜、椿象、高原斑芫菁、草地螟、西藏银锭夜蛾、东方粉蝶、西藏菜跳甲、黑斑菜叶蜂、美洲潜叶蝇等。

（二）害虫防治

1. 生物防治

利用天敌昆虫与害虫间形成互相制约、平衡的生态系统实施生物防治。重要的天敌种类有捕食蚜虫的 7 种瓢虫、刻点小食蚜蝇，捕食夜蛾的天敌昆虫夜蛾瘦姬蜂，捕食地老虎的地老虎蚶百蜂，捕食椿象的胡氏大眼长蝽等。建立了西藏有害生物测报技术系统，使病虫监测及时，防治技术到位率提高 10％～20％，未造成大的灾害。

2. 农业防治

土地耕翻、冬灌法治虫；轮作、倒茬，创造不利于害虫生活的环境。近些年，诱虫灯、黄蓝黏虫板等绿色防治法逐渐兴起。

3. 化学防治

20 世纪 70 年代末，用沙土或锯末做载体，拌入农药，撒入青稞、小麦田间，靠农药的挥发熏蒸作用杀死蚜虫，效果好，蚜虫死亡率 80％以上。80 年代，使用敌杀死、氧化乐果等农药防治地下害虫，使用呋喃丹、辛硫磷等高毒农药防治地下害虫及蚜虫。90 年代，防治各种病虫害的高效、低毒、广谱农药拟除虫菊酯等品种大面积使用。

三、草鼠害技术研究

西藏农田杂草在不同区域形成了不同群落。西部河谷农区，由于传统农业灭草措施的广泛应用，形成了以萌芽时间极不一致的野燕麦为主体的群体。20 世纪 70 年代以来，由于多年坚持大面积应用燕麦畏，大部分农区野燕麦种群数量明显减少。而灰灰草、野油菜、萹蓄等双子叶杂草，在拉萨、日喀则一带成为重要种群，其种群密度已超过野燕麦，加上机耕面积下降，2，4－D 丁酯的广泛应用，给河谷农区然巴草等多年生禾科杂草滋生创造了条件。邹永泗等农业科研人员对 1973—1980 年间，日喀则县农田杂草群落演替规律进行了较深刻地分析，提出了杂草防治措施，并认真总结传统防治经验，改进提高防治效果。同时还开展了大量引进筛选化学农药的工作，先后引进 50 余种新农药，筛选出托布津、多菌灵、萎锈灵、粉锈宁、氧化乐果、呋喃丹、辛硫磷、燕麦畏、2，4-D丁酯、茅草枯 10 种高效农药品种，在西藏普遍推广应用。自 1982 年以来，西藏每年仅使用燕麦畏防除燕麦草面积达 20 万～40 万亩，挽回粮食损失近 5 000 吨。

（一）草害种类

西藏主要的草害种类有：野燕麦、白茅、问荆、萹蓄、雀麦、鹅观草、灰灰菜、荠菜、野油菜、野苦荞、冬葵、田旋花、刺蓟、野苜蓿、紫云英等。西藏鉴定出杂草 39 科 184 种。分布最广，危害最严重的是野燕麦、白茅。雅鲁藏布江及拉萨河和年楚河河谷农区，野燕麦、灰灰菜是最优势群落，然巴草、萹蓄、冬葵等则为次要群落，藏东南部和喜马拉雅山南麓农区，尽管野燕麦也有分布与发生，但是其重要性远远低于雀麦。

（二）草害防治

1. 杂草防除

通过化学药剂除草试验及调查群众灭草经验，西藏自治区总结出了农业防治为基础，化学防治为保证，预防为主、因地制宜、协调应用农业的、化学的各种措施来防除野燕麦草的一套行之有效的综合防治措施。其主要的技术措施为：①农业措施，初春灌水后精耕细耙诱发灭草（即"京马蘗"），然后进行春播。②中耕除草，青稞、小麦田至少进行中耕除草 3 遍。③调整作物布局，适当扩大不利野燕麦生长繁殖的豆科及油料作物的播种面积。④注意土地休闲，进行休耕灭草。⑤精选良种，提高作物播种质量，合理密植。⑥多种绿肥灭草，不用成熟的野燕麦作牲畜饲料。⑦及早人工拔除燕麦草植株，避免种子落入田间。⑧清理场院，高温堆肥，消灭燕麦草种子。⑨淹灌灭草，在春播前和秋收后进行反复灌水，淹杀燕麦草。

2. 化学药剂除草

主要采用高效、低毒、低残留的化学药剂除草。采用具内吸选择作用的高效低毒低残留的燕麦畏，于作物播前土壤处理，或在燕麦草苗期喷雾。1986 年开始，又试用"禾草灵"防治，效果亦较理想。其他的发生在果园、休闲地、田边地头、水渠边的禾科杂草，如白茅、冰草、芦苇、狗尾草等，西藏农业研究所植保室曾经用内吸选择性的茅草枯在杂草上进行叶面喷雾，防效达 90％以上。对双子叶杂草，如灰灰菜、野油菜、大蓟等，试验证明，2，4-D丁酯和与其同类型的二甲四氯作叶面喷雾，除草效果良好。

四、统防统治技术应用

为适应农业发展新形势，加快推进农作物病虫害专业化防治工作，保障粮食等主要农产品的生产安全，2012年农业部启动实施了农作物病虫害专业化统防统治"千百万行动"计划，2013年曲水、林周、日喀则市、江孜、贡嘎、乃东6个县被确定农作物病虫害专业化统防统治示范县，按照"典型引路、示范带动、循序渐进、保障丰收"的工作目标，组织科技人员深入田间，对农作物的整个生长季节进行全程统防统治，强化物技配套服务，推进农药"统购、统供、统配和统施"。重点抓好以地下害虫、蚜虫、红蜘蛛、西藏飞蝗、麦类作物种传病害、条锈病等为主的重大病虫防控，禁用违禁农药，积极引进高效、低毒、低残留农药进行试验示范。在每个示范区设立标示牌，明确技术责任人，建立追溯制度。同时，对农牧民进行专业培训，使受训人员达到"一有四会标准"，即有综合防治意识，对主要病虫害会识别、会调查、会决策防治，会使用维修施药器械。同时，引导专业防治组织选购适宜农药和先进施药器械，力争通过培训和指导，提高专业防治组织的服务能力和技术水平，确保防治效果和服务质量。

2010年以来，自治区为保障农产品质量安全，进一步加强了农业植保监测体系建设，在西藏粮食主产县建立了植保监测体系，使病虫害防治工作逐步向作物病虫害专业化统防统治迈进。到2013年年底，在25个县组建了县级重大病虫害应急防治专业队，创建6个统防统治示范县，示范区内主要作物重大病虫害专业化统防统治覆盖率达到60%以上，进一步提升农作物重大病虫灾害防控能力，实现农药减量控害和农产品安全目标。

第七节　设施农业技术

一、蔬菜生产技术

20世纪80年代，城镇商品蔬菜的生产由小到大逐步发展起来，露地栽培面积扩大，特别是进入90年代后，以塑料大棚为主的保护地迅速发展起来，为喜温蔬菜普遍栽培创造了条件。1990年拉萨市有蔬菜基地面积6 505亩，其中，保护地面积约1 450亩，菜地面积比1952年提高了15倍，比1983年提高了2.5倍，保护地比1959年提高35倍。城镇常住人口菜地及保护地人均分别占有35.2平方米、8.1平方米。改革开放后，农村产业结构调整，商品蔬菜生产由城镇市区向郊区农村延伸发展，到1990年西藏主要商品基地的蔬菜总产量约27 000吨，平均亩产3 200千克，保护地亩产4 000千克。拉萨农业试验场蔬菜亩产由50年代的1 500千克提高到5 000千克，大棚蔬菜平均亩产高达12 000千克。蔬菜种类比50年代增加了20多种，丰富了供应品种。

进入21世纪，西藏基本实现了蔬菜产销由计划经济向市场经济的转变，增长方式由粗放到集约经营的转变，带动了温室大棚的发展，形成了以拉萨市为中心的集散市场，连接各地城镇的蔬菜市场网络，保证了蔬菜流通，促进了蔬菜产业的发展。蔬菜由卖方市场转入了买方市场。特别是近几年来，内地专门从事蔬菜种植和生产经营的农民进藏，带动了当地农民蔬菜生产经营的发展。设施农业的兴起，一是丰富了栽培品种，改变了耕作方式，满足了社会发展，保障了人民生活水平所需，改善了农牧民的膳食结构，提高了物质生活水平。二是设施农业栽培技术的研发、集成、推广等使传统耕作制度受到冲击和改变。三是设施蔬菜的发展，提高了种植业生产效益，已成为增加农牧民收入的有效途径。

二、保护地栽培技术

（一）玻璃温室

20 世纪 70 年代，西藏国营农场、城镇居民委员会、部队、厂矿、企业、机关事业单位和职工家庭菜园，普遍采用玻璃温室进行蔬菜栽培，但由于成本高、面积不大，拉萨市区仅有约 300 余亩地。1977 年，引进塑料大棚保护地栽培技术，成本低。80 年代后，塑料大棚栽培得到发展，玻璃温室逐步减少。1991—1993 年，"一江两河"中部流域综合开发，在山南泽当镇建设 500 亩蔬菜基地，其中，玻璃温室 200 亩，日喀则城关镇蔬菜基地 500 亩，其中，玻璃温室 100 亩。到 90 年代末，玻璃温室基本消失，保留玻璃温室主要是在机关事业单位和职工家庭菜园使用，大部分玻璃温室被塑料薄膜所替代，变成了高效日光保温温室。

（二）塑料大棚

1977 年以来，以塑料大棚为主的保护地迅速发展，1981—1991 年，塑料大棚面积超过了前 30 年保护地的总和。1984 年，拉萨七一农场建设 1 亩大棚，一次性投资竹木结构 2 000 元，投入与纯收益比 1∶2.6；钢管结构 7 000 元，投入与纯收益比是 1∶0.7；镀锌钢管组装大棚 10 000 元，投入与纯收益比是 1∶0.42 元，覆盖塑料薄膜比玻璃温室成本低 56%。大棚多为南北向，长度一般为 45 米，宽度为 15 米。到 2000 年，拉萨、山南、日喀则、林芝等主要城镇塑料大棚栽培占保护地的 90%，农村也开始采用塑料大棚栽培蔬菜。

西藏的塑料大棚刚开始主要是竹木、钢筋和钢管、角钢结构，这些棚存在着固定塑料薄膜不合理，棚内立柱多，遮阴面大等缺陷。1982 年，从中国农业工程研究设计院引进了镀锌薄壁钢管装配式塑料大棚管架，20 世纪 90 年代，经过多年的探索和技术创新，普遍采用镀锌薄壁钢管装配式塑料大棚管架，大棚成本比玻璃温室建造简单，成本低。

（三）高效日光温室

1991年以后，西藏启动了高效日光温室蔬菜栽培。首先在西藏自治区劳改局蔬菜基地建设了西藏第一座高效日光温室。1992年，拉萨七一农场修建了5座高效日光温室。1996年，又在拉萨市城关区纳金乡建设6座高效日光温室。到2000年，日光温室面积约占保护地栽培面积的10%。

高效日光温室是继塑料大棚之后出现的保护地栽培设施，保温性能比玻璃温室和塑料大棚好。寒冬季节最低温度保持在12℃以上，在海拔3 800米以下地区分期播种，一年四季栽培各种蔬菜，实现全年生长，可满足消费者供应。高效日光温室与玻璃温室基本相同，南北朝向，三面是保温墙，用钢管或竹木作棚架，采光强、通风好，有利于蔬菜种植。但其成本高，大部分由国家投资建设。

目前，西藏蔬菜设施温室有半地下式塑料大棚、节能日光温室、四位一体温室和智能连栋温室等多种类型，这些新材料、新工艺、新技术得到不断应用，基本形成了高海拔地区（约4 000米以上）多层覆盖与半地下式结合的日光温室和低海拔地区（约4 000米以下）日光温室为主、塑料大棚为辅的设施类型格局。特别是近年设施蔬菜种植面积不断扩大、种类不断增多、产量成倍提高、品质持续提升、西藏的蔬菜业实现了周年生产，均衡供应。栽培技术上形成了高原特色的设施园艺作物栽培技术体系。分布区域广，从藏东南到藏西北设施农业发展向地域化、节能化、专业化发展。应用范围从单一的设施蔬菜向设施瓜、果、花卉、养殖业等多元化领域拓展。由传统的作坊式生产向高科技、自动化、规模化、产业化的工厂型农业发展，为社会提供更加丰富的无污染、安全、优质的绿色健康农产品。

三、蔬菜标准化生产

进入21世纪后，随着人民生活水平的提高，蔬菜种植结构发生了变化。为了满足市场多层次的需求，国务院出台了《关于统筹推进新一轮"菜篮子"工程建设的意见》，结合本地实际，西藏自治区制订了西藏推进新一轮"菜篮子"工程建设的意见，在西藏范围整合力量，围绕重点区域，先后在拉萨市等主要城镇郊区实施了无公害蔬菜生产建设项目，在白朗、拉孜、日喀则市、堆龙德庆、曲水、昌都、芒康、乃东、林芝、米林、噶尔、扎达等县建设了一批具有规模的蔬菜生产基地，建设了以南木林县为核心区的马铃薯生产基地。到2009年，西藏蔬菜种植面积达到33.76万亩，占农作物面积的8.7%。特别是设施蔬菜生产发展势头强劲，西藏高效日光温室面积达4.3万亩。新技术、新材料的推广应用，为蔬菜生产发展提供了支撑和条件。蔬菜生产基地设施的建设，为提高蔬菜生产能力，保障有效供给发挥了重要作用。

2009 年以来，国家大力支持高效日光温室建设和集约化蔬菜生产基地建设，支持蔬菜标准化生产示范区建设，自治区提出了创建蔬菜标准园建设的思路，进一步扩大蔬菜建设规模，提升产品质量。首批确定拉萨市堆龙德庆县、日喀则地区的白朗县作为蔬菜标准园创建县，并按照蔬菜标准技术规程制订实施方案。通过技术集成、规模化种植、标准化生产、产业化经营、商品化销售，把西藏蔬菜产业做大做强，让广大群众吃上高原放心的、绿色的、无公害的优质农产品。截至 2013 年，已完成拉萨、日喀则、山南、林芝、昌都五地（市）21 个蔬菜标准园的建设。

蔬菜标准园创建以来，项目县结合各县优势，打造绿色蔬菜长廊，实施品牌战略。堆龙德庆县主要以蔬菜发展为主，兼顾花卉发展，成立了蔬菜种植农民合作社，实行"六统一管理"模式，初步形成了以设施农业为主的蔬菜生产、加工、销售一体化的经营机制。目前有蔬菜花卉日光高效温室 1 260 栋（含 108 栋节能砖温室），品种 22 个，蔬菜年产量保持在 7 500 吨左右，产值达到 3 000 万元，花卉产值 500 万元以上，合作社带动周边农民 700 户，合作社农民年平均现金收入 2 万元。曲水县主要以瓜果类为主，辅有其他蔬菜种植，成立了"鑫赛"瓜果种植农民专业合作社。建设高效节能日光温室 700 栋，年产蔬菜瓜果 200 万千克，产值达 300 万元，节本增效达 20%；其中，西瓜种植区辐射带动农户 187 户，人均增加现金收入 855 元，实现了农民增收目标。白朗县主要以设施蔬菜和西瓜为主，成为后藏商品蔬菜基地的最大集散地，现有高效节能日光温室大棚近 6 000 栋，年产无公害优质蔬菜 4 000 万千克，产值达到 4 500 万元，培育科技示范户 500 户，建立了 5 个蔬菜专业合作社、1 个蔬菜批发市场、1 个引进和发展蔬菜加工包装企业，节本增效达 15% 以上。实现农民人均种植蔬菜收入 1 100 元，增加现金收入 729 元。

通过蔬菜标准园示范区建设，一是刺激和带动了蔬菜产业的快速发展，优化了种植业结构，提高种植业效益。二是蔬菜种植已成为农民的主要收入来源之一，涌现出了一批蔬菜专业村和专业大户，拓展了农民就业渠道。三是蔬菜产业的发展，促进了农业科技进步，提高了群众的商品意识和经营意识，改善了农民群众的物质生活条件和膳食结构，满足了人民生活日益增长的需要。四是通过标准化生产技术在蔬菜上的推广应用，使蔬菜产品质量得到了保障，确保了蔬菜产品安全。

第八节　农业机械化

和平解放后到改革开放前这一时期，西藏依靠中央大力支持、兄弟省份无私援助和广大科技工作者的艰辛努力，通过采取引进推广、补贴扶持、科研试验等一系列措施，在西藏开展了较大范围的农具改革，实现了西藏农牧业生产由传统农具向现代农机装备的初步转变，为西藏农机化的进一步发展奠定了良好的物质基础。

1975 年 12 月，西藏自治区第一次农业机械化会议在拉萨召开，会议研究了实现农业机械化的有关政策问题，对农机产品提出了"标准化、通用化、系列化"的要求，制定了 1980 年基本实现农业机械化的规划目标。自此，农业机械逐步成为了推动西藏农牧业科技进步的重要物质基础，农业机械化水平逐步成为衡量农牧业科技水平的重要依据。

改革开放后新时期西藏农业机械化的发展共经历了"深刻变革""恢复发展"和"依法促进" 3 个阶段，每一个阶段都具有鲜明的时代特征。

一、20 世纪 70～80 年代的深刻变革阶段

西藏自治区第一次农业机械化会议召开后，农业机械化工作提上了各级党委、政府的重要议事日程，主管部门层层动员，投入了大量人力、物力、财力、运力，大办农业机械化，20 世纪 70 年代末到 80 年代初，成为西藏农机化发展的"小黄金期"。

当时，西藏农机化工作由西藏自治区农机局（1976 年组建，后改为农机厅）负责，6 地（市）均成立了农机局，66 个县成立了农机科，近 500 个公社成立了农机管理小组，区、地、县、社 4 级农机管理班子十分完备，各级农机管理干部逾千人，形成了迄今为止西藏最为完善的一套农机化监管体系；由区农机厅统筹领导，在西藏半数以上的地、县开展了农机安全监理工作，共培训农机监理干部 120 多人；制定了《西藏自治区农牧业机械管理章程》等规章，编写了《西藏自治区拖拉机驾驶员考核发证复习提纲》，同公安厅、交通厅联合下发了《关于加强农牧用拖拉机安全管理的通知》，同时，国家对西藏农机化发展的优惠政策力度也进一步加大，在农机装备的购置、使用、维护上均给予一定财政补贴，如从区外购进农业机械和生产资料的运费及差价均由国家予以补贴，社队购买农业机械由国家资金补贴扶持，比例高达 70%～90%，农机厂修理农机具费用由国家补贴 5%，农用柴油的补贴比例也高达 50%。自治区农机厅还在贡嘎、当雄两县建立了农牧业机械化试点，为示范点免费装备了一大批农业机械设备，通过各种途径共为西藏培养了近万名的农机管理、科教推广、安全监理、修造供应及农机操作人才队伍，很多管理和技术人才直到 21 世纪前 10 年仍活跃在工作一线，为西藏农机化事业的发展做出了突出贡献。

到 1979 年年底，西藏已设立了自治区及地、市农机学校 6 所，共有教职工 323 人，普通在校生 625 人，校内轮训、培养农机管理干部、技术人员共 495 人，选送了两批共 300 名农机干部到内地农机院校培训。同时，通过举办区内外各类农机专业培训班，共为西藏培养管理和技术人才 6 500 人（次）〔其中管理人员 800 人（次）、拖拉机手 4 000 人（次）、柴油机手 1 100 人（次）、修理工 100 人（次）〕，复训达 1 700 人（次）。随着大量专技人员投身农机化行业，农机修造业也在迅速

发展，当时共建立起了地、县农机修造厂 60 个，有职工（包括亦工亦农）1 953 人、固定资产达 1 040 万元，可以生产小型拖拉机、脱粒机、扬场机、饲料粉碎机、畜力 7 行播种机、铲运机、奶油搅拌机等农业机械，并承担拖拉机修理和部分零配件的生产任务。

为满足农牧业发展对农机具的需求，建设了自治区、地（市）、县农机供应站 75 个，在甘肃柳园、青海格尔木、四川眉山设立了农机转运站，在西藏驻北京、上海、成都 3 个办事处设立了农机采购站，农机供应系统全面负责西藏农机具及零配件的计划、采购、调运、储存、销售、供应等工作。据统计，1979 年当年西藏农机供应系统年购进物资总额达 4 188 万元，年销售物资总额达 4 674.8 万元，库存物资总额达到了 7 744 万元。

1981—1982 年机构改革，西藏自治区农机厅被撤销，随后西藏各级农机化主管部门逐步被取消，职能并入农牧业主管部门；绝大部分科技推广部门、农机学校、农机修理厂等技术支撑和服务单位被合并、撤销或关停，农机化公共服务以及科技、政策支撑能力被大幅度削弱，西藏农机化监管工作全面进入低潮期。

随着农业生产责任制的不断完善，为鼓励群众使用农机具，实行了农业机械承包经营政策，原社队、集体、国营的农业机械以承包过渡的方式由原社队农机手与集体联营或自主经营；过渡期结束后，实行了承包转让政策，将农业机械作价出售给机手或农户；此外农民也可有所选择地购买和使用农机具。到 20 世纪 80 年代末，西藏 90％以上的中小型农机具已经转让到了农牧民群众手中。据当时的调查，在 1984—1985 年，西藏农用动力机械从事运输的天数占到了整个出勤天数的 3/4 以上，群众自主经营农用汽车纯收入一般在 2 万元左右、铁牛－55 型拖拉机 1 万元左右、手扶拖拉机 4 000 元左右，远远高于农机务农收入。受到效益驱动，1985—1990 年一度出现了农牧民购买汽车、拖拉机的热潮。

据统计，这一时期西藏西藏累计销售小型拖拉机 3 979 台，年均销售可达 660 余台。同时，多种形式经营农业机械，进一步满足了群众对农机具的多样需求，拓宽了服务领域，农业机械在运输行业及农畜产品加工、种子加工等方面开始发挥显著作用，促进了农、牧、副的有机结合。

西藏农机具所有制形式和农机化经营方式在 20 世纪 80 年代的深刻变革，虽然激发了群众使用农机的积极性，提升了经营效益，但由于推动农机化发展的支撑保障能力建设没有能够及时跟上改革步伐，一些制约农机化发展的突出问题在改革后集中爆发，很大程度上降低了农机化对农牧业科技进步的贡献水平，农机化发展在 20 世纪 90 年代初进入阵痛期。

到 1990 年年底，西藏机械化耕、播、收三项作业面积比 1979 年分别减少了 64.2 万亩、42.84 万亩和 9 万亩，作业水平下降幅度分别达到了 72％、48.8％和

60.4%，这一情况一直持续到 20 世纪 90 年代中期。

二、20 世纪 90 年代的恢复发展阶段

1992—1993 年，西藏实行了自治区农机局与农机公司两块牌子、一套人马的管理体制，农机化监管工作职责被重新明确，农业机械化工作再度被各级领导和广大农牧民群众认识和重视起来。同时，户营农机的发展，改变了西藏农机装备全部由国家和集体经营的格局，多种形式并存的农机经营制度的逐步成熟，为农机化的恢复发展提供了内在动力。

为了满足日益提升的农牧业生产发展需求，加快农机化发展步伐，农机化发展问题被写入了西藏"九五"农牧业发展规划，制定和实施了"九五"农机化工程，提出在相当长的一个时期内，有重点、有步骤、有选择地发展农机化，实行人畜力、机电动力并举，机械化、半机械化、手工工具相结合配备农机装备，将机械化同社会经济、农牧民生活有机联系起来，相互促进、共同发展；农机"三项"作业基本任务作为衡量农牧业科技水平的重要指标被明确提出，要求机械化作业向农牧业生产的横向（农、牧、副、渔、工、商、运、建、服务）和纵向（产前、产中、产后服务）发展，更加注重运输作业以外的机械化作业经济效益；机型选择方面，提出要按照中小型、多功能、低能耗、易操作、构造简单便于维修保养的方针，着重解决机具和配件系列化、标准化、通用化问题；在经营形式上，明确了以农户为主，引导联合办农机化，在有条件的地区继续实行集体经营大型农机，实行多种经营方式并存的发展方针。

由于农机管理工作的恢复和强化，陷入停滞状态的培训工作逐步展开，推广补贴、柴油补贴等惠农政策得以实施，特别是"九五"期间实行的农用柴油补贴与农机田间作业任务挂钩、与配套农机具挂钩的扶持政策，改善了农机具农田作业的经营效益，极大地调动了群众使用农机开展农牧业生产的积极性，加快了拖拉机配套农机具的增长速度，西藏农机化再次进入一个快速发展时期，到 20 世纪末，西藏农机装备总量较 1993 年增长近 1 倍，达到 4.7 万台（套）。

1995 年自治区明确提出了西藏农机化实行"区域分类"的发展机制。按照西藏自然地理和农牧业条件，将西藏农机化发展分 3 个不同的区域，即藏北高寒牧区、藏东南农牧林区和藏南河谷牧区，对 3 个区域实现机械化的客观要求、发展重点等制定了因地制宜的发展战略，即：在藏北高寒牧区，一定时期内农机具的投放以简便的人畜力为动力的手工工具和半机械化农具为主，逐步发展；在藏东南农林牧区，农业机械化的发展以适应山地、坡地作业的中小型机具为主，优先发展小型适用的以电力为动力的场上作业机具和饲草料加工机具，注重林业生产、加工机械的引进和推广；在藏南河谷农牧区，机械化的发展应首先配合粮食基地的建设，发

展以提高种植业机械化作业水平为重点的农机具，充分利用当时现有的农机具，抓好农机具的补缺配套，提高田间作业机械化水平。"区域分类"概念的提出，为主管部门制订规划，科学指导农机化工作奠定了理论基础。

按照分类指导的方针，藏南河谷农牧区成为西藏农机化发展战略重点。从当时西藏农机拥有总量和作业总量看，这一区域农机总动力占西藏的44.5%，拖拉机拥有量占西藏的69.8%，收获机械拥有量占西藏的54.3%，农用水泵拥有量占西藏的48.6%，牧业机械拥有量占西藏的97.7%，农副产品机械拥有量占西藏的62%，植保机械拥有量占西藏的89%，主要农作物机械化耕、播、收面积分别达到19.46万亩、41.2万亩和3.56万亩，分别占西藏的76%、91.6%和59.8%。

三、进入 21 世纪以来的依法促进阶段

2000年，党中央、国务院作出实施西部大开发战略决策和2004年《农业机械化促进法》颁布实施，西藏农牧业进入快速发展期，农牧民收入大幅提升，农牧民生产生活对现代农机装备的需求量不断增长，为农机化发展提速夯实了经济基础，西藏农机化迎来了大发展的春天。

随后，国家和自治区出台了农业机械购置补贴政策，政策的实施成为西藏农机化历史上一个重要的里程碑，给西藏农机化发展带来了极其深远的影响。到2009年，中央和自治区财政补贴投资大幅增长，共向西藏投入农机购置补贴资金10 500万元，补贴购置各类农业机械4.7万台，实施范围涉及西藏62个县（市、区、农场）的300多个（次）乡镇，拉动农牧民群众和社会投资2.34亿元，直接受益农户达5.05万户。通过农机购置补贴政策的扶持和引导，政策效应不断显现，机具更新换代速度明显加快。

2006年7月20日，受西藏自治区副主席次仁委托，自治区政府副秘书长李震召集区农牧厅、公安厅、财政厅、编办等单位的负责同志，就区农牧厅、公安厅关于拖拉机及驾驶员档案管理工作交接进行了专题研究，并形成了自治区人民政府专题会议纪要，纪要指出"根据《中华人民共和国道路交通法》等法律法规，将拖拉机及驾驶员档案从公安交警部门移交给农牧部门管理是农机管理工作发展的必然趋势，移交时间视条件成熟而定"，要求"编制部门考虑适当增加农牧部门编制，并进一步明确拖拉机及驾驶员档案管理职责"，农机化行政管理和公共服务体系建设正式提上政府议事日程。根据纪要精神，2006年9月22日，西藏自治区机构编制委员会就农业机械行政管理和农业机械监理与技术推广服务机构编制事宜进行了研究，并于同年10月15日印发了《关于拖拉机注册登记管理工作移交后有关机构编制事宜的通知》，一是在自治区农牧厅设立农业机械化管理处，给农牧厅机关增加处级领导职数1名，其他编制内部调剂解决；二是给7地（市）农牧局增加行政编

制11名，并在相关科室增加农机行政管理职能，但不单独设立机构，同时，在7地（市）设立农业机械监理与技术推广服务站，核定事业编制共计18名；三是在各县（市、区）农牧局增加农机行政管理职能，但不单独设立农业机械行政管理机构，农牧局内设农机监理与技术推广服务机构事宜由地、县研究确定，并为西藏县（市、区）共核定事业编制103名。

2010年7月，《国务院关于促进农业机械化和农机工业又好又快发展的意见》（国发〔2010〕22号）发布实施，这是继2004年《农业机械化促进法》和2009年《农业机械安全监督管理条例》颁布实施后，针对农机化发展的又一个国家级政策性文件，它标志着具有中国特色的农机化法律法规体系的基本形成。为全面实施《国务院关于促进农业机械化和农机工业又好又快发展的意见》，2012年6月12日，自治区人民政府印发实施了《西藏自治区人民政府关于加快农业机械化发展的意见》（藏政发〔2012〕74号），该意见提出了坚持因地制宜、重点突破、市场主导、务求实效的发展原则，确定了2015年和2020年两个阶段的发展目标任务，明确了以政府意志推动西藏农机化发展的方向和措施，是和平解放以来出台的规格最高、内容最全的一个农机化政策性文件，成为西藏农机化发展进程中新的里程碑，标志着西藏农业机械化事业进入了依法促进、科学发展的新时期。

2010年西藏购机补贴资金首次突破亿元大关，随后的5年投资总量以每年超过千万的速度增长，2010—2013年，中央和自治区财政对西藏农机购置补贴投资总量达到了56 000万元，资金投入是政策实施前5年的5倍多，补贴购置各类农业机械14.7万台，实施范围覆盖西藏74个县（市、区），拉动农牧民群众和社会投资10.4亿元，直接受益农户达13.9万多户。农机化在各个领域呈现了爆发式的发展态势，据统计，到2013年年底，西藏农业机械总动力达到517万千瓦，较2009年年底增加158.6万千瓦，增长44.3%；各类拖拉机拥有量达到20.5万台，较2009年年底增加9.7万台，增长89.8%；拖拉机配套农具达到14.1万台（套），较2009年年底增加10.2万台（套），增长257.8%。农业机械种类由传统的拖拉机及其配套耕、播农机具，发展到种植业耕、播、收、田间管理、灌溉、产品初加工，畜牧业、设施农业、农田基建、农用运输等全类别农业机械化体系。到2013年年底，西藏机械化三项作业面积达到39万公顷，机械化综合作业水平57%。

2011年起，购机补贴政策开始逐步向农机社会化服务领域倾斜，自治区在拉萨、日喀则、山南等粮食主要产区推动农机社会化服务示范建设，进一步加大了农业机械新品种的引进，加强了对农机化合作组织和农机大户的扶持、引导、培训力度。按照投资多元化、运作市场化、经营专业化、形式多样化、服务社会化的要求，鼓励开展多种经营、多途径、多渠道、多形式的实现农机社会化服务，加快培育农机社会化服务市场，推动了西藏农业机械品种结构、品质结构和功能结构的优化，提升了装备水平。到 2013 年，西藏已建成并运转较为规范的农机化合作组织总数为 48 家，参与户数 10 448 户，人数 45 616 人，合作组织固定资产总额 700 万元，自有土地面积 18.5 万亩，机具拥有总量 2 726 台（套），农机总动力 3.7 万千瓦，年服务作业面积 2.55 万公顷。

在法律保障和政策推动双重作用下，农机市场发展呈现了供需两旺的良好势头，一方面，随着经济承载能力不断增强，农牧民群众对农业机械在推动现代农业发展，推进社会主义新农村建设方面的重要作用有了更加深刻的认识，购买和使用农业机械的积极性空前高涨起来，对大中型、复式作业的新型农机具需求逐年增加，为农机流通领域的进一步扩张提供了肥沃土壤；另一方面，补贴资金对西藏农牧区和农牧民群众消费投资的撬动作用越来越明显，区内农机流通企业每年的销售额保持了在了 2 亿元以上，购机补贴产品经销企业营业额年均增长 40% 以上，通过发挥市场机制作用，补贴政策推动了供需双方的市场化对接，竞争有序、充满活力的市场环境逐步形成，农机及零配件通过不断成熟的区内外流通市场实现了有效供给。到 2013 年，西藏已经基本确立了以"农民自主、政府扶持、市场引导"为主要特点的农机化发展新模式，农牧民群众、农机化服务主体、农机经销企业和农机市场成为了西藏农机化发展的中坚力量。

自治区各级农机主管部门在人手少、工作机构不健全、工作任务繁重的情况下，克服重重困难，采取一系列措施推进农机化事业的发展。

一是积极开展农机技术服务，逐步建立了农机农艺协调制度，地、县农机化和农牧业主管部门基本做到"一套人马、两项职能"，在一定程度上克服了基层农机专职人员不足导致的工作效率低下的问题，各类农牧业示范项目坚持机械化先行，各类农牧业技能培训工作均有农艺专家与农机技术人员协调参与，部分项目还成立了由农机农艺技术人员组成的技术负责小组，项目建设效益明显提升；二是加快农机新产品的推广和应用，通过发挥强农惠农政策的导向作用，引进了一批性能好、效率高、功能复合、配套性好、科技含量高的农机产品，推广了一批先进适用、安全可靠、节能环保的农业机械，逐步淘汰老旧、高耗能、功能单一的作业机具，加快结构优化升级；三是积极推行农机科技创新与技术集成服务，加强技术集成、配套和组装，完善农机服务技术路线，创新服务模式，推广轻简化技术，方便农牧民生产和应用；创新生产模式，推行农机农艺相结合的生产管理手段，大力推广精细整地、种子处理、机械化播种、科学施肥、机械化收割等技术手段；四是将农机社会化服务主体纳入到农机化公共服务体系，鼓励各类服务组织开展面向普通农户的政策宣传、技术推广、生产组织、安全教育等工作，一定程度上缓解了西藏农机化公共服务力量较弱、覆盖面不足的问题；五是在农机安全生产方面与自治区公安交警部门建立了会商和协调机制，针对西藏农机安全监理体系不健全、监管力量不足的现实情况，由自治区公安厅牵头，两家共同开展农机安全生产监管工作。自2013年起，在拉萨堆龙德庆等几个县开展了拖拉机牌证管理试点工作，在试点基础上公安、农牧两部门积极争取机构、编制和工作经费，争取尽快开展覆盖西藏的农机安全监理工作。

【主要参考文献】

巴桑玉珍，强小林．2004．西藏青稞育种的成就与经验分析［J］．西藏农业科技．

曹广才，强小林，等．2004．西藏小麦品种和引进品种在拉萨种植的品质比较［J］．生态学杂志．

顾茂芝．1999．西藏作物种质资源多样性及其保护管理现状与展望［J］．西藏农业科技．

国家燕麦产业技术体系，中国食品工业协会燕麦产业工作委员会．2011．中国燕麦产业发展报告［M］．西安：陕西出版集团．

胡颂杰．1995．西藏农业概论［M］．成都：四川科学技术出版社．

金涛．2012．西藏中部农区冬春季小黑麦饲草生产技术研究［D］．北京：中国农业科学院．

兰志明．2013．西藏农牧业政策与实践［M］．拉萨：西藏人民出版社．

马得泉．1988．中国近缘野生大麦遗传资源目录［M］．上海：上海科学技术出版社．

闵治平，孙国章，等．2006．西藏设施农业的发展前景与对策［J］．西藏农业科技．

尼玛卓玛，次仁白珍．2002．西藏油菜种质资源和育种技术研究进展［J］．西藏农业科技．

尼玛扎西．2011．西藏特色农牧业发展与科技支撑体系研究［M］．拉萨：西藏人民出版社．

尼玛卓玛，唐琳．2002．西藏油菜种质资源研究与利用［J］．西藏科技．

强小林，贡嘎，等．2003．西藏农作物引种试验研究项目技术报告［J］．西藏农业科技．

强小林．1997．大规模生产品种更换是实现粮油增产的关键［J］．西藏农业科技．

强小林．1991．西藏青稞研究的现状与发展［J］．西南农业学报．

强小林．1987．搞好青稞生产是实现西藏粮食持续增产的关键［C］//西藏农业生产发展战略学术讨论会论文汇编．西藏作物学会．

王保海．2001．西藏植物保护研究五十年［J］．西藏农业科技．

王富顺．1979．西藏麦类黑粉病及其防治［J］．西藏农业科技．

吴宏亚，陈初红，等．2013．西藏青稞研究现状及品种遗传改良进展［J］．大麦与谷类科学．

西藏自治区农业科学研究所．1992．七一农业试验场四十年发展概况［J］．西藏农业科技．

西藏作物品种资源考察队编．1987．西藏作物品种资源考察论文集［M］．北京：中国农业科学技术出版社．

西藏自治区志农业志编纂委员会．2014．西藏自治区志农业志［M］．北京：中国藏学出版社．

周春来．1988．西藏化肥肥效与应用技术研究现状［J］．西藏农业科技．

周春来．1990．西藏传统粮豆混播的互作效应及其对作物产量的影响［J］．西南农业学报．

周正大，等．1987．西藏青稞［M］．拉萨：西藏人民出版社．

周珠扬，强小林．1996．西藏小麦育成品种的系谱及其分析［J］．西南农业学报．

朱剑秋．2006．国内外农业机械化统计资料（1949—2004）［M］．北京：中国农业科学技术出版社．

第十一章

畜牧业科技发展

第一节 畜禽遗传资源及其保护利用

畜牧业经济是西藏自治区重要的支柱产业，西藏自治区因地理位置和自然环境的独特性，形成了丰富而独特的畜牧业地方品种资源，主要有牦牛、黄牛、绵羊、西藏山羊、藏猪、藏鸡、藏马、西藏驴、鱼等品种，这些是发展西藏经济的宝贵财富，是我国高寒地区物种资源和畜禽品种种质遗传资源的基因库。通过对畜禽遗传资源的调查、了解和掌握，进行有效保护和合理开发利用，既是发展优质、高产高效畜牧业的基础和保障，又是实现畜牧业可持续发展、满足人们对畜禽产品消费多元化和保持生物多样性的需要。

一、主要畜禽遗传资源

（一）牦牛

1. 外貌特征

头稍偏重，额宽平，面稍，耳小，眼圆，有神，鼻孔开张、鼻翼、嘴唇薄，口方，公牦牛相貌雄壮，草原牦牛角形多数为抱头角，角尖距小，角基粗，角质粗糙，山地牦牛角形向外向上开张，角尖距大，角质汹涌细腻，列角者均占总牦牛数的8%。公牦牛颈厚粗短，耆胛高而丰满，前胸深宽，十分发达，背腰短平直，尻窄、倾斜、四肢强健较短，蹄质坚实。全身毛绒长，毛被粗厚，尾毛长而密。山地牦牛四肢较草原牦牛长，被毛较短、薄。母牦牛颈薄，耆胛相对较低、较薄，前胸发达，肋骨开张，背腰稍凹、腹大、稍下垂。

（1）毛色。据西藏自治区1 603头牦牛统计，黑色占总数的65.52%，花色占总数的22.23%，褐色占9.77%，青色占1.28%，白色占1.2%。

（2）体尺体重。山地成年公牦牛平均体高121.72厘米，体倾长142.68厘米，胸围168.26厘米，体重299.80千克；成年母牦牛平均体高106.00厘米，体斜长

125.55 厘米，胸围 149.68 厘米，体重 196.88 千克。

草原成年公牦牛平均体高 117.96 厘米，体倾长 140.48 厘米，胸围 168.05 厘米，体重 280.71 千克；成年母牦牛平均体高 103.53 厘米，体斜长 125.17 厘米，胸围 103.53 厘米，体重 187.28 千克。

草原成年公母牦牛体尺体重均小于山地牦牛，但由于牦牛选育程度、犊牛培育及草场情况不同，也并非草原牦牛都小于山地牦牛（表 11-1）。

表 11-1　藏东南、藏西北牦牛体尺指数表

分布	性别	额宽指数	体长指数	胸围指数	肢长指数	尻高指数	尻宽指数	体躯指数	管围指数
藏东南山地	♂	50.88	117.21	138.22	45.17	94.88	36.53	138.22	15.97
	♀	49.02	118.44	141.21	44.15	95.89	40.88	141.21	14.85
藏西北草地	♂	58.11	118.83	142.46	41.79	97.69	30.33	142.46	15.06
	♀	51.35	120.90	140.89	45.10	96.59	39.18	140.89	14.98

2. 体质类型

西藏民间传统上牦牛分为五种不同体质类型，即斋巴牦牛、娘杂牦牛、巴苏牦牛、习荣牦牛及种杂牦牛。斋巴牦牛指的是繁衍于藏北羌塘及阿里高原一带牛种群；娘杂牦牛指的是繁衍于西藏农区及半农半牧区的一种优良品种牦牛群；巴苏牦牛指的是繁衍于山南高寒牧场的一种特有牦牛品种群，原属山南高山河谷牧场的主体种群；习荣牦牛是指繁衍于亚东一带的牦牛，并根据当地的地形地貌，即峡谷地带的牦牛，称之为习荣牦牛，亚东地区独有，其他地方较难见到；种杂牦牛是指野牦牛之意，就是野牦牛与家牦牛的混交后裔。在《中国畜禽遗传资源名录》中，西藏的牦牛主要有西藏高山牦牛、帕里牦牛、斯布牦牛、娘亚牛等品种。

3. 数量与分布

牦牛是高海拔地区特有的家畜，西藏自治区除墨脱县外 73 个县（区）均有分布。据 2000 年统计年末存栏 429 万头，占西藏自治区牲畜总头数的 18.93%，占西藏自治区牛类总数的 81.56%。按行政区划分，那曲地区占牦牛总数的 38.89%，昌都地区占 15.37%，日喀则地区占 13.38%，拉萨市占 13.10%，山南地区占 7.65%，阿里地区占 3.98%，林芝地区占 7.33%。

西藏自治区各地都有牦牛分布，但疏密很不平衡，按疏密程度可分为 3 个分布区：

（1）密集分布区。从唐古拉山口到南木林，再到昌都，这一三角地带内，牦牛分布集中，数量多，占西藏自治区牦牛总数的 54.83%。

（2）零星分布区。藏北班戈、申扎北部至措勤到日土以北以西广大地区，牦牛数量很少，仅占牦牛总数的 8.8%。左贡、墨脱以南，由于气候温暖、湿润、山高林密仅占西藏自治区牦牛总数的 1.52%，这两个地区的面积加起来将近西藏自治区的一半，牦牛只占 10.15%。

（3）点状分布区。除去密集和零星状分布以外，在喜马拉雅山麓、雅鲁藏布江中游和三江流域等农牧区高大山体的中上部，散布着许多高山草甸草场，牦牛也呈散在的点块状分布。西藏不少优良牦牛类群分布在这一地区（表 11-2）。

表 11-2 西藏牦牛数量分布与畜群结构中的比重

单位：万头、%

地（市）　项目	西藏自治区	那曲	昌都	拉萨	日喀则	山南	阿里	林芝
数　量	429.0	166.84	65.94	56.20	57.40	32.82	17.07	31.45
分布百分数	100.0	38.89	15.37	13.10	13.38	7.65	3.98	7.33
畜群结构比重	18.93	21.72	18.73	33.45	9.95	15.48	2.22	9.92

4. 主要生产性能

（1）繁殖性能。公牦牛 3 岁性成熟，母牛初配年龄 4.5 岁，7～10 月为发情期。发情周期 14～21 天，持续期为 16～56 小时，一年一胎或三年二胎。

（2）产肉性能。根据年龄的不同，胴体重和屠宰率差别较大。三岁阉牛平均胴体重 67.09 千克，屠宰率平均 43.73%。5 岁阉牛胴体重平均 112.30 千克，屠宰率 51.56%。

（3）产奶性能。各地牦牛挤奶量差异较大，按 305～396 天统计，总产奶量为 137.73～230.18 千克，乳脂率为 6.8%～7%。

（4）产毛性能。平均每头牦牛剪毛量 0.25 千克，绒 0.5～1 千克。嘉黎公牦牛剪毛量在 0.63～3.63 千克，母牦牛 0.34～0.71 千克。

（5）役用性能。在牧区阉牦牛主要用于驮用，一般可负担 50～80 千克，体格较大的可负载 100～120 千克。

5. 总体评价

牦牛是高原特有的畜种，耐粗耐寒，有一整套完备的体质形态结构。高度适应其他牛种难以生存的高山草原生态环境，提供优质肉奶及皮毛绒等产品，是高原人民经济生活中不可缺少的当家畜种。

（二）黄牛

黄牛是以产乳为主，乳、肉、役兼用小型地方原始品种。饲养在西藏自治区的农区、林区和半农牧地区，具有体型较小，生产性能较低，抗逆性强等特点。在《中国畜禽遗传资源名录》中，西藏的黄牛主要有西藏牛、拉萨黄牛、阿沛甲咂牛、日喀则驼峰牛、樟木黄牛等品种。

1. 外貌特征

西藏的黄牛体形小，结构紧凑，匀称。头平直而狭长，大小适中，母牛头显清秀，公牛头雄壮而宽；角小，向外向上向前向内弯曲；颈长短适中，显单薄，背腰平直，公牛具有稍高的肩峰；乳头整齐。公牛四肢显粗短，而母牛则显细长，蹄坚实有力，呈黑色。西藏的黄牛皮薄毛短，头部及腹部经脉明显。毛色以黑色和黑白花为主，其次为黄色、黄白花和褐色、杂色等。

2. 数量与分布

西藏的黄牛在整个家畜中的比重为 3.79％。主要分布在以种植业为主的地区，即农区、林区和半农半牧区。其海拔高度分布，一般以 4 500 米为上限。集中分布在雅鲁藏布江中、下游，喜马拉雅山东段和三江流域下游地区。从西藏的黄牛在畜种结构中的比重变化可以看出：分布在雅鲁藏布江一线的黄牛，其变化有随海拔升高的趋势；由农区到半农半牧区亦同样显现出这一分布规律。以集中产区的拉萨城关区、堆龙、曲水、尼木、墨竹工卡、林芝、波密、乃东、桑日、朗县、加查、洛扎、错那、昌都、察隅等县统计，黄牛头数占西藏自治区黄牛总数的 53.7％。集中产区的海拔在 2 300～3 800 米，年平均温度在 5.0～13.5℃，年降水量在 100～794.2 毫米，相对湿度 40％～70.3％，年日照时数在 1 883～3 222.8 小时，无霜期在 103～150 天。

3. 主要生产性能

成年黄公牛平均体重为 215.30 千克，母牛为 197.65 千克。

（1）繁殖性能。公牛 3.5 岁参加配种，母牛初情期平均为 20 月龄，发情周期平均 13.7 天，持续期为 2.2 天，妊娠期平均为 281.5 天。母牛为三年两胎，一年一胎较少。

（2）产奶性能。西藏的黄牛产奶则是主要的生产性能表现，西藏的黄牛 1～6 胎年产奶量平均为 205.4 千克，以第三、第四、第五胎产奶量最高，乳脂率平均为 4％。拉萨黄牛 1～6 胎全年泌乳天数平均为 267.8 天；日产奶量平均为 0.77 千克，年产奶量为 148.24～244.07 千克，乳脂率为 4.17％。

（3）产肉性能。屠宰 7 头中等膘情成年黄牛，平均活重为 191.24 千克，屠宰率为 42.84％，净肉率为 34.08％。

（4）役用性能。在农区作为畜力主要用于耕地耕作使用。许多地方的当地黄牛早先就与外来牛种进行过杂交。经过改良的黄牛生产发育快，体型大，产奶产肉役用性能均好，深受群众欢迎。

4. 总体评价

西藏的黄牛个体小，生产性能低，但它能适应高海拔的缺氧环境和粗放的饲养管理，是西藏人民不可缺少的生活、生产资料。

（三）绵羊

1. 外貌特征

高原型绵羊体质结实，前胸开阔，背腰平直，体型呈长方形。头粗糙，鼻梁隆起。公母羊都有角，公羊角粗壮，多呈螺旋状向外旋转；母羊角扁平较小，呈捻转状向外平伸。河谷型绵羊体形小，体躯似圆桶状，头部清秀，鼻梁微凸；公羊大多数有扁形大弯曲螺旋角，母羊很少有角，偶有小钉角，尾小，呈圆锥形，四肢较短，毛色全白。三江型绵羊体型最大，体躯呈长方形，公羊角型有两种，一是向后向前呈大弯曲，另一种向外呈扭曲状，母羊大部分有角；锥形尾，绝大部分头颈、尾部有黑色或褐色斑块，异质毛辫。

2. 产地及数量分布

绵羊，是藏族人民长期在高原特殊环境下选育的一个地方品种。分布范围之广，遍及西藏自治区各地，数量之多，历居其他家畜之首位。2000 年，西藏自治区绵羊占家畜总数的 54.34%。其中，那曲地区的绵羊占西藏自治区总数的 37.05%，阿里和日喀则两地占 42.2%，其余 20.75% 分布在山南、昌都、林芝三地区和拉萨市。长期的高寒低氧气候恶劣条件下生存的绵羊，具有体质结实，耐粗放饲养管理，适应高寒自然条件的特性。绵羊不仅是藏族人民的主要生产、生活资料，也是西藏自治区畜牧养殖业的重要组成部分。

3. 主要生产性能

（1）繁殖性能。高原型藏系绵羊 1 岁性成熟，母羊 2～2.5 岁配种，发情周期（15.49±1.99）天，持续期为 34 小时，妊娠期为 148 天，一年一胎；雅鲁藏布型绵羊 7～9 月龄性成熟，初配龄 1.5 岁，发情周期为 15.94 天，持续期为 34.5 小时，妊娠期为 151 天，多为一年一胎；三江型公羊 9～10 月龄性成熟，母羊 1.5 岁开始配种，发情期为 14～20 天，持续期为 1～2 天，妊娠期为 138 天，一般也是一年一胎。

（2）产肉性能。在中等营养情况下，高原型成年阉羊屠宰率为 47.03%；雅鲁藏布型成年阉羊屠宰率为 43.92%，成年母羊为 42%；三江型成年阉羊屠宰率为 52.45%。

（3）产毛性能：一般说来藏羊毛粗而长，是良好的地毯用毛。成年羊皮板厚实耐磨，绒多毛长，保温性强，是牧区人民做藏袍的主要原料。羔羊皮板薄、柔软、制作的皮衣轻便美观。

一般每年剪毛一次，公羊平均剪毛量为 1.08 千克，母羊平均为 0.87 千克。高原型成年公羊平均剪毛量为（1.13±0.2）千克，成年母羊平均剪毛量为（0.96±0.24）千克。公羊平均羊毛细度为 28.86 微米，净毛率为 81.43%。母羊羊毛细度为 27.36 微米，净毛率为 81.45%。

雅隆型成年公羊平均剪毛量为（1.02±0.33）千克，成年母羊剪毛量为（0.61±0.27）千克。公羊羊毛细度平均为 30.33 微米，羊毛自然长度 8.31 厘米。母羊羊毛细度为 30.03 微米。净毛率为 71.43％，含脂率为 6.43％。

三江型公绵羊平均剪毛量为（1.10±0.24）千克，成年母羊平均为（1.03±0.28）千克，成年公羊羊毛细度平均为 29.03 微米，母羊为 26.13 微米。公羊毛长度为 11.86 厘米。

（4）产奶性能。藏区农牧民对绵羊有挤奶打酥油的习惯，挤奶时间的始末，决定于牧草返青和剪毛的迟早，一般为 3 个月时间。日挤奶量为 0.13～0.22 千克，乳脂率10.48％～11.7％。

4. 总体评价

绵羊是西藏自治区主要家畜之一，形成历史悠久，具有多种用途，生产性能良好，遗传性稳定，耐苦耐粗，适应高寒自然条件，是宝贵的地方品种资源。但还不是一个人工高度选育的优良品种，所以同一类型个体之间存在较大的差异。

雅鲁藏布型羊个体小，产毛量低，但毛质较好，目前在饲养管理条件差的情况下，既要保持当地藏羊的优良特性，又要达到改良的目的。杂交代数不宜过高，经过不同组合的杂交试验，西藏自治区雅鲁藏布型改良应以培育 56～58 支半细毛羊为主要方向。在二代的基础上进行横交比较理想。只要羊毛品质和毛量符合要求即可行横交，体重因目前草场建设跟不上，不必过高追求，以中小型为宜。

三江流域，气候温暖潮湿，水草条件较好，可发展 48～50 支半细毛羊。

藏北高原，气候恶劣，饲管条件严酷，应以本品种选育为主要方向，集中力量，搞好选育提高。改良问题，要深入调查研究，慎重行事。

各地种羊场应进行整顿，加强领导和技术力量，严格种羊管理制度，保证现有种羊纯繁率的提高。

（四）西藏山羊

西藏山羊是广泛分布于西藏自治区的又一个古老地方品种，耐粗放，抗逆性强，适应高原地区的气候条件，数量仅次于绵羊属。

1. 外貌特征

西藏山羊体小，结实，体躯结构匀称，额宽，耳较长，鼻梁平直。公母羊均有角，公羊角型很不一致，主要有两种：一种为稍向后向上再微分开，呈倒"八"字形，另一种向外扭曲伸展；母羊角较细，多向两侧扭曲，也有少数母羊无角。公母羊均有额毛和胡须，胸部发育广深。耆甲略低，背腰平直。四肢结实，筋腱发达，蹄质坚实。乳头小，乳房不发达。山羊毛色较杂，据日喀则、那曲两地统计，白色占 7.88％，体白肢花者占 18.78％，全黑占 27.39％，褐色占 6.06％，青色占

27.83％，黑（褐）白斑者占 11.51％，其他颜色占 0.55％。

2. 产区及分布

山羊的适应范围广，从海拔 5 000 米以上的藏北高原，到气候温暖潮湿的藏东深山峡谷，都有山羊分布。生活力强，不苛求饲养条件，终年放牧，仍然保持正常的生长发育和繁衍后代，为宝贵的品种资源。山羊在西藏各地畜牧业结构中所占比重不同，昌都、阿里均在 28％以上，其次是山南、日喀则各占 26％左右，林芝、拉萨市占 22.86％，那曲最低为 16.66％。而数量的分布以那曲、日喀则最多，分布占西藏自治区山羊总数的 22.85％和 22.75％，其次是阿里和昌都各占 19.48％和 18.17％。山南和拉萨市仅占 16.7％，分布比较均匀，说明山羊有着广泛的适应性。

3. 主要生产性能

（1）繁殖性能。藏系山羊的性成熟期，因分布地区的气候和饲养条件不同，各有差异。藏东公羊 4～9 个月即出现性行为，母羊 6～8 个月即到发情期。藏西北 8～10 个月才出现性行为。发情周期为 14～20 天，持续期 1～3 天，妊娠期为 145～159 天，年产一胎，双羔很少。

（2）产绒性能。藏系山羊每年 5～8 月份抓绒剪毛一次，成年公羊平均每只产毛绒（0.7±0.16）千克，产绒量 211.8 克；成年母羊平均每只产毛绒（0.52±0.15）千克，产绒量为 183.8 克。毛绒比例为 1：1.97（公）和 1：2.48（母）。

（3）产肉奶性能。成年山羊屠宰产肉率平均为 48.31％（公）和 43.88％（母）。母羊日产奶量为 0.09～0.32 千克，乳脂率平均为 4.85％。

4. 总体评价

西藏山羊是一个未经人工选育的地方品种，具有独特的生态环境和生产性能，不择草场和饲管条件，保持了一定的生产能力和后代的繁衍，也是宝贵的古老地方品种资源。随着国民经济建设和人民生活的需要，对山羊的发展要采取积极措施，加强本品种选育，建立山羊繁殖选育场，因地制宜，制定区域发展规划。在保留其遗传特性的基础上，有针对性的引入优良山羊品种进行杂交改良，逐步向优质、高产的专门化方向发展。

藏西北部，应以发展绒山羊为主，在充分利用好季节畜牧业的基础上，也可考虑产肉性能的提高。藏东南河谷地区和察隅一带，宜于发展乳肉兼用山羊。

阿里地区和新疆接壤的藏北边缘，以荒漠草原为主，发展毛用山羊比较适宜，但在引种问题上要慎重。

（五）藏猪

1. 外貌特征 藏猪体型小，被毛黑色，少数棕色。部分猪的额部、肢端、毛尖腹下有白毛，头狭颌面直、窄、无皱纹。嘴长直、尖，背腰平直或微凸，后躯较前躯略高，腹紧凑不下垂，尻部倾斜，四肢坚实，鬃毛长而密，被毛下着生大量绒毛。

2. 产区及数量分布

藏猪产于青藏高原的农区和半农半牧区，在西藏自治区主要分布于雅鲁藏布江流域中游河谷区和藏东三江（怒江、澜沧江、金沙江）中游流域高山深谷区，以米林、林芝、工布江达、林周、墨脱、波密、芒康等县最多。据 2000 年统计，西藏自治区生猪存栏总头数为 23 万头，其中藏猪约有 0.32 万头。

藏猪是藏族农民长期饲养的一个地方品种，各地虽自然条件不同，农作物种类各异，养猪数量多寡不一，但养猪习惯均以放牧为主，终年随牛羊混群或单群放牧，是典型的高原型放牧猪种。

藏猪适应放牧饲养，防止野兽、猛禽的袭击，抗恶劣的高寒气候和低劣的饲养管理条件，长期以来形成了视觉发达，嗅觉灵敏，能奔善跑，头长嘴尖，心脏发达，体躯狭窄，前低后高，四肢结实，鬃毛长，绒毛密生，沉脂力强等生存高原环境的特点。

3. 主要生产性能

（1）繁殖性能。公母猪混群放牧，任其自然交配。母猪一般年产仔一窝，初产母猪，平均产仔 4.76 头，二胎 6.03 头。初生仔猪重 0.4～0.6 千克。藏猪哺育率较低，据 142 窝统计，仅为 69.21%。

（2）生长发育。由于饲养条件粗劣，生长发育缓慢，6 月龄公猪平均体重为 10.49 千克，母猪为 11.87 千克。

（3）产肉性能。采用不限量舍饲，在 180 天育肥期间增重 22.36 千克，日增重 124 克，每增重 1 千克消耗混合精料 6.77 千克。平均屠宰率为 67.23%。

（4）育肥性能。据工布江达县调查，放牧肥育猪增重缓慢，12 月龄体重 20～25 千克，24 月龄体重 30～40 千克。在舍饲条件下，307 日龄体重 53.0 千克，据育肥猪屠宰率测定，屠宰率达 67.23%，瘦肉占胴体重的 51.94%。

4. 总体评价

藏猪是世界上少有的猪种，能适应恶劣的高原气候和以放牧为生的低劣饲养条件。具有肉质好，皮薄，胴体瘦肉比例高等优点。同时存在个体小，生长缓慢，肥育期长，产仔少等缺点。

（六）藏鸡

1. 外貌特征

藏鸡体形呈 U 字形，匀称，体短胸深。脚矮，翼羽和尾羽特别发达，善于飞翔，公鸡大镰羽长达 30～50 厘米。头部清秀，少数有毛冠，冠多为红色单冠。公鸡冠大直立，冠齿 4～6 个。母鸡冠小微微扭曲。嘴多为黑色，脚黑色者居多，耳

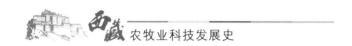

白色，肉垂红色。母鸡羽色主要有黑麻、黄麻、褐色等杂色。公鸡羽色鲜艳，较为一致，多数为黑红花色，少数为芦花色、白色及其他杂色。

2. 产地与数量分布

藏鸡产于青藏高原的农区和半农半牧区。在西藏主要分布于山南、拉萨、昌都地区东南部、日喀则地区中东部、那曲地区东部、阿里地区西南部，以雅鲁藏布江中游流域河谷区和藏东三江中游流域高山深谷区分布数量最多，是当地藏族人民饲养的主要鸡种。据 2000 年统计，西藏自治区有各类鸡种存栏 55 万余只，其中藏鸡约有 50 万余只，占鸡总数的 91％以上。

3. 主要生产性能

（1）繁殖性能。藏公鸡多数 4.5～5 月龄开啼，母鸡 8～10 月龄开产，母鸡就巢性强。每年 5～8 月为孵化季节，多采用自然抱窝孵化方式繁殖，每窝抱窝 10～13 枚蛋。

（2）产蛋性能。藏鸡为晚熟鸡种，在放养条件下，母鸡一般 8～10 月龄左右才开始产蛋，一年产蛋量为 40～80 枚，冬季多停产。平均蛋重（38.92±3.34）克，蛋壳为褐色，蛋质佳。

（3）产肉性能。肉质好，味香是藏鸡的一大特点。据林芝产区在完全放养条件下屠宰测定，成年公鸡全净堂屠宰率平均为 72.17％，母鸡为 69.82％。公鸡半净堂屠宰率平均为 79.80％，母鸡为 77.97％。

（4）生长速度。藏鸡在三月龄前生长速度较快，6 月龄公鸡体重达 975 克，母鸡达 765 克。藏鸡属速生羽品种。对藏鸡品种应加强保护和利用，建立藏鸡纯种繁殖基地，利用其适应性强、耐粗放、胸腿肌发达等特点，有计划地进行杂交改良，培育出适宜高寒恶劣气候的生产力较高的新型鸡种。

4. 总体评价

藏鸡是藏族人民长期饲养的古老地方品种。其分布广，数量多。具有适应能力强、觅食力强、抗病力强等优点。

（七）藏马

1. 分类属性

藏马是西藏自治区境内普遍多有分布的原种马，属西南马系。从类型上民间传统分为两大类，即域大马（河谷型）、羌大马（草地型）。按生产用途属于轻型乘、驮、挽兼用型。从产地生态景观、气候特点，西藏的马大体可分为高原型、林地型、河谷型等品种类群。

2. 产地及数量分布

据 2000 年统计，藏马年末存栏 27 余万匹。占西藏自治区各类牲畜总数的

1.2%。从分布情况来看，有四个明显的生态区，详见表 11-3。

表 11-3　藏马产区生态环境比较表

类型 / 项目	产区代表地点	海拔高度（米）	气候类型	地形地貌	草场类型	主要建群植物
高原型	那曲	4 507.7	寒冷、半干旱	丘陵、平原、河湖洼地	高原宽谷草原湖盆河滩草甸草地	西藏嵩草紫针茅
山地型	昌都	3 240.7	寒冷半湿润温暖湿润	浑圆山体、毁林山坡	高山草甸草地、山地疏林草地	矮嵩草、野枯草
林地型	林芝	3 000.0	温暖湿润	高峻山坡、森林	山地疏林草地	野枯草
河谷型	日喀则	3 836.0	寒冷、半干旱温、冻半干旱	浑圆山体、高峻山坡	山地草原草地、高山草原草地	西藏嵩草、矮嵩草

（1）西藏山地型马。外貌特征：山地型体格大于高原型马，均小于林地型与河谷型，体质结实，干燥。头大小适中，耳小灵活，眼明快有神，鼻梁平直，鼻孔开张大，嘴方纯。头颈结合良好，肩甲斜，鬐甲微突，厚实。背腰平直，胸深宽，肋骨开张，尻长而斜，臀宽而圆润。四肢结实有力，后肢呈刀状姿势，蹄质结实。鬃、尾毛长、浓密，距毛长。

产地与数量分布：西藏山地型马产于金沙江以西的横断山脉地带。主要分布于丁青、边坝、八宿、察隅以东。据 2000 年统计，年末存栏数量 8.64 万匹，占西藏的马总数的 32%。

（2）西藏高原型马。外貌特征：西藏高原型马体质结实，头大小适中，头颈结合良好，颈部长短适中，稍有倾斜，鬐甲微突，厚实。背腰平直，肋骨开张，腹部充实不下垂，尻长而斜，四肢结实有力，后肢呈刀状姿势，关节清楚，蹄质坚硬。鬃、尾毛长、浓密，距毛长。毛色骝毛占 41.5%，粟毛占 15.5%，青毛占 20.8%，其他毛色占 22.2%。

产地与数量分布：高原型马产于藏北地区，主要分布在巴青、索县、嘉黎、当雄、班戈、昂仁、仲巴等县以北、以西的广大地区。据 2000 年统计，西藏高原型马年末存栏 14.32 万匹，占西藏自治区马总数的 44%。

（3）林地型马。外貌特征：林地型马体圆腿短，体质结实，清秀，头大小适中，耳小机警，眼有神，鼻梁平直，鼻孔开张，嘴方纯，头颈结合良好，颈部长短适中，鬐甲微突，厚实。背腰平直，胸深稍欠宽，肋骨开张，腹部充实不下垂，尻长而斜，四肢结实有力，后肢呈刀状姿势，关节清楚，蹄质坚硬。鬃、尾毛长、浓

密，距毛长。

产地及数量分布：林地型马主要分布在工布江达、林芝、波密三县森林地带。据 2000 年统计，林地型马存栏总数 1.4 万匹，占马总数的 5.2%。

（4）河谷型马。外貌特征：河谷型马体格大于高原型和林地型马，体质结实，头大小适中，耳小灵活，眼明快有神，睫毛长。鼻梁平直，鼻孔开张，嘴方纯，口裂大，嘴皮薄，下颚有长毛，头颈结合良好，颈部长、短、厚适中，肩甲斜，鬐甲微突，背腰平直，胸深稍欠宽，肋骨开张，腹部充实不下垂，尻长而斜，臀宽而圆钝。四肢结实有力，关节清楚，蹄质结实。

产地和数量分布：河谷型马产于雅鲁藏布江、拉萨河和年楚河流域及藏南谷地。主要分布在日喀则地区、拉萨市各县、山南等地区。据 2000 年统计，河谷型马存栏头数为 5.1 万匹，占马总数的 18.8%。

藏马是地方优良马种，在生产性能、体型、外貌、适应性等方面均没有明显的缺陷。2000 年底存栏 27 余万匹，只占西藏自治区牲畜总头数的 1.2%。

3. 生产性能

（1）山地型马主要生产性能。役用性能：据类乌齐县测定，骑手、鞍具重量共 65 千克，快慢步配合行走马观花 60 公里，成绩为 10 小时。

繁殖性能：公马 3 岁性成熟，母马 4 岁开始配种，发情周期 21 天左右，持续期 6 天，妊娠期 366 天，多为两年一胎。

（2）高原型马主要生产性能。役用性能：据当雄县尼卓乡测定，骑手、鞍具重量共 80 千克，快慢步配合行走马观花 80 公里，成绩为 7 小时。

繁殖性能：公马 3 岁性成熟，母马 4～5 岁开始配种，发情周期 22 天左右，持续期 6 天，妊娠期 365 天，多为两年一胎。

（3）林地型马主要生产性能。役用性能：具林芝县测定，骑手、鞍具重量共 60 千克，快慢步配合行走马观花 50 千米，成绩为 2 小时 25 分钟。

繁殖性能：公马 3 岁性成熟，母马 4 岁开始配种，发情周期 21 天左右，持续期 6 天，妊娠期 366 天，多为两年一胎。

（4）河谷型马主要生产性能。役用性能：日喀则县成年骟马一匹，骑手重 65 千克，鞍具重 5 千克，行李重 10 千克，快步行走 90 千米，成绩为 6 小时。

繁殖性能：公马 3 岁性成熟，母马 4 岁开始配种，发情周期 21 天左右，持续期 6 天，妊娠期 365 天，多为两年一胎。

（八）西藏驴

1. 分类

西藏驴是西藏高原境内的小型驴种，从其类型上分，可分为两类，即域彭驴、羌彭驴。

2. 外貌特征

西藏驴体格小，精悍、结构紧凑、体质结实。头大小适中，耳大微向两侧拉，呈倒八字状。鼻梁平直，鼻孔呈对称的半月状，嘴皮薄，口裂大。头颈结合良好，鬐甲平而厚实，背腰平直，肋骨开张，腹圆实而不下垂。尻斜长尖，尾修长，四肢端正，部分后肢呈"刀"状姿势。关节清楚，蹄质坚硬细密。

3. 产地与数量分布

西藏驴产于西藏自治区的主要粮食产区。集中产于雅鲁藏布江中游和中下游流域的贡嘎、乃东、隆孜、桑日和拉孜、萨迦、日喀则、江孜、白朗、定日以及怒江、澜沧江、金沙江流域的八宿、察隅、左贡、芒康等县。在产区延伸区域的农区、半农半牧区将公驴作为役畜。据 2000 年统计，西藏自治区驴年底存栏 9.97 万头，仅占各类牲畜总数的 0.42%。按行政区划的分布是：日喀则地区占 44.53%、山南地区占 32.3%、昌都地区占 11.63%、拉萨市占 8.23%、阿里地区占 2.41%、那曲地区占 0.9%。

4. 主要生产性能

（1）役用性能。西藏驴役用性能极强，具有驮、乘、挽多种性能，参与多种农务活动和推磨。据日喀则测定，驮重 100 千克，距离 10 千米，成绩为 7 小时。

（2）繁殖性能。公驴 3 岁性成熟，母驴 4 岁开始配种，发情周期 350 天，多为两年一胎。

二、鱼类资源

西藏江河众多，湖泊星罗棋布。独特的自然环境，孕育着特殊的鱼类群体，西藏已发现鱼类共有 58 个种和 13 个亚种，分隶属于 3 个目 5 个科 22 个属，主要由裂腹鱼亚科和条鳅亚科的高原鳅属鱼类组成，其中鲤科 29 个种和 13 个亚种，鳅科 16 个种，鲑科 1 个种，裸吻鱼科 1 个种。西藏鱼类区系组成的单纯性与水系的复杂性构成统一而又独特的动物地理单元，其中有 20 种以上数量多、分布广，经济价值大。

（一）主要经济鱼类

到目前为止西藏自治区境内分布的鱼类有 71 个种和亚种，其中鲤科有 42 个种和亚种，鳅科 16 个种，鲴科 11 个种，鲑科 1 个种，裸吻鱼科 1 个种。鲤科的裂腹鱼亚科有 39 个种和亚种，它们不但种类多，而且分布广泛，是主要的经济鱼类。条鳅亚科的种类也较丰富，在海拔 5 260 米（玉察藏布）的水体内尚有分布。这些鱼类一般来说个体较小，但数量较大并在分布区内形成一定规模的种群，只是由于

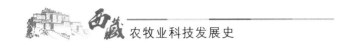

捕捞较困难，目前渔业利用价值还不高。昒科鱼类种类也较多，主要分布在藏东南各水系。产量虽不大，但因肉质细嫩，肌间刺少而深受群众喜爱，有一定渔业价值，尤其是黑斑原鲱，在雅鲁藏布江中游数量较多，商品价值高，为当地渔业重要鱼种。

（二）西藏鱼类资源评估

西藏鱼类生长发育比较缓慢。一尾达到性成熟、体重 100 克左右的鱼，一般需要 4～5 年的生长时间，体重 500 克的鱼需要生长 10 年或更长的时间。总体来说，西藏鱼类资源是比较丰富，而且开发利用时间短，规模小，绝大部分水域鱼类资源仍处于原始的动态平衡状态。为了合理开发利用西藏鱼类资源，需要对西藏自治区鱼类资源储量进行评估。依据是对已开发利用的水域，根据以往多年捕捞量、资源变化情况、水体生产力等综合因素进行资源评估；对尚未开发利用及开发利用时间较短的水域，采用单位面积试捕估算现有资源量和每年适捕量；依据以往对青藏高原内陆水体鱼类资源合理捕捞量的研究，认为 15～110 千克/亩不会对资源造成不利影响。根据实地调查推算，西藏湖泊鱼类蕴藏量为 136 869.705 吨；江河为 4 060.95 吨。由于西藏高原鱼类具有生长缓慢、繁殖力低等生物学特点，为了既不损害资源，又有较稳定的产量，开发量可按资源蕴藏量的 1/10 进行计量：即湖泊按 0.6 千克/亩计算，开发量为 13 687 吨，河流按 0.23 千克/亩计算，开发量为 406 吨。为了取得比较准确的数据，有必要对各水域不同的水文条件、饵料生物的组成及丰歉、鱼类生物学等作进一步深入调查研究。

（三）西藏鱼类资源调查

1992 年，西藏"一江两河"鱼类资源考察项目被农业部水产司列入"八五"重点科研项目，在研究经费上给予支持。同年，西藏自治区农牧林业委员会决定，在开展"一江两河"鱼类资源考察工作的时候，对西藏自治区鱼类资源进行普查。

西藏自治区水产局、陕西省动物研究所、中国科学院动物研究所有关人员组成西藏鱼类资源考察组，于 1992 年 5 月—1994 年 12 月对西藏鱼类资源进行了全面考察，撰写了《西藏鱼类及其资源》的成果报告。1994 年 12 月 21 日，西藏自治区农牧林业委员会在西安主持召开了"西藏鱼类资源考察"鉴定会，以中国科学院水生生物研究所曹文宣研究员为组长的 7 人专家鉴定委员会得出以下结论：一是在前人工作的基础上，本次考察明确了西藏鱼类种类及分布情况，提出西藏鱼类有 71 个种和亚种，隶属 3 目 5 科 22 属，其中本次考察发现 1 新种；二是对西藏鱼类资源的蕴藏量、开发量进行了评估；三是提出西藏 21 种分布广、数量大、有开发利用前景的鱼类为西藏经济鱼类；四是提出 9 种地方珍稀保护鱼类；五是对西藏渔业进行区划，分为 3 个一级区和 5 个亚区；六是对西藏鱼类动物地理学进行了探讨，提出了新的论点。1995 年 7 月西藏自治区水产局编著了《西藏鱼类及其资源》一书。该项目获自治区科技进步二等奖。

1996 年 7 月 9 日—2000 年 8 月 18 日由自治区渔业行政主管部门主持，中国科学院水生生物研究所协作，在对色林错及其周边湖泊进行系统的野外考察和采样分析的基础上，结合微观生物学的技术手段，研究了色林错和纳木错等湖泊主要经济鱼类的遗传多样性、生化成分以及性腺发育和胚胎发育；采用宏观生物学的研究方法，全面分析和阐述了西藏典型湖泊主要经济鱼类在年龄、生长、繁殖与种群数量等方面的特点及其内在规律，建立了色林错裸鲤体重体长关系方程、体长生长方程和体重生长方程；对色林错及西藏湖泊鱼类资源的蕴藏量进行了科学的、客观地评估，提出了对色林错鱼类资源实施可持续利用的八项对策，建立了西藏高原湖泊鱼类资源可持续利用的模式。该成果获自治区科技进步三等奖。

三、主要畜禽品种遗传资源及其保护和利用

（一）西藏主要畜禽品种遗传资源的普查与研究

1. 资源普查

在研究中国古代牦牛（曾文琼等，1981）和牦牛的起源、驯养及地理分布的基础上完成了西藏嘉黎牦牛、帕里牦牛、斯布牦牛（中国科学院青藏高原科学考察队，1973—1976；中国牦牛科研协作组，1979；西藏畜科所，1998）、隆子牦牛（卫学承，1981）、彭波牦牛（马宗祥，1981）等当地重要牦牛类群的资源调查，较全面而系统地了解了西藏牦牛地方优良类群的数量、分布、产地自然生态环境、品种形成历史、外貌特征、生态适应性、生产性能利用状况以及资源开发前景，为牦牛的改良和利用提供了重要的基础性资料。

根据 1982 年西藏家畜资源普查结果，将西藏绵羊分为高原型、三江型、河谷型三大类，利用 27 个微卫星标记，对西藏 4 个三江绵羊群体进行了遗传多样性分析，为绵羊遗传资源的保存利用及经济性状的改良提供了分子遗传学依据。

1983 年 4 月，西藏兽医科学研究所蔡伯凌、孟宪祁、益西多吉、郎秋荣、次央对西藏绵山羊本品种形成、品种特征、适应性能等方面进行了考察研究，摸清了西藏绵羊的品种资源，为发展西藏的畜牧业提供了科学依据。2005 年至今，陆续探明了阿旺绵羊、多玛绵羊、岗巴绵羊、霍巴绵羊等地方优势遗传资源，并在积极申报国家级遗传资源。

1981—1983 年，开展了《全国畜禽品种资源调查"西藏的山羊"部分》，对西藏自治区各地全面深入展开调研，主要对西藏的山羊产区的自然地理条件及农业生产概况、山羊的形成及分布、山羊品种的特征和特性（包括外貌特征、体尺体重、生产性能、繁殖性能、适应性能）等综合调研；摸清了西藏的山羊的品种资源，此项目于 1983 年，顺利通过验收，并获得西藏自治区科技进步一等奖和国家区划办二等奖。1983 年 6 月，西藏农牧科学院畜牧兽医研究所蔡伯凌等对西藏的山羊从自然条件、形成与分布、品种特点等方面进行考察、摸清了西藏的山羊的品种资源，为发展西藏畜牧业生产提供了依据。1987 年开始，对青藏高原不同生态区域"西藏阿里地区的日土县和那曲地区班戈、尼玛（文部）、双湖、林周等县藏山羊产品资源调查"，进行了实地测定、取样、试验室测定样品品质等基础性工作；1988 年 5 月，西藏农牧科学院畜牧兽医研究所蔡伯凌等对亚东"甲热"山羊进行了调查，弄清了该品种的性能、体质、外貌、品质数量等情况。

1983 年 6 月 14 日，西藏自治区农牧厅畜牧局张法颜、李迎春、其美仁增、马德荣、旦增、扎西旺堆等，对西藏的马从产地、来源、外貌、性能等 5 个方面进行了品种资源调查，摸清了西藏的马属西南马系，按生产用途属于轻型，乘、驮、拉兼用型，从产地生态环境和气候特点来看，西藏的马大体可分为高原型、山地型、林地型、河谷型四个品种类群，提出了搞好本品种选育进一步提高品种质量，增强品种特性，充分发挥品种性能的建议。

通过 1981 年西藏自治区家畜品种资源调查和 1989 年西南四省区畜禽品种资源补充调查的基础上，初步摸清了西藏自治区畜禽的起源与驯化、各品种及优良类群的分布、外貌特征和生产性能等情况，并于 2010 年出版了《西藏畜禽品种遗传资源》一书。

2. 生态生理生化研究

牦牛与特定的高原生态环境相适应的生理生化指标具有不同于其他畜种的特异性。1998 年西藏自治区畜牧兽医研究所对西藏嘉黎牦牛、帕里牦牛、斯布牦牛进行了生理生化指标和不同年龄牦牛生理指标和变化的研究。

1998 年西藏畜牧兽医研究所央金、扎西、阚向东、普布次仁等对澎波毛肉兼用型半细毛羊新品种群三大生理指标、白细胞数和分类、红细胞数、血红蛋白量、红细胞压积及平均红细胞中血红蛋白的含量浓度等血液生理系数和血清总蛋白、血清葡萄糖、血清钙磷等血液生理生化参数进行了测定，结果表明：呼吸数、白细胞数血清总蛋白略高于正常值，其余参数达到正常值，说明该新品种群能够适应澎波河谷。

1989 年 6～7 月，西藏农牧科学院畜牧兽医研究所蔡伯凌等、西藏自治区畜牧局常明等，西藏民族学院牧医系王杰等在那曲地区文部、双湖、班戈等地进行了西藏的山羊绒理化性能的研究，认为西藏的山羊绒品质好、纤维柔软、光泽柔和、弯曲多呈浅弯、手感好、有弹性和缩绒性，但本品质选育中应该注重纤维强度、伸度的提高；1990年8月3日，西藏自治区畜牧科学研究所邓军，西藏自治区畜牧局拉尼等在阿里地区日土县进行了藏山羊绒毛品质的初步研究，发现日土县藏山羊绒品质非常优良，具有很好的发展前景。

对不同分布类群的藏猪进行了种质特性调查和测定，测定了体尺体重和外貌特征、生长、繁殖、胴体和肉质等经济性状，计算了生长和繁殖等主要经济性状的遗传参数，分析了藏猪血液学、血流变学、心肺组织学、能量代谢相关酶学等低氧适应相关生理特征，制定了藏猪品种地方标准和国家标准。通过猪线粒体DNA序列多态性分析，发现藏猪高海拔起源，分析了藏猪群体的进化历史。测定了藏猪和对照猪血液学常规指标、血气、肺血管组织学特征等生理指标的变化，研究藏猪高海拔低氧生理机制。采用测序筛选藏猪促红细胞生成素（EPO）、红细胞生成素受体（EPOR）、血红蛋白珠蛋白、内皮型一氧化氮合酶（eNOS）和血管内皮生长因子（VEGF）等基因位点的低氧适应功能突变，大规模分析基因型与低氧生理表型的相关性。从DNA突变、mRNA表达、蛋白结构功能、蛋白表达量和生理或组织学表型分析基因功能，挖掘低氧适应功能分子标记。分析上游低氧诱导因子（HIF-1和EPAS1）对EPO基因表达的调控，以及EPO通过结合EPOR对下游血红蛋白、eNOS和VEGF等基因的调控途径。对6月龄的高原藏猪、移居低地藏猪、移居高原大约克猪和低地大约克猪的心脏转录组进行了高通量测序，得到了26.7G的clear data和18 585个阳性表达基因。组间比较得到299、242、169和368个差异表达基因（DEGs）。藏猪高原适应主要涉及糖皮质激素受体、血管生成、内皮细胞结合、血管发育、免疫反应、氧化还原过程等途径。同时测定了心脏组织的mRNA-seq，鉴定得到906个miRNAs，藏猪高原适应特异表达的miRNA主要参与VEGF信号途径。此外，我们构建差异表达基因与差异表达的miRNA互作网络图。

1975—1976年中国科学院青藏高原综合考察队在普兰县（海拔3 700米）共测母驴10头，在日喀则（海拔3 836米）测母驴8头，其他地方2头，共20头母驴，结果：平均体温（36.6±0.777 4）℃、呼吸（20.4±1.897 3）次/分钟、脉搏（59.2±6.124 6）次/分钟、血红蛋白（563±50）克/100毫升，白细胞（12 287±1 868）个/毫米^3；1991年8月姜生成于浪卡子县对西藏高原26头藏驴的血细胞特征性进行了研究，结果表明，世居高海拔的浪卡子藏驴其红细胞总数、白细胞总数、红细胞直径均比世居低海拔地区驴高，淋巴细胞和杆状核中性粒细胞亦比平原地区驴高，这种差异性，说明西藏高原驴为适应高海拔低氧压环境而产生了组织结构和生理功能的适应性变异。

3. 畜禽遗传多样性研究

20 世纪 70 年代后期，牦牛遗传学方面的研究进展较快。初期研究是有关牦牛的基因、染色体、染色体组型比较等研究。80 年代以后，研究较多的是牦牛血液蛋白多态性的研究，发现牦牛的血红蛋白（HB，Hemoglobin）、血清运铁蛋白（TF，Transferrin）、白蛋白（ALB，Albumin）、后白蛋白（Pa，Post-albumin）、前白蛋白（Pr，Pre-albumin）、淀粉酶（AMY，Amylase）、碱性磷酸酶（AKP，Alkaline phosphorase）以及酯酶（ES，Esterase）等多个基因位点具有多态性。牦牛血红蛋白（HB）多态性的研究结果表明 HB 遗传机制受 HB^A 和 HB^B 两个等位基因的控制，表现出 AA、BB 和 AB 3 种基因型，西藏牦牛有些群体有 HB 多态性，有些则无；陈智华和门正明（1998）分别对西藏牦牛和天祝白牦牛进行了血清白蛋白（ALB）多态性的研究，西藏牦牛 ALB 有多态性受 ALB^A 和 ALB^B 两个等显性基因控制，表现为 AA、BB 和 AB 3 个基因型，其中 ALB^A 和 AA 为优势基因和优势基因型。烈措等（1996）采用聚丙烯酰胺凝胶电泳法，对西藏牦牛血清脂酶淀粉酶同工酶多态性进行了研究，并讨论了牦牛 ES 和 AMY 同工酶的多态性及其在研究牦牛起源、演化和分类中的应用前景。陈智华等对（1995、1997）西藏嘉黎县、亚东县、拉萨市和工布江达县牦牛的研究发现，AKP、AMY、ES、LDH 4 个同工酶座位无论在基因频率还是在基因型频率上均有较大差异，说明同工酶座位在西藏牦牛群体间很不稳定。1990 年，姬秋梅等曾进行过转生长激素（GH）基因牦牛基因组文库的构建和生长激素（GH）基因的分离，用生物技术在牦牛的遗传育种上作了一些尝试。

2009—2010 年，由西藏自治区农牧科学院畜牧兽医研究所和西南民族大学协作，采用分子遗传标记（RFLP、RAPD、AFLP 等）、计算遗传距离、构建系统进化树等方法，从线粒体 DNA 和核基因 DNA 两个方面对西藏 6 个地区 11 个牦牛类群的牦牛遗传多样性开展了研究，表明西藏牦牛具有丰富的遗传多样性，且西藏东部的牦牛类群较西部的牦牛类群遗传多样性相对较高；对西藏 11 个点的牦牛构建系统进化树和单倍型网络关系图，初步认为 11 个点的牦牛分为两个聚类簇、四大类、两个母系来源；根据 11 个点的牦牛基因序列和密码子偏好性及聚类分析，认为其中类乌齐、嘉黎、桑日、斯布、江达和巴青等地的牦牛类群与野牦牛关系较近；成功克隆了 MC1R（黑素皮质素受体 1 基因）、OB（肥胖基因）、TMPRSS6（跨膜丝氨酸蛋白酶 6 基因）3 个性状基因。2012 年又扩展到康布、错那、隆子、类乌齐、丁青、聂荣等 17 个地方的牦牛资源，开展了牦牛优异基因资源挖掘、集成和利用研究，通过对西藏牦牛遗传多样性的 ISSR 分析、SRAP 遗传多样性研究、微卫星遗传多样性研究、线粒体 *12SrRNA* 基因研究、线粒体 *16SrRNA* 基因研究、*mtDNA CO I* 基因研究、*mtDNA CO II* 基因研究、*mtDNA ND5* 基因研究、

mtDNA ND6 基因研究、*mtDNA D-loop* 基因研究、*mtDNA ATP8* 基因研究、*mtDNA ATP6* 基因研究、*mtDNA CO*Ⅲ基因研究、牦牛、普通牛及其杂种犏牛的 *HSFY2*、*DAZAP2* 基因表达差异分析和犏牛和牦牛的基因组测序和睾丸组织的转录组表达谱分析，结果表明西藏 17 个地方的牦牛类群具有丰富的遗传多样性；东部地区牦牛的遗传多样性最大，东部是西藏牦牛的起源地之一；类乌齐的牦牛是在 17 个地方的牦牛类群中遗传多样性最大的；从 mtDNA 分析结果表明，西藏牦牛有两个母系起源；已筛选 5 个产肉性能基因、4 个抗逆基因，并对以上基因进了克隆和序列分析及多态性研究。进一步揭示牦牛类群间的遗传分化以及候选基因与牦牛经济性状间的关联性，同时为候选基因对牦牛抗逆性的调控作用提供理论依据，为西藏牦牛研究奠定了良好基础；*HSFY2* 基因在牦牛和普通牛中的表达量极显著地高于犏牛；*DAZAP2* 基因在牦牛中的表达量极显著地高于犏牛和普通牛，但在普通牛和犏牛之间无显著差异。

20 世纪 80 年代，西藏畜牧兽医研究所卫学承、徐振帮进行了藏系绵羊染色体的研究，该研究在加速西藏"绵改"育种工作，构成家畜品种染色体图集、发掘和利用品种资源等方面起到了促进作用。

2005 年，王杰、华太才让、益西多吉等，以偏正态分布检测法和多峰分布检测法对高原型藏山羊产绒量、体重、体高、体斜长、胸围和管围 6 个数量性状进行分析，结果表明产绒量、体重、体高、体斜长、胸围 5 个数量性状中存在主基因效应。

2006 年，许期树、王杰、益西多吉等运用 SAS 软件分析了西藏那曲地区尼玛县原种场的 169 只藏山羊成年不同个体（其中公羊 77 只，母羊 92 只）的产绒量（Y）与 7 个影响因子间的相关和通径分析以及最优回归方程模型的建立，结果表明毛长、绒长、体长、胸围、管围与产绒量呈正相关，体重、体高与产绒量呈负相关。

以藏猪群体为研究材料，采用候选基因法鉴定了 *FRZB*、*PPARGC1A*、*AC-SL1*、*LXRs*、*DCI* 和 *GHSR* 等基因对猪生长和脂肪沉积等作用机制，分析藏猪群体中 *Hal*、*ESR*、*FSHβ*、*PRLR*、*MC4R*、*LPL*、*HSL*、*A-FABP*、*H-FABP*、*ob*、*LEPR* 等 10 余个基因的基因型频率，分析了繁殖性状的基因聚合效应。利用 Solexa 测序技术来高通量筛选了影响猪肌肉生长和肌内脂肪沉积的差异表达基因和差异表达 miRNA，结果在猪肌肉组织中发现 18 208 个阳性表达基因和 320 个阳性表达 miRNAs，鉴定得到了 85 个基因和 18 个 miRNAs 与猪肌肉生长相关，其中重要的是 *CAV2*、*MYOZ2*、*FRZB* 基因和 *miR-29b*、*miR-122*、*miR-145-5p*、*miR-let-7c* 等。同时鉴定了 27 个基因和 15 个 miRNA 与肌内脂肪沉积相关，其中重要的是 *FASN*、*SCD*、*ADORA1* 基因和 *miR-4332*、*miR-182*、*miR-92b-3p*、*miR-let-7a*、*miR-let-7e* 等。采用 MeDIP-seq 技术测定了藏猪、移居高原环境的大约克猪、移居在低地饲养的藏猪和低地大约克猪 4 组群体 16 个个体的DNA

甲基化组学，获得了 480 M 的测序 reads，鉴定了藏猪个体重约 100 000 个 DNA 甲基化 peaks，构建了基因组甲基化图谱，分析了组建差异甲基化区域及其相关基因。结果发现由低海拔变为高海拔时，藏猪大部分的区域（68%）是甲基化程度是增加的，而大约克猪由低海拔变为高海拔时大部分区域（54%）的甲基化程度是减小的。即两个品种在面临低氧时的 DNA 甲基化模式不同。适应高原环境的藏猪和不适应高原环境的大约克猪之间差异甲基化的基因，分布于多个功能分类，如脂肪酸的延伸、核苷酸的结合、ATP 的结合以及蛋白激酶的活性等。将差异甲基化基因（DMGs）和差异表达基因（DEGs）进行联合分析，发现 5 个既差异甲基化又差异表达的可能与低氧适应性相关的基因，它们分别是 *BCKDHB*、*EPHX2*、*GOT2*、*RXRG* 和 *UBD*。

1992—1993 年中国科学院西北高原生物研究所共收集 12 种西藏鱼类核型资料进行了西藏鱼类染色体多样性的研究，结果：黑斑原鮡的染色体数目 $2n=48$，核型公式为 $20m+12sm+10st+6t$；同时还存在 $2n=42$ 与 $2n=44$ 两种类型，并据此认为黑斑原鮡不应是鮡科鱼类中的最特化种。西藏高原鳅、尖裸鲤、拉萨裸裂尻鱼、异齿裂腹鱼和拉萨裂腹鱼的染色体数目与核型公式分别为 $2n=50=14m+4sm+22st+10t$；$2n=86=24m+12sm+22st+18t$；$2n=94=22m+8sm+46st+18t$；$2n=106=24m+26sm+30st+26t$；$2n=112=26m+24sm+28st+34t$。在数目和核型或图像上有别于前人的报道，首次报道小眼高原鳅、高原裸鲤的染色体数目、核型及巨须裂腹鱼的核型公式，依次为 $2n=50=16m+12sm+12st+10t$；$2n=94=24m+14sm+22sm+34t$；$2n=102=20m+28sm+22st+16t$。佩枯湖裸鲤的染色体数目 $2n=66$，是裂腹鱼类中最少的。双须叶须鱼染色体的数目则极多，$2n=424\sim432$，甚为罕见，两者都有待进一步研究。

2014 年，吴玉江、益西多吉等利用 PCR-RFLP 标记技术及序列分析等分子技术，对西藏绒山羊的 *GH* 基因的多态性位点进行检测。结果发现：*GH* 基因的 Hae Ⅲ内切酶位点可能是影响西藏绒山羊生产性状的主效 QTL 或与之紧密连锁，可作为西藏绒山羊生产性状的辅助选择标记。

2015 年，吴玉江、益西多吉等采用 PCR-SSCP 及 DNA 测序技术，对西藏绒山羊 KAP6.3 基因的编码区和 3'- UTR 区进行多态性扫描；利用 SPSS13.0 软件对发现的多态位点与西藏绒山羊体尺和产绒性能进行了相关性分析。结果发现，KAP6.3 基因可能是影响西藏绒山羊生产性能的主效 QTL 或与之紧密连锁，可作为西藏绒山羊生产性状的辅助选择标记。

（二）西藏主要畜禽品种遗传资源的保护及利用现状

2013 年 5 月 2 日，申报嘉黎牦牛、帕里牦牛和斯布牦牛地方标准，地方标准编号分别 DB54/T 0070—2013 为 DB54/T 0069—2013、DB54/T 0070—2013 和 DB54/T 0071—2013，其中帕里牦牛被列入国家保护名录。2015 年农业部发布第 2 234 期公告，西藏阿里地区绒山羊原种场名列第四批国家级畜禽遗传资源保种场名录，使该场成为西藏自治区首个国家级畜禽遗传资源保种场。表明国家对西藏地方畜禽品种保护工作的重视和对西藏自治区畜禽遗传资源保护工作的肯定，标志着西藏畜禽资源保护与开发利用进入了新的发展阶段。

第二节　畜禽品种选育与改良及新品种培育

一、畜禽品种选育与改良技术

（一）本品种选育技术

本品种选育是提高畜禽生产性能、防止品种退化的有效途径，尤其在青藏高原的高海拔牧区，本品种选育是优化畜禽种的唯一途径。生产中常用不同优良生态类型公畜禽（或冻精）来改良当地畜禽。

1979—1984 年，西藏自治区畜牧兽医研究所顾有融、赵宗良、拉萨市种鸡场高志巨等开展了拉萨白鸡的选育工作，通过制定育种方案和 3 个世代的系统选育后，其生产性能、体型外貌、遗传稳定性等方面接近了品种群的标准；那曲地区种畜场李毓信在当地开展了草地型藏羊本品种选育，从草地型藏羊的特点和生产性能、草地型藏羊本品种选育的方向、选种的依据、草地型公羊理想型标准及选配原则、绵羊各性状的遗传力及遗传相关 5 个方面进行了探讨，为那曲地区草地型藏羊的本品种选育提供了科学依据；1989 年林周县畜牧站郭瑞新、云旦、强巴次仲、索朗旦增等从内蒙古引进白绒山羊开展了山羊改良研究。通过研究，使改良山羊的体高增加了 2.8 厘米，体长增加了 2.8 厘米，胸围增加了 2.45 厘米，体重增加了 2.56 千克，产绒量增加了 156 克，产生了较为明显的改良效果；西藏林周牦牛选育场分别用帕里牦牛、斯布牦牛改良彭波牦牛，效果显著（严永红，1993）；1994 年，经农业部批准，由自治区畜牧局主持，在那曲地区改则县、尼玛县、申扎县、班戈县及阿里地区日土县、革吉县进行了藏西北百万只白绒山羊基地开发工作，同时进行了西藏的山羊系列选育的研究，为藏西北经济发展起到了积极的作用；1997—1998 年西藏自治区畜牧兽医研究所姬秋梅、普穷、达娃央拉、次仁德吉、达瓦曲吉完成了西藏嘉黎、帕里、斯布三大优良牦牛类群的生产性能及其产肉、产乳、产毛性能测定；2004—2007 年自治区畜牧兽医研究所完成国家科技部牦牛生产性能改良技术研究项目，建立了以斯布牦牛和帕里牦牛为父本的两个选育体系，经过良种选育和品种改良，6 岁选育公牦牛平均体重达到 365 千克，肉净重达 213

千克，屠宰率 58.54%，分别比当地同龄公牦牛增长 26.3%、48.36% 和 8.84%。平均每头牛年产奶量 200 千克以上，比当地牦牛产奶量多 65 千克；养殖效益大幅度提高；2004—2006 年姬秋梅等建立林周牦牛选育数据库，对犊牛进行了生长发育模式研究，并得出周岁牦牛生长发育数学模型，提出挖掘犊牛早期生长发育潜力对本品种选育和牦牛生产系统良性化的重要性，对成年牦牛进行了季节性体重变化和牦犊牛生长发育等进行了测定，探索了环境因素对牦牛选育的作用和影响，特别是对适时补饲和放牧草地转场具有重要的参考价值；2005—2006 年，姬秋梅等在林周牦牛选育场原有的基础上，引进同类群（斯布）种牛 14 头，并与选育后代基础母牛配种，进行提高林周斯布牦牛本品种选育水平研究试验，结果引进新种牛后代 0.5 岁体重比 2004 年同期公母平均增加 5.1%，比 2005 年同期增加 33.8%，选育水平得到显著提高；2008—2010 年，姬秋梅等承担"十一五"国家科技支撑计划项目，进行了西藏帕里牦牛和斯布牦牛本品种选育研究，通过对帕里牦牛体型外貌特征和体尺体重指标进行了种公牛和基础母牛的选择，并进行本品种选育，建立了牦牛本品种选育技术体系和规程，先后选育牦牛 2 000 多头，建立了帕里牦牛和斯布牦牛核心群，向西藏自治区提供牦牛良种，为牦牛良种推广和生产性能的提高起到积极的推动作用；2010—2011 年，当雄县牦牛冻精站在当雄县各乡镇通过同期发情、牦牛程序化人工授精技术进行本品种选育，共改良 2 000 头（公塘乡冲嘎村 1 组 439 头，冲嘎村 3 组 492 头，冲嘎村 4 组 576 头，拉根村 2 组 46 头，龙仁乡曲登村 6 组 206 头，曲登 3 组 36 头，乌玛塘乡纳龙村 207 头），整体发情率达到 95% 以上，效果非常明显。

20 世纪 80 年代后，各级政府十分重视高原型绵羊的选育工作，对一些地方良种（类群）重点保护，加强选育，如对肉质鲜美、细嫩、毛质好、易管理、耐粗饲的岗巴绵羊，对能适应高寒、粗放管理的生活环境，体格大、产毛量高的安多县多马绵羊，都是通过加强本品种选育，使之成为当地的优良类群。到 2000 年岗巴绵羊饲养量达 8 万只，多马绵羊饲养量达 25.56 只。80 年代，那曲地区种畜场李信在当地也开展了草地型藏绵羊本品种选育，从草地型藏羊的特点和生产性能，草地型公羊理想型标准及选配原则，从绵羊各性状的遗传力及遗传相关等五方面进行探讨，为那曲地区草地型藏绵羊的本品种选育提供了科学依据。

1994 年，农业部投资 800 万元，在西藏的藏西北地区（那曲地区尼玛县、班戈县、申扎县和双湖特别行政区及阿里地区的日土县、革吉县、改则县）建立了绒山羊基地，通过原种场、扩繁场及乡级选育点三级选育体系建设，采取本品种选育办法。到 1996 年年底，项目区有选育山羊 95 万只，羊绒总产量达到 280.2 万吨，羊绒收入达到 4 767.96 万元，分别比建设前增长 23.66% 和 48.97%。

从 2003 年开始，自治区畜科所开展西藏绒山羊本品种选育工作，通过项目实施，原种场羊群发情率、成活率、受胎率、纯白率分别达到 90.74％、91.16％、84.13％、95％ 以上；示范户羊群发情率、受胎率、成活率分别达到 90％、83.5％、76.79％，选育后个体产绒量增加 61.28 克。

2005 年至今，陆续探明了阿旺绵羊、多玛绵羊、岗巴绵羊、霍巴绵羊等地方优势遗传资源，并在积极申报国家级遗传资源。

藏鸡本品种选育主要包括资源调查、整理、拟定育种指标、选种选配，正确运用繁殖方法，以及饲养管理一系列措施。建立选育核心群，开展品系选育。在保持藏鸡的强适应性、快羽、低维持需要、觅食能力强等优点的基础上，以提高个体产蛋性能和早期生长速度为本品种选育核心。选育过程以产蛋和产肉性能为主要选择指标，进行科学选种选配，改善饲养管理，培育出具有优良产蛋和产肉性能的 2 个核心藏鸡类群。初始阶段，可以先筛选出具有遗传稳定、外貌特征一致、生产性能较好的群体，形成具有基本特征的育种核心群体。利用优秀种公鸡精液进行人工授精，充分发挥优秀种公鸡和核心群母鸡的繁殖潜能，做好生产性能记录，在保持良好遗传特性的前提下，最终培育形成以生长较快和产蛋率提高 20％ 以上为主要特征的两个藏鸡品系，从而为配套繁育体系提供源源不断的种质资源，并在选育中得到保存和提高。

（二）藏猪品种选育

1. 藏猪种质特性和品种保存

对不同分布类群的藏猪进行了种质特性调查和测定，测定了体尺体重和外貌特征、生长、繁殖、胴体和肉质等经济性状，计算了生长和繁殖等主要经济性状的遗传参数，分析了藏猪血液学、血流变学、心肺组织学、能量代谢相关酶学等低氧适应相关生理特征，制定了藏猪品种地方标准和国家标准。通过猪线粒体 DNA 序列多态性分析，发现藏猪高海拔起源，分析了藏猪群体的进化历史。

2. 藏猪品种培育

组建了藏猪品种选育基础群，制定了藏猪选育测定指标，引进了测定设备和管理软件，利用非求导约束最大似然法（MTDFREML）对藏猪群体生长发育和繁殖性状的遗传力和遗传相关进行了估计。利用 BLUP 和 MAS 综合评定个体估计育种值，按照高产仔数和生长快及瘦肉率高 2 个方向对藏猪进行选育，对藏猪进行了连续 4 个世代的选育，初步建立了 2 个育种核心群。高繁殖力核心群拥有可繁母猪 100 头、公猪 10 头，快生长及高瘦肉率核心群拥有繁殖母猪 200 头、公猪 20 头，提高了藏猪生长、繁殖和产肉性能。同时引进杜洛克进行了适应性培育，并与藏猪杂交，进行配套系培育研究（图 11-1）。

图 11-1　选育后藏仔猪

3. 藏猪生长、肉质和繁殖等主要经济性状基因挖掘与功能鉴定

以藏猪群体为研究材料，采用候选基因法鉴定了 *FRZB*、*PPARGC1A*、*AC-SL1*、*LXRs*、*DCI* 和 *GHSR* 等基因对猪生长和脂肪沉积等作用机制，分析藏猪群体中 *Hal*、*ESR*、*FSHβ*、*PRLR*、*MC4R*、*LPL*、*HSL*、*A-FABP*、*H-FABP*、*ob*、*LEPR* 等 10 余个基因的基因型频率，分析了繁殖性状的基因聚合效应。利用 Solexa 测序技术来高通量筛选了影响猪肌肉生长和肌内脂肪沉积的差异表达基因和差异表达 miRNA，结果在猪肌肉组织中发现 18 208 个阳性表达基因和 320 个阳性表达 miRNAs，鉴定得到了 85 个基因和 18 个 miRNAs 与猪肌肉生长相关，其中重要的是 *CAV2*、*MYOZ2*、*FRZB* 基因和 *miR-29b*、*miR-122*、*miR-145-5p*、*miR-let-7c* 等。同时鉴定了 27 个基因和 15 个 *miRNA* 与肌内脂肪沉积相关，其中重要的是 *FASN*、*SCD*、*ADORA1* 基因和 *miR-4 332*、*miR-182*、*miR-92b-3p*、*miR-let-7a*、*miR-let-7e* 等。

4. 藏猪高原低氧适应基因挖掘与分子机制鉴定

测定了藏猪和对照猪血液学常规指标、血气、肺血管组织学特征等生理指标的变化，研究藏猪高海拔低氧生理机制。采用测序筛选藏猪 EPO、EPOR、血红蛋白珠蛋白、eNOS 和 VEGF 等基因位点的低氧适应功能突变，大规模分析基因型与低氧生理表型的相关性。从 DNA 突变、mRNA 表达、蛋白结构功能、蛋白表达量和生理或组织学表型分析基因功能，挖掘低氧适应功能分子标记。分析上游低氧诱导因子（HIF-1 和 EPAS1）对 EPO 基因表达的调控，以及 EPO 通过结合 EPOR 对下游血红蛋白、*eNOS* 和 *VEGF* 等基因的调控途径。对 6 月龄的高原藏猪、移居低地藏猪、移居高原大约克猪和低地大约克猪的心脏转录组进行了高通量测序，得到了 26.7G 的 clear data 和 18 585 个阳性表达基因（图 11-2）。组间比较得到 299、

242、169 和 368 个差异表达基因（DEGs）（图 11 - 3）。藏猪高原适应主要涉及糖皮质激素受体、血管生成、内皮细胞结合、血管发育、免疫反应、氧化还原过程等途径。同时测定了心脏组织的 mRNA-seq，鉴定得到 906 个 miRNAs，藏猪高原适应特异表达的 miRNA 主要参与 VEGF 信号途径。此外，我们构建差异表达基因与差异表达的 miRNA 互作网络图（图 11 - 4）。

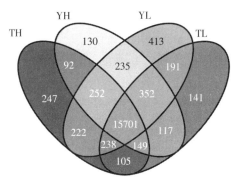

图 11 - 2　猪心脏组织中阳性表达基因

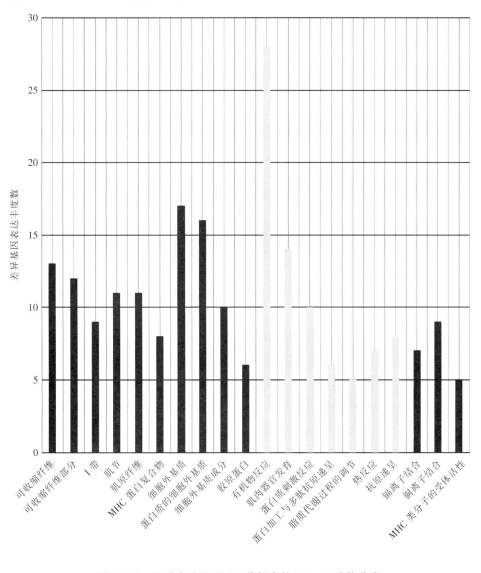

图 11 - 3　差异表达基因 GO 分析中的 Top 20 功能分类

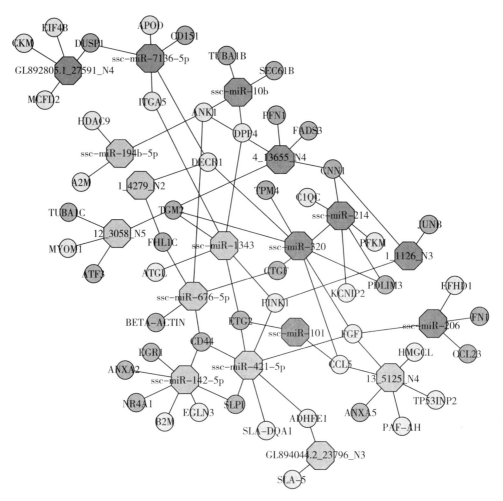

图 11-4　藏猪高原适应相关基因与 miRNA 互作网络图

5. 藏猪心肌组织 DNA 甲基化图谱

采用 MeDIP-seq 技术测定了藏猪、移居高原环境的大约克猪、移居在低地饲养的藏猪和低地大约克猪 4 组群体 16 个个体的 DNA 甲基化组学，获得了 480 兆的测序 reads，鉴定了藏猪个体重约 100 000 个 DNA 甲基化 peaks，构建了基因组甲基化图谱，分析了组建差异甲基化区域及其相关基因。结果发现由低海拔变为高海拔时，藏猪大部分区域（68%）的甲基化程度是增加的，而大约克猪由低海拔变为高海拔时大部分区域（54%）的甲基化程度是减小的。即两个品种在面临低氧时的 DNA 甲基化模式不同。适应高原环境的藏猪和不适应高原环境的大约克猪之间差异甲基化的基因，分布于多个功能分类，如脂肪酸的延伸、核苷酸的结合、ATP 的结合以及蛋白激酶的活性等。将差异甲基化基因（DMGs）和差异表达基因（DEGs）进行联合分析，发现 5 个既差异甲基化又差异表达的可能与低氧适应性相关的基因，

畜牧业科技发展 第十一章

它们分别是 *BCKDHB*、*EPHX2*、*GOT2*、*RXRG* 和 *UBD*（图 11-5）。

图 11-5　藏猪与对照品种差异甲基化区域分布及低氧适应相关基因

（三）杂交改良技术

20 世纪 50 年代开始，我国牦牛产区开展普通黄牛和牦牛的种间杂交，70～80 年代，先后在西藏的部分地区（昌都、林芝、拉萨等）用普通牛改良当地牦牛，以提高生产性能；2009—2011 年，当雄县牦牛冻精站进行利用娟姗牛冻精改良当地牦牛试验，成功产犊；2010 年西藏自治区农牧科学院通过金牦牛科技工程先后从青海大通牛场引进野血活体种牛和冻精对那曲当地牦牛进行改良，效果明显；2012 年自治区畜牧兽医研究所在当雄县公塘乡拉根村进行利用野血牦牛冻精提纯复壮当地牦牛试验，效果良好。但由于杂交一代雄性不育，很多优良基因无法固定，牦牛远缘杂交雄性不育的多样性与不育的渐进性不仅表现在世代间，而且表现在同一世代的不同个体间。因此，尽管对杂交一代雄性不育问题进行了多方面的研究，但目前尚未得到具有说服力的、能证实的理论依据。

1979 年西藏畜牧科学研究所王德、漆清玉、王成书，西藏贡嘎县兽防站达娃罗布在贡嘎县江雄、甲日两公社开展黄牛改良，结果表明用西门达尔牛和滨州牛改良当地黄牛是可行的；1979年，西藏自治区畜牧科学研究所王德、卫学承、王成书、李天培、益西多吉、洛桑强白，拉萨兽医总站贡嘎在拉萨城关区"翻身""红旗"两公社，"彭波""八一"两个国营农牧场，进行了冷冻精液人工授精试验，获得高原上两批冷冻精液杂种牛犊，解决了高原引种困难问题；为摸索培育高原乳肉兼用新牛种的杂交组合方案提供了科学依据，为加速黄牛改良的速度，合理开发优良品种资源，打破引种界限等打下了良好的基础；1979—1982年，西藏畜牧兽医研究所卫学承、洛桑强白、王成书等应用冷冻精液新技术改良拉萨黄牛获得成功，突破了黄牛引种上的海拔界限，为高原黄牛改良开辟了广泛的种牛来源；为新牛种杂交组合方案提供了科学依据；为发展城乡奶产品生产，开辟了一条途径。

1981—1983年，自治区畜牧兽医研究所卫学承进行了西藏的黄牛品种资源调查，摸清了黄牛产区社会概况、品种形成历史、西藏的黄牛生产性能、生长发育、繁殖生理和品种利用前景等情况，为黄牛改良工作提供了依据；1982年，波密县兽医站仁青达娃、嘎玛扎西、布德马、薛光明进行了黑白花牛冷冻精液改良波密县当地黄牛。试验结果表明，利用黑白花牛冷冻精液改良当地黄牛，一是不发生难产；二是不受气候条件限制；三是黑白花牛的改良效果比西门塔尔牛优势明显。1983年11月，西藏自治区畜牧局张法颜、林芝种畜场李敬封，在察隅县进行了巴美牛调查，巴黄牛杂交牛具有不怕热、登山及抗病力强、役用性能好的杂交优势，在藏东南很受当地僜人、珞巴族、门巴族和藏族群众的欢迎。

1984—1989年，自治区畜牧兽医研究所卫学承在黄牛改良研究中，提出了黄牛改良杂交组合方案，并指导了面上的黄改工作，取得了一定的经济和社会效益；1985年5月，西藏农牧学院边巴、钱锡宝、高凤萍在工布江达县对"甲哑"牛（"甲哑"为藏语，意为"引进于印度的种牛"）进行了初步观察和调查，经过调查，初步推断"甲哑"牛是瘤牛（♂）与西藏的黄牛（♀）杂交的后代，是含外血25％以上的杂种牛类型，"甲哑"牛在体尺、生产性能、产乳、产奶等方面，具有较好的杂交优势；1986年5月，西藏农牧学院畜牧八三班次卓嘎、张国平、普穷、央金等在山南、贡嘎江雄乡开展了改良牛与当地牛体重的估测公式推算，方便了改良黄牛生产性能的测定，有利于黄牛改良工作的开展；1989年4月16日，日喀则地区畜牧兽医总站孙吉林、多加、普穷作了奶牛饮磁化水提高产奶量试验。试验结果表明，磁化水具有"简""便""廉"三大优点，既能提高产奶量，又能增强机体抗病力，减少牲畜的发病率。

1981年那曲地区畜牧科学研究所戚震坤、申扎县畜牧局苗秀福在申扎县进行了藏系绵羊屠宰试验，得出了当年羔羊提前屠宰可增加收入，加快畜群周转，减轻冬春草场负担，缓和草畜矛盾，增加适龄母羊比例，提高总增率，减少周岁畜和成畜死亡损失的结论；1981年12月，西藏畜牧兽医科学研究所蔡伯凌、平措旺堆、鲁建宁、孟宪祁、益西多吉、西藏浪卡子县兽医站阿旺西绕在浪卡子县相达公社对藏羊和杂种母羊进行了繁殖生理方面的试验观察，掌握了母羊的生殖生理规律，发情表现和配种时间，达到了提高受胎率的目的；1981年，西藏自治区澎波农场洛嘎、格桑次仁等，西藏畜牧兽医科学研究所蔡伯凌、平旺堆、益西多吉、孟宪祁、花朝明、鲁建宁在澎波农场进行了杂种春羔肥育试验，试验结果表明，杂种羔羊具有肥育期短、增重快的特点，从效果来看，具有投资少，见效快，当年收益的作用，提出了补饲、去势等六个方面春羔肥育的措施；1981—1986年，西藏畜牧兽医研究所蔡伯凌、央金、邓军、孟宪祁、刘生伟，西藏澎波畜牧站强巴次仲、元登、索朗单增在澎波区对1 428只周岁改良羊进行了繁殖试验，试验结果表明，澎波地区周岁杂种绵羊的繁殖是完全可行的，配种受胎率高达92.36％，繁殖成活率也有72.14％，后代表现良好，并对配种母羊的影响甚小；1981—1983年，山南地区畜牧兽医站刘存贵、陈桑，隆子县格坡区兽防所小多吉在扎囊、隆子两县对部分生产队社员户养的公羊用氯化钙、甲醛溶液进行了睾丸注射去势试验，表明药液注射去势，不仅方法简单可行，并且还有促使其生长发育的优点。

20世纪80年代，西藏自治区澎波农场洛嘎、窦跃宗在澎波农场对解决周岁羊死亡提出了八项措施，有力地推动了"绵改"工作正常开展：①建立饲草基地，搞好农牧结合；②调整畜群结构；③改冬羔春羔；④搞好接羔育幼；⑤定期进行防疫驱虫；⑥管理上实行五定一奖；⑦培养本民族技术干部；⑧领导重视。

1985年10月29日，西藏自治区澎波农场格桑次仁、梁立德、强巴赤列、西藏自治区浪卡子县相达乡吾珠才旺、西藏自治区原农科院研究所蔡伯凌等在澎波农场和浪卡子县相达公社开展了培育西藏半细毛羊横交的试验，根据试验结果认为，横交效果比较理想，羊毛长、细度、剪毛量都有明显的杂交优势，并通过该试验发现了"绵改"工作存在的问题，提出了建议；1989年11月，西藏自治区畜牧兽医科学研究所蔡伯凌等在澎波对横交公羊后裔进行了测定，抽样4.6％的结果表明，澎波毛肉兼用半细毛羊新品种群在毛长、体重、毛色等级比例等性状方面的遗传稳定性是可靠的。

1989年，林周县畜牧站郭新端、云旦、强巴次仲、索朗旦增等从内蒙古引进白绒山羊开展了山羊改良研究。通过改良，使改良山羊的体长增加2.8厘米，胸围增加2.45厘米，体重增加2.56千克，产绒量增加156克，产生了较为明显的改良效果。

1993年，在日喀则、山南、拉萨、林芝等地城镇郊区，建立了百户千头养猪专业户，这一项目的实施，大大推动了养猪业的发展，市场鲜猪肉供应能力不断提高。同时，拉萨市人民政府在林周县建立了西藏第一个瘦肉型猪繁殖基地。1994

年，农业部无偿从浙江杭州支援西藏 24 头良种巴克夏猪和杜洛克猪，为西藏进一步搞好良种猪的纯种繁殖和杂交利用提供了条件。通过长白猪等改良藏猪，杂种后代生产性能有了明显的提高，而且经济效益高，西藏自治区生猪生产受到重视并大力发展。拉萨、山南、日喀则、昌都、阿里地区大力开展了生猪生产项目，2000年，杂种肥育猪出栏 12.95 万头。

（四）引种驯化技术

在西藏农垦厅澎波农场刘江、刘志良、秦荣章等 60 年代对该场引进的苏联顿河马、阿尔登马、美利奴羊等 6 个不同优良种畜进行适应性观察的基础上，1974年起，洛嘎、永革佳、古桑钥吉等进一步对茨盖、边区莱斯特等 12 个不同品种的优良种畜进行了 10 余年的观察及风土驯化研究，得出如下结论：

①顿河马、阿尔登马、美利奴羊在澎波地区适应性良好，三大生理系数均在正常范围之内，生长发育情况基本能达到该品种的标准、繁育正常、改良效果十分突出。但饲养管理条件要求较高，澎波地区冬春两季的干燥和多汁饲料的缺乏对上述 3 个品种的健康状况及生长发育有一定影响。

②新疆细毛羊、茨盖半细羊毛、新西兰边区莱斯特半细毛羊、丹麦长白猪在澎波地区的适应性很强，三大生理指标、生长发育、繁育力、抗病力、抗逆性、后裔测定结果均很理想。

③直接从苏联引进的西门塔尔牛仔澎波地区极不适应。20 世纪 60 年代初不得不把澎波所有的西门达尔牛迁移到林芝种畜场。经林芝种畜场朱金伟等的风土驯化及纯种繁殖，其后代与 1964 年再次引进澎波农场，完全适应澎波地区的自然气候条件，其生理系数、体尺情况、后裔测定结果均优。

④荷兰牛、绥米驴、秦川牛、苏白猪在澎波地区的适应性极差，主要表现在繁殖性能及抗逆性等方面。

1978—1979 年，西藏自治区种畜场王文佩在林芝县对新西兰边区莱斯特种羊的饲养、繁殖进行观察，得出了边区莱斯特种羊适应林芝地区气候环境的结论。

二、畜禽新品种培育技术

（一）澎波毛肉兼用半细毛羊

在 20 世纪 70 年代全国培育毛肉兼用半细毛羊新品种高潮的影响下，以江孜、澎波、浪卡子为重点，集中科技人员进行"杂交组合研究"，工作重点逐步转移到条件较好并有一定数量的"新藏""新美藏"细毛杂种的国营澎波农场种畜场。

1980 年，澎波毛肉兼用半细毛羊育种工作取得了显著成绩，选育出理想型羊群，各项指标接近育种指标。育种核心群迅速扩大，并开始进行横交试验。该课题获得 1980 年国家农垦部科技进步二等奖。西藏兽医科学研究所开展了西藏绵羊资源调查，从品种形成、品种特征、适应性能等方面进行了考察研究，摸清了西藏绵羊的品种资源，为西藏的畜牧业发展提供了科学依据。根据分布地域不同、对西藏绵羊进行了高原型（草地型）、雅鲁藏布型（河谷型）、三江型的不同分类，至今仍沿用。

1981 年，西藏畜牧兽医科学研究所在西藏自治区澎波农场进行了杂种春羔肥育试验。试验结果表明，杂种羔羊具有肥育期短、增重快的特点。从效果来看，具有投资少，见效快，当年收益的作用。提出了补饲、去势等六个方面春羔肥育的措施。

1982 年，以蔡伯凌带领的科技人员在原课题组工作基础上，继续开展了澎波半细毛羊的育种工作，进行了横交固定试验，探索提高了横交后代羊群的生产性能，为培育澎波毛肉兼用半细毛羊新品种提供了科学依据。

1983 年，西藏畜牧兽医科学研究所、西藏澎波畜牧站在澎波地区对 1 428 只周岁改良羊进行了繁殖试验。试验结果表明，澎渡地区周岁杂种绵羊的繁殖是完全可行的，配种受胎率高达 92.36%，繁殖成活率 72.14%，后代表现良好，并对配种母羊的影响甚小。彭波半细毛羊横交固定试验研究获国家农业部科技推广奖。西藏自治区畜牧兽医科学研究所在澎波农场进行了引进林肯羊冷冻精液的试验，试验进一步说明引进冻精是可行的。

1985 年，西藏自治区澎波农场，西藏自治区浪卡子县相达乡，西藏自治区原农科院牧研所在澎波农场和浪卡子县相达公社开展了培育西藏半细毛羊横交的试验。他们根据试验结果认为，横交效果比较理想，羊毛长、细度、剪毛量都有明显的杂交优势，并通过该试验发现了"绵改"工作存在的问题，提出了建议。

1988 年澎波半细毛羊新品种群形成。新品种群的主要生产性能接近育种指标。确定了此后的育种工作任务主要为进一步提高生产性能和扩大种群规模。

1989 年，西藏自治区畜牧兽医科学研究所在澎波对横交公羊后裔进行了测定。抽样 4.6% 的结果表明，澎波毛肉兼用半细毛羊新品种群在毛长、体重、毛色等级比例等性状方面的遗传稳定性是可靠的。

2001—2008 年，澎波半细毛羊新品种育种攻关项目在自治区农牧厅立项，由西藏自治区农牧科学院畜牧兽医研究所和林周县畜牧推广中心共同实施，以"种羊场＋核心农户"形式，以人工授精为繁殖措施，核心群种群数量从 500 多只扩大到 2 200 多只，生产性能进一步提高，为澎波半细毛羊制定了适宜的育种指标，制定了包含该品种、养殖、产品等 17 项内容的地方标准综合体。2008 年，通过了国家畜禽遗传资源委员会审定，命名为"彭波半细毛羊"，成为了西藏第一个育成的国家级新品种，也是国内第二个培育的半细毛羊新品种。

（二）拉萨白鸡品种群

拉萨白鸡是西藏自治区培育的第一个良种蛋鸡品种，培育拉萨白鸡的最初工作起始于20世纪60年代初。1960年畜牧科技人员从周围农村购进本地藏鸡，以来航为父本、藏鸡为母本进行杂交改良工作，其后代经过几年的反复，人工孵化率达到30%～40%，从此奠定了西藏高原人工禽蛋孵化的基础。1964年该纯白的杂交鸡定名为拉萨白鸡。1979年自治区畜科所鸡场开始饲养拉萨白鸡经过五个世代的自群繁育和选育提高阶段。1984年制定了育种方案和育种指标，1986年由14个家系组成核心群，开始进行系统选育，1990年，自治区科技厅组织专家，对拉萨白鸡培育课题成果进行了验收鉴定，被评定为拉萨白鸡品种群。1990年该拉萨白鸡品种群鉴定后，鉴于此1993年至1997年针对种群规模小、近交系数增高，造成拉萨白鸡品后代生产性能退化现象进行了拉萨白鸡引入杂交研究，先后引进了伊莎和罗曼两个品种进行引入杂交试验，通过试验拉萨白鸡的各项生产性能得到了提高，遗传性也得到了进一步稳定。2005年禽流感的肆虐，拉萨白鸡的研究工作也受到了很大的影响。目前自治区畜牧兽医研究所蛋鸡课题组在自治区农牧厅、自治区科技厅、自治区财政厅等研究课题的资助下，结合《畜禽新品种配套系审定和畜禽遗传资源鉴定办法》规定，充分利用现有研究基础，在原有拉萨白鸡（品种群）的基础上，通过引入杂交、自群繁育、扩群提高三大育种技术手段，引进、吸收先进的蛋鸡饲养管理、疫病防治等技术，在短时间内研究培育出具有良好生产性能的拉萨白鸡新品种配套系；制定相关技术规程、品种（配套系）标准，使各项生产指标达到国家家禽品种（配套系）审定标准。累计推广总数达到300多万羽，实现良种覆盖率达到40%以上，农牧业科技贡献率达到45%，科学技术普及率达到90%，农牧民人均纯收入年均增长15%以上。

拉萨白鸡既能适应高原生态环境，又具有较高生产性能的蛋鸡新品种。拉萨白鸡的育成对改善高原人民的生活水平和丰富食品结构，繁荣民族经济、填补西藏自治区科学空白和发展民族地区的科技水平都具有重要而深远的意义。

第三节　畜禽生产技术发展

一、养殖技术

（一）饲养（放牧）管理技术

1. 拉萨白鸡的饲养、管理

1987—1988年，西藏自治区畜牧兽医科学研究所（自治区农委下属单位）单增群佩等对拉萨白鸡种蛋恒温孵化效果进行观察，认为拉萨白鸡恒温孵化试验成效显著，是把握了饲养、公母比例、种蛋的贮藏及孵化期严格执行操作规范的综合效果；1990 年 10 月 15 日，西藏自治区畜牧兽医科学研究所单增群佩等总结了拉萨白鸡的饲养管理和防疫措施，为拉萨白鸡的管理提供了好的方法。

2. 藏北高寒牧区草地和牛羊越冬情况

西藏大学农牧学院王宏辉、李瑜鑫、徐业芬、刘锁珠等 2007—2008 年对藏北高寒牧区草地和牛羊越冬情况进行调查与测定分析，结果显示：随着藏北海拔高度的差异，草地生境不同，生态环境持续恶化，草地退化严重，退化面积占草地总面积的 50.8%。牧草生产季节不平衡，区域差异明显，生产波动性较大，天然草地产草量 300～750 千克。鼠、虫害较为严重，分别达到 45～60 只/公顷和 20～30 条/平方米。适宜于藏北种植的人工种植牧草量高质优，营养价值较高，产草量比天然未退化草地、退化草地分别提高 10～15 倍和 50 倍以上。冷季牛羊体重损失达 20%～25%，不同饲养方式生产效果差异较大。

（二）牦牛冷季补饲及安全越冬技术

2006—2007 年，西藏自治区农科院畜牧兽医研究所（以下简称"自治区畜牧兽医研究所"）姬秋梅等实施了自治区科技厅招标项目"牦牛人工半舍饲综合技术研究与示范"，总结了对犊牛早期生长潜力研究数据，提出在营养条件较好的情况下，犊牛在冷季也能正常生长发育，通过数据研究表明，营养条件较好的情况下，犊牛在 18 月龄时体重可达到 130 千克，即成年母牛体重的 70%，可挖掘的犊牛生长发育潜力较大，这对提高牦牛个体产肉性能和提前出栏意义重大；总结了在草原地区牦牛暖季强度放牧育肥从经济效益和经营管理来说，是最佳的育肥模式；总结了牦牛冷季防掉膘具体措施；完成了牦牛营养舔砖研制，其中矿物微量元素舔砖 2 种，高能量舔砖 1 种。

2011 年，自治区畜牧兽医研究所色珠、巴桑旺堆等在冷季对不同生长发育阶段（2 岁、3 岁及 5 岁以上）的牦牛进行了放牧加补饲的育肥试验，结果表明：不同生长发育阶段的牦牛，其试验组日增重极显著高于对照组（$P<0.01$），经济效益明显提高。

二、牲畜繁殖与生物技术

20 世纪 80 年代开始，生物技术在生命科学所有领域飞速发展，同时促进了相关学科的发展。西藏加强了牲畜繁殖技术方面的工作，如加强饲养管理、调整畜群结构、加强种公牛的饲养管理及选种换种工作、大力开展牲畜生殖器官疾病的防治工作、提高母畜繁殖率、降低仔畜死亡率、大力提高人工授精技术水平并应用催情

素提高母畜发情率及受胎率等，多年来取得可喜的成绩。

1968—1980年，澎波农场对马匹人工授精进行了研究，把马匹人工授精受胎率从1961年的50%左右提高到89%。

20世纪70年代后，西藏先后办起了部分地、县种畜场，开始引进良种牛冷冻精液，并推广应用到西藏自治区黄改工作中，为西藏自治区良种牛冷冻精液生产和推广应用工作打下了坚实的基础。

1977年，澎波农场科技人员在澎波农场八队配种站采用母马排卵期每天早晚各输一次精液等办法，将受胎率提高到了95%，得到了农业部的嘉奖鼓励。到1980年，该场马匹总数由1961年的500余匹增加到了3 000余匹。

1979—1982年，西藏自治区畜牧兽医研究所卫学承等人应用冷冻精液人工授精技术改良拉萨黄牛，获得成功，突破了黄牛引种上的海拔界限，为高原黄牛改良开辟了广泛的种牛来源。

1980年，西藏自治区畜牧兽医研究所蔡伯凌等人在浪卡子县进行培育48～50支半细毛羊的试验中，采用边区来斯特羊进行人工授精，获得成功。

同年，自治区先后在贡嘎、琼结、日喀则、曲水、波密和拉萨市城关区建立了12个黄牛改良试验点，开展常温人工授精和冷冻精液配种，取得了可喜的成果。

1981年12月，西藏自治区畜牧兽医研究所蔡伯凌、益西多吉及浪卡子县兽医站阿旺西绕等同志在浪卡子县相继对藏羊和杂种母羊进行了繁殖生理方面的试验观察，掌握了母羊生殖生理规律、发情表现和配种时间，提高了受胎率。

1981年6月，西藏自治区畜牧兽医研究所窦跃宗、索多，自治区农垦厅马宗祥等人在澎波农场开展了牦牛人工采精试验，扩大了良种公牛的利用率，加速了土种选育步伐，提高了澎波牦牛的生产性能。

1982年，波密县兽医站仁青达娃等人用北京黑白花牛冷冻精液改良波密县当地黄牛。试验结果表明，利用北京黑白花牛冷冻精液改良当地黄牛，一不发生难产，二不受气候条件限制，三是北京黑白花牛的改良效果比西门塔尔牛更为理想。

1982—1983年，西藏自治区畜牧兽医研究所科技人员在澎波农场进行了引用林肯羊冷冻精液的"冻配"试验，试验进一步说明了引进"冻精"是可行的，推动了在繁殖技术方面从利用鲜精进行人工授精到"冻配"的不断提高。

1981—1986年，西藏自治区畜牧兽医研究所蔡伯凌等同志，以及澎波农场畜牧站强巴次仲等同志在澎波八队对1 428只周岁改良羊进行了繁殖试验，试验结果表明，澎波地区周岁杂种绵羊的繁殖是可行的，配种受胎率达92.36%，繁殖成活率达72.14%，后代表现良好，并对配种母羊的影响甚小。

1983年以来，日喀则地区采取冷冻精液人工授精技术，在江河地区广泛开展了黄牛改良工作，使"冻配"技术在该地区的应用推广打下了良好的基础。

1985 年 3 月，自治区农垦厅马宗祥等人进行了牦牛冷冻精液人工授精试验，在牦牛精液采集、人工授精方面获得了成功。

1985 年 5 月，在林芝种畜场的基础上，开始筹建西藏高原首座年设计生产能力 30 万粒冷冻精液的良种牛精液冷冻站，于 1987 年 3 月成功地生产出了西藏的黄牛颗粒冻精，填补了西藏畜牧生产中牲畜冷冻精液生产的空白。到 1998 年年底，林芝种畜场共生产合格颗粒冻精 663 874 粒。其中，西门塔尔牛冻精 401 692 粒，北京黑白花牛冻精 212 072 粒，瘤牛冻精 1 299 粒，杂交二代牛冻精 32 500 粒，杂交三代牛冻精 16 311 粒。

1985 年 8 月，那曲地区畜牧兽医研究所戚震坤等在该所和那曲镇进行了"诱乳激素"诱导奶山羊和藏绵、山羊泌乳试验。试验证明，"诱乳激素"能促进乳腺发育，并能发动泌乳。

1986 年 10 月，那曲地区畜牧兽医科学研究所应用激素提高母牦牛的发情率，效果十分显著，并首次发现用黄体酮每天肌肉注射 50 毫克，连续用药 2、3 天，停药后即能诱导牦牛发情。

1986 年 11 月，当雄牦牛繁育站研制生产了合格的牦牛颗粒冻精 4 000 粒，为西藏自治区建立牦牛冷冻精液站，逐步推广冷冻精液配种技术，加快牦牛选育步伐，提高牦牛质量等方面提供了科学依据和良好的工作基础。

1988 年，自治区畜牧兽医研究所姬秋梅、姚海潮等同志用"三合激素"提高牦牛受胎率试验，使受胎率由原来的 24.57% 提高到 39.04%，说明"三合激素"能提高畜群的配种率和受胎率。

1992 年，姬秋梅等研究"不同家畜红细胞 Cu，Zn-SOD 活性的分析"的课题，并提出了"SOD 粗品研制技术"。

1992—1994 年，张云在当雄县建成了海拔 4 200 米处的西藏第一座牦牛冻精站，成功地调驯出了种用公牦牛，解决了牦牛四季采精的问题，为繁殖技术不断提高提供了有利条件，填补了牦牛冬春采精的空白。

1994 年，林芝地区畜牧兽医总站巴珠在总站养猪场进行了猪的人工授精试验，初次对西藏自治区猪人工授精技术的推广进行了探索。

1996 年 5 月—1998 年 8 月，西藏自治区畜牧中心米玛次仁提出《关于开展牦牛、黄牛人工同步发情、同步授配示范试验的方案和报告》，并由多吉次仁、格桑达娃等同志在林周县开展了对黄牛人工同步发情、同步授配的示范试验，试验结果表明：这项人工授配繁殖技术能够促使母牛同期发情，便于同期人工输配，并能提高母牛受胎率 3%～5%。

2005 年开始，西藏牦牛研究与发展中心承担国家科技攻关计划项目，研究牦牛同期发情、超数排卵、人工授精和胚胎移植等技术攻关项目，2006 年 6 月 12

日，在海拔 4 200 多米的西藏当雄县首次顺利产下 3 头同父同母胚胎移植牦犊牛，标志着西藏牦牛胚胎移植研究工作获得成功（姬秋梅等同志参与）。

2006 年，由拉萨市兽防站牵头，成功实现了为城关区 52 头受体母牛移植荷斯坦牛胚胎，其中 22 头母牛受孕。该技术的示范推广加快了西藏自治区黄牛改良步伐，提高了黄牛良种覆盖率，对促进畜牧业发展具有重要意义。

2008—2010 年，在胚胎移植技术研究基础上，进一步开展了牦牛 MOET 技术（同期发情和超数排卵）、牦牛卵母细胞体外成熟技术、牦牛精子体外获能技术、牦牛胚胎体外培养技术、牦牛胚胎程序化冷冻技术、牦牛冷胚解冻技术以及冷胚移植技术等，使得牦牛繁殖生物技术得到快速发展，在国内外同行业中处于先进水平。

2002—2004 年，自治区畜牧兽医研究所采用"鲜精"人工授精及细管"冻配"综合配套技术，引进布尔山羊对亚东山羊及河谷型普通山羊（乃东山羊）进行杂交利用与适应性研究，首次解决了在西藏高寒、缺氧生态环境条件下国外肉用山羊品种引种不适应的重大技术难题；并首次突破了国内外运用优质肉用山羊品种改良当地山羊的海拔极限（海拔高度为 4 175 米）；布亚杂交一代羊公、母羊的 9 月龄体重分别达到了 21.1 千克、15 千克，比当地同龄亚东山羊提高 100.95％、50.00％，表现出了很强的杂交优势。该技术成果现已在乃东县多颇章乡推广应用。

2007—2009 年，自治区农科院畜牧医学研究所与内蒙古自治区农牧业科学院和中科胚胎生物工程有限公司联合开展绵羊胚胎移植工作，开展了无角多赛特和杜泊羊的胚胎移植（冷胚），受胎率达到 37％～44.3％，阿旺绵羊和澎波半细毛羊胚胎移植（鲜胚），平均受胎率达到 43％，绵羊胚胎移植首次在西藏获得成功。为西藏绵羊杂交改良和肉羊新品种培育奠定了基础。

三、营养调控技术

1984 年 7 月 31 日至 10 月 18 日，西藏自治区粮食局粮油中心化验室与自治区畜牧兽医科学研究所鸡场共同进行了肉用仔鸡配合饲料饲喂试验，发现配合饲料对提高肉用仔鸡的增重速度、成活率及饲养效益均有显著成效，并且采用笼养的效益比散养明显。

1985 年 3～7 月，西藏自治区畜牧兽医研究所李清萍等在该所鸡场进行了蛋鸡饮用磁化水提高产蛋的试验，结果使产蛋率提高了 6.7％，磁化水有简、便、廉三大优点，不仅能提高产蛋率，还能预防鸡的某些常见病、多发病和传染病。

1985 年 8 月，山南地区农业区划办公室王廷栋、邵明玉在阿扎乡江建村进行了绵羊日食量的测定，测定结果表明，以河谷型绵羊日食青草 3 千克来计算载畜时是可行的。

2004—2006 年姬秋梅等在林周牦牛选育数据库的基础上，应用系统理论和方法建立了牦牛能量分流模型，可以较准确地对牦牛营养水平和季节性变化等进行估测和评价。

2006—2010 年，姬秋梅等先后在当雄县、亚东县等地进行了牦牛半舍饲和冷季防掉膘等试验研究，探索改变牦牛完全依赖于天然草地的传统饲养方式，并根据牦牛日粮平衡计算模型和微量元素需求参数，研制出了牦牛专用饲料配方 7 个（其中牦牛精饲料配方 4 个，舔砖配方 3 个），可使牦犊牛在冷季可持续生长发育，日增重 0.18 千克，成年牦牛冷季掉膘降低 40％以上，母牛繁殖率和犊牛成活率得到显著提高。

四、畜牧业生产机械与设备

西藏和平解放以后，在中央和各省市的大力支援帮助下，西藏自治区农牧业生产得到很大发展，农牧科技水平有了较快发展，牧业机械适应生产发展的需要，从无到有，从小到大，逐步发展，经历了试验选型、技术培训、试点示范、推广服务等发展过程。先后引进、试验、推广了挤奶机、奶油搅拌机、剪毛机、风力发电机、割草机、搂草机、打捆机、铡草刀、网围栏、牲畜棚圈、牧草播种机械等，在不同地区试验推广，对西藏的畜牧业生产发展起到了积极的推动作用。

西藏的牧业生产，由于受传统生产方式的影响，基本上是自然经济条件下的游牧生产，科技运用水平和生产力水平很低，抗御自然灾害的能力不强，严重影响畜牧业生产的发展。长期以来，西藏人民在牧业生产的实践中积累总结了不少生产经验和方法，指导和管理牧业生产。尤其是西藏和平解放以来，先后引进、示范、推广了牧业动力机械、运输机械，草原建设、保护机械，饲草料种植、收获、加工机械、畜产品加工、储运机械等各类牧业机械和生产技术，在牧业生产的各个领域试验和运用，牧业生产力水平有了很大提高。

农牧业机械化的发展与自然条件、生产条件和社会经济条件关系密切。西藏地域辽阔，地区之间各方面条件差异很大，受地形的主导作用，西藏大致分为 3 个不同类型的地带，即藏北高寒牧区，藏南河谷农牧区和藏东南农林牧区，这 3 个地带条件不同，对农牧业机械的要求不同，投放机具的型号、种类、性能不同，机械化发展速度也不同。推广农牧业机械应因地制宜，分类指导。

藏北和阿里草原，因高寒自然条件的主导作用，牧草低矮、稀疏，优良的冬春草场不足，相当一部分天然草场缺水，不能放牧。因此，机械化的重点是天然草场的保护和改良，机械化项目主要发展运输、草场网围栏建设、解决草场灌溉用水和畜产品的采集粗加工等；藏南河谷地带和其他农区，除发展以上机械外，结合农区畜牧业的特点推广作物秸秆加工、处理和畜产品加工机械。发展开发河滩、荒坡所需的种草、种树机械，引进、推广作物茎秆加工、牧草收获、青贮等机械或设备；城镇县区，经济发达，农牧民收入较高，产业和劳力结构变化快，对农业机械化要求较为迫切，发展奶、肉、菜、蛋等副食品生产、加工机械为主；藏东南农林牧区，山高谷深、地势陡峻、地形复杂、受自然条件的制约，农机化的发展适应山地坡地作业的中小型机具为主，随着中小电站的建设，优先发展小型适用的以电为动力的牧场上作业机具和饲草、饲料加工机具。

西藏牧业机械的推广运用与牧业生产的特点密切相关，除牧区外，不少农区的牧业生产都有使用。随着西藏农牧区经济的发展，牧业生产发展很快，除占据西藏畜牧业重要地位的草原畜牧业外，农区畜牧业和城郊畜牧业发展很快，农牧结合的大力推广，为农区畜牧业的发展带来了很好的发展机遇，饲草、饲料粉碎加工和畜产品加工机械发展较快。

（一）打草贮草机具

西藏自治区在推广网围栏草场建设和大力发展人工草场的同时，为解决大面积人工草场牧草的收获，农作物秸秆和牧草的加工，抗灾牧草的贮运问题，自 1983 年开始引进了饲草收获、加工、贮运机械化设备和技术。

自治区农机局 1983 年 9 月首次从新疆牧机厂引进了 3 台天山 9GZX - 1.7 型旋转割草机，经当雄县草原站在人工草场进行割草试验性能良好，适合西藏自治区人工草场条件的牧草收获；同时引进 3 台同型号割草机和 2 台 9LZ - 5 双列指盘式搂草机，在达孜县的帮堆乡人工草场进行生产性能和适应性试验，也取得较好的效果。

1986 年，自治区农机局从内蒙古宝昌牧业机械厂引进 4 台 9KJ - 1.4A 型小方捆捡拾压捆机，在八一农场二队、四队进行捡拾压捆冬麦秸秆试验，结果表明，该机各项技术指标和性能指标基本达到设计要求，并具有结构合理、耐用、操作简单、捡拾机构仿形好、捡拾干净等特点。在解决抗灾牧草贮存，运输等方面都具有现实意义和战略意义。

（二）乳品加工机具

西藏推广的乳品加工机具主要有挤奶、分离、搅拌机械。牛奶分离器主要有 MF - 50 和 MF - 100 型两种，黄油搅拌器以 MT - 50 型为主。1954 年，毛泽东主席给达赖喇嘛写信时，附送了两部牛奶分离器，这是西藏较早出现的牧业机械。

20 世纪 70 年代，西藏自治区开始引进手摇奶油分离器和黄油搅拌器，投放牧区社队，受到欢迎。那曲县红旗公社从 1975 年开始推广使用手摇奶油分离器和黄油搅拌器，经过 5 年的实践，该机结构简单可靠、操作方便，深受牧民群众的喜爱。红旗公社一队三组有 72 头奶牛，最高日产牛奶 200 千克左右，用手摇奶油分离器进行分离 2 小时便可加工完，大大提高了工效。1980 年西藏自治区拥有奶油分离器 1 000 多部，黄油搅拌器近 500 部。此后奶油分离器和黄油搅拌器在西藏自治区得到了普遍推广，拥有量稳步增长，年均进货几百部，到 1990 年年底，西藏自治区约有各类乳品加工机具 8 000 余部。

挤奶机在 70 年代进行了引进试验，因使用技术问题没有推广。

1978 年，自治区政府组织工匠利用水力、风力资源，研制成功了水力打酥油桶、水力擀毡机、水力鞣皮机以及水磨、风磨等牧业机具，使牧业生产加工效率成倍提高，进一步解放了生产力，提高了劳动生产率，减轻了劳动强度，较好地缓和并解决了劳动力不足的矛盾，深受群众欢迎。

1990 年以后，市场经济进一步发展，城郊及电力供应充足的农牧区，家用小型电动式奶油搅拌机发展很快，成为生活必需品的重要组成部分。

（三）剪毛机具

20 世纪 70 年代后期，为使西藏的牧业机械化有较大的发展，机械剪毛作为实现牧业机械化的主要内容，在那曲、当雄等地开展了试点培训和推广工作。到 1980 年，西藏自治区农机供应系统共组织订购各类剪毛机 1 000 多部，但推广到社队和牧民手中的只有 200 来部，其余都积压在农机公司仓库。

1975 年，西藏自治区订购内蒙古呼和浩特电动工具厂 9MJ－4R 机械式软轴四头剪毛机，动力是湖北宜昌柴油机厂的 165 型 3 马力柴油机；1976 年那曲地区开始推广机械剪毛，1978 年派人到北京参加磨刀手和剪毛机维修培训班；1978 年开始先后引进了澳大利亚"超级柄"式机动单双剪头剪毛机，青海、内蒙古产 9MJ－4 型机动剪毛机，9MD－4R 电动剪毛机；1979 年在那曲举办剪毛机使用培训班，并在红旗、大前两个公社进行了试点，试点期间，机械化程度达 20.4％；1979 年 7～8 月，自治区农机厅和那曲地区农机局在那曲共同举办了西藏自治区剪毛机培训班，参加这次培训班的有西藏自治区六地市的代表和内蒙古、江苏的教师以及主办单位的工作人员共 111 人，其中，那曲地区 36 人、阿里地区 24 人、山南地区 4 人、拉萨市 3 人、昌都地区 5 人、日喀则地区 6 人、自治区农机厅 4 人、那曲地区农机局 20 人、内蒙古和江苏教师 9 人，培训班对在西藏推广使用的上海、新疆、青海、内蒙古、澳大利亚等剪毛机组进行了性能分析和高原适应性试验，在此基础上，对各种机组的构造、原理、使用、维修等方面进行了全面系统的讲解和实践操作；1979 年 8 月，自治区农机厅和那曲地区农机局在那曲县大前、红旗两公社举办了为期 50 多天的机械剪毛培训班，培训牧民剪毛机手 24 人，共剪羊 2.7 万多只；1980年又引进了上海产9MPS-20型等绕性轴式剪毛机组，为社队培养了部分机械剪毛机手；1980年又组织了10个剪毛机推广小组分赴文布、班戈、巴青、加里和聂荣等10个县推广机械剪毛，从十个点的情况来看，文布点共剪羊6.6万只，仅色嘎公社一队共有绵羊9 600只，用机械剪了7 728只，机械化程度达71.4％，这个队这一年仅羊毛净收入30 139.20元，是历史上羊毛收入最高的一年。实践证明，只要使用管理及技术培训等工作跟得上，机械剪毛的优越性是非常明显的，其经济效益也可以体现出来；1980年6月，那曲地区农机局又组织了机械剪毛小分队，开展了巡回剪毛工作；1983年7月，自治区农机局和当雄县畜牧局共同举办了一期剪毛机手培训班，培训牧民剪毛机手14人；1986—1987年两年又在新疆牧机所的协助下，为当雄培训牧民剪毛机手20名，并开展了试点工作。通过试点培训工作，特别是1986—1987年两年的试点，积累了推广机械剪毛的经验，群众对机械剪毛有了进一步认识。

（四）饲草饲料加工机具

西藏主要推广了铡草刀、铡草机、粉碎机、颗粒机等。

1. 铡草刀

为提高农作物秸秆和牧草的利用率、推广长草短喂、槽喂技术，自1986年以来先后从河北省迁安县引进推广了手动铡刀1 500把，受到农户的欢迎；1986年，自治区农机局在贡嘎县甲竹林乡12户农民家试点推广，牧草铡短喂牲畜基本上不损失。而长喂散喂损失达20％之多，短喂节草效果十分明显，同时提高了牲畜的适口性。

2. 粉碎机

1977年，西藏自治区劳改局引进湘农-440型干饲料粉碎机10台，此后在区内推广了红旗-310型和北京风雷-1型粉碎机，到1980年，西藏自治区拥有各类粉碎机达1 400台。农机机构调整以后，粉碎机发展放缓，1995年以后，随着农机化工作的总体推进，饲料加工业又有了较快发展，一些地县引进了部分中小型铡草机和饲料加工机械。

3. 铡草机

铡草机主要在农区推广使用较多，特别是近年来农区畜牧业发展很快，秸秆微贮技术的推广运用，对中小型铡草机的需求进一步增加，但西藏自治区推广还很不普及，仅在个别试点县有所使用。

（五）网围栏

1982年6月，西藏自治区农机局首次从内蒙古和林格尔农机厂和呼和浩特齿轮厂引进 9IL－8/110/60 型网围栏 1.8 万米，进行了试验，经过安装试验，表明网围栏具有坚固、耐用、方便、价廉等优点，对培育草场、贮备过冬牧草、牲畜冬春放牧、提高草原生产能力、实行计划放牧、科学饲养、保证春季接羔育幼、抗灾保畜等方面都具有十分显著的作用，一般亩增产鲜草 1～1.5 倍。1983—1985 年，西藏自治区农机局与西藏自治区畜牧局进行了联合推广示范，收到了较好的效果。各级领导、部门和农牧民群众对此认识到位，不但牧区网围栏草场在逐年发展，而且农区也在不断增加，国家投资建网围栏草场，农牧民群众也自费围建，网围栏不但用于草场保护，也普遍用于农田、林果园的保护。据不完全统计，1982—1987 年的 6 年里，财政支付网围栏建设的资金多达 2 000 多万元，已购进投放网围栏 700 万米之多，围栏面积达 300 万亩，过去的草库伦草场基本建设形式开始向现代化迈进了一步。

1982 年，由自治区农机局和当雄县畜牧局首次引进网围栏，在当雄县红旗乡一块冬春草场上进行了安装试验，围建草场约 9.34 万亩，经当雄县畜牧局草原站按科学方法实测，围栏内牧草长势好、株高、鲜草产量高、牧草密度大，通过试验取得了较好的效果。从 1983 年开始较大面积推广草场网围栏技术。为引进推广好这一新技术，自治区农牧厅下达文件，就加强领导，抓好围栏调运、安装、培训技术人员等有关问题做了布置安排，并批准成立了"网围栏推广领导小组"，领导小组由自治区农机局、自治区畜牧局、自治区农机公司等部门负责人组成，领导西藏自治区网围栏的调运、安装、培训和围栏草场的效益分析等工作。1983 年自治区和各地、县财政共拨款 250 多万元，购进围栏 60 万米在当雄、安多、日喀则、山南等地进行推广，当年围栏基本草场 266 万亩。为解决网围栏的安装、维护上的技术问题，从 1982 年首次试点安装时起，就狠抓了培训工作，先后 3 次派人去内蒙古学习安装技术，了解网围栏的生产过程，请内蒙古和林格尔农机厂的技术工人进藏安装培训和技术服务。西藏自治区各地市都已组建自己的网围栏安装队，有安装技术工人 150 多人。

由于国家在财政上的支持，网围栏推广较快，到 1985 年，西藏自治区引进安装网围栏 250 万米，1987 年累计约 700 万米，网围栏草场面积达 1 922.23 万亩。为解决建设网围栏资金，自 1984 年以来，各地都采取了国家、集体、个人共同投资的办法，有的地方还出现了农户自筹资金购买网围栏。日喀则地区采用地区财政出 70%，县财政出 20%，农牧民出 10% 的办法；那曲地区采用财政出50%，县财政出 30%，牧民个人出 20% 的方法，坚持谁出钱、谁围建、谁受益。那曲县那穷乡不但集体建设网围栏草场，牧民联合建，独户也围建。1986 年那曲地区牧民联合或独户出钱建网围栏草场 21.34 万亩，约占全地区网围栏草场面积的 1.6%。

为保护好网围栏设施，各地、县都制定了保护围栏的办法等。当雄县人民政府1985年颁布了网围栏设施的管理暂行规定，对剪毁、推倒网围栏者，偷盗围栏材料者分别规定了处罚办法，并要求全县牧民人人爱护、保护网栏设施。

五、畜禽产品及其加工技术

1998年，西南民族学院（2003年更名为西南民族大学）畜牧兽医系王永、龙虎进行了西藏牦牛乳营养成分及乳清蛋白组成的研究，结果表明，6月份青草季节牦牛每次挤乳量为（1 200±430）毫升（$n=50$），上一年产犊的半奶牦牛为（580±380）毫升（$n=16$）；11月份枯草季节牦牛每次挤乳量为（320±100）毫升（$n=20$）。不同季节或泌乳阶段牦牛乳中营养成分含量也有一些变化，尤其是乳脂和乳蛋白含量变化较大；在12.5%的SDS - PAGE上，乳清蛋白从阳极到阴极依次分区分为几条主要区带：α-乳清蛋白（α-LA）、β-乳球蛋白（β-Lg）、免疫球蛋白（1g-L. 轻链及Ig-H. 重链）、血清白蛋白（SA），各组分所占比例随泌乳阶段有一些变化，在泌乳后期及泌乳末期，α-LA比例显著下降，SA比例上升，在泌乳第1天（即分娩当天）IgS所占比例达70%以上。

1995—1997年，姬秋梅等对西藏帕里牦牛、嘉黎牦牛和斯布牦牛的肉、奶等产品进行了品质分析。平均屠宰率为48.9%，净肉率为40.4%，眼肌平均粗蛋白含量为22.32%，平均粗脂肪含量2.45%，平均粗灰分1.04%，平均氨基酸总量为22.94%。平均乳蛋白含量为5.37% 脂率为6.73%，乳糖为3.61%，氨基酸总量为3 499.8毫克/升。

2007年，西藏大学理学院洛桑、旦增、布多、马红梅、白玛卓嘎进行了藏北牦牛肉成分和营养品质的分析研究，结果表明，藏北牦牛肉色泽深红，肉的营养成分较全面且均衡。每100克牦牛肉的干物质含量为31.54克，蛋白质含量为21.43克，脂肪含量为3.12克。富含铁、钙等矿物质。与内地黄牛相比，干物质高5.94克，脂肪含量低0.49克，蛋白质含量高1.24克。牦牛肉肌肉嫩度剪切值黑牦牛稍高于当地黄牛，牦牛肉比当地黄牛系水力高6.10%、失水率低3.63%、熟肉率高10.06%。说明藏北牦牛肉是一种高蛋白质、低脂肪、富含矿物质的优质肉类资源，具有良好的加工性能和较高的生产加工效益。

西藏农牧学院生物中心陈芝兰等2007年实验分析了西藏牧民家庭制作的牦牛发酵乳制品中酸奶和奶渣的微生物数量，通过菌种选择分离，采用传统分类与16S rRNA基因序列测定的方法对分离的乳酸菌进行了鉴定。结果表明，3份发酵牦牛乳样品中乳酸菌数为$1.04×10^4$～$2.10×10^6$菌落形成单位/克，酵母菌数为$8.20×10^3$～$6.70×10^5$菌落形成单位/克；2份奶渣样品中乳酸菌和酵母菌为$0.2×10$～$1.0×10$菌落形成单位/克；共分离15株乳酸杆菌、4株乳酸球菌和3株酵母；乳酸菌中 10 株为 *Lactobacillus paracasei*、1 株 *Lactobacillu fermentum*、2 株 *Lacto-bacillus reuteri*、1 株 *Lactobacillus brevis*、1 株 *Lactobacillus delbrueckii* subsp. *bulgaricus*、2 株 *Pediococcus acidilactici*、另有 2 株分别为 1 株 *Pediococcu* 和 1 株 *Lactococcus* 菌株，未鉴定到种；*L. paracasei* 为牦牛发酵乳制品中乳酸菌的优势种（占总分离株的 55.6%）。这说明西藏地区牦牛发酵乳制品中乳酸菌资源种类丰富，其中 *Lactobacillus* 为决定乳制品风味和营养的主要菌群，*L. paracasei* 为乳酸菌群的优势种。

2010 年，央金等对多玛绵羊肉品质进行研究，2 岁羯羊屠宰率为 39.83%，净肉率为 60.17%，每 100 克羯羊肉中，氨基酸总量为 19.33 克，其中后必需氨基酸总量为 9.82 克，非必需氨基酸总量为 9.51 克，蛋白质含量为 20.24 克，脂肪含量为 5.82 克，胆固醇含量为 71.99 毫克，pH 为 5.78。

2003 年至 2006 年，自治区畜科所对藏西北绒山羊毛绒的理化性能进行了测定及较全面的分析研究。结果显示，成年公、母羊的绒纤维细度平均在 14 微米以下，绒纤维自然长度平均在 4 厘米以上，绒纤维强伸度平均分别达到 3.78 牛顿、30% 以上，而且绒毛纤维富含多种氨基酸。表明藏西北绒山羊的绒纤维品质优良，是精纺工业的上等原料。本研究对今后的绒山羊选育工作提供科学依据，具有重要的意义。

2008 年，西藏最早生产牦牛制品的企业——西藏拉萨皮革厂从德国合资引进了 120 多台套制革制鞋设备。年生产能力达到牦牛皮革 6 万张，皮鞋 10 万双，皮衣 2 万件，品种多达 90 种，已出口到德国、奥地利等国家和香港地区。山南、日喀则、昌都也建立了牦牛制品企业。西藏最大的牦牛产品开发项目——西域食品开发有限公司食品生产基地开始建设，共投资 14 亿元，采取"公司＋农户"的模式，利用国内外牦牛研究的最新成果，采用现代高新技术对牦牛的肉、皮、血液、骨进行综合开发。

2008 年，西藏大学农牧学院罗章、小巴桑、米玛巴吉、成晓亮进行了西藏自然风冻干牦牛肉加工工艺与微生物菌相分析研究，以西藏特有的自然条件对牦牛肉进行冷冻干燥处理，确定冻干生牛肉肉片的最佳生产工艺；测定了总糖含量、可溶性蛋白含量、酸价及过氧化值在加工过程中的变化。结果表明，生产的风冻干牦牛肉细菌总数显著下降，有害菌减少；理化性质也发生了一定的变化，如总糖含量下降，可溶性蛋白含量升高等。由此可知，通过这种方法加工出来的产品是一种营养保留全面、工艺简洁、风味独特、耐贮藏、质量轻、易携带的高档肉制品。

【主要参考文献】

蔡伯凌，孟宪祁，央金，等 . 1990. 亚东"甲热"山羊的调查报告〔J〕. 西藏畜牧兽医 .

蔡伯凌，孟宪祁，益西多吉，等 . 1984. 西藏的山羊〔J〕. 西藏畜牧兽医，1.

蔡伯凌，孟宪祁，益西多吉，等 . 1989 . 西藏那曲地区藏山羊产绒性能初探〔J〕. 西藏畜牧兽
　　医，4.

蔡伯凌，孟宪祁，益西多吉，等 . 1990. 建立那曲地区山羊绒商品生产基地的可行性报告〔J〕. 西藏
　　畜牧兽医，1.

蔡伯凌，孟宪祁，益西多吉，等 . 1990. 西藏的山羊绒毛理化性能的研究（初报）〔J〕. 西藏畜牧兽
　　医，4.

柴志欣，罗晓林，等 . 2012. 西藏牦牛 ADD1 基因第 2 外显子的 PCR - SSCP 检测及序列分析〔J〕.
　　生物技术通报（1）：124 - 129.

柴志欣，赵上娟，等 . 2011. 西藏牦牛的 RAPD 遗传多样性及其分类研究〔J〕. 畜牧兽医学报
　　（10）：1380 - 1386.

陈裕祥，赵好信 . 2013. 西藏畜牧兽医研究〔M〕. 郑州：河南科学技术出版社 .

除多，姬秋梅，德吉央宗，等 . 2006 . 利用 EOS/MODIS 数据估算西藏藏北高原地表草地生物量〔J〕.
　　气象学报（4）：612 - 621.

邓军，益西多吉，等 . 1991. 西藏的山羊绒理化性能研究〔J〕. 西南民族学院学报：自然科学版
　　（3）.

郭春华，益西多吉，等 . 2006. 西藏那曲地区不同季节草地牧草干物质降解率的研究〔J〕. 西南民族
　　大学学报（自然科学版），6.

郭春华，益西多吉，等 . 2007. 西藏那曲地区尼玛县高寒草地牧草矿物元素动态变化及盈分析〔J〕.
　　中国草食动物，2.

郭春华，益西多吉，等 . 2007. 高寒草地生物量及牧草养分含量年度动态研究〔J〕. 中国草地学
　　报，1.

姬秋梅，达娃央拉，等 . 2007. 西藏当雄牦牛超数排卵及胚胎移植试验〔J〕. 中国畜牧兽医
　　（9）：133 - 135.

姬秋梅（执笔），普穷，达娃央拉，等 . 2003. 西藏牦牛资源现状和生产性能退化分析〔J〕. 畜牧兽
　　医学报，34（4）：368 - 371.

姬秋梅，达娃央拉，等 . 2007. 提高林周斯布牦牛本品种选育水平研究〔J〕. 西藏科技（12）：
　　48 - 49.

姬秋梅，达娃央拉，等 . 2010. 西藏牦犊牛早期生长发育潜力的研究〔J〕. 草食家畜（4）：54 - 57.

姬秋梅，达娃央拉，等 . 2011. 西藏帕里牦牛本品种选育研究〔J〕. 西藏科技（2）：60 - 62.

姬秋梅，达娃央拉，等 . 2011 放牧条件下西藏帕里牦母牛初配体重及体重指数测定研究〔J〕. 西藏
　　科技（1）：40 - 41.

姬秋梅，普穷（执笔），达娃央拉，等 . 2000. 帕里牦牛生产性能研究〔J〕. 中国草食动物，2（6）：
　　3 - 5.

姬秋梅，普穷，达娃央拉，等 . 2004. 斯布牦牛产绒性能及绒毛品质分析〔J〕. 西藏科技（12）：

59-60.

姬秋梅，普穷，达娃央拉（执笔），等.2000.西藏三大优良类群牦牛产乳性能及乳品质分析［J］.甘肃农业大学学报，35（3）：269-276.

姬秋梅，普穷，达娃央拉，等.2000.西藏三大优良类群牦牛产肉性能及肉品质分析［J］.中国草食动物，2（5）：3-5.

姬秋梅，普穷，达娃央拉，等.2001.西藏三大优良类群牦牛产毛性能及毛绒主要物理性能研究［J］.中国畜牧杂志（4）：29-30.

姬秋梅，张成福，信金伟，等.2011.牦牛MOET技术研究进展［J］.中国牛业科学，37（1）：58-60.

姬秋梅.2005.应用VEGETATION/SPOT4遥感数据监测西藏草地变化，农业生产环境与农产品质量安全［C］//中国科协2005年学术年会论文集（21）：32-38.

姬秋梅，等.2000.不同家畜红细胞Cu，Zn-SOD活性的分析［J］.西藏科技（4）：60-61.

姬秋梅，等.2000.超氧化物歧化酶［J］.西藏科技（3）：36-38.

姜生成，江家椿，嘎玛仁增，等.1992.西藏高原藏驴血细胞的观察分析［J］.西藏畜牧兽医（2）.

李宝海，等.2003.西藏自治区农牧科学院五十周年［M］.成都：四川科学技术出版社.

李铎，柴志欣，等.2013.西藏牦牛微卫星DNA的遗传多样性［J］.遗传，35（2）：175-184.

林少卿.2010.西藏高原特色渔业资源保护与开发对策思考［J］.西藏畜牧兽医（2）：141-145.

那曲地区畜科所.1989.西藏那曲地区畜牧、兽医草原资料汇编［G］.

欧阳熙，王杰，王永，等.1994.西藏藏山羊产品资源调查研究［J］.西南民族学院学报：自然科学版，1.

唐懿挺，姬秋梅，等.2011.牦牛OB基因的克隆及原核表达［J］.生物技术通报（3）：116-119，129.

唐懿挺，钟红梅，等.2011.牦牛MC1R基因的克隆测序及其分析研究［J］.生物技术通报（6）：88-93.

王杰，邓军，蔡伯凌，等.1994.藏山羊产绒性能和乳酶及乳清蛋白的测定［J］.西南民族学院学报：自然科学版（2）.

王杰，华太才让，益西多吉，等.2005.高原型藏山羊产绒量与体形性状主基因的检测［J］.西南民族大学学报（自然科学版），4.

吴玉江，益西多吉，等.2013.西藏绒山羊产业现状及发展对策［J］.家畜生态学报，9.

吴玉江，益西多吉，等.2014.KAP6.3基因与西藏绒山羊生产性状关系的研究［J］.家畜生态学报，12.

吴玉江，益西多吉，等.2014.西藏绒山羊本品种选育效果研究［J］.畜牧与兽医，9.

吴玉江，益西多吉，等.2015.西藏绒山羊GH基因的PCR-RFLP检测及其与生产性状的相关性［J］.中国草食动物科学，1.

西藏自治区统计局，等.2009.西藏统计年鉴［M］.北京：中国统计出版社.

信金伟，张成福，等.2010.西藏牦牛遗传资源保护与利用［J］.中国牛业科学，36（6）：59-61.

徐利娟，钟金城，等.2010.牦牛mtDNA编码蛋白质的基因密码子偏好性研究及聚类分析［J］.西北农业学报，19（6）：13-17.

徐正余.1995.西藏科技志［M］.拉萨：西藏人民出版社.

许期树，王杰，益西多吉，等.2006.藏山羊产绒量与影响因子的相关和通径分析及最优回归模型的建立［J］.西南民族大学学报（自然科学版），5.

央金，德庆卓嘎，等.2014.西藏多玛绵羊羊肉品质研究［J］.家畜生态学报，35（9）.

益西多吉，次仁德吉（执笔）.2012.藏西北地区绒山羊毛绒理化性能研究［J］.西藏畜牧兽医，2.

益西多吉，尼珍（执笔），等.2009.藏西北绒山羊产绒性能研究［J］.中国草食动物，29（2）.

益西多吉，吴玉江，等.2007.布尔山羊引进及其布×亚杂一代的适应性研究［J］.西藏畜牧兽医，2.

益西多吉，吴玉江，等.2015.藏西北绒山羊品种资源保护与利用研究［J］.中国草食动物科学，1.

益西多吉，等.2006.布尔山羊与西藏亚东山羊杂种一代山羊肉品质分析［J］.西藏畜牧兽医，1.

益西多吉，等.2006.引进布尔山羊与藏山羊杂交繁殖效果研究［J］.西藏畜牧兽医，2.

益西多吉，等.2007.在高海拔地区布尔山羊基础生理指标的测定［J］.西藏畜牧兽医，2.

益西多吉，等.2008.布尔山羊与西藏亚东山羊杂一代羔羊生长发育研究［J］.西藏畜牧兽医，2.

益西多吉，等.2009.藏西北绒山羊生长发育研究［J］.西藏科技，1.

张成福，徐利娟，等.2012.西藏牦牛 mtDNA D‐loop 区的遗传多样性及其遗传分化［J］.生态学报，32（5）：1387－1395.

张均，吴玉江，等.2007.高原型藏山羊春季补饲试验［J］.青海畜牧兽医杂志，2.

赵上娟，陈智华，等.2011.西藏牦牛 mtDNA COⅢ 全序列测定及系统进化关系［J］.中国农业科学（23）：4902－4910.

中国科学院青藏高原综合考察委员会.1981.西藏家畜［M］.北京：科学出版社.

中国牦牛学编写委员会.1989.中国牦牛学［M］.成都：四川科学技术出版社.

钟金城，柴志欣，等.2011.西藏牦牛的遗传多样性及其系统进化研究［J］.西南民族大学学报：自然科学版，37（3）：368－378.

第十二章 >>>

草业科技发展

第一节　草地利用与管理发展

一、草地资源概况

（一）西藏草地分类

1960—1961 年，中国科学院西藏综合考察队在西藏草地调查研究中运用、检验了植被—生境学分类法和气候—土地—植物综合顺序分类法，并在此基础上提出了生物—气候综合分类法，将西藏草地进行了分类。

气候—土地—植物综合顺序分类法是在类一级划分上采用不同热量级与湿润度来确定相应的植被和土壤景观。

植被—生境学分类法对于西藏草地分类运用起来比较直接，便于利用航测或卫星照片和地形图，也便于草地类型图的编绘。根据植被生境分类法，可将西藏草地分为 8 类。

1. 西藏草地分类的原则

在对西藏草地进行分类时，把植被和自然条件作为一个统一体，在"类"一级分类中把水热系数作为分类的指标之一。在牲畜与自然条件之间，地形是决定因素，它影响着气温、降水、土壤和放牧季节。在草地生态系统中，植物种类、植被特点是反映草地自然特性和经济特点最活跃、最灵敏的指标，是划分西藏草地类型的主要依据。

2. 西藏草地分类级别

根据生物气候综合分类法原则，按共性归类和个性分类，将西藏草地分为具有从属关系的三级：草地"类"、草地"亚类"、草地"型"。

第一级：草地"类"，是草地分类的高级单位。以≥0℃的年积温为指标，考虑水热组合的差异，结合植被型和大地形，得出西藏 8 类显域性草地类（表12-1）。

表 12 - 1　西藏"类"一级草地

草地类型	热量（≥0℃积温）	湿润系数	相应的自然景观	实际调查		
				吻合	不吻合	吻合率（%）
寒冷干旱高原荒漠草地类	<1 500	<0.25	高寒荒漠	1	0	100
温凉干旱山地荒漠草地类	1 500～3 000	<0.25	山地荒漠、半荒漠	3		
温凉半干旱山地荒漠草地类	1 500～3 000	0.25～0.60	山地草原	4		
温暖半干旱山地稀树灌丛草地类	3 000～6 000	#	山地稀树灌丛草原	2		
寒冷半干旱高原宽谷草原草地类	900～1 500	#	高原草原	4		
寒冷湿润高山草甸	900～1 500	0.60～1.00	高山草甸	5		
温凉湿润山地灌丛草地类	1 500～3 000	#	山地灌丛	2	1	66.6
温暖潮湿山地疏林草丛草地类	3 000～6 000	>1.0	山地针阔混交林	4	0	100

　　这一分类法与西藏各台（站）相应的植被、土壤景观的实际吻合率达 96.6%。此外，如同全国各地一样，尚有一类隐域性潮湿低地草地类，分布在湖盆、河漫滩地，它主要受局部地形、地表水及地下水的制约，其植被组成、地形、土壤水分和利用特点都不同于以上八类，而独立为一大类。

　　第二级：草地"亚类"，是在类一级内根据建群植物的生活型、层片的一致性和土壤质地的一致性来划分的。西藏草地可初步分为 17 个亚类。

　　第三级：草地"型"，是由相同的建群植物组成的草地植物群落的联合。它是草地类型的基本单位，也是草地经营培育的基本单元。西藏的主要草地型约 40 余种。

3. 西藏草地分类系统

　　根据西藏各类草地在畜牧业生产中的意义和面积大小次序，得出以下西藏草地分类系统（表 12 - 2）。

表 12 - 2　西藏草地分类系统

一级：草地类	二级：草地亚类	三级：草地型
一、寒冷湿润高山草甸草地类	A 高山高草草地亚类	A - 1 褐蒿草草地型；A - 2 圆穗—矮蒿草草地型；A - 3 垫状植物—短蒿草草地型；A - 4 小蒿草草地型；A - 5 毛状叶蒿草草地型
	B 高山灌丛草甸亚类	B - 1 杜鹃—矮蒿草草地型；B - 2 西藏圆柏—矮蒿草草地型；B - 3 木本委陵菜—矮蒿草草地型
	C 高山草原化草甸亚类	C - 1 矮蒿草—草地针茅草地型；C - 2 矮蒿草—蒿属草地型

（续）

一级：草地类	二级：草地亚类	三级：草地型
二、寒冷半干旱高原宽谷草原草地类	A 丛生禾草亚类	A-1 紫花针茅草地型；A-2 羽状针茅草地型；A-3 羊茅草地型
	B 根茎禾草亚类	B-1 固沙草草地型；B-2 三角草草地型；B-3 白蒿草草地型
	C 蒿属草地亚类	C-1 藏白蒿草地型；C-2 垫状蒿草草地型
	D 荒漠化草原亚类	D-1 青藏苔—垫状驼绒藜草地型；D-2 沙生针茅草地型
三、温凉半干旱山地草原类	A 山地灌丛草地亚类	A-1 西藏狼牙刺—三刺草草地型；A-2 西藏狼牙刺—固沙草草地型；A-3 变色锦鸡儿—紫花针茅草地型；A-4 川西锦鸡儿—紫花针茅草地型；A-5 西藏锦鸡儿—固沙草草地型
	B 山地蒿属草地亚类	B-1 藏西蒿—长芒针毛草草地型；B-2 藏西蒿—矮嵩草草地型
四、潮湿低地草甸类	A 沼泽化草甸亚类 B 草原化草甸亚类	1 大嵩草草地型；2 西藏嵩草草地型；3 扁穗草草地型
五、温暖半干旱山地稀树灌丛草原类	灌丛草丛亚类	1 白刺花—杂类草草地型；2 白刺花—黄茅草地型
六、温凉半干旱山地荒漠类	半灌木荒漠亚类	1 驼绒藜草地型；2 阿加蒿草地型
七、寒冷干旱高原荒漠类	垫状小半灌木荒漠亚类	垫状驼绒藜草地型
八、温凉湿润山地灌丛草地类	落叶灌丛亚类	1 山柳—杂类草草地型；2 绣线菊—草沙蚕草地型；3 本木香蒲—蒿属草草地型
九、温暖潮湿山地疏林草地类	A 山地疏林草地亚类	A-1 高山栎—矮嵩草草地型；A-2 云杉—矮嵩草符合草地型
	B 林间草丛草地亚类	B-1 斑茅草地型；B-2 川芒草草地型

（二）西藏草地类型

1983 年，邓立友等经过 3 年野外考察，记载了 400 余号典型地段的草地植被、地形特点，以西藏草地生态系统中最活跃、最灵敏的牧草种类、植被特点及其地形条件等指标初步将西藏草地分为 8 大类，18 亚类，40 余个草地型。8 大类草地分别为高山草甸草地类，山地草原草地类，高原宽谷草原草地类，低洼沼泽化草甸草地类，高原荒漠草地类，山地荒漠草地类，山地灌丛草地类，山地疏林草丛草地类。

1985—1987 年，西藏自治区土地管理局、西藏自治区畜牧局根据草地综合顺序分类法的原则、方法和标准，将西藏草地划分为 17 个草地类。在全国划分的 18 个草地类中，只有干热稀树灌草丛类在西藏未出现。西藏 17 个草地类是温性草甸草原类、温性草原类、温性荒漠草原类、高寒草甸草原类、高寒草原类、高寒荒漠草原类、温性草原化荒漠类、温性荒漠类、高寒荒漠类、暖性草丛类、暖性灌草丛型、热性草丛型、热性灌草丛类、低地草甸类、山地草甸类、高寒草甸类、沼泽类。

2010 年，陈钟采用综合顺序法对青藏高原天然草地进行分类，将青藏高原天然草地分为 35 类，分别是寒冷极干类、寒冷干旱类、寒冷微干类、寒冷微润类、寒冷湿润类、寒冷潮湿类、寒温极干类、寒温干旱类、寒温微干类、寒温微润类、寒温湿润类、寒温潮湿类、微温极干类、微温干旱类、微温微干类、微温微润类、微温湿润类、微温潮湿类、暖温极干类、暖温干旱类、暖温微干类、暖温微润类、暖温湿润类、暖温潮湿类、暖热极干类、暖热干旱类、暖热微干类、暖热微润类、暖热湿润类、暖热潮湿类、亚热极干类、亚热干旱类、亚热微干类、亚热微润类、炎热极干类。草地类型的空间分布，基本反映出水热状况由东南向西北递减的地带性规律。

草地类组共有 9 个，分别是冻原高山草地类组、冷荒漠草地类组、半荒漠草地类组、斯坦普草地类组、温带湿润草地类组、温带森林草地类组、热荒漠草地类组、萨王纳草地类组、热带森林草地类组。

（三）西藏草原分区

西藏草地分区采用区、小区、片 3 级系统。

第一级：区。草地区是指受大地势结构和大气环流的影响，在热量和水分条件组合上呈现共同特征，在草地类型组合共性方面具有地带性特征的地理区域；区内草地垂直带谱的性质和结构类型相似，利用特点与经营方向基本一致。

草地区的划分应以草地热量带和水分级的组合类为指标。在西藏，制约热量和水分条件地域变化的主要因素是高原地势结构和大气环流形式，前者往往以明显的山脉为界限，后者则以重要的天气过程为分区提供依据，而地带性草地类型则是二者共同作用的结果。

第二级：小区。小区是在同一草地区以内，由于地形或地理位置差异而形成的具有一定生物气候特点的区域，每一小区具有基本一致的草地类型组合或同一的主导类型，草地垂直带结构相近。

第三级：片。是在小区内划分的地域经营单元，反应草地气候、地貌与草地经营类群或优势草地型组合的具体特征；在饲料结构以及草地的自然与经济特征，利用与改良措施上具有相似性。片是草地分区的基本单位，它具体反映草地资源类型分布的区域性，是经营管理的具体单元。

根据上述草地分区的原则、指标和命名方法，提出西藏草地分区系统如下：

Ⅰ 喜马拉雅山南翼山地暖热湿润草地区

    Ⅰ1 察隅河流域山地热性灌草丛小区

        Ⅰ1a 察隅片

    Ⅰ2 雅鲁藏布江下游山地热性灌草丛与山地草甸小区

        Ⅰ2a 墨脱—易贡片

        Ⅰ2b 三安曲林片

        Ⅰ2c 麻玛片

        Ⅰ2d 门隅片

    Ⅰ3 中喜马拉雅山山地草甸小区

        Ⅰ3a 亚东片

        Ⅰ3b 陈塘片

        Ⅰ3c 樟木片

        Ⅰ3d 吉隆片

Ⅱ 藏东山地温暖湿润、半湿润草地区

    Ⅱ1 横断山脉南部峡谷暖性灌草丛小区

        Ⅱ1a 芒康—左贡片

    Ⅱ2 横断山脉中部山地温性草原与山地草甸小区

        Ⅱ2a 昌都—察雅片

        Ⅱ2b 八宿片

        Ⅱ2c 洛隆—边坝区

    Ⅱ3 横断山脉北部山地草甸与高寒草甸小区

        Ⅱ3a 江达片

        Ⅱ3b 丁青—类乌齐片

    Ⅱ4 雅鲁藏布江中下游山地暖性灌草丛与高寒草甸小区

        Ⅱ4a 波密片

        Ⅱ4b 林芝—米林片

        Ⅱ4c 朗县—加查片

        Ⅱ4d 工布江达片

Ⅲ 藏东北高原高寒半湿润草地区

    Ⅲ1 怒江源头—西念青唐古拉山山原宽谷高寒草甸小区

        Ⅲ1a 比如—加黎片

        Ⅲ1b 那曲—聂荣片

Ⅳ 藏南山原湖盆谷地温暖半干旱草地区

Ⅳ1　中喜马拉雅山北翼山原湖盆高寒草原小区

　　　Ⅳ1a　洛扎—隆子片

　　　Ⅳ1b　羊湖—哲古片

　　　Ⅳ1c　康马—岗巴片

　　　Ⅳ1d　定日—定结片

　　　Ⅳ1e　萨噶—仲巴片

　　　Ⅳ1f　普兰片

Ⅳ2　雅鲁藏布江中游河谷温性草原小区

　　　Ⅳ2a　拉萨—泽当片

　　　Ⅳ2b　日喀则—达孜片

Ⅳ3　冈底斯山南翼山地高寒草甸小区

　　　Ⅳ3a　南木林—谢通门片

Ⅴ　藏北高原湖盆高寒半干旱草地区

　　Ⅴ1　藏北内外流分水岭山原高寒草甸草原小区

　　　Ⅴ1a　安多片—纳木湖片

　　Ⅴ2　羌塘高原高寒草原小区

　　　Ⅴ2a　申扎—改则片

　　　Ⅴ2b　无人区片

Ⅵ　阿里山地温凉干旱地区

　　Ⅵ1　扎达盆地温性荒漠草原与高寒荒漠草原小区

　　　Ⅵ1a　札达片

　　Ⅵ2　班公错—狮泉河流域山地温性荒漠与高寒荒漠草原小区

　　　Ⅵ2a　日土—噶尔片

Ⅶ　昆仑山高寒极干旱草地区

　　Ⅶ1　可可西里丘状高原湖盆高寒荒漠与高寒荒漠草原小区

　　　Ⅶ1a　无人片区

　　Ⅶ2　东喀喇昆仑山高山湖盆高寒荒漠小区

　　　Ⅶ2a　松西片

二、草地调查与评价

（一）草地调查与评价简史

1. 民主改革前的调查研究工作

　　文献记载，藏族人民很早就有利用草药治病的记载，并相继有藏医学专著和药用植物彩色挂图问世。1830—1832 年，仁增加措喇嘛在山南一带进行过植物采集；1932 年，我国植物学研究先驱刘慎谔来到青藏高原西北部阿克赛钦地区进行植物采集调查，并在其后来发表的著作中论述了"青藏高原"的植物地理概貌，刘慎谔成为我国涉足这一特殊区域植物王国的第一位近代科学家；1935 年，植物学家王启无在藏东南察隅的察瓦龙地区进行了植物调查。外国人在西藏进行植物采集调查大约从 19 世纪初到 20 世纪 40 年代的 100 余年中，主要是英国人，还有法、俄、美、瑞典、印度、瑞士等国的一些旅游探险家、传教士和植物学家相继来到西藏不同地区进行了植物标本、种子、苗木采集。其中英国人 F. K. Ward 在 1924—1950 年间多次从印度、锡金、缅甸进入西藏南部和东南部从事植物调查采集，在 1935 年发表了《西藏植物地理学概貌》，之后，又于 1947 年发表了《作为放牧草地的西藏》一文。上述这些调查研究为西藏地区的植物区系地理、植被和草地研究工作积累了资料。

新中国成立后，中央人民政府十分关心西藏经济建设事业。早在 1951 年西藏和平解放不久，中央文化教育委员会立即组织了包括农业科学组在内的西藏工作队进藏，开展了相当广泛的科学考察和科学试验工作，以帮助藏族人民发展经济、提高生产力。我国草地植被学家贾慎修作为农业科学组的成员，从 1951 年秋至 1953 年 5 月近两年时间里，相继考察了藏北索县、那曲，拉萨、曲水宽谷，羊卓雍湖北缘山地和浪卡子地区，江孜及年楚河谷地，嘎啦湖盆，帕里高原和亚东春丕河谷，日喀则一带的雅鲁藏布江宽谷，谢通门以北的念青唐古拉山地，羌塘高原东南部的申扎地区和纳木湖盆地，当雄、羊八井宽谷，尼洋曲谷地、林芝、波密、松宗一带高山峡谷区，八宿、昌都、类乌齐地区，以及青海南部玉树和川西邓柯、甘孜等地的草地和植被，比较详细地记述了考察沿线不同环境下的植物分布状况和主要的草地类型，尤其是对藏北广泛分布的细短莎草类草地（即高山嵩草草地）和粗高嵩草草地（即藏北嵩草草地）的分布、面积、产草量比较、草质营养评价及利用等方面的记述详细而深入，为后来的草地植被研究提供了宝贵的参考资料。此外，农业科学组的另两名成员，植物学家崔友文于 1951 年在昌都地区，钟补求于 1952—1954 年在藏东南地区、拉萨河流域、雅鲁藏布江中游下段谷地、藏南江孜、亚东等地，进行了植物地理、资源植物考察和标本采集工作，并有专文报道。1959 年，中国珠穆朗玛峰登山队科学考察队在珠峰地区进行了植被调查。

2. 民主改革后的调查研究工作

1959 年，西藏开始了历史性的民主改革，被严重束缚着的社会生产力得到了解放，经济建设事业有了新的发展，极大地推动了草地和植被的调查研究。

（1）民主改革初期的调查研究工作。1960 中国科学院组建了西藏综合考察队。该队植被组在 1960—1961 两年中重点调查了西藏中部地区的植被类型和分布规律，

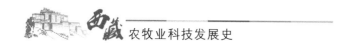

并对该区的植被区划及羌塘高原东南部草原的特点及其地带性意义进行了初步探讨；植被组还与畜牧、兽医、地貌、土壤等专业一起，共同调查了那曲、日喀则和江孜地区包括天然草地在内的畜牧业。同时，该队的东部分队对林芝、易贡地区植被和宜农荒地资源进行了初步考察。1964年，中国科学院泥石流考察队再次入藏开展科学考察活动。1967年，西藏自治区农牧厅等单位组织力量，深入到无人居住的藏北羌塘高原中部地区进行了草地考察，为开发利用羌塘高原无人区草地迈出了重要一步。

（2）中国科学院青藏高原综合科学考察队的调查研究工作。为了适应青藏高原社会主义建设的需要和加强基础理论研究，中国科学院于1972年制订了《青藏高原1973—1980年综合科学考察工作》计划，于1973年组建了青藏高原综合科学考察队并开始规划的实施。综考队首先将西藏自治区列为第一阶段的考察区域，连续4年组织了大规模的综合科学考察活动。该队的植被组和草原组，在前人已有的工作基础上，于1973—1975年期间先后对藏东南察隅地区，波密、林芝地区，东喜马拉雅山地及其东南坡墨脱地区，山南地区和拉萨河流域，中喜马拉雅山地及其南坡峡谷区，藏南湖盆地区，雅鲁藏布江中上游及河源区等，进行了比较深入的植被和草地考察，收集了大量的第一手资料，并编写了年度专业考察报告。1976年夏，综考队兵分四路，两专业组同时对昌都地区、藏北那曲地区和人烟稀少的藏西阿里地区及羌塘高原地区，进行了广泛的植被和草地考察；特别是对羌塘高原北部、西北部广大无人区进行了考察。

在这一时期前后，一些科研单位和地方主管部门也深入到西藏一些地区进行了植物、植被和草地调查，但规模比较小。如1970年西藏当地畜牧草原部门对阿里中部地区高山荒漠草地的考察；1972年西藏自治区有关部门与中国科学院植物研究所、西北高原生物研究所共同对林芝、波密、山南、拉萨和日喀则地区中草药和藏药植物的调查；1973—1974年中国科学院西北高原生物研究所对墨脱与阿里地区的植物区系、植被、藏药和牧草的考察；1979年中国科学院长春地理研究所对西藏沼泽的考察；1980年中国科学院植物研究所对墨脱及雅鲁藏布江大拐弯以东地区的植被考察；1982—1983年中国科学院南迦巴瓦峰登山科考队在南迦巴瓦峰周围地区的植被考察等。

1985年，西藏自治区畜牧局在农业部畜牧局南方草地资源调查科技办公室和北方草地资源调查办公室的参与和支持下，组织西藏草地科研力量，开展了当雄县草地资源试点调查。1987年，西藏自治区土地管理局和西藏自治区畜牧局组织中国科学院、国家计划委员会自然资源综合考察委员会、中国科学院成都生物研究所，新疆生物土壤沙漠研究所，四川省甘孜州草原站，湖南、四川、山东、湖北四省援藏队，甘肃草原生态研究所，四川农业大学，四川省自然资源研究所，西藏高原生物研究所等单位的近百名专业技术人员，组成 19 个草地资源调查队。对西藏的草地进行了全面深入的调查。

2012—2015 年，西藏自治区农牧厅、内蒙古草业勘测设计院、西藏大学农牧学院等单位对西藏草原进行全方位的第二次草原普查。

此外，西藏自治区和一些地区、县的畜牧草原部门也分别对一些重点牧区草地或县辖区域草地进行过许多调查和资源摸底概查，但系统的科学总结资料较少。

（二）草地调查与评价成果

1. 1960—1964 中国科学院西藏综合考察队调查成果

在《西藏那曲、日喀则、江孜地区的畜牧业及其发展的初步意见》中，依据牧草植物的生态特征、地形和地势、牧草植物种类，将该区草地划分为 2 个草场型 5 个草场亚型和 19 个草场，并分别记述了各草场亚型的分布地区、面积、主要牧草种类以及草地的经济性状与评价；此外还附有一幅比例为1：100万的考察地区草场分布概图。其后，1964 年，中国科学院泥石流考察队再次入藏开展科学考察活动，其中植被专业组主要考查了珠穆朗玛峰周围地区的植被类型特征及其分布状况，探讨了这个地区的植被垂直分布系列与水平地带的关系，并对珠峰北坡和定日盆地、佩古错盆地以及朋曲河宽谷的天然草地进行了比较详细的植物学调查。

2. 1973—1975 中国科学院青藏高原综合科学考察队调查成果

本次调查特别是对羌塘高原北部、西北部广大无人区进行的考察。首次从专业的角度揭示了该地区植被分布和草地特征的面貌，填补了学科研究上的地区空白，受到国内外同行的关注。经过 4 年对整个自治区全面深入的考察，获得了丰富的科学资料，并参照前人的工作，该队植被组编著出版了《西藏植被》专著。这是一部迄今有关西藏植被比较全面系统的论著，具有重要的学术价值。该队草原组也编写出版了《西藏草原》一书。

3. 1985—1987 西藏自治区土地管理局、西藏自治区畜牧局调查成果

本次调查以县为单位进行。县级草地资源类型图、草地等级图、草地利用形状图、县级草地资源数据统计册和县级草地资源文字报告完成后，再分别进行地区级汇总。最后以地区级的草地类型图、草地等级图、草地利用形状图、草地资源数据统计册、草地资源调查报告为基础，进行自治区级专业总结。此次调查获得县、地区、自治区三级不同比例尺的草地资源图件，县、地区、自治区三级草地资源数据统计册和文字报告，它们组成一个完整的县、地区、自治区三级系列成果，可以满足不同精度要求的生产、规划、教学、科研等部门和单位的需要。同时还完成了西藏"一江两河"（雅鲁藏布江、拉萨河、年楚河）中部流域区 18 个县比例为 1：20万的草地类型图和草地资源统计册，供"一江两河"中部流域区制定开发规划使

用，调查成果在接受生产规划验证考核的过程中得到了进一步修改、提高。

（1）县级成果。比例为 1∶10 万（重点农业县 1∶5 万，阿里、那曲地区各县 1∶20 万）草地类型图，草地等级图；草地资源统计册；草地资源调查报告；草地植物蜡叶标本；草地植物名录。

（2）地市级成果。各地区比例为 1∶20 万标准分幅草地类型图（存档地图）；各地区彩色草地资源成果挂图，包括草地类型图、草地利用性状图、草地分区图四种图件。比例尺分别为：拉萨市 1∶25 万、山南地区 1∶40 万、昌都地区和林芝地区 1∶50 万、日喀则地区 1∶60 万、阿里地区 1∶70 万、那曲地区 1∶80 万；各地区草地资源调查报告；各地区草地资源统计册；各地区草地植物名录；各地区草地草种牧草和草地牧草群落混合样化学营养成分分析表。

（3）自治区级成果。比例为 1∶100 万西藏自治区草地类型图；1∶150 万西藏自治区草地等级图；1∶150 万西藏自治区草地利用现状图；1∶150 万西藏自治区草地类型图；1∶200 万西藏自治区草地类型图；《西藏自治区草地资源》专著；《西藏自治区土地资源数据集》草地分册；西藏自治区草地资源计算机数据库；西藏自治区草地植物名录；1∶20 万西藏自治区"一江两河"流域中下游地区草地类型图；1∶20 万西藏自治区"一江两河"流域中下游地区草地资源数据集。

三、草地利用与管理方式

（一）天然草地利用与管理

1. 放牧

西藏的绝大部分草地草层低矮，一般草层高 5～15 厘米，只能供放牧利用，仅有很少草地可供割贮青草。草地冷暖季分明，在长期的生产实践中，形成了冷暖两季放牧利用的制度。

（1）暖季草地，东南部地区为 5 月中旬到 10 月中旬利用，西北部地区 6 月上旬至 9 月下旬利用。此时草地气温高，牲畜能饱青。

（2）冷季草地，东南部地区为 10 月下旬至翌年 5 月上旬利用，西北部地区为 10 月上旬至翌年的 5 月底利用。这时草地气温低，牧草已枯黄，营养价值大大降低，进入冷季草地的牲畜处于饥饿和营养匮乏期。

为了提高草地的利用效率，有些地区已将二季转场改为三季转场放牧，将暖季草地进一步划分为夏场和秋场，或夏场和春场，其中的春场和秋场是暖季草地与冷季草地的过渡放牧场。

全年放牧草地，东部和南部地区，特别是低海拔农区，半农半牧区近居民点的草地，为冷季放牧利用。

西藏大部分地区为定居放牧或者夏季游牧，逐水草而居，冬春季定居游牧；那曲地区、日喀则地区西部和阿里地区东部的纯牧区，则全年游牧；在农区的零星草地，林下附属草地上，对役畜、生产母畜、奶畜常采用系留放牧方式。

2. 割草

西藏用于割草的草地所占的比例都非常小，过去仅在农区、半农半牧区有很小面积的草地用于割晒青干草用做冷季、雪天补饲。近年来加强了秋季的贮草工作，各地均在可供割草的草地上割草，或者利用轮休的农田播种一年生牧草，割晒干草，用于冷季补饲。条件较好的喜马拉雅山南翼亚东县，割贮的各类干草（含秸秆）可供家畜冷季补饲 1 个月，是目前西藏贮草数量的最高水平。在广阔的西北部纯牧区，缺乏割草地，基本上没有冬贮草。

（二）人工草地利用与管理

从 20 世纪 80 年代起，西藏自治区就开展人工草地建设，并取得大量成功的经验。到"十五"末，累计建设人工草地面积达 90 万亩。到 2013 年，西藏自治区人工种草保留面积已达到 157 万亩。人工草地的建设对缓解当地冷季饲草不足，促进草原畜牧业发展起到了一定作用，但西藏人工草地普遍存在产草量低下、退化快和年年种草不见草的问题。通过走访和调查已建西藏人工草地，发现普遍存在退化严重和自生自灭的局面。

四、草原政策落实

（一）牲畜承包阶段

1978 年，西藏召开第四次牧区工作会议，确定了牧区"以牧为主，多种经营"的方针，开始纠正牧业生产单纯追求牲畜头数的指导思想，提出了调整牧业生产结构和畜群结构，大搞草场基本建设，改善牧业生产条件，坚持开展牲畜品种改良和牲畜疫病防治，提倡科学养畜。同年，自治区党委颁发了《关于牧区人民公社几个政策的规定》，要求划小生产和核算单位，扩大自留畜，加强经营管理，生产队对畜群作业组实行定产、定工、超产奖励的"两定一奖"制度，并开始试行联产责任制。1979 年《西藏自治区人民公社经营管理座谈会纪要》对牧业责任制提出了责任到组、包产到户、专业责任制等几种形式。

1980 年，中央召开第一次西藏工作座谈会，形成了《西藏工作座谈会纪要》。同年 6 月 13 日，自治区党委发出《关于农村、牧区若干经济政策的规定（试行草案）》，提出实行休养生息、治穷致富的政策，概括为"放、免、减、保"四字方针。放，即放宽政策，尊重队、组、户的自主权；免，即免征农牧业税，取消一切

形式派购；减，即减轻农牧民群众的负担；保，即保证必要的供应。同年 6 月 21 日，自治区人民政府发出布告，对实行休养生息的政策作了明确规定。1982 年，自治区党委和政府作出《关于延长免征农牧工商税期限的决定》。1983 年西藏农牧区普遍实行包干到户的生产责任制。

1984 年，中央召开第二次西藏工作座谈会并批转《西藏工作座谈会纪要》，加快了牧区经济体制改革步伐，进一步促进了牧民群众休养生息。同年，自治区人民政府发布布告，规定了农牧区的 9 条政策，其中包括免征农牧业税的政策期限延长到 1990 年；土地牲畜的承包期 30 年不变。自治区党委发出《关于农村牧区若干政策规定（试行）》，开始加速实行牧业生产责任制，实行"两个自主"和"两个长期不变"的方针政策，其中牧业上是"牲畜归户，私有私养，自主经营，长期不变"。

1985 年，自治区党委、政府制定《关于改革经济体制，加快经济发展的意见》，随后，自治区党委作出《关于农村牧区若干政策的规定》，要求进一步放宽搞活，实行以家庭经营为主，以市场调节为辅。把封闭式经济转变为开放式经济，把供给型经济转变为经营型经济，认真贯彻"以牧为主，牧农林结合，因地制宜，多种经营，发展商品生产"的方针。按照草畜平衡发展的原则，控制牲畜存栏数，调整畜群结构，提高大畜、母畜的比例，增加畜产品的商品率，提高畜牧业经济效益。同时，国家和地方加大了对牧业的财政支持，大搞以草场建设、牲畜疫病和牲畜品种改良为主要内容的商品基地建设，促进了牧业商品生产的发展。

（二）草场承包阶段

20 世纪 80 年代，西藏自治区各级党委、政府认真贯彻落实中央为西藏自治区制定的"两个长期不变"的农牧区基本政策，不断深化农牧区改革，积极探索推行草场承包经营责任制，有力调动了农牧民群众发展生产的积极性，促进了草地畜牧业的发展。但随着形势的发展，草场承包经营责任制的落实工作日益显现出不彻底，不统一、不平衡的问题。西藏自治区近有一半的草场未落实到户，草场管、护、用、建和责、权、利的关系未能得到根本理顺，牲畜吃草场"大锅饭"的问题没有得到彻底解决，导致牧户牲畜饲养量逐年增加，掠夺式的生产经营方式没有根本改变，草原基本建设严重滞后，草畜矛盾日益加剧，草地退化、沙化、荒漠化现象日趋严重，草地生产能力明显下降，严重影响了草地畜牧业的快速发展，影响了人民群众生活水平的提高。

2004 年，国家投资在西藏那曲、比如、改则三县实施退牧还草工程试点工作，对生态脆弱区和严重退化的草原区全面推行禁牧制度；对尚在退化的重点放牧场，在牧草返青期和籽实成熟期推行季节性休牧制，并取得了一定成效。

为适应新形势下草原生态建设和草原畜牧业发展的需要，充分调动农牧民群众保护、建设和合理利用草原的积极性，实现草原永续利用和畜牧业可持续发展，促进农牧区经济发展和社会进步，自治区党委、政府 2005 年出台了《中共西藏自治区委员会　西藏自治区人民政府关于进一步落实完善草场承包经营责任制的意见》，意见中进一步明确了草场划分的原则和政策界限，要求先搞好试点推进工作，及时总结经验，不断完善草场承包措施，做到以点带面。

草场承包经营责任制经历了探索试点、全面推进和深入落实三个阶段。第一阶段为 2005 年，在西藏自治区 16 个县的纯牧业和半农半牧业乡镇开展草场承包经营责任制试点工作；第二阶段为 2006—2008 年，在 36 个县的纯牧业和半农半牧业乡镇全面推进草场承包经营责任制工作；第三阶段为全面深入落实草原生态保护补助奖励机制政策，2011—2013 年，在西藏自治区 70 个县（市、区）全面深入落实草场承包经营责任制工作。

2005 年，西藏自治区草场承包经营责任制实施以来，取得了一定成效。一是牧民草场权益得到确立，农牧民群众保护和建设草场的生产积极性调动起来，为促进草场永续发展，维护草原生态安全发挥了作用。二是群众思想观念发生转变。由原来的放纵、随意管理到主动学习草场管理技术知识，管理草场的意识明显增强，草场面围栏、人工种草、鼠虫害治理等草原保护管理技术得到推广应用。三是草场经营方式逐步转变，经营流转制度开始建立。出现以草场、牲畜、劳力、生产工具的"四入股"组建合作组织形式，以个人、联户等行为出现租赁、转包和联户经营等有偿使用草场的新形式。牧民能人和基层组织把草场当作"资本"开始运作的观念开始呈现。通过以牲畜、草场劳力等入股的形式组建合作社，确保了合作社自身的不断壮大，又有效地提高了少畜户、无畜户的收入。

截至 2013 年，西藏自治区共完成草场承包面积 10.82 亿亩，分别占西藏自治区草场总面积和可利用面积的 80.13％和 98.63％，共涉及 74 个县（市、区）、684 个乡镇和 5 394 个村（居委会）、469 444 户、2 402 706 人。

（三）草原建设工程

20014 年以来，国家累计投资 16.92 亿元，在 35 个县实施了天然草原退牧还草工程，累计禁牧围栏 3 611 万亩，休牧围栏 4 135 万亩，草地补播 2 412.3 万亩，2009—2010 年，国家投资 2.9 亿元，在 60 余个县实施了人工饲草料和草种繁育基地建设。

2005 年实施草场承包经营责任制后，国家加大了草原建设投资力度，先后启动实施了退牧还草工程、草原生态保护奖励机制、人工种草等以草场经营责任制为基础的建设项目。2004 年以来，国家累计投资 16.92 亿元，在 35 个县实施了天然草原退牧还草工程，累计禁牧围栏 3 611 万亩，休牧围栏 4 135 万亩，草地补播

2 412.3万亩，2009—2010 年，国家投资 2.9 亿元，在 60 余个县实施了人工饲草料和草种繁育基地建设。2009—2010 年国家投资 4 亿多元，在西藏自治区 5 个县率先开展了草原生态保护补助奖励机制试点工作。2011 年起，西藏自治区 74 个县（市、区）开展了草原生态保护补助奖励机制工作，国家每年投资 200 981 万元，截至 2013 年，国家已投入资金 602 943 万元。

草原补偿机制

2009—2010 年国家投资 4 亿多元，在西藏自治区 5 个县率先开展了草原生态保护补助奖励机制试点工作。2011 年起，在西藏自治区 74 个县开展了草原生态保护补助奖励机制工作，国家每年投资 20.1 亿元。截至 2013 年年底，国家累计投入 64 亿多元。

五、草地利用

西藏草地资源等级评价原则上采用全国草地资源调查技术规程的有关统一规定，以草地牧草的质量优劣和牧草产量的高低为依据来进行评定，即以质论等，以量定级。

（一）草地牧草的等级评价

牧草的适口性通常按照家畜的喜食程度分为五个等级，分别是优等牧草、良等牧草、中等牧草、低等牧草、劣等牧草。

草地等的评定，是根据草地中优、良、中、低、劣各饲用植物重量占草群总重量的百分数为指标进行草地等级的评定。分别是一等草地（优等牧草重量≥60%）、二等草地（良等以上牧草重量≥60%）、三等草地（中等以上牧草重量≥60%）、四等草地（低等以上牧草重量≥60%）、五等草地（劣等牧草重量＞40%）。

西藏草地以三等草地面积最大，净面积（下同）53 506.05 万亩，占西藏自治区草地净面积的 50.35%；其次为一等草地，面积 24 464.98 万亩，占 23.02%；再次为四等和二等草地，面积分别为 14 305.37 万亩和 13 925.85 万亩，分别占西藏自治区草地面积的 13.46% 和 13.10%；五等草地分布极少，面积 67.93 万亩，仅占 0.07%。

（二）草地级评价

草地级的评价，是依据单位面积草地产草量进行评定。西藏草地划分为八级，分别是一级草地（亩产鲜草 800 千克以上）、二级草地（亩产鲜草 600～800 千克）、三级草地（亩产鲜草 400～600 千克）、四级草地（亩产鲜草 300～400 千克）、五级草地（亩产鲜草 200～300 千克）、六级草地（亩产鲜草 100～200 千克）、七级草地

（亩产鲜草 50～100 千克）、八级草地（亩产鲜草 50 千克以下）。

西藏草地亩产 50 千克以下的八级草地分布最广，净面积达 52 592.81 万亩，占西藏自治区草地净面积的 49.49%；其次是七级草地，净面积 30 488.99 万亩，占西藏自治区草地净面积的 28.69%；六级草地居第 3 位，草地净面积 16 907.38 万亩，占西藏自治区草地净面积的 15.91%；五级草地净面积 4 749.93 万亩，占西藏自治区草地净面积的 4.47%，居第 4 位；以下依次是四级草地 1 000.43 万亩，三级草地 390.98 万亩，二级草地 102.68 万亩，一级草地 36.97 万亩。四级以上的草地面积占西藏自治区草地净面积的 1.44%。

（三）草地等级综合评价

利用草地等和草地级的评价标准进行交叉综合评价，可得出草地不同的等级组合，既可以反应草地的质量状况，又可以反应草地牧草产量的特征。西藏草地以三等八级草地面积最大，占西藏自治区草地净面积的 35.85%；其次是一等七级草地，占 13.13%；再次为三等七级和四等八级草地，分别占 8.45% 和 6.82%。上述 4 个等级的面积占西藏自治区草地面积的 64.25%。

第二节　草地畜牧业生产技术

一、草地牧草生产技术

（一）天然草地生产技术

西藏有各类天然草场 12.16 亿亩（不含门隅地区草地及难利用草地），占全国天然草场总面积的 1/5 左右，居各省市自治区首位。其中，可利用草场 8.57 亿亩，占西藏自治区草原面积的 66.3%。

西藏草地除生长着种类繁多、优良的牧草外，还有大量野生植物资源可供利用，常见的有数百种药用植物、众多蜜源植物、高维生素饮料植物及众多的纤维植物、花卉观赏植物。

西藏高寒草地类型是草地的主体，面积为 11.55 亿亩，占草地总面积的 94.92%，包括高寒草原、高寒草甸、高寒荒漠、高寒草甸草原、高寒荒漠草原 5 个草地类型。温性草地 6 099.64 万亩，占草地总面积的 5.01%，包括温性荒漠、温性草原化荒漠、山地草甸、低平地草甸、暖性草丛、暖性灌草丛和沼泽等 10 个草地类型。热性草地分布极少，仅为 55.77 万亩。全自治区草地平均亩产草量 69.6 千克，低于 50 千克的草地占草地总面积的 49.5%；亩产 50～100 千克的占 28.7%；亩产 100～200 千克的占 15.9%；亩产 200 千克以上的占 5.9%。

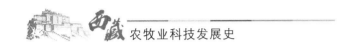
（二）人工草地生产技术

西藏建植人工草地的历史，可追溯到公元 7 世纪，唐贞观十五年（641）文成公主进藏时带有苜蓿和芜菁（芜根）种子。《新唐书》记有"白兰（现青南藏北地区）……地宜大麦，而多芜菁，……出蜀马、牦牛"。可见当时作为多汁饲料的芜菁已在青藏高原有较多的种植。

西藏现代意义上的人工草地建设开始于 20 世纪 70 年代，70 年代提出建立人工草场、半人工草场以及对天然草场进行保护等措施来增加草地的生产力，解决冬春缺草问题。在此之前，牧区的群众有在定居点附近或是利用棚圈内种植少量青稞草的习惯，农区的群众有种豌豆草与青稞等麦类作物倒茬养地的做法。

1982 年，西藏自治区大面积推广种植牧草。在此以前仅局限于科研单位进行的区域性的引种栽培试验。自 1965 年以来，西藏自治区先后引进了 70 多个牧草品种进行引种试验，从中筛选出了可在生产中广泛应用的近 20 个当家牧草品种。如紫花苜蓿、沙打旺、草木樨、红豆草、披碱草、老芒麦、燕麦、芜菁、聚合草、毛苕子等。这些优良牧草在西藏均具有良好的适应性。据当雄县草原站测定：种植 3 年的披碱草草地亩产鲜草 450～550 千克，种子产量每亩 50～55 千克；燕麦亩产 400～450 千克，种子产量 50～55 千克。那曲地区草原站在那曲县那玛切乡用青稞与垂穗披碱草混播，当年青稞草亩产（干草）240 千克，第 2 年垂穗披碱草亩产（干草）77 千克，第 3 年干草亩产 253 千克；日喀则草原站种植的红豆草第 2 年亩产达到 3 000 千克，种子亩产量 50～120 千克。一年生的燕麦草地，除北羌塘和海拔 4 500 米的高山外，其余地区均可种植，干草产量每公顷可达 1 万～1.5 万千克。芜根是西藏高原特有的十字花科芸薹属多汁饲料，种植历史悠久，产量每亩 2 000 千克。

二、草地家畜生产技术

（一）放牧制度发展

西藏一直实行按季节转场的放牧制度。民主改革前，一般是实行冷、暖两季转场放牧制度。民主改革后，牲畜发展很快，放牧畜牧业生产逐步走向集体化，农牧交错区的牧民逐步定居下来，广大牧区尚处于半定居状态。定居政策实施后，牧民实现了由游牧到定居的转变，大规模的畜群移动逐渐减少，牧民及牲畜被限定在定居点周围所承包的土地上。定居后，牧民之间的联系更加紧密，出现了单户放牧、联户放牧、代牧多种放牧形式。

一般牧业村社多在冬春场上建房修圈，老、弱、妇、孺和部分劳力常年定居，从事草场水利建设，草场封育改良，打草备冬，有的还开垦种粮和栽培草料作物；大部分劳力跟随畜群转场放牧，暖季远牧，冷季回到定居点附近放牧。随着生产条件的改善，牲畜数量迅速增加，许多社队把冷季牧场分为冬、春场或把暖季牧场分为夏、秋场。目前已是两季与三季并重的转场放牧制度。

西藏自治区牧场分东西两个区域。

1. 东部地区

包括青藏公路以东和山南地区。除了昌都北部外，一般实行两季牧场制度。在东南部林区，河谷都已垦为农田，大部分山坡覆盖着森林和灌丛，只有局部山坡、沟谷河滩及作物茬地可供冬春放牧；林线以上的高山草场适于夏秋放牧，所以一般只划分冷、暖两季牧场。

在昌都地区南部等地还有秋冬春季与夏季这种形式的两季牧场。部分社队也有把冬春牧场分开或把夏秋牧场分开，实行三季牧场制。

在海拔较高，地形起伏稍缓的怒江上游地区的东部以及藏南高原东部地区，不仅以高山草场和平滩草场为基础实行冷、暖两季牧场制度，还有一定面积的缓坡草场作为春、秋转场时短期放牧，并有茬地放牧。如果把春、秋过渡性放牧和茬地放收也作为一季牧场，则可认为它是三季或四季牧场制度。在怒江上游地区的西部，即那曲、聂荣、巴青、嘉黎等县的大部分地方，地势较平缓，草场类型差别不大，冷、暖季牧场载畜能力基本平衡，一般没有春秋季节的过渡性牧场。

2. 西部地区

包括羌塘高原、藏南高原西部和阿里西部山地，主要是实行三季牧场制度，而内部亦存在较大的差别。羌塘高原东部和中部地区，地势高，较干旱，地形波状起伏，开阔的高原湖盆、宽谷草场面积大，夏秋季节可以任意放收；而冬春草场面积小，为了充分合理利用，一般分为冬、春牧场两季牧场。在申扎、班戈两县的大部分地方，秋季尚有短期在山坡等有水草处进行过度放牧，故当地有四季牧场的说法。在藏南高原的康马、岗巴等县和阿里西部农牧区也有这种冬、春牧场分开的三季牧场形式。在羌塘高原西部，暖季牧场也较宽裕，又有一定面积的山坡草场，夏天可以到处放牧，秋天在山坡等有水草的地方放牧，下雪早就以雪代水，延长在山坡草场上的放牧时间，推迟进入冬春牧场，是冬春—夏—秋形式的三季牧场。藏南高原西部也有这种形式的三季收场。

（二）草地家畜生产技术

1. 西藏牦牛

牦牛主要依靠天然牧草，进行终年放牧饲养，补饲条件一般很差，多对老、弱、幼畜及病畜等稍予补饲。补饲食盐的方式各地不同，在藏南有喂给牦牛食盐的习惯，如江孜专区的帕里地区每半月喂食盐一次，日喀则专区的定结县，在抓膘之前喂一次；而藏北区虽盛产食盐，但无喂盐的习惯。

在毫无补饲的情况下，为了使牦牛能生长发育和不影响繁殖育幼，牧民群众实行早牧晚归，个别地区甚至采取夜牧的方法，促使多量采食牧草。但由于季节和地区的不同，四季草场和产草量很不均衡。因之，牦牛的膘情，四季的差别很大，一般存在"秋肥、冬瘦"的现象。群众放牧的特点是夏抓肉、秋抓油。夏季时牧草生长丰盛，牧民增加放牧量，以促使牦牛尽快恢复由于冬春牧草不足而引起的瘦弱现象。在秋季时，注意抓膘，放牧于良质草地，使牛采食多量牧草，迅速积累脂肪，达到膘肥体壮。在抓膘季节，牧民都喜放牧于长有野葱及野韭菜的地区，认为有增膘兼驱虫作用。在放牧方法上，夏秋季节实行高牧远放，冬季放牧在避风谷地，春季放牧在平滩草场。

江孜专区帕里地区，于夏末初秋时期普遍给牦牛进行一次头静脉放血，放血量根据牛只的健康状况而定，一般每头牦牛放血1 500～2 000毫升之多，在放血的同时每头牛灌喂牛奶0.5千克及少量的食盐。

在保膘方面，除增加冬春季节的放牧时间与选择具有经验的牧民放牧之外，对老、病、瘦弱的牛只实行偏管与偏饲的办法。对瘦弱有病的犊牛于初冬之期，用荨麻草与糌粑煮成糊状于每晚灌服一次，亦有用骨汤灌服的，这样可使犊牛健壮，安全渡过冬春。

牦牛管理比较粗放，夏秋季节于昼间放牧，晚间用绳系留在草场上过夜；冬春季节，昼间放牧于冬春草场，晚间归牧后圈养。牛圈多用石块或牛粪筑成方形圈墙，高度一般在1.5米左右，无棚盖。

2. 西藏绵羊

藏北牧区，主要依靠天然草场，采取定居与半定居的放牧方式，草场划分为冬春草场、夏草场、秋草场等三类。冬春草场的选择，为平地或避风的谷地，饲草生长良好的地区。夏草场与秋草场无明确的界限，一般羊群在夏秋季节都高山牧场远放，禁止羊群进入冬春草场，以保证冬春饲草的足用。藏南江孜和日喀则两区的饲养情况，在农牧交错区，饲养情况基本上与藏北区相同，草场亦划分冬春和夏秋不同的草场。饲养条件较好地区，如浪卡子、隆孜等县，羔羊和产后母羊划分优良草地作为母子草场。在秋季庄稼收获之后，羊群放牧于田间采食残存作物残茬和杂草，冬季饲养除昼夜在农田及附近草地上放牧之外，晚间补饲0.5～1千克青稞干草。农区一般以农业生产为主，所有绵羊大都小群饲养，平均每户养羊在10头上下，夏秋放牧时多在附近小片草场，亦有若干农户联合组成较大羊群，委托专人到远地放牧，但在冬季则都分散自养。

放牧时一般是按性别、强弱、老幼分群，放牧定额依地势和草场优劣情况而定。据在藏北调查：夏秋季节 200 只为一群；春季畜群较小以 100 只为限。放牧时间以早晨 6、7 时出牧，下午 7、8 时收圈。夏季草场牧草生长旺盛，牧民尽量使羊只吃饱吃好，以使羊只迅速增重，借以恢复在冬春季节因营养不足而失去的体重，为秋季进一步积累脂肪准备条件，即牧民所谓夏抓肉、秋抓油。牧民在放牧上积累良好的经验，抓膘时期选择优良草场，放牧时牧民走在羊群之前，控制羊群减少游走，并适度的使羊只吃到野葱、野韭菜等植物，以促进食欲，提高采食量，兼有驱虫作用。冬春季饲养，由于草场枯黄，营养成分既降低，单位面积内产草量亦少，加之天寒地冻，羊只本身需要更多营养，特别是孕畜除维持本身营养外，又需供给胎儿营养需要，所以牧民于冬春季放牧，以保膘为主，延长放牧时间，使羊群能基本上保持一定程度的肥度，不使失重过大而影响健康，造成冬瘦春乏的损失，以致影响羊群的正常增殖。冬春保膘饲养是否良好，决定于夏秋抓膘是否良好、冬春草场的质量优劣、放牧饲养管理的技术如何。

羊圈的构造，藏南和藏北的牧区大致相同。牧民于秋末整修羊圈，一般用草皮、石块、牛粪堆成 1～1.5 米高的围墙，无棚盖。近年来各地开始修建保温圈，为孕母羊接羔应用，并作为幼羔保温圈舍，以降低幼羔死亡率。藏南农区羊圈多在农民住房的下层，保暖条件远较牧区良好，但多数羊圈过于狭小且阴暗潮湿，透光通气设备不足，经常不打扫，舍内粪便堆积，聚集大量氨气，对于羊群健康影响很大。

剪毛工具多用刀割，割毛的方法和时间各地区不同。藏南农区割毛时间在 7、8 月；藏北在 8 月下旬或 9 月上旬。割毛方法有一次割完，亦有分部位先后割毛。如白朗县，先从头部割起，隔若干时间，再割其他部分，割毛时羊体上保留一定长度的羊毛，以保温。藏南地区遗留毛长 1～1.5 厘米；藏北地区遗留毛长达 3 厘米。

3. 西藏的黄牛

饲料以利用农作物麦秆为主，在冬春季节，都用青稞麦秆饲喂。在青草季节，多放牧于田旁隙地或河滩上的小片草地，亦有上山放牧；青稞收获后在农田放牧，黄牛采食残存的青稞草根以及田间杂草。农忙季节劳役较重的时期，补喂少量精料如青稞、豌豆、油菜子饼或喂以晒干的根菜类。黄牛在产奶期间多喂以葫芦巴籽、野燕麦（青嫩期）作为精料；以青稞草秆、野燕麦植株及青嫩杂草等作为粗饲料，但主要的饲料为青稞秆草。

农区均为舍饲。畜舍多在住房的下层，亦有在住房的侧旁建筑小型的简单畜舍。畜舍内光线不足，阴暗潮湿，昼间牵出放牧或系饲于室外草场，日常对牛体均不刷拭。

4. 犏牛

饲养条件与黄牛相同，但生长发育迅速，耐粗饲，对饲料利用力强，具有旺盛

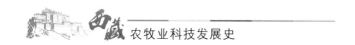

的杂交优势。在管理上，由于性情较黄牛敏感，神经质，易惊恐，母犏牛不如黄牛温顺和易于管理，公犏牛性情凶猛，使役时不易控制，调教比黄牛困难。

第三节　草地改良技术

在西藏漫长的草地畜牧业发展历史上，人们通过游牧、逐水草而迁徙、家畜转场及相应的管理措施，对草原进行保护与利用，而真正意义上对草原改良与利用的系统研究，实际上是始于20世纪60年代西藏有了专门的草原科研单位之后。草地改良是在不破坏或少破坏原生植被条件下，用生态学基本原理和农艺学方法，通过各种措施，如灌溉、施肥、除莠、松土、防治鼠虫等措施，控制或改变天然草群赖以生存的环境条件，减少非理想植物的竞争，改善天然草群成分，增加种群密度和物种多样性，提高草地生产力和生态功能改良。

一、草地改良技术

按措施施用的对象，草地改良基本上可以分为两大类：草地的土壤改良和植被的恢复与改善。土壤改良通过某些土地耕作措施影响或改变着植被的立地条件，表现为土壤的含水量、温度、孔隙度、坚实度和容重等物理性质以及土壤的养分元素含量和离子浓度等化学性质的变化，并在一定程度直接影响着植被。人们通过播种优良牧草以恢复逆向演替的原生植被或改变植物群落的组成和结构；清除有毒有害或不理想植物，增加可利用牧草产量和质量，或减少对家畜的危害。据研究，围栏封育、施肥、补播、灭鼠等措施在退化高寒草甸的改良与恢复中取得了一定效果。2011年，李幼杰等对退化的半干旱高寒草甸草原（主要植被种类有高山蒿草、薹草、紫菀、火绒草、金露梅等）进行翻耕补播，结果显示，恢复的植被类型依然以旱生杂草为主，原来湿生的植被类型（高山蒿草、薹草等）难以恢复。说明翻耕补播这种方式在破坏地表植被的同时，也改变了地表土壤的质地，容易造成地表蒸散量增加和土壤含水量下降，不利于湿地型植被的生长恢复。可采取增加灌溉或者免耕补播方式，可能更适合该退化草地类型植被的恢复。

葛庆征等研究表明，相比施肥、补播等单独措施，综合处理，如施肥＋划破草皮＋补播，不仅使群落结构得到改善，而且最大幅度地提高了物种多样性水平及生产力水平，既改变了退化草地的生态环境条件，又增加了可利用资源，因而改良效果更佳。王敬龙等研究表明，围栏＋灌溉＋补播措施对改则县退化高寒荒漠草地植被群落高度、密度、盖度及地上生物量有显著的提高作用，但补播初期破坏了戈壁针茅、线叶蒿草的根系，并且使新物种披碱草进入原生群落，一定程度上抑制了原生植被在群落中的竞争优势；围栏＋灌溉基本没有破坏植物根系，更适宜于西藏改则县高寒荒漠化草原的改良恢复。因此，在采取综合治理措施时，应根据实际情况，综合考虑草地生态平衡、经济成本等方面进行取舍，选取最合适的恢复治理措施组合。

草地是可更新的自然资源，有着自身的形成和发展过程。草地改良的任务就是通过对草地发生发展规律的正确认识，实施各项农业技术措施来改善草地植物的生活条件，恢复、保护和提高草地的生产能力。是治理和防止草地退化的重要措施，其效果已被生产实践所证实。由于受自然条件、技术等因素影响，西藏草地改良工作起步较晚，始于20世纪70年代中期。采取的主要措施是兴建水利工程引水灌溉和围栏封育。如日喀则市康马县利用涅如麦乡水利资源丰富的优势，因地制宜地进行了草地水利工程建设，修建了5条灌溉干渠，并配套建设了支渠、毛渠，可以灌溉6.5万亩的天然草地，极大地改善了灌溉草地的生态环境，生物多样性得到有效恢复，草群覆盖度、草层高度都有明显的提高，牧草产量较未灌溉的天然草地也有较大幅度地提高，有效增加了当地饲草料的供给，一定程度上缓解了草畜矛盾，有效提高了牲畜防抗灾能力。但从西藏自治区全区来看，草地改良面积仍较小，截至2014年年底，围栏禁牧休牧面积仅有10 451万亩，草地补播面积仅为3 227.3万亩，可灌溉的天然草地不到西藏自治区可利用草原面积的1%。鼠虫毒草害治理面积仅为5 000万亩，人工种草保留面积仅为172万亩，与当前西藏自治区畜牧业发展极不适应。

二、草地灌溉技术

为保证牧草在整个生育期内对水分的需要，同时为改善牧草生长环境，调节土壤理化性质，增强土壤微生物的活动，防止牧草病虫害，提高牧草产量，需要对草地进行定期或不定期地灌溉。

西藏大部分区域属干旱、半干旱地区，降水量少，蒸发量大，春旱普遍而且持续时间长，往往在牧草生长发育最需要水分的季节缺水，天然降水，无论是降水时间或降水量都不可能完全符合牧草生长发育的要求。同时，降水量年际变化大，如一旦遇上干旱年景，牧草生长发育受到严重抑制，直接影响当年产草量。

近年来，随着全球气候变化和人为因素的影响，西藏高寒牧区面临草畜矛盾突出，草地生态日趋恶化的危险。作为促进牧区经济社会发展、保护草原生态的重要手段，实施科学、合理的草地灌溉工程建设，可有效解决牧区饲草短缺和供应保证率低的缺陷，同时缓解天然草地生产负担，促进草地自然修复，然而，西藏牧区水利基础设施薄弱，牧区水利科研相对滞后，对草地灌溉工程效益缺乏精确、定量研究。

西藏最早对草地灌溉进行试验是在20世纪80年代，西藏自治区畜科所草原室

在当雄县试验，草地灌溉后，牧草产量提高 74.9%～140.5%，效果极为显著（西藏草地资源）。

1998—1999 年，沈振西等对青藏高原高寒矮嵩草草甸植物类群进行模拟降水试验，结果显示，增加 20% 的降雨禾草类（垂穗披碱草、异针茅、早熟禾等）的盖度比显著增加，但增加 40% 的雨量处理不但没有增加禾草类的盖度比，反而使其明显降低；植物类群的高度上，增加 40% 的雨量效果明显大于增雨量 20%。

2010 年 6～9 月，郭亚奇等在那曲地区安多县措玛乡，对海拔 4 630 米的紫花针茅—矮嵩草为建群种的高寒草地进行喷灌，每隔 6～8 天灌溉一次，得出结论：喷灌样地内紫花针茅的土壤水分充足，其净光合速率明显大于对照样地内受水分胁迫的紫花针茅的净光合速率。

2011 年，内蒙古农业大学赵世昌和中国水利科学研究院徐冰等在海拔 4 200 米的当雄县对高寒草原进行灌溉试验，单位面积生物量为每公顷 619.5 千克、牧草每公顷产值 2 168.3 元、载畜量为每公顷 0.615 个绵羊单位，分别比无灌溉条件下增加了 18%、18%、17%。生态效益贡献占 66.7%，经济效益和社会效益各占 16.67%。可见，对天然草地灌溉，综合效益显著，能够遏制天然草地退化趋势。

2011 年，王敬龙等在改则县改则镇海拔 4 700 米的高寒荒漠草原上进行灌溉实验，植被类型为禾草＋莎草＋杂类草群落，结果显示，线叶嵩草植株高度比、种群密度、地上总生物量分别比对照提高 123.12%、241%、35%，同时，物种丰富指数、多样性指数均显著高于对照。说明灌溉给群落中植物提供了生长所需的水分，使群落中可食牧草得以恢复，增强了其在群落中的竞争力，促使草地植被正向演替。

2011—2012 年，张位首等在日喀则市南郊对人工草地进行灌溉试验，结果显示，垂穗披碱草、老芒麦、紫花苜蓿、箭筈豌豆在净灌溉每亩定额 250 立方米的微喷灌方式下，用水量仅是传统管灌（林周县送盘草场）的 64%，是传统渠灌（班戈县门当乡饲草基地）的 53.57%；干草产量分别为每亩 522.4 千克、488.5 千克、437.4 千克、400.3 千克；对箭舌豌豆进行滴灌试验，结果显示，采用每亩 250 立方米灌溉时，干草亩产量为 519.8 千克；采用每亩 200 立方米灌溉，干草亩产量为 501.9 千克；采用每亩 150 立方米灌溉，干草产量为每亩 475.6 千克，说明灌溉对牧草产量影响较大。

2012 年，汤鹏程等在拉萨市当雄县对燕麦草地进行灌溉试验，得出结论：燕麦幼苗期宜在日落前灌溉，有益于作物生长，提高水资源利用效率。分蘖期、拔节期与抽穗期叶水势变化主要发生在白天，在这些生长期内进行作物灌溉时，最好选择在 11：00 与 16：00 期间，有利于水分的吸收利用。

牧草的需水量是指牧草在适宜的水分条件下，经过正常生长发育取得潜在产量时的棵间蒸发与叶面蒸腾水量之和，它包括牧草可能利用的土壤水、降雨、灌溉水以及地下水。牧草需水量的影响因素有气象因素和非气象因素。气象因素包括气温、湿度、风速、日照和辐射等。非气象因素包括叶面积指数、茎叶比值、牧草需水特性、生育期、群落覆盖度及土壤的种类、结构、肥力和灌溉技术等。一般牧草每产生 1 克干物质约需耗水量 0.6～0.7 千克。大部分人工牧草需水量 400～700 毫米。天然草地牧草比人工草地牧草需水量略低。

1. 传统灌溉主要采用方式

（1）修建系统性草地灌溉工程。为了建立饲草饲料基地，由靠近基本草场的河流、溪谷、水库、湖泊中取地面水或打井、引泉、截取潜流地下水进行灌溉。这种灌溉系统多在农牧结合地区采用，不适用土壤为强冻胀性土层的那曲等寒冷地区，因渠道易遭到冻胀破坏。完整的草原灌溉系统有取水、蓄水建筑物，输、配水渠道及其建筑物（见渠系建筑物），以及田间工程。地面较平坦的基本草场多采用沟灌、畦灌；地形复杂、地面坡度较陡的基本草场则可采用喷灌。

（2）引洪灌溉。多在河道上修建临时性引洪口及渠道，在河流涨水时抢洪引水到天然放牧场或打草场进行漫灌。引洪灌溉的可靠性差，一次灌水量大，由于工程简陋、引洪流量大、洪水含沙量大，且流量不易控制，易引起水土流失和草地淤没。

（3）蓄水灌溉。主要是开挖水平沟、修水平埂、挖鱼鳞坑、筑雪障、作冰坝等田间简易工程，将雨雪水及流冰水就地拦蓄在草地上，以供给牧草生长需要。水平沟、水平埂多在较平坦的缓坡地上沿等高线修筑，牧草种植在沟内及埂间。鱼鳞坑多用于地形复杂、坡度较陡的坡地上，成品字形布置。还可垂直冬季风的主方向，用修筑土墙、篱笆、灌木防风带以及压雪埂、堆雪堆等措施，设置多层雪障，减缓风速，以利积雪；春融时雪水渗入土壤可消除春旱，同时雪被还可保护牧草越冬。另外，冬季在靠近草地的河溪上及泉水溢流处筑冰坝、开引水渠将冰水引到草地积存起来，待到开春冰化时湿润土壤，也可起到灌溉作用。

2. 现代灌溉技术

（1）微灌技术。属先进的田间灌水技术，但工程投资高，在国外被称之为昂贵的灌溉技术，不适于多砾卵石地质特征的地区。

（2）喷灌技术。有显著的省水、省工、少占耕地、不受地形限制、灌水均匀和增产等效果；但有一定局限性，其中最大的影响因素是风，大风天气不易喷洒均匀。可用风力提水加压喷灌、光伏水泵提水加压喷灌、风力提水—光伏水泵加压喷灌。

2012 年，自治区畜科所对羊八井点特设的草场灌溉系统进行水利科学化和草业科学化相结合的研究设计施工，最终第一次在西藏完成草场自压喷灌灌溉技术，创新了利用自然高差压力进行省力省电省投资的草场改良技术。

（3）滴灌技术。西藏天然草地灌溉面积仅占全部草地面积的不足 1‰。主要原因是草地灌溉水灌渠基础设施滞后，大部分草原由于无灌溉能力，草地牧草生长缓慢，产草量较低。另外，由于西藏干旱草场面积较大，喷灌、滴灌等技术措施虽然在小范围内试验成功，效果较好，但建设成本较高，不适合大面积推广。目前，草地灌溉主要利用江河支流、支沟水，采取以引为主、引蓄结合的方法对草地进行灌溉。

在降水量低于 200 毫米的干旱地区，天然草地一般在牧草返青期前、分蘖和抽穗期各灌溉一次，保证牧草生长所需水分；人工草地在每个生长阶段应各灌溉一次。在降水量 200～400 毫米的半干旱地区，天然草地一般在返青期前和抽穗期各灌溉一次即可；人工草地应在生长期间灌溉三次左右。在降水量大于 400 毫米的半湿润地区，天然草地一般在返青期前灌溉一次；人工草地应根据牧草品种、类别、生产目的（收草或收种）合理安排灌溉次数。

天然草地灌溉定额大体上是当地青稞作物灌溉定额的一半，即每亩草地灌水量为 100～200 立方米（净灌溉定额），从藏西北到藏东南依次减少灌溉定额，藏南一般为每亩 150 立方米。

3. 天然草地灌溉应注意以下问题

（1）天然草地灌溉应遵循先易后难的原则，量力而行，讲究实效。对于地处高寒、淡水资源极为贫乏的地区，特别是藏西北羌塘高寒草原、高寒荒漠类草原，不宜大面积地进行草原灌溉。

（2）在灌溉水源上，应首先开发利用地表水，有条件的地方还可开发地下水。高原内陆淡水湖泊为数不多，不宜开发灌溉草原，以防止加速淡水湖泊的消亡，带来生态环境进一步的恶化。

（3）天然草场灌水过多、土壤过湿，会使土温降低，通气状况恶化，不利牧草生长。且长期积水会使植被类型发生演变，牧草品质变劣、产量降低。草地灌溉应控制好灌溉定额量，加强管理，不可因灌溉不当造成天然草场出现水土流失、草场盐碱化、沼泽化，甚至冲毁草场现象。

（4）在水资源开发方式上，应因地制宜，引、蓄、提相结合。也可采用拦蓄地面径流和春季融雪水的方法。

（5）应做好草地灌溉中长期规划，提高设计、施工及管理水平。采用适于西藏的先进科技成果，提高渠系利用系数，减少水量损耗，努力提高其经济效益。

三、草地施肥技术

为提高土壤肥力、调节植物营养、改善草地的植物学成分，提高牧草产量，增加草群的营养物质含量，提高牧草的适口性和消化率，需对草地进行定期施用一种或多种的肥料。

植物根系从土壤中吸收大量的营养物质合成有机物——牧草，而后为家畜采食，其粪便归还于土壤，这是一个完善的生态系统。但在西藏，由于草地上家畜粪便大部分被用做燃料烧掉，土壤中的养分得不到应有补充，因此，对草地进行施肥十分必要。草地施肥由于能迅速补充土壤速效养分，增加土壤表层肥力，改善植被营养品质，提高牧草产量和改变草群组成有重要作用。尤其是草地退化后土壤中营养物质极度贫乏，稍施肥料，牧草产量可成倍增长。目前，合理施肥已成为保护草地资源、维持草原生态系统养分平衡，实现退化草地恢复的关键措施之一。

西藏草地施肥开始于 20 世纪 60 年代末，但仅限于家畜的粪尿和褥草及垫圈土等，施肥范围多集中于人工草地和培育的半人工草地。其原因一是缺乏燃料，牛羊粪基本上被农牧民当作燃料使用；二是天然草场面积较大，施肥成本较高；三是长期以来，草地吃"大锅饭"现象并未得到根本转变，农牧民群众对草地施肥仍缺乏科学性认识，投入不足。

20 世纪 80 年代，一些经营管理水平较高的农牧户，对封育的冷季草地和退化草地进行施肥改良，增产效果显著。如山南地区措美县哲古乡的针茅—蒿属草地，一般亩产鲜草 50～75 千克，后来在 17 000 亩的封育退化草地上，用施羊粪、灌溉技术，亩产鲜草达 165～225 千克；阿里地区革吉县雄巴乡在 3 000 亩退化草地上，采用施肥、灌溉、封育等技术措施，亩产鲜草量增长 1.2～3.5 倍。如近年来，那曲地区申扎县把牛羊粪加水发酵后，洒入草场，发现牧草长势明显好于未施肥的天然草场。

随着各级政府对天然草地可再生资源的认识不断提高，对草业发展的重视不断加强，各地不断尝试着草地施肥技术。随着科技事业的发展，微量元素施肥和稀土施肥正在崛起，并已取得良好的效果。

肥料效果的发挥决定于牧草种类、土壤条件、施肥方法、灌溉方法及水量等。草地施肥后，牧草能吸收总肥分的 $1/3～3/4$，其余的肥分在土壤的理化作用和微生物作用下一部分转化为植物不能直接利用的形态，如过磷酸钙中的水溶性磷酸钙变成难溶性的磷酸三钙；一部分养分被微生物吸收利用，构成微生物的菌体、蛋白质态氮、磷脂等；一部分养分随地下水流失，或者变成气体状态扩散挥发。在制定草地施肥制度和进行草地施肥时一要看植物的需要，即要看植物需要养分的种类、数量和需要的时期进行施肥；二要看土壤对养分的供给能力和数量；三要看肥料的性质，即养分含量、养分形态、养分在水里的溶解度及其在土壤里的变化。因此，提高牧草对肥料的利用率，充分发挥施肥的效益，是合理施肥中应当注意的一个问题。

西藏天然草地土壤有效钾含量高，一般含量＞100 毫克/千克，速效磷含量普

遍偏低，河谷灌丛草原上速效氮含量偏低，<10毫克/千克，因此，天然草地宜选用磷肥和氮肥。

1998—1999年，沈振西等对青藏高原高寒矮嵩草草甸植物类群进行施肥试验（在每年6月中下旬水溶后均匀喷施），施氮150千克/公顷条件下，可明显使禾草类植物（垂穗披碱草、异针茅、早熟禾等）的盖度增加，但过多氮，如施300千克/公顷，会对禾草和杂类草（麻花艽、凤毛菊、委陵菜、棘豆、矮火绒草等）的盖度有一定的抑制作用。在施氮条件下，禾草类高度比和植物综合优势比也明显大于对照，说明施氮对禾草类在群落中的组成有明显的促进作用。施氮150千克/公顷和施氮300千克/公顷下，禾草类的地上生物量值分别比对照增加0.8和1.53倍。但施氮处理的结果说明，适当施氮虽有利于莎草类植物的生长，但总的来说它对氮素的竞争吸收能力不如禾草类（Black et al.，1994），一旦禾草类在氮素供应充足下，会占据群落的上层，形成的郁闭环境，不利于下层的莎草类植物对光等资源的利用。

2002—2003年，关树森在拉萨市当雄县对天然草地施肥，发现施尿素234.8千克/公顷、磷二铵58.7千克/公顷、氯化钾135千克/公顷下，地上植株生物量比对照增加202%，仅施磷钾肥比对照增产3.2%，仅施氮磷比对照增产1.6%，说明施氮肥对草地的恢复有着比较重要的影响，但氮、磷、钾配施效果更好。

2003—2004年，魏学红、杨富裕等对那曲地区安多县北部河滩阶地草场进行撒施牛羊粪，施肥量为1 000克/平方米，厚度为5厘米，结果显示，施肥为天然草地的改良较为明显，2003—2004年，施肥样地牧草高度分别为91厘米、100厘米，比对照提高112%、122%；2003年，施肥样地植被盖度比对照提高16%，2004年植被盖度较2003年又提高14%；2003年，施肥样地鲜草产量为45克/平方米，比对照增加87.5%；2004年比对照增加200%，比2003年增加24.4%。此外，禾本科牧草的分盖度成倍增加，而杂类草呈下降趋势；新生植株多，分枝、分蘖性强，株丛稠密，比对照区总密度增加12.5%～37.9%。

2008年，武建双等在那曲县那玛切乡对2007年建植的垂穗披碱草、中华羊茅、星星草、冷地早熟禾组成的人工草地（总盖度26%～35%，其中：垂穗披碱草分盖度为15%～30%）进行施肥，生长季结束（9月中旬）时发现，随着氮量增加，群落盖度、牧草产量均呈线性增加趋势，垂穗披碱草种群分盖度在不同施氮处理下也不同程度地提高，但无明显线性趋势，其中在175千克/公顷处理下群落盖度高达71.2%，比未施肥提高42%，牧草产量达到1 737.6千克/公顷，比对照增加87%。说明，在表层施氮肥在建植早期能够显著提高藏北高原人工混播草地的群落盖度和牧草产量。同时能促进垂穗披碱草营养生长。但土壤中碱解氮指标在后期测定有小幅增加现象，说明垂穗披碱草群落对土壤的有效氮已不能完全利用，即在当地条件下，175 千克/公顷的施氮量是垂穗披碱草群落施肥的上限。另外，牧草在小于 120 千克/公顷的施氮浓度下，牧草对土壤中氮和磷吸收都较大，在大于 120 千克/公顷的施氮浓度下，氮素和磷素的吸收存在此消彼长的现象，说明在此施氮浓度下牧草对氮的吸收利用最大。总之，在那曲高寒地区建植的以禾本科为优势种的人工草地上追肥量不应超过 120 千克/公顷，施氮肥后应根据土壤营养和牧草生长的状况，增施一定量的磷肥。

2009 年，邓自发等在那曲县那玛切乡对分别建植于 2000 年、2004 年的垂穗披碱草人工草地（经自然放牧后严重退化植被盖度分别为 30％和 50％）进行施肥试验，发现施肥可以显著提高垂穗披碱草种群的克隆生长，株高、分株数以及株丛数显著增加，而有性繁殖能力相对降低。

高寒环境中，土壤微生物活性较弱，土壤供应养分能力较差，氮素成为限制高寒草甸生产的主要元素之一（Bai YF et al.，2010），而草地退化过程又加剧了氮素的匮乏：草地大面积裸露容易遭受风蚀和水蚀，导致土壤养分流失和有机质积累减少。也有研究表明，位于半干旱半湿润区的高寒草甸生产力受氮、磷的共同限制（Bowman WD 等，1993、1994；Walker MD 等，1994；杨晓霞等，2014）。而且，氮施加过量还会加剧磷限制（Craine J 等，2010 年）。因此，不当的施肥措施不仅增加经济成本，还会对高原环境产生影响，引起土壤酸化和水污染等环境问题。

2012—2013 年，宗宁等在拉萨市当雄县对以窄叶薹草、丝颖针茅、木根香青、高山嵩草等植物为优势物种的轻度退化草地和以木根香青、冻原白蒿和微孔草等双子叶杂草类植物的重度退化草地进行施肥处理，结果显示，施加氮肥对轻度和重试退化高寒草甸群落盖度均无显著影响，而氮磷配施显著提高了群落盖度，其中，高氮加磷（100 千克/公顷＋50 千克/公顷）处理效果最显著。在轻度退化样地，2012 和 2013 年生长季群落盖度分别提高了 86.2％和 82.1％；而在重度退化样地，分别提高了 150.5％和 142.2％。施肥对植物群落物种数的影响存在年际间差异：2012 年生长季施肥对轻度退化样地物种数无显著影响，而 2013 年高氮与高氮加磷处理显著降低轻度退化植物群落的物种数。两年监测表明，高氮加磷处理显著降低了轻度退化样地植物群落多样性指数和均匀度指数，说明高氮处理不利于轻度退化草地物种多样性和稳定性的维持，但对重度退化样地无显著影响，这与其群落组成相对单一有关。单独氮肥添加对轻度和重度退化高寒草甸无显著影响，而氮磷配施显著促进植物地上生物量，其中，高氮加磷使轻度退化样地在 2012 和 2013 年地上生物量分别提高了 137.5％和 133.1％；使重度退化样地分别提高 146.6％和 180.2％。同种施肥处理相比，重度退化样地生物量显著高于轻度退化样地。从地上生产力来看，无论轻度还是重度退化草地都受氮和磷的共同限制。施氮显著促进轻度退化样地禾草类植物生长：2012 和 2013 年生长季禾草类植物地上生物量在高氮（100 千

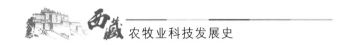

克/公顷）处理分别提高了278.1％和166.2％。

随着西藏太阳能、液化气等替代能源的推广及普及，农牧民将逐步减少使用牛羊粪作燃料，牛羊粪将逐步还肥于草地，草地生态系统也会逐步恢复到可持续发展状态。

四、草地补播技术

补播改良是在不破坏或少破坏原有植被的情况下，在草地上播种一些适应性强、饲用价值高的牧草，以增加草群种类成分、增加地面覆盖、提高牧草的产量与质量，这是草地治标改良的一项重要措施，也是植被恢复与改良的一项有效措施。从2004年开始，西藏自治区开始实施退牧还草工程项目，2004—2013年，中央累计安排西藏自治区天然退化草地补播3 227.3万亩。据西藏各地的补播试验与生产实践表明，这一措施一般可使牧草产量提高30％～100％。2012年，亚东县在堆纳乡退化草地补播披碱草，2013年测产，每亩增产干草150～200千克，效果显著。

补播成功与否首先取决于草种的选择，在西藏海拔4 000～4 500米、年降水量300～400毫米的地区，为了生态效益和作为放牧地，可以补播披碱草、老芒麦、早熟禾等抗寒耐旱的牧草品种。而在水热条件较好的藏东南地区，还可根据当地条件，适宜补播一些其他牧草。其次，是要做好补播后的各项管理工作。如施肥、灌溉等。补播后的草地当年严禁牲畜进入放牧，以免因牧草扎根不深被牲畜连根拔起，影响补播效果。据研究表明，退化草地补播垂穗披碱草后，在补播当年尽管对莎草类植物地上生物量及其在群落中的比例没有造成显著影响，但是随着补播量的增加，莎草类绝对生物量及其在群落中的比例呈增加趋势，杂草类在中度和重度补播的条件下植物地上生物量显著下降。草地补播后，植物群落物种数和丰富度指数较之前显著提高。另据Foster B Let等研究，适当补播有利于高寒退化草地的恢复和生态系统的稳定，草地的经济价值得以提高。补播能使群落结构发生持续、显著的变化，不仅增加了其他已存在物种的丰富度，而且能够使没有的物种重新建植，可以提高草地生态系统的物种丰富度和群落均匀度。

1996—1999年，西藏自治区畜科所在拉萨市当雄县中度退化的高寒草甸草地上，补播老芒麦、无芒雀麦、披碱草，发现补播草地牧草地上生物量比之前提高了20％～30％，总盖度比补播前提高了23.8％，草群中优良牧草种类及比例增多，有毒有害植物比例明显减少。

2003—2004年，孙磊等在那曲地区安多县对退化草地进行补播试验，结果显示，免耕补播可显著提高草地有益草类地上生物量，植物覆盖度明显增加，改善了草地的质量，提高了草地生产能力，使草地向良性方向发展。其中，垂穗披碱草效果最好，其次为无芒雀麦。但短期试验后发现围栏内外植物种类没有明显变化，但围栏内未补播区植物种类明显增加，说明补播对原生优势植物有一定的抑制作用。通过禁牧封育改良退化草地试验得知，围栏内免耕补播恢复效果比单纯围栏要好。

2008年，多吉顿珠等在拉萨市当雄县选择重度退化沼泽化草甸草地进行围栏补播试验，结果显示，除毒草之外的其他草种高度均有所增加，植被总盖度、密度、高度较补播之前分别增加33%、101.42%、16.1%。这是因为补播时耙地改善了土壤通气透水性，促进了土壤有机质分解，增加了土壤养分，从而促进了光合作用，有利于植物根系的生长发育；结合施肥，即在补播时撒施厩肥和出苗后追施化肥增加了土壤速效养分，从而促进植物生长，增加了草群密度；补播后围栏封育为植物创造了休养生息的机会，也有利于植物地上部分生长，增加植物高度。

2003—2009年，宋春桥等在那曲地区安多县和那曲县对退化草地进行补播试验，结果表明在天然草场上补播适合藏北高寒环境的一些草种，如垂穗披碱草等，可以大幅度改善草场生长的植被覆盖度和均匀度。

2009年，邓自发等在那曲县那玛切乡对分别建植于2000年、2004年的垂穗披碱草人工草地（经自然放牧后严重退化植被盖度分别为30%和50%）进行补播试验，发现补播可以显著提高垂穗披碱草种群的克隆生长，株高、分株数以及株丛数显著增加，而有性繁殖能力相对降低。

2011年，王敬龙等在改则县改则镇海拔4 700米的高寒草原上进行补播＋灌溉实验，结果显示，样方内整个群落中可食牧草（线叶嵩草和戈壁针茅）的高度显著提高，其中，线叶嵩草植株高度比对照提高227.5%，同时补播披碱草在一定程度上抑制了戈壁针茅及蕨麻委陵菜的生长。

第四节　草地保护技术

实施草地保护，维护人类赖以生存的草地资源，促进草地畜牧业健康发展，是草业工作的重要任务之一。西藏主要针对鼠、虫、毒草害进行防治以保护草地。据20世纪80年代统计，鼠虫危害面积已达61 100万亩，占西藏草原面积的50%左右；有毒有害植物达1亿亩以上，约占草原总面积的8%左右。

一、草地鼠害防治技术

一些啮齿类动物给草地造成严重的危害，在西藏主要有高原鼠兔、喜马拉雅旱獭、草原田鼠、高原兔等。其中以高原鼠兔、喜马拉雅旱獭对草地危害最大。草原田鼠多分布于有农耕地分布的温性草原区。由于鼠类的种群组合、生态习性、地理分布、密度等不同，采取的防洪措施亦不同。从根本上降低高原鼠兔对草地的危害，还必须要对草地进行综合治理，减少过度放牧，增加植被覆盖度，同时保护高

原鼠兔的天敌，通过自然生态系统各组分间的相互作用以达到自然控制高原鼠兔种群数量的作用。

高原鼠兔为鼠兔科啮齿动物，在西藏分布广，数量大，是草地危害最大的一个鼠种。多喜欢栖息在土壤较为疏松的坡地、河谷阶地、洪积扇等牧草生长良好的地方。具有较强的挖掘洞穴能力，每亩洞数可达40～100个，高者可达300个以上。喜食的植物都是草地中优良牧草，如早熟禾、异针茅、蒿草、委陵菜、珠芽蓼、圆穗蓼等，而且还采食牧草的地下部分。据测定，每只鼠兔日食鲜草77.3克，大约50只鼠兔吃掉的牧草可饲喂一个绵羊单位，危害较大。当密度超过每公顷48只高原鼠兔和4只高原鼢鼠，就应该控制以便减少经济损失。20世纪80年代前，西藏多采用堵洞、熏蒸、水淹挖掘消灭仔鼠等来防治。为更好地控制高原鼠兔和鼢鼠种群，恢复退化草地，逐步采用人工毒杀和使用不育剂等方法。

喜马拉雅旱獭，是一种大型啮齿动物，挖掘能力极强，其洞穴较高山鼠兔的洞穴深而大，每洞抛出的鲜土能覆盖周围1平方米左右的草地，危害强度较大。常栖息在向阳的山坡及坡麓，喜食禾本科和莎草科等一些植物含水分较多的部位，如叶、嫩芽、幼茎等，也食草籽。日食鲜草量达1 500克，大约3只喜马拉雅旱獭就要消耗1个绵羊单位所需的牧草。此外，旱獭还是鼠疫杆菌的自然宿主，在其栖息地常形成鼠疫的自然疫区，对人类和牲畜健康构成潜在威胁。20世纪80年代前，西藏多采用机械捕杀（夹、套）为主，药物用氯化苦、磷化氢，熏蒸效果较为明显。

草原田鼠为小型啮齿类动物。喜食早熟禾、白草、蒿草、委陵菜等牧草。主要分布在海拔相对较低的农区，对人工草地危害较大。由于它多喜在灌渠边缘建造洞穴，对灌渠危害极大。由于繁殖能力强，采用药物毒饵诱杀。一般用5%～10%的磷化锌或0.2%敌鼠钠盐毒饵杀灭。据试验结果显示，用磷化锌芫根和磷化锌青草两种毒饵灭效均比较好。

草原鼠害防治与研究基本经过了如下四个发展阶段：

第一阶段，自然生态调控阶段。西藏民主改革前，在自然经济条件下，草原鼠害的控制主要依赖于自然生态调控。

第二阶段，基于卫生防疫的草原鼠害防治阶段（20世纪60～70年代）。由于以鼠疫为代表的自然疫源地主要分布在草原地区，因此，防治对象主要有旱獭、高原鼠兔、鼢鼠和田鼠等几种草原鼠类（疫源动物）。鼠害防治主要采用氯化苦熏蒸、大水漫灌、诱捕、圈套等器械灭鼠技术含量较低的方法。鼠害防治工作由各级卫生防疫机构组织实施，但防治的总体规模不足以遏制草原鼠害的发展势头。

第三阶段，以化学农药为主防治草原鼠害阶段（20世纪80～90年代初）。随着农药化学工业的快速发展，滴滴涕、氟乙酰胺、氟乙酰钠和磷化锌等急性灭鼠剂是最常用的杀鼠剂。虽然在一定程度上控制了鼠害的损失，但同时也带来了严重的后果，如污染环境，造成二次中毒等，伤害大量有益和无害的生物。除磷化锌外，其他均已被明令禁止。21世纪初陆续生产出抗凝血慢性灭鼠剂，第一代灭鼠剂有杀鼠灵、杀鼠迷、克灭鼠等，特点是作用缓慢、症状轻、不会引起鼠类拒食，其灭鼠效果优于急性灭鼠剂。这一时间，农业部已将防治草原鼠害作为一项经常性的生产管理技术措施纳入草原管理之中，每年下达任务，安排专项防治经费。

第四阶段，草原鼠害综合防治阶段（20世纪90年代末至21世纪初）。这一时期开始采用第二代抗凝血剂（如溴敌隆、鼠得克、杀它仗和硫敌隆）、肉毒毒素（C、D型肉毒梭菌毒素）和植物源杀鼠剂灭鼠，突出利用天敌动物（招鹰控鼠）、生态学原理与方法（围栏封育、培育草地以破坏鼠类栖息地等）及各种不育剂（化学不育剂、植物型不育剂、以性激素为主剂的抗生育剂、不育疫苗、忌避剂和引诱剂），控制害鼠的种群数量是控制草原鼠害的主要手段，同时，根据鼠类的生活习性，加强了施药技术的改进，包括毒饵制作技术和投毒方式等以提高灭鼠效果、效率和安全性。

在全国农牧区鼠害防治学术讨论会上，确认鼠、虫、病和毒杂草是农牧区四大生物灾害。国家科学技术委员会和农业部从"七五"计划起，在科技攻关项目、重大科技项目、草原生态环境建设项目、牧区科技示范项目、农业行业项目及科技扶贫等项目中，专门设立一系列草原鼠害及其防治的研究课题，先后建立了综合的技术框架和高原鼠兔、高原鼢鼠等8种草原害鼠的预测模型，逐步减少化学农药（化学杀鼠剂）的应用。

D型肉毒梭菌是普遍采用的灭鼠剂。高原鼠兔种群降至低密度后，又通过增加繁殖次数，延长繁殖时间和当年出生的雌性幼体直接参加繁殖活动等来提高繁殖力，其数量又会在一段时间后迅速增加。因此，无法起到长期控制的效果。2010年以来，多采用安装招鹰架的方式防治鼠害，这是生物防治方法，是利用物种间相互关系中的捕食与被捕食、寄生与宿主之间的相互协调关系，而达到持续性控制有害动物的目的。具有针对性强、投资少，效益高的特点，是生物灭鼠方法新的突破。周俗等（2005年）研究表明，架设鹰架3年后，高原鼠兔有效洞口密度持续降低，说明鹰架招鹰处理的时间越长控制效果越好。当害鼠种群处于低密度时，通过天敌的捕食作用可使害鼠数量在较长时间内维持在低密度。但害鼠种群爆发时，则无法在短时间内快速降低其种群数量。张新跃（2000年）研究表明，在鼠害防治的过程中，如果仅采用单一的药物灭鼠，即使灭效达到90%以上，经过3~4年的自然繁殖，鼠密度仍将恢复到灭前水平。而单纯依靠生物防治手段又很难迅速降低害鼠密度。因此，通过采用化学药物与生物防治相结合的综合防治措施，可发挥各自的防控优势，以使防治效果具有有效性和持续性。即通过D型肉毒梭菌毒素

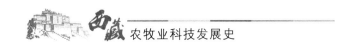

将高原鼠兔种群数量降至低密度后，再以鹰架招鹰措施对高原鼠兔种群数量进行控制，可达到长期持续的防治效果。

随着草原害鼠综合防治的发展与深入，21世纪以来，国内开始重视草原害鼠的经济阈值和理论防治指标的研究工作，逐步推广"应用3S技术和各种传统技术对有害生物进行监测、预测和预报"，要求时间精确、空间精确、靶子精确、措施精确和控制量精确，做到既能保障生物食物链的完整性，又不威胁资源可持续利用、经济可持续发展和生态环境安全。

1992年，景增春等用溴敌隆、杀鼠隆、氯敌鼠、敌鼠钠、士的宁、毒鼠磷、鼠立死等几种不同类型的杀鼠剂分别进行了毒力测定、毒饵的适口性观察及现场药效试验，毒力测定结果显示，慢性杀鼠剂中以杀鼠隆对高原鼠兔的毒力最强，且剂量反应对种群内的个体十分敏感；其次是溴敌隆和氯敌鼠；敌鼠钠对高原鼠兔的毒力则较弱，个体差异亦较大。急性杀鼠剂以鼠立死对高原鼠兔的毒力较强，而毒鼠磷则较弱。毒饵的适口性观察显示，鼢鼠对0.02%溴敌隆的适口性良好，对0.6%士的宁摄食较差；0.01%溴敌隆、0.05%氯敌鼠和0.025%敌鼠钠盐对鼠兔均具有良好的适口性；现场药效试验结果表明，急性杀鼠剂中对高原鼢鼠灭效最高的是0.6%士的宁毒饵；0.5%毒鼠磷毒饵次之；灭鼠中常用的5%磷化锌毒饵灭效最差。慢性杀鼠剂中以敌鼠钠盐和杀鼠隆毒饵的效果最好；其次是溴敌隆和氯敌鼠。对高原鼠兔灭效最高的是0.01%溴敌隆，显著高于5%磷化锌。

2007年，中国科学院亚热带农业生态研究所用其研制的特杀鼠2号在藏北草原上分不同浓度梯度试验，结果显示，0.02%、0.05%和0.07%的青稞毒饵对高原鼠兔的杀灭效果分别为91.63%、99.21%和97.9%；最低浓度0.02%特杀鼠2号灭高原鼠兔校正灭效达90%以上；未发生乌鸦等非靶动物死亡事件，安全性及适口性均佳。

2007年，王忠全等在那曲地区那曲县草原应用不同浓度增效敌鼠钠盐防治高原鼠兔试验，灭鼠8个月后结果显示，0.01%、0.025%和0.0375%3种浓度的增效敌鼠钠盐对高原鼠兔毒杀效果均在90%以上，即使在高原鼠兔食物丰富时期及非繁殖高峰前期（非最佳灭鼠时期），其0.01%浓度的青稞毒饵校正灭鼠率也达到90%以上；安全性与适口性较佳，有效控制期达8月以上，并可以不受温度限制。这说明，藏北生态脆弱区草原适合应用增效敌鼠钠盐控制高原鼠兔，可与C、D型肉毒梭菌生物灭鼠剂交替使用。

2009年，杨东等在那曲地区安多县对以高山嵩草为建群种的高寒草甸草原进行灭鼠试验，研究表明，质量分数为0.05%的D型肉毒梭菌毒素平均校正灭洞率为85.64%，0.1%的平均校正灭洞率为91.21%，0.15%的灭洞率为92.67%。基于投资和利益的权衡，藏北高寒草甸地区D型肉毒梭菌的最佳防治质量分数为

0.1％。D 型肉毒梭菌毒素与鹰架组合处理对高原鼠兔的短期防治比较显著，招鹰灵（四川农科院研制的灭鼠剂，可以增加高原鼠兔出洞频率，减慢洞外运动速度并延长洞外活动时间，提高天敌生物发现和成功捕食的机会）在较短时间的实验期内对高原鼠兔的防治没有速效性，而与鹰架的结合也没有进一步发挥防治作用。

二、草地虫害防治技术

一些有害昆虫给草地造成的严重危害，在西藏主要有草原毛虫、草地螟、蝗虫、叶蛾、地老虎、蚜虫等，其中以草原毛虫危害最大。主要危害草甸草地，喜食优良牧草如蒿草属、羊茅属、披碱草、珠芽蓼、圆穗蓼等优良牧草幼嫩生长部分，影响牧草生长。在受害区，一般每平方米 10～30 条，最严重的区域每平方米虫口密度高达 500～600 条，能将成片草地一扫而光。草原毛虫对人畜也有一定危害，其体毛和茧毛有剧毒，牛羊采食了带虫或带茧的牧草，会引起口腔黏膜红肿，生水泡，齿根或舌尖腐烂等。从虫害发生区域看，那曲地区较为严重，主要分布在那曲、安多、聂荣、嘉黎、比如等县，其次为昌都地区的丁青、昌都、类乌齐、江达，日喀则地区的昂仁、谢通门、仲巴、亚东的帕里等。据 20 世纪 80 年代统计，危害面积达 1 100 万亩，90 年代后最高时达 3 000 万亩。目前，对草原毛虫的防治主要采用药物和人工捕捉的方法。

药物防治以 3 龄盛期最为适宜。因各地发生情况不同，一般在 5 月中旬、6 月至 7 月上旬进行。可用 90％敌百虫 300～1 000 倍液，进行人工喷雾防治；可配 6％敌百虫粉剂，1.5 千克/亩，用喷粉器喷撒，效果达 90％以上。药物防治后草场应禁牧 10～15 天。

人工防治法：在没有药物的情况下，为防止草原毛虫危害大面积蔓延，可组织群众人工捕捉。如 1985 年仲巴县发生了草原毛虫，由于初发面积较小，在较短时间内采取了人工防治法，取得了较好效果。

2004 年 7 月 1～15 日，西藏畜科所陈裕祥与四川大学生命科学院刘世贵等人应用草毒蛾生防剂对林周县唐古乡朗切草场暴发的草原毛虫进行了防治试验，结果表明，草毒蛾生防剂对西藏草原毛虫有良好的防治效果。

近年来，在草原鼠虫害防治技术研究的同时，鼠、虫的消长规律、危害评估与预测预报及其模型研究等都有较大进展。尤其值得关注的是有害生物的生态综合防治技术研究，对于病、虫、杂草等，通过不同耕作方法如间作、复种、套种、轮作倒茬，各种物理、机械和生物防治、生态综合防治的方法进行防除，尽量不用或少用化学农药，因而备受人们的重视。

在一般防控方法研究的同时，刘荣堂等通过对草原病、虫、鼠害防治等大量研究，探明了优势种的种群动态和成灾规律，并建立了一系列用于测报的数学模型，完成了高原鼠兔、高原鼢鼠预测预报技术推广及应用研究。在有计划、有组织地开展鼠虫害防治工作的基础上，农业部、商务部、经济贸易部和林业部联合发布实施了《草原治虫灭鼠实施规定》《草原鼠虫害预测预报试行规定》《关于制止捕杀草原、森林鼠虫害天敌的通知》等技术规程，初步建立了鼠虫害防治、科研技术培训制度，形成了鼠虫害防控体系。

三、草地毒草害防治技术

一些有毒有害植物给家畜健康甚至生命造成的严重危害。西藏草地毒害草种类很多，主要有龙胆科、毛茛科、瑞香科以及豆科的黄芪属、棘豆属和黄华属植物。对牲畜危害最大的主要有劲直黄芪、毛瓣棘豆、冰川棘豆、披针叶黄华、高山黄华、三裂碱毛茛、黄花水毛茛、线尾红景天、龙胆、乌头、翠雀花、飞燕草、狼毒等。毒草对家畜的消化系统、神经系统和呼吸系统造成代谢紊乱和失调，严重时死亡。西藏自治区每年因采食毒害草而死的牲畜数量相当惊人，严重威胁着牲畜的生命。1980 年，山南乃东县 1 500 只羊发生毛瓣棘豆中毒，死亡 500 多只。在个别地方，毒草化是继荒漠化之后造成草原退化的第二大因素。2001 年，西藏自治区 28 个县发生过疯草中毒，中毒家畜 10.13 万头（只），其中死亡 4.66 万头（只）。据曹光荣（1998）、王凯（2000）等报道，在西藏草场上建立生态系统控制工程，在高密度区放牧 10 天或在低密度区放牧 15 天再进入基本无疯草区放牧 20 天，严格控制牲畜在各区的放牧时间，划区轮牧，既防止疯草中毒，又把疯草当做牧草资源加以利用，同时在一定程度上限制了疯草的蔓延，维护了草原的生态平衡。

清除有毒有害或不良牧草就是通过物理、生物和化学手段，直接减少或抑制植被的这些不良成分，提高牧草的竞争优势，或清除某些有害植物种，降低对家畜的危险，并间接地提高草地的载畜量。清除或控制这些非理想植物是草地管理和利用中的一项重要任务。

根据各地试验的结果，较为适用而有效的方法有：

（1）刈割控制。根据多地站点试验，对蒿类等杂草，进行多次刈割，能有效控制其蔓延。这种方法虽然耗费大量劳力，但防除效果好，适用于居民点、饮水点、棚圈周围毒草丛生的草地，是西藏普遍采用的一种方法。

（2）放牧控制。合理放牧，特别是强度放牧对草地植被有重要控制作用。如蓝翠雀花对牛和马危害较大，而对羊，特别是山羊毒害甚微或无害，因此，通过羊群反复重牧，可使其逐渐从草群中衰退。有些植物在生长早期毒性较小，可在早期进行重牧，如遏蓝菜。有些植物则在干枯后毒性减轻或消失，如披针叶黄华。有一些芒刺种子的牧草可在其结实前或种子脱落后进行放牧利用。如针茅属的植物，结实前是优良牧草，结实后期变成有害植物。而家畜宿营法是控制或清除非理想植物的有效方法。

（3）化学除草。化学除草是现代草地毒草防除的新技术，省工、见效快，不受地形条件限制。目前，我国常采用的多为选择性除草剂，如2，4－D类，对多种一年生或多年生双子叶杂草杀伤作用强，而对单子叶植物效果差；2，2－二氯丙酸钠，对狭叶的单子叶植物有强烈的杀伤作用，而对双子叶植物作用差。一般选择有毒植物多、面积大的地区进行。如1975年在日喀则地区昂仁县桑桑镇，用72％浓度的2，4－D丁酯，稀释100～300倍时喷洒黄芪，2～7天内地上部分全部凋萎；试验证明，2，4－D丁酯、草甘膦、使它隆及甲磺隆和苯磺隆混合除草剂控制毒杂草非常有效。

（4）火烧与翻晒。蕨（芒萁）是藏东南草地上分布极广，对牧草和家畜都十分有害的一种植物，各地对其清除作过许多研究，目前较为经济有效的方法是：枯草期将地上部焚烧，然后将土地翻垦、曝晒，让根部迅速脱水死亡。在这样处理的地上再种早生快发牧草，提高竞争力，就能有效地控制蕨的生长。

（5）替代防治。是根据植物群落演替规律，选择种植演替中后期出现的植物，对有害植物形成缺光以及水肥竞争的高胁迫生境，抑制其生长繁殖，最后以人工植被替代之。该方法经济、科学。有研究表明，人工补播沙打旺后，草地瑞香狼毒的种群繁衍受到抑制，优良牧草则逐渐恢复生长（于福科，2006年）；紫花苜蓿对醉马草具有持续、强烈的竞争抑制作用，经长期竞争演替，可能替代醉马草。选择作替代控制的植物须是适生、生长快、且有较高的经济价值，在短时间内郁蔽度可达到70％。

（6）生物防治。利用寄主范围较为专一的植食性动物或病原微生物将毒害草种群控制在经济上、生态上或美学上可以容许的水平。具有对环境安全、控制效果持久和防治成本低廉等特点。姚拓等（2004年）发现锈菌寄生狼毒后，狼毒光合作用下降、生长受抑，结实率降低，是较具希望的生防作物。马占鸿等（1991年）发现了黄花棘豆白粉病和锈病，李春杰等（2003年）在醉马草上发现了锈病、白粉病、茎黑粉病、麦角病、苗腐病和内生真菌病害，这对进一步开展黄花棘豆和醉马草的生物防治有着极其重要的意义。

（7）综合利用。草原毒草的防控措施，要根据草原的种类及毒草在草地生态系统中的地位而定。应采用综合防治技术，脱毒与开发利用相结合，轮牧与草场改良并行，同时探索新的途径，如应用免疫学和微生物学技术等。对一些对草原生态系统的保护和恢复具有重要意义的毒草不能简单地采取防除策略，而是在其生长后期刈割并加以利用。小花棘豆和黄花棘豆经浸泡脱毒，而后可以作为豆科饲料补饲家畜；疯草还可在花果期收割进行青贮利用，也可间歇饲喂或控制采食量而使牲畜不出现中毒。解决毒草危害问题的关键是以防为主，采用物理、生物等综合措施，防

除结合，加强草场建设和保护力度，合理利用草场，保持草原生态平衡，最终达到根治的目的。

如冰川棘豆是疯草的一种，主要分布在西藏阿里地区，是这一地区高寒草原和高寒荒漠草原上主要伴生种之一，是危害当地牲畜的主要毒草。一般地，在居民点、饮水点、羊圈周围等降水相对较多的草地，应采用机械除草法和化学除草法灭除冰川棘豆，并补种优良牧草；在牧草稀少，沙漠化程度较高的草场，冰川棘豆具有防风、固沙的作用，不宜采用灭除的方法，应采用间歇饲喂、轮牧和去毒利用的方法，以保护当地的生态环境。在毒草灭除后如能采取休牧、轮牧、施肥、灌溉等综合措施，使草场休养生息，则能加快促进生态环境好转。

1983—1984年，武定成在日喀则地区（现日喀则市）仲巴县用2，4－D丁酯对劲直黄芪进行灭除试验，使用的药剂浓度为1％，经观察，3个小时后叶片失水，呈现萎蔫状态，渐渐枯死。10天后挖取根部，发现根颈部已经腐烂。

1990年，鲁西科等采用0.3％盐酸和醋酸及清水浸泡对茎直黄芪进行去毒试验研究，除1只中途出现症状死亡外，其余受试羊均未见中毒症状出现，而对照组在直接采食2个月以上均出现阶段性中毒症状，证明采用酸处理与清水浸泡法都具有较好的去毒效果。

1997年，赵定玉等采用国产2，4－D丁酯、美国生产的Starane两种农药在山南地区乃东县进行了茎直黄芪化学防除试验，结果显示效果较好。

2001年，中国科学院寒区旱区环境与工程研究所研制出新型除草剂——43.2％灭狼毒超低容量制剂，能有效抑制草地狼毒群落，促进禾本科牧草重复，对草地可食牧草和非靶标生物安全；可明显提高禾本科牧草在草地植物群落的重要值，为毒草型退化草地的治理提供了技术保障。

2001年，曹光荣等通过化学合成的方法，将苦马豆素（半抗原）与大分子载体蛋白BAS结合转化为大分子的苦马豆素－BAS（完全抗原），然后免疫动物，使动物获得主动免疫力，在采食疯草时获得保护，安全地采食疯草。这种方法具有使用简单、预防效果好等特点，适合在西藏疯草分布牧区推广，是控制动物疯草中毒的良好方法。

2005年，马超等在拉萨市当雄县用"灭狼毒""灭棘豆"对毒草进行防除试验，三年的监测结果毒草的分盖度由喷药前＞15％下降至喷药后的不足4％。但样方出现了相当数量的毒草幼苗，说明除草剂只对消灭植株有效，而对落地的种子无效。

2007年，王凯等在阿里地区改则县进行了以原药"棘防E号"加工制备的"疯草灵"缓释解毒丸及"疯草灵"营养舔砖的药效试验和田间推广试验，结果显示对动物疯草中毒具有显著的预防作用，尤其是"疯草灵"解毒丸效果很好。对未中毒的羊用药后使其在疯草滋生的草场采食，在4个月内未发生疯草中毒。但成本较高，每头牲畜年需投入 12 元，大多数牧户无力承担。

使用化学药物进行毒草害防除应注意的问题：

（1）认真分析毒草类型，科学选择药物种类，配置适宜的药液浓度；

（2）选择毒草生长发育的最适时期进行防除，一般在植物幼小时喷洒，灭除效率高；或根据毒草类型，选择在植物抽穗、开花期植物生长最快，代谢最旺盛时灭除；

（3）除毒草时应选择合适的天气进行，应选择无风、天气晴朗、温度适宜的时间喷药，提高防除效果。应避开水源及畜圈、居民点。

第五节　草地建设技术

根据草地牧草的生物学、生态学和群落结构的特点，有计划地对草地进行综合调查规划、设计及建设方案等的实施，从而提高草地生产能力。草地建设一般包括草地基本建设（草地围栏和人工草地建植；水利建设；道路网建设；电力通讯建设；林业建设；草地田间工作站和试验田的建设等）、草地生产性建设（草种繁育、种子处理、仓储设施、农业机械维修与保养、温室建设；各类动物饲养、种畜繁育、兽医防疫、饲料加工、贮藏及畜产品加工贮藏等建设）、工业生产性建设、能源建设及村镇、居民点建设。

近年来，随着国家投资的加大，西藏各级政府、各有关部门的高度重视，农牧民的积极参与，西藏在草地基本建设和生产性建设方面成效显著。

一、草地围栏技术

通过土墙、石头、刺丝等障碍物将天然草地围成不同大小的小区，从而控制畜群活动、保护草地和进行草地建设等来提高天然草地生产力的一种措施。草地围栏在畜牧业发达国家已成为一种经典的、普遍的草地利用保护措施。草地围栏已不仅是划界和保护的措施，更是合理分配放牧口粮、科学利用草地的重要手段，也是促进退化草地恢复的主要措施，对群落物种多样性、土壤养分循环、植物生产方面等均有重要影响，主要是通过人为降低或完全排除牲畜对草场生态系统的影响，使生态系统依靠自身的弹性得以恢复和重建。

西藏草原围栏始于 20 世纪 60 至 70 年代，最初是就地取材。如土墙、石头墙围栏；70 年代初，多采用刺线围栏；80 年代开始使用网围栏。近年来，随着草原生产的发展，逐步用于划分草原界限、封育改良、人工播种草地、划区轮牧、防止野生动物侵入等。

随着人口增加，对畜产品日益增长的需要，家畜头数的不断增加，草地过牧、

退化现象日趋严重。为了有效地保护、管理和合理利用草地资源，从 2004 年起，国家投资在西藏自治区开始实施退牧还草工程，对退化草场实施禁牧、休牧及草地补播等技术措施，取得了较好的效益。

（一）草地围栏的规划与布局

为使围栏能充分发挥作用，并尽可能有效利用资金和材料，围栏之前进行全面规划、合理布局是十分必要的。这主要是应根据当地的自然、地形条件，放牧地、割草地、人工饲料地、居民点、牧道、饮水点、交通及其他有关设施等，选择地形地貌单元较为完整、植被土壤条件较好、便于放牧或适于割草、便于管理和利用的地段，进行围建。

围栏面积的大小，应当充分考虑地形、使用需要和经济力量，一般以容纳一个畜群放牧需要为宜。太大，管理不便，起不到围栏作用，太小，则成本过高、放牧密度过大，对草地和家畜都不利。需根据牧草产量、放牧家畜数量、放牧时间长短等进行计算。

（二）围栏的种类和建设

围栏可用多种材料或设施，可因时、因地、因需而宜，下面分别作以简介。

1. 网围栏

目前国内外使用较普遍，主要材料是钢丝及固定桩（多为角铁、水泥桩或木桩），围建比较方便，占地少、易搬迁，但成本较高。

2. 刺铁丝围栏

国内多数地方用这种围栏。刺丝、支撑桩有市售的，也可自行加工。

3. 草垡墙

在草皮、草根絮结的草地上，可就地挖生草块垒墙，墙底宽 100 厘米、顶宽 50 厘米、高 150～160 厘米。这种方法可就地取材、成本较低，但对草地破坏较大，在潮湿多雨地区使用年限很短。

4. 石头墙

利用就地石板、石条、石块垒砌成墙，规格与草垡墙相当。如材料方便，垒好墙可使用多年。

5. 土墙

气候较干燥、土壤黏结性较好的地方，可打土墙作围栏，土墙底宽 50～80 厘米，顶宽 30～40 厘米，高 100～150 厘米。

6. 开沟

在山脊分水岭或其他不易造成冲蚀的地方，可开挖壕沟，对草地起围栏作用。

沟深 150～200 厘米，为防止倒塌，沟的上面应比底部宽些。

7. 生物围栏

在需要围圈的地方栽植带刺或生长致密的灌木或乔灌结合，待充分生长后就会形成"生物墙"或"活围栏"，在风沙地区它还可作防风固沙的屏障，枝叶也可作饲料。在宜林地区建造这种围栏是很有前途的。

8. 电围栏

这是近年来国内外提倡并推广应用的一种新型围栏，电源有的用发电厂的交流电，有的用风力或太阳能发电，也有用干电池。电围栏栏桩多用木桩，一方面绝缘性能好，同时也便于安装绝缘子。围栏线用光铁丝或刺铁丝均可，移动式围栏最好用光铁丝，便于搬移。

（三）围栏封育年限

1. 禁牧围栏

指长期禁止放牧利用，是一种对土地施行一年以上禁止放牧利用的措施。一般在由于过度放牧而导致植被减少，生态环境严重恶化的地块实施。为防止家畜的进入，要求有围栏设施。禁牧措施一般应持续 3～5 年。禁牧结束后，草地可实施休牧、轮牧等措施。永久性的禁牧等同于退牧，一般仅适合于不适宜放牧利用，或已永久性失去放牧利用价值或功能的特殊地区。

2. 休牧围栏

指短期禁止放牧利用，是一种一年内一定期间对土地施行禁止放牧利用的措施。适用于所有季节分明、植物生长有明显季节性差异的地区，一般应在立地条件良好、植物生长正常或略显退化的地块上实施。为便于管理家畜的进出，休牧地块一般要求有围栏设施。休牧时间视各地的土地基况、气候条件等有所不同，一般不少于 45 天，以不超过 3 个月为宜。应选在春季植物返青以及幼苗生长期。因特殊需要，也可在秋季或其他季节施行。

2008 年，赵景学等在藏北分别选取高寒草甸草原、高寒荒漠草地、高寒草原三类退化草地进行围栏封育，禁牧 1 年后，围栏内样地植被总盖度明显高于围栏外，高寒荒漠草地、高寒草甸草原和高寒草原分别增加了 61%、41% 和 28%；草地群落高度分别增加了 38%、16% 和 11%；地上生物量每平方米分别增加了 182.17 克、341.1 克和 396.43 克。短期封育后，三类草地群落物种数均呈现了不同程度的增加，且多为家畜喜食的禾本科牧草，但草地植被群落多样性影响不明显。这是因为，在封育前，退化高寒草地经常处于过度放牧之下，草地植被长期受家畜踩踏和过度采食的影响，生长发育受到抑制，降低了优势种的优势度，为非优势种的生存拓宽了空间，使物种在种类和数量配置上发生变化，导致物种多样性发生变化。围栏封育可消除放牧干扰的影响，延长草地休养生息的时间，有效改善植被群落结构，增加地上生物量。因此，对高寒草原和高寒草甸经过短期围封后，其群落盖度和地上生物量显著增加，可考虑对其进行短期围栏与施肥相结合的退化草地恢复方式。对高寒荒漠类草地，短期围栏后，其盖度和地上生物量亦有增加，但是物种多样性变化不大，可考虑延长围栏期限，并与施肥、补播等恢复方式结合，恢复效果会更加明显。杨晓晖等研究表明，长期围栏封育并不能增加草地群落的生产力。因此，完全围栏封育的时间不宜过长，应将其与合理放牧相结合。对围栏措施响应较快的草地类型，可考虑围栏封育与轮牧配合实施，以达到草地的合理利用，草地恢复到一定程度便可以进行季节性放牧，逐步建立植物生长与放牧家畜采食间的合理关系。

2003—2009 年，宋春桥等在那曲地区安多县和那曲县对退化草地进行围栏试验，结果表明休牧与禁牧围栏草场无论在草地返青期、生长初期、生长旺盛阶段，还是草地枯黄季节的植被覆盖度均大于自由放牧草场，说明围栏封育对阻止草场的退化和恢复具有明显的效果，其中禁牧效果较好。

2009 年，邓自发等在那曲县那玛切乡对分别建植于 2000 年、2004 年的垂穗披碱草人工草地（经自然放牧后严重退化植被盖度分别为 30％和 50％）进行围栏试验，发现围栏封育可以显著提高垂穗披碱草的有性繁殖能力。

2011 年，张伟娜等在那曲地区那曲县对围栏禁牧 3 年、5 年、7 年、休牧 5 年和自由放牧的高寒草甸草原进行监测，结果显示，禁牧样地中紫花针茅、早熟禾等禾本科植物和青藏薹草等莎草科植物的重要值均高于休牧和自由放牧样地，其中禁牧 5 年样地中早熟禾的重要值与矮生蒿草相当，在禁牧 3 年样地中还出现了银落草、羊茅和高山蒿草 3 种优良牧草；物种丰富度指数按自由放牧＜休牧 5 年＜禁牧 7 年＜禁牧 5 年＜禁牧 3 年顺序增加，禁牧 3 年样地最高，说明在禁牧时使群落维持了较高的植物多样性；禁牧样地的均匀度指数随着年限增加，均显著高于休牧和自由放牧样地；生物量每平方米分别为 56.2 克、84.2 克、65.9 克、49.7 克和41.84 克，其中禁牧 5 年草场植物地上生物量最高，比自由放牧增加了 101.24％。此研究表明，对藏北高寒草甸禁牧 5 年可以维持草地较高的物种多样性和可利用生物量；超过 5 年，多样性指数则降低，草地的可利用生物量减少，因此，围栏草地禁牧 5 年后可以适当放牧，或采取休牧的方式加以管理。

武建双等通过对西藏 39 个县不同年限的禁牧围栏草场监测得知，围栏内外地上生物量增加幅度峰值对应年限为 5.6 年，表明高寒草地的最佳围封时段为 5～6 年，超过这一时段，围栏封育的正效应（增加牧草产量）将逐渐减弱。同时，综合考虑草地类型的空间分布、气候条件等因素得出"未来禁牧工程的空间布局应将降水量作为重要的环境因子进行考虑"的结论。

（四）草地围栏应注意的问题

一是根据草地使用及退化情况制定合理围栏规划；二是面积不宜过大；三是加强对围栏的管理，每年应对围栏进行检查维修；四是根据围栏封育的效果及时解除围栏。

二、牧草引种驯化、栽培、育种技术研究

（一）引种驯化

公元 641 年，文成公主进藏带来了苜蓿、芫根等种子，随之农业耕作技术也传入西藏。

自 1965 年以来，西藏自治区先后引进了 70 多个牧草品种进行引种试验，从中筛选出了 20 个牧草品种，如紫花苜蓿、沙打旺、草木樨、红豆草、老芒麦、燕麦、芫菁、饲用甜菜、聚合草、毛苕子、垂穗披碱草、豌豆、白草、黄花苜蓿、草木樨等，在西藏均表现出良好的适应性。20 世纪 90 年代开始引进玉米，试验结果显示，产量较高，亩产鲜草一般在 2 250 千克以上。

1978—1979 年，聂朝相在拉萨市北郊及曲水县进行引种栽培试验，有箭筈豌豆类、毛苕子类、燕麦类、苜蓿等 32 个品种，结果显示，这些品种生育期均比内地同纬度的一些地区长；一年生牧草和饲料作物在适当提早播种的情况下，均能完成其生长周期，并能收到成熟饱满的种子。越年生和多年生牧草中，除草木樨和多年生黑麦草外，其他牧草种子产量都不是很高。在不加任何保护措施的情况下，其他多年生牧草均能安全越冬。宁夏毛苕子第二年鲜草产量最高，达 5 100.25 千克/亩。箭筈豌豆鲜草平均产量 3 540.5 千克/亩；各种苜蓿平均鲜草产量为 1 316.75 千克/亩；香豆子鲜草产量最低，仅为 1 433.4 千克/亩。综合分析，具有推广前途的有冬春箭筈豌豆、土库曼毛苕子、宁夏毛苕子、多拉夫豌豆、当地蚕豆、当地豌豆、草木樨（白花、黄花）、紫花苜蓿、红三叶、红豆草、燕麦、多年生黑麦草、无芒雀麦、聚合草、苦荬菜。

1982 年，自治区畜科所开始对采集自西藏当地的野生垂穗披碱草、老芒麦进行栽培驯化。并从甘肃、青海和内蒙古等地，引进垂穗披碱草进行品比试验，结果显示，当地垂穗披碱草表现出良好的生产性能及抗性，并能在藏北地区繁殖种子，最高可分布在海拔 4 800 米，大于 10℃年积温 24.2℃、无霜期 15 天的安多县；老芒麦在干旱情况下较垂穗披碱草产量低，在水肥条件好的情况下，较垂穗披碱草产量高，分蘖数多，是藏北建立人工草地的优良牧草。

1985 年，李生鸿等引进 28 个一年生牧草品种在日喀则市进行栽培试验，研究

表明，豆科中毛苕子和 324 箭筈豌豆产量较高，品质好，适口性良好，可用作青饲、青贮及调制干草，可以大面积推广种植；禾本科中日本雀麦、扁穗雀麦、意大利黑麦草、阿比西亚燕麦、丹青燕麦等产量高、品质好、适应性佳，可以在"一江两河"流域的农区和半农半牧区繁殖推广。

1992 年，扎西在日喀则市草原站实验地引种栽培了豆科和禾本科的 80 个牧草品种，比较其适应性、产量等性质，筛选出了白花豌豆、草原绿色豌豆、盐池毛苕子、土库曼毛苕子、罗马尼亚毛苕子、春箭筈豌豆、黑箭筈豌豆、324 箭筈豌豆、栽培山黧豆、燕麦、多叶老芒麦、牛尾草、多年生黑麦草、无芒雀麦、中间偃麦、垂穗披碱草、扁秆早熟禾、鸭茅草、扁穗雀麦等 24 个优良品种，其中丹麦燕麦等燕麦属亩产青草平均 2 250 千克，亩产种子平均 245 千克；多叶老芒麦、牛尾草、多年生黑麦草、无芒雀麦、中间偃麦、垂穗披碱草等抗旱耐寒，产量高，适口性佳，而且能繁殖种子，可在海拔 3 500～5 000 米的地区大量推广种植；扁秆早熟禾、鸭茅草、扁穗雀麦等产量虽然不是很高，但适应性强，抗旱耐寒，可作为牧区补播改良草地品种；白花豌豆、草原绿色豌豆、毛苕子、箭筈豌豆等生长表现良好，可作为农区草田轮作的优良品种。

1998—2001 年，自治区畜科所从国内外引进 157 份牧草和 15 份草坪草分别在那曲、当雄、达孜县进行栽培试验，通过对物候期、生物量、农艺性状及越冬率观测，筛选出适宜在不同地区种植的优良牧草品种 29 份，为高羊茅、羊茅、梯牧草、牛尾草、黑麦草、多花黑麦草、无芒雀麦、冰草、青海披碱草、SYNA 新麦草、Markcta 新麦草、Bozoisky-Selest 新麦草、吉生一号羊草、吉生三号羊草、TAMA 黑麦草、加拿大燕麦、巴西燕麦、丹麦 444 燕麦、青永 473 燕麦、青永 444 燕麦、新疆大叶苜蓿、雷西斯苜蓿、甘农二号苜蓿、甘农三号苜蓿、卒粒苜蓿、791－2 箭筈豌豆、7 501 箭筈豌豆、葡萄牙毛苕子和鲁梅克斯 K—1 杂交酸膜。其中，燕麦草类、黑麦草类、羊茅草类、梯牧草类、冰草和鲁梅克斯 K—1 杂交酸膜在西藏河谷地区均能收获到成熟的种子。

2003 年，魏学红等在林芝地区引种栽培草原 2 号苜蓿，结果显示，虽然能够适应当地气候，生长较快，具有较高的越冬率，但不能完成整个生育期，结实率低。

2006 年，邹平等对采自当雄、那曲和山南鲁琼的野生垂穗披碱草在拉萨进行适应性栽培试验，研究表明，3 个野生品种第一年的平均生长天数为 138 天，其中采自当雄的生长期相对较短，返青较早；鲁琼镇的种子越冬率较高，达 96%。干重产量最高的为采自当雄县的披碱草，适合制作青干草，为牲畜冬季补饲；营养价值较高的为采自那曲的披碱草。

2007 年，西北农林科技大学等单位在西藏研究认为，爱菲尼特、塞特、牧歌是适宜在西藏栽种的苜蓿品种，高产性和稳产性较好。

2008 年西藏山南地区农业技术推广中心开始对当地的雪莎（又名葫芦巴，系西藏当地生长的一种豆科植物）进行引种驯化研究。根据对雪莎生育期、生长高度、生物量等初步的观测分析，雪莎从播种生长到枯黄仅需 127 天，从播种到开花仅需 77 天，比一般牧草的生育期要短，能完成完整的生活史，有利于雪莎的种子生产。根据产草量测定，雪莎鲜草产量 2 380 千克/亩，与一般牧草产量相似，通过栽培驯化，提高雪莎的牧草产量，将会成为一个潜力很大的西藏地方牧草品种。

2008—2009 年，田福平等在拉萨市达孜县进行了牧草引种驯化试验，筛选出 14 个豆科、8 个禾本科牧草品种和 19 个草坪草品种在"一江两河"地区具有很好的适应性。如豆科牧草（草木樨、苜蓿、红豆草、箭筈豌豆）和禾本科（披碱草、鸭茅、青海鹅冠草和几个燕麦品种）均能够完成生育期，并具有较高的产量，其中禾本科牧草种子产量也较高，适宜在该地区推广应用。沙打旺、扫帚高粱、老头高粱和宁农苏丹草等在该地区种植完成不了生育期，不能开花结荚（实），不适宜大面积种植。

2008—2009 年，田福平等在拉萨河下游地区进行紫花苜蓿引种试验，分别为陇中苜蓿、甘农 1 号苜蓿、陇东苜蓿、新疆大叶苜蓿、中兰 1 号苜蓿、美国苜蓿王、HZ—998 等 7 个品种，研究表明，这 7 个苜蓿品种返青早，在 3 月中下旬开始返青，第二年均可以完成生育期，生育期为 144～151 天，但成熟种子均很少，不超过 15%，没有形成经济产量。第一年和第二年越冬率分别超过 80% 和 90%。第一年产量均较低，鲜草产量在 367～685 千克/亩，第二年鲜草产量平均在 933～1 400 千克/亩，干草产量在 347～633 千克/亩，其中中兰 1 号产量最高，分别为 1 400 千克/亩和 633 千克/亩。

2009 年，曲广鹏等在拉萨对饲用玉米、燕麦、多花黑麦草、绿麦、绿苋和红苋引进栽培试验，研究表明，绿麦草生长速度最快，生长期仅有 72 天，一年可以种植 2 次；次之是燕麦和绿苋，黑麦草的粗蛋白质含量最高，为 20.14%，饲用玉米鲜草产量最高，达 8 380 千克/亩，干草产量达 2 022 千克/亩；其次为绿麦草，鲜草和干草产量分别为 4 350 千克/亩和 1 100 千克/亩。

（二）牧草栽培利用

自 20 世纪 70 年代以来，自治区畜牧局、自治区畜科所、中国农业科学院草原研究所、甘肃农业大学等单位在西藏做了大量的引种栽培、野生牧草驯化工作，但由于当时受各方面条件的限制，仅限于试验和小面积种植。依据影响牧草生长发育的主要因子，即水、热、光照强度、土壤类型等和自然条件的区域性分异规律，草种生物学特性的一致性，草种生产现状、发展方向和增产途径的一致性等原则，西藏大体分为两大当家栽培区：即藏东、藏南和藏中豆科牧草、禾本科牧草区，主要位于西藏"一江两河"以及"三江流域"中下游干支流两岸，适宜种植苜蓿属、草木樨、三叶草属及红豆草属等豆科牧草和披碱草属、黑麦草属、羊茅属及冰草属禾草，同时还可以种植苏丹草、串叶松香草、鲁梅克斯、聚合草、苦荬菜、沙打旺等优良牧草；藏北、藏西垂穗披碱草、老芒麦区，主要位于西藏北部和西部，适宜种植披碱草、老芒麦、燕麦、早熟禾和鹅观草等。在实际生产中，由于受经济、技术、管理和劳动者技术水平等因素的限制，目前，在藏北尚不适宜进行大面积的人工草地建设。

王柳英等综述了西藏不同地区适宜的栽培饲草料品种。藏南高原河谷地区，位于西藏西南部，包括日喀则（除仲巴萨嘎）、拉萨市（除当雄）和山南地区（除加查），适宜栽培的主要草种有苜蓿、红豆草、无芒雀麦、燕麦、箭筈豌豆、毛苕子、多花黑麦草、小黑麦、饲用玉米、饲用高粱、高丹草、豌豆、芜根；藏东河谷山地地区，包括昌都市、林芝地区全部及山南地区加查县，那曲地区索县，主要适宜种植苜蓿、红豆草、白三叶、无芒雀麦、黑麦草、红三叶、多花黑麦草、老芒麦、垂穗披碱草、燕麦、芜根等；藏西北地区，主要适宜种植垂穗披碱草和老芒麦。

经过多年的引种栽培试验，筛选出了在西藏适宜种植的主要优良牧草品种。

紫花苜蓿：1974年开始引入西藏自治区。经过品比试验以及不同海拔高度试验，筛选出新疆和田苜蓿及大叶苜蓿在海拔4 000米以下，年降水量300毫米以上，大于5℃年积温1 900℃以上的地区可大面积种植。如拉萨市，日喀则、山南和昌都市的部分县。一年可刈割2～3次，是优良的家畜冬春补饲饲草。

红豆草：最早引入在1974年。通过小区及大面积种植表明，红豆草适宜在海拔4 000米以下，大于5℃年积温1 900℃，无霜期110天以上的地区种植，特别适应于"一江三河"两岸的河漫滩种植。抗旱能力也比较强，在年降水量400毫米左右，土层厚20厘米以下的，无灌溉条件的山坡地也可正常生长。一年可刈割2～3次，年产鲜草每亩3 000～4 500千克，种子90%以上可以成熟，亩产50～180千克。

垂穗披碱草：是西藏一种广布野生种。适应性强，是藏北地区建立人工草地的优良牧草。苗期可耐－5℃以下的低温。株高50～100厘米。垂穗披碱草在海拔4 000米左右地区广泛种植，其生育特性完全具备在当地的繁殖条件，但目前仍未建立规模化的繁种基地，种子无法自给，大量种子依赖从青海、甘肃、内蒙古等地购买。

燕麦与农作物和灌丛草地相比，它的光能转化率最高（0.549%），是青藏高原地区公认的一年生稳产饲草品种。其青干草营养丰富，易于消化，适口性好，利用价值高，不仅可以单一种植，而且是混播或覆盖播种的优良种质资源。与豌豆、箭筈豌豆等豆科牧草混播，可提高养分含量，也是多年生人工草地的覆盖作物，使其当年不减产，又能起到遮阴作用以保护多年生牧草。2014年，亚东县在帕里镇种植燕麦，干草产量达350～500千克。中科院达孜生态站燕麦种植密度试验表明，低播种量时不论宽行距还是窄行距，均不利于燕麦种子产量的提高；播量120千克/公顷时，行距以30厘米为宜。施肥试验表明，基施尿素对燕麦种子产量有显著提高作用，而拔节期和开花期进一步施尿素对种子产量没有显著作用；基施过磷酸钙以300千克/公顷左右为宜，不宜过量使用；开花期喷施适量硝酸钾对燕麦种子产量有显著提高作用。

（三）牧草育种

草种子是草业发展的物质基础，是最基本的生产资料。在牧草栽培、草地补播改良、草田轮作、水土保持、防风固沙等建设都离不开草种。牧草育种与质量控制是草业研究与发展的重要内容之一。

为提高牧草品种的抗性（抗寒、抗旱、耐热、耐盐碱、抗病、抗虫、耐牧等）、丰产性（草产量和种子产量）、品质等，通常采取常规技术（选择育种、杂交育种、杂种优势利用、诱变育种、倍性育种、抗性育种等）和生物技术育成牧草新品种，满足生产需要。

西藏气候特点制约牧草种子生产的因子非常明显。对于引进牧草种类的影响尤为严重，如低温、霜冻、大风、开花期多雨、缺少授粉昆虫等。因受特殊的自然气候、生产技术等原因，西藏主要做了一些引进外地优良牧草品种在当地试种，在筛选培育新品种和当地优良野生牧草的栽培驯化工作仍较薄弱，因此，在牧草新品种育种技术研究上比较滞后，目前尚未有一个牧草品种经过全国牧草品种审定委员会审定登记。

西藏从1980年开始建立草种繁殖基地，但种植面积小，种子产量低。2002年，自治区农牧厅在西藏自治区10个县建立牧草种子生产基地，但由于自然气候、技术及管理措施等原因，种子基地供种能力较差，现仅日喀则和山南地区牧草种子基地仍在生产。目前，一年生牧草中，燕麦和箭筈豌豆种子生产已初具规模；多年生中草木樨、垂穗披碱草和高羊茅完全具备繁殖条件，但仍未建立规模化的繁种基地。

2007—2012年，中科院达孜生态站选择适宜在西藏"一江两河"地区种植的优质牧草3～7种，在拉萨、山南、日喀则共种植示范种子田100公顷，研究牧草种子田的种植、管理和种子收获等技术，提出优质牧草繁育综合集成技术规范。引进牧草种子加工清选设备，对种子加工技术进行研究与示范，制定主栽牧草种子加工

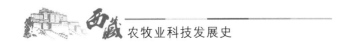

技术规范。

2008 年，中科院达孜生态站在"一江两河"地区种植燕麦（青引 2 号），当年亩产种 150 千克；箭筈豌豆（当地品种）种子亩产量 100～180 千克，333/A 箭筈豌豆种子亩产量为 120 千克；种植苜蓿第二年种子亩产量平均为 19 千克；"甘肃红豆草"第二年种子亩产量为 116 千克，垂穗披碱草种子亩产量最高可达 35.7 千克，且种植行距以 35 厘米时种子产量最高。

牧草种质资源收集保存及利用：2011 年 8 月，中科院达孜生态站在西藏自治区采集植物样品 1 186 余份，土壤样品 1 000 余份，采集鉴定植物标本 1 200 余套，收集野生牧草种质资源 500 余份，对采集样本进行了发芽率、抗性等的鉴定。同时，收集了 100 份以上野生牧草种子或繁殖体，并结合 3S 技术建立野生牧草种质原生境信息空间数据库。

三、人工草地建植技术

采取农业综合技术措施，在完全破坏原有植被的情况下，通过人工种植优良牧草建立起来的草本植物群。包括人工栽植主要供饲用的郁闭度小于 0.4 的人工疏灌丛群落或郁闭度小于 0.2 的疏林群落及其生长的土地。人工草地的数量与质量是草业发展水平的重要标志之一。人工草地产量是一般天然草地的 5～10 倍。建设人工草地是提高饲草质量，解决冬春饲草缺乏、牲畜难以越冬、减轻天然草地压力的重要途径。

西藏草原畜牧业发展的难点在牧区，重点在农区，突破点在人工种草。通过农区种草、草田轮作、农田复种草等途径，增加人工种草的数量与产量，提高质量，进一步提高人工种草的技术水平，不但可以生产大量的饲草，发展畜牧业，还可以减轻天然草原压力，改善生态环境，对调整农业结构，提高土地与农业系统的可持续发展能力具有重要作用。

由于自然气候、历史等各种原因，西藏大面积人工草地建设起步较晚，始于 1979 年，而大面积推广种植牧草则在 1982 年。在此以前仅局限于科研单位进行的区域性的引种栽培试验。西藏"一江三河"（雅鲁藏布江、拉萨河、年楚河、尼洋河）流域及藏东"三江"（金沙江、澜沧江、怒江）流域水热资源和宜建立人工草地的土地资源丰富，建立人工草地有较优越的条件，其他地区都存在着适宜种植饲草料的小气候条件。

20 世纪 80 年代以来，大规模家畜防抗灾基地建设和农业种植结构调整，人工草地建设逐步得到重视和全面发展。除面积迅速增加外，人工草地类型趋于多样化，如根据利用划分的季节人工草地、短期人工草地、长期人工草地；以牧草组成划分的豆科草地、禾本科草地、混播草地等。按饲料生产的客观规律指导生产，把土、肥、水、种、密、保、工、管各个方面作为一个统一整体，因时、因地、因物制宜。播种技术上有单播和混播，改撒播为条播，实行带肥播种、保护播种、地膜覆盖播种、间混套种；施肥方法改单一施肥为多种肥料平衡施肥以及施用微量元素肥料，有意识地将豆科牧草纳入轮作体系，达到用地养地结合，保持地力长期不衰。此外，还推行播种前草种处理，如种子清选去杂、硬实处理、破除休眠、种子丸衣化、根瘤接种等，显著提高了栽培牧草的产量与质量。

西藏人工草地的利用方向主要是用于刈割贮草，因此，种植的牧草以上繁型禾草和豆科草为主。据当雄县草原站20世纪80年代末种植试验结果显示：种植3年的披碱草草地亩产鲜草450～550千克，燕麦亩产400～450千克。

20世纪90年代，在日喀则、山南、拉萨等地的紫花苜蓿和黄花苜蓿草地，在单播旱作条件下，第一年产草量很低，第二年以后干草产量可达1 125～2 250千克/公顷，在灌溉条件下可达3 750～5 250千克/公顷；在混播灌溉条件下，第一年可产干草2 250～3 000千克/公顷，第二年可达3 750～6 750千克/公顷。近年来，由于牧草种子质量及种植技术的提高，紫花苜蓿的产量更高。

1998年，当雄县草原站大面积推广丹麦"444"燕麦，据测定，鲜草产量为36 330千克/公顷，干草产量为12 160千克/公顷，种子产量为900千克/公顷，改变了过去人工草地只种青稞和豌豆，品种单一，且无法收到种子的落后局面。而且经过数年的试验，在当雄已筛选出了老芒麦、无芒雀麦、青海黄燕麦、会宁苜蓿、拉萨芫根等品种，为全县人工草地的发展和退化草地的改良提供了科学依据。

20世纪90年代后，西藏开始引进了牧草播种、收割等机械。近年来，一些牧业机械已被纳入自治区农机补贴内，极大地提高了农牧民在人工草地使用机械的积极性。

进入21世纪以来，随着西藏生态安全屏障、退牧还草、特色产业等工程的实施及草原生态保护补助奖励机制政策的落实，各地（市）逐步认识到在保护天然草原生态的基础上，要想使畜牧业大发展，必须大力发展人工种草，尤其在农区要做到草业产业化，人工草地建设又形成了一个新的发展高峰。种草除满足农户养畜自用外，牧草种植规模与产品的商品化程度显著提升，种草专业户或种草企业已逐步发展壮大，到2013年，西藏自治区人工草地保留面积达172万亩。

在建立人工草地时，通常采用单播和混播两种方式。单播可用于种子田，而混播主要用于放牧地和割草地。混播草种应根据牧草的生物学和生态特性，选择适合当地具体条件和自然状况的豆科和禾本科牧草。短期利用的，由2～3个牧草品种组成；中长期利用的，由4～6个牧草品种组成。牧草混种可以提高产量，一般产草量较单种提高14%，同时可以改变饲草品质，提高蛋白质含量、增加矿物质元素

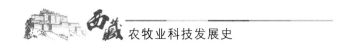

含量；便于收获调制干草和青贮饲料；可以提高土壤肥力、减少施肥量和减轻杂草病虫害。

2006年，曹仲华等在山南地区乃东县用箭筈豌豆和丹麦"444"燕麦混播，结果表明，混播干草产量较单播箭筈豌豆提高30.34％，随着箭筈豌豆比例的增加，饲草粗蛋白、粗脂肪含量增加，中性洗涤纤维和酸性洗涤纤维降低，钙磷比例增大；土壤有机质、全氮、速效钾的含量增加；在箭筈豌豆和丹麦"444"燕麦7：3、5：5、3：7三个混播比例中，5：5比例产量和营养品质综合较高。

2008年，中科院达孜生态站对紫花苜蓿＋苇状羊茅混播多年生人工草地配比试验。研究表明，混播草地产草量在3 000千克/亩的水平，随着苇状羊茅种子比例的增加，草地总产草量呈现下降的趋势，而苇状羊茅产量的比重逐步提高，约在紫花苜蓿和苇状羊茅种子比例2：1时，苇状羊茅产量超过紫花苜蓿产量；混播草地的混合粗蛋白含量随着苇状羊茅种子比例增加，草地混合粗蛋白含量下降明显。建议紫花苜蓿＋苇状羊茅混播草地的种子混播比例为为2：1，可获得产草量和营养价值双优的效果。

垂穗披碱草和紫花苜蓿混播模式下牧草种子数量配比为垂穗披碱草：紫花苜蓿≈5：9，在这个配比下的混播牧草产量最高，可以达到1 045.69克/平方米，相比垂穗披碱草和紫花苜蓿单播，分别增产88.37％和45.73％。鸭茅和紫花苜蓿混播模式下牧草种子数量配比为鸭茅：紫花苜蓿≈9：5，在这个配比下的混播牧草产量最高，可以达到2 159.33克/平方米，相比鸭茅和紫花苜蓿单播，分别增产288.97％和200.93％。

2007—2013年，中科院达孜生态站在拉萨、日喀则、山南等地，通过建立优质草产品加工基地，研究出青干草晾晒技术、快速烘干技术、草粉草粒和草块制作技术、青贮和微贮饲料加工贮藏技术。研究出适合奶牛产奶的全价草块、羊快速育肥的牧草颗粒饲料以及草产品的贮藏技术。制定出2类牧草种子的清选加工技术规范，2个牧草种的清选加工技术规范，4种优质牧草和饲料作物的高产栽培技术模式，7种主要饲草作物的规模化栽培技术规程，紫花苜蓿草、草颗粒、草块以及青贮玉米窖贮制作的4项技术规程，1个TMR和2个牛羊养殖技术规程。

【主要参考文献】

崔友文.1958.四川西北部和昌都地区植物地理调查纪要［J］.地理学报，24（2）.

杜青林.2006.中国草业可持续发展战略.北京：中国农业出版社.

多杰才旦.1995.西藏封建农奴制社会形态［M］.北京：中国藏学出版社.

多杰才旦，江村罗布.2002.西藏经济简史（上）［M］.北京：中国藏学出版社.

范远江.2008.西藏草场制度变迁的实证分析［J］.华东经济管理（7）.

洪绂曾.2011.中国草业史.北京：中国农业出版社.

贾慎修.1953.西藏高原的自然概况［J］.科学通报（8）.

贾慎修.1964.关于中国草场的分类原则及其主要类型特征［J］.植物生态学与地植物学丛刊，2（1）.

刘慎谔.1934.中国北部及西部植物地理概论［J］.国立北平研究院植物学研究所丛刊，2（9）.

牛治富.2003.西藏科学技术史［M］.拉萨：西藏人民出版社，广州：广东科技出版社.

魏学红，孙磊，赵玉红，等.2010.西藏那曲地区草地承包制度及其可持续发展［J］.贵州农业科学.（11）

西藏自治区农牧厅羌塘考察队、西藏自治区畜牧兽医研究所草原组.1974.羌塘高原（无人区）中部地区草原考察报告［J］.草原科技资料.

西藏自治区统计局，国家统计局西藏调查总队.2007.西藏统计年鉴［M］.北京：中国统计出版社.

西藏自治区土地管理局，西藏自治区畜牧局.1994.西藏自治区草地资源［M］.北京：科学出版社.

姚兆麟.1990.论民主改革前藏族牧区的牧主式经营［J］.中国藏学，（4）

张经炜，姜恕.1973.珠穆朗玛峰地区的植被垂直分带及其与水平地带关系的初步观察［J］.植物学报，15（2）.

张经炜.1963.羌塘高原东南部草原的基本特点及其地带性意义［J］.植物生态学与地植物学丛刊，1（1-2）.

张经炜，等.1966.西藏中部的植被［M］.北京：科学出版社.

中国科学院青藏高原综合科学考察队植被组.1988.西藏植被［M］.北京：科学出版社.

张经炜，等.1966.西藏中部的植被［M］.北京：科学出版社.

中国科学院青藏高原科学考察队.1992.西藏草原.北京：科学出版社.

中国科学院青藏高原综合科学考察队.1992.西藏草原［M］.北京：科学出版社.

中国科学院青藏高原综合科学考察队植被组.1988.西藏植被［M］.北京：科学出版社.

中国农业大学.2001.草地学.北京：中国农业出版社.

钟补求.1954.青藏高原的植物及其分布概况［J］.生物学通报（10）.

第十三章 》》》

兽医科技发展

西藏和平解放前，各种畜禽传染病猖獗流行，牲畜死亡严重，基本处于自生自灭状态。自治区人民政府成立后十分重视兽医事业的发展，相继建立了各级管理和防疫机构、农牧院校、科研单位和生物药品制造厂，从地市到县区的各级兽医站网也逐步形成，并培养了一支以藏族为主体的各民族兽医科技队伍。经过多年工作，家畜大型、烈性传染病得到扑灭或控制；在家畜常见病、疑难病和新发病病源和防治方法的研究，家畜侵袭病的区系调查，驱虫药的引进、筛选应用和推广，中藏兽医和藏药的研究、开发利用等方面都做了大量工作。

第一节　西藏家畜疫病普查

西藏地形复杂，气候变化大，各种畜禽传染病都有不同程度的流行，据调查，其中常见病56种。自治区先后进行了三次西藏自治区畜禽疫病普查，为消灭和控制畜禽传染病作出了贡献，大大促进了西藏畜牧业的发展。

一、西藏自治区第一次家畜疫病调查

根据1977年全国家畜疫病调查会议和自治区革委会〔藏革发（1978）32号〕文件精神，为掌握西藏自治区疫情动态，摸清家畜疫病的"家底"，自治区农牧厅兽医处、自治区畜牧兽医队、自治区畜牧兽医研究所、山南地区畜牧总站、拉萨市畜牧总站、昌都地区畜牧总站、那曲地区畜牧总站、西藏农牧学院等单位于1977年12月—1980年3月在西藏自治区（除阿里外）进行了家畜疫病调查。通过这次调查，摸清西藏自治区曾发生过的疫病有93种，其中传染病54种、侵袭病25种、中毒病14种。据1976—1978年不完全统计，西藏自治区因病死亡家畜2 121 067头（只），平均每年死亡707 041头（只），约占牲畜年底存栏总数的4.5%左右。其中因传染病死亡1 228 958头（只），占总死亡数的57.94%；因寄生虫病死亡795 493头（只），占总死亡数的37.50%；因中毒病死亡96 616头（只），占总死

亡数的 4.56%。各种家畜疫病的发生、流行、控制和消灭的情况是：已被消灭的疫病有牛瘟；减少了损失的家畜疫病有牛肺疫、绵羊痘、肉毒梭菌病、牛气肿疽、羊大肠杆菌病、鼻疽、牛恶性卡他热、破伤风、口蹄疫、牛传染性角膜炎、马流行性淋巴管炎、狂犬病、放线菌病、马沙门氏杆菌流产病、李氏杆菌病等；严重危害畜牧业生产的家畜疫病有侵袭病、肠毒血症、羊快疫、猝疽、羔羊痢疾、传染性口膜炎、幼畜肺炎、布氏杆菌病、坏死杆菌病、结核病、炭疽、马腺疫、猪瘟、猪肺疫、猪喘气病、鸡新城疫、沙门氏杆菌病等；新发病疑难病有山羊流产、疑似有毒紫云英中毒、伪狂犬病、典古（藏语）病、夏色巴色病（意为肉黄皮黄病）、山羊肛门溃烂病、马属动物喘气病、卡玛洪、小肠吸虫病等。

二、西藏自治区第二次畜禽疫病普查

根据农牧渔业部（86）农牧字第 58 号文件精神，自治区农委决定"七五"期间要在西藏自治区开展一次畜禽疫病普查。为了有计划有步骤地把普查工作搞好，农委畜牧局委托区畜科所的潘祖福等于 1987 年 10 月 15 日至 12 月 30 日举办了西藏自治区畜禽疫病普查培训班，并进行堆龙德庆县的普查试点，西藏自治区 6 地 1 市的 50 多名普查员参加了培训和试点。区畜科所、区畜牧局和区畜牧队仅用一个多月就编写了 15 万字的《西藏自治区畜禽疫病普查技术手册》供应用，潘祖福、殷淑君、陈裕祥、徐大师、安继升等 9 人还根据普查要求，用血清学诊断方法进行了 67 种畜禽传染病和寄生虫病的系统授课，教学 175 学时，学习 262 学时。通过培训为西藏自治区开展畜禽疫病普查工作输送了骨干。

1987—1989 年，在西藏自治区 7 个地区、18 个县、2 个种畜场开展了畜禽疫病普查工作。这次普查共查出西藏自治区曾发生过的疫病 75 种，其中传染病 43 种、寄生虫病 19 种、中毒病 9 种、疑难病 4 种。本次普查确诊了第一次疫病普查中的疑难病如例、口蹄疫、炭疽、布病等，且绝大多数传染病都得到了控制；在西藏流行得比较严重的畜禽疫病有羊梭菌病、羊口疮、幼畜腹泻和寄生虫病。普查结束后，相关人员对普查资料进行了整理、分析、汇总、总结、编写了《西藏自治区畜禽疫病志》。

三、西藏自治区第三次动物疫病普查

开展西藏自治区第三次动物疫病普查，是西藏自治区畜牧兽医学会常务理事会于 2009 年向自治区兽医行政主管部门提出的；2010 年 5 月，自治区农牧厅主要领导做出指示，要求抓紧做好普查方案编报等前期工作；自治区农牧科学院畜牧兽医研究所完成了第三次动物疫病普查工作《可研代方案》的编写任务，并于 2011 年 8 月通过了初审；2011 年 9 月 29 日，自治区人民政府正式行文批复，同意开展第三次动物疫病普查工作；2011 年 11 月，自治区农牧厅发出《关于开展第三次动物疫病普查的通知》，对普查工作做了总体部署；2012 年 3 月，《普查技术方案》通过评审；2012 年 6 月，普查工作启动会召开，自治区举办多次普查业务培训班、开展了普查试点工作，从此之后按照普查方案，各个普查任务承担单位通过访问、座谈、查阅资料等方式，逐一查明并记录各普查县（市）的一般情况调查；自治区持续开展了本次动物疫病普查技术培训，外业采样、历史资料整理收集，内业西藏自治区牛、羊、马、猪、禽类病的血清学抗体检测和组织及全血核酸检测以及寄生虫虫体形态学的鉴定和血清学抗体检测，编写各承担各地（市）的工作总结、技术报告和西藏自治区第三次动物疫病普查资料汇编等，于自治区疫病控制中心组建血清库、于自治区农牧科学院畜牧兽医研究所组建寄生虫标本库、于西藏大学农牧学院组建病理组织标本库、于农牧厅兽医局建立本次普查的信息资料库，编写西藏家畜寄生虫病虫体鉴定与防治技术手册等工作。

按照统计学原理和最小样本规模的技术规程，自治区在每个普查县分东、西、南、北、中 5 个普查点进行家养动物全血，血清，O - P 液，眼鼻棉拭子，咽喉、泄殖腔棉拭子的采样；剖检动物的组织样品和采集直肠内容物样品，其中每个普查县（市）家畜结构选择 35 头牛、35 只羊、7 匹马、35 羽禽、35 头猪进行血液样板采集，每个普查县剖检牛 3 头、羊 10 只，有猪禽养殖的县（市）剖检猪 3 头、家禽 20 羽。普查历时 300 多天，涉及的普查乡镇共 191 个，采集家养动物 17 486 头（头、只、匹、羽），其中牛（牦牛、黄牛）6 345 头、羊（山羊）6 109 只、猪 1 603 头、马 721 匹、禽（鸡、鸭）2 723 羽、野生动物哺乳动物 18 只、野生禽类 4 羽。本次普查共采集家养动物血清 17 523 份、全血 4 252 份、粪样 196 份、泄殖腔拭子 1 899 份、眼鼻口分泌物拭子 8 127 份、O - P 液 9 686 份。本次普查按照方案要求共剖检动物 680 头（头、只、羽），采集寄生虫标本 537 份、病理标本 252 份。

根据《西藏自治区第三次动物疫病普查技术方案》的总体要求，自治区农牧科学院畜牧兽医研究所主要承担 40 个普查县（市）4 种羊病（羊小反刍兽疫、羊蓝舌病、羊口蹄疫、羊布鲁氏菌病）的血清学抗体检测和 2 种羊病（李氏杆菌病、炭疽）的组织核酸检测以及动物寄生虫形态学鉴定工作；自治区疫病控制中心主要承担 40 个普查县（市）6 种牛病（牛口蹄疫、牛病毒性腹泻、牛血吸虫病、牛布鲁氏菌病、牛传染性鼻气管炎、牛蓝舌病及牛血吸虫病）的血清学抗体检测；西藏大学农牧学院主要承担 40 个普查县（市）12 种猪病（猪链球菌、猪繁殖与呼吸综合征、猪口蹄疫、猪圆环病、猪瘟、猪水疱病、猪细小病、猪丹毒、猪支原体肺炎、猪传染性胃肠炎及猪旋毛虫病和猪囊虫病）的血清学抗体检测和 2 种猪病（猪伪狂犬病、猪钩端螺旋体病）的全血核酸检测；西藏出入境检验检疫局技术中心主要承担 40 个普查县（市）4 种马病（马传染性贫血、马动脉炎、马疱疹病毒及马巴贝斯虫病）的血清学抗体检测和 5 种鸡病（鸡瘟、鸡新城疫、鸡法氏囊病、传染性喉气管炎、传染性支气管炎）的血清学抗体检测。

第二节　畜禽传染病

西藏和平解放以来，在各级党委、政府的正确领导下，西藏自治区逐步建立了兽医防治机构、教育机构和科研机构，广大畜牧兽医工作者不畏高寒、恶劣的自然环境，在设备简陋、人才匮乏的情况下，与各种畜禽疫病进行了长期的顽强斗争，坚持"预防为主、防重于治"的原则，开展了大面积的防疫除病工作，消灭了在西藏自治区历史上流行广泛、危害相当严重的牛瘟、牛肺疫、绵羊痘等牛羊主要烈性传染病；在开展疫病普查工作的基础上，对马属动物气喘病、牛气肿疽、肉毒梭菌病、大肠杆菌病、马鼻疽、布病、炭疽、牛结核病、羊梭菌性疾病、鸡新城疫、猪瘟、多杀性巴氏杆菌等危害比较严重的传染病进行了流行病学调查、病原学诊断和综合防治研究，并成功地研制和生产了小反刍兽疫活疫苗，布鲁氏菌病活疫苗（S2 株），羊快疫、猝疽、肠毒血症三联灭活疫苗，牛多杀性巴氏杆菌病灭活疫苗，禽多杀性巴氏杆菌病灭活疫苗，羊快疫、猝疽、羊羔痢疾、肠毒血症三联四防灭活疫苗，肉毒梭菌（C）型灭活疫苗，羊大肠埃希氏菌病灭活疫苗，气肿疽病灭活疫苗，羊败血性链球菌病灭活疫苗，无荚膜炭疽芽孢苗疫苗，有力地促进了畜牧业经济的稳步发展和农牧民增收。

一、畜禽传染病种类

（一）牛肺疫

牛肺疫也称牛传染性胸膜肺炎，俗称烂肺疫，是由丝状霉形体引起的对牛危害严重的一种接触性传染病，主要侵害肺和胸膜，其病理特征为纤维素性肺炎和浆液纤维素性肺炎。

1959 年，自治区畜科所的魏仁山等人对牛肺疫病作出了诊断，并分离了病原。1985 年 5 月，澎波农场 9 队 1~2 岁牦牛发病 49 头，先后急性死亡 34 头，临床症状和尸检疑似牛肺疫。

1992—1993 年，西藏自治区畜科所的田波、色珠、德吉、拉巴次旦和西藏自治区畜牧局的郭晓冬、强曲、列错等人对西藏牛肺疫进行了现状调查研究，经血清学和病理组织学调查，均未分离到牛肺疫病原菌，也未发现牛肺疫病理变化，皆获阴性结果，故向全国宣布消灭牛肺疫。

（二）尼古病（大肠杆菌病）

大肠杆菌病是由大肠杆菌埃氏菌的某些致病性血清型菌株引起的疾病的总称，是由一定的血清型的致病性大肠杆菌及其毒素引起的一种肠道传染病。该病在西藏不仅仅是条件病原菌，而且往往是牛羊的一种急性传染病的病原菌。本病发病急，死亡快，病畜多于数小时内死亡，死亡率达 100％；病畜精神沉郁，闭眼伏卧昏睡，故牧民称之为睡死病（藏语称尼古病）。

自治区生药厂的吴绍良等人于 1962—1964 年对该病进行了专题研究，在 11 个尼古病疫区采集 54 份牛羊脏器，分离培养出大肠杆菌 48 株，其形态和生化反应符合大肠杆菌的性状。本病不论从牛或羊分离出的，均能交叉致病。

1989 年日喀则地区兽医总站的蔡立安、多加、刘忠青和拉孜县兽防站的达娃扎西对拉孜县扎西岗乡苏村羊只暴发的大肠杆菌病进行了诊断。该村共有发病羊798 只，发病率 51.13％，死亡 285 只，死亡率达 35.71％，山羊较绵羊多发。蔡立安等人采集了 3 只病山羊的心、肝、脾、肠系膜淋巴结，进行细菌的分离培养、生化鉴定及兔子试验，确诊本病为大肠杆菌病。

（三）链球菌病

链球菌病是主要由 β 溶血性链球菌引起的多种人畜共患病的总称。已确诊羊和猪中有本病流行。

1963 年，昌都江达县字呷区死亡羊 3 000 余只，死亡率达 97％。自治区畜科所的潘士荣、彭顺义等人采回 2 份肝、脾标本，分离鉴定为兽疫链球菌。

（四）布鲁氏菌病

布鲁氏菌病是由于布鲁氏菌引发的感染，是人畜共患病之一。动物受到感染后没有症状表现，但人体一旦感染，危害极大。

1964—1965 年，自治区畜科所和自治区卫生防疫站等单位联合组织了自治区布氏杆菌病临时检疫站，对藏北羌塘草原的有关县进行了流行病学调查和检疫，并分离了 9 株布鲁氏菌。

1980 年，区畜科所的潘祖福、拉巴多吉等人从山南、拉萨等地收集牛、羊流产胎儿 189 头（只），对其中的 176 头（只）进行了细菌分离，共分离出布鲁氏菌17 株，平均检出率为 9.7％。对分离出的 17 株布鲁氏菌，加上 1979 年以前陆续分离保存的 8 株，共 25 株，采用了 1970 年联合国粮农组织（FAO）、世界卫生组织（WHO）布鲁氏菌病委员会规定的布鲁氏菌菌型鉴定方法进行了分型试验，其中羊 3 型菌 11 株，羊 1 型和 2 型菌各 5 株，猪 1 型菌 2 株，未定型 2 株。对 25 株菌种鉴定表明，山南、拉萨等地的布鲁氏菌有羊种菌1、2、3三个生物型及猪种菌1型，羊3型菌为最多，以羊种菌为主要传染源，菌株存在着变异。流产胎儿的胃内容物布鲁氏菌的分离率较高。具有宿主转移现象，羊种菌可转移到牛，猪种菌可转移到羊。

1982年，山南地区畜牧兽医总站的李孟科、陈素清等人收集山南、措美、隆子、桑日等6县的羊、牛、马流产胎儿276头（只），分离出39株布鲁氏菌，经菌型鉴定为羊2型菌的有36株；牛1型菌的有2株；从马流产胎儿中分离出1株羊2型布氏菌（未对菌种进行跟踪研究分析）。

1984年，自治区畜科所潘祖福等人收集和统计对107株布鲁氏菌的鉴定结果，分析得出：从分离的病原看，布鲁氏菌是引起牛、羊流产的主要原因之一，而且西藏布病流行的主要病原菌为羊种菌，占83.1%。

（五）羊快疫病

是由腐败梭菌引起的一种急性传染病，发病突然，病程极短，其特征为羊的真胃黏膜呈出血性炎性损害。本病发病急、死亡率高，是目前西藏自治区流行广、危害严重的主要传染病之一。因多发于春末夏初，故当地群众称之为"亚耐"，即夏天病。

1974年，区畜牧队的贡觉、索朗等人对申扎、聂荣和那曲等县的羊快疫类病进行了流行病学调查，通过细菌培养、肠毒素测定和血清中和试验，确认为羊快疫病。

（六）五号病（口蹄疫）

是由口蹄疫病毒所引起的偶蹄动物的一种急性、热性、高度接触性传染病。主要侵害偶蹄兽，偶见于人和其他动物。其临诊特征为口腔黏膜、蹄部和乳房皮肤发生水疱。

1974—1975年自治区畜牧队和甘肃援藏队的靳诚等人、1984—1985年区畜科所的潘祖福、徐大师等人对西藏的五号病进行了流行病学调查。据潘祖福等人统计，1951—1985年间发生的363个疫县次中，发生30个疫县次以上的大流行就有4次，时间分别在1951—1953年、1959—1960年、1969—1970年和1981—1982年，间隔10年左右。经研究发现，本病在西藏一年四季均可流行，总的特点是秋季开始，冬春加剧，夏季平缓或趋于平息，易感动物有牦牛、犏牛、黄牛和绵山羊，猪发病不多，人更少。本病发病率高，死亡率低。传染源为病畜，传播途径主要有农牧交换、集市贸易和边民过牧、经商等。

1997年进行了对边境地区五号病的监督和防疫工作。

（七）巴氏杆菌病

巴氏杆菌病是由多杀性巴氏杆菌引起的一种急性、热性传染病。急性型常以败血症和出血性炎症为主要特征，所以过去又叫"出血性败血症"；慢性型常表现为皮下结缔组织，关节及各脏器的化脓性病灶，并多与其他疾病混合感染或继发。已发现有牦牛、绵羊和猪、禽感染本病。

1974年，安多县、索县、班戈、聂荣和那曲县都有本病流行。其中那曲县托如乡牦牛发病147头，死亡61头。区畜牧队的刘尔年和甘农大的沈斌元等人采集牛的心血、肝、脾、肠系膜淋巴结及骨髓作了细菌分离鉴定，确定病原为多杀性巴氏杆菌。

1983年11月至12月，西藏农牧学院的侯西庚等人对林芝八一地区运输站、毛纺厂、木材加工厂等地的死亡鸡、鸭进行了调查，采集鸡的心血、肝、脾等进行涂片镜检、接种鲜血琼脂和麦康凯脂培养，纯分离到两极浓染的 G‐小杆菌，用24h培养物接种建康鸡、鸭3只，复制本病成功，确诊为禽霍乱（禽巴氏杆菌）。

1984年，西藏农牧学院的刘凯在刘振德、侯西庚老师的指导下，对林芝八一地区发生的猪病进行了详细的流行病学调查、临床诊断和实验室诊断，采集死猪的肺、淋巴结、肝、脾、心等病料，进行涂片镜检、细菌分离培养、生化反应鉴定、动物回归试验，确认本病为猪肺疫。

（八）炭疽

炭疽是由炭疽杆菌所致的一种人畜共患的急性传染病。人因接触病畜及其产品及食用病畜的肉类而发生感染。临床上主要表现为皮肤坏死、溃疡、焦痂和周围组织广泛水肿及毒血症症状，皮下及浆膜下结缔组织出血性浸润；血液凝固不良，呈煤焦油样，偶可引致肺、肠和脑膜的急性感染，并可伴发败血症。

1974年6月，拉萨市城关区翻身公社三队的黄牛突然发病，死亡2头。群众剥皮后将牛肉分食，其中1人剥皮后5日左手拇指出一疔疮，发烧、夜不能眠，另有食肉者1人前臂患病肿胀，均住院，经诊断疑为炭疽。甘肃援藏队的沈斌元、自治区畜牧队的王桂云等人采集黄牛的部分潮湿皮张，经涂片染色镜检、培养、串珠反应、血清学反应、小白鼠试验、生化试验等，确诊黄牛死于炭疽。

1989年，区畜牧局的拉尼等人对昌都地区江达等8县的肠型炭疽病进行了调查，确认1989年3月22日江达县字呷乡解放村一牧民家中首先发生此病，两个小孩先发烧死亡，而后老母亲死亡。

（九）牛气肿疽

俗称黑腿病或鸣疽，是一种由气肿疽梭菌引起的反刍动物的一种急性败血性传染病。其特征是局部骨骼肌的出血坏死性炎、皮下和肌间结缔组织液出血性炎，并在其中产生气体，压之有捻发者，严重者常伴有驻行。

1974年，甘肃援藏队的沈斌元、自治区畜牧队的王桂云等人采集拉萨市雪居委会居民曲卓玛家死亡黄牛的病变肌肉，进行涂片、细菌分离培养、生化反应、动物试验，分离到气肿疽梭菌，诊断此牛死于气肿疽。

（十）猪瘟

猪瘟俗称"烂肠瘟"，是由黄病毒科猪瘟病毒属的猪瘟病毒引起的一种急性、发热、接触性传染传染病。具有高度传染性和致死性。

1976年，自治区畜科所将疑似猪瘟的脑、脾以肉汤作10乳剂加双抗处理置于冰箱过夜，次晨以蔡氏滤器过滤，接种断奶仔猪2头，出现典型的本病症状。同法传至第三代，症状均相似。另用家兔作猪瘟诊断试验，结果为阳性，综合判定为猪瘟。后经试验证明，引进、应用荧光抗体诊断猪瘟，在西藏高原已获得成功。

（十一）奶牛和绵羊伪狂犬病

是由伪狂犬病毒引起的急性传染病。表现发热、剧痒及脑脊髓炎。

1979年，自治区畜牧队、西藏农牧学院、林芝种畜场的袁永隆、李炳机、杨善亮等人在西藏首次报道对某种畜场奶牛和绵羊伪狂犬病的诊断。取病死羊脑和脾脏混合研磨，加生理盐水10倍稀释，细菌培养结果为阳性，接种小白鼠7只、海猪2只、家兔10只、绵羊2只。实验结果：小白鼠和海猪对本病不十分敏感；家兔虽然敏感，也有1/10没有发病；受感染绵羊2只，表现奇痒、麻痹者各1只；家兔10只中9只发病，其中奇痒者为6/9，麻痹者为3/9。本病的体温反应无规律性，发病后均以病畜死亡而告终。研究人员根据奶牛和绵羊自然病例的散发规律、奇痒症状、病程短暂、必然死亡及试验室诊断等结果，认为该场牛羊发生的是伪狂犬病。此病重在预防。

（十二）马属动物喘气病

马属动物喘气病以"喘"和"明显的腹式呼吸"为最主要临床特征，死亡和废役比例较大。

1980年3～4月，山南地区兽防总站的李孟科、陈素清和区畜科所的殷淑君、色珠、高永诚等人对山南地区发生的马属动物喘气病进行了比较全面系统的流行病学调查。该病最早发生于西藏山南地区扎囊县孟嘎如乡，1976年以后呈地方性蔓延，波及8个县、41个区、197个乡。该病马、骡、驴均可发生，但以毛驴发病最为严重。1980—1982年，区畜科所的殷淑君、色珠、高永诚等人对本病进行了研

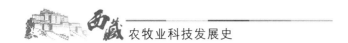

究。他们对山南地区桑日、扎囊、贡嘎、隆子、措那等县患喘气病的马、骡、驴的病变肺组织和疫区的水、土、空气、饲草进行真菌的分离培养，纯分离到几十株真菌，经定性定量分析鉴定，证明杂色曲毒和构巢曲毒不仅产毒量高，而且毒力很强。选择这两株真菌回归健康本动物10头毛驴、2匹骡、7匹马，均先后发病并死亡。其临床症状，病理剖检、变化及肺的组织切片检查均和自然病例相似，说明人工复制喘气病成功，从而确定上述两种真菌为本病的病原。

（十三）山羊肛门部皮肤癌

西藏某些地区的山羊发生的一种肛门部皮肤溃烂病，经过调查研究，确诊为山羊肛门部皮肤癌。真菌的分离鉴定及本动物回归试验表明，8601（8109）和8603（8132）株真菌是本病的主要致病因子；过度的阳光暴晒是引起癌变的诱因；皮肤缺乏色素和山羊成年是引起癌变的条件。

1977—1980年，拉萨市达孜县的白纳、塔吉两个乡，堆龙德庆县的门堆乡和蔡公堂办事处的蔡角林乡，发生一种仅见于山羊肛门部白色皮肤的溃烂病，病烂灶分布于肛门周围皮肤。该病死亡率甚高，严重地威胁着养羊业的发展，给牧业生产带来很大的损失。

1980年，自治区畜科所的高永诚、殷淑君等人和北京市肿瘤研究所的李吉友、阚秀等人对本病进行了调查和病理切片诊断。本病成群分布，发病集中，有严格的定位性，均发生于尾根下方、肛门上方及周围，以白色皮肤居多，局部主要表现为血疹、溃疡、增生和糜烂，呈肿瘤、结节、菜花型等。全身症状表现为消瘦和疼痛，最后以死亡告终。他们先后切片取活检组织标本53例，用10％甲醛固定、石蜡包埋、H·E染色、显微镜镜检。在53例活检标本中，39例诊断为皮肤癌，其中有31例鳞状上皮细胞癌，1例基底细胞癌，3例混合性癌，4例早期局部癌变。从对3群山羊临床详细检查的结果看，发病率在1.3万～1.7万/10万，在动物的自发性肿瘤中，发病率如此之高是世界上所罕见的。该成果于1985年获自治区科技成果三等奖。

1981年至1988年2月，自治区畜科所的殷淑君、高永诚、潘祖福、色珠等人对该病病因进行了研究。该成果和8202制剂治疗皮肤癌的试验研究两部分合起来作为一个整体，于1992年获自治区科技进步一等奖。

（十四）梅花鹿出血性肠炎

出血性肠炎是梅花鹿的常见病，无论成鹿或仔鹿均易发生，患病鹿几乎无一生存，给养鹿业造成严重损失。1981年自治区畜科所的潘祖福等人对某养鹿场该病进行了流行病学调查、临床症状分析，并采集2例病鹿标本进行细菌学检查，纯分离到 2 株细菌，通过小白鼠试验、生化反应鉴定和绵羊试验，诊断为大肠杆菌，认为大肠埃希氏菌是引起梅花鹿出血性肠炎的病原菌。

（十五）羔羊"典古"病

脐带炎，藏语叫"典古"，意为脐带炎引起的弓背病。1981—1985 年，自治区科委生物研究所的蒋长萍等人在那曲县沙嘎乡等地采集 74 例羔羊"典古"病死羔的淋巴结、心、肝、脾、肺及脐部分泌物，分离到直肠产碱杆菌 46 例，保存 7 株菌种，经本动物试验能复制出本病。研究表明：脐部感染是"典古"病的病因，直肠产碱杆菌是"典古"病的主要病原。

1981—1982 年，山南兽防总站的李孟科、陈素清等人通过解剖的 268 例山、绵羊胎儿研究"典古"病，认为"典古"病是胎儿出现先天性发育不良所致。发育正常的胎儿离开母体后，脐静脉、脐动脉、脐尿管一起离开脐孔；发育不良的胎儿出生后，虽然脱离了母体，却仍然保持胎儿时的血液循环现象，脐静脉与肝脏相连并延伸与心脏相连，脐动脉、脐尿管与膀胱相连，导致羔犊腰拱腹缩，也就是群众称的"典古"。

（十六）鸡传染病

鸡传染病主要有：禽流感、鸡新城疫、马立克氏病、法氏囊炎、球虫病、大肠杆菌病、支气管炎、喉气管炎、禽霍乱、葡萄球菌病等。

1982—1983 年，自治区畜科所的潘祖福等人在拉萨市患传染病的病鸡肾细胞中确诊有鸡马立克氏病存在。他们同时进行鸡胚接种，用 2 株细胞素分别接种 4 只 12 日龄鸡胚的绒毛尿囊膜（CAM），每只 0.2 毫升，鸡胚于 16～18 日龄时死亡。剖检鸡胚，CAM 有 3/8 出现痘斑，对照鸡胚无变化。用 3 株分别为 0.5 毫升/只的细胞素，接种 24 只 1 日龄雏鸡，接种后第 2～7 周全部死亡。临床同古典型自然病例。又用免疫琼脂扩散试验检测 A 鸡场 74 只鸡，阳性率为 22.6%；B 鸡场 51 只鸡，阳性率为 21%，本研究 1989 年获自治区科技进步四等奖。

1986 年，在拉萨市某鸡场发生一种以昏睡腹胀为主要症状的传染病，自治区畜科所的潘祖福、殷淑君、徐大师等人采集 17 份病鸡标本，经分离培养、毒力试验、生化反应，鉴定出链球菌 6 株、副大肠杆菌 4 株，确诊该病为链球菌和副大肠杆菌单独或混合感染引起的综合征。

1987 年，自治区畜科所的潘祖福、安继升、徐大师等人用琼扩试验、血凝和血凝抑制试验对本单位鸡场、拉萨市鸡场、林周县、堆龙德庆县和城关区家庭饲养的杂种鸡 169 只，藏鸡 85 只进行检测，发现鸡马立克氏病、法氏囊炎、腺病毒感染、减蛋综合征、鸡白痢、传染性气管炎、传染性喉气管炎、新城疫、传染性鼻

炎、传染性关节炎、禽霍乱和鸡痘 12 种鸡病，均有程度不同的流行，藏鸡感染率普遍比杂种鸡低，感染率 6.69%～66.67%。

1998 年，自治区畜科所兽医研究室对拉萨周边的三个养鸡场进行了禽流感的检测，未出现阳性病例。

（十七）山羊地方流行性流产病

山羊地方流行性流产病是由衣原体引起的一种传染病。衣原体感染动物时，除少数可直接感染外，大部分则需节肢动物做传播媒介，如蚤、虱、螨等。山羊流产病在西藏普遍流行，造成的损失严重。流产率一般在 30% 左右，个别羊群高达 95%。

1983—1989 年，自治区畜科所的高永诚、色珠、索白等人对本病进行了研究。他们先后从山南、拉萨市和日喀则所属 6 个县收集流产山羊羔 150 余只，取其肝、脾和部分胃内容物触片或抹片，特殊染色，筛选出阳性病料 57 份，从中选择典型病料 21 份，感染鸡胚细胞和小白鼠等，纯分离病原 14 株，选择 7 株作各种试验，其中 3 株用作研制疫苗的种毒。根据流行病学调查、流产胎儿病变镜检结果和小白鼠、豚鼠、小鸡等试验，确诊西藏的山羊地方流行性流产病系衣原体所致。

（十八）黄牛结核病

牛结核病是由牛型结核分枝杆菌引起的一种人兽共患的慢性传染病，我国将其列为二类动物疫病。

1984 年，拉萨市兽防总站的朱胜利、丹增平措等人及拉萨市城关区兽防总站普布次仁，采用以牛结核菌素皮下注射为主、结合临床表现的方法，对拉萨市城关区巴尔库办事处的黄牛结核病进行综合调查，共检黄牛 78 头，其中阳性 12 头，阳性率为 15.38%；可疑 11 头，可疑率为 14.1%；阴性 55 头，阴性率为 70.52%。

（十九）牦牛病毒性腹泻/黏膜病（牦牛卡玛洪病）

牦牛病毒性腹泻（黏膜病）是由病毒引起的传染病，各种年龄的牛都易感染，以幼龄牛易感性最高。传染来源主要是病畜。病牛的分泌物、排泄物、血液和脾脏等都含有病毒，以直接接触或间接接触方式传播。

1986—1988 年，自治区畜牧队的洛桑列措、索巴，青岛动检所的张兹钧、张尔春，类乌齐县兽防总站的胡百生，巴青县兽防站的塔尔措等人采集病畜病料 24 头份、高温病牛血液 44 头，经本动物回归复状、原代犊牛睾丸细胞培养、电镜观察，分离到牛腹泻黏膜病（BVD/MD）病毒株 3 株，从而在西藏首次确诊多年存在的卡玛洪病这一疑难病就是国内外流行的牛病毒性腹泻黏膜病（BVP/MD）。3

年中他们连续从疫区采集血清 133 头份，用牛病毒性腹泻黏膜病琼扩抗原进行免疫扩散实验，其中 80 份阳性、53 份阴性。本研究于 1989 年获自治区科技进步三等奖。

（二十）家兔魏氏梭菌病

魏氏梭菌即产气荚膜杆菌，一般可分为 a、b、c、d、e、f 六型。兔魏氏梭菌病主要由 a 型引起，少数为 e 型。魏氏梭菌广泛存在于土壤、粪便和消化道中，因此寒冷、饲养不当以及饲喂过多精料可诱发本病。本病的特殊症状是急剧腹泻。

1987 年，某兔场繁殖小兔 38 只，3～4 月龄后发病 31 只，发病率高达 81.6%，死亡率 100%。临床以拉稀和腹胀为主要特征。区畜科所的色珠、殷淑君等人采集了 4 只病兔的各脏器及小肠内容物进行细菌分离培养、生化反应鉴定，纯分离到 4 株魏氏梭菌，腹腔注射小白鼠后证明其有毒力，回归 2 只健康家兔后能复制本病，从而确诊魏氏梭菌是本病的主要病原之一。

二、畜禽传染病的控制与扑灭

（一）牛肺疫

本病早期用天行健的牛康肽治疗可达到临床治愈。病牛症状消失，肺部病灶被结缔组织包裹或钙化，但长期带菌，应隔离饲养以防传染。免化弱毒苗效力较好，但安全性较差。1985 年 5 月，澎波农场的牦牛发病，自治区畜科所的潘祖福等人采用死牛脏器分离 2 株胸膜肺炎支原体，及时注射疫苗，很快控制了本病的流行，目前已向全国宣布消灭牛肺疫。

（二）尼古病（大肠杆菌病）

在防治本病过程中发现，大肠杆菌对药物极易产生抗药性，如青霉素、链霉素、土霉素、四环素等抗生素几乎没有治疗作用。氯霉素、庆大霉素、氟哌酸、新霉素有较好的治疗效果。1989 年，日喀则地区兽医总站的蔡立安、多加、刘忠青和拉孜县兽防站的达娃扎西对拉孜县扎西岗乡苏村羊只暴发的大肠杆菌病进行了诊断，并对该病提出了防治措施，取得一定效果。另外，注射疫苗也是防治本病的方法之一。

（三）链球菌病

可用灭活苗或弱毒苗免疫预防，应用多价苗可获得较好效果。每吨饲料中加入土霉素 400 克，连喂 2 周，也有一定的预防效果。

1963年，自治区畜科所的潘士荣、彭顺义等采回昌都江达县字呷区因本病死亡的羊的2份肝、脾标本，分离鉴定病原为兽疫链球菌，并成功研制预防用菌苗。

（四）布鲁氏菌病

利福平对本病有效。羊、猪型感染者以四环素与链霉素合用为宜。

1975—1980年，自治区畜科所布鲁氏菌病工作室在当雄县引进、应用推广羊型五号苗、猪型二号苗及检疫方法，根据试验提出两种苗都适合西藏牛羊布氏菌病的免疫预防，尤以猪型二号苗为最佳。免疫剂量为：两种苗室外气雾免疫和饮水免疫，羊为100亿菌/只，牛为500亿菌/头；室内气雾免疫和皮下注射，羊为50亿菌/只，牛为25亿菌/头。各地可根据具体情况，因地制宜选用饮水、气雾或皮下注射的方法。检疫方法以平板凝集反应较好。另外，自治区畜牧队在那曲县等地进行了免疫预防试点工作。经西藏自治区广大兽医人员的多年努力，至1991年，西藏自治区开展布病防治工作的74个县，已全部进行了防治效果的考核验收，其中近68个县基本达到了控制标准。

（五）羊快疫病

患本病的大多数病羊来不及治疗即死亡。对那些病程稍长的病羊，可用青霉素进行肌内注射，每只羊每次160万～320万单位，每天2次，或内服磺胺嘧啶0.1～0.2克/千克体重，每天2次。

自治区畜科所的高永诚等人于1975—1977年，按照农林部颁发的《羊快疫、猝疽、肠毒症三联菌制造及检验试行规程》引进、试制生产的预防羊快疫、肠毒血症和猝疽的联合菌（简称羊三联菌），在西藏自治区应用后效果显著，深受群众欢迎。本研究获自治区科技进步三等奖。

（六）五号病（口蹄疫）

一般只需迅速肌肉注射盐酸异丙嗪（非那根）500毫克、地塞米松磷酸钠30毫克（孕畜不用），皮下注射0.1%盐酸肾上腺素5毫克即可，病畜会很快康复。西藏的毒型主要有A型，O型和A、O混合型感染。一旦发生疫情，应立即对病畜及同群畜进行扑杀和无害化处理。

（七）肉毒梭菌中毒症

磺胺类药物、氯霉素、红霉素、庆大霉素、环丙沙星、恩诺沙星、喹乙醇均对此病有较好的疗效。

1974年8月，安多县马多区用肉毒梭菌菌苗（C型）免疫牦牛，效果较好，该成果于 1978 年获自治区科技成果奖。自治区引进青海生产的 C 型肉毒梭菌菌苗，免疫 19 697 头（只）牛羊，经观察，免疫效果达 100％，控制了本病，其成果于 1993 年 1 月通过了自治区科委的验收鉴定。

（八）炭疽

一般可用氢化可的松短期静滴，但必须在青霉素的保护下采用。另外，要进行集中隔离治疗，对疫区进行全面封锁、隔离，对死尸、用具进行深埋、焚烧，对其分泌物和排泄物按芽孢的消毒方法进行消毒处理，并采取人畜综合防治措施。

对 1989 年 3 月在昌都地区先后发生的炭疽病，采取以炭疽芽孢菌预防接种为主，封锁、隔离、清毒、病尸处理等为辅的综合防治措施，到 11 月底止，畜间炭疽病已基本得到控制。

（九）牛气肿疽

疫苗预防接种是控制本病的有效措施。对病畜应立即隔离治疗，对死畜禁止剥皮吃肉，应深埋或焚烧。对病畜厩舍围栏、用具或被污染的环境用 3％甲醛或 0.2％升汞液消毒，粪便、污染的饲料、垫草均应焚烧。

1982 年 7 月，曲水县聂当区两个乡的黄牛发生本病，发病 96 头，死亡 65 头，拉萨市兽防总站的朱胜利等人以无菌手续采取 1 头死牛和 1 头病牛扑杀后的病变部肌肉、水肿液、肝、脾、腋下淋巴结等进行细菌分离培养，用培养物进行海猪试验，初步认为分离到的是气肿疽梭菌。之后接种气肿疽菌苗 4 000 多头份，控制了疫情的扩散。

（十）猪瘟

有效的控制方法有：免疫接种；采用酶联免疫吸附试验或正向间接血凝试验等方法开展免疫抗体监测；及时淘汰隐性感染带毒种猪；坚持自繁自养，全进全出的饲养管理制度；做好猪场、猪舍的隔离、卫生、消毒和杀虫工作，减少猪瘟病毒的侵入。

（十一）马属动物喘气病

预防方法有加强饲料管理，防止马、骡、驴过劳；妥善保管好饲草饲料，严防发霉，严禁饲喂霉败变质的草料；经常清扫圈舍，保持其干燥、清洁、通风等。自 1982 年以后，山南地区没有发现新病畜，解决了马属动物因患本病而死亡的问题。该成果于 1985 年获自治区科技成果二等奖。

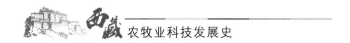

（十二）山羊肛门部皮肤癌

1982年后，群众加强了生产责任制，饲草饲料管理得好，很少或无发霉现象，原疫区达孜县的白纳、塔吉乡的放牧条件及受阳光照射程度和以前一样，再未发现一只病羊。本研究系国内首次发现和报道，具有重要的学术价值，取得了突破性进展，为防治本病提供了科学依据。该成果和8202制剂治疗皮肤癌的试验研究两部分合起来作为一个整体，于1992年获自治区科技进步一等奖。

（十三）羔羊"典古"病

通过药敏试验，认为庆大霉素、磺胺嘧啶最敏感；土霉素、新霉素、卡那霉素中度敏感，还研究了预防本病的菌苗。应加强对怀孕母畜的管理、注意脐带的严格消毒，保持羔宫和厩舍的清洁卫生，羔羊出生后用土霉素或孕畜用菌苗预防，能够防止"典古"病的发生。本研究于1989年获自治区科技进步三等奖。建议应加强怀孕母畜的饲养管理，在枯草季节和怀孕后期要偏喂，补以适量的饲草和胃粉等，要搞好选种选配，对种公畜要经常进行调换，对患病羔犊应及时进行手术治疗。

（十四）鸡传染病

对于传染病，尤其急性烈性传染病，早发现，及时准确诊断，又能迅速采取针对性措施，便可有效地制止传染病的蔓延。被确诊或疑似为新城疫、禽流感、传染性支气管炎、传染性喉气管炎，传染性法氏囊炎、鸡痘、减蛋综合征及传染性鼻炎、鸡霍乱，鸡大肠杆菌病的新区及受威胁区要选择相应的敏感的抗生素，磺胺类及其他化学药物，进行紧急药物预防或早期治疗。

（十五）山羊地方流行性流产病

高密度注射疫苗是预防该病的最好办法，连续免疫3～5年，可以控制该病。另外，重点应放在消灭传播媒介——蚤、螨、蜱等。衣原体对抗菌素类药物很敏感，用青霉素、庆大霉素、磺胺类药物治疗均有效。

1983年，自治区研制4批灭能苗，分送山南地区乃东、贡嘎县作现地免疫试用观察，效果较好。1988—1989年研制的16批苗进行效检，全部合格，送山南和日喀则区域试验，普遍认为效果较好。

（十六）黄牛结核病

对牛结核病的防治，主要采取综合性防治措施，防止疫病传入，净化污染牛群。另外，接种卡介苗是预防结核病的有效措施。

（十七）牦牛病毒性腹泻/黏膜病（牦牛卡玛洪病）

目前无特效的治疗方法，对症治疗和加强护理可以减轻症状，增强病牛机体抵抗力，促使病牛康复。为控制本病的流行并加以消灭，必须采取检疫、隔离、净化、预防等兽医防制措施。预防上，我国已生产一种弱毒冻干疫苗，可接种不同年龄和品种的牛，接种后表现安全，14天后可产生抗体并保持22个月的免疫力。

（十八）家兔魏氏梭菌病

正确的饲养可减少本病的发生；采用较低能量、较高纤维素的日粮可明显减少腹泻死亡率。一旦发现病兔或可疑为病兔，应立即隔离或淘汰。预防方法上可用魏氏梭菌氢氧化铝灭活菌苗，每只兔皮下注射2毫升，7天后开始产生免疫力，免疫期4～6个月。本病的治疗，可内服土霉素、四环素，均有一定的疗效。另外用高免血清治疗本病效果也较好。其方法是发现患病兔泻痢后，视病兔大小，每只皮下注射高免血清5～10毫升，每天1次，连用2～3天即可康复。

三、畜禽传染病的综合防控

西藏自治区的疫病防控技术水平有了大的提高，目前基本可以应用细菌学检测、血清学检测、免疫学检测、核酸检测等技术为畜禽传染病提供快速、准确的诊断方法。60多年来，西藏兽医科技工作者经过不断努力，消灭了危害十分严重的牛瘟和牛肺疫，初步控制或稳定多种重要传染病，疫病防疫体系也日臻完善，初步形成了动物疫情预测预报体系。

（一）加强兽医科学研究

在基础科学研究上需要吸取国内外的高新技术，与国内相应科研院所进行纵、横向多层次联合，利用分子生物学手段，对一些重要的畜禽传染病进行分子病原学研究，开展对病原微生物的基因结构分析，对病原微生物的特定成分如表面抗原和毒素进行基因定位、克隆和表达，对其致病性、遗传变异规律、耐药性机制、抗原性的有效成分及病原体与动物机体间相互作用的规律等进行微观的分析研究；找出传染病的流行规律和药物治疗的靶点，提高药物免疫保护和控制治疗的效果，为选择疫苗毒株、筛选新型兽药进而研制和开发新型疫苗和兽药提供依据；通过金标、硒标等快速斑点免疫检测技术特别是基因芯片技术的研究和应用，探索出达到国内外标准的简便、快速、准确、稳定、敏感、特异的免疫监测技术和诊断方法，使免疫监测和诊断技术达到系统化、标准化、自动化和商品化。继续兽药、疫苗及其他生物制品的研究以及研发各种有效、快捷的防治技术，如对各种疫苗、微生态制剂、中西

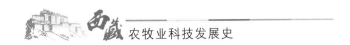

兽药的开发及推广应用等。在传统疫苗的研究上，应侧重于疫苗制苗毒株的筛选、组织培养技术及疫苗的保护剂、稀释剂、佐剂和免疫增强剂的研究，以降低疫苗的毒力。中药制剂和活菌制剂可避免药物在动物组织中发生残留而造成对人类健康和自然环境的危害，也将成为研究的热点，特别是中药现代化问题更是研究的发展方向。

（二）加大环境控制力度

保护生态环境系统，进行科学的消毒与消毒监测评估，切实加强对畜禽排泄物与病死畜禽的无害化处理。

（三）免疫监评（检测与评价）

1. 科学简便、易于普及的免疫监测

免疫监测包括病原监测和抗体监测两方面。病原监测包括对环境微生物的监测和对畜群病原体的检测。抗体监测包括对母源抗体、免疫接种前后抗体、主要疫病抗体水平的定期监测以及对未经免疫接种传染病抗体水平的定期监测等，以随时了解动物体内抗体水平的动态，摸清其消长规律，指导科学合理地制订免疫程序和准确诊断疫病。

2. 确立畜禽主要疫病宏观免疫质量综合评价系统

目前西藏自治区在疫苗免疫接种上存在一个很大的误区，即仅注重免疫接种的数量（免疫密度），却忽视了免疫接种的质量（群体有效保护性免疫的整体水平），造成目前免疫失败不断发生并呈渐增趋势。改变此种现状的唯一途径就是开发"畜禽疫病宏观免疫质量综合评价系统（技术）"，然后以其为科学依据，采取相应的措施来全面提高"动物群体有效免疫的质量"。

（四）加强执法力度，认真贯彻执行动物防疫法

改革开放以来，各级党委、政府高度重视畜禽疫病防控，通过依靠政策、增加投入，进一步建立健全畜禽疫病防控体系，加强兽防机构，改善兽防条件，以引进人才和培育人才相结合的方式壮大了兽医防控队伍。根据《中华人民共和国动物防疫法》《中华人民共和国进出境动物检疫法》《动物防疫条例审核、管理办法》《动物检疫管理办法》等法律法规，逐步完善防疫、检疫、疫情测报、卫生监督等几个主要环节。《中华人民共和国动物防疫法》已于1998年1月起正式实施，为西藏自治区的动物防疫工作提供了法律保障。

第三节　畜禽寄生虫病

在畜禽寄生虫病的研究方面，自治区着重做了寄生虫病的区系调查，驱虫药的

引进、筛选、应用和推广及寄生虫病的免疫学研究。为了进一步提升动物寄生虫病科技创新能力和产品研发水平，为促进西藏畜牧业又好又快发展提供科技支撑和智力支持，西藏自治区农科院畜科所兽医实验室于 2014 年 6 月被西藏自治区科技厅批准为"西藏动物寄生虫病重点实验室"。

一、畜禽寄生虫病种类

（一）内寄生虫病

1. 肺线虫病

西藏自治区牛羊的肺线虫病是由网尾科、网尾线虫属的一些种以及另一些属的线虫寄生于气管和支气管内引起的，以呼吸系统症状为主的寄生虫病。其中以羊的丝状网尾线虫危害最为严重。

本病在西藏自治区各地流行普遍，危害也十分严重，对牛羊的健康威胁极大，常引起羊只的大批死亡，是西藏自治区每年牲畜春季周岁羊大批死亡的一个重要原因。

2. 胃肠道线虫病

本病是由线虫纲所属的多种线虫寄生于家畜消化道所引起的寄生虫病。在西藏自治区，此病多呈混合感染，且感染力强、发病率高，是造成每年牲畜春乏季节羊只死亡的原因之一。据各地调查，本病在西藏自治区分布广，各类家畜都有此病发生，尤以牛羊的感染率最高、危害最严重。西藏自治区牲畜此病的感染率在 90% 以上，部分地区达 100%。本病在西藏自治区一年四季均有流行，但以冬春季节牧草缺乏时病情较重，死亡较多。此病在西藏自治区以纯牧区发病率最高，其次是半农半牧区和农区。在西藏自治区牛羊胃肠道寄生的线虫为优势虫种。

3. 肝片吸虫病

肝片吸虫病在西藏自治区除阿里、那曲部分县外的其他各地均有发生，常呈地方性流行。西藏自治区牛羊的肝片吸虫感染率在 40% 以上，有的地方高达 100%。肝片吸虫的发育需要中间宿主椎实螺的参与，而西藏草原草场上水源丰富，多有水滩、沼泽分布，为淡水螺蛳的大量滋生创造了十分有利的条件。据畜科所在拉萨市的调查，淡水螺蛳感染肝片吸虫幼虫的感染率在 69%～100%，平均为 81%。由于夏秋温暖季节正适合螺蛳和肝片吸虫幼虫的发育，因此，西藏自治区牛羊的发病规律为：夏秋季感染，冬季开始发病，到翌年春季发病率达到高潮。这时正逢牧草枯黄季节，牛羊体质普遍下降，加上肝片吸虫病的危害，常引起牲畜大批倒毙。

据调查，此病在半农半牧区感染率高一些，其次是农区和牧区。由于阿里、那曲地处藏西北，气候寒冷，无霜期短，不利于椎实螺和幼虫的发育，因此本病在阿里、那曲地区发病率较低。

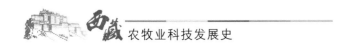

4. 绦虫蚴病

西藏自治区的家畜不但绦虫病较为普遍，而且绦虫蚴病发病率也很高，危害也较为严重，多头蚴病、棘球蚴病和细颈囊尾蚴病在西藏自治区各地均有发生。经调查，脑多头蚴的感染率已上升为这 3 种病的第一位。细颈囊尾蚴的患病虽高，但引起的死亡较低，而脑多头蚴不但感染率高，而且致死率很高。而更重要的是囊虫中可以传播人的有钩绦虫、棘球蚴，其是人畜共患的疾病，因此，这些病的流行，对西藏自治区人民的健康是一个直接的威胁。

除囊尾蚴外，其他 3 种绦虫的终宿主均为肉食兽。本病之所以在西藏自治区广泛流行，与本地大量养狗及乱抛屠宰后的牛羊头、脏器有密切的关系；狗吃牛羊的头，牧犬又常与羊群在一起，从而感染牛羊，如此往返传染，造成本病的流行。

5. 绵羊毛首线虫

毛首线虫是危害严重的寄生线虫病之一，在西藏自治区流行广泛，一年四季均可发生感染，主要危害幼畜。

在临床症状上，其轻度感染时症状不明显，严重感染时表现为腹泻，贫血，消瘦等，可引起羊只死亡。经过鉴定，西藏自治区的毛首线虫有兰氏毛首线虫、斯氏毛首线虫、瞪羚毛首线虫、球形毛首线虫和印度毛首线虫等五种。

6. 牦牛舌形虫病

该病属于五口虫纲、舌虫科、舌形虫属的一种后形成柳叶刀状的寄生虫，终末宿主为食肉兽，虫卵随终末宿主的鼻液和粪便排出体外，牦牛吞食被污染的草后感染。

临床症状：舌形虫多感染于一周岁的牛、羊，初期患畜食欲不佳，精神不振，被毛粗乱，逐渐消瘦，有的转圈，后期严重的眼睛失明，眼眶下皮肤泪流成斑，有的皮肤糜烂，解剖后虫体寄生部往有脓液。牦牛舌形虫多寄生在上颌窦，也有的生于鼻窦；绵羊舌形虫寄生在额窦和上鼻窦内，其他部位未发现；犬的舌形虫寄生在鼻胱、额窦、鼻窦及上颌窦内。

7. 牛吸吮线虫病

牛吸吮线虫病是由旋尾目吸吮科的一些线虫寄生于牛的结膜囊内和第三眼睑下造成的，俗称牛眼虫病。其可引起结膜炎和角膜炎，严重者常因继发性感染而出现角膜糜烂和溃疡，最终导致失明。

本病的流行与蝇类的活动有关。于温暖地区可常年流行；在较冷地区，蝇类只活动于夏季，因此，夏季流行较多。

（二）外寄生虫病

1. 牛羊螨病（疥癣）

疥癣病是由于螨（或称疥癣虫）寄生于动物皮肤上所引起的一种接触传染性慢

性皮肤病。在西藏自治区，以山羊、牦牛的疥癣病危害最严重，常造成严重的损失。经自治区畜牧兽医队的调查鉴定，在西藏自治区危害较大的主要是疥螨科、痒螨属的痒螨。本病是一种接触性感染的疾病。在西藏自治区，由于牲畜均为群牧，互相接触频繁，加上圈舍潮湿、拥挤及卫生条件差，就造成该病的相互传染和大面积发生。牧区发病率最高，半农半牧区和农区次之。本病在西藏自治区以山羊发病率最高，牦牛次之。牦牛中以驮牛发病率最高。

2. 牛皮蝇蛆病

牛皮蝇蛆病是皮蝇科、皮蝇属的牛皮蝇的幼虫寄生于牛的皮下组织所引起的一种慢性侵袭病，在西藏自治区较为普遍。牧民群众一般称之为"格莫"。西藏自治区该病的病源系牛皮蝇和纹皮蝇混合感染，对当年生的牦犊和一岁犊牛，老、弱、瘦牛感染率为100%，虫体感染强度为28～215个。

皮蝇幼虫的寄生，使患病母畜的乳量降低，幼畜发育不良，皮革的质量降低、数量减少，造成牧业经济的损失。

3. 羊鼻蛆病

羊鼻蛆病在西藏自治区的危害也很严重，主要危害绵羊。在养羊业发达的西藏自治区，该病的侵袭影响了羊只的肥育，并且常引起羊只的死亡。

4. 牛、羊多头蚴病

藏语叫"哟布"，即疯牛病，西藏自治区在1976年以前未见报道。临床症状与多头虫蚴相似，严重时患病畜精神沉郁，喜卧，行走时步态不稳，甚至不能行走，有时转圈，有时头向后仰，食欲不佳，畜体消瘦，病程延长时多因恶病质而死亡。触诊时在畜体表皮下如肩前肩后、胸、腹壁、腹股沟及乳房周围等皮肤下摸到大小不等的水样泡状物，压之有波动感，患畜感觉疼痛，包状大小如蚕豆、胡桃及鸡蛋大，数量不等。用注射针刺入包状物时，从针孔内可流出透明无色液体，用手挤压可随液体流出数量不等的白色形如芝麻粒头的虫体头节。

二、寄生虫病的控制与扑灭

(一)寄生虫区系调查

充分了解西藏自治区各地市县、区的寄生虫区系，摸清畜禽寄生虫的种类、地理分布规律及其季节动态，对为西藏自治区畜禽寄生虫病的防治工作提供科学依据，掌握最佳驱虫季节，有计划地提前防治寄生虫病，减少因寄生虫病对畜禽的危害，具有重要意义。

1974年5月，自治区畜科所和当雄县兽防站的科技人员，对当雄县中嘎多公社的15只绵羊和4只山羊进行了剖检。绵羊体内共发现40种寄生虫，分属于吸虫纲 2 科、2 属、2 种；绦虫纲 2 科、4 属、4 种；线虫纲 6 科、11 属、30 种；节肢动物门 3 纲、3 目、1 组、4 科、4 属、4 种。山羊体内共发现 20 种寄生虫，分属于吸虫纲 2 科、2 属、2 种；绦虫纲 1 科、2 属、2 种；线虫纲 5 科、8 属、13 种；节肢动物门 1 纲、1 目、1 组、3 科、3 属、3 种。

1974—1975 年，自治区畜牧队和甘肃援藏队的窦衡山、边扎等人先后对西藏那曲地区种畜场，聂拉木县的门布区、锁作区，墨竹工卡县的马拉公社的牦牛寄生虫作了调查。这次调查发现，绵羊肺线虫感染率和感染强度较大，墨竹工卡县的 1 只绵羊体内有寄生虫肺线虫 375 条。调查区内绦虫普遍存在，以江孜县最为严重，感染强度大，仅在 1 只羊体内就有寄生绦虫 79 条。羊鼻蝇蛆在该县感染率为 100%。肝片吸虫除那曲地区种畜场外在其他三县虽有感染，但感染率比其他寄生虫为低。墨竹工卡县的 11 头牦牛中，皮蝇蛆的感染率为 100%。在 4 个地区的绵羊中共发现有 35 种内外寄生虫，分属于 4 纲、17 科、23 属和 1 个亚属。

1975 年，自治区畜牧队和甘肃援藏队的窦衡山、边扎等人在马拉公社对舌形虫病作了调查。共解剖 1～2 岁牦牛 11 头，感染率为 63.63%，感染强度为 1～8 条，平均感染度为 3.28 条。舌形虫感染于反刍兽，是由于终末宿主食肉兽传播了虫源。为了弄清牦牛舌形虫的流行情况，共解剖犬 5 只，感染率为 100%，感染强度为 1～13 条，平均感染强度 8.4 条。

1976 年 10～12 月，自治区畜科所的科技人员对拉萨地区进行了猪旋毛虫和猪囊虫调查。猪旋毛虫感染率达 1.88%；猪囊虫感染率达 11.32%。证明拉萨地区感染此病较为严重。科技人员对诊断、防治提出了一些意见。

1977 年 9～10 月，自治区畜科所寄生虫室在拉萨市工程车队附近、龙王潭、八廓街附近三处沼池内调查淡水螺——锥实螺感染肝片吸虫蚴虫的情况。调查证明，拉萨市锥实螺感染肝片吸虫蚴虫比较严重，感染率达 81%，尤其工程车队附近沼池内的螺蛳感染最严重，达 93.7%。

1978 年，自治区畜科所的田广孚、金巴、达瓦扎巴等人对西藏察隅地区牛血孢子虫病进行了调查，发现牛的血孢虫有双芽焦虫、柯契卡巴贝斯焦虫和突变泰勒原虫三种。研究人员对察隅地区 723 头牛进行血片检查，发现其血孢子虫的感染率高达 76.07%，同时进行了临床症状及治疗观察。

1978 年秋，日喀则地区畜科所的张世鹏对日喀则地区桑桑区的桑桑、扎桑公社的牲畜寄生虫病进行调查和剖检，发现牲畜的主要寄生虫有丝状网尾线虫（肺丝虫）、肝片吸虫、肠道线虫（主要有：捻转血矛线虫、奥斯特线虫、夏伯特线虫、羊毛首线虫）、细颈囊尾蚴、细粒棘球蚴和疥癣等。1978 年春昂仁县扎桑公社因肺丝虫等侵袭死亡绵、山羊 1 829 只，占该社绵、山羊总数的 7.75%。

1979 年，工布江达县农牧科所的刘敏为了摸清该县牛血孢子虫病的种类、流行分布及危害情况，对该病作了初步调查，并在 4 个队采取了部门牛血的血液进行涂片、染包、镜检。通过对 76 头牛的血片检查，发现有环形泰勒焦虫的牛 19 头，平均感染率为 25％。在工布江达县牛的孢子虫病中，已确诊的有环形泰勒焦虫病，并有边虫病混合感染。刘敏同时还抽查了两个队牛体上的蜱，经初步鉴定，发现在蜱科中，有璃眼蜱和矩头蜱两个属，前者有些种传播泰勒焦虫病等，后者有的种能传播马的焦虫病和牛边虫病等。

1980 年，自治区畜牧队的鲁西科综合了西藏自治区寄生虫病流行危害情况。西藏家畜寄生虫种类繁多，流行广泛。据疫病调查的不完全统计，西藏自治区共有 25 种寄生虫病流行，虫种近百种。其中危害最严重的寄生虫病有：肺线虫病、胃肠道线虫病、肝片吸虫病、绦虫病、绦虫蚴病、疥癣、牛皮蝇蛆病、羊鼻蝇蛆病。

1980 年，自治区畜牧队的王尽忠采集 4 只绵羊体表的蜱 170 余个，在立体显微镜下，对部分蜱体进行了详细观察，认为该蜱为软蜱科钝缘蜱属拉合尔钝缘蜱。这是西藏首次报道该情况。

1980 年，山南地区兽防总站的李孟科、陈素清 2 人对贡嘎、桑日、错那等县的主要家畜寄生虫进行了调查。他们采取饱和盐水漂浮法，抽检三县马、驴、牛、羊、猪、鸡 9 618 头（只），检出寄生虫 33 种，以鞭虫、古柏线虫、细颈三齿线虫、绦虫为多。家畜寄生虫不仅感染普遍，而且感染强度大。他们在贡嘎县昌果公社一队剖检驴 1 头，检出大裸头绦虫 3 条，胃蝇蚴 35 个、蛲虫 158 条、古柏线虫 11 000 条，细颈三齿线虫 10 500 条、圆齿属线虫 5 006 条，共计 26 702 条；在桑日县沃卡公社剖检羊 1 只，体内寄生虫达 14 种之多，计有 1 424 条，说明山南地区的家畜寄生虫病是严重的，应采取综合性防治措施。

1980—1982 年，阿里地区扎达种畜场的杨文淦和阿里地区兽防总站的扎西次培对改则县洞措区罗波公社一队、洞措公社一队和物马区物马公社一队的 46 只绵羊分别进行了体内寄生虫的解剖检查或粪便虫卵检查。共解剖绵羊 9 只，发现和采集到 14 种寄生虫及其标本，感染率为 100％。在寄生虫数量最少的个体内有虫 4 种 10 多条，最多的 8 种 200 余条。总计挑出虫体 1 128 条，平均每只羊带虫超过 125 条。用饱和盐水浮集法，共检查了 4 个群种的 37 只成年羊，在检出的虫卵中有细颈线虫、马歇尔线虫、毛首线虫、奥斯特他线虫虫卵。

1982 年，昌都地区畜牧兽医总站的兰思学对觉拥种畜场的绵羊痒螨病进行了调查。本病发生于 1977 年引进的纯种羊群。引进的新疆细毛种公羊首先发病 34 只，发病率为 18.18％；到 1978 年，在该组羊中已发展到 107 只，其发病率高达 59.44％。1977 年，杂交羊开始被传染，发病 64 只，发病率 2.9％；1980 年，发病羊 154 只，发病率占全场绵羊总数 2 207 只的 6.98％。1981 年，疫情扩大到全场 6 个牧业组，患病羊达 939 只，发病率占全场绵羊总数 2 440 只的 38.48％，死亡 41

只。1982年，全场1 935只绵羊发病，发病率占全场绵羊总数2 312只的83.69％，1～4月份死亡359只。

1982年，昌都地区兽防总站的兰思学在类乌齐县长毛岭、巴夏两区发现绵羊、山羊皮下多头蚴病15例。

1982—1986年，自治区畜牧队的边扎、鲁西科等人在乃东、亚东和当雄等地对绵羊毛首线虫进行了调查。调查结果为：乃东县羊毛首线虫感染率高达90％以上；亚东县毛首线虫对绵羊（周岁羔羊）的感染率达80％，感染强度最高达每只羊83条虫体。当雄县解剖了一些绵羊，都被毛首线虫感染，其中一只绵羊体内有73条虫体，在虫卵检查中感染率达50％。

1983年，昌都地区兽防总站的兰思学在江达县青泥洞区进行了牛羊寄生虫调查，调查按蠕虫学尸体解剖法进行。调查结果为：经过对22头（只）牲畜的解剖，其中绵羊18只、牦牛2头、山羊2只，共检出体内各种寄生虫2 291条。

1984年2～4月，申扎县兽防站的袁鹏翔和申扎县畜牧局的崔连余等人在申扎县剖检8只犬，进行了寄生虫调查，按全身性剖解法收集犬体内外全部寄生虫并鉴定，共查出寄生虫3纲、3科、5种。该县犬寄生虫感染的种类虽不多，且只限于小肠和副鼻窦的感染，但感染强度大，感染率高。在5种寄生虫中，锯齿舌形虫、细粒棘球绦虫、泡状带绦虫与牲畜有关。

1984年4～6月，西藏农牧学院的韩行斌等人和西藏生药厂的王林歧在澎波、林周农场剖杀了犬7只，检查了小肠内寄生虫的感染情况，共查出绦虫纲3科3种，线虫纲2科2种。

1984年夏秋季，拉萨市区的一些兔场相继爆发了球虫病，自治区畜牧队的鲁西科在防治本病的同时，对拉萨地区家兔体内的球虫种类作了初步调查和研究，应用卵囊收集、卵囊培养和对卵囊形态和发育的观测，发现拉萨地区家兔有8种艾美尔属球虫。

1986年，阿里地区兽防总站的扎西次培、张文裕等人，自治区畜牧队的杨敏、贡觉和改则县兽医站余清权等人对改则县洞措区的羊寄生虫进行了调查。他们共剖检绵山羊20只，发现内、外寄生虫16种，其中吸虫1种、绦虫4种、线虫9种、昆虫2种，以蒙古马歇尔线虫为该区优势虫种，感染率和感染强度都比较高。

1986—1987年，自治区畜科所的陈裕祥、达瓦扎巴、刘建枝等人对林周县的9匹马、3头驴、1头骡、22头牦牛、24头黄牛、27只绵羊、25只山羊、19头猪、103只鸡、11只狗合计244头（只、匹）畜禽进行了寄生虫调查，共发现体内、外寄生虫125种、线虫95种、棘头虫1种、蜘蛛2种、昆虫类10种、五口虫类1种。各类牲畜寄生虫的种数为马37种、驴30种、骡18种、牦牛30种（含一古柏线虫新种）、黄牛39种、绵羊46种、山羊43种、猪8种、鸡3种（属）、狗3种

（属）。它们隶属于 4 门、6 纲、30 科、59 属。

1986 年 5 月，自治区畜牧队的鲁西科、边扎、小达瓦对亚东县帕里区周岁羊的寄生虫感染情况进行了调查，经初步调查鉴定，共发现周岁羊体内外寄生虫 22种，其中线虫 18 种、绦虫 3 种、蜘蛛昆虫 1 种。

1988 年 7 月至 1989 年 11 月，自治区畜科所的陈裕祥、张永青、杨德全等人对西藏江孜县的 16 头牦牛、10 头黄牛、21 只绵羊、19 只山羊、2 匹马、6 匹驴、65只鸡、15 只狗计 154 头（只、匹）畜禽进行了寄生虫调查，共发现 88 种内外寄生虫。各类牲畜寄生虫的种数为：牦牛 14 种、黄牛 22 种、绵羊 29 种、山羊 29 种、马 19 种、驴 25 种、鸡 2 种、狗 6 种，它们分别隶属于 3 门、5 纲、19 科、4 亚科、37 属，其中吸虫为 5 科、5 属、5 种，绦虫为 4 科、8 属、10 种，绦虫蚴为 1 科、2属、4 种，线虫为 7 科、20 属、64 种，蜘蛛类为 1 科、1 属、1 种，昆虫类为 1 科、1 属、3 种。调查人员根据调查结果，对该县危害严重、感染普遍和感染强度较大的优势种，提出了预防措施。

1990—1991 年，自治区畜科所的张永青、杨德全、陈裕祥等人在西藏申扎县进行了较系统的家畜寄生虫调查。他们先后剖检绵羊 30 只、山羊 31 只、牦牛 20头、马 6 匹、狗 6 只。发现备种体内外寄生虫 89 种，其中线虫 60 种、绦虫 17 种、吸虫 5 种、节肢动物 7 种，它们分别隶属于 3 门、6 纲、9 目、41 属。以动物分，寄生于绵羊的有 9 科、15 属、32 种；寄生于山羊的有 13 科、18 属、40 种；寄生于牦牛的有 11 科、11 属、19 种；寄生于马的有 4 科、12 属、27 种；寄生于狗的有 2 科、4 属、5 种。各种家畜的优势种有：绵羊 6 种、山羊 6 种、牦牛 4 种、马 5种、狗 2 种。

自治区畜科所通过对"藏猪旋毛虫病快速诊断技术"（2007—2008 年）、"藏猪主产区旋毛虫病防治技术研究"（2009 年）、"藏猪主产区旋毛虫病综合防控技术成果转化"（2009—2010 年）等项目的实施，开展对了对藏猪旋毛虫病的检测，在藏猪的主产区开展综合性防控转化工作；开展对藏猪旋毛虫分离株的分子分类鉴定，摸清发病现状，为该病的综合防控提供了科学依据。

2010 年，自治区畜科所申报、实施了自治区科技厅获批的"当雄牦牛皮蝇蛆病可持续控制关键技术研究"项目。牛皮蝇蛆病是西藏自治区放牧牛常见的、危害最为严重的寄生虫病，该项目采用先进的国标 ELISA 方法对当雄牦牛皮蝇蛆病的危害（感染率 73.6%～100%、感染强度 6～68 个）、流行现状、流行规律及病原学等作了全面系统的研究，提出了预防性驱虫的最佳时机为每年 10 月底至 11 月初，制定了综合性防治措施，确认实施 3～5 年可确保控制此病。

2014 年，自治区开展实施了"西藏牦牛皮蝇蛆病综合防治技术示范推广"项目，在当雄项目点进行了示范，防治后每头患畜可减少废弃肉 1～2 千克，提高生

产性能 8％以上。目前已完成尼木项目点山羊主要寄生蠕虫的调研工作，结果表明其线虫感染率约为 60％，吸虫感染率约为 36％，肺幼感染率约 42％，球虫感染率约为 75.6％，住肉孢子虫病感染率 100％，寄生虫病的感染、危害依然严重。

（二）驱虫药的引进与应用

1. 国产硝氯酚对藏系绵羊肝片吸虫病的疗效试验及毒性观察

1974 年 8～9 月，自治区畜科所和当雄县兽医站在当雄县用国产硝氯酚对藏系绵羊肝片吸虫病进行了疗效试验及毒性观察，认为国产硝氯酚是一种毒性低、疗效高、用量小的驱杀肝片吸虫的良好药物，按 4、6、8 毫克/千克剂量一次口服驱虫率均达到 100％。随着药量的减少，疗效也有所降低，但 2.5 毫克/千克剂量，虫卵减少率高达 99.38％，2 毫克/千克剂量驱虫率也高达 97.56％。投药后进行 3～5天的临床观察，除 8 毫克/千克剂量组体质较弱的 25 号羊药后 20 小时表现出食欲缺乏，呼吸稍有增加，持续 5 小时的轻微反应外，其他试验羊在精神、食欲、排粪、呼吸等方面均未出现药物反应。

本试验用羊均为 4～6 岁的成年羊，绝人部分体重在 36 千克左右。用国产硝氯酚 0.1 克扩大试验了 723 只羊，药后经过 58 天，以粪便检查的方法抽检 37 只绵羊，减卵率为 99.64％。大面积应用时，以 4 毫克/千克为有效剂量，每只羊用 0.1～0.15 克比较适宜。对体重较大的羊有必要稍微增大剂量。在应用本药防治肝片吸虫病时，可根据当地情况一年进行两次投药，入冬前投药一次以保膘越冬，春乏期间用药一次以减低肝片吸虫对家畜的危害。

2. 国产硝氯酚对西藏牦牛肝片吸虫病的疗效试验及毒性观察

1975 年 7～11 月，自治区畜科所寄生虫室在当雄县宁中区进行了本试验。结果表明硝氯酚对西藏牦牛肝片吸虫病的疗效甚佳，5.7 毫克/千克剂量的驱虫率即可达 100％，3 毫克/千克剂量也可达到 93.86％～100％。15 毫克/千克剂量即可造成牛只的死亡，即使是用 0.5 毫克的小剂量投给也可引起个别牛只的轻微反应。

3. 驱虫净肌肉注射对绵羊丝状网尾线虫和消化道线虫的疗效试验和区域试验

1974 年 5～10 月，自治区畜牧队和甘肃援藏队的窦恒山、边扎等人在那曲地区种畜场用驱虫净进行肌肉注射，对绵羊丝状网尾线虫病和消化道线虫病进行了疗效试验。继而又用驱虫净肌肉注射 3 621 只绵羊，治疗丝状网尾线虫和消化道线虫病。治疗结果：驱虫净每千克体重按 20 毫克剂量肌肉注射，在大面积驱虫中，治疗绵羊肺线虫病和消化道线虫病效果显著，驱虫率分别为 98.4％和 100％。

4. 驱虫净肌肉注射对牦牛胎生网尾线虫的疗效和毒性试验

1974 年，自治区畜牧队和甘肃援藏队的窦恒山、边扎等人在那曲地区种畜场应用国产驱虫净进行肌肉注射，对牛肺线虫进行疗效试验和毒性试验。试验表明：

春季驱虫时按 15 毫克/千克投药已有中毒反应。研究人员认为春季的治疗量应限制在 15 毫克/千克以内，肺线虫感染严重时可连续作两次驱虫。将驱虫净按 20～40 毫克/千克进行肌肉注射，可使牛出现不同程度的中毒症状，并有死亡。

5. 驱虫净对牦牛胎生网尾线虫病的治疗与毒性观察

1975 年，自治区畜科所寄生虫室、当雄县兽防站、宁中区兽防站在当雄县宁中区用口服驱虫净对牦牛胎生网尾线虫病进行治疗和毒性观察。对治疗实验的 12 头牦牛，分别按 5、10、15 毫克/千克等剂量一次口服药物，5、10 毫克/千克剂量无不良反应，15 毫克/千克剂量的 7 号牛在服药后 30 分钟出现轻微的中毒症状，6 小时后恢复正常。驱虫效果：口服驱虫净 10 毫克/千克对胎生网尾线虫的驱虫率为 77.98％，当剂量增加到 15 毫克/千克时，驱虫率为 97.64％。由此认为一次驱虫时以用 15 毫克/千克为好。若用 10 毫克/千克剂量时，最好连续驱虫两次。

6. 用驱虫净、硝氯酚定期驱除绵羊寄生虫的经济效益观察

1982 年，自治区畜科所的彭顺义、达瓦扎巴、陈裕祥等人在拉萨市城关区纳金办事处反帝公社进行了本项工作。结果表明：经过驱虫的羊比未经驱虫的羊在体重增长、产毛量、屠宰率等经济性状方面都有提高，并基本控制和消灭了因寄生虫病引起的死亡。

7. 噻嘧啶对牦牛消化线虫病的疗效观察

1975 年，自治区畜牧队和甘肃援藏队的窦衡山、边扎等人在当雄县拉根多公社用噻嘧啶对牦牛消化道线虫病进行治疗试验。试验结果：10 头牦牛分 3 组，投药后，各治疗组虫卵都有下降，以钩口科虫卵下降尤为明显，按每千克体重投药 25、30 毫克组此种虫卵全部转阴。毛线科虫卵只有 30 毫克组转阳，毛圆形科虫卵 3 个组均未转阳，但虫卵下降较显著。试验证明噻嘧啶对牦牛消化道线虫的疗效较好，毒性低，安全，投药后牛均未出现不良反应。

8. 硫双二氯酚和驱虫净合剂，驱虫净皮下注射、口服的试验

1976 年，自治区畜牧队的刘章德为了探索投一次药物能驱多种寄生虫的办法，对 6 903 只羊进行了试验。试验结果为将每千克体重 100 毫克的硫双二氯酚和每千克体重 15 毫克的驱虫净，根据羊只大小、体重，配成 1％ 和 3％ 的混合剂投服，不但可节省劳动力，而且一次投药可驱除多种寄生虫，特别是巨片吸虫、肝片吸虫、绦虫、原圆线虫、丝状网尾线虫等侵袭严重的地方，使用合剂驱虫效力在 95％ 以上。驱虫净按每只羊体重 30 千克的药量配成 2.5％ 的水溶液，口服 20 毫克，羊只表现正常，无不良反应。

9. 甲苯咪唑对藏系绵羊肠道线虫的驱虫试验

1977 年 7～9 月，自治区畜科所寄生虫室在当雄县羊八井区应用甲苯咪唑对藏系绵羊进行本次试验。结果表明，该药对绦虫、大部分线虫有较好的驱虫效果，各

剂量组对肠道线虫的虫卵发育有很高的抑制作用，且具有低毒安全的优点。剂量宜采用45毫克/千克，并要进行两次以上的服用。

10. 丙硫苯咪唑对藏系绵羊的毒性及对寄生虫蠕虫的驱虫试验

1981年9～11月，自治区畜科所的彭顺义、达瓦扎巴、陈裕祥等人和堆龙德庆县兽防站在拉萨市堆龙德庆县曲桑公社进行本试验，结果为国产丙硫苯咪唑对藏系绵羊按120毫克/千克以下剂量投用是安全的，若增加至200毫克/千克时则出现中毒症状，再增加至600毫克/千克时则会引起中毒死亡。故认为剂量为120毫克/千克；中毒量为200/毫克/千克；致死量为600毫克/千克。

本药按每千克体重一次口服6毫克，对胃肠道线虫（毛首线虫除外）的驱虫率达100％；对毛首线虫按每千克体重服25毫克，驱虫率达100％；对丝状网尾线虫按每千克体重服8毫克，驱虫率达100％；对莫尼茨绦虫、无卵黄腺绦虫、肝片吸虫、原圆肺线虫按每千克体重服5毫克，马区虫率达100％；对矛形腹腔吸虫按每千克体重口服25毫克，驱虫率达98.38％。建议绵羊按10～20毫克/千克服药为安全有效的剂量。

11. 丙硫苯咪唑对藏系绵羊的驱虫试验

1984年5月，昌都地区兽防总站的兰思学、泽仁在江达县字呷区下马公社用丙硫苯咪唑对藏系绵羊进行了驱虫效果试验，并于同年10月在该公社又对牦牛、绵羊、山羊进行了大面积驱虫。试验证明：丙硫苯咪唑对藏系绵羊的寄生蠕虫驱除时可按每千克体重5～10毫克剂量为宜；对肝片吸虫感染较轻地区以每千克体重10～15毫克为宜。在肝片吸虫严重感染地区以每千克体重20～25毫克为宜。

12. 丙硫苯咪唑对牦牛寄生蠕虫的驱虫试验

1984年5月，西藏农牧学院牧医系的琼日等人在澎波农场用丙硫苯咪唑对牦牛寄生蠕虫进行了驱虫试验。试验结果，丙硫苯眯唑以每千克体重15、25、35、40毫克剂量投放，对寄生在牦牛消化道的长刺线虫、食道口线虫、古柏线虫、牛仰口线虫、马歇尔线虫、夏伯特线虫、毛圆形线虫的虫卵减少率均达100％；以每千克体重25、35、40毫克剂量投放，对莫尼茨绦虫、曲子宫绦虫的虫卵减少率亦可达100％。上述4种剂量，对寄生在牦牛肺中的小型肺线虫的虫卵减少率达100％，对前后盘吸虫、矛形双腔吸虫、马毕吸虫、肝片吸虫的虫卵减少率根据剂量大小可达75％～100％。

建议今后用该药进行大面积驱除牦牛胃肠道、肝、肺部等各种寄生蠕虫时，每千克体重要用25～30毫克的剂量。

13. 丙硫苯咪唑对绵羊寄生虫的驱虫经济效益试验

1986年6～8月，申扎县兽防站的袁鹏翔、嘎甲应用丙硫苯咪唑驱虫的试验组羊只，由于驱除了绵羊体内的全部或大部分寄生虫蠕虫，消除了寄生虫的危害，保障了正常的生长发育，因而体重增加较快。2个月的试验期后，试验组比对照组平均每只羊多增重2.79千克，提高生长率31.4％，获得了明显的经济效益；提高了饲草的利用率，获得了一定的社会效益。通过试验，还向牧民群众传授了许多科学思想。

14. 盐酸左咪唑粉剂对牲畜胃肠道寄生虫病的疗效试验

1983年，山南地区兽防总站的李孟科、陈素清等人用盐酸左咪唑粉剂在贡嘎县江雄乡对牲畜进行驱虫试验。试验结果表明：羊以每千克体重6～12毫克、牛以每千克6～8毫克为宜；驴以每千克体重6毫克为宜，投药后无任何副作用。建议驱虫时，采用羊每千克体重8毫克，牛、驴每千克体重6毫克。

15. 盐酸左咪唑对藏系绵羊的驱虫及毒性试验

1983年6月，昌都地区兽防总站的兰思学等人在江达县青泥洞区热拥公社开展了本试验。试验结果认为对体质非常瘦弱的羊，剂量在每千克体重40、60毫克时尚无毒性反应。在大群驱虫工作中，藏系绵羊以每千克体重8～15毫克为宜。初步试验证明，盐酸左咪唑对藏系绵羊是一种广谱、高效、低毒的驱肺线虫和胃肠道线虫药。

16. 左咪唑、硝氯酚、硫氯酚联合驱虫对绵羊几项生产性能的影响

1983—1984年，自治区畜牧队的鲁西科、边扎等人在当雄县牧场进行了3种药物联合驱虫对绵羊的经济效益试验。试验内容主要包括驱虫与不驱虫绵羊的增重、产奶量、产毛量、羔羊成活率、体重、春乏期保膘效果等，并初步探讨了寄生虫的感染高峰期和适宜的驱虫季节。试验选用左咪唑粉剂，按8毫克/千克，配成2％水溶液；硝氯酚片剂（每片100毫克）按4毫克/千克给药，硫双二片剂（每片含250毫克）按70毫克/千克给药。上述3种药物采用一次性口服，驱虫试验组80只羊在每年的春、秋季节各投1次药，对照组80只羊不给药。

试验结果：经3次驱虫后，驱虫组平均每只羊的体重比对照组高4.6千克，多10.55％，按45％的屠宰率计算（根据试宰3只试验羊所测结果），驱虫组比对照组平均每只羊可多产肉1.962千克，扣除驱虫药费后，可多得收入3.924元；驱虫组比对照组每天可多产奶89.4毫升；羔羊成活率高出30％。按县牧场40只羊计算，可多产肉784千克，多产奶28.32千克；按全场每年产羔350只计算，每年可多成活羔羊105只。经过两年的试验证明，药物驱虫使羊只的各项生产指标有了较大的提高，只要坚持一年两次驱虫，即可获得明显的经济效益。

17. 吡喹酮驱虫对西藏牛羊绦虫效果和对家畜的毒性观察

1984年4月至1985年11月，自治区畜科所的陈裕祥、杰巴达娃、格桑白珍等人在原澎波农场八队与堆龙德庆县马区进行了本试验。试验表明：用吡喹酮驱除牛

羊绦虫，15～20毫克/千克为治疗量，最佳剂量为20毫克/千克。扩大试验表明，用该药驱除绵羊绦虫，除可基本控制和消灭因绦虫病引起的死亡外，其体重增长亦显著提高，以驱虫后3个月计算，驱虫羊比未经驱虫羊平均每只羊多增重1.02千克，增长率提高31.13%；从毒性测定看，吡喹酮对西藏牲畜的毒性很低，对羊超过治疗量30～40倍才能引起中毒，超过治疗量的100倍方能引起中毒死亡；对牛超过治疗量的30倍以上方能引起中毒，连服一周无蓄积作用，实属高效、低毒驱除牛羊绦虫的最佳良药。

在实验室内按1.5毫克/千克、2毫克/千克、3毫克/千克、3.5毫克/千克、4毫克/千克剂量一次杀灭螺蛳，投药后24小时，螺蛳的死亡率均达100%，2.5毫克/千克计量一次杀灭螺蛳，也能在48小时后死亡率达100%。

在野外试验按1毫克/千克、2毫克/千克、3毫克/千克剂量一次杀灭螺蛳，投药后48小时螺类死亡率均为100%；2.5毫克/千克、3.5毫克/千克、4毫克/千克剂量一次杀灭螺蛳，投药后72小时螺类死亡率均达100%。建议大面积应用烟酰苯胺灭螺时，应投3毫克/千克的剂量，选择在螺类大量繁殖的季节，即当年的5～6月份进行灭螺。

18. 应用倍硫磷驱杀牦牛皮蝇蛆病的效果试验

牛皮蝇蛆病是由狂蝇科皮蝇属的牛皮蝇和纹皮蝇的幼虫寄生于牛的背部皮下组织内所引起的一种慢性寄生虫病，牧民称之为"格莫"。

1984年10月至1985年3月，昌都地区兽防总站的兰思学、泽仁等人对江达县字呷区上格日贡、上格色贡两个公社巴加和布乐家的当年生牦犊和1岁牦犊51头，用倍硫磷原液0.25毫升进行一次肌肉注射，驱杀牛皮蝇第一、二期幼虫，其驱虫率达99.1%～100%，无瘤率为90%～100%。成年牦牛可按每千克体重5毫克剂量一次肌肉注射。驱虫季节以11月份为宜，最好一年注射两次，间隔一个月重复注射一次。这样坚持几年，可在一个地区控制和消灭牛皮蝇对养牛业的危害。

19. 三氯苯唑对西藏牦牛和绵羊肝片吸虫病的驱虫效果及毒性试验

肝片吸虫是牛羊最常见的寄生虫病。1987年9月，自治区畜牧队鲁西科、边扎等人和当雄县兽防站在当雄县公塘区拉根一队对20头牦牛和46只绵羊用三氯苯唑进行驱虫效果及毒性试验。试验表明：进口三氯苯唑（肝虫至净）对西藏牦牛和绵羊肝片吸虫有良好的杀虫效果，确是高效、低毒、专治肝片吸虫的特效药物。对牦牛及绵羊肝片吸虫的疗效剂量范围为8～14毫克/千克，羊出现不同程度的中毒反应，但能自愈恢复。对绵羊的致死剂量为1 500毫克/千克；对牦牛按450毫克/千克以内为安全剂量，致死剂量为550毫克/千克以上。上述试验取得成功后，在当地用标准剂量12毫克/千克进行大面积牛羊驱虫，涉及牛1 588头、羊3 339只。

总计4 927头（只），驱虫后观察7天未发现异常情况。

20. 国产"消虫净"对西藏牲畜外寄生虫的驱杀效果及其毒性测定

1990—1992年，自治区畜科所的陈裕祥、达瓦扎巴、次仁玉珍等人在拉萨市城关区、山南扎囊县、日喀则市进行了本试验。结果为采用消虫净0.2%、0.3%、0.4%、0.5%、0.6%的剂量对牛、羊蜱、虱及猪血虱等外寄生虫均达100%的驱杀效果，筛选出最佳驱虫剂量为0.3%～0.4%。驱虫后观察其间接经济效益，经驱虫羊比未经驱虫羊体重增长提高3.83%，产毛量提高10.83%，屠宰率提高3%。推广应用于羊群87 372只。毒性测定：对羊采用治疗量的50倍和对牛采用治疗量的15倍剂量，均未出现中毒症状，证明该药安全、高效。

21. 伊维菌素脂质体对牛羊寄生虫病疗效的试验研究

2009、2010年自治区畜科所进行对"伊维菌素脂质体对牛羊寄生虫病防治应用研究"等项目的研究，选择拉萨市曲尼巴基地作为试验基地，选择感染体外寄生虫和胃肠道线虫的试验动物绵羊30只、黄牛30头，各分为3个组。采用寄生虫虫卵检测操作程序，试验前采用家畜胃肠道寄生虫病诊断盒对每组动物随机直肠采粪，调查实验动物体内外寄生虫种类、感染率、感染强度。

在脂质体投药后10天、30天、60天和100天，每组随机抽测绵羊10只，黄牛10头，采粪进行虫卵检查。同时，随机观察绵羊疥螨和黄牛螨病的皮肤状况和镜下观察活螨存活状况、患羊治愈情况；对试验牛羊用药后，定期检测线虫虫卵（幼虫）数，用直肠采粪法收集粪便，分别计克粪卵数（EPG），记录治愈牛羊只（头）数，计算各试验组治愈率、线虫虫卵（幼虫）转阴率，并进行统计学分析。通过对山羊线虫病的驱虫效果观察并与普通注射剂相比，发现伊维菌素脂质体具有良好的缓释作用，且以1.0毫克/千克剂量皮下注射效果最好。

22. 2013开展了"铁棒锤"对牛羊多头蚴病的防治技术研发

三、寄生虫病防控研究

1979—1980年，自治区畜科所的田广孚、彭顺义等人开展了"^{60}钴丙种射线致弱丝状网尾线虫三期幼虫免疫绵羊的研究"。试验表明：在丝状网尾线虫幼虫的培养上，使用拉萨的地下水加0.9%的食盐，每毫升加青霉素、链霉素各100单位的溶液是良好的培养液。在温度24～26℃、相对湿度92%，经5～8天的培养，有50%～81.1%的幼虫能发育成第三期幼虫。

^{60}钴丙种射线照射率每分钟207伦琴，照射剂量5 000伦琴可以使丝状网尾线虫第三期幼虫被致弱。制成虫苗，经免疫接种于羔羊后，粪便分离幼虫是阳性。免疫接种26～35天后，剖检肺部证实无虫，说明虫苗是安全的，不会引起开放性污染。

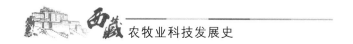
被^{60}钴丙种射线 5 000 伦琴致弱的丝状网尾线虫三期幼虫，按每千克体重 80 条令羊口服或进行皮下注射，87 天后用丝状网尾线虫第三期幼虫 500 条分 5 次攻击，证明口服免疫羊保护率达 77.22%，皮下注射免疫羊的保护率达 85.03%，免疫效果良好。

第四节　主要动物地方病

一、动物氟中毒病

1998—2012 年，自治区畜科所开展了对动物氟中毒病的研究，先后摸清了该病的流行病学、临床症状、发病特征、牛羊损失情况，结合 GPS 定位系统和数据模拟技术，首次绘制了西藏地区牛羊氟中毒病的流行动态监控区域分布图，为当地政府监控和防治氟中毒疾病提供了数据库。

在西藏自治区，农科院畜牧兽医研究所兽医试验室维修改造药物生产车间 130 平方米，生产乙酰胺药物 598.86 万毫升；开展了对乙酰胺缓释片及制备方法的研究，以乙酰胺为主要活性成分，加上药学上常用的重质碳酸钙、黏合剂、填充剂、湿润剂、润滑剂制成，共研制片剂 40 000 片；经试验研究证明，其具有口服安全，疗效可靠，用量小，药效时间长，使用方便，省时省力，可用于家畜无机氟、有机氟中毒所引发的急慢性氟中毒症及幼畜氟中毒病的防治。

自治区结合西藏地区牛羊氟中毒病发病区域的实际情况，制定出了每 2 年一次预防和治疗幼畜氟中毒的防治技术方案，并将其技术编制为藏汉双语手册，定期对病区 6 个县的 13 个乡 27 个行政村的兽防人员进行培训和指导；制定了定期报告、定期统计发病幼畜头数、定期生产防治的综合防控措施，确保了牛羊氟中毒病防治率达 100%，防治效果达 95% 以上。

二、动物疯草病

1. 疯草危害调查

据 2005 年数据显示，西藏自治区有疯草分布的草场面积约 191.1 万平方米，主要分布在 7 个地市的 28 个县区，危害严重的疯草包括茎直黄芪、黄花棘豆、冰川棘豆和毛瓣棘豆等。据资料统计，西藏共有疯草 23 种（其中棘豆属 13 种，黄芪属 10 种）。

西藏自治区农科院于 2007 年 7 月 25 日正式启动农业部技术援藏项目——"疯草综合防治与利用"，对疯草的综合防治与利用进行研究。区农牧科学院的王保海研究员等 10 人组成西藏阿里地区牲畜疯草中毒调查组，并收集了大量资料，初步了解到阿里地区的疯草危害情况。

2. 疯草中毒症状

疯草危害最突出的是马匹，其次为山羊，对成年绵羊、牛的危害性不大，但对羔羊的危害性也较为突出。此种毒草会对不同牲畜造成不同的危害与各类牲畜的采食习性有关。不论哪种牲畜，只要采食此种毒草达到一定的程度，就能够导致中毒死亡。在此次调研中发现，死亡最严重的牲畜为山羊，成为绝畜户的都是饲养山羊的家庭。在雨水正常、牧草丰盛的情况下，牲畜通常不会采食疯草，只会有个别牲畜因误食毒草而死亡。牲畜采食疯草中毒后最典型的症状是：病初目光呆滞，食欲下降，精神沉郁，呆立，对外界反应冷漠、迟钝。中期头部呈现水平震颤，呆立时仰头缩颈，行走时后躯摇摆、步态蹒跚，追赶时极易摔倒，放牧时不能跟群、被毛逆立、失去光泽。后期出现拉稀以至脱水，被毛粗乱，腹下被毛易脱落，后躯麻痹，卧地不起，多伴发心律不齐和心杂音，最后因衰竭而死亡。自然放牧一般春季采食40天时出现中毒症状，夏秋季采食20～30天时出现明显的症状，冬季采食10天即可出现中毒症状。牲畜中毒后有上瘾的特点，个别中毒牲畜能带病生存1年多的时间，这主要与牲畜的膘情和体质强弱有关。牲畜中毒后产绒量下降、膘情减弱，母畜畸胎率上升，公畜发情率下降。中毒牲畜死亡率高达90％以上。中毒牲畜还有一个明显的特点：在淋雨的情况下，中毒症状加剧，死亡率较高。牧草返青时节疯草返青最早，牲畜易因吞食而至死亡。

3. 疯草防治措施

西藏疯草类有毒植物在生态环境恶劣的西藏高原具有其自身的生态地位，对西藏的生态环境产生着重大影响。疯草类有毒植物营养品质高、资源量大，是潜在的可利用饲草资源，可以作为抗灾饲料脱毒利用。它们还含有药用活性成分，可从中提取抗癌物质。另外，有毒植物和药用植物很难分开，它们中的很多品种都是重要的中药和藏药材。

从草原生态角度来看，西藏的有毒棘豆、有毒黄芪具有抗旱、抗寒、繁殖力强、分布密度大、营养价值高等特点，是荒漠化草原的重要植被，号称"生态卫士"，也是重要的牧草资源。具体防治上要贯彻"预防为主，防治与利用相结合"的方针。对有毒草生长，尚未形成危害的地区，要加强测报和控制工作，定期定点测试草原毒草的分布和生长规律，以及防除效果，及时采取有效措施，限制毒草生长，防止草食动物采食中毒。对已出现危害的地区，要积极采取防除毒草和防治中毒的措施，特别要注意把防除毒草与草原治理工作结合起来，把防治毒草中毒与利用毒草结合起来，变害为利，提高防除效果。

此外，动物常见的消化道疾病有：胃肠炎、腹泻、瘤胃胀气、肠痉挛、肠梗阻、肠鼓气、口膜炎；呼吸道疾病有：普通感冒、肺炎；产科疾病有：流产、胎衣不下、难产等。以上常见地方病在西藏自治区范围内呈多发、常发状态。

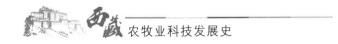

第五节　中藏兽医

一、藏兽医

西藏医学是祖国医学的重要组成部分，藏兽医学是在藏医学的理论基础上产生并发展起来的。藏兽医学的内容极为丰富，近百年来，为西藏农牧业生产作出了很大贡献，先后由西藏传播到青海、甘肃、四川、云南等地，也传播到了印度等国家。

藏兽医的形成有 1 300 多年的悠久历史，1 300 多年前，藏王赤松德赞时期，以玉妥·宁玛云丹贡布为首的 8 个著名保健医师，和从各地请来的 8 名著名马医——珠古地区（古代西藏北方和今新疆、青海毗连地区的一个小王国名）的桑多和色俄；焦若地区（现喜马拉雅山南部一带）的芒赞和芒布；霍尔地区（不同时期所指的民族不同。元代指蒙古，现代指藏北牧民和青海土族）的玛桑自亚、梦弟龙巴博地区（现山南洛扎县）的吉布克杰和普母康桑（女）；玉西（现云南省）地区的赤卫，编写了《马的常用药物及马的鉴别论》《屯同贡珠相马论》《珍宝相马论》《马患六十四种治疗法》和《夏烈华扎马的全集》等，对防治牲畜疾病，发展牧业起了极大的作用。

那曲地区比如县的藏医多吉尼玛和它尔巴，当雄县的藏医赤来朗珠，共同配制了牲畜肝片吸虫、牛羊疥癣、怀畜保胎等防治药物，受到当地政府和群众的欢迎。

解放后，中藏兽医先后进行了 21 个项目的研究，其中验方收集、古藏兽医整编、标本制作、中草药化学成分分析等 7 项，中藏草药验方应用研究 14 项，为挖掘古典中藏兽医资源、防病治病，促进西藏畜牧业发展做出了贡献。

1966—1983 年，自治区畜科所的程习武、强巴等人采用西藏当地产小檗科小檗属三棵针为原料，试制酊剂，治疗羊羔拉稀病，疗效达 93％～99％。从小区试验扩大到昌都、山南、日喀则、拉萨等地市，共供应酊剂 725 万毫升，治疗羊羔60 余万只，提高了羊羔成活率，为发展西藏养羊业做出了贡献。此项成果 1985 年获自治区科技成果三等奖。

为了进一步控制肝片吸虫病的发生和流行，找出西藏中草药对肝片吸虫病疗效较好的方剂，自治区畜科所中药室于 1975 年在当雄县拉根多公社 5 个生产队进行了中药方剂对牛肝片吸虫病的疗效试验和毒性观察。研究人员对 5 组牛中的 4 组分别灌服 1～4 个方剂，1 组不灌药作对照，服药后 25 天以虫卵检查的方法进行效试。试验结果表明 1～4 组的减卵率分别为 38.1％、57.3％、42.6％、53.7％，对照组牛只体内虫卵略有增加。根据试验，研究人员将贯仲散 19 味改进后，又使用1.5 克/千克体重剂量，扩大试验 319 头牦牛，投药后未发现临床反应，疗效达到

85％，但在 1.7 克/千克剂量时，药后牛全部出现不同程度的中毒症状。

1976—1978 年，自治区畜科所中藏兽医研究室搜集、整理民间验方 126 种，汇编成验方集两册，绝大部分验方为全国藏兽医验方集所采用。

1978 年，自治区畜科所中药室应用岩青和三棵针配制成 50％的黄岩酊，羊羔用 2～15 毫升，大羊用 20～50 毫升，犊牛用 10～15 毫升，猪用 50～100 毫升，牛马用 500～1 000 毫升，每日灌服一次，连用 3～5 日，结果 9 例治愈，1 例死亡；试治 15 日龄至 4 个月龄犊牛拉稀 5 例，灌服黄岩酊 10～15 毫升，投药一次即愈；试治猪消化不良腹泻 5 例，灌服黄岩酊 100～150 毫升，一次即愈；试治马 1 例，用黄岩酊 1 000 毫升灌胃，第二天再服 500 毫升，结合静注葡萄糖和肌注安痛定，第三天痊愈。试验结果表明：黄岩酊对幼畜拉稀、大家畜腹泻的疗效显著。

1980 年，日喀则兽防站的杜守信、自治区畜科所中草药室的程习武、李清萍用单味藏青杨树花煎剂，按每日灌服一次、3～5 日龄 5 毫升、10 日龄以上 10～15 毫升，治疗羊羔拉稀 102 例，治愈 80 例，占 78.4％；好转 11 例，占 10.8％。以黄花酊方剂治疗羊羔拉稀病 210 例，痊愈 194 例，占 92.38％；好转 7 例，占 3.33％。以黄花酊治疗大牲畜拉稀 33 例，治愈 26 例，占 78.8％；好转 5 例，占 15.1％。试验结果表明，用单味藏青杨树花治疗幼畜腹泻，疗效达 92.9％，且具有药源广、采集方便、炮制简便等优点。

1980 年，昌都地区畜牧兽医总站应用中（藏）草药复方藏黄连治疗犊牛、绵山羊羔拉稀病，取得了一些成效。处方为：三棵针根（或皮）1 000 克、藏黄连 1 000 克、唐古特青兰 500 克、五灵脂 250 克，将其制成片剂和汤剂，可治疗羔犊拉稀病。以此方于 1985—1986 年共治疗羔犊 680 头（只），治愈 606 头（只），治愈率为 89.12％。其中治疗犊牛 227 头，治愈 222 头，治愈率为 97.80％；治疗绵羊 139 只，治愈 112 只，治愈率为 80.58％；治疗山羊 314 只，治愈 272 只，治愈率为 86.62％。

1981 年，自治区畜科所的洛多、程习武整理编译《藏医学基础》10 万字。其藏文原稿系聘请民间藏医贡觉协助编写的。其内容以《四部医典》为主要依据，基本剔除了其中的封建迷信内容和宗教色彩。其分为藏医理论基本概述和诊疗两大部分，内容丰富，简明易懂，后以藏汉两种文字在《西藏畜牧兽医》杂志上发表（1982 年第 2 期）。

1981 年，自治区畜科所的程习武、李清萍、桑杰曲珍等人对西藏 32 种草药的化学成分进行试验，初步了解了其中所含成分。他们采用试管预试法，利用中草药中各类成分溶解度的差异，用适当的溶剂把溶解度相近的成分提出，如用水将氨基酸、多肽蛋白质、支糖、苷类等提取出；用酸性乙醇将生物碱、有机酸、酚性成分等提取；用乙醚将油脂、树脂、色素等提取。

1981 年，自治区畜科所的程习武等人从粗制假楼斗菜中提取生物碱，配制成 1‰的溶液，以家兔作体内解热试验。先给家兔注射止热源，使其体温升高 1℃以上，再用 1‰假楼斗菜生物碱注射，解热效果显著；用小白鼠作镇痛试验，有一定的镇痛作用，但不很理想；用家兔和山羊作止血试验，局部止血治疗尚好，局部手术愈合生肌快，无副作用。动物试验证明，假楼斗菜的止血效果明显，解热镇痛作用次之。

1982 年，自治区畜科所的程习武、强巴等人与当雄县兽医站的赤列昂珠、其美等人将干燥苦参磨成细粉，用 60%乙醇浸泡 24 小时，提取 3 次，并用 6 层纱布过滤，以含醇浓度为 30°～35°为标准，每毫升含生药 0.5 克，分装于 250 毫升瓶，封蜡备用。在当雄县公塘区试验，治疗拉稀犊牦牛 51 头，治愈 40 头，好转 8 头。实际有效率达 94.11%。

1982 年，那曲县孔马区兽防站和那曲县兽防站，用藏药"那布古觉"对犊牛脑包虫病的预防做了多次试验。藏药配方为：艾味 1 份、香薯 2 份、麝香 3 份、黑沉香 10 份、水菖蒲 9 份、硫黄 8 份（黑）、浸药 3 份、细叶草乌 7 份、牛黄 4 份。制法为：将以上各种药物混合、磨细、备用。剂量和用法为：配成 5%的浓度，滴鼻，每头每次 4 毫升（平均 2 毫升），在犊牛吃初奶前第一次滴鼻效果好。每 3 个月滴鼻一次，以滴注 4 次为好。十年来，他们用"那布古觉"共预防犊牛脑包虫病 221 025 头次。那曲县孔马区自从用了这种药以后，没有发现一头犊牛死于脑包虫病。

1982 年，日喀则地区畜牧兽医总站、亚东县畜牧兽医站采用藏木香作驱羊肠道线虫试验。他们采藏木香鲜根，洗净泥沙，称 4 000 克，磨细粉，加酒精 3 000 毫升、常水 2 000 毫升，浸泡两昼夜，榨汁，收取药汁约 4 000 毫升，每毫升含生药 1 克，装瓶备用。试验结果，用 50 克剂量对马歇尔线虫、毛圆线虫的疗效为 100%；用 150～200 克剂量，对血矛线虫的疗效为 70.9～85.5%，对奥斯特线虫的疗效为 74.4%；用 200 克以上，对夏氏线虫的疗效为 72.2%，对食道口线虫的疗效最高为 68%。此次试验初步摸索出了藏木香驱羊肠道线虫的有效剂量为 100 克（新采鲜根）。统计结果证明剂量大小对虫卵的转阳率有明显的差别，以 150～250 克藏木香，连续用两次，疗效更佳。

1982 年，山南地区兽医总站的刘存贵对 1971 年 12 月版《西藏常用中草药》中的 28 类 367 种常用中草药进行了整编，归纳成每句 7 个字、150 句、1 050 字的"西藏常用中草药分类歌诀"，便于广大兽防人员记忆和使用。

西藏地区的山羊肛门溃烂性皮肤癌，严重地威胁着山羊的生命。1982—1987 年，自治区畜科所的程习武、强巴、李清萍、桑杰曲珍、杨荣光先后用 8 202 制剂治疗皮肤癌，效果显著。1982—1986 年共治疗 25 只病羊，除 1 只中途死亡外，其余 24 只全部治愈，治愈率达 96%；1987—1989 年又扩大治疗病羊 49 只，一年后检查，均痊愈；在原发部位皮肤切片组织检查，未发现癌细胞，解决了这种"不育之症"。该研究成果在国内属首创，为我国用中草药攻克山羊皮肤癌开辟了新途径。该成果和"山羊肛门部皮肤癌的病因研究"两部分合起来作为一个整体，1992 年获自治区科技进步一等奖。

1982—1990 年，自治区畜科所的大益西多吉、单增西绕收集、整理并编写了 5 部相马论：《白银之镜相马论》《仁青次旺相马论》《相马之镜论》《马的常用治疗方法和马的鉴别论》《久若学派的相马论》。这 5 部相马论的基本内容是：马的起源；马的饲养管理方法和年龄判断；马的基本鉴别法——从马的牙齿、毛色、头部、上、中、下部、马的五脏六腑、马的皮肤、旋毛、声音、饮水等来鉴别；各种家畜的主要诊断法——脉诊、尿诊、舌诊、检眼和对马的被毛检查法等；马的疾病治疗——一般常用针灸、放血、药物及药治等四种方法治疗。

1984 年，自治区畜科所的程习武、强巴等人、日喀则地区兽防总站的鲁国义、亚东县兽防站的高成铭，在亚东县用蒸馏法提取鸡骨柴有效成分挥发油，经对绵羊的初步试验证明，它确有强心、兴奋作用，其功能大致相近于樟脑磺酸钠的药理作用。帕里镇兽医站用蒸馏液治疗牛、马、绵羊 2 000 余头（匹、只），取得较好效果。

1988 年，日喀则地区畜牧兽医总站的鲁国义等人与亚东县畜牧兽医站的岳洁战利用当地草药资源，制成贯众合剂和红花杜鹃合剂。前者取贯众 100 克、红花杜鹃叶 150 克、白花刺参 80 克，将贯众、白花刺洗净、切碎，加适量水煎熬，取浓缩液加入杜鹃叶煎煮半小时，取滤液，每毫升药液中含生药 0.5 克；后者取红花杜鹃叶 50 克、白花刺参 70 克，地胆草 70 克，煎液方法同上，每毫升药液中含生药 0.33 克。用以上两种合剂在绵羊气管两侧等量注射，进行肺线虫驱除试验，试验结果表明，贯众合剂和红花杜鹃合剂分别以 0.70～1.07 克/千克和 0.69 克/千克气管注射投药后，对丝状网尾线虫和原圆科线虫都有较好作用，其精汁驱虫效果分别为 98.7% 和 97.8%。对两只羊气管注射生理盐水后自然排虫率为 6.4%，故贯众合剂和红花杜鹃合剂的精汁驱虫效果分别为 92.3% 和 91.4%。

1989 年，日喀则地区畜牧兽医总站的鲁国义、孙吉林用"千香注射液"治疗病猪 41 头，治愈 35 头，有效 3 头，治愈率 83%。对患各类家畜胃肠炎的病畜共治疗 21 头（只）次，其中大家畜 12 头（匹）次，10 头（匹）治愈，2 头（匹）有效，治愈率为 83%；小家畜 9 只，治愈 8 头（只），1 头有效，治愈率为 89%。通过对临床 41 例上呼吸道感染病猪和 21 例胃肠炎病畜的治疗观察，表明"千香注射液"有较好的疗效，确实有广谱抗菌作用，配方简单，药源广，成本低，使用方便，便于推广。

2008年—2010年自治区开展了西藏兽用中草药资源现状与应用研究，调查西藏自治区三地市的藏兽药资源现状，收集民间藏兽药验方，并开展了藏兽药材的功效成分测定。

2010年—2011年开展了对西藏藏茴香等三种藏兽药体内外抗菌药效的评价研究，对药材及其种子进行收集，在实验室对种子进行重离子束辐射诱变。

2011年—2013年开展了西藏主要兽用藏药的研制及应用研究，采集西藏的藏兽药材及其种子；也进行了新制剂的临床扩大试验及推广应用。

2013年开展了公益行业项目"防治牛羊脑包虫病藏药生产关键技术研究与应用"，针对兽用藏药方剂中的主要化学成分、结构及其药理活性进行分析、鉴定和评价；通过复制病例模型，对犊牦牛病例模型进行抗脑包虫藏药进行药效学实验，并采集相关的血液和尿液样品。

二、古藏兽医

自治区畜科所收集有关古藏兽医资料14种，约600万字，整理编写了五部相马论著，被《雪域文库》收录，收集了古藏兽医验方验证。

第六节　动植物检疫

西藏和平解放后，在中国共产党的英明领导下，西藏自治区动植物检疫事业得到了新生；特别是改革开放以来，西藏自治区的检疫工作力度不断加大，取得了明显成效。西藏自治区动植物检疫工作从20世纪90年代初陆续建立机构开始，经历了从无到有，从点到面，从弱到强的发展过程，现建立了区、地（市）、县三级检疫网络，在组织机构、管理体制、队伍建设、技术支撑等方面均取得了较大的进展。特别是《中华人民共和国动物防疫法》《动物检疫管理办法》颁布后，由于有法可依、有章可循，自治区的检疫工作在各方面得到了较为全面的发展，检疫领域逐步向产地检疫、屠宰检疫、市场检疫拓展和向饲养、运输、屠宰、仓储、销售、加工等各个经营环节全方位发展，基本上形成了以屠宰检疫、运输检疫为重点，市场、流通环节为保障的检疫格局和强化监督、严格把关的工作运行模式，有效降低了西藏自治区动物疫病发生性的概率。

一、动植物检疫机构的建立和变迁

1962年，由那曲地区启运的羊毛皮张因无检疫机构进行检疫消毒，至使调运内地所经过的那曲—格尔木—柳园一条线炭疽病传播蔓延。此次疫情受到了农业部的高度关注，同年8月16日，农业部责令西藏自治区筹备委员会农牧处在青藏公路要道格尔木建立兽医卫生检疫站。根据这一指示，自治区开始筹备建站工作，于1963年下半年动工，1964年1月份竣工并正式开展对往来运载畜产品车辆的外表消毒。随后根据西藏自治区人民政府的批复，建立了昌都地区动物检疫站；1987年4月建立了拉萨市动物检疫站。1989年5月西藏自治区动植物检疫站成立，加快推动了西藏自治区各级检疫机构的成立和检疫事业的发展。到1991年，自治区完成了6地1市动植物检疫站的建站任务。1996年，西藏自治区73个县和1个区（双湖特别行政区）的动植物检疫站，实行与畜牧兽医站一套人马两块牌子的管理体制。截至2013年，检疫机构从1987年的3个发展到88个，检疫技术人员从1987年前的21人发展到539人，检疫业务从1987年前的单一进行交通检疫和简单的毛皮外表消毒，扩大到对动物及其产品的产地、屠宰、市场、运输、藏贮等领域的检疫、检验、防疫消毒和依法出具法定证照。1989年9月，西藏自治区农牧林业委员会（现农牧厅）结合西藏实际，授权自治区动植物检疫站除了履行《家畜家禽防疫条例》所赋予的农牧动检部门职责外，还应贯彻中华人民共和国国务院颁布的《植物检疫条例》和《植物检疫条例实施细则》所规定的植物及植物产品的检疫检验任务。

（一）西藏自治区动植物检疫监督所

西藏自治区动植物检疫监督所的前身为西藏自治区动植物检疫总站，于1989年5月16日根据西藏自治区农牧林业委员会《关于成立西藏自治区动植物检疫总站的批复》正式建立。1996年8月16日，自治区人民政府在《关于印发〈西藏自治区农牧厅职能配置、内设机构和人员编制〉》中规定，自治区动检总站编制10人，其中处级领导2名。1996年10月20日，西藏自治区农牧厅党组任命边巴次仁为西藏自治区动植物检疫总站站长、索朗为副站长。2001年安荣祥任站长、骆玉珍任副站长。2007年兽医体制机构改革后，改名为动植物检疫监督所，同时成立了兽药饲料监察所，同检疫监督所两块牌子一套人马，参照公务员法管理，是农牧厅下属处级行政执法机构，由骆玉珍任所长、洛松西热任副所长。

（二）西藏驻格尔木动植物检疫站

西藏驻格尔木动植物检疫站地处青海西南部与甘肃、新疆、西藏毗邻的格尔木市。1962年8月16日，西藏自治区筹备委员会农牧处根据农业部的指令，在格尔木成立兽医卫生检疫站，抽调王祥龙到格尔木负责筹备建设工作，1963年下半年开始动工，1964年1月竣工，无任何检验设备，只进行喷雾消毒，有专业技术人员2名，隶属于西藏自治区筹备委员会农牧处领导。1967年3月调张振东负责检疫站工作。1973年9月，检疫站隶属权移交给西藏自治区革命委员会驻格尔木办事处,改名为"西藏自治区革命委员会驻格尔木办事处兽医卫生检疫站",姜子义任副站长,有科技干部 2 人、行政干部 1 人。1978 年 8 月,办事处将检疫站的隶属权又移交给西藏自治区农牧厅。1981 年上半年,原农牧渔业部拨专款 12.5 万元,将检疫站搬迁到现格尔木市盐桥路南段 157 号。1988 年 6 月,西藏自治区编制委员会将兽医卫生检疫站更名为"西藏自治区驻格尔木动植物检疫站",在对动物及其产品的检疫检验基础上增加了对植物及其产品的检疫、检验,由李康锁为站长兼党支部书记,安荣祥任副站长。1996 年,西藏自治区机构编制委员会决定将西藏驻格尔木动植物检疫站独立设置并升格为副县级建制,下设动物检疫科、植物检疫科和办公室,人员编制 15 人,经费来源为差额拨款。李康锁任站长兼党支部书记,马少军、严德英任副站长。1998 年 11 月,自治区农牧区为贯彻事企分开原则,将 1994 年 1 月检疫站成立的"西藏蓝剑实业发展总公司"与检疫站分开,使企业与事业彻底脱钩,任命马少军为站长兼支部书记,耿华伟任副站长。格尔木动检站现已拥有土地面积 6 857.93 平方米,分别位于格尔木市盐桥南路 52 号和 35 号,占地面积分别为 2 356.88 平方米和 4 501.05 平方米,均属国有划拨。

(三)昌都地区动植物检疫所

昌都地区行政公署根据西藏自治区政府关于原则同意自治区农牧厅《关于建立健全拉萨、日喀则、昌都、格尔木动物检疫站的报告》的批复,经行署 1979 年 2 月 20 日办公会议研究,同意建立昌都地区昌都检疫站,同年 12 月份经地区行署办公会讨论,同意"西藏昌都地区昌都检疫站"改为"西藏昌都地区动物检疫站"。地点由地区商业局贸易公司搬迁到地区畜牧兽医总站,业务行政由总站统一领导,配备业务干部 3 人、工人 2 人和办公室 2 间。由赵显亮负责,主要对区外贸公司所收购牛羊绒进行检疫消毒。1989 年 4 月昌都地区以江达县为重点,爆发了历史上罕见的人畜共患的肠型炭疽病,发病范围广、持续时间长、危害程度前所未有。截至当年 11 月 25 日,人间发病 7 个县、15 个乡、3 个镇、40 个自然村、127 户,患病 512 人,其中死亡 197 人。畜间发病 9 个县、22 个乡、3 个镇、49 个自然村,发病牲畜 383 头(只、匹),死亡 357 头(只、匹),死亡率 93%。疫情惊动了自治区党委、政府,其多次派政府办公厅、卫生厅、农牧林业委员会联合组成的疫情工作组进驻疫区指导防疫工作。各级政府、农牧主管部门通过此事对检疫工作产生了高度重视。根据西藏自治区农牧林业委员会相关文件精神,1994 年 12 月,昌都地区农牧局下发《关于恢复昌都地区动、植物检疫站的通知》,把检疫站与地区畜牧兽医站分开,具体负责开展全地区的动植物检疫工作。1996 年,昌都地区机构改革办公室下发《关于昌都地区畜牧兽医技术推广总站编制批复》,明确地区动植物检疫站为独立的副科级事业单位,下设动物检疫科和行政办公室。赵显亮退休后,地区先后任命嘎日拥忠、江涛为站长。该站不仅要管理本辖区 11 个县动物检疫站的动植物防疫和监督工作，而且还担负自治区政府设立的岗托、竹巴龙、盐井公路动物检疫监督检查站的管理工作。

（四）拉萨市动植物检疫监督所

拉萨市动植物检疫所初建于 1987 年 4 月，隶属于拉萨市畜牧兽医总站。1997 年 4 月，拉萨市委组织部批复拉萨市农牧局《关于市畜牧兽医总站和动植物检疫机构分离的意见》，批准成立拉萨市动植物检疫站，为事业单位、区级建制，设动物检疫科、植物检疫科、行政办公室、财务室、化验室、市场监督组等 6 个科室组。

拉萨市动物检疫站担负对本辖区 7 县 1 区（城关区）动植物检疫站的动植物检疫监督的管理，以及对拉萨市区的 14 个农贸市场、3 个畜禽屠宰场、28 个畜禽养殖场和 14 家种子经营店的检验监督工作。1999 年，拉萨市农牧局为市动物植物检疫站施工修建面积为 577 平方米的动植物检疫化验楼，该楼于 2003 年 3 月竣工投入使用。

（五）日喀则地区动植物检疫站

1989 年 5 月 16 日，经地区行署专员会议决定，正式成立日喀则地区动植物检疫站，编制 5 人，实有 8 人，为区级建制，任命普布仓决任站长，并由地区畜牧兽医总站党支部书记次旦平措兼任领导工作，与地区畜牧兽医总站一套人马、两块牌子，合署办公，共同使用一个综合性试验室。依据西藏自治区畜牧局批复，1995 年后地区陆续成立了 18 个县动植物检疫站，与各县畜牧兽医站一套人马、两块牌子，合署办公。

日喀则地区动植物检疫站担负对本辖区 18 个县动植物检疫站的动植物及其产品产地、运输、屠宰、加工及市场等领域的检疫监督的管理。2000 年，为达到牲畜口蹄疫病控制区标准，根据《中华人民共和国动物防疫法》，地区行署专门下发了《关于控制从周边国家引进偶蹄动物的暂行管理办法》，严禁从邻国引进偶蹄类动物。1995 年 11 月 10 日，日喀则市人民政府印发《关于加强对日喀则市区畜禽交易和肉类市场管理的意见》，明确成立畜禽交易和肉类市场管理领导小组，领导小组下设办公室并设在地区兽防总站。《意见》中明确规定：凡进行家畜家禽交易的一切经营者都必须进入"畜禽交易市场"合法交易，并接受市场管理和动物检疫；经营牛、羊、猪屠宰的个体户都要在固定的屠宰场进行"定点屠宰"，污物集中堆放严格消毒，肉品加盖验讫章后方可上市销售；机关单位的牛、羊、猪也要在屠宰场集中屠宰。对拒不服从管理和监督检疫的经营者，视情况按上述《动物防疫条例》依法采取批评教育、吊销证照、停业整顿、罚款和没收非法收入等处罚，对

造成重大经济损失、危及人命等触犯刑法的，要依法追究刑事责任。

（六）山南地区动植物检疫监督所

山南地区动植物检疫监督所的前身山南地区动植物检疫站成立于 1989 年 11 月，属山南地区畜牧兽医站的一个组，对外是山南地区动植物检疫站，对内为一个检疫组，当时只有 3 名检疫员。1997 年 4 月，其正式改为山南地区动植物检疫监督所，属山南地区农牧局下属科级参公单位，内设动检室、办公室、财务室。

山南地区各县在此之前都相继成立了动植物检疫站，与县兽医站一套人马、两块牌子，共有 39 名县级检疫员。

山南地区动植物检疫监督所担负对本辖区 12 个县动物检疫站的监督和指导工作，开展对植物及其产品产地、运输、屠宰加工、市场等领域的检疫监督管理。山南地区共有两个农贸市场，有鲜肉摊位 26 个、冻肉摊位 16 个、鸡蛋摊位 15 个。

（七）林芝地区动植物检疫所

林芝地区动植物检疫所的前身林芝地区动植物检疫站成立于 1988 年 5 月，与地区畜牧兽医总站一套人马、两块牌子。由地区畜牧兽医总站站长王逸兼任站长，总站副站长丹增多吉兼任副站长。

1996 年 9 月，地区正式成立林芝地区动植物检疫所，任命丹增多吉为所长，属独立区级事业单位建制，行政上隶属地区农牧局管理，业务上由自治区动植物检疫总站领导，编制 2 人，由地区财政全额拨款，动植物检疫收入上缴地区财政，业务经费由地区财政按上缴收入的一定比例返还。区动检所现有动植物检疫监督员 3 人。全地区 7 个县都有动植物检疫站，与县兽医站一套人马、两块牌子，有县级检疫员 21 名。

（八）阿里地区动植物检疫站

1988 年前，阿里地区的畜禽及畜禽产品的检疫基本上处于空白，市场内的畜禽产品流通十分混乱、染疫、病死畜禽及其产品在市场上时有出售。对此类产品，只能通过工商部门的发现和消费者举报，才能由当地兽防部门协助检疫和进行无害化处理。

1988 年 4 月 18 日，根据自治区相关文件精神，阿里地区召开专员办公室会议，研究决定在阿里地区开展内外检疫工作，并签发了《转发〈关于 1988 年阿里地区内外检疫工作的报告〉的通知》，同年 6 月正式成立了阿里地区动植物检疫站，与地区畜牧兽医站两块牌子、一套人马，同时成立了日土县、措勤县动植物检疫站。1990 年改则县、革吉县、噶尔县、札达县动植物检疫站相继成立，每县聘检验员 3 名，同时，将原中华人民共和国拉萨市动植物检疫局所属普兰分局改设为普兰县动植物检疫站，协助拉萨局工作，承担了哥拉、科加两地畜禽产品的检疫和塘噶、桥头两个农贸市场的检疫。各县动植物检疫站与县兽防部门一套人马、两块牌子。

阿里地区动植物检疫站在人员少、工作条件极其艰苦的条件下，除了对各县动植物检疫站的工作进行管理和技术指导外，还承担了狮泉河通向拉萨、新疆的交通要道和通向尼泊尔的关口等 5 处的临时性动物检疫、消毒和检查。

（九）那曲地区动植物检疫站

那曲地区动植物检疫站经西藏自治区农牧林业委员会（现农牧厅）批准，于 1989 年 6 月正式成立，截至 1991 年各县（区）动植物检疫站相继成立，检疫人员由最初的 7 人发展到 64 人。那曲地区动植物检疫监督站，是那曲地区畜牧技术推广总站（动物疫病预防控制中心）下属科级执法机构，为事业编制。

地区动植物检疫站在搞好对 12 个县动植物检疫站及那曲肉联厂的检疫技术指导、完善各项规章制度的同时，坚持对外来畜产品经营者上门检疫、消毒、办证服务和开展对那曲镇综合农贸市场的不定期监督检查。

那曲镇农贸综合市场现有牛、羊肉摊位 46 个、冻肉摊点 11 个、活禽销售摊点 8 个、冻杂类摊位 11 个。县镇有牛羊肉摊点 110 个、冻猪肉摊点 20 个。

（十）自治区和地（市）兽医卫生监督领导小组

为了深入贯彻有关动物防疫法律法规，切实加强兽医卫生监督执法工作，按照 1990 年 8 月 29 日西藏自治区农牧林业委员会《对〈关于成立自治区和地（市）兽医卫生监督领导小组的请示〉的批复》精神，相继成立了自治区、各地、（市）兽医卫生监督领导小组，即西藏自治区兽医卫生监督领导小组、拉萨市兽医卫生监督小组、林芝地区兽医卫生监督小组、山南地区兽医卫生监督小组、日喀则兽医卫生监督小组、昌都地区兽医卫生监督小组、那曲地区兽医卫生监督小组、阿里地区兽医卫生监督小组、驻格尔木兽医卫生监督小组。

二、西藏动植物检疫队伍建设

截至 2013 年年底，西藏各级动物卫生监督机构总人员数为 521 人，其中从事检疫的人员（含聘用人员）442 人，监督人员 79 人。具体为：西藏自治区动物卫生监督所 7 人（6 人为监督人员），各地市检疫员 75 人，监督员 11 人，县级检疫员 366 人，监督员 62 人。

（一）自治区动植物检疫监督所共有 7 名人员，其中 2 名为处级领导。

（二）西藏驻格尔木动植物检疫站有 12 人，其中在编人员 8 人（干部 3 人、工人 5 人），编外 4 人。

（三）昌都市动植物检疫监督所编制 21 人，实有 22 名检疫人员，其中正科级干部 2 名。

（四）拉萨市动植物检疫监督所编制 25 人，实有 21 人，其中行政领导 1 人。

（五）山南地区动植物检疫监督所编制 8 人，现有人员 15 人，其中行政执法人员 6 人、志愿者 2 人、公益性岗位 3 人、后勤服务人员 4 人。

（六）日喀则市动植物检疫监督所编制 16 人，实有 14 人，其中行政编制 13 人，事业编制 1 人。

（七）林芝地区动植物检疫监督所编制 5 人，实有 4 人，其中在编检疫员 2 人、借用兽医总站 2 人。

（八）那曲地区动植物检疫站为那曲地区畜牧业技术推广总站（动物疫病预防控制中心）下属科级机构，事业编制，共有 6 人，其中中级职称 3 名。

（九）阿里地区动植物检疫站为阿里地区农牧业技术推广站下属科级执法机构，目前有检疫技术人员 12 人，其中站长 1 名、副站长 2 名。

三、西藏动植物检疫类别

（一）产地检疫

做好动植物及其产品的产地检疫是防止动植物疫病进入流通环节的关键，也是生产、加工、屠宰、运输、市场检疫的基础，因此，检疫工作的重点应放到产地检疫，以达到将各种动植物疫病控制在源头、消灭在源头的目的。

西藏主要由乡镇畜牧兽医站具体负责实施产地检疫，并依法出具产地检疫证明，目前发放的主要证明有《动物场地检疫合格证明》《动物产品检疫合格证明》《动物免疫证（卡）》三种。动物及其产品备具以下条件的方可开具产地检疫证明；对于动物，一是动物来自非疫区、二是临床检查健康、三是法定动物疫病免疫接种在有效期内；对于动物产品，一是肉类检疫检验合格并加盖合格验讫印章或合格标记、二是毛、骨、角来自非疫区并经外包装消毒、三是皮张作炭疽沉淀反应结果为阴性或经环氧乙烷消毒。

（二）交通检疫

西藏由于没有正规的交通检疫机构，主要由各地区（市）动植物检疫监督所（站）承担交通检疫工作。在重大动物疫情发生时，根据《中华人民共和国动物防疫法》，经请示有关部门批准，在交通要道设立临时消毒检查站，严把运输检疫关。

在运输检疫中，动物及其产品必须凭产品产地检疫证明和当地防疫机构开具的非疫区证明通过检疫，检疫部门应严格按照国家规定出具证明和收费。

对动物及其产品的运输检疫是防止疫病远离传播和促进产地检疫实效的一种手段。交通检疫消毒站的任务是验证、查物，经检查发现可疑病畜和可疑染疫动物产品，或检疫证明逾期及证物不符的，根据情况进行抽检、重检、补检、消毒，对合格者出具运输检疫证明和消毒证明，对伪造、涂改证件或无证的，以及动物患传染病或动物产品染疫的，应终止运输，并依法无害化处理。

据此，在已设置西藏驻格尔木动植物检疫站的基础上，根据自治区人民政府的批复，1993年西藏自治区农牧林业委员会（现农牧厅）、自治区公安厅联合下发文件，决定恢复并设置川藏、滇藏、新藏交通线上的岗托、竹巴龙、盐井、安多、日土和拉萨西郊6处检疫检查站，其中安多站由西藏驻格尔木动植物检疫站负责管理。当西藏自治区发生重大动物疫情时，为防止疫病外疫的传入和内疫的传出，还会在日喀则、山南、林芝、昌都、那曲、阿里、拉萨等地的交通要道设置临时检疫消毒站，为控制和扑灭动物疫情发挥重要作用。

（三）市场检疫

随着西藏自治区城乡集贸市场的兴旺壮大，动物及动物产品、植物及其产品的大量上市，为了防止上市交易的动植物及其产品传播疫病，让人民吃上放心肉，做好市场检疫工作至关重要。对各地（市）屠宰场待宰畜，首先实施宰前检疫，以临床检查为主，然后进行宰后检验，检查心、肝、脾、肺、肾及各淋巴结有无病理变化，合格者加盖验讫印章方可出售，对检出不合格的按规定进行无害化处理，确保市场肉品合格率达到100％。同时，对各农贸市场采取每年进行经常性检查和专项性检查的办法，为广大消费者吃上"防心肉"奠定坚实基础。

（四）口岸检疫

西藏出入境检验检疫局依据《中华人民共和国进出境动植物检疫法》及其实施条例，对进出口动植物及其产品、运输工具等实施检验检疫和监督管理工作。

西藏出入境检疫检验局是由原西藏进出口商品检验局、拉萨动植物检疫局、拉萨卫生检疫局合并组建而成的，是国家质量监督检验检疫总局设在西藏地区的直属机构，由国家质量监督检验检疫总局实施垂直领导。1986年6月，原农牧渔业部批准设立"中华人民共和国西藏动植物检疫机构筹备处"。1988年3月，原农牧渔业部批准正式成立中华人民共和国拉萨动植物检疫所，下辖普兰、吉隆、樟木三个分支机构，编制64人。1989年8月，普兰局正式对外开展工作；1989年9月，樟木局正式对外开展工作；1990年7月，吉隆局正式对外开展工作。

第七节 兽医生物制品发展

兽医生物制品是用微生物、微生物代谢产物、原虫、动物血液或组织等，经加工制成的用于预防、治疗、诊断特定传染病或其他有关疾病的免疫制剂。兽医生物制品在动物传染病、寄生虫病等疾病的预防、诊断、治疗中有着积极重要作用，是保障动物个体和群体健康的重要工具。作为一门学科，生物制品学融合了免疫学、微生物学、寄生虫学、生物工艺学、生物化学、流行病学和分子生物学等学科的内容。作为畜禽疾病预防控制的有力武器，兽用生物制品在畜牧业的发展中发挥着越来越重要的作用，畜牧业的发展带动了兽用生物制品的技术进步，后者的进步又促进了畜牧业的繁荣。兽医生物制药研究成果为动物与人类的健康、现代生物科学探索等领域做出了巨大贡献。西藏自治区的兽用生物制品经过几十年的发展已经取得了很大的进步，无论是从数量上还是质量上，发展速度之快都是难以想象的。多年来在自治区农牧厅、科技厅等部门的高度重视和大力支持下，特别是在自治区兽医生物制品厂几代科技工作者的艰苦创业和无私奉献下，国际、国内最先进的生物技术在西藏自治区兽用生物制品的研究与生产中得到了广泛和充分的应用，自治区在这一方面取得了举世瞩目的成绩。

一、兽医生物制品发展历程

西藏兽医生物制品的生产始建于20世纪50年代初，当时西藏牲畜疫病发生猖獗，牛瘟、牛肺疫、羊痘等烈性传染病普遍流行，严重威胁着畜牧业的生产发展和农牧民的生活及健康。针对西藏自治区畜牧业和畜禽疫病防治的发展需要，1953年3月自治区开始筹建拉萨血清厂，经过一年的筹备，于1954年年底筹建工作基本就绪，开始研制并生产以牛瘟血清、羊痘疫苗为主的兽用生物制品。1959年民主改革后，根据西藏自治区畜牧业生产迅速发展的需要，原来的血清厂改称为拉萨兽医生物制品厂。虽然1963—1964年期间，受当时机构改革影响，兽医生药生产一度停产下马，但是到1964年底中共西藏工委批准恢复拉萨生药厂，同时决定生药厂属筹委农牧处领导，由畜牧兽医研究所管理日常工作，对外称西藏自治区兽医生物药品制药厂（简称生药厂），成为西藏自治区唯一一家兽用疫苗制造厂家。

西藏和平解放60年来，经过不断的研究、创制、改进和完善，西藏自治区的兽医生物制品在品种、质量、数量上都有很大的提高和发展，对西藏自治区的动物疫病和人畜共患传染病的防治和消灭起到了重要的作用，在保证畜牧业生产和改善人民卫生环境方面发挥了积极的作用。西藏自治区广泛应用兽医生物制品，消灭了急性传染病牛瘟、牛肺疫、马鼻疽等烈性传染病，控制了牛气肿疽病、牛多杀性巴氏杆菌病、肉毒梭菌病、炭疽病、布氏杆菌病、羊快疫类病和多种寄生虫病，特别是小反刍兽疫苗的成功研制，不仅填补了我国无小反刍兽疫疫苗生产的空白，还为尽快控制小反刍兽疫情做出了很大的贡献。

西藏兽医生物制品的发展离不开自治区生药厂的建立和发展，其大致经历了3个发展时期：

（一）筹建期

血清厂筹建至 20 世纪 70 年代末为历经坎坷、艰苦创业、曲折发展，奠定西藏畜牧业疫病防治良好基础的时期。这一时期由中央人民政府先后投资 100 万大洋（银元）为自治区生药厂建设了厂房、宿舍，购置了生产、科研仪器设备，开始生产第一批兽用疫苗。当时在工作条件异常艰难、生活十分艰苦、缺少正规的生产厂房和必要设备的条件下，老一辈兽医生物制品科技工作者克服种种困难，下乡进行牛瘟血清试验工作，开创了西藏畜牧业疫病防治的新纪元。这一时期生药厂重点开展对大肠杆菌病和牛肺疫疫苗的研究和试制，主要生产猪瘟兔化苗、羊三联苗等14 种兽用疫苗。

（二）快速发展期

党的十一届三中全会以后至 20 世纪 90 年代中期为生药厂各项事业发展较快的时期（1982—1995）。这一时期，自治区生药厂机构和隶属关系较为稳定，厂房、生产设备、生产工艺和干部职工的生产、生活条件及环境得到较大改善，疫苗在产量、质量、品种上大为提高。80 年代生药厂先后引进了生物药品生产的有关设备如细菌培养罐、冷冻干燥设备、锅炉、空气压缩机等，新建了疫苗生产车间，布病、炭疽生产车间、地下保温药库等，自此生药厂开始以自动化或半自动化的较为先进的工艺流水线进行疫苗生产，基本上改变了用瓶子生产，易污染、劳动强度大、生产数量少、生产工艺落后的情况。同时新增加了鸡新城疫中等毒力活疫苗、禽霍乱苗、气肿疫苗、布氏杆菌猪二号苗、羊痘细胞冻干苗等 8 个新品种疫苗。90年代中期，在自治区人民政府和上级主管部门的高度重视下，自治区生药厂技术改造工程被列入自治区 510 重点建设项目，自治区投资 1 000 万元，对生药厂进行了一次较为全面的技术改造，使生药厂的厂房、设备、人员素质等方面再次得到了改善和提高，成为西藏初具规模的兽用生物药品制造厂家。

（三）跨越式发展期

各项工作从加快发展进入到跨越式发展、和谐发展的重要历史时期（1996—2013）。这一时期西藏自治区的兽医生物药品生产得到了前所未有的发展。在自治区农牧厅党组的正确领导下，自治区生药厂解放思想、更新观念、与时俱进、开拓创新，打破计划经济弊端，狠抓单位内部管理、强化工作机制，建立健全和完善各类规章制度及管理办法，经历了从差额拨款事业单位转为全额拨款事业单位的过程，积极争取并建设了5条国内一流的GMP标准生产线，新建了实验动物楼和质检楼，使生产管理和技术水平显著提高，跻身于全国一流的兽用疫苗生产厂家行列。

特别是20世纪90年代末，生药厂引进复合培养基替代鱼肝肉胃消化汤培养基生产技术，成功应用到生产实际，年节约成本40多万元；引进血清中和试验检验技术，使产品的检验工作更加科学、先进，同时使检验成本降低75％。生药厂在2001年成立新产品开发室，重点开展C型肉毒C菌毒素苗的研究，其中植物源灭鼠剂创制及鼠害持续控制研究项目得到自治区科技厅的立项，于2005年通过自治区科技厅的验收，产品质量达到国内领先水平，为草原灭鼠提供了无二次污染的有效药品。在生产技术攻关和新产品研制中，无荚膜炭疽芽孢苗用2％蛋白胨水在缸内进行菌体通气培养接种技术获得成功，生产量大幅提升，生产时间大大缩短，降低生产成本70％；牛多杀性巴氏杆菌灭活疫苗的培养基由马丁肉汤改为鱼肉消化液酵母汁肉汤，降低生产成本30％，后将鱼肉消化液酵母汁肉汤培养基改为酵母蛋白C培养基，再次降低生产成本40％；2007年，生药厂首次接受国家农业部小反刍兽疫活疫苗4批共180万头份的制作，经检验，各项主要指标均达到或超过试行标准，取得了显著的社会效益和经济效益，截至2010年，共计生产小反刍兽疫疫苗34批4 207万头份，产品合格率94.11％，为西藏自治区及时防控小反刍兽疫做出了积极贡献。

二、自治区兽医生物制品厂的发展和贡献

西藏自治区兽医生物药品制药厂（简称西藏生药厂）创建于1953年3月23日，原名拉萨血清厂，隶属自治区农牧厅，县级建制，为全额拨款事业单位，占地面积74 996平方米，固定资产6 847.58万元，编制97人。下设政工人事科、办公室、生产管理部、质量管理部、质检室、火苗车间、灭活苗车间、设备动力科、供应车间、化药车间十个科级部门，四个党支部及工会、共青团、妇委会等组织。目前现有职工86人，其中专业技术干部17人，技术工人48人，少数民族职工占全厂职工的78％，是科研、生产为一体的西藏自治区唯一一家兽用疫苗、化学药品生产厂家。60多年来，通过几代生药厂人的辛勤劳动、无私奉献和不懈的努力，先后研制、生产出了30多个品种，近40亿毫升（头份）安全、有效的生物制品，生产规模从小到大，品种、产量逐年增加。目前，生药厂主要生产疫苗品种11个，年产量1.5亿毫升（头份）；兽用化学药品种类4个，年均产量1.6亿片，占西藏

自治区兽用疫苗、化学药品所需品种、数量的 85％ 以上，有力促进了畜牧业经济稳步发展和农牧民增收。

60 年来，自治区生药厂从建厂初期的 20 人发展到最多 132 人。几十年中生药厂多次派员到内地相关部门和各兄弟厂家学习设备操作维修、疫苗生产检验等业务知识。特别是 2000 年以来，党委领导班子制定优惠政策，积极鼓励干部职工参加成人函授教育，同时以走出去、请进来等各种方式，培养造就了一大批以藏族同志为主体的科技干部，并成长为自治区生药厂的生产业务骨干和中坚力量。2000—2010 年生药厂共向农业部中监所、江苏、新疆、内蒙古、四川、湖北、浙江等生物药品厂派出近 200 人次学习相关业务知识、检验技术和考察交流。共有 20 多人次先后在中央党校西藏函授分院获得大专或本科学历，40 余人通过农广校的学习获得中专或大学学历，共 7 名同志获得研究生学历，参加在职教育的人员达全厂干部职工总数的 70％。

自治区生药厂高度重视产品的研究和开发。经过多年不断的努力，产品种类从建厂初期的牛瘟血清、羊痘疫苗发展到现在的近 20 个品种；产值不断提高，1978 年为 74 万元，1999 年为 487 万元，2010 年达到 2 400 万元，各类兽用疫苗的年生产能力从建厂初期的 270 万毫升（头份）提高到现在的年生产能力 3.655 亿毫升（头份）。截至 2010 年，生药厂累计先后研制、生产和向西藏自治区调拨了 30 多个品种近 40 亿毫升（头份）安全、有效的各类兽用疫苗，四个化药品种近 20 亿片兽用化学药品。其中五号疫病疫苗曾经荣获部优产品。

自治区生药厂不断提升自身生产能力。根据 2002 年 3 月 19 日中华人民共和国农业部 11 号令《兽药生产质量管理规范》要求，经过多方协调和努力，2004 年 12 月自治区生药厂 GMP 项目被国家发展和改革委员会列为西藏自治区四十周年大庆项目之一，正式批准立项，投资 5 100 万元。2005 年 9 月正式开工建设，2007 年 8 月 30 日通过国家兽药 GMP 验收。细胞毒活疫苗生产线、细菌活疫苗Ⅰ生产线、细菌活疫苗生产线Ⅱ、细菌灭活疫苗生产线Ⅰ、细菌灭活疫苗生产线Ⅱ共五条生产线取得中华人民共和国兽药 GMP 证书和中华人民共和国兽药生产许可证，并于当年开始试生产。2009 年 12 月 GMP 项目通过西藏自治区发展与改革委员会的项目终验。GMP 项目的建成与达标，标志着西藏兽用疫苗、化学药品生产制造工作向科学化、规范化、现代化和国际化迈出了坚实的步伐。

自治区生药厂开展的主要研究有：

（一）《植物源灭鼠剂创制及鼠害持续控制与研究》项目

项目于 2002 年 3 月被西藏自治区科技厅立项。2003 年 11 月 5 日，在当雄县纳木错牧场进行草原灭鼠中试试验，灭效达到 85.09％。2005 年 4 月 29 日，项目通

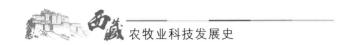

过了西藏自治区科技厅组织的结题验收。

(二)《引进复合培养基生产技术》课题

2004 年 4 月，生药厂完成了自治区科技厅立项批复的《引进复合培养基生产技术》课题。2004 年先后在发酵罐内试制了 16 批羊三联、四防灭活疫苗，其中羊三联疫苗取得了 3 批连续合格的可喜成绩。2005 年共应用复合培养基生产技术安排中试发酵罐生产试验羊三联苗 6 批，四防苗 4 批，8 批通过效力检验合格投入使用。区域试验调查证明这些产品都是安全有效的，深受广大农牧民的欢迎。

(三)《应用血清中和试验检验压氧梭菌疫苗》课题

2005 年 5 月，生药厂完成了《应用血清中和试验检验厌氧梭菌疫苗》课题。课题组与有关部门于 2005 年先后应用血清中和试验检验厌氧梭菌疫苗 34 批，批合格率超过 92.4%。

(四)《过期疫苗效价试验》课题

2008 年 11 月，生药厂全面完成了《过期疫苗效价试验》课题。课题组从 2007 年 4 月开始对生产的 9 个品种 72 批的过期疫苗进行无菌检验、安全检验、效力检验、甲醛、硫柳汞、苯酚的含量测定等四个项目的检验研究。2007 年第一阶段课题组对 20 批过期疫苗分别进行检验，效检合格 7 批，占检验总批数的 28.5%。2007 年第二阶段课题组对 44 批过期疫苗分别进行检验，效检合格 21 批，占检验总批数的 47.7%。期间课题组深入那曲、日喀则、山南等地（市）对过期疫苗试验使用情况进行跟踪调查，证明这些产品都是安全、有效的。2008 年 11 月 8 日，西藏自治区科技厅组织相关专家，对自治区生药厂承担的《过期疫苗效价试验》项目课题进行了结题验收，专家组对该项目给予了高度评价，并一致通过验收。

(五)《小反刍兽疫疫苗研制、生产与免疫评价》课题

2008 年 5 月，自治区科技厅批复《小反刍兽疫疫苗研制、生产与免疫评价》课题立项。课题组与活疫苗车间于 2008 年 6 月启动了 rero 细胞繁殖工作，7 月细胞传代到 15 000 毫升转瓶开始生产，进入病毒接种、抗原收获、配苗、冻干工作流程，截至同年 8 月底冻干小反刍兽疫活疫苗 7 批共 700 余万头份。经厂质检室检验，各项指标均达到或超过小反刍兽疫活疫苗制造与检验临时规程标准，可投入使用，完成了 500 万头份小反刍兽疫活疫苗储备工作。2009 年 4 月底，课题组在那曲县香茂乡开展小反刍兽疫活疫苗效价试验，从 2009 年 5 月份开始每月采血一次进行血清 ELaSA 试验测定效价，通过连续试验 18 个月，证明各项试验指标基本合

理。课题于 2010 年 12 月通过验收，并获国家生产批号（全国仅 2 家）。

（六）《牛多杀性巴氏杆菌病灭活疫苗生产工艺改进》课题

2010 年生药厂开展了《牛多杀性巴氏杆菌病灭活疫苗生产工艺改进》课题研究。2010 年 5 月启动本项目的研究和试验工作，共计安排实验室发酵培养 10 批，发酵罐生产 9 批。在实验室发酵培养的 10 批中，其中有 6 批在发酵阶段因污染报废，其余 4 批培养合格；在发酵罐试生产的 9 批中，其中有 4 批在产品发酵阶段因污染造成半成品报废，其余 5 批共计试制牛多杀性巴氏杆菌病灭活疫苗 1 260 万毫升，其中 3 批各项指标均通过厂质检室检验，储备改良培养基生产的牛多杀性巴氏杆菌灭活疫苗达到 500 万毫升以上，完成项目合同。2010 年 12 月，课题通过自治区科技厅结题验收。

三、疫苗产品

有记录可查产品的质量登记记录显示，自 1965 年恢复生产以来至今，生药厂主要生产产品 24 种，其中灭活疫苗 9 种、活疫苗 14 种、血清类 1 种。产品有：羊快疫、猝狙、羊肠毒血症三联疫苗，羊羔羊痢疾、肠毒血症三联四防灭活疫苗，牛多杀性巴斯杆菌灭活疫苗，羊败血性链球菌病灭活疫苗，羊大肠杆菌病灭活疫苗，肉毒梭菌中毒症灭活疫苗，气肿疽灭活疫苗，禽多杀性巴斯杆菌病灭活疫苗，小反刍兽疫活疫苗，无荚膜炭疽芽孢疫苗，布鲁氏菌病活疫苗（S2 株）。这些产品的批合格率为 87.92％、量合格率为 89.76％；批报废率为 12.08％、量报废率为 10.24％。其中，灭活疫苗中，羊快疫、猝狙、肠毒血症三联苗的合格率最高，为 94.4％，羊链球菌病灭活疫苗的合格率最低，为 62.00％；活疫苗中，山羊痘细胞、羊痘湿苗、猪瘟湿苗、牛瘟反应血清四种产品的合格率最高，为 100％，牛痘疫苗的合格率最低，为 17.00％。

四、化药产品

1998 年自治区生药厂与农业部中亚动物保健品总公司成都服务部和西藏自治区农牧工商总公司经过调研考察，共同成立西藏大康动物保健品有限公司，获自治区农牧厅批准。1999 年，西藏自治区首家兽用化学药品生产企业——西藏大康动物保健品有限公司在自治区生药厂落成，引进了盐酸左旋咪唑片和丙硫苯咪唑片（现更名为阿苯达唑片）生产技术，开创了西藏自治区兽用化学药品生产的新纪元。2002 年，自治区生药厂单独组建了兽医化学药品生产线，引进了阿维菌素片和比硅酮片生产技术，至此，兽用化学药品品种已经基本达到西藏自治区家畜寄生虫病防疫要求。2007 年 6 月，生药厂与大康公司合同到期，原大康动物保健公司解散，

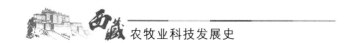

原先生产的 4 个化学药品品种的生产任务全部由生药厂独立生产完成。1999 年至今，西藏自治区兽用化学药品年产量从最初的 7 000 万片增产到现在的 12 405 万片。截至 2013 年年底，生药厂共生产兽用化学药品 20 亿片，总产值 4 890 万元，产品抽检合格率连年 100％，"高原牌"兽用驱虫药品的品牌已经深深印入西藏自治区农牧民心中，取得了较好的社会效益和经济效益。

【主要参考文献】

陈裕祥，赵好信 . 2013. 西藏畜牧兽医研究［M］. 郑州：河南科学技术出版社 .

鲁西科 . 1975. 畜牧兽医科技资料汇编（1974—1986）［G］. 西藏自治区畜牧兽医队 .

徐正余 . 1995. 西藏科技志［M］. 拉萨：西藏人民出版社 .

第十四章 ▶▶▶

西藏农牧科技体系建设

第一节 农牧科研机构的变迁

一、自治区级农牧科研机构的变迁

（一）七一农业试验场

1951年春，中央决定由西北局、西北军区组建一支部队，命名为"第十八军独立支队"，由青海进藏，同年12月1日部队进驻拉萨，部队干部战士和中共西藏工委机关工作人员在西郊诺堆林卡投入开荒生产。1952年春，组建"独支农场"；同年6月，在独支农场基础上成立七一农业试验场（简称七一农场），为县级建制，隶属中共西藏工委财政部领导，范子英任第一任场长。

1953年1月，在中央文化教育委员会西藏工作队农业科学组的协助下，七一农场扩建，并改称拉萨农业试验场。

1955年7月，在拉萨农业试验场附近筹建机耕农场；同年12月，中共西藏工委决定，机耕农场合并到拉萨农业试验场。

1960年6月，拉萨农业试验场改建为西藏拉萨农业科学研究所（简称西藏拉萨农科所），确定以"试验研究为主，生产与试验相结合，争取以生产养试验"的方针，但实际上仍按试验研究和生产两项主要任务进行工作。

1963年年初，西藏拉萨农科所改名为西藏七一农场，仍以"试验研究为主，试验研究与生产相结合"的方针办场，财务上试验部分为事业单位、生产部分为企业核算单位，分别进行管理。同年6月，自治区筹委决定，将西藏拉萨农科所改建为西藏自治区农业科学研究所（简称自治区农科所），为县级建制；拉萨农业试验场为自治区农科所的附属农场，为区级建制。

1981年，拉萨农业试验场隶属自治区农牧科学院（简称自治区农科院）管理，同时升格为县级建制，下设蔬菜研究室、生产科、办公室。

1986年12月，自治区农科院撤销，拉萨农业试验场归属西藏自治区农牧林委

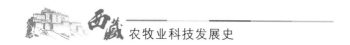

员会领导。

1988年11月，拉萨农业试验场与自治区农科所合并，一个党委、两套行政班子，所、场财务独立核算。拉萨农业试验场为县级建制、法人单位，对外挂拉萨农业试验场牌子。

1990年1月，拉萨农业试验场与自治区农科所分设，恢复为独立县级事业单位，编制140人。

1995年7月，自治区农科院恢复，在拉萨农业试验场基础上成立西藏自治区蔬菜研究所，为县级建制，属自治区农科院下属事业单位，保留拉萨农业试验场名称。

（二）西藏自治区农牧科学院

1979年3月，自治区党委和政府决定筹备西藏自治区农牧科学院。

1981年7月14日，西藏自治区农牧科学院正式成立，为地级建制，内设办公室、政治部、计财处、科技处。农科院下设农业研究所、畜牧兽医研究所、蔬菜花卉研究所、拉萨农业试验场。1984年6月，原属自治区农科所化验室升格为高原农牧科研检测中心，为县级事业单位。

1986年12月，西藏自治区机构改革，自治区农科院撤销，下属所、场划归自治区农牧林业委员会管理。

1995年7月，自治区农科院恢复，内设办公室、政工人事处、计划财务处、科研管理处、新技术引进开发处、科技交流培训处、中心实验室。下设研究所有农业科学研究所、蔬菜研究所（在拉萨农场基础上组建），保留拉萨农场、畜牧兽医研究所、高原农牧科研检测中心。其隶属自治区人民政府，负责西藏自治区农牧业科研规划的制定、实施，同国内外相关机构进行科技交流与人才培养等。

2010年8月6日，经自治区批准，自治区农科院设立机关党委、纪检监察室。同时，高原农牧科研检测中心更名为农业质量标准与检测研究所。

2012年9月17日，经自治区批准，自治区农科院成立了农业资源环境研究所、草业科学研究所。

自恢复组建以来，根据农牧科技创新需要，自治区农科院先后成立西藏牦牛研究与发展中心、西藏青稞研究与发展中心、西藏农业资源与农业环境研究中心、西藏农牧民科技培训中心、农业信息网络中心、GIS应用培训中心、拉萨国家农业科技园区等7个内设机构，以及青稞、油菜、马铃薯、大宗蔬菜、食用菌、燕麦、牦牛、绒山羊、牧草、绒山羊等11个西藏综合试验站和2个青稞栽培专家岗位。

截至2013年年底，全院在职职工446人，其中专业技术人员308人，正高职称45人、副高职称59人、中级职称115人、初级职称89人；享受国务院特殊津贴专家5名；获硕士学位者112名，博士学位者6名。

1. 农业研究所

1981 年 7 月，西藏自治区农牧科学院（简称自治区农科院）成立，自治区农科所划归自治区农科院领导，下设作物育种、品种资源、植物保护、农作制度和情报资料研究室。

1986 年 12 月，机构改革，自治区农科院撤销，自治区农科所划归自治区农牧业委员会管理。农业部援建的高原农牧科研中心划归自治区农科所管理。

1995 年，自治区农科院恢复，自治区农科所划归自治区农科院管理。

自治区农科所内设办公室、财务科、政工科、科管科、保卫科、信息科；下设青稞研究室、小麦研究室、经济作物研究室、品种资源研究室，植物保护研究室，以及技术示范科、科技开发研究室、白朗试验站。

截至 2013 年年底，全所干部职工 92 人，其中科研人员 68 人，正高职称 13 人，副高职称 16 人，中级职称 26 人、初级职称 13 人；博士 1 人，硕士 22 人；做出突出贡献的国家中青年科技工作者 2 人；所设国家现代农业产业技术体系试验站 4 个，岗位科学家 1 人；所拥有田间实验地 186 亩，农作物原种繁殖场 11 000 平方米，科研仪器设备与生产机械 68 台。

截至 2013 年年底，自治区农科所共取得了农业科研成果 253 项，获奖项目 227 项，其中国家级奖励 24 项，自治区科技进步特等奖 1 项、一等奖 17 项、二等奖 33 项、三等奖 56 项、四等奖 36 项，自治区成果奖 52 项，其他奖项 8 项。收集、鉴定、保存和利用农作物种质资源 1.5 万余份，引进和研究、利用外来种质资源 11 450 份，制作了昆虫标本 20 000 余份；选育各类农作物新品种 91 个，占西藏自治区育成品种的 70% 以上。其中春青稞藏青 2000 号、藏青 13 号、藏青 311 号、藏青 3179 号、藏青 25 号、藏青 690 号、北青 1 号、北青 3 号、冬青稞 8 号、冬青稞 11 号、冬青稞 13 号、冬青稞 14 号、冬青稞 15 号、冬青稞 16 号、冬青稞 17 号、冬青稞 18 号、藏冬 16 号、藏冬 20 号、藏冬 22 号、藏春 22 号、藏春 951 号，藏油 5 号、藏油 6 号、京华 165 号等品种，在大田中已得到广泛应用；推广应用新技术 79 项。农科所首次在西藏地区引进和繁育西方蜜蜂，改良传统中蜂饲养技术，填补西藏人工规模化饲养蜜蜂的空白。

2. 畜牧兽医研究所

1963 年 6 月 23 日，西藏自治区筹委会批准在拉萨兽医生物药品制造厂的基础上成立畜牧兽医科学研究所（前身拉萨兽医血清厂是于 1952 年 3 月 23 日经国务院批准成立的），为县级建制、事业单位，隶属自治区筹委农牧处领导。其主要承担畜牧兽医科研和兽医生物药品研制两大任务。其所址确定在藏北那曲尼玛境内已被撤销的自治区化工厂（原 382 硼砂矿），而厂址仍在拉萨市夺底路 56 号（现为慈松塘路）。但由于藏北所址不具备科研工作条件，全所后勤管理和科研人员在拉萨兽医生物药品厂内开展工作，并在生药厂的基础上逐步进行基础设施建设。当时，所、厂为一个党委、两套行政班子，财务均独立核算。

1965年9月，自治区农牧厅成立，研究所划归自治区农牧厅领导。

1981年7月，西藏自治区农牧科学院成立，研究所隶属自治区农科院领导。

1982年9月22日，经自治区人民政府研究决定，西藏自治区畜牧兽医研究所与拉萨兽医生物制品厂分开，西藏自治区畜牧兽医研究所仍归自治区农科院领导。

1986年12月，在西藏自治区机构改革中，自治区农牧科学院被撤销，西藏自治区畜牧兽医研究所改隶属自治区农牧林业委员会领导。

1995年7月，经自治区党委、政府研究决定，自治区农牧科学院重新恢复组建，西藏自治区畜牧兽医研究所改隶属自治区农牧科学院领导。

至1995年12月，西藏自治区畜牧兽医研究所仍为县级事业单位，财务独立核算。内设办公室、政工人事科、财务科、业务科、畜牧研究室、兽医研究室、草原研究室、科技开发室、曲尼巴综合试验基地等9个区级科室，后根据工作需要，又先后虚设了牦牛研发中心、动物营养研究室、后勤服务中心、保卫科和档案资料室等5个区级机构。

截至2013年年底，研究所有在职干部职工93人，其中科技人员65人，其中：正高职称7人、副高职称14人、中级职称26人、初级职称18人。

自1963年成立以来，截至2013年年底研究所累计承担各级各类科技项目390多项，有获奖成果60项，其中国家级奖励2项，自治区进步一等奖7项、二等奖14项、三等奖18项、四等奖2项，自治区成果奖14项，其他奖项31项。

3. 蔬菜科学研究所

1995年7月，自治区决定恢复自治区农科院，同时，决定在拉萨农业试验场基础上成立西藏自治区蔬菜研究所，为县级建制，属自治区农科院下属事业单位，并保留拉萨农业试验场名称。

蔬菜研究所主要从事园艺育种及栽培、设施工程、植物保护、组培快繁、食用菌栽培、马铃薯脱毒、特色果树资源利用等技术研究。内设办公室、政工科、计财科、业务科、生产科、保卫科；下设蔬菜育种研究室、蔬菜栽培研究室、植保研究室、花卉研究室和蔬菜技术推广站、西藏（拉萨）国家现代农业示范园区。

截至2013年年底，全所在职干部职工109人，专业技术人员65人，其中正高职称5人、副高职称8人、中级职称34人、初级职称18人。

自1995年组建以来，所内先后开展了蔬菜、花卉、果树、食用菌、马铃薯、奶牛养殖、水产养殖等研究及技术集成与创新。选育大白菜、大萝卜、马铃薯、食用菌、黄牡丹、核桃等新品系（种）20余个；引种樱桃番茄、水果黄瓜、礼品西瓜、彩色辣椒等30多个新特优蔬菜品种；成功驯化栽培野生灵芝、杏鲍菇、猴头菇、真姬菇等十几个珍稀食用菌种类；引进苹果、油桃、蟠桃、樱桃、葡萄、梨等早、中熟水果品种 32 个；引进筛选适宜西藏种植的马铃薯新品种 5 个，收集地方品种 7 个；集成藏药材组培快繁技术，育成独一味、红景天、贝母、螃蟹甲 4 种濒危藏药材组培苗 30 万株；组装配套蔬、果、花等各种实用技术 30 余项，参加编制 30 个蔬菜种类的西藏地方标准技术规程；累计培训农牧民 43 000 多人（次），培养农牧民蔬菜种植骨干 2 000 余人。

4. 农业质量标准与检测研究所

1984 年 6 月，经自治区批准，原西藏自治区农业科学研究所化验室升格为高原农牧科研中心，为县级事业单位。

1996 年 7 月，经自治区批准，高原农牧科研中心更名为西藏自治区农牧科学院中心实验室。

2010 年 8 月，经自治区批准，西藏自治区农牧科学院中心实验室更名为西藏自治区农牧科学院农业质量标准与检测研究所，内设综合办公室、农业生态环境检测研究室、农畜产品质量检测研究室、微生物与转基因检测研究室、农药残留检测研究室、质量控制与农产品风险评估研究室、农业标准化研究室。

截至 2014 年年底，研究所在职干部职工 35 人，其中科技人员 31 人，其中正高职称 5 人，副高职称 4 人，中级职称 7 人，初级职称 15 人；有硕士学位者 14 人。

围绕业务职能，研究所先后挂靠成立"农业部农产品质量监督检验测试中心（拉萨）""农业部农产品质量风险评估实验室（拉萨）""西藏农畜产品工程技术研究中心"、农业部"无公害农产品定点检测机构"、中国绿色食品发展中心"绿色食品定点检测机构"和"西藏自治区初级农产品检测中心"等 6 个机构或平台。目前研究所拥有实验室面积 4 000 余平方米，固定资产 1 500 余万元，拥有气质联用仪、液质联用仪、ICP 发射光谱仪、气相色谱仪、液相色谱仪、原子荧光光度计、原子吸收光谱仪、紫外/可见分光光度计等仪器设备 100 余台（套）。能够承担 16 大类、148 个产品和 24 个参数的检验检测，基本覆盖了西藏的主要农畜产品、产地环境和产品质量检测的参数范围。

建所以来，研究所完成重点项目 40 多项，获自治区级科技进步三等奖 2 项。围绕特色农产品及资源，研究所先后开展了对藏红花、雪莲花、冬虫夏草、人参果等特色资源，以级酥油、糌粑、青稞、牦牛肉、风干肉、青稞酒等特色农产品的标准和生产技术规程研制工作，已研制颁布地方标准 5 项。

5. 农业资源与环境研究所

2012 年 9 月，经自治区批准，自治区农科院在自治区农科所土壤肥料研究室和耕作研究室的基础上，整合组建了西藏农业资源与环境研究所，隶属于自治区农科院，为县级建制事业单位。设有 1 个综合办公室和土壤肥料、耕作、农业环境工

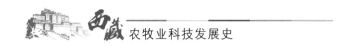

程、农业生态、农业气象 5 个研究室。

截至 2013 年年底，研究所有干部职工 25 人，其中，专业技术人员 21 人，其中正高职称 3 人，副高职称 6 人，中级职称 5 人，初级职称 7 人。具有博士学位者 1 人，硕士学位者 9 人。

该所依托国家燕麦荞麦产业技术体系日喀则综合试验站等基地，开展了一系列卓有成效的研究工作，使农业科技创新能力和科技支撑能力快速提升。

6. 草业科学研究所

2012 年 9 月，经自治区批准，自治区农科院在西藏自治区畜牧兽医研究所原草原室和动物营养室的基础上，成立了西藏自治区草业科学研究所，隶属西藏自治区农牧科学院管辖，为县级建制、事业单位。所内设综合办公室（政工财务）、业务科、牧草品种选育研究室、草地恢复与重建研究室、饲草料高效栽培研究室、优质草产品加工与高效利用研究室。

截至 2013 年年底，研究所有干部职工 28 人，其中专业技术人员 26 人，其中：正高职称 3 人，副高职称 4 人，中级职称 8 人，初级职称 11 人。具有博士学位者 1 人、硕士学位 13 人。研究所拥有近 1 000 亩的试验基地，还在那曲建立了 70 亩的草原监测试验站。

该所以草业应用研究和应用基础研究为主，重点围绕解决西藏草地生态畜牧业、草地生态安全建设关键技术，开展优质高产牧草品种选育，饲草高效栽培，优质草产品加工与高效利用，天然草原恢复与重建，人工草地种植，牧草种质资源收集、保存、评价和利用等研究。

二、地市级农牧科研机构的变迁

（一）拉萨市农业科学研究所

拉萨市农业科学研究所成立于 1977 年 3 月，其前身分别是西藏和平解放时期成立的西藏社会主义大学、拉萨市五七干校、拉萨市五七农场（副县级），隶属拉萨市农牧局领导，为事业建制、区级单位。其同 1987 年在拉萨市农科所基础上成立的拉萨市农业技术推广总站、拉萨市农业广播学校三位一体，一套人马、三块牌子。

截至 2013 年年底，所共有干部职工 33 人，其中技术人员 17 人，其中：正高职称 1 人，副高职称 1 人，中级职称 5 人，初级职称 10 人。

该所主要开展农作物良种选育、农作物高产栽培、农作物综合技术推广、农业技术培训、农作物品种资源考察与征集、测土配方施肥、病虫草害综合防治等。

全所占地面积达 310 亩，拥有农业试验用地 100 亩、占地 1 880 平方米的有害农业预警和控制区域站 1 座、占地 610 平方米的土壤肥料检测站 1 座。

（二）日喀则地区农业科学研究所

日喀则地区农业科学研究所的前身为政务院文委会西藏科学工作队农业组专家到达西藏后建立的"日喀则农业试验场"，1979 年更名为"西藏日喀则地区农业科学研究所"，为科级建制。1996 年 12 月，其升格为副县级全额拨款事业单位，编制 101 人，内设行政办公室、综合研究室和成果开发办 3 个科室。

2002 年，农业部依托该所投资建设西藏自治区薯类脱毒中心，2005 年地区编办批复设立薯类脱毒中心，为正科级内设机构。

2010 年，日喀则地区行署明确该所为副县级全额拨款事业单位，人员编制调减为 86 名，内设办公室、薯类脱毒中心、综合研究中心、成果开发办公室 4 个正科级机构，有县级领导职数 2 名、科技领导职数 12 名。

2011 年，地区编办批复该所新设立中心实验室（正科级）内设机构，增设科级职数 1 名。

全所占地面积 560 亩，其中农业科学试验和生产用地 450 亩，草地 25 亩，其他用地 85 亩。该所主要从事作物育种、作物栽培、蔬菜园艺、植物保护、土壤肥料等方面的科研。

自 1953 年成立以来，该所累计取得科研成果 347 项，共培育出各类农作物和蔬菜品种 165 个。其中，具有代表性的有春青稞品种喜马拉 19 号、喜马拉 22 号，春油菜年河 16 号，春小麦日喀则 23 号，日喀则 1 号、日喀则 2 号大萝卜等。

（三）山南地区农业科学研究所

山南地区农业科学研究所创建于 1962 年，其前身为乃东县机关农场，为区级事业单位，隶属地区农牧局，当时设有场长 1 名（中级技术职称），技术员 3 名，农工 22 名。主要开展农作物育种、栽培、植物保护及优良品种推广等工作。1965 年该农场改名为山南地区农牧试验场，隶属山南地区农牧局。1976 年更名为山南地区农业科学研究所，为区级事业单位，隶属山南地区农牧局。1996 年改隶属山南地区农业技术推广中心领导。研究所内设冬小麦常规育种组、春青稞常规育种组、油菜常规育种组、蔬菜组等科研课题组。主要开展农作物良种培（选）育、引种、试验、示范、繁殖工作。

截至 2013 年年底，该所有干部职工 28 人，其中专业技术干部 22 人，高级职称 6 人，中级职称 4 人，初级职称 5 人，其他 7 人；工人 6 人。

自建所以来，该所先后培（选）育各类农作物新品种 27 个，已获奖并大面积推广的品种有 7 个，其中：小麦品种 3 个分别为山冬 1 号、山冬 6 号、山冬 7 号；春青稞品种 1 个山青 9 号；油菜品种 3 个分别为山油 2 号、山油 4 号和山春 1 号。

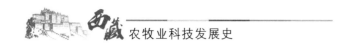

取得科研成果 21 项，其中 4 项获国家农牧渔业部科技进步三等奖、3 项获西藏自治区科技进步二等奖、8 项获四等奖，6 项获山南地区科技进步奖。

（四）昌都市农业科学研究所

昌都地区农业科学研究所组建于 1958 年，是西藏和平解放后建立的第一个农业科研单位。其隶属昌都地区农业技术推广站，为副区级建制、事业单位。

截至 2013 年年底，该所有干部职工 15 人，其中技术人员 12 人，其中：高级农艺师 2 人，农艺师 2 人，助理农艺师 5 人，农业技术员 3 人。所内有具有硕士学位的专业人员 2 人。

该所主要开展青稞、小麦、玉米、油菜等作物的引种试验、品种比较试验、区域试验、生产试验、病虫害防治、土壤肥料、栽培技术研究、杂交育种及农牧民科技培训等工作。

第二节　农牧科技推广机构的变迁

西藏农牧业推广机构为四级建制。其中：自治区级农业、畜牧兽医技术推广服务中心为正县级建制，隶属自治区农牧厅管理；地区级的昌都、山南农业技术推广中心、林芝农牧推广服务中心为副县级建制；拉萨市、日喀则、阿里、那曲地区农业技术推广中心（站）、畜牧兽医推广中心（站）为正区级建制，隶属各地（市）农牧局管理。绝大多数县（市）设有农技推广站、畜牧兽医站，隶属各县农牧局管理，为副区级建制；2012 年新增编 682 个乡镇农牧综合服务中心机构，属副科级公益性机构，实行以乡镇管理为主、上级业务部门进行业务指导的管理体制。

1959 年民主改革后，在中央亲切关怀下，西藏农牧业技术推广队伍得以迅速发展，从内地陆续调干和分配了大批农牧业专业的大中专毕业生进藏工作，充实各级农牧业管理机构和技术推广服务机构。

截至 2013 年年底，西藏自治区现有农牧科技人员 4 442 人，其中：农业科技推广人员 1 574 人；畜牧兽医、草原、渔业技术人员 2 868 人。农牧技术人员中自治区级技术人员 116 人，地（市）级技术人员 475 人，县级技术人员 1 348 人，乡级机构人员 2 503 人；有高级职称者 120 人，有中级或以下职称者 4 322 人。

一、自治区级农牧业技术推广机构的变迁

（一）自治区农业技术推广服务中心

民主改革前，西藏的农业技术推广工作主要是依托拉萨农业试验场进行；民主

改革后，自治区党委、政府高度重视农业技术推广工作，农业技术推广机构得到进一步加强。各地（市）建立了农业技术推广指导站，指导农牧业生产科研和技术推广工作。

1974 年 5 月，西藏自治区种子站成立；1978 年其更名为西藏自治区种子公司，并实行"一二三"经营体制，即种子站（公司）一套人马（站、公司一套人马）、两块牌子（挂种子站、种子公司两块牌子）、三个职能（行政管理、技术推广、经营运作）。该站行政、事业、企业不分，属于事业单位，实行企业管理。该站承担着西藏自治区的种子管理、经营和农业技术推广工作。

1988 年，在原自治区种子公司基础上成立了自治区农业技术推广总站。该站内设种子、植保、栽培（土肥）及种子公司 4 个业务科室机构，全面指导西藏自治区的农业技术推广工作。

1995 年，自治区农业技术推广总站更名为自治区农业技术推广服务中心（简称区农业中心）。

2000 年，农业技术推广中心增设农机站；2011 年又新增设经济作物站。至此，自治区农业技术推广服务领域涉及种子、土肥、植保、栽培、农机及经济作物等，其技术指导服务功能被进一步深入、拓宽。

现自治区农业技术推广服务中心的基本框架为"五站一室一个公司"，即：种子站（种子质量监督检验检测中心）、植保站（全国有害生物预警中心）、栽培站（土肥站）、农机站、经济作物站、种子公司、综合办公室。该中心为县级建制，隶属自治区农牧厅领导。中心承担着西藏自治区农业新技术的研究、引进，及经试验、示范后在西藏自治区的推广应用；承担自治区农业、科技部门各类农技推广项目的申报并组织实施；承担农业生产情况调研工作；依法开展农作物种子、农药、化肥等农资的市场管理工作；承担对西藏自治区农作物新品种的区域试验、生产示范、审定、推广和对种子质量的监督检测；承担新型农业机械的引进、示范、推广；承担培训区地县乡镇农业技术干部和农民技术人员等。总之，该中心承担西藏自治区的各项农业技术推广服务工作。

截至 2013 年年底，自治区农业技术推广服务中心有干部职工 46 名，其中专业技术人员 33 名，占总人数的 71.7%，其中有推广研究员 5 人，高级农艺师 13 人，农艺师 7 人，助理农艺师 8 人。中心内有研究生学历者 2 人，大专以上学历者 19 人，中专以下学历者 12 人。

（二）自治区动物疫病预控中心（畜牧总站）

西藏和平解放以前，农牧区仅有少量民间兽医从事简单的防疫工作；和平解放后，西藏的畜牧技术推广服务体系是在兽医防治机构的基础上逐步发展起来的。畜

牧业技术推广体系从无到有，逐步建立了自治区、地市、县三级推广体系，部分乡镇推广机构也得以加强。

1966 年成立的自治区畜牧兽医队，为科级建制，先后隶属自治区农牧厅、自治区革委会生产组、自治区革委会农牧局、自治区农牧厅和自治区农委领导。

1988 年年底，自治区畜牧兽医队升格为自治区畜牧兽医技术推广总站，为县级建制，与自治区农委畜牧局合署办公，隶属自治区农委领导。

1996 年，自治区畜牧兽医技术推广总站在机构改革中更名为自治区畜牧兽医技术推广服务中心，为县级建制，隶属自治区农牧厅领导，内设办公室、畜牧站、兽医站和草原站。

2007 年，自治区在兽医站基础上组建自治区动物疫病预防控制中心，区畜牧兽医推广服务中心更名为区畜牧技术推广总站，下设畜牧科、草原科、牧草种子科、质量标准检测科、水产科 5 个业务科室。自治区动物疫病预防控制中心与畜牧技术推广总站实行一套人马、两块牌子的管理体制。

截至 2013 年年底，自治区动物疫病预控中心（畜牧总站）有在职干部职工 61 名，其中技术人员为 51 人，其中高级职称 7 人、中级职称 27 人、初级职称 17 人，90％为藏族技术人员。

二、地（市）级农牧业技术推广机构的变迁

（一）农业技术推广机构

民主改革前（1951—1959），仅昌都、日喀则地区建立有农业试验场，在农业行政部门协调下引进一些改良品种、新式农具（犁、打场石滚等）及农业机械（畜力播种机、拖拉机、割晒机、联合收割机、水泵等）。当时西藏还处在封建农奴制，谈不上推广体系及农业技术推广，只在农业试验场内开展一些试验示范工作。

民主改革时期（1959—1965），各地农业技术指导站以及拉萨、昌都、日喀则、山南等地区农业试验场逐步建立健全，形成了低层次的农业技术推广体系。但科研与推广没有分离，是在农业行政部门协调下开展农技推广工作。

人民公社时期（1965—1978），此期间大部分地（市）还没有单独建立农业技术推广机构，但农业科研（自治区、地、县）、教育（农牧学院、农校）及种子、农机等农资供应服务比较健全。

1978 年改革开放后，除那曲地区以外，拉萨、日喀则、山南、昌都、林芝、阿里 6 地（市）农技推广机构相继成立。受当时政治、环境以及条件等各种因素影响，各地（市）农技推广体系发展不均衡，机构设置也各不相同。

截至 2013 年年底，拉萨、日喀则、山南、林芝、昌都、阿里 6 地（市）共有

农技推广技术人员 116 人，其中：高级职称 26 人、中级职称 36 人、初级职称 54 人。技术人员的专业涉及农作物栽培、植保、种子、资源环境、园艺等。

1. 拉萨市

1977 年 3 月，拉萨市农业技术推广站在拉萨市农业科研学究所的基础上成立。该站为一套人马三块牌子，即拉萨市农技推广总站、拉萨市农业科学研究所、拉萨市农业广播学校。

1987 年 9 月，该站更名为拉萨市农业技术推广总站，属独立正科级建制，编制 40 人。

2006 年以后，拉萨市农业技术推广站在原业务基础上增加了农作物有害生物预警、土壤肥料监测、农作物区域试验等服务体系内容（未增设编制），进一步细化并拓宽了农业技术服务范围及功能。

截至 2013 年年底，该站有专业农技推广人员 16 名（藏族专业人员 7 人，占53.8％），其中：正高职称 1 人、副高职称 1 人，中级职称 6 人，初级职称 8 人；具有大专、本科以上学历者 13 人，中专或以下学历者 3 人。

2. 日喀则地区

1979 年 8 月，原日喀则地区种子站改为日喀则农技推广中心。

1983 年 1 月，中心更名为日喀则地区农业技术推广总站。

1998 年，总站更名为地区农技推广服务中心，属独立科级建制，编制 42 人，下设种子、植保、栽培、土肥 4 个业务科室。

2006 年以后，该农技推广中心新增设了农作物有害生物预警站、土壤肥料监测站、农作物区域试验站 3 个服务体系职能机构（未增加编制）。

截至 2013 年年底，中心有农技推广人员 24 人（藏族专业技术人员 19 人，占79％）。其中：正高职称 1 人、副高职称 3 人、中级职称 8 人、初级以下职称 12 人；具有本科、大专以上学历者 16 人，中专以下者 8 人。

3. 山南地区

1988 年，山南地区农业技术推广总站成立，受当时条件限制，机构内设只有种子站，承担全地区的技术服务工作。

1996 年，地区农科所、地区土壤肥料站并入总站，更名为山南地区农业技术推广中心，为副县级建制，隶属地区农牧局。中心下设农业技术推广站、农业科学研究所、土壤肥料工作站"两站一所" 3 个正科级单位。

2010 年，该农业技术推广中心增设了区域试验站、土壤肥料监测站 2 个服务体系职能机构（未增加编制）。

截至 2013 年年底，中心有农技推广人员 37 人，其中：正高职称 2 人、副高职称 11 人，农艺师 8 人，初级以下职称 16 人。

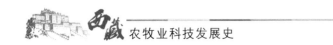

4. 昌都地区

1981 年，昌都地区农业技术推广总站成立，为正科级建制。

1996 年，该农业技术推广总站升格为副县级建制，更名为农业技术推广服务中心，隶属于地区农牧局。中心下设有土肥、栽培、植保、种子 4 个业务科室以及昌都地区农科所、农牧广播学校 2 个机构。

2006 年，该农业技术推广服务中心增设了农作物有害生物预警站、土壤肥料监测站、农作物区域试验站 3 个服务体系职能机构（未增加编制）。

截至 2013 年年底，中心有农技推广人员 30 人（藏族专业技术人员 13 人，占总数的 43%），其中高级农艺师 5 人，中级职称 9 人，初级以下职称 16 人。具有本科、大专以上学历者 29 人，中专以下学历者 1 人。

5. 林芝地区

1986 年 2 月，恢复林芝地区的同时，林芝地区农业技术推广站成立，机构设置为正科级，隶属林芝地区农牧局管理。

1996 年该站更名为林芝地区农技推广服务中心，人员编制及机构框架未变。

2011 年 5 月，为整合林芝地区农牧科研力量，该农技推广服务中心和种畜场整合，成立了林芝地区农牧技术推广中心，为副县级建制，属地区农牧局管理的事业单位。中心下设农业研究所、牧业研究所、家畜繁育站 3 个业务所（站）。

截至 2013 年年底，中心有农技推广人员 5 人，其中高级职称 1 人、中级职称 2 人，初级职称 2 人。

6. 那曲地区

未设立地区一级的农业技术推广服务机构，相关农业技术服务及指导由地区农科所负责。

7. 阿里地区

1987 年阿里地区农牧局设置了农技推广总站内置机构，指导地区农技推广服务工作。

2002 年，阿里农技推广服务总站从农牧局划分出来，并更名为农业技术推广服务中心，机构设置为正科级。该服务机构为综合性服务部门，无种子、土肥、植保等内设机构。

截至 2013 年年底，中心有农技推广人员 4 人，其中高级职称 1 人、中级职称 3 人。

（二）畜牧技术推广机构建设

1951 年，西藏第一所兽医院——昌都兽医院建立。

1953 年，自治区先后建立了拉萨、那曲、日喀则三个兽医门诊所。

1957 年，西藏自治区筹委会农牧处成立了那曲、日喀则和塔工地区 3 个种畜场，这是西藏第一批家畜改良机构。

1959 年，自治区建立了地（市）兽防总站 7 个。

1960 年，西藏自治区筹委会批准成立自治区林芝种畜场，该场主要饲养从国内外引进的马、牛、羊、猪等优良种畜，进行纯种繁殖和风土驯化，并为各地的杂交改良试验提供部分种畜。1961 年，西藏自治区的 6 个地（市）建立了 7 个种畜场。

1963—1965 年，日喀则、山南、昌都、那曲、阿里、拉萨 6 个地（市）畜牧业技术推广服务机构相继成立。

1986 年，林芝地区行署成立后，设立了地区畜牧兽医总站。

拉萨、日喀则、山南、昌都、那曲和阿里的畜牧业技术推广服务机构成立之初，名称为地区（市）兽防总站，1986 年陆续改称地区（市）畜牧兽医总站，皆为科级建制，隶属地区（市）农牧局领导。

1997 年，那曲地区畜牧兽医总站升格为地区畜牧兽医技术推广总站，为副县级建制，隶属地区畜牧局领导。

2000 年，昌都地区畜牧兽医总站升格为地区畜牧兽医技术推广总站，为副县级建制，隶属地区农牧局领导。

2000 年，林芝地区畜牧兽医总站改称地区畜牧兽医技术服务中心，为科级建制，隶属地区农牧局领导。

截至 2013 年，自治区共有地区级畜牧兽医技术人员 425 人，全区畜牧兽医实有干部职工总数 3 324 人，占西藏自治区畜牧业技术人员总数的 12.79%。

三、县、乡级农牧业技术推广机构的变迁

（一）县、乡级农业技术推广机构

人民公社时期（1965—1970 年），自治区在西藏主要农区县域内建立了县农科所或农试场、区（相当于现在乡）农科站（虚设）、公社农科站、生产农科小组"四级"农科网，在农业行政主管部门领导下，开展以实验田、高产田、种子田"三田"为内容的农业技术推广。

1982 年 6 月召开的西藏自治区农牧工作会提出了对农业技术推广体系建设的初步规划意见，决定将县农科所改为县农业技术推广站，并相继充实了重点农业县的推广站和各地市的农业技术推广总站。

1983 年年底，西藏自治区已有县级农业推广站 37 个。其中，江孜、白朗、日喀则、达孜、堆龙、曲水、贡嘎、乃东、琼结、波密 10 个县被列为商品粮基地县，

使西藏的农业技术推广工作得到进一步加强。

1994年，第三次西藏工作座谈会后，中央和国务院将西藏农技推广体系建设列入"62项工程"之中，并由农业部投资建设。农业部共投资600万元（西藏地方投资202万元），派出专家深入西藏各地指导建设农技推广体系，组织实施了西藏自治区的农业县、半农半牧县的农技推广站及"一江两河"流域综合开发18个县（市）的农技推广站建设和配套工程。到1995年，西藏自治区有52个农业县、半农半牧县农技推广站建设完成，区、地、县农技推广网络基本形成。

2012年，为全面贯彻中央1号文件和中央农村工作会议、全国农业工作会议、全国乡镇农业公共服务机构建设工作会议精神，进一步提高乡镇服务农牧区、农牧业和农牧民的能力和水平，加快推进农牧业科技创新水平，经自治区党委、政府同意，自治区编制委员会正式批准在西藏自治区的682个乡镇成立乡镇农牧综合服务中心。乡镇农牧综合服务中心属副科级公益性机构，实行以乡镇管理为主、上级业务部门进行业务指导的管理体制，主要承担乡镇农牧技术推广、农机推广、科技培训、蔬菜种植、草原管理、畜牧兽医、渔业、林业和水利等工作。

1. 拉萨市所辖7县1区，除当雄县为纯牧业县外，其余6个县均设有县级农业技术推广站。2013年全市已在达孜、城关区、曲水建立16个乡镇农牧综合服务中心（表14-1）。

表14-1 拉萨市各县区建立县级农业技术推广站的时间

县名	堆龙德庆	曲水	尼木	达孜	林周	墨竹工卡	城关区
年份	1980	1979	1989	1980	1976	1984	1984

2. 日喀则地区所辖一市16县均设有农技推广服务中心（站），2012年前，各县农技推广中心（站）为独立机构、股级建制，隶属各县农牧局管理。2012年后，除岗巴、吉隆（1983年建站）、康马（1976年建站）、南木林（1960年建站）、日喀则（1978年建站）5县（市）农业技术推广机构单设外，其余县农技部门与兽防站合并，成立县级农牧综合服务中心，农技推广中心（站）为下设部门。

3. 山南地区所辖12个县，除错那县外，其他11个县均设有农业技术推广站，其中扎囊、浪卡子、桑日建站时间为20世纪70年代，20世纪80年代贡嘎、琼结、加查、措美、洛扎5县相继建立农技推广站，到20世纪90年代乃东、曲松、隆子3县完成建站工作。至此，山南地区农业县、半农半牧县的县级农技推广机构全部建成。2012年，错那县建成县级农牧综合服务中心；2013年，扎囊县、桑日县农业技术推广部门与畜牧兽医推广部门合并，成立县级农牧综合服务站。2013年，12个农业乡镇成立各乡镇农牧综合服务中心（表14-2）。

表 14-2　山南各县建立农技推广站时间

县名	贡嘎	扎囊	乃东	琼结	桑日	加查	曲松	隆子	浪卡子	措美	洛扎
年份	1985	1972	1997	1985	1978	1985	1993	1992	1970	1988	1987

4. 昌都地区所辖 11 个县均建有农技推广站。1959 年，察隅县在成立农牧局的同时，建立了昌都地区首个县级农技推广站，随后 1976 年江达县成立农技推广站。进入 80 年代，丁青、边坝、芒康、八宿、昌都、洛隆、左贡、贡觉相继成立了农技推广站。2005 年，类乌齐县成立农技推广站。至此，昌都 11 个县级农技推广站实现了全覆盖，为昌都农业生产提供有力的技术支撑和技术保障（表 14-3）。2013 年，全地区 15 个农业乡镇成立乡镇农牧综合服务中心。

表 14-3　昌都各县建立农技推广站时间

县名	江达	丁青	边坝	昌都	察隅	贡觉	洛隆	芒康	类乌齐	左贡	八宿
年份	1976	1983	1996	1981	1959	1987	1993	1995	2005	1988	1995

（二）县、乡级畜牧推广机构建设

1. 机构建设

1979 年，西藏自治区已建立四级兽医防治机构 441 个；其中县级机构有 72 个，即除墨脱县以外的 72 个县区都设立了兽医站；362 个区公所均建了兽防站。

1986 年，墨脱县畜牧兽医站成立。至此，西藏自治区 7 地（市）、73 个县（区）兽医防治机构（也是畜牧业技术推广机构）全部建成。

1987 年，西藏自治区加强基层政权建设，实行撤区并乡，除保留 50 个区公所及其他兽防所外，其余区公所及其兽防所全部撤销。部分新成立的乡镇在原区兽防所的基础上，组建乡（镇）兽防所，新成立的 596 个乡（镇）兽防所为股级建制，隶属乡（镇）人民政府领导。其他新成立的乡（镇）陆续组建了兽防所。到 2000 年，西藏自治区的 906 个乡镇设立了兽防站。

2012 年机构调整，乡镇兽防所被纳入乡镇农牧综合服务中心，属副科级公益性机构，实行以乡镇管理为主、上级业务部门进行业务指导的管理体制。

2. 队伍建设

1979 年，为加强基层动物疫病防治工作，充实基层队伍建设，自治区招收了畜牧兽医半脱产人员 857 人，村一级兽医防疫人员 2 362 人。

1989 年，县（区）畜牧业管理和技术专业干部达 625 人，占西藏自治区畜牧业管理和技术干部总数的 62.83%。同年，畜牧兽医半脱产人员发展到 967 人，村

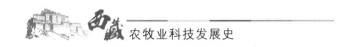

兽医防疫员达5 649 人。

2000 年，西藏自治区县（市、区）一级畜牧业技术人员中有专业干部 488 人，占西藏自治区畜牧业技术人员总数的 52.25％；专业人员中畜牧和草原科技干部 38 人，兽医科级干部 450 人，分别占技术人员的 7.79％、92.21％。乡镇一级兽医技术干部有 102 人，占西藏自治区畜牧业技术人员总数 10.92％。

截至 2013 年，西藏自治区县级及县级以下畜牧兽医专业技术人员达近 2 000 人。

第三节　农牧业教育体系建设

一、农牧业教育机构的变迁

（一）自治区级农牧业教育机构

1. 西藏大学农牧学院

1957 年 9 月，中共西藏工委为培养西藏干部人才，在陕西咸阳设立了西藏公学。1959 年民主改革后，西藏公学得到迅速发展，开办了藏语文、师范、农业、卫生、会计、畜牧兽医等专业，并举办了各训练班，在校生达 3 000 多人。1965 年 7 月，经国务院批准，西藏公学改建为西藏民族学院，设有藏文系、会计科、师范科、卫生科、畜牧兽医科、农业科、预科和报务训练班等。1970 年 1 月学院被撤销，1971 年 5 月又重新恢复，1971 年 9 月正式招生，重新设立了政治、机电、藏语文、财会、畜牧兽医、卫生（医疗）等 7 个专业和预科。之后，学院在西藏林芝八一镇成立了西藏民族学院林芝分院，并于 1974 年 6 月至 1975 年 7 月分别将农业、畜牧兽医、财会，机电等专业学生迁至林芝分院。

1978 年 4 月，经国务院批准，西藏民族学院林芝分院改名为西藏农牧学院，当时设有农学、兽医、畜牧、林学、果树、水电、农机等专业和 1 个预科、1 个干部培训部。

1985 年《中共中央关于教育体制改革的决定》印发后，西藏农牧学院改变过去那种封闭的单一的课堂教学模式，实行教学、科研与社会实践相结合，注重改善和创造实验、实习条件，调整理论课和实践课的比例，加强学生实际操作能力和解决实际问题能力的培养。学院先后建立了 31 个实验室，成立了高原生态研究所和农场、果园、苗圃、电站、牧场等实习实验场所，使教学、实验条件得到了明显改善。学院把教学活动和生产实践紧密联系起来，组织广大师生走向社会进行调查，并在调查的基础上，先后写出了不少有价值的调查报告、论文和其他学术性文章，解决了农牧生产中的大量实际问题。此外，学院还编写了《西藏果树栽培学》《西藏森林生态学》《西藏昆虫学》等50多种具有西藏特色的结合实际的讲义和教材。学院还将科研与生产结合起来，先后承担各类科技培训、技术指导、规划设计、科技示范等社会服务200余项，研制生产了"牦牛瘦死病疫苗"，推广6个玉米新品种及双低饲料油菜饲油1号、藏鸡鸡苗、藏猪繁育技术，不仅拓宽了老百姓的生产选种渠道，提高了藏区农业的科技含量，实现了增收目标，更有力地推进了农牧业产业结构调整，产生了十分可喜的经济效益和社会效益，对发展西藏经济起到了巨大促进作用。

2001年9月，西藏农牧学院与原西藏大学合并组建新西藏大学，改名为西藏大学农牧学院，目前学院相对独立办学。学院下设有植物科学学院、动物科学学院、资源与环境学院、西藏高原生态研究所等9个教学科研单位。

学院拥有国家重点（培育）学科1个、"211工程"重点建设学科2个、自治区高校重点学科11个。有生态学1个博士学位授权点；有生物学、生态学、作物学、林学4个一级学科硕士学位授权点，15个二级学科硕士学位授权点，2个专业硕士学位授权点。有36个本科专业、22个专科专业。学科及专业涉及农、牧、林等领域，与西藏自治区的经济建设紧密相关。学院坚持"产、学、研"相结合，着力提高科学研究水平，积极推动校地合作，促进科学技术向现实生产力转化，增强社会服务能力，走出了一条充分发挥人才技术优势、科研平台优势、教育资源优势，服务地方经济建设的新路子。

2. 西藏职业技术学院

西藏职业技术学院于2005年7月经自治区人民政府批准，在原自治区农牧学校和西藏自治区综合中专的基础上合并组建。

西藏自治区农牧学校是西藏一所综合性农牧业中等职业技术学校。1973年，其由西藏军区生产建设师在拉萨堆龙德庆县筹建，1975年秋季开始正式招生，设有农学、畜牧兽医、农业机械3个专业。1978年，其改名为西藏自治区农机学校，隶属自治区农机局（厅），开设农业机械专业。1982年，学校恢复西藏自治区农牧学校名称，隶属自治区农牧厅，开设农学、畜牧兽医、林学专业。1990年，学校迁到拉萨市金珠中路。1995年9月成立的自治区农业广播电视学校于次年转设到自治区农牧学校内，隶属自治区农牧厅。学校制定并实施了符合现代市场经济及农牧业产业特点的具有西藏特色的教学大纲和计划，同时改革教材内容，编写农牧业实用技术教材40余种，初步建立了一套符合西藏实际的农牧业职业技术教育教材体系。学校先后开设了农学、畜牧、兽医、农业机械、林学、乡村农技、乡村兽医、水土保持、畜牧经济与草原、农村经济管理、种植、养殖、高效蔬菜、园林花卉、高效农作物、现代乡村综合管理、农村经济管理与计算机等20余种专业，并举办了"3＋2"农牧业高职班。

组建为西藏职业技术学院后，学校下设"两部一校"，开设作物生产技术、畜牧兽医、园林技术等 32 个专业，基本覆盖了西藏经济社会事业的各个领域。

（二）地（市）级农牧业教育机构

1998 年以前，西藏自治区共有普通中专 16 所，其中包括 1 所技工学校和 5 所师范学校，以招收少数民族学生为主。

1999 年，各地市中等职业教育机构进行调整。始建于 1975 年的山南地区师范学校，1999 年经教育厅批准把师范学校和原职业中学合并为山南地区职业技术学校，并于 2004 年 10 月正式挂牌成立。学校现有 3 个校区，占地面积为 14.4 万平方米，总建筑面积 6.8 万平方米。学校开设的专业有畜牧兽医、畜禽生产技术、村医等 23 门专业领域的 51 个专业教学班。日喀则市职业技术学校是在 2000 年 8 月于原日喀则地区师范学校和卫生学校的基础上合并组建的，学校现占地 240 亩，校舍建筑面积 6.3 万平方米，开设有畜牧兽医等 10 余个专业。林芝地区职业技术学校创建于 1999 年 8 月，是一所集普通中专、成人中专、各类实用技术培训于一体的多层次全日制中专学校。学校占地面积 153 亩，其中校本部 96 亩，新区实训基地 57 亩，开设有 3＋2 畜牧兽医大专班等 11 个专业。

另外，昌都、拉萨、那曲也在原有师范学校、农校的基础上，按照自治区教育厅关于调整与改革中等职业技术教育的相关要求，建立了职业技术学校。

到 2013 年，西藏自治区共建有服务于农业、畜牧兽医等专业的地（市）级职业技术学校 6 所，较好地承担了服务地方农牧业经济发展的需要。

（三）县级农牧业教育机构

自治区部分县市区高度重视农牧业教育，先后成立教育培训机构或在教育培训机构中开设农牧业专业。

1991 年，堆龙德庆县职业技术学校开设农学、农机、养殖、种植、加工等专业。

1997 年，达孜县中学举办以农村科技为主的职业培训班；昌都地区贡觉县开办农牧、兽防、木工、绘画等 12 个培训班，还从内地聘请两名农业技术人员举办农业技术培训班，对木协乡农民群众进行蔬菜种植培训。

1998 年 8 月，昌都地区提出：在基础教育中要渗透职教因素，在中学的课程设置上，每周安排劳技课 2 课时或集中开设；内容要结合当地的实际情况，因地制宜，农区主要开设农业方面的科目，牧区主要开设牧业方面的科目。

1999 年春，江孜县全面启用自治区教委编写的小学《劳动课》、初中《劳动技术课》教材，并在实践中总结经验编写补充教材。确定蔬菜种植、养殖、农用技术、小型农机及家电维修、民族绘画等 5 个项目。同年，自治区教委在《关于农村职业中专班招生有关事宜的通知》中规定：1999 年农村职业中专班设农学和畜牧兽医 2 个专业。农学专业主要开设作物栽培、良种繁育、蔬菜栽培、病虫害防治等课程；畜牧兽医专业主要开设遗传育种、饲养管理、良种繁育、疫病防治、畜禽饲养等课程。实施教学改革，调整课程结构，强化技术性课程和经营性课程，着重提高学生的实际操作能力和创业能力，让学生掌握现代种养殖技术和农牧区家庭经营知识。9 月，拉萨市职业教育中心开设了"农业综合技术与管理"专业，学制 2 年。

为更好地服务于广大农牧区的经济建设，根据西藏农村劳动力文化程度低、严重制约农牧区经济发展和农牧民生活水平提高的实际，自治区把农村智力开发、培养农牧区科技致富带头人当作实施科教兴藏战略的一项重要内容来抓，在农村牧区大力开展职业技术和农牧业实用技术培训。一些条件较好的县，利用县中学、中心小学等配置职业教育设施，建立职业教育实习基地，创办了县一级职业技术培训中心，实行一校两制、一校两牌、一校多能等方式，合理安排教学计划与课程。其按照"实际、实用、实效"的原则，举办各种长短不一的职业培训班，同时在农村中小学开展"3＋1"、"6＋1"职业技术培训，使农牧民群众学有所长，学以致用。1997 年，西藏自治区有 6 个地市、41 个县市区开展了职业教育和实用技术培训，接受各类职业技术培训的达 17 356 人次。到 2013 年，西藏自治区的 73 个县建立了县级职业教育培训中心，其承担县域职业教育培养培训任务，成为当地人力资源开发、农村劳动力转移培训、技术培训和推广、扶贫开发和普及高中阶段教育的基地。

二、农牧业科教体系建设的历程

西藏和平解放以来，农牧业科技教育体系建设，大致经历了五个发展阶段。

(一)教改以前的农牧区教育（1952—1987 年）

1952 年，中共西藏工委在拉萨开办藏文干部训练班和西藏军区干部学校，培训农牧、文卫、财贸等专业人员。6 月，拉萨建成七一、八一两个农场，招收了一批藏族农奴和奴隶当农工。为培养这批农工掌握种植知识和技能，有关部门在拉萨多次举办"农业技术培训班""农业机务技术人员训练班""拖拉机驾驶员训练班"等，培养出了西藏第一代拖拉机驾驶员和农业技术人员。

1952 年至 1956 年，共青团在拉萨先后举办了西藏工委青年训练班、社会教育班、农业技术训练班、财会训练班和电影技术训练班等，主要为和平解放初期的西藏培养民族干部。

1959 年民主改革后，百万农奴随着在政治和经济上的翻身，在文化上也提出了翻身的迫切要求。同时，生产方式的变革和生产力的解放，对教育事业也提出了新的要求。广大翻身农奴为了学文化和送子女上学，在党和人民政府的领导和支持下，自力更生办起了民办学校。到 1961 年，西藏自治区已有民办小学 1 496 所，在校学生 5.2 万余人。培养的学生能读懂藏文报纸，会写简单书信和应用文，能担任农村中的记账、算账工作，生产上会干一般农活。1966 年，自治区党委宣传部决定通过亦工亦农、厂社结合、两种工资制度和半工半读教育等形式试办工业、交通、农牧、财粮、邮电、卫生系统初级半工半读训练班（学校），主要是培养农业、畜牧兽医、农村卫生保健等方面的初级技术人员和农村会计员、记分员、农具修配员及部分厂矿的技术工人。

"文化大革命"时期，自治区的正常教学秩序遭到破坏。1976 年，自治区组织大型参观团去辽宁省学习"朝农经验"，中学以上的学校开始大办分校、农场，开门办学，基础课大量停开，教学秩序遭到破坏。

1980 年前后，自治区教育厅在调研协商的基础上，对全区的中等专业学校进行调整。根据中等专业学校发展过快，办学条件差，学校规模小，造成人力、财力、物力大量浪费，脱离基础教育发展水平的实际情况，要求主要保留和办好自治区一级的部分中等专业学校和各地、市的中等师范学校，其余全部撤销或改办为干部职工和农牧民业余技术培训学校。经过几年调整，截至 1986 年年底，全区有中等专业学校 14 所、自治区水电技工学校 1 所，并在部分县级中学设立了职业中学班，开展种植、养殖、烹饪、农机维修、园艺、农产品加工等技术的培训，较好地满足了各级各类干部推广简单农牧业技术的需要。

（二）初步探索阶段（1987—1998 年）

自 1987 年以来，西藏成人教育的重点已逐步从干部职工培训转移到农牧民教育上来。许多地县为发展本地经济，帮助农牧民脱贫致富，都不同程度地开展了扫盲和实用技术相结合的农牧民教育工作，举办了农业经济管理、土肥、植保、栽培、草场网围栏、兽医、选种、农机维修等技术培训，有的还专门成立了农牧民夜校。日喀则地区的大部分县都积极开展了技术培训工作，对农牧民进行水土保持、田间管理等方面的技术培训。

按照国家教委的部署，1991 年年初，自治区教科工委开始在堆龙德庆县进行农村教育综合改革试点。堆龙德庆县的具体做法包括：

一是在县中学内创办职业技术学校，开设农学、园艺、农机、养殖、加工等专业。

二是加强培训基地建设，在原有 5 亩地的基础上又扩大 10 亩试验田，修建了

2个温室、1个塑料大棚、1个培植藏红花的房子，面积大约1 500平方米。

三是实施"259"工程，从1991年至1993年，在职业教育方面，对2 000人进行职业技术培训；在成人教育方面，扫除5 000名青壮年文盲；在基础教育方面，适龄儿童入学率达到90%以上，全方位实行农科教结合和"三教"统筹。

四是在职业中学的带动下，给7所公办小学拨了8亩试验田，全县各级各类学校都开设了劳动技术课，不同程度地把职教内容引进普通中小学，使学生初步掌握最基本的农牧业生产技能；同时举办了60多所扫盲学校，使2 000人脱盲，并结合扫盲讲授农牧业基础知识、卫生知识和法律知识，力求把扫盲夜校办成开展文化技术传授和社会主义精神文明建设的基地。

五是开展了科技试验，试种了名贵药材藏红花，引进青梨、蚕豆、玉米、蔬菜等优良种子和良种猪。在羊达乡试种的500亩冬小麦，平均亩产620千克，创造了西藏自治区冬小麦大面积播种的最高产量。

六是在国家的帮助下，群众集资捐工献料折合约26万元，使全县各级学校基本上实现了"一无两有"。

七是成立了由县委书记、分管农牧、教育的副县长以及教育、农牧、计划、财政、卫生、宣传等部门组成的科技兴农委员会，并在县教育局和农牧局下设2个办公室，具体负责实施农村教育综合改革。

除了堆龙德庆县的试点工作外，教育改革在西藏自治区也逐步展开。为了适应人口增长对教育的发展要求，根据西藏自治区地广人稀、居住分散、交通不便的特点，自治区在农牧区和边境地区集中力量创办了一批寄宿制公办小学，并扶持乡村创办了一些与农牧民生产、生活相适应的，降低教学要求、减少教学内容的民办小学，以方便农牧民子女就近入学，逐步在西藏自治区形成了布局基本合理、以公办学校为重点的小学教育辐射网。中学单一的教育模式开始被打破，职业中学教育开始起步。

另外，为了使扫盲教育与农牧民生产相适应，激发农牧民学习文化的积极性，1986年，西藏自治区在山南、林芝、拉萨、那曲的8个县（区）建立了培训点，将农牧业使用技术培训和扫盲结合起来，学以致用，促进了农牧区商品经济、科学种田、民族手工业的发展，取得了较好的效果。到1989年，乃东县已有农民扫盲夜校113所，入校人数达3 637人，1 340名青壮年经1年学习，摘掉了文盲帽子；扎囊县举办农业技术、农业机械、畜牧兽医、汽车驾驶、手工纺织、编制、作物栽培、化肥使用等10多种培训班，培训达4 000人次，全县25%的农牧户已成为农村致富的先行者，全县农副业总产值和人均收入均在1979年的基础上翻了两番多。一些普通中学，如拉萨市二中、日喀则地区康马县中学、昂仁县中学等，根据当地经济、社会发展的实际需要，开办了农林畜牧、烹饪、绘画、建设、财会、文秘、

旅游服务等职业技术培训班。

总之,这一时期以堆龙德庆县为试点,教育改革在西藏自治区逐步展开。

(三)新一轮试点阶段（1998—1999 年）

以党的十五届三中全会和自治区党委五届四次会议的召开为契机,以自治区教委印发《关于贯彻十五届三中全会精神,深化农牧区教育综合改革的意见》为标志,农牧区教育综合改革工作开始进入新一轮试点阶段。堆龙德庆、贡嘎、乃东、日喀则 4 个县(市)成为新一轮农牧区教育综合改革试点单位。

这一阶段,围绕试点工作,自治区主要开展了以下活动:

1. 召开第一次西藏自治区农牧区教育综合改革工作会议

1998 年 11 月 25~27 日,西藏自治区教委在拉萨召开了农村教育综合改革试点县(市)工作会议。农牧厅、农科院、自治区教委、农牧学院、农牧学校、地(市)教(体)委、各试点县(市)委、县政府有关负责同志共 80 余人参加了会议。会议研究分析了西藏农牧区的教育现状、存在的问题,部署、安排了西藏自治区试点县(市)农村教育综合改革工作,讨论、修改了《关于贯彻十五届三中全会精神,深化西藏农牧区教育改革的意见》;对农牧区教育综合改革工作的目标、任务进行了部署。

2. 开展了对农牧区教育综合改革试点县管理干部的培训

自治区选派一批人员赴上海、四川等地的国家农村教育综合改革试验区进行学习考察,听取了有关农村教育专家的报告。

3. 加强了对试点县中小学农业职教师资的培养,创办了"农牧民中专班"教育

1998—1999 年,教育厅充分利用自治区农科院、西藏农牧学院等单位的科研和教学优势,组织了试点县中小学职教师资培训,共投资 30 多万元,举办培训班 6 期,培训教师 465 人,培训内容包括种植、养殖技术,实验、实习基地管理等。同时各地县还自发组织培训教师 705 人次。自治区还依托农牧学校,举办了"农牧民中专班"。此外,为了适应农牧区教育综合改革的需要,山南师校还对在校应届师范毕业生进行了劳动技术培训,有 78 名学生参加了培训。2000 年又有 116 名应届师范毕业生接受了培训。

4. 开展了对农牧区教育综合改革试点县的调查研究指导工作

这一时期,教育厅分管领导及部门负责人多次下乡或长时间蹲点调研指导工作。

5. 建立了西藏自治区 100 所农牧区中小学校的劳动技术教育基地

结合西藏实际,自治区教育厅组织编写了农牧区中学劳动技术课教材和小学劳动课教材。为了满足农牧区教育综合改革和农牧区中小学开展劳动技术教育的需要,各地(市)、县积极响应教育厅每所小学达到 5 亩、每所中学达到 10 亩以上的实验、实习基地面积要求，免费提供土地、果园和草场。有的县筹集资金修建了科技含量较高、功能齐全的学校劳动技术教育实验、实习基地或实习车间。仅以山南地区为例，至 1999 年 4 月，全地区 13 所中学、66 所完小已有基地 736.6 亩，其中果园树林 319.8 亩、草场 110 亩、塑料大棚 16 475.9 平方米，有牛羊鸡鸭猪等 6 000 余头（只）。

自开展农牧区教育综合改革试点工作以来，教育厅组织编写出版了《九年义务教育全日制小学劳动教材》1～6 册、《九年义务教育全日制初级中学劳动技术教材》一套 10 册、《西藏农牧民成人扫盲教材》一套 2 册、《西藏农牧民实用技术读本》《西藏农牧民思想教育读本》等教材和资料，基本满足了农牧区教育综合改革的需要。许多地、县、校还编写了适用于当地经济发展需求的教材，如贡嘎县自编了《藏白鸡养殖技术》《围裙技术》等。

（四）深化和推广阶段（1999—2003 年）

1999 年 11 月，以西藏自治区第二次农牧区教育综合改革工作会议为契机，农牧区教育综合改革进入了一个新的阶段。

1. 改革内容逐步深化，试点范围更加广泛

西藏自治区第二次农牧区教育综合改革会议总结了改革试点一年多的工作情况，交流了试点县的工作经验，对进一步深化改革做了具体部署。

2. 将综合改革工作制度化

要求农村初中要把主要精力放在办学模式的转变上，切实落实到教学计划中。全面推进开设小学劳动和初中劳动技术课，规范农村初中课程设置，完善农牧区初中学生全员选修加"初三分流"引进职业教育的教学模式。起草印发了《关于进行农牧区基础教育办学模式改革，进一步深化农牧区教育综合改革的通知》《关于改革和发展农牧区教育的意见》等文件。编写、修订了小学劳动教材和初中劳动技术教材。西藏自治区 21 个农牧区教育综合改革试点县市的 110 所劳动技术教育师范学校普遍开设了小学劳动和初中劳动技术课。

3. 党委和政府重视改革工作

2000 年 4 月，自治区党委和政府下发的《中共西藏自治区委员会、西藏自治区人民政府关于"十五"期间农牧区和农牧业工作的意见》，进一步强调了农牧区教育综合改革为今后工作的三项改革任务之一。9 月，召开了西藏自治区农牧区教育综合改革工作会议。

4. 提出三项工程，提高农牧区中小学生健康水平

区教育厅工作组先后赴那曲、日喀则、山南等地农牧区深入调研，提出了实施"酥油茶工程""蔬菜工程""新鲜肉工程"三项工程的设想并得到自治区党委、政

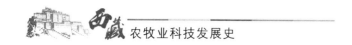

府领导的充分肯定。

5. 组织实施了西藏自治区第一届"燎原科普之冬"活动

2000 年 11 月 21 日，自治区教育厅下发了《关于开展西藏第一届燎原科普之冬活动的通知》，同年 11 月 28 日，在拉萨召开了动员大会。2000 年西藏自治区"燎原科普之冬"活动的主要内容包括：（1）宣传党的农村政策、国家有关法律和当前社会政治形势；（2）推广实用性强、生产效率高、易推广的农牧业实用技术；（3）开展以推广农牧区实用技术为主的技术培训和信息服务，把实用技术及时有效地传播到农牧民手中。

6. 举办多期培训班

举办了 2000 年自治区级、地市两级农牧区教育改革试点中学师资培训班，来自 21 个综合改革试点县的 40 多名教师参加了培训。

7. 调整"三包"政策

2001 年，自治区调整改革了 1992 年制订的对农牧民子女住校生实行的"三包"政策；自治区政府批转了自治区教育厅及自治区财政厅的文件，新的"三包"政策与实施助学金及奖学金制度相结合，有效地调动了农牧民子女入学和学校办学的积极性，使西藏自治区教育事业的健康发展有了推动力和保障。

（五）全面普及阶段（2003—2013 年）

2003 年 9 月，国务院召开了全国农村教育工作会议，对新时期、新阶段的农村教育工作做出全面安排部署。西藏自治区于 2003 年 12 月 20～21 日召开西藏自治区农牧区教育工作会议。自治区党委书记郭金龙、自治区主席向巴平措等领导到会并讲话，阐明了农牧区教育的战略地位和重要作用，明确了农牧区教育发展和改革的目标和任务。自治区副主席吴英杰在会上作了题为《认清形势 加快发展 努力开创自治区农牧区教育工作新局面》的工作报告，对贯彻落实全国农村教育工作会议精神，切实做好自治区农牧区教育工作提出了具体意见。

1. 各级党政部门高度重视

各级妇联、团委、农牧、科技、劳动、扶贫等部门积极协作，把文化扫盲与实用技能培训、科普知识宣传结合起来，极大地提高了扫盲效果。部分县还采取了分片包干、一包到底的措施，让每个部门负责一个或几个村的脱盲、脱贫，直到通过评估验收。

2. 各校积极交流推广经验

如山南地区在 2008 年以召开首届中学校长研讨会的方式，围绕提高中学管理水平和教学质量、控辍保学等工作，通过参观、交流，相互点评，提高了广大校长的管理意识，促进了学校管理水平的全面提高。

3. 加大对职业教育的投入力度

2003 年，针对农牧区实际情况，自治区制订了《关于加强自治区农牧区学校职业教育的意见》，强化面向"三农"办学的宗旨，推行初中阶段"文化课＋职业技术"的教学模式。2004 年，自治区建立了 35 个职业教育示范性劳动实践基地，74 个县全面启动了劳动实践基地建设工程。2007 年，西藏自治区各级各类职教在校生达 29 068 人。

4. 切实贯彻农科教结合原则，推动农牧区教育体系的建设

在这一阶段，农牧业、科学技术、教育相结合的步伐加快。在培训方式上，八宿县注重"四个结合"：一是集中培训与分散培训相结合。定期安排集中培训，按照工作有安排、培训不断线的原则，由各乡镇组织农牧民群众，县农牧局承担教学任务，开展分散培训。二是普遍培训与重点培训相结合。区别对象，分层培训，抽调专业技术人员组成培训小组对乡村干部和技术骨干进行重点培训。三是课堂学习与现场指导相结合。一方面组织农牧民参加集中面授；另一方面，采取"科技下乡""定点指导"等灵活有效的形式，让技术人员深入到田间地头、深入到生产一线，就地解决农牧业生产面临的实际问题。

5. 实施四大工程

自治区紧紧围绕"国家技能型人才培养工程""国家农村劳动力转移培训工程""农村实用人才培训工程"和"成人继续教育和再就业培训工程"，加强农牧民培训工作。针对农牧区存在大量富余劳动力的现象，举办农牧民就业转移培训班，主要培训汽车驾驶、绘画、藏装加工、畜牧养殖、蔬菜种植等实用技能，使农牧民群众掌握 1～2 种生产技能，拓宽增收致富之路。

三、农牧业教育类型

（一）学历教育

1. 职业教育

从 2005 年起，国家和自治区政府相继出台相关优惠政策，加之中等职业学校采取有效措施，有力地促进了中等职业学校的发展。到 2013 年，西藏自治区共有地（市）级中等职业学校 6 所，县级职业技术培训中心 73 个，在校生 19 767 人，较好地满足了农牧区对农业专业技术人才的需求。

2. 高等教育

以西藏大学农牧学院、西藏职业技术学院为依托，加强农科教相结合，成为农牧区人才培养、农牧业技术推广、农村劳动力转移、农牧区扶贫开发的主要方式。

西藏大学农牧学院下设的植物科学技术学院，现有农学、草业、林学、园艺、

植保、农经 6 个教研室，果园、苗圃、农场 3 个教学实习基地，高原作物分子育种、作物栽培、昆虫 3 个实验室，及 1 个成人教育函授站。到 2007 年，累计培养不同层次人才 3 000 多人，分布在西藏各农业科研部门、各地（市）农业行政管理部门以及农业院校或农业技术研究、推广和管理部门，为西藏社会经济发展做出了巨大贡献。

西藏职业技术学院现有畜牧兽医、农林、机电、电子信息、建筑、旅游、财经、公共教学、成人教育 9 个系部。其中农林系设有作物生产技术、林业技术、种子生产与经营、设施农业技术、水土保持、园艺技术、园林技术 7 个专业；畜牧兽医系现有畜牧兽医、饲料与动物营养和动物防疫与检疫、草业 4 个专业。

3. 远程教育

农业广播电视学校是适应农村体制改革和经济发展的需要创建的，它运用广播、电视等现代传播手段实施远程教学。1995 年 9 月，西藏自治区农业广播电视学校成立，设在原自治区农牧林业委员会科教处，隶属原农牧林业委员会管理。为加强对西藏自治区农业广播电视学校的管理及协调工作，自治区人民政府召开专题会议，成立了由原自治区农牧林业委员会、教育厅、广播电视厅、财政厅、自治区妇联等 8 个部门组成的联合工作领导小组，并明确领导小组的主要职责。同时，在拉萨、日喀则、山南、林芝、那曲 5 个地区成立了农业广播电视分校，并配备了电视机、录像机、录音机、电视接收天线等设备及部分教材、录音带，还在西藏广播电视台开播农业实用技术和农牧业相关法律法规知识讲座等。

1996 年年底，自治区机构改革，将西藏自治区农业广播电视学校的具体工作移交自治区农牧学校，为一块牌子、两套人马的管理体制，隶属自治区农牧厅。学校根据农广校的发展情况，将日喀则、林芝、那曲、拉萨市四个地（市）级农校确定为重点校，在人力、物力、财力上给予重点扶持，制定了"优势互补、资源共享"的特色办学之路，农广校工作逐步进入了科学化、规范化和正规化的轨道。

2003 年，自治区农业广播电视学校隶属关系变更，原自治区农牧学校划分至自治区教育厅，并将自治区农业广播电视学校一并移交。自治区人民政府会议决定，自治区农业广播电视学校由自治区农牧厅主管，教育厅协管。

2006 年 11 月，原自治区农牧学校和自治区综合中专学校合并为西藏职业技术学院，自治区农业广播电视学校挂靠在西藏职业技术学院，农业广播电视学校校长由西藏职业技术学院副院长兼任，并配备 6 名工作人员。学院开设有现代乡村综合管理、高效蔬菜生产、种植、畜牧兽医、农村党建 5 个专业。按照《农业部关于实施农村实用人才培养"百万中专生计划"的意见》，学院以每年培养 400～500 人为任务目标。从 2002 年开始，自治区农业广播电视学校在西藏自治区范围内招收中专学历和中专继续教育生。截至 2013 年年底，已培养完成 4 906 人。其中，中专毕业生 2 633 人，中专继续教育生 2 002 人，目前有在校生 271 人。

（二）非学历教育

1988 年 10 月，林芝县举办农业科技培训班，为学员较系统地讲授了农作物植保、栽培以及其他一些常规农业实用技术。从 2006 年起，达孜县劳动和社会保障局与县中学职教中心联合举办各种农牧民技能培训班，截至 2008 年，该县已举办多期保安班、礼仪班、藏餐厨艺班、驾驶班等各种培训班，培训农牧民学员 500 余人，并且全部实现就业。农牧民就业结构得到优化。通过大力开展有针对性和行之有效的职业技能培训，农牧民转移就业能力得到提高，呈现出由过去单纯从事农牧业生产为主开始向从事特色农牧业生产、农畜产品深加工、传统绘画、地毯编织、房屋建筑、采石采矿、车辆维修和商业服务业等多领域转移的良好态势。

到 2008 年，西藏扫除青壮年文盲覆盖率从 69 个县增加到了 74 个县，实现了扫盲人口的全覆盖，从而为西藏人口素质的整体提高奠定了基础。通过各种形式的培训，农牧民对党的惠农政策和科技文化知识的了解不断加深，小农经济、小富即安和对饲养牲畜惜杀、惜售等思想逐步淡化，商品观念日益增强，牲畜出栏率、农畜产品商品化率和农牧业生产效益不断提高。通过深入持久地开展多层次、多形式的实用技术培训，农牧民群众了解和掌握了化肥、农药使用技术、病虫草害等农牧业实用技术，发展生产、增收致富的能力明显提高。同时，农牧民群众对新知识、新技能、新成果的学习意识、接受意识、转化意识和应用意识显著增强，对农作物标准化生产、畜禽高效养殖、蔬菜大棚种植等兴趣十分浓厚，接受培训的积极性和主动性明显增强。许多青壮年经过文化扫盲和科技培训以后，逐步发展成为当地的生产骨干。

近几年，自治区组织开展农牧业技术培训，紧紧围绕"国家技能型人才培养培育工程""国家农村劳动力转移培训工程""农村实用人才培训工程"和"成人继续教育和再就业培训工程"，加强农牧民培训工作。自治区进一步深化农牧区教育综合改革，积极组织开展农牧民实用技术、技能培训，在 45 个县实施了种植、养殖、机械维修等内容的实用技术培训和面向农牧区富余劳动力转移的农民工职业技能培训，结合西藏自治区劳动力市场的需要，以定点、定向的方式，开展了建筑施工、家政服务、水电运行等方面的农民工就业培训。

西藏大学农牧学院在仲巴、萨嘎、谢通门等日喀则地区的 6 个县开展了以种植、兽医等实用技术为主要内容的农牧民实用技术培训班。该院结合自身教学与科研资源、结合参培单位的地域优势与特色优势、结合参培人员的科技文化素质与接受能力，组织本院专家与教师编撰立足于区域特色、理论与实践紧密结合的乡土特色教材，并不断调整教学方式，开展启发式、互动式教学，对农牧民就地就近进行技能培训，培养他们的实际操作能力。另外，林芝地委组织部联合西藏农牧学院举办2008年首批"农牧民实用技术人才培训班"，来自林芝县、工布江达县的145名农牧民参加了为期7天的实用技术培训，培训班实行藏、汉双语授课，培训内容包括种植、养殖、农畜禽产品加工等相关知识。到2008年，科技人员分赴各乡镇，指导群众科学下种、加强田间管理、科学防控疫病和养畜，开展"服务三农、科技入户"和送科技下乡活动数百期。另外，当地还依托项目，举办富有针对性的科技培训班。各县农牧部门利用加大推进农牧业特色产业项目建设之机，开展以农作物种植技术、病虫害防治、牲畜快速育肥和畜禽疫病防治、沼气设施维护等为主要内容的科技培训工作，着力提高农牧产品附加值，加快发展特色产业经济。

【主要参考文献】

《当代中国》丛书编辑部 . 1991. 当代中国的西藏［M］. 北京：当代中国出版社 .

邓和 . 1998. 西藏农业推广体系能力建设探讨［J］. 西藏农业科技（4）.

胡颂杰 . 1995. 西藏概论［M］. 成都：四川科学技术出版社 .

宋玲，吕克非，张蓉 . 2011. 西藏农业技术推广建设回顾与展望［J］. 西藏科技（7）.

吴德刚 . 2009. 西藏教育调查［M］. 北京：高等教育出版社 .

吴德刚 . 2009. 西藏教育研究［M］. 北京：高等教育出版社 .

吴德刚 . 2011. 中国西藏教育研究［M］. 北京：教育科学出版社 .

西藏自治区地方志编纂委员会 . 2005. 西藏自治区志教育志［M］. 北京：中国藏学出版社 .

徐正余 . 1995. 西藏科技志［M］. 拉萨：西藏人民出版社 .

中华人民共和国农业部 . 2008. 2008 中国农业科技推广发展报告［M］. 北京：中国农业出版社 .

《中国教育年鉴》编辑部 . 1986. 中国教育年鉴（1982—1984）［M］. 长沙：湖南教育出版社 .

《中国教育年鉴》编辑部 . 1988. 中国教育年鉴（1985—1986）［M］. 长沙：湖南教育出版社 .

《中国教育年鉴》编辑部 . 1988—2014. 中国教育年鉴［M］. 北京：人民教育出版社 .

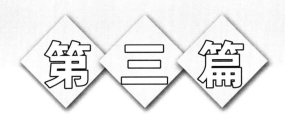

第三篇

西藏农牧业科技
发展展望

第十五章 >>>

农牧业科技发展现状

第一节　农牧业科技发展成就

西藏和平解放以来，在党中央、国务院的亲切关怀下，在自治区党委、政府的正确领导下，在西藏自治区各族农业科技人员的努力下，农牧业生产取得了前所未有的发展成就，农牧区面貌发生了历史性的巨大变化。特别是中央第五次西藏工作座谈会召开以来，西藏自治区以科学发展观为指导，紧紧围绕改善农牧民生产生活条件、增加农牧民收入这个首要任务，依靠科技，狠抓各项优惠政策及措施的落实，不断加快农牧业经济结构战略性调整，积极发展现代农牧业，使农牧业和农牧区经济保持了良好发展态势。

一、种植业发展成效

（一）农业生产能力不断提高

进入 21 世纪，西藏农业生产能力得到了不断提高，粮食实现由长期短缺到总量大体平衡，丰年有余的历史性转变，实现了中央第三次西藏工作座谈会确定的粮油基本自给目标。近年来，通过狠抓播种面积落实，高产创建示范、测土配方施肥、良种推广、农机化应用、补贴资金兑现等措施的落实。到 2013 年，种植业连续夺取 17 个丰收年，粮食总产量由 1951 年的 15.3 万吨提高到 2013 年的 96.1万吨，增长了 5.3 倍，人均占有粮食由 1951 年的 133 千克提高到 2013 年的 308 千克；油菜籽产量由 1951 年的 0.175 万吨提高到 2013 年的 6.34 万吨，增长了 35倍，人均占有油菜籽由 1951 年的 15 千克提高到 2013 年的 20.3 千克；到 2013 年，西藏自治区蔬菜产量达到 73 万吨，人均占有量为 214.7 千克，实现了旺季蔬菜自给率达 70%以上。

（二）农业生产条件不断改善

中央第四次西藏工作座谈会后，在中央的关心和支持下，通过实施农业机械化建设、青稞安全生产、粮食高产创建、良种推广体系建设、植物保护监测体系建设、基层科技推广服务体系建设等农业基础设施项目，进一步改善了农业生产条件，夯实了农业基础设施建设。西藏自治区耕地面积由 1959 年的 251 万亩，扩大到 2013 年的 349.57 万亩；农田有效灌溉面积由 1985 年的 0.61 万亩，扩大到 2013 年的 260.34 万亩；到 2013 年，西藏自治区机耕、机播和机收面积分别达 211.2 万亩、203.3 万亩和 170.4 万亩，分别是 1978 年的 4 倍、3.9 倍和 17.2 倍；农业机械总动力达到 517.3 万千瓦，是 1978 年的 29.7 倍；农用化肥施肥量达到 5.6 万吨。耕地质量不断提高，单位面积产能不断增强，农业机械化水平不断提高。到 2013 年，累计建成旱涝保收高标准农田 150 万亩。

（三）结构调整取得新突破

2000 年以来，随着粮油肉基本自给目标的顺利实现，农业工作步入了新的发展阶段，自治区党委、政府把"三农"工作的重心从增产向增效转移，提出了经济结构战略性调整这一新的工作目标和要求。在稳定粮食生产能力的基础上，积极推进种植业结构调整，调减劣质品种种植面积，增加高产优质品种种植面积，扩大经济作物和饲草料作物种植面积。作物种植结构由调整前的一元结构向粮、经、饲三元结构转变，并且逐年促进"三元"结构的不断优化，使种植业结构日趋合理。2013 年，西藏自治区各类农作物播种面积达 372.9 万亩，其中粮食作物 263.8 万亩，经济作物 72.9 万亩，饲草料作物 36.2 万亩，种植比例调整到接近 7.3：2：1，特色农作物在种植业所占的比例有了新突破，主产区粮食生产和青稞生产得到加强，提高粮油单产行动取得明显成效，给粮食特别是青稞的安全提供了保障。到 2013 年，西藏自治区农业产值达到 57.9 亿元，比 1985 年的 10.6 亿元增长了近 38.7 倍。

（四）良种体系建设得到加强

2006 年以来，自治区各级农牧部门努力适应新阶段种植业结构调整的要求，积极组织实施种子工程，加速良种推广，强化种子生产管理，使种子工作取得了可喜的成绩。在国家大力支持下，自治区内先后投资建立了青稞、油菜原原种繁殖中心、麦类作物原种繁殖中心、优质杂粮种子繁殖中心、马铃薯脱毒中心、曲水县麦类作物良种繁殖基地等一批重点基础设施项目。对 25 个粮食主产县的主导品种，实行基地、推广补贴政策，初步形成了优势区域、优势产业、优先发展的发展格局。同时，在认真总结种子工程工作有益经验的基础上，加大种子工程的技术服务和管理，强化政策扶持措施，提高种子繁育率和精选包衣率，使种子工程向规范化、标准化和科学化方向发展，以加强种子"三田"（原种田、一级种子田、二级种子田）建设，提高种子"三率"（良种繁育率、精选包衣率、统一供种率）为核心的种子工程建设成效显著。到 2013 年，在西藏自治区 35 个粮食主产县共建设各级麦类作物良种繁育基地 12.602 万亩，推广主导品种面积达 193 万亩，良种覆盖率达 78 ％，确保了西藏自治区粮食安全的基础，提高了粮食综合生产能力。

二、畜牧业发展成效

（一）提高了畜牧业保障供给能力

2001 年，中央召开第四次西藏工作座谈会，进一步明确了新世纪初西藏工作的指导思想和历史任务，给畜牧业发展注入了新的活力。自治区党委、政府充分利用中央给予的优惠政策，高度重视畜牧业发展，加大畜群调整结构的力度，改变传统畜牧业生产方式，推动传统畜牧业向现代畜牧业迈进，使畜牧业由数量型逐步向质量转变，多渠道增加对畜牧业的投入。通过加大牲畜出栏、开展短期育肥、发展生猪生产等多种有效措施，订单牧业、合同牧业、股份牧业等新的经营模式应运而生，畜牧业发展步入了快车道。2013 年，西藏自治区年末牲畜存栏为 1 948 万头（只、匹），猪牛羊肉总产量达到 29.21 万吨，奶类产量达 32.52 万吨，禽蛋产量 2 800 吨，西藏自治区畜牧业总产值达 64.1 亿元。

（二）改善了畜牧业基础设施条件和生态环境

近几年来，党中央、国务院高度重视畜牧业发展，2007 年国务院出台了《关于促进畜牧业持续健康发展的意见》，提出把畜牧业建设成为一个大产业的政策。自治区党委、政府结合区情，制定了一系列支持畜牧业的政策措施，有力地促进了畜牧业的发展。西藏自治区先后实施了牧区草场建设与保护、狠抓防灾抗灾基础建设、游牧民定居工程、天然草地退牧还草、牲畜温饱工程、畜产品基地建设、畜禽良种繁育推广体系建设等重大项目，有效地改善了畜牧业生产条件，增强了发展后劲。在 35 个县实施了天然草原退牧还草工程，累计禁牧围栏 3 611 万亩，休牧围栏 4 135 万亩，草地补播 2 412.3 万亩；在 60 余个县实施了人工饲草料和草种繁育基地建设；在 74 个县开展了草原生态保护补助奖励机制工作，国家投入资金 60 亿元。截至 2013 年，西藏自治区实施退牧还草 9 551 万亩，人工种草面积达 157 万亩，改良草地 3 227.3 万亩，草原鼠虫、毒草害治理 4 946 万亩，高寒牧区牲畜棚圈 75 829 座，开工建设草原固定监测点 54 个，县级草原监理站 38 个，区、地（市）、县三级防灾抗灾储备库 60 座。

（三）畜牧业结构调整稳步推进

2000 年以来，自治区党委、政府对西藏自治区畜牧业结构和生产布局进行调整，将畜种结构调整的重点放在提高经济效益较高的畜种比例上，大幅度减少役畜数量，淘汰老、弱、病、残畜，改变过去五畜俱全、大小畜混养的状况。在农区、城郊重点发展生猪生产、奶牛养殖、畜禽养殖。坚持把特色畜牧业发展作为畜牧业结构调整和提高畜牧业经济效益的重点领域，按照"区域集中、规模做大、质量提升、效益提高"的工作要求，狠抓了猪禽奶生产、牲畜短期育肥、牲畜出栏等项目，有力地促进了以牦牛、绒山羊、半细绵羊、藏猪、藏鸡养殖等为主要内容的特色畜牧业快速发展。目前，已初步形成了以阿里日土县、那曲玛县为中心的绒山羊产业带，以昌都、那曲为主的牦牛产业带，以"一江两河"地区为主的奶牛产业带，以城郊为主的猪、禽产业带。

（四）科技支撑能力明显提升

改革开放以来，西藏自治区畜禽改良技术推广，始终坚持以杂交改良与本品种选育并重，畜种改良和良种繁育工作取得重大进展。以畜种改良成果为依托，积极推广牦牛、绵羊及绒山羊优良品种和黄牛改良技术。到 2013 年，西藏自治区改良黄牛存栏总头数达 45 万头，改良绵羊存栏总数达 72 万只，选育牦牛 50 万头；牦牛、白绒山羊、藏猪藏鸡、拉萨白鸡等地方品种选育工作成效显著，畜禽疫病防治体系初步建立，冻配改良、牲畜短期育肥、动物疫病综合防治等技术配套应用水平得到新的提高。

三、特色产业发展成效

（一）特色产业技术研究不断延伸

"十一五"以来，自治区党委、政府高度重视农牧业特色产业发展，一是通过整合资金，加大技术研究和项目开发，重点加强了对优质青稞、牦牛、绒山羊、藏系绵羊、干果、食用菌、藏药材、无公害蔬菜等特色产业技术的研究，开发了青稞深加工系列产品、山羊绒制品、牦牛奶制品等 32 个新产品。二是发展西藏绿色食品，培育出"波密"天麻、"艾玛岗"土豆、"雅奢源"藏鸡蛋、"岗巴"绵羊、"藏缘"青稞酒、"圣鹿茸"食用油、"高原之宝"牦牛奶、"帮锦美朵"藏毯等具有西藏高原特色的农牧著名生产品牌，延伸了农牧业产业链，提高了特色产业的转化增值水平。三是建设农牧业特色产业基地 204 个，建立农牧业科技成果转化基地 10 个，为推动农牧业科技发展和农牧民持续增收发挥了积极作用。

（二）产业化经营规模不断壮大

各级政府在国家扶持企业发展的同时，鼓励多种形式、多种所有制的乡镇企业发展，积极发展个体、私营经济投资农牧业项目，制定优惠政策吸引内地企业到西藏创办农牧产品加工龙头企业，引导有条件的农牧民向小城镇集中，向二、三产业转移。截至 2013 年，西藏自治区累计扶持和培育国家级、自治区级和地（市）级农牧业产业化龙头企业 101 家，其中自治区级以上龙头企业 24 家，地市级龙头企业 77 家，自治区级以上龙头企业产值达 21.2 亿元，农牧业产业化经营率达到 36.5%。龙头企业和农牧业产业化经营企业带动农牧户 6.1 万户、20 多万人，解决当地农牧民 1.2 万人的就业。西藏自治区共组建各类专业合作组织 1 850 家，形成了龙头企业、农牧民专业合作经济组织和基地建设相互依存、相互促进、共同发展的良好局面。

（三）特色产业基地发展初具规模

2004—2013 年，自治区政府逐年加大农牧业特色产业投资力度，先后实施了优质青稞基地，无公害蔬菜生产基地，牦牛育肥、藏系绵羊、绒山羊养殖基地等，初步形成了藏东北牦牛、藏西北绒山羊、藏中北绵羊、藏中优质粮饲奶、藏中藏东藏猪藏鸡、藏中南林下资源等产业带。在各具特色的农牧业特色产业带中，建设了 200 余个带动能力强、增收幅度大的商品化生产基地，特色产业的发展已成为西藏自治区经济新的增长点，为农牧业和农牧区经济发展注入了新的生机和活力。

四、科学技术进步

（一）农业应用技术研究取得突破

为了适应农牧业产业发展的客观要求，遵循农业科技发展的客观规律，"十五"以来，农牧科研部门重点开展了农业应用技术研究工作。一是农作物优良品种选育。开展了青稞、小麦、油菜等作物的常规育种工作的理论、技术、方法等研究，推动了作物育种工作的全面发展。二是土壤肥料技术研究。调查研究了主要低产田的种类及形成的原因，分别提出了提高土壤肥力的有效措施，为目前实施的测土配方施肥技术提供了借鉴经验。三是植物保护技术研究。研究了西藏常见作物害虫的发生规律和防治方法以及西藏特有病虫害的分布、习性、特点、防治、新农药的试验、筛选、应用、传统和现代生物防治措施。对西藏主要农作物害虫的发生规律有了较为明确的认识，形成了一套较为系统有效防治方法。四是作物栽培技术研究。从播种、灌水、密度、间套作、复种、旱作等方面对作物栽培技术进行了广泛研究，并重点将各个单项技术进行组装配套，采用综合技术进行高产栽培，取得了较好的成果，总结出了一套较系统的、成熟的综合高产栽培技术措施。同时，还开展畜牧兽医研究和草原研究工作，对开展畜禽杂交改良、家畜繁育、畜禽致病

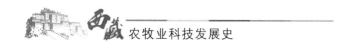

机理、病理诊断以及草原类型的划分、分布范围、载畜量等提供了大量的第一手资料和科学依据，为推动农牧业科技进步打下了基础。

（二）科技推广工作取得新成就

20 世纪 80 年代，在自治区党委政府的正确领导下，农业综合技术得到推广应用，进一步推进了农业经济的发展。90 年代以来，农业先进技术的不断创新，西藏自治区农业以良种良法技术组装和集成为重点，农牧业实用技术推广向纵深发展。一是先后实施了种子工程、农机化工程、沃土工程、牲畜温饱工程、肉食工程、乳品工程、牧区示范工程、高产创建工程、农业标准园区建设等重点项目建设，引导实用技术向深度和广度发展。低产田改造技术、模式化栽培技术、植物保护技术、统防统治技术、测土配方施肥技术工程、高效日光温室技术、地膜覆盖技术、旱作农业技术、种子精选包衣技术、复种套种技术、秸秆微贮技术、冻配改良技术、牲畜短期育肥技术、植物病虫害技术和动物疫病综合防治技术等一批先进农牧业科技成果在生产中得到广泛推广应用，大面积推广了丰产模式化栽培、提高粮食单产行动计划等新的科技推广方式，使各项技术的有机结合和综合配套应用水平得到新的提高。二是深入开展技术服务和技术承包责任制。为加快科技成果转化，改革技术推广方式，在河谷农区普遍推行了"三结合"的联产技术承包，重点开展推广良种、植物保护、科学施肥等专项技术服务工作，为确保农业增产、农民增收起到了积极推动作用。三是提高新技术推广应用水平。深入实施了农牧业科技入户工程，积极探索建立"科技人员直接到户、良种良法直接到田、技术要领直接到人"的科技成果转化应用新机制。近几年来，西藏自治区组织开展了大规模的形式多样的农牧民科技培训。通过培训，农牧民增强了科技意识，应用新品种、新技术、新设备和科学种养殖技术运用能力得到了不断提高。到 2013 年，西藏自治区累计培训农牧民达 150 万人次，农牧区实用技术普及率达 80％以上，农牧业科技贡献率达 43％，为农牧业经济快速发展起到了示范推动作用。

（三）科研创新能力显著增强

西藏自治区各级农牧业科研部门坚持技术引进与自主研发相结合，紧紧围绕制约农牧业经济发展的重点和难点，狠抓科研攻关，取得了一批重大的农牧业科研成果。一是通过审定的农作物新品种 140 多个，实现了以青稞为主的粮食作物品种第四代更换，新品种累计推广面积达 2 500 万亩，累计粮食增产 7.5 亿千克以上，取得了显著的经济和社会效益。二是累计完成各类科研课题 420 多项，取得各类科研成果 180 项，其中获国家级的 7 项，获省部级、自治区级 92 项，29 项成果达到国内领先水平，6 项获得技术成果专利。在 25 个县的不同区域建立了农牧业科技成果转化示范基地 12 个，在拉萨、山南、日喀则等自治区农业现代科技园区实施了"青稞标准化现代生产技术集成示范""饲草饲料高效栽培与加工技术示范""现代设施养殖技术集成示范"等项目。三是扎实开展了青稞、小麦、油菜、马铃薯、荞麦、豆类等作物的高产、优质、高效标准化栽培，西藏养蜂技术，农业种植结构调整、农田免耕、粮草轮作复种套种、经济作物平衡施肥、西藏飞蝗、麦类作物细菌性条斑病防控技术，"四位一体"农村沼气开发与利用，设施蔬菜优质高产栽培模式、无公害蔬菜生产技术，西藏食用菌人工驯化与生产技术、藏西北绒山羊本品种选育技术、藏猪本品种选育技术、藏鸡本品种选育，牦牛胚胎移植技术、牦牛品种资源保护及生产性能改良和繁育技术等关键技术研究，均取得了突破性进展或阶段性成果，部分成果达到了国际先进水平。四是已育成澎波半细毛羊和拉萨白鸡新品种。农作物五大品种、畜禽六个品种的繁、育、推广体系雏形基本形成。五是认定地方标准 65 个，无公害农产品 105 个，产地 22 个，绿色食品 8 个，有机食品 6 个，农产品地理标志 8 个。

（四）科技服务体系日趋完善

西藏自治区初步形成覆盖农业、畜牧、农机、动物防疫等专业的农牧业科技推广体系，目前，西藏自治区有 6 个地（市）、44 个县设立了农业技术推广服务站，7 个地（市）、74 个县（市区）设立了畜牧兽医技术推广服务站（动植物检疫站、草原工作站）。农牧业科技服务体系、植物保护预警体系、质量安全监测体系、动物防疫体系、草原监理体系、防抗灾体系建设得到进一步加强，科技对农牧业的支撑作用和公共服务能力不断增强。

截至 2013 年，西藏自治区现有农牧科研技术推广人员 4 881 人，其中：正高技术职务 69 人，副高技术职务 188 人，中级技术职务 681 人，初级及以下技术职务 3 943 人。在 35 个粮食主产县选聘了 5 000 名农牧民科技特派员，各类农村实用人才数达 10 万余人。广大科技人员在农牧业技术引进、试验示范和推广应用，开展技术培训和咨询，提高广大农牧民素质，推动农牧业和农牧区经济发展等方面发挥了重要作用。

（五）支持农业科技进步资金

自治区不断加大"三农"投入，特别是在农牧业科研、农牧业科技成果中试转化、农牧业科技推广应用和农牧民培训等经费的投入逐年呈上升趋势，出台了一系列农业科技扶持政策，有效地促进了农牧业增效、农牧民增收、农牧区经济的快速发展。据统计，2000 年以来自治区累计投入"三农"资金 475.8 亿元，比上个五年增长 2.4 倍。

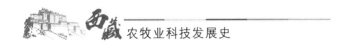

第二节　西藏农牧业科技发展存在的问题

一、农牧业生产科技含量低，技术竞争处于劣势

从整体看，西藏自治区农牧业科技发展水平与内地先进省份的差距在 10～15 年，科技进步在农牧业中的贡献率比全国低 12 个百分点。主要农作物的育种水平、良种化率均与全国先进水平有一定差距，灌溉用水、化肥利用率很低，部分动植物病虫害迄今为止未能根治。现有的科研成果，很多都是在短缺经济下以提高产量为目标开发出来的，农产品加工以及贮运保鲜增值方面的科技严重滞后，相当一批研究成果无法转变为现实生产力。

二、支撑现代农业发展的科技创新能力不足

一是目前西藏自治区农牧业仍未完全摆脱传统粗放型的生产经营模式，农业科技原始创新和关键技术成果明显不足，跟踪式、模仿式、甚至低水平重复式研究还较多。产前、产中、产后等技术集成配套不足。二是科研、教育、推广三个体系相对独立运行，缺乏有效分工和密切协作，制约了农牧业科技创新的能力与效率。三是科研创新平台落后，缺乏重点实验室和野外试验基地。

三、科技成果转化和推广应用水平不高

西藏自治区农牧业科技成果转化率远低于内地省市水平，突出表现在科技与生产脱节。目前仍存在农牧业科技与生产"两张皮"现象，科技立项、成果奖励和评价导向没有突出产业需求，影响了农牧业科技对产业发展的支撑力。一些重点领域技术成果严重缺乏，尤其是真正能运用到生产上的重大突破性成果少，畜禽、园艺、农机等领域关键技术成果缺乏。同时，基层推广体系体制不顺，机制不活、人员素质不高、保障不足以及农牧民科技素质总体不高，对新技术的吸纳能力不强等现状阻碍了农牧业科技的普及。

四、农业科技人才队伍滞后

自治区虽然通过各种形式，引进和培养了一批农牧业专业人员充实到基层，但与全国相比，农牧业人才队伍总量不足、结构不合理、作用发挥不充分等老问题仍未得到有效解决。科研人才的不足，直接导致农业科技水平的落后。高端人才不足，直接导致高科技领域的技术研究开发没有新突破。基层专业技术人员的不足，直接导致技术推广应用能力薄弱。与此同时，随着农村劳动力的持续转移，农村实用人才素质偏低，后备力量不足的问题暴露出来。

五、农业科技体制不顺，资源配置效率不高

西藏自治区农业科技管理分属不同层级、多个部门，缺乏有效的会商协调机制，缺乏高效的顶层设计。一方面是农业科技力量主要集中在产中领域，产前、产后科技力量匮乏，中试转化、产业化等环节薄弱。另一方面自治区、地（市）、县三级农业科研机构之间科研分工不明确，科技立项与评价机制不完善，农业科技体制改革尚未迈出实质性步伐。缺乏科技人员向农业科技主战场流动、向基层流动的激励机制和支持政策。

第十六章 >>>>

农牧业科技发展形势与需求

第一节 农牧业科技发展面临的机遇

一、党和国家高度重视农牧业科技工作

（一）党和国家高度重视农牧业科技工作

党和国家高度重视农业科技工作，相继出台了《国家中长期科学和技术发展规划纲要（2006—2020年》《西藏自治区中长期科学技术发展纲要》《中共西藏自治区委员会、西藏自治区人民政府关于实施科技发展规划纲要增强科技创新能力的决定》，把科技发展摆在了更加突出的位置，农牧业科技的战略基础地位得到进一步巩固。

（二）科技成为推动农牧业发展的决定性力量

2009年中央1号文件《积极发展现代农业、扎实推进社会主义新农村建设的意见》、2012年中央1号文件《中共中央国务院关于加快推进农业科技创新持续增强农产品供给保障能力的若干意见》发布，是党中央、国务院科学把握现代农业发展规律，立足当前，着眼长远做出的重大决策，是新形势下加快推进"三化同步"、促进现代农业发展的重大部署，是对新时期强农惠农政策体系的又一次丰富、完善和发展。2012年1号文件针对农业科技创新与推广，做出了一系列具有重要理论创新的科学判断，出台了一系列含金量高、打基础管长远的政策措施，系统全面地规划了农业科技发展的战略布局，指明了未来农业科技发展的方向与目标，具有很强的现实性、针对性和前瞻性。随着国家财力日益增强，科技投入不断增加，西藏农牧业科技正处在大发展的最好时期。

（三）农牧业科技工作迎来重大转折和发展机遇

以邓小平为核心的第二代中央领导集体，提出了"科学技术是第一生产力"的

科学论断，并进一步指出解决农业问题最终要靠科技。以江泽民为核心的第三代中央领导集体，确立了依靠科技和教育振兴农业的发展思路，提出了"科教兴农"战略。并且特别突出要加强党对农业科技工作的组织领导、加强农业科技队伍建设。十六大之后，以胡锦涛为总书记的新一届中央领导集体，确立了用农业科学技术改造传统农业的科学发展道路。党的十七届三中全会明确指出，"农业发展的根本出路在科技进步。"以习近平总书记为核心的党中央，在党的十八大报告中提出了实施创新驱动发展战略。科技创新是提高社会生产力和综合国力的战略支撑，必须摆在国家发展全局的核心位置。要坚持走中国特色自主创新道路，以全球视野谋划和推动创新，提高原始创新、集成创新和引进消化吸收再创新能力，更加注重协同创新。习近平总书记说，"给农业插上科技的翅膀，农业出路在现代化，农业现代化关键在科技进步。我们必须比以往任何时候都要更加重视和依靠农业科技进步，走内涵式发展道路"。

（四）坚持走中国特色的农业科技发展道路

目前，我国农业科技部分领域和学科已经居于世界前列，整体水平已经跃升到发展中国家前列，正在向世界前列迈进。《国家中长期科学和技术发展规划纲要（2006—2020年）》明确要求，到2020年，农业科技整体实力进入世界前列。因此，中央提出要抓住机遇，乘势而上，推动农业科技发展实现大的突破。要坚持把农业科技进步作为发展现代农业的根本途径，大幅增加财政投入，全力加强科技创新能力建设、推广服务能力建设，以及人才队伍建设，创新体制机制，让广大农业科技工作者能够安心工作、潜心研究、热心服务，调动各方面力量共同推进农业科技创新发展，不断提升农业科技对农业农村经济发展的支撑能力。

二、农牧业科技工作得到不断加强

（一）农牧业科技发展政策不断完善

进入新时期以来，自治区党委、政府高度重视农业科技发展，充分发挥政府在农业科技投入中的主导作用。一是加大对农牧业科技的支持力度。打破部门、区域、学科界限，推进农科教、产学研紧密结合，有效整合农牧业相关科技资源。出台了《西藏自治区人民政府办公厅转发自治区农牧厅关于西藏自治区"十一五"时期农牧业科技发展规划的通知》《中共西藏自治区委员会西藏自治区人民政府关于加强农牧业科技工作的意见》和《西藏自治区人民政府关于批转西藏自治区"十二五"时期农牧科学发展规划的通知》，提出了一系列加强农牧业科技的政策措施；二是实施科学技术转让所得税优惠政策，用好国家农牧业科技成果转化引导基金，加大对新技术新工艺新产品应用推广的支持力度，研究采取以奖代补、贷款贴息、创业投资引导等多种形式，完善和落实促进新技术新产品应用的需求引导政策，支持科技企业承接和采用新技术、开展新技术新工艺新产品的工程化研究应用。完善落实农牧业科技人员成果转化的激励和奖励等收益分配政策。

（二）农牧业科学技术体系不断完善

西藏自治区提出了发展现代农业的目标面向产业需求，围绕粮食安全、种养殖业发展，以主要农产品供给、生物安全、环境生态保护等为重点，加快构建适应高产、优质、高效、生态、安全农业发展要求的技术体系。大力推进农村科技创业，鼓励创办农业科技企业和技术合作组织。强化基层公益性农技推广服务，引导科研教育机构积极开展农技服务，培育和支持新型农业社会化服务组织，进一步完善公益性服务、社会化服务有机结合的农业技术服务体系。

（三）持续加大农牧业科技财政支持力度

自治区党委、政府加大对农牧业科技的投入，在用好国家的项目资金外，积极开辟投入渠道，强化资金整合，按照"符合区情、着眼长远、逐步增加、健全机制"的原则，加强农业基础设施建设，加强耕地保护和土壤改良，加快农牧业生产条件改善。强化农牧业科技项目资金管理，特别是对重大科研项目资金，做到预算执行分析和支出进度的考评制度，推行项目资金分配与绩效考评挂钩，提高资金科学化、精细化管理水平。

三、农牧区经济结构进入战略性调整期

（1）进入新时期，是西藏自治区进一步深化农牧业和农村经济战略性调整，积极发展现代农牧业，推进社会主义新农村建设的关键时期。农牧业结构优化、产业升级和生产方式的变革，将对科学技术的发展提出更高要求，必然会形成对现代技术、特别是高新技术强烈需求的态势。农牧业科技创新与进步，已成为推进农牧业经济战略性调整，提高农牧业综合生产能力和农牧业经济效益的决定性因素。农牧业科技内涵和外延都将发生深刻的变化，必将为开辟农牧业科技领域提供新的舞台。

（2）提高科技对农牧业生产的贡献。科技进步是突破资源和市场对西藏农牧业双重制约的根本出路。自治区党委、政府着眼增强农牧业科技自主创新能力，加快农牧业科技成果转化和应用，提高科技对农牧业增长的贡献率，设立了自治区科研基础条件改善专项资金，改善新建自治区重点实验室；重点实施了农作物新品种引进与选育研究、农牧业科技成果转化示范基地建设、金牦牛科技工程、金太阳科技

工程以及提升粮食单产行动计划、稳粮增产行动计划、科技富民强县专项行动计划、西藏国家生态安全屏障保护与建设等国家重点农牧业科技支撑项目，推动了农牧业综合生产力稳步提高。

四、援藏工作助推农牧业科技事业发展

（一）人才援藏

自 1959 年以来，中央从内地陆续派遣大批农牧业各类技术干部，先后深入到各地（市）、县、乡，帮助西藏发展生产，进行资源科考调查和科研试验，为进一步开展农牧业科学研究、发展生产打下了基础。1978 年以来，中央加大了农业人才援藏力度，先后从内地农业院校选派了 1 200 名大中专毕业生充实到基层工作。从 1982 年开始，国家实行了大中专毕业生援藏 8 年的政策，使西藏农牧业专业技术人员有了稳定持续的来源。这期间一些省市的农业部门与西藏农牧部门对口支援，不定期地派专业技术人员进藏帮助工作，为西藏农牧业经济发展提供了科技人才保障。1994 年，中央召开的第三次西藏工作座谈会上，提出"分片负责、对口支援、定期轮换"的重大决策，干部援藏工作成为对口支援西藏的重要内容。从中央到地方先后选派了 7 批政治素质高、业务能力强、身体素质好的农牧业管理干部和专业技术人员到各个岗位上任职，为西藏农牧业发展提供了强大的动力。特别是进入新时期以来，中央进一步加大了农业人才援藏和人才引进力度，通过各种形式开展了人才引进和服务工作，缓解了西藏农牧业科技人才紧缺的现象，为西藏农牧业发展起到了重要作用。

（二）技术援藏

20 世纪 70 年代初，农业科技专家从内地引进、选育了一批农作物优良品种，进行了第二次较大规模的品种更换，以推广肥麦为重点，推广了当地培育出的藏青336、喜马拉 4 号、喜马拉 6 号、山青 5 号、冬青 1 号、春小麦藏春 6 号、藏春 17号、日喀则 7 号、日喀则 10 号等新品种，并且新品种推广面积不断扩大。随着科学技术的发展，自治区农牧业科技发展有了进一步提高，先进农业技术、先进装备引进，改变了西藏原始的传统农业耕作制度。农牧业生产条件的改善和先进科学技术的推广，促进了西藏农牧业的迅速发展。

1979 年至 1991 年，中央拨出专款，用于全面开展西藏资源调查工作，自治区农牧推广、科研和教学部门利用三年的时间，与内地农业科研部门合作开展了西藏历史上规模最大，参与人员达到近万人的西藏自治区土地利用现状调查、土壤普查、农作物品种资源调查、农业病虫草害及天敌资源调查、畜禽品种资源调查、畜

禽疫病普查、草地资源调查和土地资源评价的调查任务。参加调查工作的专业技术人员 812 人，其中 80％为内地选派的援藏技术人员，技术人员分别来自河北、山东、湖北、湖南、陕西、四川、新疆、青海、甘肃等 9 个省（自治区）100 多个推广、科研、教学单位以及中国科学院、中国农业科学院、中国遥感所、成都地理研究所等多个科研单位。调查累计支出经费 2 317 万元，其中国家投资 910 万元。调查工作采用航空、航天遥感技术和地面普查工作相结合的方法，获取了大量的调研资料，编辑出版了《西藏自治区土地资源综合调查与利用研究》《西藏自治区土壤资源》《西藏自治区草地资源调查》《西藏自治区土地评价》《西藏自治区土地志》和《西藏自治区土地资源研究技术》6 本专著。其中《西藏自治区草地资源调查》项目获得了国家科委 1995 年颁发的国家科学技术进步二等奖和西藏自治区科学技术进步一等奖；《西藏自治区土地资源综合调查与利用研究》获得西藏自治区科学技术进步特等奖。

（三）项目援藏

1994 年，中央召开的第三次西藏工作座谈会上明确提出全国支援西藏，实施了 62 项援藏工程项目，其中农业项目 4 项，投资 1 640 万元。据统计，改革开放以来，仅 1978 年至 2000 年，中央支援西藏农牧业科技项目资金近亿元，建立了一批粮食、油料、种子、畜产品生产基地，建设了一批自治区、地（市）、县级农牧业技术推广站。实施了"种子工程""沃土工程""农机化工程""肉食工程""乳品工程"等重点工程项目。2000 年以后，中央对西藏农牧业经济发展给予了大力扶持，特别是 2001 年 6 月，中央召开第四次西藏工作座谈会，制定完善了一系列大政方针，指出西藏实现跨越式发展的条件。会议确定对西藏继续实行的优惠政策，进一步加大农牧业科技项目投资力度。截至 2013 年年底，西藏自治区共引进、集成和创新转化成果 10 项，选育农作物新品种 17 个，改良畜禽品种 2 个，筛选优质牧草新品种 26 个，研究集成 32 项实用技术，建立 13 个现代农牧业产业技术体系西藏综合试验站，建立 12 个成果转化示范基地和示范区，扶持建设 5 个蔬菜标准化生产示范村，推广 32 个新品种和 40 多项先进实用技术，实施主要农作物新品种繁育及高效栽培技术示范 31 万亩，累计新增粮油 12 400 吨。其中，《藏油 5 号油菜新品种选育》《绒山羊品种选育与示范》《澎波半细毛羊新品种培育研究》《农作物重大病虫害防治技术研究》《牦牛繁育综合技术示范》《西藏主要农作物标准化生产技术研究与示范研究》均获得自治区科学技术一等奖；《西藏牦牛生产性能改良技术研究》《西藏核桃新品种选育与栽培技术研究》《农作物丰产增效技术示范》《青稞 β-葡聚糖提取工艺与功能食品开发》均获得自治区科学技术进步二等奖。

五、推进跨越式发展是农牧业科技发展的动力

"十二五"时期，是西藏农牧业从传统走向现代，从粗放走向集约战略机遇时期，加大缩小同国内农业发达省区的差距，全面提升农牧业综合生产能力，必须加大科技支撑力度。中央第五次西藏工作座谈会上指出，从西藏资源条件、产业基础和国家战略需要出发，统筹规划，科学布局，着重培育具有特色和比较优势的战略支撑产业，稳步提升农牧业发展水平。中央第五次西藏工作座谈会系统阐明了西藏特色农牧业发展特点、发展规律、发展路子与发展方向，明确提出了打造"重要的高原特色农产品基地"的目标要求，特别强调要"加快形成优势突出、特色明显的青稞、高原油菜、马铃薯、优质绒山羊、牦牛、藏系绵羊、藏猪、藏鸡以及藏药材等优势农畜产品基地"。中央的大政方针明确了新形势下西藏工作重点，为西藏农牧业科技发展指明了方向，为西藏自治区农牧业科技发展带来了前所未有的重大机遇。自治区党委、政府全面贯彻落实中央第五次西藏工作座谈会精神，及时部署、统筹规划、确定了推动西藏科技发展新举措，明确了新形势下大力推进科技进步的发展思路，为西藏农牧业科技发展提供了坚实有力的保障。国家有关部委、各省市有关部门积极贯彻落实中央关于西藏工作的指示精神，精心安排、群策群力，形成了举全国之力支持西藏发展的良好氛围和推动机制。科技部、农业部先后召开了全国科技援藏、农业援藏工作会，科技部建立了部区会商工作制度，农业部成立了援藏办公室，对西藏农牧业科技工作进行了全面部署，科技援藏力度进一步加大，为西藏自治区农牧业科技事业的发展提供了新契机。

第二节 西藏农牧业科技发展需求

一、大幅度提高粮食单产亟须科技突破

确保粮食安全、调整产业结构、增加农牧民收入，已成为当前和今后一个时期种植业发展的主要任务。西藏自治区种植业既面临着稳定粮食总产量和改善质量的巨大压力，也面临着耕地面积小、扩大难度大，又要调整一部分耕地发展经济作物和饲草饲料作物的困扰。只有通过科技攻关，在粮食作物新品种引进和选育、优质高产栽培技术集成创新等重要领域取得突破，才能充分挖掘粮食作物品种和耕地生产潜力，促进种植业增效增收。

二、大力挖掘畜牧业潜力亟须科技突破

当前，西藏自治区农牧业结构正在发生根本性改变。畜牧业发展的势头强劲，既面临着畜产品需求增长、投资力度加大、挖掘农区畜牧业发展潜力的发展机遇，

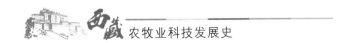

也面临着草地日趋退化、饲草饲料生产技术落后、养殖水平低、饲养方式转变难的困扰。因此,依靠科技进步,改良畜禽和饲草饲料品种,提升畜禽养殖和饲草大面积种植技术水平,是畜牧业增效、农牧民增收的最直接、最有效的途径。

三、高效利用特色农牧业资源需要科技支撑

西藏自治区农牧业资源丰富、独特,但生态环境脆弱,开发与保护的矛盾尖锐。如何在保护资源的基础上,充分开发利用优势资源,促进农牧业更好更快发展,面临着巨大的挑战。所以,必须依靠科学技术,进行资源合理配置与开发利用,特别是在保护性耕作、农田土壤肥力恢复、天然草地植被恢复、防治水土流失等技术的集成创新方面取得重要突破,才能更好地促进农牧业的可持续发展。

四、大力发展特色农牧业及其产品加工业亟待科技支撑

特色农牧业是西藏自治区农牧民增收的亮点和重要渠道。但是既面临着充分挖掘资源开发潜力、培育市场,形成新的经济增长点的机遇,也面临着资源家底不清、加工技术缺乏、产品单一、档次低、生产规模小等突出问题;既面临着充分利用特色、优质、无污染、绿色食品生产的优势来打造品牌、占有市场的机遇,也面临着生产水平、科技含量、市场占有率低等的困扰。所以,必须加快特色农畜产品自主研发、特色生物资源驯化利用等技术创新,加大引进、消化、吸收先进加工技术和工艺,提升特色农畜产品加工业和打造特色、优质、名牌产品的水平。

第十七章 »»»

农牧业科技发展战略与主要任务

第一节　农牧业科技发展战略

一、加快农牧业科技发展的战略意义

(一) 农业发展的资源性约束增强

西藏地区受农业结构调整、自然灾害损毁和非农建设用地因素的影响，耕地资源将减少，特别是良田的减少将是不可避免的问题。宜耕后备土地资源开发难度大，成本高，受干旱、坡地、瘠薄等多种因素影响，中低产田比重大。虽然，近年来西藏自治区农业基础设施得到进一步改善，但基础设施薄弱的事实不可否认，靠天吃饭的格局没有根本改变，即使正常年景仍有部分农田不能应种尽种，存在生产的不稳定性。

(二) 畜牧业生产受资源环境约束严重

近年来受全球气候的影响，西藏牧区天然草地局部退化，部分草原生态功能和生产功能在下降。受温度低、灌溉条件有限等制约，人工种草发展比较缓慢，饲草供给能力有限，严重制约了畜牧业可持续发展。西藏畜牧业生产方式比较落后，以千家万户分散饲养为主，小而全，生产不规范，管理粗放，而标准化规模养殖程度低，还处在起步阶段。这些约束因素对畜牧业发展要实现保供给、保生态目标提出了严峻挑战。

(三) 牲畜品种退化，畜禽结构不合理

西藏的牲畜绝大多数是在粗放养殖的形式下繁育、培育的品种，其优点是对当地自然环境具有极强的适应性和对恶劣条件的抗逆性。由于具有地方特色的牦牛、绵羊、绒山羊等品种大多生活在高寒牧区，选育复壮工作跟不上，生产性能下降，品种退化严重，加之畜群周转慢，畜群结构不合理，能繁母畜比重低，阻碍了畜牧业发展。

（四）保障西藏社会长治久安的需要

西藏地处祖国西南边陲，维护祖国统一、民族团结是一项长期的任务。要巩固边疆，稳定局势，必须发展经济。紧紧抓住稳定局势和发展经济两件大事，是西藏社会安定、长治久安的根本大计。只有把农牧业经济搞上去了，农牧民群众有富裕的生活保障，才能过上安居乐业、幸福生活，才能维护农牧区社会稳定。无农不稳，无粮则乱，这是经过历史检验的真理。

二、农牧业科技发展战略思路

新时期推进西藏自治区农牧业科技创新，必须牢牢把握"三化同步"对农牧业科技的新要求，紧紧围绕保障青稞等主要农产品有效供给、促进农牧民持续增收和实现农牧业可持续发展等农业农村经济发展的重大任务为目标，坚持立足区情实际与产业特点，遵循农业科技发展规律，积极探索中国特色、西藏特点农牧业发展道路，全面提高自主创新能力和科技推广应用水平，为现代农牧业发展提供强有力的支撑。

三、农牧业科技发展战略目标

大力实施农牧科技创新行动计划，重点突破一批重大理论、重大技术、重大品种、重大产品，确保特色优势学科领域技术创新取得突破性进展，重点建设一批重要的农牧科技创新平台和科技成果转化示范基地，重点培育一批特色优势学科及创新团队，创建全国青稞育种中心，确保青稞育种科研在全国的领先地位，建立起具有西藏特色的现代农业产业技术体系，人才队伍建设得到有力加强，农牧科技合作交流取得更大进展，农牧科技支撑高原特色农产品基地建设、农牧业产业化、现代农牧业发展的作用更加明显，推动西藏自治区农牧业科技贡献率和成果转化应用率持续提高，初步建立起平台完善、人才聚集、环境优越、实力较强、特色突出、充满活力的创新机制。

四、农牧业科技发展战略重点

（一）农牧业重大关键技术与高新技术的突破，提高农牧业产业竞争力

通过重大关键技术与高新技术的突破，促进农牧业结构调整，提升西藏自治区农牧业科技的竞争力。力争在农牧业生物技术、农牧业信息技术、农牧业新材料研制等高新技术领域获得重大突破；在优质高效动物植物新品种选育、农牧业资源高效利用、集约种养业、农牧业生物灾害综合防治、节水农业、农产品储运保鲜与加

工、区域农业现代示范区建设等科技领域取得重大成果和显著效益。

（二）着力提高农牧业科技创新能力

西藏想加快农牧业创新，必须在重大关键技术研发上取得新突破。一要整合资源、加大投入、强化协作，尽快攻克一批限制农牧业稳定持续发展的关键共性技术；二要把握好农牧业科研创新的重点和方向，加大公益性农牧业行业科研专项实施力度，强化现代产业技术体系支撑，加强种质资源搜集与保护、农牧业预测监控、生物多样性保护等农业基础性工作。三要加强农牧业科技基础条件建设和科技资源共建共享，创新农科教、产学研紧密结合的大协作机制，形成创新合力。

（三）大力发展农业科技企业，加快高新技术产业化

通过多种途径发展农业科技企业，在生物技术、信息技术、加工技术、农业装备及其他领域逐步实现技术成果产业化。以市场为导向，培育具有国内竞争力的科技主导型企业和企业集团，鼓励和支持民营农牧业科技企业发展，开辟农牧业科技成果转化的新途径。加速中小企业科技进步，优化产品与产业结构，重点推广应用农产品与食品深加工技术、农牧业资源开发技术、节能减排技术、清洁环保技术。积极扶持发展农村各类专业技术协会和民营科技企业进行农业技术推广服务。

（四）加速科技成果推广与转化，提高农业科技贡献率

加快构建以公益性推广机构为主导，其他服务组织广泛参与的"一主多元"农牧业技术推广服务体系，提高农牧业社会化服务水平。充分利用现有开发的新技术，有选择地引进国内外先进适用技术，根据不同地区、不同行业对技术的不同需求，进行组装配套和大面积推广，切实提高科技在农牧业和农村经济增长中的贡献率，加速农业业现代化。通过科技入户、科技特派员、专家大院、院所（校）县共建等形式，构建"专家—农技人员—科技示范户"科技成果转化机制。积极发展面向农村经济主战场的农牧业科技综合示范区和农业高新技术示范园区，使其成为连接科技与农牧业生产的纽带，成为科技推广的示范基地和农牧民技术培训基地。

（五）加快农牧业人才队伍建设，增强科教兴农的后劲

一要把农业科技人才培养放在更加突出的位置，全面实施现代农业人才支撑计划。遵循人才成长规律，以培养急需紧缺人才为重点，以人才资源能力建设为核心，以创新体制机制和完善体系为保障；二要紧紧抓住培养和使用两个关键环节，以培养领军人物和创新团队为重点，积极推进部委合作、部省共建，创新农业高等教育人才培养模式，加强农业科研人才队伍建设；三要实施基层农技人员定向培养

计划和特岗计划，加强农业技术推广人才队伍建设；四要以农村实用人才带头人和生产型、经营型、技能服务型人才为重点，加强农村实用人才队伍建设。

五、农牧业科技发展战略措施

（一）农业科技发展的结构性战略调整

一是进一步协调农牧业基础研究、应用研究和开发研究的关系。基础研究是应用研究和技术开发的先导，是现代农牧业技术和生产发展的源泉。加强农业科研的基础研究工作，充分发挥基础科学的综合优势，及时把基础理论研究成果向应用和生产转化。要处理好基础研究、应用研究和开发研究三者之间的关系和所占的研究比列，确保农业科技持续发展。二是进一步重视农牧业产前、产中和产后配套技术的开发。西藏自治区农业科研长期以来主要集中在产中技术的研究，国家对产中技术的投资有限，涉农科技企业对产中的科技投入偏低，造成产中技术研究滞后。因此，政府要加大对产中技术研究开发的投资力度。同时鼓励农业科技企业投资农牧业产前、产中技术的开发，从而确保农业科研在产前、产中、产后的合理投资结构。

（二）农业科技发展的布局性战略调整

一是根据农牧业主体功能区划，围绕农牧业生态环境和发展特色农牧业，进行调整。种植业方面：着力打造青稞核心区、蔬菜园艺作物核心区、油菜经济作物核心区。通过核心区的布局，加强农田水利等基础设施，改进耕作方式，加大农业适用技术推广应用，提高机械化水平和科技贡献率。畜牧业方面：按照自然资源条件、产业基础以及发展潜力，将畜牧业划分为牦牛产业区、绒山羊产业区、绵羊产业区和奶牛产业区。通过产业区的建设，着重抓好品种选育和良种繁育，提高良种覆盖率，推广科学养殖技术及育肥技术，提高集约化、标准化、产业化水平。二是通过农业示范科技园区的建设，推进藏东北牦牛、藏西北绒山羊、藏中奶牛、藏中北绵羊、藏中优质粮油、城郊无公害蔬菜、藏东藏猪藏鸡等8个特色农牧业产业带建设。

（三）优化自治区、地（市）级科研力量布局

一是自治区科研院所通过结构调整、人才分流和深化改革，重新配置科技资源，使其逐步成为精干高效的区域性农业科研中心。科研工作除承担部分国家级农业科研重点项目外，应根据本地区特点，以本地区应用技术研究开发为中心，从事本区域应用基础研究和技术转化工作，主要解决本区域农村经济和农业生产中具有地方特色和区位优势的重大科技问题。二是地（市）、县级农牧业科研机构通过西

藏自治区农业科研的统一规划，使之成为具有区域特色和西藏自治区专业分工的科研开发机构，主要从事应用研究和技术攻关，中间试验、示范等推广工作，以技术引进、开发与推广为中心，解决科技成果的优化、配置以及科技成果转化，从事农业技术的推广服务工作。

第二节　农牧业科技发展主要任务

一、优化科技资源配置，提高科技整体水平

一是加强对产前、产后领域的研究，特别是增加产后科研比重，促进农牧业产前、产中、产后技术体系的配套完善和产业化开发。通过育种、栽培、园艺、农业机械、化肥、农药、植保、地膜等新技术的应用推广来改造农业，用现代技术装备农业，从而提高土地利用率和劳动生产率。二是对不同领域的农业科技研究与开发，有目标、有重点地选择农牧业生产急需、经济效益高、商品化程度高、渗透力较强、有重要带动作用的技术进行研究开发，并注重对产前和产后领域科技成果的转化工作，使之及时转化为现实的生产力。三是在农业基础研究、应用技术研究和战略高技术研究领域，部署相应的科技力量，大力发展农业科技产业，促进农业科技各领域相互衔接、紧密结合和协调发展。四是强化宏观调控、实施政策倾斜，合理有效配置农业生产要素，全面构筑具有国内竞争力的农业产业技术体系和具有较高效率的农业科研体系，加快形成科学合理的农业生产力布局，以提高西藏自治区农业科技整体水平。

二、加强农牧业关键技术研究，促进农牧业科技创新

一是加大对农业重大基础理论研究，力争在以生物技术、信息技术为主导的农牧业高新技术开发上取得重大突破。充分利用农牧业技术信息，使科研向高层次发展，使农牧业科研目标更接近生产和市场，并促进科技成果的转化应用，促进信息化农牧业的发展。二是加强农业生物技术研究。运用生物技术培育动植物新品种，推进生物农药、生物兽药、生物肥料、动物疫苗、植物生长调节剂的研制与产业化，在新品种培育与食品开发技术上取得突破。三是研究开发多种形式的农业科技服务信息系统网络，为政府决策、市场开发、农业生产、技术推广和提高农民素质，提供有效的服务。

三、加强人才资源能力建设，建立和完善人才市场体系

一是紧紧围绕现代农业发展，将农牧业科技人才队伍建设纳入人才发展战略加以实施，扩大人才总量，改善人才结构。坚持"用好现有人才、稳住关键人才、引

进急需人才、培养未来人才"的原则，牢固树立人才是第一资源的观念，大力实施人才强区战略，优化创新人才发展环境。二是以发挥现有农业科技人才的作用为重点，培养人才与引进人才并重，建立健全以业绩为主要标准的人才考评体系，完善人才激励机制，采取优惠政策，充实、配强县级农牧科技机构。三是加强人才管理和人才培养工作，建立一支素质优良的农牧业科技人才队伍，提高科技创新能力和推广力度，为促进我区农牧业经济又好又快发展提供人才支撑。

四、开展生态农牧业和节水农业技术研究，促进可持续农业发展

一是建立防治农业污染的示范工程，使农业资源污染和农业生态环境破坏得到减缓。开展农业生物种质资源的调查、评价和利用研究，了解农业自然资源状况；开展农业灾害预测和减灾技术研究，提高农业生产抗逆能力。二是研究利用不同动植物之间和不同生物之间的作用规律，种养加结合，变废为宝，实现自然资源多级转化和多层利用。三是加强农业资源有效利用技术研究，提高农业资源利用率，建立生态农业技术体系，提高抵御旱、涝、风、雹等气象灾害的能力。

五、开展有机农业和绿色农业技术研究，提高农产品品质

适应市场对农产品多样化需求和农业增效、农民增收的需要，以优质化、专用化农业品种的选育及良种产业化为突破口，大力发展改善品质、提高质量、节本增效技术研究，不断增加农产品科技含量，提高优质农产品产出率和商品化率，把生产高质量的农产品作为农业科研的主攻方向，创国内名牌，使农业走上精细化、标准化、工业化、科技化和环保型的现代化农业之路。

六、开展农业新技术和新装备研究与开发，提高农业生产率

一是加强农作物机械化生产工艺与成套设备、工厂化高效农业工程技术、新型农用机具等研究与开发，为农业产业化发展提供保障。二是加强农业资源、生产资源、技术和产品市场、气象等各方面专题性和综合性的农业数据库组建和研究，建立农业信息监测与速报系统和农业专家决策支持系统，实现农业网络化、智能化，以及农业资源共享，提高资源的利用率和农业生产效益。三是研究和制定与国际接轨的农业生产技术标准，大力提高农产品质量，实现农业生产标准化、规范化，提升西藏自治区农产品的竞争力。

七、开展实施农牧科技创新计划，强化科技支撑作用

重点开展事关现代农业发展全局性、战略性、关键性的重大核心技术研究，如

种质资源发掘、保存和创新与新品种定向培育，畜禽健康养殖与疫病防控，农产品精深加工与现代储运，农业生物质综合开发利用，农业生态安全，环保型肥料和生态农业技术，农业精准作业与信息化，现代奶业，农产品质量安全、转基因生物新品种培育及主要农作物规模化制种技术等。

【主要参考文献】

次顿 . 2005. 西藏农村经济跨越式发展研究［M］. 拉萨：西藏藏文古籍出版社 .

当代中国丛书篇委会 . 1991. 当代中国的西藏（下）［M］. 北京：当代中国出版社 .

胡颂杰 . 1995. 西藏农业概论［M］. 成都：四川科学技术出版社 .

兰志明 . 2013. 西藏农牧业政策与实践 . 拉萨：西藏人民出版社 .

洛桑旦达 . 2003. 西藏自治区农牧科学院五十年 . 成都：四川科学技术出版社 .

农业部发展计划司 . 2007. 农业和农村经济发展第十一个五年规划汇编［G］. 北京：中国农业出版社 .

全国支援西藏编委会 . 2002. 全国支援西藏［M］. 拉萨：西藏人民出版社 .

西藏经济体制改革和对外开放 30 周年回顾与展望编委会 . 2008. 西藏经济体制改革和对外开放 30 周年回顾与展望［M］. 拉萨：西藏人民出版社 .

西藏自治区财政厅 . 2011. 西藏财政支持农村改革发展三十年［M］. 北京：中国财政经济出版社 .

信乃诠 . 2013. 科技创新与现代农业［M］. 北京：中国农业出版社 .

杨时民 . 2013. 西藏"三农"政策体系研究（上、下册）［M］. 北京：人民出版社 .

张宝文 . 2004. 新阶段中国农业科技发展战略研究［M］. 北京：中国农业出版社 .

附　录 ▶▶▶

1978—2013 年西藏农牧业科技成果获奖一览表

序号	获奖年份	获奖等级	项目名称	获奖种类	主要完成单位	主要完成人
1	1978 年	大会表彰	西藏高原推广冬小麦促进了耕作制度的重大改革和生产发展	国家科学大会奖　西藏科学大会奖	自治区农科所	罗良成　金少东　刘东海等
2	1978 年	大会表彰	尼古病（大肠杆菌病）的研究	国家科学大会奖	自治区畜科所	吴绍良　高永诚等
3	1978 年	大会表彰	冬小麦单产创全国纪录	西藏科学大会奖	日喀则江孜县农试场	王玉山　罗心柱　张恒绪等
4	1978 年	大会表彰	春麦夜蛾发生防治研究报告	西藏科学大会奖	昌都地区农科所	
5	1978 年	大会表彰	腐殖酸类肥料的研制和使用	西藏科学大会奖	堆龙德庆县古荣区	
6	1978 年	大会表彰	霜冻警报仪	西藏科学大会奖	拉萨市农牧学校	王心民　张德福等
7	1978 年	大会表彰	小麦白秆病发病规律及防治措施	西藏科学大会奖	自治区农科所植保组	林大武　王福顺等
8	1978 年	大会表彰	关于解决幼龄果树越冬抽杆问题的研究	西藏科学大会奖	自治区农科所园艺组	梁玉璞　张保和　段盛莨　嘎玛益西　江白
9	1978 年	大会表彰	藏北牦牛肉毒中毒的研究	西藏科学大会奖	自治区畜科所	沈斌元　王汉中　师泉海　昌娜　格桑　丹珍
10	1978 年	大会表彰	贯中散驱除牦牛肝片吸虫试验	西藏科学大会奖	自治区畜科所	程习武　桑杰曲珍　李清萍
11	1980 年	三等奖	藏青 336 青稞品种	西藏自治区科技成果奖	自治区农科所	徐兆润　董玉鏊　兰凤至　周正大　罗良臣

（续）

序号	获奖年份	获奖等级	项目名称	获奖种类	主要完成单位	主要完成人
12	1980年	三等奖	日喀则54号春麦品种	西藏自治区科技成果奖	日喀则地区农科所	谭昌华　张宗华　庞玉清 罗心柱　杨庭柱
13	1980年	三等奖	青稞大面积高稳产低成本栽培技术研究	西藏自治区科技成果奖	自治区农科所	周春来　康志宏　阙霞训 强小林　查果
14	1980年	四等奖	查果兰青稞品种	西藏自治区科技成果奖	自治区农科所	扎布桑、王先明
15	1980年	四等奖	藏青1号青稞品种	西藏自治区科技成果奖	自治区农科所	徐兆润　兰凤至　董玉鳌 阙霞训
16	1980年	四等奖	白朗兰春青稞品种	西藏自治区科技成果奖	日喀则地区农科所	谭昌华　张宗华　庞玉清
17	1980年	四等奖	高原早一号春青稞品种	西藏自治区科技成果奖	日喀则地区农科所	谭昌华　张宗华　庞玉涛 罗心柱
18	1980年	四等奖	喜马拉雅4号青稞品种	西藏自治区科技成果奖	日喀则地区农科所	谭昌华　张宗华　庞玉清 罗心柱
19	1980年	四等奖	山青5号青稞品种	西藏自治区科技成果奖	山南地区农科所	王礼琪等
20	1980年	四等奖	藏春6号春小麦品种	西藏自治区科技成果奖	自治区农科所	楚玉山　李英勤　董玉鳌 程天庆　杨素珍　罗良臣
21	1980年	四等奖	藏冬2号冬麦品种	西藏自治区科技成果奖	自治区农科所	李英勤　楚玉山　刘颖 董玉鳌　罗良臣　刘东海
22	1980年	四等奖	藏冬4号冬麦品种	西藏自治区科技成果奖	自治区农科所	李英勤　董玉鳌　刘东海 刘颖　楚玉山
23	1980年	四等奖	拉萨1号蚕豆品种	西藏自治区科技成果奖	自治区农科所	卢跃曾　陈斌　宋愧兴
24	1980年	四等奖	曲水大粒油菜品种	西藏自治区科技成果奖	自治区农科所	洪拱北　漆固帮
25	1980年	四等奖	年河1号油菜品种	西藏自治区科技成果奖	日喀则地区农科所	谭昌华　张宗华　庞玉清 罗心柱　杨庭柱
26	1980年	四等奖	高寒地区冬麦高产栽培规律的探讨	西藏自治区科技成果奖	日喀则江孜县农科所	王玉山　朱太忠
27	1980年	四等奖	春油菜高产栽培试验	西藏自治区科技成果奖	自治区农科所	洪拱北　曹少宜　单扎 张干喜　关增富　张明召

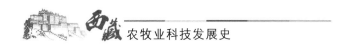

（续）

序号	获奖年份	获奖等级	项目名称	获奖种类	主要完成单位	主要完成人
28	1980 年	四等奖	春青稞高产栽培	西藏自治区科技成果奖	日喀则地区农科所	张恒绪　达龙　均拉姆　西绕
29	1980 年	四等奖	春麦高产栽培试验	西藏自治区科技成果奖	日喀则地区农科所	张恒绪　达龙　均拉姆　西绕
30	1980 年	四等奖	西藏麦类上的新病毒病——西藏小麦黄条花叶病	西藏自治区科技成果奖	自治区农科所植保组	林大武　李建兰　皮永健
31	1980 年	四等奖	西藏农作物地下虫害的研究	西藏自治区科技成果奖	自治区农科所	何经甲　杨宗琦　王富顺　李新年　林大武　孙成礼　强巴格桑　巴桑次仁
32	1980 年	四等奖	晚熟青稞品种生物学特性与播种期的研究	西藏自治区科技成果奖	自治区农科所	郝文俊　赵文峰　达娃扎巴
33	1980 年	四等奖	藏薯 1 号品种	西藏自治区科技成果奖	自治区农科所	程天庆　王秀君　刘心一　单扎
34	1980 年	四等奖	提高拉萨白鸡电孵箱孵化率的研究	西藏自治区科技成果奖	自治区畜科所	顾有融　高自矩
35	1980 年	五等奖	豌豆害虫的研究	西藏自治区科技成果奖	自治区农科所	王富顺　皮永健
36	1980 年	五等奖	青稞抗条锈病材料的鉴定	西藏自治区科技成果奖	自治区农科所	王富顺　林大武　皮永健
37	1980 年	五等奖	藏青 7239 青稞品种	西藏自治区科技成果奖	自治区农科所	徐兆润　兰凤至　董玉鳌
38	1980 年	五等奖	藏青 17 号春麦品种	西藏自治区科技成果奖	自治区农科所	李英勤　楚玉山　董玉鳌　程天庆　杨素珍　罗良臣　周正大　唐伯让
39	1980 年	五等奖	藏白 2 号大白菜品种	西藏自治区科技成果奖	自治区七一农场	王珍　李炳季　仓木拉
40	1980 年	五等奖	日喀则 7 号春小麦品种	西藏自治区科技成果奖	日喀则地区农科所	谭昌华　张宗华　庞玉清　罗心柱
41	1980 年	五等奖	喜马拉 6 号、喜马拉 8 号春青稞品种	西藏自治区科技成果奖	日喀则地区农科所	谭昌华　张宗华　庞玉清　罗心柱　杨庭柱
42	1980 年	五等奖	日喀则 1 号大白菜品种	西藏自治区科技成果奖	日喀则地区农科所	陈广福　扎西　杜世惠　余正元　杨宗玉
43	1980 年	五等奖	野燕麦种子休眠萌动出苗规律及防治方法的研究	西藏自治区科技成果奖	日喀则地区农科所	邹永泗　洛桑

（续）

序号	获奖年份	获奖等级	项目名称	获奖种类	主要完成单位	主要完成人
44	1980 年	五等奖	青稞新害虫——缺翅黄蓟马	西藏自治区科技成果奖	日喀则地区农科所	胡胜昌　洛桑
45	1980 年	五等奖	西藏气候与麦类作物生长发育的关系	西藏自治区科技成果奖	自治区农科所	王先明　扎布桑 丹珍乌珠
46	1980 年	五等奖	山南 13 号春麦品种	西藏自治区科技成果奖	山南地区农科所	王礼琪
47	1980 年	五等奖	农作物良种繁育试验推广	西藏自治区科技成果奖	拉萨市城关区农科所	李复新　马建华　杜飞
48	1980 年	五等奖	柴油机低温启动试验	西藏自治区科技成果奖	自治区农机厅	高钧　刘铁柱　盛郑建
49	1980 年	五等奖	西藏自治区家畜疫病调查的研究	西藏自治区科技成果奖	自治区畜科所	陈裕祥　徐萨宁　亢正生
50	1980 年	五等奖	羊链球菌病的调查研究	西藏自治区科技成果奖	自治区畜科所	彭顺义　潘思葵　任导之
51	1980 年	五等奖	培育西藏半细毛羊组合方案试验	西藏自治区科技成果奖	自治区畜科所	蔡伯凌　赵忠良　卫学承 平措旺堆
52	1985 年	一等奖	西藏冬小麦研究与推广	西藏自治区科技成果奖	自治区农科所、自治区农业局、彭波农场、七一农场	罗良巨　金少东等
53	1985 年	一等奖	家畜（禽）品种资源调查	西藏自治区科技成果奖	自治区畜科所、澎波农场	窦跃宗　卫学承　赵忠良 单增群佩
54	1985 年	二等奖	推广 5SF－1.3A 型种子精选经济效益	西藏自治区科技成果奖	自治区种子站	邓和　何清丰　张积辉 王殿军　索朗旺堆
55	1985 年	二等奖	马属动物喘气病病因探讨	西藏自治区科技成果奖	自治区畜科所	殷淑君　高永诚　色珠 李玉兰　丹珍
56	1985 年	二等奖	家畜（禽）品种资源调查	区划二等奖（农牧渔业部）	自治区畜牧局、畜科所	窦跃宗　卫学承　赵忠良 单增群佩
57	1985 年	三等奖	塑料大棚结构性能及蔬菜栽培技术的研究与推广	西藏自治区科技成果奖	自治区农科所、七一农场	王珍　袁凤翯　大仓木决 付占英　李顺凯　洛珍
58	1985 年	三等奖	化学防除野燕麦草研究与推广	西藏自治区科技成果奖	自治区农业局、自治区农科所	胡颂杰　蒋金龙　杨马太 马晓渊　达瓦扎巴 周正大

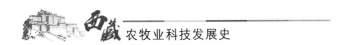

（续）

序号	获奖年份	获奖等级	项目名称	获奖种类	主要完成单位	主要完成人
59	1985 年	三等奖	萎锈灵拌种防治种传病害	西藏自治区科技成果奖	自治区农业局、自治区农科所	楚玉山 蒋金龙 金少东 皮永建 达瓦扎巴
60	1985 年	三等奖	山羊定位性皮肤癌的调查和诊断	西藏自治区科技成果奖	自治区畜科所 北京肿瘤所	高永诚 殷淑君 李吉友 阚秀
61	1985 年	三等奖	羊三联苗试验研究	西藏自治区科技成果奖	自治区畜科所	高永诚 王玉珍 朱玉芳 段桂兰
62	1985 年	三等奖	三棵针酊治疗羔羊拉稀病试验研究	西藏自治区科技成果奖	自治区畜科所	程习武 群拉 李清萍
63	1985 年	三等奖	引用冻精技术改良拉萨黄牛的杂交优势利用	西藏自治区科技成果奖	自治区畜科所	卫学承 洛桑强白 王书成
64	1985 年	三等奖	林芝种畜场奶牛、绵羊的狂犬病的初步研究	西藏自治区科技成果奖	西藏农牧学院、林芝种畜场	代文华等
65	1985 年	四等奖	春小麦良种日喀则12号	西藏自治区科技成果奖	日喀则地区农科所	谭昌华 张宗华 杨连柱 罗心柱
66	1985 年	四等奖	昆仑一号青稞引种及栽培要点	西藏自治区科技成果奖	山南地区农科所	王礼琪 王怀亭
67	1985 年	四等奖	山南大白洋芋选育的种植与推广	西藏自治区科技成果奖	山南地区农科所	王礼琪
68	1985 年	四等奖	农村省柴灶改进与推广	西藏自治区科技成果奖	自治区农机局	刘铁柱 陈志正 柴川阳
69	1985 年	四等奖	牧草引种试验和推广	西藏自治区科技成果奖	自治区畜科所	王炳奎 聂朝相 贾敬 苏连登 史永玉
70	1987 年	二等奖	西藏作物品种资源考察	国家科技成果奖	自治区农科所等	黄享履 吴淑宝 马得泉
71	1987 年	三等奖	西藏高原引种推广冬小麦获得成功并夺高产	国家科技成果奖	自治区农科所、自治区农业局、澎波农场、七一农场	罗良臣 金少东等
72	1989 年	一等奖	西藏农业病虫草害及天敌资源调查研究	西藏自治区科技进步奖	自治区农科所、日喀则地区农技推广站、西藏农牧学院	胡胜昌 王保海 李爱华 何潭 阎兆兴 王宗华 章士美 胡颂杰 林大武 黄文海

序号	获奖 年份	获奖 等级	项目名称	获奖种类	主要完成单位	主要完成人
73	1989 年	二等奖	西藏农作物品种资源征集	西藏自治区科技进步奖	自治区农科所	顾茂芝　毛浓文　王怀序 徐财昌　于翠林 洛桑更堆
74	1989 年	二等奖	江孜县八条农业技术措施推广	西藏自治区科技进步奖	江孜县农技推广站	平措　王玉山　蒙绍潜 朱太中　珠次仁
75	1989 年	二等奖	澎波毛肉兼用半细毛羊的推广应用	农业部农牧渔业丰收奖	自治区畜科所澎波农场	蔡伯凌　洛嘎　元登 孟宪祁　平措旺堆 益西多吉　杨复池 央金　次央　邓军　德吉
76	1989 年	三等奖	青稞藏青 320 的选育龄	西藏自治区科技进步奖	自治区农科所	徐兆润　兰凤至　吴淑宝 罗布卓玛　魏建莹 刘顺华　强小林
77	1989 年	三等奖	日喀则一号大白菜的推广	西藏自治区科技进步奖	日喀则地区农科所	谭昌华　庞玉清　杨庭柱 罗心柱
78	1989 年	三等奖	山南地区农业技术推广	西藏自治区科技进步奖	山南地区农牧局、山南地区农技推广站	登巴降村　于学林 韩光　董克义　薛长学 何毓启　草存义
79	1989 年	三等奖	黄牛杂交改良推广应用	农业部农牧渔业丰收奖	自治区畜科所	卫学承　洛桑强白 张权授　张振华
80	1989 年	三等奖	西藏布鲁氏菌菌型特性及其分布研究	西藏自治区科技进步奖	自治区畜科所	潘祖福　拉巴多吉 贺南贵　亢正生　李朝美 格桑　索朗卓玛
81	1989 年	四等奖	冬青稞冬青一号的选育	西藏自治区科技进步奖	自治区农科所	徐兆润　兰凤至 罗布卓玛　魏建莹 刘顺华　吴淑宝　小扎西
82	1989 年	四等奖	冬青稞果洛的选育	西藏自治区科技进步奖	自治区农科所	徐兆润　兰凤至 罗布卓玛　吴淑宝 魏建莹　刘顺华　李顺凯
83	1989 年	四等奖	春青稞喜马拉 10 号的选育	西藏自治区科技进步奖	日喀则地区农科所	谭昌华　杨廷柱 才旺占堆　庞玉清 次仁平措　郑在声 马占银
84	1989 年	四等奖	春小麦日喀则 84 号的选育	西藏自治区科技进步奖	日喀则地区农科所	谭昌华　张宗华　罗心柱 杨廷柱　庞玉清

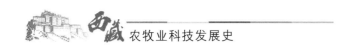
（续）

序号	获奖年份	获奖等级	项目名称	获奖种类	主要完成单位	主要完成人
85	1989 年	四等奖	春青稞山青 6 号的选育	西藏自治区科技进步奖	山南地区农科所	王礼琪　康运成　颜毓源　马正玉
86	1989 年	四等奖	冬小麦昌冬 1 号的选育	西藏自治区科技进步奖	昌都地区农科所	王治平　李德平　黄世苗
87	1989 年	四等奖	青稞遗传育种规律研究与应用	西藏自治区科技进步奖	自治区农科所	徐兆润　强小林　魏建莹　兰凤至　吴淑宝　罗布卓玛　刘顺华
88	1989 年	四等奖	春小麦育种成效和进展方向研究	西藏自治区科技进步奖	日喀则地区农科所	于清灵　拉巴　罗云　央金卓嘎　欧珠　中边巴
89	1989 年	四等奖	西藏高原小麦温室加代技术研究	西藏自治区科技进步奖	西藏农牧学院、西北农业大学	白宝良　何蓓如　张道球　冯绖　旺姆　贡布扎西　刘依兰
90	1989 年	四等奖	春青稞生长发育期间土壤速效磷动态变化规律研究	西藏自治区科技进步奖	西藏农牧学院	朱喜盈　闵治平　冯海平　王致新　冯志端　肖宗新
91	1989 年	四等奖	西藏自治区粮油品质与贮粮害虫调查	西藏自治区科技进步奖	四川省粮贮站、自治区粮食局粮油中心	凌家煜　边巴次仁　黄兴生　李雁声　孙宝根
92	1989 年	四等奖	双低油菜奥罗的引进与推广	西藏自治区科技进步奖	自治区农科所	洪拱北　单扎　李兴德　张千喜
93	1989 年	四等奖	油菜江孜 301 的选育与推广	西藏自治区科技进步奖	江孜县农技推广站、拉孜县农技推广站、白朗县农技推广站	张长海　赵景云
94	1989 年	四等奖	蒙克尔啤酒大麦引种与推广	西藏自治区科技进步奖	自治区农科所	顾茂芝　周正大　洛桑更堆　戴先凯　禹代林　欧珠　扎布桑
95	1989 年	四等奖	绿肥品种选育与利用技术研究	西藏自治区科技进步奖	自治区农科所	巴桑　周春来　李义德　扎桑　夏培桢　卢耀曾　单增欧珠
96	1989 年	四等奖	春青稞大面积高稳产低成本栽培技术研究	西藏自治区科技进步奖	自治区农科所	周春来　康志宏　阙霞训　强小林　查录

（续）

序号	获奖年份	获奖等级	项目名称	获奖种类	主要完成单位	主要完成人
97	1989 年	四等奖	西藏农作物品种质分析研究	西藏自治区科技进步奖	自治区种子站、自治区农科所、日喀则地区农科所、山南地区农科所、江孜县农技推广站、自治区粮食局粮油中心、商业部粮贮所	郭海军　边巴次仁　毛秋　邓和　黄新生　杨浩然　凌家煜
98	1989 年	四等奖	西藏农作物良种利用考察	西藏自治区科技进步奖	自治区农业局	郭海军　于清灵　马正玉　楚玉山　陈立勇　丁志峰　才旺占堆
99	1989 年	四等奖	小麦卷叶瘿螨发生规律及防治研究	西藏自治区科技进步奖	自治区农科所	林大武　李建兰　崔广程　王宗华　强巴格桑　江白
100	1989 年	四等奖	苹果白粉病发生规律及防治研究	西藏自治区科技进步奖	林芝地区米林农场	王中奎　任光华
101	1989 年	四等奖	西藏山绵羊传染性口膜炎的研究	西藏自治区科技进步奖	自治区畜科所	潘祖福　窦新民　格桑　亢正生　贺南贵
102	1989 年	四等奖	拉萨鸡马立克氏病的研究	西藏自治区科技进步奖	自治区畜科所	潘祖福　殷淑君　贺南贵　李朝美　薛桂贞　刘华　格桑
103	1990 年	二等奖	西藏农业病虫害及天敌资源调查研究	国家科技成果奖	日喀则地区农技推广站、自治区农科所	胡胜昌　王保海　李爱华　何潭　阎兆兴　王宗华　章士美　胡颂杰　林大武
104	1991 年	一等奖	西藏麦类锈病综合防治研究	西藏自治区科技进步奖	自治区农科所、林芝地区农技推广站	王宗华　李杰　张干喜　昌宝华　彭云良　孔常兴　央金拉姆　孙智广　达珍　成桂顺　李晓忠　孙安治
105	1991 年	一等奖	拉萨白鸡的培育	西藏自治区科技进步奖	自治区畜科所	单增群佩　扎西　赵忠良　顾有融　次仁多吉　普布　米玛
106	1991 年	一等奖	山羊肛门部皮肤癌的病因和 8202 剂治疗的研究	西藏自治区科技进步奖	自治区畜科所	殷淑君　高永诚　潘祖福　色珠　丹珍　李玉兰　姚海潮　程习武　强巴　李清萍　桑杰曲珍
107	1991 年	二等奖	青稞化肥施用时期与施用量的研究	西藏自治区科技进步奖	自治区农科所、西藏农牧学院	朱喜盈　周春来　庞广成　康庆成　韩光　巴桑　林珠班旦

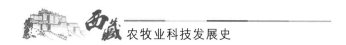

（续）

序号	获奖年份	获奖等级	项目名称	获奖种类	主要完成单位	主要完成人
108	1991年	二等奖	应用农业综合技术创粮食高产	农业部农牧渔业丰收奖	自治区农技推广站、江孜县农技推广站、日喀则市农技推广站、贡嘎县农技推广站、林周县农技推广站	王玉山　杨马太　李进朝　韩光　李淑云　郭海军　邓和　邹永泗　康庆成　陈新强　索朗等
109	1991年	二等奖	年楚河流域大面积模式化丰产栽培技术推广	农业部农牧渔业丰收奖	日喀则地区农牧局、日喀则市农牧局、白朗县农牧局、江孜县农牧局	邹永泗　王远禄　张长海　蒙绍潜　乔增楼　刘广宽　朱太忠　金澜成　嘎玛　王兰芳等
110	1991年	二等奖	培育澎波毛肉兼用半细毛羊试验研究效果总结	西藏自治区科技进步奖	自治区畜科所、澎波农场	蔡伯凌　强巴次仲　洛嘎　孟宪祁　格桑次仁　元登　益西多吉　王书成　平措旺堆　央金　次央
111	1991年	二等奖	黄牛改良杂交组合试验研究	西藏自治区科技进步奖	自治区畜科所	卫学承　洛桑强白　索朗多吉　王成书　奥斯曼　格桑占堆
112	1991年	三等奖	拉萨菜地土壤调查	西藏自治区科技进步奖	拉萨市农业区划队	王浩清　吴代彦　崔广全　李崇新　王广宽
113	1991年	三等奖	西藏农业传统经验的调查研究及其改进与推广	西藏自治区科技进步奖	自治区农科所	刘东海　王玉山　王先明　杨马太　周春来　李进朝　李淑云
114	1991年	三等奖	农牧结合技术开发应用研究	西藏自治区科技进步奖	西藏农牧学院	姜光裕　朱喜盈　田秀山　李建国　群培　王波　王德亭　彩云
115	1991年	三等奖	西藏西瓜引种及栽培技术研究示范	西藏自治区科技进步奖	自治区七一农场	王珍　李顺凯　孟奇　代安国　江白　周珠杨　杨晓菊
116	1991年	四等奖	甘薯膨大素在马铃薯种植中试验示范	西藏自治区科技进步奖	山南地区农技推广站	刘炳灿　曹存义　邢传舜　王保中　覃荣
117	1991年	四等奖	甘薯引种试验示范	西藏自治区科技进步奖	山南地区农技推广站	刘炳灿　邢传舜　王宝久　普布次仁
118	1991年	四等奖	光温条件与冬小麦干物质积累量及粒重关系的研究	西藏自治区科技进步奖	自治区农科所	刘东海　陈立勇　霍世荣　刘颖

（续）

序号	获奖年份	获奖等级	项目名称	获奖种类	主要完成单位	主要完成人
119	1991 年	四等奖	藏青 21 号优良品种选育	西藏自治区科技进步奖	自治区农科所	周正大　大扎西　康志宏　颜士华　刘广宽
120	1991 年	四等奖	青稞毛蚊的研究	西藏自治区科技进步奖	日喀则地区农科所	胡胜昌　洛桑
121	1992 年	一等奖	西藏主要农区推广农业综合技术创粮食高产	农业部农牧渔业丰收奖	自治区农技推广站、日喀则、山南、林芝、昌都、拉萨市农牧局、白朗县、江孜县、日喀则市、林周县、堆龙德庆县、林芝县、乃东县农技推广站	郭海军　陈新强　杨马太　周春来　李淑云　王远禄　孙庆华　杨伟祥　昌宝华　扎多　刘广宽　邢传舜　李升荣　张明兰　王永坡　伦珠
122	1992 年	二等奖	西藏种植业丰产技术推广	农业部农牧渔业丰收奖	自治区农技推广站、日喀则地区、山南地区、林芝地区、拉萨市农技推广站、白朗县、江孜县、日喀则市、拉孜县、南木林县农技推广站	王玉山　邹永泗　韩光　张长海　李进朝　康庆成　乔增楼　嘎玛　蒙绍潜　坚战　张恒绪　张文俊　索巴　巴桑次仁等
123	1992 年	三等奖	拉萨白鸡的培育	国家科学技术委员会	自治区畜科所	单增群佩　扎西　赵忠良　顾有融　次仁多吉
124	1993 年	特等奖	西藏自治区土地资源综合调查与利用研究	西藏自治区科技进步奖	自治区土地管理局、自治区畜牧局、山南地区资源调查队、日喀则地区、山南地区、拉萨市区划队、中科院、湖南、四川、新疆等有关单位	李建平　姚祖芳　苏大学　张天增　薛世明　刘世全　蒋光润　杨锋　刘燕华　李明森　林大武　阎银良　于学林　李厚彬等
125	1993 年	一等奖	西藏昆虫区系及演化和西藏夜蛾研究	西藏自治区科技进步奖	自治区农科所、中科院动物所、林芝地区农技推广站、山南地区农科所、自治区农业局	王保海　陈一心　袁维红　黄复生　唐昭华　王成明　林大武　韩光　何潭　任光华

（续）

序号	获奖年份	获奖等级	项目名称	获奖种类	主要完成单位	主要完成人
126	1993 年	一等奖	西藏麦类作物丰产模式化栽培技术研究	西藏自治区科技进步奖	自治区农技推广站、日喀则地区、山南地区、日喀则市、拉萨市农牧局、江孜县农技推广站、自治区农科所	王玉山　郭海军　张长海　周春来　王远禄　陈新强　杨马太　韩光　邹永泗　蒙绍潜　孙庆华　杨汉元　颜毓源等
127	1993 年	二等奖	发展冬青稞的综合效益与配套技术研究	西藏自治区科技进步奖	自治区农科所	强小林　钟国强　杨汉元　张桂芳　谢慧　颜世华　魏建莹
128	1993 年	二等奖	藏冬 10 号冬小麦品种良种选育	西藏自治区科技进步奖	自治区农科所	刘颖　刘东海　陈立勇　拉琼　邓小明　霍世荣　钟国强　颜士华
129	1993 年	二等奖	农作物新品种中间试验技术体系研究	西藏自治区科技进步奖	自治区农科所	强小林　单扎　杨汉元　颜士华　魏建莹　钟国强　乔增楼　赵景云
130	1993 年	二等奖	林周县麦类作物大面积丰产栽培	农业部农牧渔业丰收奖	林周县农技推广站、林周县农牧局、林周县农机站、拉萨市农技推广站、边角乡、江热夏乡、牛马乡、甘曲乡、卡孜乡、加珠乡	坚战　尼玛次仁　李有明　王永坡　洛桑　康庆成　李崇新　尼玛　毛浓文　格桑洛旦　次仁古桑　其美金宗　平措旺杰等
131	1993 年	三等奖	堆龙德庆县麦类作物良种推广及丰产栽培技术	农业部农牧渔业丰收奖	堆龙德庆县人民政府、区农科所试点工作组、乃琼乡、加热乡、羊达乡、东嘎镇、桑达乡人民政府	索朗旺堆　群培龙仁　颜士华　张明兰　张亚生　张士银　杨汉元　加央群觉　周春来　群培　孙庆华等
132	1993 年	三等奖	林芝县青稞良种推广	农业部农牧渔业丰收奖	林芝县农技推广站、工布江达县农技推广站	昌宝华　苗向阳　周红　巴桑次仁　刘晓轩　拉巴次仁　卓玛等
133	1993 年	三等奖	冬小麦大面积高产栽培技术研究和示范	西藏自治区科技进步奖	拉萨市堆龙德庆县农技推广站	张士银　张明兰　群培龙仁　占堆　嘎多达娃等

（续）

序号	获奖年份	获奖等级	项目名称	获奖种类	主要完成单位	主要完成人
134	1993 年	三等奖	江孜县春小麦、春青稞模式化栽培产量与有关因素的研究	西藏自治区科技进步奖	江孜县人民政府、日喀则地区农业资源调查队	蒙绍潜　袁流成等
135	1993 年	三等奖	藏青 80 新品种选育	西藏自治区科技进步奖	自治区农科所	魏建莹　罗布卓玛　刘顺华　格桑次仁　杨汉元　徐兆润　颜士华
136	1993 年	三等奖	藏青 85 新品种选育	西藏自治区科技进步奖	自治区农科所	罗布卓玛　魏建莹　颜士华　吴淑宝　刘顺华　强小林　尼玛扎西
137	1993 年	三等奖	拉萨河谷农业综合开发可行性研究	西藏自治区科技进步奖	拉萨市 3357 项目办公室	赵振英　邓天江　兰志明　郭际雄　刘宗德　马俊华　赵方明
138	1993 年	三等奖	水稻引进品种、地方品种的对比观察与研究	西藏自治区科技进步奖	林芝墨脱县农牧局	帅国元　扎西顿珠
139	1993 年	三等奖	西藏高原人参栽培引进种研究	西藏自治区科技进步奖	西藏农牧学院	董国正　马汉青　蔡勇　钱胜强
140	1993 年	三等奖	林周、江孜、申扎县畜禽寄生虫区系调查研究	西藏自治区科技进步奖	自治区畜科所、林周县、江孜县、申扎县	陈裕祥　张永青　达扎　杨德全　刘建枝　格桑白珍
141	1993 年	四等奖	拉萨地区玉米薄膜营养育苗移栽试验研究总结报告	西藏自治区科技进步奖	西藏自治区农牧学校	杨勇承　杨德芳　罗威　江华
142	1993 年	四等奖	"山春 1 号"新品种选育种	西藏自治区科技进步奖	山南地区农科所	王礼祺　平措卓玛　康运成　巴桑　古桑拉姆
143	1993 年	四等奖	春青稞新品种山青 8 号选育	西藏自治区科技进步奖	山南地区农科所以然	康运成　薛迪社　杜伊仙　嘎玛旦巴　何毓启
144	1994 年	一等奖	西藏农业科技示范县研究	西藏自治区科技进步奖	自治区农技推广站、自治区科技局、江孜县、日喀则市、贡嘎县人民政府、日喀则地区、拉萨市、山南地区农牧局	王玉山　郭海军　凌维党　杨马太　陈新强　邹泳泗　董克义　康庆成　旦木真　才旺班典
145	1994 年	三等奖	西藏蔬菜实用生产技术研究与应用	西藏自治区科技进步奖	自治区七一农场、自治区园艺学会	李顺凯　周珠扬　赵好信　江白　孔常兴　普布次仁

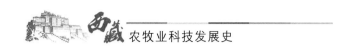

（续）

序号	获奖年份	获奖等级	项目名称	获奖种类	主要完成单位	主要完成人
146	1994年	三等奖	西藏耕地土体构型研究	西藏自治区科技进步奖	自治区农科所	关树森　张长海　巴桑　余跃斌　曲俏　白珍　扎布桑
147	1994年	三等奖	西藏特有昆虫发生与危害调查研究	西藏自治区科技进步奖	自治区农科所、林芝地区农技推广站、山南地区农科所、昌都地区农科所	王保海　王成明　袁维红　唐昭华　杨雪莲　代安国　李晓忠
148	1994年	三等奖	西藏麦类作物主要病虫害综合防治技术研究	西藏自治区科技进步奖	自治区农科所	李晓忠　王保海　顿珠次仁　王惠文　唐昭华　王宗华　仓决卓玛
149	1994年	三等奖	西藏蔬菜病虫害调查及主要种类的防治研究	西藏自治区科技进步奖	自治区七一农场、自治区农科所、林芝地区农技推广站	孔常兴　王保海　赵好信　江白　任光华　李晓忠　熊卫平
150	1994年	三等奖	保护地蔬菜菌核病发生规律及综合防治研究	西藏自治区科技进步奖	自治区七一农场、自治区农科所	孔常兴　李建兰　普布次仁　袁维红　李顺凯　王先强　仓木决
151	1994年	三等奖	西藏天然草地大面积生物灭鼠试验研究	西藏自治区科技进步奖	自治区畜科所、自治区畜牧局、那曲地区推广站	刘国富　拉青　琼达　袁勇　次仁桑珠　罗布旺扎
152	1994年	四等奖	藏青336青稞叶令指标促控技术应用研究	西藏自治区科技进步奖	自治区一江两河开发建设办公室	兰志明　王丽丽　穷达
153	1994年	四等奖	西藏飞蝗发生危害规律及综合治理研究	西藏自治区科技进步奖	自治区农科所、林芝地区农牧局、林周县农牧局	唐昭华　王保海　王成明　代万安　任光华
154	1995年	二等奖	西藏当地中草药鸡肉饲料添加剂研究	西藏自治区科技进步奖	自治区畜科所、自治区畜牧中心	庄银正　旦扎　骆玉珍
155	1995年	二等奖	古藏兽医验方研究	西藏自治区科技进步奖	自治区畜科所	益西多吉　单增西绕

（续）

序号	获奖年份	获奖等级	项目名称	获奖种类	主要完成单位	主要完成人
156	1995 年	二等奖	西藏青稞良种推广	全国农牧渔业丰收奖	自治区农技推广服务中心	高玲　巴桑次仁　张耀峰等
157	1995 年	二等奖	西藏主要饲草营养成分分析研究	西藏自治区科技进步奖	自治区畜科所	李惠萍　拉巴等
158	1995 年	四等奖	西藏农业结构与粮食流通	西藏自治区科技进步奖	自治区经研中心、自治区财政厅、自治区粮食局、自治区农业局、自治区物价局	白涛　俞允贵　庄永福　刘莉　屠贵才
159	1997 年	一等奖	西藏山羊综合开发研究	西藏自治区科技进步奖	自治区畜牧兽医研究所	邓军　益西多吉　欧阳燨　王永　王杰　向秋　郭瑞新
160	1997 年	二等奖	江孜县牛羊寄生虫季节动态研究	西藏自治区科技进步奖	自治区畜牧兽医研究所、江孜县农业推广中心	陈裕祥　杨德全　巴桑旺堆　达娃扎巴　刘建枝　张永青
161	1997 年	三等奖	农作物复种研究与示范推广	西藏自治区科技进步奖	拉萨市农牧局、曲水县、尼木县、城关区农牧局	周春来　徐四贝　任恩祥　阿布　扎西旺堆　马建华
162	1997 年	三等奖	藏油一号新品种选育	西藏自治区科技进步奖	自治区农业研究所	单扎　洪拱北
163	1997 年	三等奖	木本饲料的开发与利用研究	西藏自治区科技进步奖	自治区畜牧研究所、自治区畜牧推广中心	黄海波　拉巴　琼达　罗布旺扎　李惠萍
164	1997 年	三等奖	西藏牛肺疫现状调查研究	西藏自治区科技进步奖	自治区畜牧研究所、自治区畜牧推广中心	田波　郭晓东　色珠　强巴曲扎　德吉　洛桑列措
165	1997 年	三等奖	西藏兔病毒性出血症的研究	西藏自治区科技进步奖	西藏农牧学院	曾群辉　吉传义　朱国玉
166	1997 年	四等奖	西藏昆虫区系及其演化和西藏夜蛾研究	国家自然科学奖	自治区农业研究所	王保海　陈一心等
167	1997 年	四等奖	西藏农业实用技术推广电视系列片	西藏自治区科技进步奖	自治区科协学术部、自治区电教馆	叶安柱　雪玲　李晓忠　张亚生　曾维礼

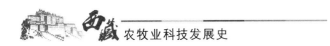

（续）

序号	获奖年份	获奖等级	项目名称	获奖种类	主要完成单位	主要完成人
168	1999年	一等奖	鸡、牛、兔的一类新病原菌及其所致疫病的研究	西藏自治区科技进步奖	西藏农牧学院	吉传义　曾群辉
169	1999年	二等奖	西藏一江两河地区农作物原（良）种繁殖与综合实用技术推广	西藏自治区科技进步奖	自治区农业研究所、自治区一江两河开发建设办公室	颜士华　斯年　刘启勇　加保　王忠元　洛桑赤列　尹中江　尼玛扎西
170	1999年	二等奖	青藏高原地区青稞育种协作与新品种引进研究	西藏自治区科技进步奖	自治区农业研究所	强小林　周春来等
171	1999年	二等奖	冬小麦"藏冬16号"新品种选育	西藏自治区科技进步奖	自治区农业研究所	陈立勇　刘颖等
172	1999年	三等奖	西藏一江两河主要农区低产田改造综合技术研究与推广	西藏自治区科技进步奖	自治区农业研究所、自治区一江两河开发建设办公室	关树森　加保　洛桑赤列　巴桑　达娃　张亚生　小扎桑
173	1999年	三等奖	西藏当雄主要类型天然草地退化及防治对策研究	西藏自治区科技进步奖	自治区畜牧研究所	杰布　拉巴　德庆曲珍等
174	1999年	三等奖	西藏香料植物资源综合开发和利用技术	西藏自治区科技进步奖	西藏农牧学院、广东作物研究所	陈晓阳　赵彬等
175	1999年	三等奖	利用当地资源研制开发全价饲料及杂交仔猪繁育技术研究	西藏自治区科技进步奖	西藏农牧学院	田见辉　姜光裕
176	1999年	四等奖	麦类作物种子包衣试验、示范	西藏自治区科技进步奖	自治区种子站	邓和　达娃次仁　徐平　黄秀霞　汪文霞
177	1999年	四等奖	西藏马铃薯茎尖脱毒种薯生产技术研究	西藏自治区科技进步奖	西藏农牧学院	奕运芳　陈芝兰　钟国辉
178	2000年	一等奖	小麦种子包衣及综合配套增产技术	全国农牧渔业丰收奖	自治区农技推广服务中心及有关地县农技推广站	次仁旺堆　高玲　布雷　邓和　张耀峰　黄秀霞　陈可玉　范改运　覃荣　毛浓文　才旺占堆　达珍　李升荣　杜伊仙　李世民等
179	2000年	二等奖	西藏农作物种质资源繁种入库及贮藏研究	西藏自治区科技进步奖	自治区农业研究所	洛桑更堆　欧珠等
180	2000年	二等奖	春青稞品种"藏青772"选育	西藏自治区科技进步奖	自治区农业研究所	颜世华　强小林等

（续）

序号	获奖年份	获奖等级	项目名称	获奖种类	主要完成单位	主要完成人
181	2000 年	二等奖	西藏"一江两河"地区农作物原（良）种繁殖与综合实用技术推广	西藏自治区科技进步奖	自治区农业研究所	颜世华　斯年等
182	2000 年	三等奖	春青稞新品种"藏青539"选育	西藏自治区科技进步奖	自治区农业研究所	罗布卓玛　格桑次仁等
183	2000 年	三等奖	春小麦新品种"藏春10号"选育	西藏自治区科技进步奖	自治区农业研究所	周珠扬　陈立勇等
184	2000 年	三等奖	西藏小麦育种目标和方法改进研究	西藏自治区科技进步奖	自治区农业研究所	周珠扬　刘东海等
185	2002 年	一等奖	藏油三号油菜新品种选育	西藏自治区科技进步奖	自治区农业研究所	单扎　尼玛卓玛等
186	2002 年	二等奖	蚕豆品种青海9号示范与推广	西藏自治区科技进步奖	自治区农业研究所	贡嘎　卓嘎等
187	2002 年	二等奖	春油菜良种引进推广及配套栽培技术	全国农牧渔业丰收奖	自治区农业研究所、陕西农科院、日喀则地区、拉萨市、山南地区农牧局	顾茂芝　王保海尼玛卓玛　李宝海杨庆寿　唐琳　次仁白珍颜世华　廖文华　张恒绪张明兰　尼玛　王怀亭袁本威等
188	2002 年	二等奖	藏西北百万只白绒山羊（选育与推广）基地	全国农牧渔业丰收奖	自治区畜牧兽医技术推广服务中心，那曲、阿里地区畜牧兽医技术推广站，吉林大学等	仇崇善　次旺多布杰曹永新　李永新　赵忠良其美仁增　许建平　扎西朗杰　孟大为　凌辉等
189	2002 年	二等奖	西藏黄牛改良横交试验研究及推广应用	全国农牧渔业丰收奖	自治区畜牧兽医研究所	卫学承　洛桑强白奥斯曼　平措占堆
190	2002 年	三等奖	国内外引进小麦品种整理鉴定与利用资源	西藏自治区科技进步奖	自治区农业研究所	次卓嘎　禹代林等
191	2004 年	一等奖	中国农作物种质资源收集、保存与评价利用	西藏自治区科技进步奖	自治区农业研究科所	顾茂芝　贡嘎等
192	2004 年	一等奖	西藏特有昆虫、蜘蛛分化中心的形成及开发利用研究	西藏自治区科技进步奖	自治区农业研究所	王保海　胡金林等

（续）

序号	获奖年份	获奖等级	项目名称	获奖种类	主要完成单位	主要完成人
193	2004年	一等奖	西藏一江两河主要农区低产田改造综合技术推广	全国农牧渔业丰收奖	自治区农业研究所、西藏自治区一江两河开发办公室	关树森　占堆　达娃多布杰　巴果　王俊　次旺欧珠　次仁德吉　巴桑　代安国　其美旺姆　达娃等
194	2004年	二等奖	春青稞新品种"藏青148"选育	西藏自治区科技进步奖	自治区农业研究所	颜世华　强小林等
195	2004年	二等奖	优质牧草引种试验	西藏自治区科技进步奖	自治区畜牧兽医研究所	陈裕祥　杰布等
196	2004年	二等奖	鸡、牛、兔的一类新传染病疫苗的研制及推广应用	西藏自治区科技进步奖	西藏大学农牧学院	曾群辉　夏业才　索朗斯珠　旦巴次仁　朱国玉　赵晓玲　查果　刘惠文
197	2004年	二等奖	山南地区优质藏鸡产业化生产项目	全国农牧渔业丰收奖	山南地区畜牧兽医总站	多布杰　群宗　昌木决　薛彩玲　尼玛扎西　旦增桑珠
198	2004年	三等奖	西藏河谷农区春青稞万亩千斤高产栽培技术试验示范	西藏自治区科技进步奖	自治区农业研究所	顾茂芝　禹代林等
199	2004年	三等奖	西藏林周县冬小麦万亩千斤综合栽培技术试验示范	西藏自治区科技进步奖	自治区农业研究所	张亚生　徐四贝等
200	2004年	三等奖	冬青稞新品种"冬青8号"选育	西藏自治区科技进步奖	自治区农业研究所	强小林　格桑次仁等
201	2004年	三等奖	冬小麦优质抗锈新品种巴萨德引进推广	西藏自治区科技进步奖	自治区农业研究所	强小林　次珍等
202	2004年	三等奖	西藏保护地蔬菜病虫害综合防治系统研究	西藏自治区科技进步奖	自治区蔬菜研究所	李晓忠　王永坡等
203	2004年	三等奖	西藏经济真菌资源调查与开发利用研究	西藏自治区科技进步奖	自治区蔬菜研究所	李泰辉　熊卫平等
204	2004年	三等奖	主要蔬菜良种繁育与引进	西藏自治区科技进步奖	自治区蔬菜研究所	杨晓菊　代安国等
205	2004年	三等奖	植物非试管高效快反技术应用示范	西藏自治区科技进步奖	自治区质量标准所	刘正玉　白玛玉珍等

（续）

序号	获奖年份	获奖等级	项目名称	获奖种类	主要完成单位	主要完成人
206	2004 年	三等奖	西藏牦牛现状调研及退化分析	西藏自治区科技进步奖	自治区畜牧兽研究所	姬秋梅　达娃央拉 次仁德吉　洛桑　普穷等
207	2004 年	三等奖	西藏四地牛羊为主幼畜断牙病病因与防治技术	西藏自治区科技进步奖	自治区畜牧兽医研究所	色珠　拉巴次旦 次仁多吉　曾江勇 格桑顿珠　田波
208	2004 年	三等奖	西藏农业高效节水灌溉技术研究	西藏自治区科技进步奖	西藏农牧学院	王政章　陈青生　杨永红 张文贤　杨富利　尹宏伟 张黎
209	2004 年	三等奖	西藏玉米新品种及自交系列引进繁育与开发利用	西藏自治区科技进步奖	西藏农牧学院	王庆祥　胡书银　刘翠花 钟蓉军　何国斌　吕桂兰 张格杰
210	2004 年	三等奖	牦牛、藏绵羊抗灾过冬及育肥营养全价饲料加工生产	西藏自治区科技进步奖	西藏农牧学院	强巴央宗　旺堆次仁 谢庄　尼玛次仁
211	2004 年	四等奖	千亩冬小麦连片高产栽培试验研究	西藏自治区科技进步奖	自治区农业研究所	颜世华　尹中江等
212	2005 年	二等奖	西藏麦类作物提高化肥利用率技术推广	全国农牧渔业丰收奖	自治区农业研究所	关树森　王保海　占堆 韦建西　达珍　旺拉 巴果　旦增　达娃多布杰 曲达等
213	2006 年	一等奖	西藏河谷农区"双低"油菜规模化高产栽培技术研究与示范	西藏自治区科技进步奖	自治区农业研究所	顾茂芝　禹代林等
214	2006 年	二等奖	西藏幼畜氟中毒病防治、示范研究	西藏自治区科技进步奖	自治区畜牧兽医研究所	色珠　次仁多吉 巴桑旺堆　余永新 曾江勇　杨德全 四朗玉珍　吴金措姆
215	2006 年	二等奖	西藏辣椒疫病致病机理及传播途径研究	西藏自治区科技进步奖	自治区蔬菜研究所	代安国　李晓忠等
216	2006 年	二等奖	西藏名特优种苗繁育与示范	西藏自治区科技进步奖	自治区蔬菜研究所	李宝海　李顺凯等
217	2006 年	三等奖	引进布尔小羊与藏山羊杂交利用研究	西藏自治区科技进步奖	自治区畜牧兽医研究所	益西多吉　达娃央拉 尼珍　赵好信　次仁德吉 吴玉江　索郎达　巴贵
218	2006 年	三等奖	酥油糌粑产品质量标准研究	西藏自治区科技进步奖	自治区质量标准所	周秀兰　钟国强等

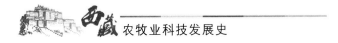

（续）

序号	获奖年份	获奖等级	项目名称	获奖种类	主要完成单位	主要完成人
219	2006年	三等奖	优质肉用绵羊引进杂交试验示范研究	西藏自治区科技进步奖	自治区畜牧兽医研究所	赵好信　色珠　扎西顿珠　阚向东　尼珍　次仁德吉
220	2008年	一等奖	西藏农作物主要病虫害综合防治技术研究	西藏自治区科技进步奖	自治区农业研究所	王保海　王翠玲　覃荣　王文峰　扎罗　姚小波　席永士　陈俐　宋玲　安周加
221	2008年	一等奖	藏油五号新品种选育	西藏自治区科技进步奖	自治区农业研究所、西藏自治区农科院	尼玛卓玛　唐琳　廖文华　颜世华　斯华　冬梅　次仁白珍　袁玉婷　拉巴扎西　桑布　王晋雄　萨如拉
222	2008年	一等奖	西藏牦牛繁育综合应用技术研究示范	西藏自治区科技进步奖	自治区畜牧兽医研究所、拉萨市林周县、拉萨市当雄县、云南中科胚胎工程生物技术有限公司	姬秋梅　达娃央拉　元旦　阚向东　苏雷　张成福　张强　向巴卓嘎　马晓宁　桓龚杰　姚海潮　解达瓦　洛桑
223	2008年	一等奖	藏西北绒山羊本品选育研究	西藏自治区科技进步奖	自治区畜牧兽医研究所、西南民族大学生命科学与技术学院、阿里地区畜牧兽医技术推广站、日土县、尼玛县白绒山羊原种场	益西多吉　姬秋梅　赵好信　色珠　索朗达　巴贵　吴玉江　次仁德吉　尼珍　周直升　珠多　嘎多
224	2008年	二等奖	青稞 β-葡聚糖生理功效、提取技术及功能食品开发研究	西藏自治区科技进步奖	自治区青稞研究发展中心、西藏自治区农业研究所、浙江大学生命科学学院、江南大学食品工程学院	强小林　朱睦元　顿珠次仁　陈正行　洛桑旦达　张文会　谭海运　周建华　张玉红　唐亚伟
225	2008年	二等奖	农作物丰产增收技术集成转化与示范	西藏自治区科技进步奖	自治区农业研究所、日喀则地区白朗县农牧局、日喀则地区农科所	尼玛扎西　刘启勇　禹代林　边巴　桑布　尹中江　范春捆　魏迎春　冬梅　冯海平
226	2008年	三等奖	西藏农作物种质资源更新与数据库建设	西藏自治区科技进步奖	自治区农业研究所	禹代林　边巴　卓嘎　李新年　张涌　次仁卓嘎　平措旺堆　孟宪祁

（续）

序号	获奖年份	获奖等级	项目名称	获奖种类	主要完成单位	主要完成人
227	2008 年	三等奖	西藏一年两收套复种实用技术研究与示范	西藏自治区科技进步奖	自治区农业研究所	关树森　候亚红　刘国一　徐友伟　王俊大　尼玛卓玛　达娃多布杰　关卫星
228	2008 年	三等奖	西藏主要蔬菜无公害生产技术规程制定与示范	西藏自治区科技进步奖	自治区农产品质量安全检测中心	徐平　强巴曲扎　代安国　李景辉　杨静　黄鹏承　任勃勃　吴寒梅
229	2008 年	三等奖	提高西藏奶牛生产性能研究	西藏自治区科技进步奖	自治区畜牧兽医研究所、澳大利亚瓦嘎农业研究所、山南乃东县农牧局	尼玛扎西　色珠　参木有　奥斯曼　洛桑强白　平措占堆　巴桑珠扎　次仁罗布
230	2008 年	三等奖	西藏牦牛瘦死病疫苗的区域试验	西藏自治区科技进步奖	西藏大学农牧学院、中国成都药械厂中牧实业股份有限公司	增群辉　夏业才　索朗斯珠　旦巴次仁　朱国玉　赵晓玲　查果　刘惠文
231	2008 年	三等奖	澎波半细毛羊标准综合体	西藏自治区科技进步奖	自治区畜牧兽医研究所、拉萨市林周县畜牧站	央金　云旦　扎西　德庆卓嘎　蔡伯凌　洛嘎　平措旺堆　孟宪祁
232	2009 年	特等奖	矮败小麦创制与高效育种技术体系建立及应用	中国农科院技术成果奖	西藏大学农牧学院	冬梅　王菊花等
233	2010 年	一等奖	西藏主要农作物标准化生产技术研究与示范	西藏自治区科技进步奖	自治区农业研究所	尼玛扎西　徐平　禹代林　边巴　桑布　李新年　范春捆　闫宝莹　吉巴　卓玛　丹木真　米玛次仁等
234	2010 年	一等奖	澎波半细毛羊新品种培育研究	西藏自治区科技进步奖	自治区畜牧兽医研究所、拉萨市林周县家畜良种繁育推广中心	央金　云旦　蔡伯凌　洛嘎扎西　德庆卓嘎　普布次仁　平措旺堆　孟宪祁　益西多吉　扎西拉旺等
235	2010 年	二等奖	西藏高原油菜起源与演化研究	西藏自治区科技进步奖	自治区农业研究所	王建林　旦巴　奕运芳　孙秀丽　尼玛卓玛　王忠红　大次卓嘎　何燕　孟霞等

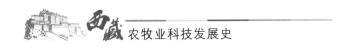

（续）

序号	获奖年份	获奖等级	项目名称	获奖种类	主要完成单位	主要完成人
236	2010年	二等奖	西藏核桃新品种选育与栽培技术研究	西藏自治区科技进步奖	自治区蔬菜研究所	顾茂芝　代安国　左力　旺久　王文华　朱国玉　赵晓玲等
237	2010年	二等奖	拉萨市测土配方施肥技术推广	全国农牧渔业丰收奖	拉萨市农业技术推广站、堆龙德庆县、曲水县、林周、墨竹工卡县	毛浓文　胡俊　赵润彪　陈初红　叶林　姬新　尼玛次仁　次仁琼达　伊斯玛　德吉　桑阿曲珍等
238	2010年	二等奖	西藏牦牛生产性能改良技术研究	西藏自治区科技进步奖	西藏自治区畜牧兽医研究所	姬秋梅　达娃央拉　苏雷　元旦　张成福　张强　马晓宇　阚向东　向巴卓嘎等
239	2010年	二等奖	我国小反刍兽疫的发现及其在西藏地区自然演化规律的研究	西藏自治区科技进步奖	中国动物卫生与流行病学中心、自治区动物疫病预防控制中心	王志亮　包静月　次真　吴国珍　刘雨田　郭晓东　钟子　索朗次仁　谢仲伦　杨楠
240	2010年	三等奖	冬青稞新品种冬青11号选育	西藏自治区科技进步奖	自治区农业研究所	强小林　尼玛扎西　其美旺姆　格桑次仁　梁春芳　唐亚伟　关卫星　罗布卓玛
241	2010年	三等奖	西藏玉米杂交繁育技术及新品种示范推广	西藏自治区科技进步奖	西藏大学农牧学院	刘翠花　张澈　张红锋　朗色　郭建斌　大次卓嘎　魏宏亮　王庆祥
242	2010年	三等奖	西藏设施蔬菜优质高产栽培模式研究与示范	西藏自治区科技进步奖	自治区蔬菜研究所	闵治平　代安国　刘玉红　杨晓菊　戴万安　熊卫萍　扎西达娃　朱凯
243	2010年	三等奖	西藏野生蔬菜种质资源数据库建立	西藏自治区科技进步奖	西藏大学农牧学院	王中奎　王忠红　刘灏　邢震　李荣庆　德庆措姆　朗杰　韩存梅　杨小梅　刘林
244	2010年	三等奖	牦牛半人工舍饲综合技术研究与示范	西藏自治区科技进步奖	自治区畜牧兽医研究所、拉萨市当雄县畜牧局、当雄县草原站	姬秋梅　达娃央拉　张成福　张强　信金伟　洛桑　索朗达　巴贵

（续）

序号	获奖年份	获奖等级	项目名称	获奖种类	主要完成单位	主要完成人
245	2010 年	三等奖	西藏放牧绵羊营养补饲模式研究	西藏自治区科技进步奖	自治区畜牧兽医研究所、日喀则地区岗巴县农牧局、拉萨市林周县农牧局	参木友　陈裕祥顿珠坚才　曲广鹏鲍宇红　秀华　马学英李连兄
246	2010 年	三等奖	西藏青稞、小麦窖酿浓香型白酒技术研究	西藏自治区科技进步奖	西藏藏缘青稞酒业有限公司	管新飞　沈健　程锦浦沈全　耿鼎人
247	2010 年	三等奖	粮油作物标准化栽培技术示范	全国农牧渔业丰收奖	自治区农业研究所	冯海平　刘静　曲吉焦国成
248	2010 年	贡献奖	农业技术推广丰产方项目	全国农牧渔业丰收奖	山南地区农业技术推广中心	明久
249	2011 年	突出贡献奖	国家科技支撑计划项目	国家科技部科技计划奖	西藏大学农牧学院	赵垦田
250	2011 年	一等奖	西藏河谷农区草产业关键技术研究与示范	西藏自治区科技进步奖	中国科学地理科学与资源研究所、自治区农科院、兰州畜牧兽医研究所、北京畜牧兽医研究所	余成群　邵小明　李锦华王保海　何峰　李晓忠钟华平　孙维　邵涛李少伟　李向林田发益等
251	2011 年	一等奖	青藏高原天敌昆虫资源调查与生防技术应用	西藏自治区科技进步奖	自治区农科院、中国农业科学院植保所、动物研究所、西藏农牧学院、青海农林科学院	王保海　潘朝晖　陈红印王翠玲　张登峰　张礼生覃荣　王永坡　黄复生张涪平　姚小波王文峰等
252	2011 年	二等奖	西藏马铃薯生产与加工关键技术示范及应用	西藏自治区科技进步奖	自治区农业研究所、日喀则地区农科所、日喀则雅江源农业科技开发公司、南木林县科技局	尼玛扎西　禹代林巴宽皓　谢婉　徐平扎西普赤　王勤　张延丽李杨等
253	2011 年	二等奖	高寒地区早熟春青稞新品种藏青 690 选育与示范推广	西藏自治区科技进步奖	自治区农业研究所	尼玛扎西　唐亚伟梁春芳　强小林雄奴塔巴　其美旺姆关卫星等

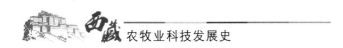

（续）

序号	获奖年份	获奖等级	项目名称	获奖种类	主要完成单位	主要完成人
254	2011年	二等奖	西藏高原青饲玉米新品种高效生产与加工利用技术示范推广	西藏自治区科技进步奖	自治区农业技术推广服务中心、中国科学院地理科学与资源环境研究所	隆英　沈振西　吕克非　张宪州　李芳　席永士　袁建华　余成群　次仁　任勃勃等
255	2011年	二等奖	农牧业科技成果转化示范	西藏自治区科技进步奖	自治区农科院	王保海　韩建成　刘晃　赵好信　陈裕祥　色珠　刘启勇　马学英　顾茂芝等
256	2011年	二等奖	西藏黑斑原鮡生物学与人工繁殖技术研究	西藏自治区科技进步奖	华中农业大学、自治区农牧厅、自治区畜牧总站　西藏大学农牧学院	谢从新　次真　樊启学　蔡斌　张惠娟　普布次仁　郭宝英　吴国珍　熊冬梅
257	2011年	二等奖	西藏蜂蜜养殖技术研究与示范推广	西藏自治区科技进步奖	自治区农业研究所	覃荣　王保海　王文峰　扎罗　王翠玲　姚晓波　谢丹　周强
258	2011年	三等奖	红景天组培快繁与人工驯化栽培技术研究示范	西藏自治区科技进步奖	自治区农科院园区办、自治区农科院中心实验室	李宝海　白玛玉珍　李顺凯　次仁措姆　次顿　刘正玉　达娃田波
259	2011年	三等奖	西藏冬虫夏草多样性及虫草真菌区系研究	西藏自治区科技进步奖	西藏大学农牧学院、中国科学院生物研究所、山西大学	旺姆　张永杰　刘杏忠　岳海梅　罗章　张姝　巩文峰　贡布扎西
260	2011年	三等奖	西藏牦牛遗传资源保护和利用	西藏自治区科技进步奖	西藏自治区畜牧兽医研究所	张成福　钟金城　信金伟　张强　洛桑　姬秋梅　阚向东　达娃央拉
261	2011年	三等奖	藏北那曲地区草地退化遥感监测与生态功能区划	西藏自治区科技进步奖	中国农业科学院农业环境与可持续发展研究所、那曲地区草原站	高清竹　万运帆　江村旺扎　李玉娥　王宝山　旦久罗布　洛桑嘉措　李文福
262	2013年	一等奖	西藏青稞良种繁育技术集成与推广项目	全国农牧渔业丰收奖（农业技术推广成果奖）	自治区农业技术推广服务中心	黄秀霞　张海芳　吴金次仁　张瑛　边巴次旦　白玛旺堆　毛浓文　土登　郝建伟　边巴穷达　边欧

（续）

序号	获奖年份	获奖等级	项目名称	获奖种类	主要完成单位	主要完成人
263	2013年	二等奖	西藏农作物标准化生产技术推广	全国农牧渔业丰收奖（农业技术推广成果奖）	自治区农业研究所	尼玛扎西　徐平　禹代林　边巴　范春捆　桑布　扎西旺拉　李扬　卓玛　巴桑
264	2013年	二等奖	西藏自治区测土配方施肥	全国农牧渔业丰收奖（农业技术推广成果奖）	自治区农业技术推广服务中心	席永士　隆英　李芳　胡俊　次旦　王小红　陈斌　达瓦扎西　次巴　隋永健
265	2013年	二等奖	西藏幼畜氟中毒病防治技术成果转化	全国农牧渔业丰收奖（农业技术推广成果奖）	自治区畜牧兽医研究所	色珠　拉巴次旦　次仁多吉　吴金措姆　四郎玉珍　夏晨阳　罗布顿珠　德庆彭措　刘建枝　班旦
266	2013年	二等奖	澎波半细毛羊新品种及配套技术示范推广	全国农牧渔业丰收奖（农业技术推广成果奖）	自治区畜牧兽医研究所	央金　扎西　德庆卓嘎　普布次仁　洛桑　崔成　次仁曲珍　尼玛平措　扎西　卓嘎　边罗　边篇
267	2013年	三等奖	优质油菜新品种"山油4号"示范推广	全国农牧渔业丰收奖（农业技术推广成果奖）	山南地区农业技术推广中心	次仁　司志强　扎西次仁　次杰　卓玛　杨涛　巴果　支张　普布拉珍　拉巴
268	2013年	一等奖	西藏主要农作物秸秆与栽培牧草混合青贮关键技术研究	西藏自治区科技进步奖	南京农业大学、中国科学院地理科学与资源研究所、西藏大学农牧学院、日喀则地区草原工作站	邵涛　余成群　原现军　郭刚　尼玛扎西　闻爱友　孙维　王坚　沈振西　王奇　李锦华　邵小明
269	2013年	二等奖	高产型春小麦新品种"藏春951"选育与示范推广	西藏自治区科技进步奖	自治区农业研究所	冬梅　王菊花　魏迎春　尼玛扎西　范瑞英　次珍　普布卓玛　范春捆
270	2013年	二等奖	西藏高原设施蔬菜主要土传病害发生规律及综合防控技术研究	西藏自治区科技进步奖	自治区蔬菜研究所、兰州大学、甘肃农业大学、中国农业大学	代安国　张明兰　杨成德　郭瑞英　曾新元　张国珍　谢学文　罗布　杨杰　德庆卓嘎

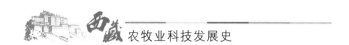

（续）

序号	获奖年份	获奖等级	项目名称	获奖种类	主要完成单位	主要完成人
271	2013年	二等奖	西藏牦牛良种选育、高效养殖及产业开发研究	西藏自治区科技进步奖	自治区畜牧兽医研究所、兰州大学、西藏金稞科技有限公司	姬秋梅　陈裕祥　龙瑞军　李小刚　王福清　苏雷　达娃央拉　赵好信　参木友　张春颖
272	2013年	二等奖	藏北高寒牧区草地生态保护和植被恢复重建技术研究	西藏自治区科技进步奖	西藏大学农牧学院、中国农业大学、自治区畜牧兽医技术推广中心、那曲地区草原站	杨富裕　魏学红　张蕴薇　孙磊　凌辉　苗彦军　徐雅梅　斯确多吉　王宏辉　李文富
273	2013年	三等奖	西藏飞蝗发生规律及可持续防控技术研究	西藏自治区科技进步奖	自治区农科院、中国农业大学植物保护研究所、四川农业大学	张泽华　王保海　李庆　农向群　牙森·沙力　王文峰　涂雄兵　谢红旗
274	2013年	三等奖	马铃薯优质品种西藏引进筛选及其关键生产技术研究示范	自治区科技进步奖	自治区蔬菜研究所	刘正玉　曾钰婷　许娟妮　斯年　次仁卓嘎　白玛玉珍　卫华　李淑萍
275	2013年	三等奖	西藏天麻半野生标准化栽培技术研究与应用	西藏自治区科技进步奖	自治区农畜产品质量安全检测中心、林芝波密县科技局	徐平　郝海利　黄鹏程　强巴曲扎　米玛　禹代林　蒋艳　扎西格桑
276	2013年	三等奖	西藏珍稀食用菌栽培技术集成与示范	西藏自治区科技进步奖	自治区蔬菜研究所	熊卫萍　谢荣　洛桑　白玛旦增　张君丽　强巴卓嘎　红英
277	2013年	三等奖	西藏濒危药用植物独一味快繁及炼苗移栽技术研究	西藏自治区科技进步奖	自治区蔬菜研究所	刘正玉　许娟妮　曾钰婷　斯年　次仁卓嘎　白玛玉珍　卫华　李淑萍
278	2013年	三等奖	西藏农村现代远程教育与科技信息服务体系示范建设	西藏自治区科技进步奖	自治区农牧科学院培训处	杨勇　黄界　牛磊　扎西拉宗　拉琼　尼玛扎西　唐广元　郭建鑫

后 记

Postscript

西藏农业，雪域春色。蓝天与绿草相映，牛羊与流水齐鸣；青稞伴着民居，机声伴着风歌。它像一幅幅绚丽的画卷镶嵌在青藏高原，向世人展示着西藏高原农牧业独特、神奇、美丽的昨天、今天和明天。同时也对今天的我们，提出了以历史的眼光，科学揭示西藏农牧业发展，尤其是西藏农牧业科技进步内在变化的历史性任务，以更好地为西藏发展现代农牧业服务。

长期以来，农业部支援西藏农牧业发展取得了丰硕的成果。为贯彻中央关于援藏工作要深入推进、提高水平的要求，2013年7月，农业部与西藏自治区政府共同商议，把编撰西藏农牧业科技发展史列为科技援藏、深化合作的重要工程。

在农业部的指导和自治区党委、政府的领导下，2014年5月，组建了由余欣荣副部长和坚参副主席任组长的《西藏农牧业科技发展史》编撰工作领导小组，成立了由自治区农牧厅、科技厅、教育厅、农牧科学院和西藏大学农牧学院等单位负责同志和专家组成的编撰委员会。农牧厅制定了编撰工作方案，同时指定由分管副厅长莫广刚同志具体负责编撰工作。期间编撰委员会多次召开会议，研究讨论编撰方法、编写大纲、资料搜集等；编撰人员按照任务分工和编写要求，利用休息时间和多种途径广泛搜集查找资料，认真撰写。

该书共由序言、3篇、17章、57节、1个附录和后记组成。序言由余欣荣、坚参共同撰写，第1～7章由王建林编撰，第8～9章由闵治平编撰，第10章由金涛、徐超、汪文霞编撰，第11章由姬秋梅、强巴央宗、张成福、央金、马学英、益西多吉、奥斯曼编撰，第12章由魏学红、曹仲华编撰，第13章由陈晓英、拉巴次仁编撰，第14章由闵治平、隆英、吝建平编撰，第15～17章由张蓉编撰，附录由张蓉编撰，后记由莫广刚撰写。莫广刚、

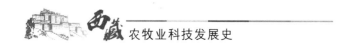

张蓉、强小林、陈裕祥统稿、修改，由莫广刚、张蓉审稿、定稿。

编撰过程中，余欣荣副部长和坚参副主席就编撰工作多次作出批示、提出具体要求，审定了编写大纲，多次听取编写进展汇报，协助解决了重要问题；自治区科技厅、教育厅、农牧科学院、西藏大学农牧学院等单位积极派遣专家，对大纲、初稿、送审稿等提出宝贵意见。农业部办公厅、计划司、科教司的有关同志参与了大量工作，编撰人员加班加点、不辞辛苦的扎实奉献，确保了编撰工作按时、保质完成，在此一并表示衷心的感谢。

中国农业出版社在较短时间内完成本书的编辑、出版、印刷等工作，也表示衷心的感谢！

由于该书年代跨度长，内容覆盖广，再加上编撰时间短，水平有限，难免出现内容不全面和记述不确切的地方，敬请读者批评指正。

编　者

2015 年 8 月